环境保护系统岗位培训教材编审委员会

环境保护系统岗位培训教材

环 境 管 理

（第二版）

张明顺　编著

中国环境科学出版社
北京

图书在版编目(CIP)数据

环境管理/张明顺 编著.—2版.—北京:中国环境科学出版社,2004.10
环境保护系统岗位培训教材

ISBN 7-80163-970-7

Ⅰ.环... Ⅱ.张... Ⅲ.环境管理—技术培训—教材 Ⅳ.X32

中国版本图书馆 CIP 数据核字(2004)第 102778 号

责任编辑: 沈建 吴振峰

出版发行: 中国环境科学出版社
(100062 北京崇文区广渠门内大街16号)
网 址:http://www.cesp.cn
电子信箱:zongbianshi@cesp.cn

印 刷: 北京中科印刷有限公司
经 销: 各地新华书店经销
版 次: 1994年5月第一版 2005年1月第二版
印 次: 2005年1月第1次印刷
印 数: 1-5,000
开 本: 787×1092 1/16
印 张: 26.5
字 数: 620千字
定 价: 48.00元

序

1994年中国环境科学出版社出版了由国家环境保护局岗位培训教材办公室组织编写的环境保护系统岗位培训教材共五本。这套教材出版发行以来，在环境保护系统岗位培训工作中发挥了很好的作用，得到各地环境保护部门的好评。其中《环境管理》、《环境法基础》、《生态保护》先后多次印刷，发行数万册。

但是整整10年过去了，我国的环境保护事业随着现代化建设的迅速发展，有了长足的进步，特别是我国将可持续发展战略作为国家重大战略以来，环境保护事业出现了一些重大突破与创新。环境与发展综合决策、环境保护工作齐抓共管、污染防治与生态保护并重，建立环境保护多元化投入制度、促进公众参与、发展循环经济、建设循环型社会等等。因此，与迅速发展的环境保护形势的需要相比，这套教材的内容急待更新。中国环境科学出版社为了适应当前的形势，对《环境管理》《环境法基础》《生态保护》三本教材重新修改再版，由目前仍在第一线从事教学科研工作的原作者张明顺教授、陈汉光教授、孔繁德教授分别担任主编，吸收部分年轻同志参加编写。这些同志对这三本教材进行了认真修改、补充，丰富了内容，将我国环境保护的法律法规、制度、方针、政策与环境科学有机地结合，力争编写出能够适应当前我国环境保护岗位培训需要的教材，为我国的环境教育工作做出新的贡献。

我国的环境保护事业发展迅速，取得显著的成就，得到联合国和国际社会的认可与赞誉，但是我国环境保护的形势还相当严峻，任务还相当复杂艰巨，需要打攻坚战和持久战。这就需要大量的干部从事环境保护工作。为了使这些干部尽快适应工作的需要，因此环境保护系统干部的培训与进修就是一项非常重要的任务。我相信，这三本教材的修改再版，在今后环境保护系统干部培训工作中会继续发挥重要的作用。我衷心希望，我国的环境保护干部队伍一定能与时俱进，提高自己的素质，依法行政，努力完成复杂艰巨的工作任务，为树立科学发展观，实施可持续发展战略，全面建设小康社会和现代化建设任务做出新的贡献。

解振华

2004年3月

再版前言

《环境管理》一书是20世纪90年代中期在国家环境保护局的领导下，由中国环境管理干部学院组织部分高校的环境管理专业教师编写的一本环境保护系统岗位培训教材。在过去的10年里，该教材多次重印，在我国环境保护系统干部培训中发挥了重要的作用。

在过去的10年里，随着人类对环境问题认识的不断深入和保护环境、实施可持续发展意识的不断提高，环境保护事业发展很快，环境保护已经从过去单纯的污染控制行业发展到以提高人们生活质量和实施可持续发展为核心的综合部门，并成为了全社会关注的热点。在这种形势下，原教材已很难胜任新的环境保护干部培训的要求，修改和重编《环境管理》教材已势在必行。

参加原教材编写的人员较多，目前，很多作者已退休或从事其他工作，很难重新组织原班人马对原教材进行修订。为此，本次教材的修订工作由原主编之一张明顺同志一人担任。

过去的10年，环境保护事业发展迅猛，很多创新的环境管理思想和方法不断涌现，因此，本次教材的修订无异于重新编写，除保留了原教材的个别章节的少数内容外，绝大部分内容是重新组织编写的。新老教材的主要区别是：(1)新教材在篇幅上比原教材减少了8章，但增加了很多新的内容，例如环境管理体系、环境监察、环境管理的经济手段、环境管理的新制度以及“十五”期间我国正在开展的城市、工业、乡镇等环境管理的内容，新教材不仅在篇幅上，而且在内容上更加适合当前环境管理干部培训的要求；(2)吸收了当前发达国家的环境管理思想和做法，便于读者对中外环境管理进行比较；(3)去掉了原教材中一些技术性很强、计算复杂的内容，增加了一些政策和管理性的内容；(4)新教材做到了尽量引用最新的数据和资料，例如，把国家“十五”环境保护计划的内容以及国家在最近几年颁布的法律、法规和标准等内容加到了相关章节中。

在重新修编工作中得到了国家环境保护总局的有关部门以及中国环境管理干部学院的有关专家、教授的大力支持，尤其是中国环境管理干部学院的刘定慧教授、毛应淮教授、李克国教授为本书的编写提供了大量素材和建议，中国环境科学出版社的沈建同志对本书的修编也提供了大量的意见和建议，并直接促成了修编工作的完成，在此，作者深表感谢。

本书修编时间紧、任务重，加之作者水平有限，错误之处在所难免，恳请广大读者批评指正。

作　者

2004年8月

目　录

第一章　环境管理概述

第一节　环境管理的涵义

环境管理既是一门学科，又是一个工作领域。作为一门学科，环境管理是环境科学与管理科学结合渗透的产物；作为工作领域，环境管理是环境保护事业的一个重要组成部分，是政府与企业的一项重要职能。

关于环境管理的涵义现在尚无一致的看法，一般分为狭义环境管理和广义环境管理。狭义环境管理是指依据国家和地方环境法律、法规、标准和制度开展的环境监督行为，是政府环境保护主管部门的主要职能。广义环境管理是指运用经济、法律、技术、行政及教育等手段，限制（或禁止）人们损害环境质量的活动，鼓励人们改善环境质量；通过全面规划、综合决策，使经济发展与环境保护相协调，达到既能发展经济满足人类的基本需求，又不超出环境容许极限的目的。狭义环境管理的核心是监督和服务，而广义环境管理的核心是协调和综合决策。狭义环境管理主要是各地环境保护主管部门的职能，而广义环境管理主要是政府的主要职能。

环境管理的核心是遵循生态规律与经济规律，正确处理经济增长与环境保护的关系。在进行综合决策时，使经济目标与环境目标相协调。环境是经济增长的物质基础，又是经济增长的制约条件，经济增长有可能给环境带来污染与破坏，但也只有在经济、技术不断发展的基础上才可能不断改善环境质量。关键在于通过全面规划和合理开发利用自然资源，使经济、技术、社会相结合，发展与环境相协调。

在“人类—环境”系统中，人是主导的一方，在发展与环境的关系中，人类的经济活动是主要方面。所以，环境管理的实质是影响人的行为，促使人类转变经济发展模式，实现生态可承受的经济发展，达到在经济持续快速发展的同时，仍能保持生态环境质量良好。

第二节　环境管理的形成过程

在 1972 年联合国第一次人类环境会议之前，尚无明确的环境管理概念，环境问题基本上被看作是由于工农业发展而带来的污染问题。所以，解决环境问题的办法，主要是运用工程技术措施去净化和减少污染，以及利用法律、行政、经济手段去限制排污。20 世纪 60 年代中、后期出现了环境保护机构，有些发达国家在 60 年代末成立了国家环境保护机构，其工作范围主要是控制污染，同时对维护生态平衡、保护自然环境也开始重视。总之，这一阶段的环境管理就是“运用法律、行政、经济等手段，对人类损害环境质量的行为施加影响”。

1972 年的“人类环境会议”初步阐明了发展与环境的关系，指出环境问题不仅是一个技术问题，也是一个重要的社会经济问题，不能只用自然科学的方法治理污染，还要用一种更完善的方法从发展过程中去解决环境问题。发展的情况不同，环境问题的类型也不同。发展中国家的环境问题，常常是由于极端贫困和经济与社会发展不足造成的；发达国家已经出现的严重环境问题，则主要是缺乏全面规划和对自然环境价值认识不足造成的。“人类环境会议”之后，1974 年在墨西哥，由联合国环境规划署和联合国贸易与发展会议联合召开了资源利用、环境与发展战略方针的专题讨论会，对以下几点取得了共识：

（1）经济和社会因素。例如：财富和收入的分配方式，国内和国家间谋求发展而引起的问题及偏私的经济行为，常常是环境退化的根本原因。

（2）满足人类的基本需要是国际社会和各国的主要目标，尤其重要的是满足人类中最底阶层的需要。但是，必须不超越生物圈承载能力的外部极限。

（3）不同国家中的不同团体，对生物圈提出各不相同的要求。富国先行占有了许多廉价的自然资源，并且不合理地使用自然资源，造成了挥霍和浪费。穷国往往没有任何选择余地，只能去破坏生命攸关的自然资源。

（4）发展中国家不要步工业化国家的后尘，而应走自力更生的发展道路。

（5）发达国家与发展中国家，两者为选择发展模式和新的生活方式所做的探索，是协调环境和发展目标的手段。

（6）我们这一代应具有远见，即考虑后代的需要，而不要只想尽先占有地球的有限资源，污染它的生命维持系统，危害未来人类的幸福，甚至使人类的生存也受到威胁。

这次会议就上述内容概括出了 3 点有启发性的见解：第一，全人类的一切基本需求应得到满足；第二，需要发展以满足基本需要，但又不能超出生物圈的允许极限；第三，协调这两个目标的方法即环境管理。这是环境管理概念发展的简短过程。此后，越来越多的人接受了这个新的广泛的概念。认识到：解决环境问题，首先要研究人类的社会活动（主要是经济活动）与环境相互影响的原理；运用这些原理在经济发展过程的每一阶段，即：制定经济发展规划，执行经济发展规划，在评价、调整经济发展规划的整个过程中，始终重视对环境的影响，不仅考虑经济效益，也考虑环境（或生态）效益，使两者协调统一起来。

第三节　环境管理的内容

此处涉及的环境管理是广义的环境管理，是需要整个国家的各个部门协同动作，各负其责才能完成的任务。因而它的内容涉及各个方面。为便于研究，下面从两个方面进行简要的介绍：

一、从环境管理的范围来划分

（1）资源（生态）管理主要是自然资源的合理开发利用和保护，包括可更新（再生）

资源的恢复和扩大再生产（永续利用），以及不可更新（再生）资源的节约利用。资源管理当前遇到的危机主要是资源的不合理使用和浪费。当资源以已知最佳方式来使用，以求达到社会所要求的目标时，考虑到已知的或预计的经济、社会和环境效益进行优化选择，那么，资源的使用是合理的。资源的不合理使用是由于没有谨慎地选择资源使用的方法和目的，浪费是不合理使用的一种特殊形式。不合理使用和浪费有两个结果："掠夺"和"枯竭"。对不可更新（再生）资源来说尤为明显，而且也包括植物和动物种类的灭绝。因此，有必要合理利用和保护现有资源，并尽力采取对环境危害最小的发展技术。远期目标是，进一步研究如何根据长期综合性计划，以及大气、水、土地三种资源的经济与社会价值，来设计一种新的社会经济系统——低投入、多产出、低消耗、高效益的社会经济系统。

（2）区域环境管理包括整个国土的环境管理，大经济协作区的环境管理，省区的环境管理，城市环境管理，乡镇环境管理，以及流域环境管理等。主要是协调区域经济发展目标与环境目标，进行环境影响预测，制定区域环境规划。涉及宏观环境战略及协调因子分析，研究制定环境政策和保证实现环境规划的措施，同时进行区域的环境质量管理与环境技术管理，按阶段实现环境目标。长远的目标是在理论研究的基础上，建立优于原生态系统的、新的人工生态系统。

（3）部门环境管理包括能源环境管理，工业环境管理（如化工、轻工、石油、冶金等的环境管理），农业环境管理（如农、林、牧、渔的环境管理），交通运输环境管理（如高速公路环境管理、城市交通环境管理），商业及医疗环境管理等。

二、从环境管理的性质来划分

（1）环境计划管理，"经济建设、城乡建设与环境建设同步规划、同步实施、同步发展"的战略方针，在社会主义市场经济条件下仍是环境保护的重要指导方针。强化环境管理首先要从加强环境计划管理入手。通过全面规划协调发展与环境的关系，加强对环境保护的计划指导，是环境管理的重要内容。环境计划管理首先是研究制定环境规划，使之成为经济社会发展规划的有机组成部分，并将环境保护纳入综合经济决策；然后是执行环境规划、制定年度计划，用环境规划指导环境保护工作，并根据实际情况检查调整环境规划。

（2）环境质量管理，是指为了保持人类生存与发展所必需的环境质量而进行的各项管理工作。为便于研究和管理，也可将环境质量管理分为几种类型。如：按环境要素划分，可分为大气环境质量管理、水环境质量管理、土壤环境质量管理。按照性质划分，可分为化学环境质量管理、物理环境质量管理、生物环境质量管理。环境质量管理的一般内容包括：制定并正确理解和实施环境质量标准；建立描述和评价环境质量的、恰当的指标体系；建立环境质量的监控系统，并调控至最佳运行状态；根据环境状况和环境变化趋势的信息，进行环境质量评价，定期发布环境状况公报（或编写环境质量报告书），以及研究确定环境质量管理的程序等。

（3）环境技术管理，是指通过制定技术政策、技术标准、技术规程以及对技术发展方向、技术路线、生产工艺和污染防治技术进行环境经济评价，以协调经济发展与环境保护的关系。使科学技术的发展，既有利于促进经济持续快速发展，又对环境损害最小，有利于环境质量的恢复和改善。

环境保护部门经常进行的环境技术管理工作有：①制定环境质量标准、污染物排放标准，以及其他的环境技术标准；②对污染防治技术进行环境经济综合评价，推广最佳实用治理技术；③对环境科学技术的发展进行预测、论证，明确方向重点，制定环境科学技术发展规划等等。所有这些都属于环境技术管理中的一部分，更重要的是把环境管理渗透到科学技术管理、各行各业的技术管理，以及企业的技术管理过程中去。

第四节　环境管理的特点

环境管理有3个显著的特点：综合性、区域性和群众性（广泛性）。

一、综合性

现代环境管理是环境科学与管理科学、管理工程交叉渗透的产物，具有高度的综合性。表现在以下几方面。

（1）对象和内容的综合。环境管理以“人类——环境”系统为对象，涉及到社会环境质量和自然环境质量以及由社会、科学技术、管理、政治、法律、经济等组成的管理系统。这个复杂的系统，包含着很多子系统，许多既相互依存，又相互制约的因素处在一个有机整体中。其中任何一个因素发生变化或不协调，都将影响其他因素，甚至失去平衡而发生问题。这个特点要求环境管理工作必须从整体出发，运用系统分析的方法进行综合管理。

（2）环境管理手段的综合。环境管理的实质是对人的行为施加影响，使之符合生态规律的要求，维护人类生存发展所必需的环境质量。对降低（或损害）环境质量的行为要加以限制（或禁止），对保护和改善环境质量的行为要充分鼓励。限制、禁止或鼓励要采取经济、法律、技术、行政和教育等多种手段，并要综合加以运用，例如对向环境中排放污染物这种行为，要限制或禁止它就要制定恰当的标准，要有相应的立法，以及排污收费、罚款等经济手段，还要进行宣传教育。

二、区域性

环境问题由于自然背景，人类活动方式，经济发展水平和环境质量标准的差异，存在着明显的区域性，因而区域性成为环境管理的一个重要特点。从我国的情况来看更为突出。由于我国幅员辽阔，地形、地貌、地质情况复杂，东南临海，西北高原；南方多雨，北方干旱，各省、区之间自然环境有很大的不同，同时各地区的人口密度不同，经济发展速度、能源资源的多寡也不同，污染源密度、生产力布局以及管理水平也有差别，环境特征有明显的差异性、区域性。这决定了环境管理必须根据区域环境特征，因地制宜采取不同的措施，以地区为主进行环境管理。

三、群众性（广泛性）

全人类各自都在一定的环境空间内生存，环境是人类生存的物质基础，而其活动又影响和干扰环境，使人们学会爱护和重视环境是非常重要的。如：控制对植物群和动物群的开发；地球大气环境和水环境保护；节能和尽量采用无废技术；不属于城镇管辖领域的土地合理利用；狩猎和渔业管理；良好的公共卫生；生态系统和生物圈生产能力的维护，以及人口增长的控制等。所有这些重要的环境问题，如果没有公众的合作是难于解决的。因此，群众性是环境管理的又一重要特点。所有的环境专家都认为，要解决环境问题不能仅凭技术，并且除了考虑法律、经济等手段外，宣传教育的作用非常重要。只有通过环境教育，使人们认识到必须保护环境和合理利用环境资源，才能控制和治理，成功地改善环境。搞好环境管理，就要“依靠群众，大家动手”，“千百万人同心协力，为创造一个经济上有利于发展，身体上有益于健康，美学上令人愉快的环境，进行系统地、自觉地努力”。

第五节　环境管理的手段

一、法律手段

法律手段是环境管理的一个最基本的手段，依法管理环境是控制并消除污染，保障自然资源合理利用并维护生态平衡的重要措施。目前，我国已初步形成了由国家宪法、环境保护法与环境保护有关的相关法、环境保护单行法和环保法规等组成的环境保护法律体系。一个有法必依，执法必严，违法必究的环境保护执法风气已在全国逐步形成。

二、经济手段

经济手段是指运用经济杠杆、经济规律和市场经济理论促进和诱导人们的生产、生活活动遵循环境保护和生态建设的基本要求。例如国家实行的排污收费、综合利用利润提成、污染损失赔偿等就属于环境管理中的经济手段。

三、技术手段

技术手段是指借助那些既能提高生产率又能把对环境的污染和生态破坏控制在最小限度的技术以及先进的污染治理技术等来达到保护环境的目的。例如，国家制定的环境保护技术政策、推广的环境保护最佳实用技术等就属于环境管理中的技术手段。

四、行政手段

行政手段是指国家通过各级行政管理机关、根据国家的有关环境保护方针政策、法律法规和标准，而实施的环境管理措施。如对污染严重而又难以治理的企业实行的关、停、并、转、迁等就属于环境管理中的行政手段。2004 年 7 月 1 日，我国第一部行政许可法开始实施，这部法律的实施将对我国的行政管理，也包括环境管理产生巨大影响，对各级环保部门依法行政提出了更高的要求，也必将促进我国环境行政管理的法制化水平。

五、教育手段

教育手段是指通过基础的、专业的和社会的环境教育、不断提高环保人员的业务水平和社会公民的环境意识，来实现科学管理环境以及提倡社会监督的环境管理措施。例如各种专业环境教育，环保岗位培训，环境社会教育等就属于环境管理中的教育手段。

第六节　环境管理的方法论

一、环境管理的一般方法

环境管理在解决各种环境问题的过程中，不论是依靠事先的规划，防止环境问题的发生，还是出现问题以后采取相应的对策，都需要运用科学的方法，寻求解决环境问题的最佳方案。下列步骤是环境管理方法的一般程序，大致可分为五个阶段（图1-1）。

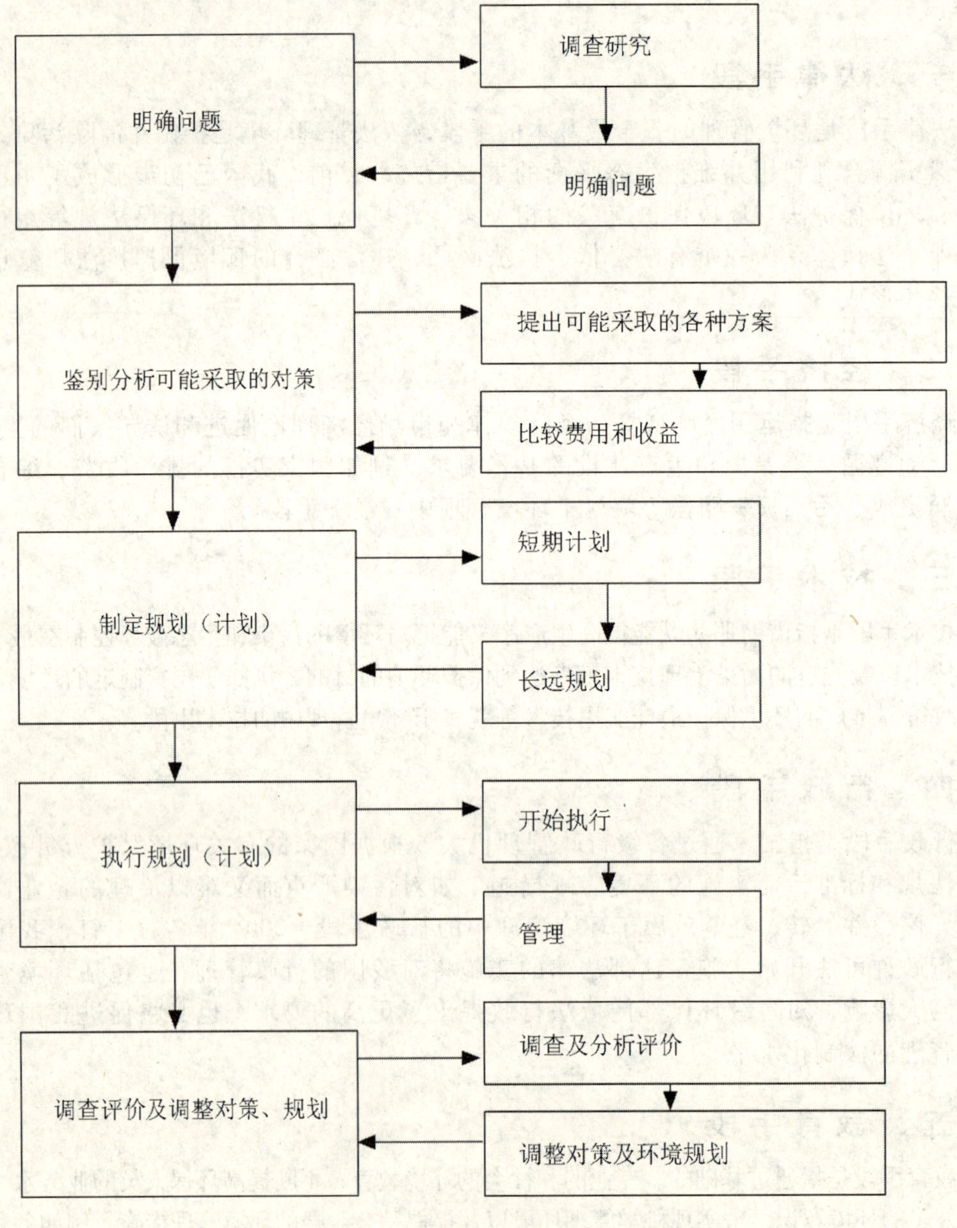

图1-1　环境管理方法的一般程序

图1－1中的各种步骤可以通过不同的方法进行，而这些步骤之间虽相互有关，但并非总是依次相连的。所要解决的环境问题不同，其步骤和相关的顺序也不尽相同。

二、环境管理的预测方法

在环境管理过程中，经常要进行污染物排放量增长预测，环境污染趋势预测，生态环境质量变化趋势预测，经济、社会发展的环境影响预测，以及环境保护措施的环境效益与经济效益预测等。预测是一种科学的预计和推测过程。根据过去和现在已经掌握的事实、经验和规律，预测未来、推测未知。所以，预测是在调查研究或科学实验基础上的科学分析，包括：通过对历史和现状的调查和科学实验获得大量资料、数据，经过分析研究，找出能反映事物变化规律的可靠信息，借助数学、电子计算技术等科学方法，进行信息处理和判断推理，找出可以用于预测的规律。环境管理的预测就是根据预测规律，对人类活动将会引起的环境质量变化趋势（未来的变化）进行预测。

预测技术（预测方法）在环境管理中的应用日益广泛。经常应用的预测技术有以下3种。

（1）定性预测技术根据过去和现在的调查研究和经验总结，经过判断、推理，对未来的环境质量变化趋势进行定性分析。

（2）定量预测技术对经济、社会发展的环境影响预测，如：能耗增长的环境影响预测、水资源开发利用的环境影响预测等，只做定性的预测分析，不能满足制定环境对策的要求，这就需要进行定量的预测分析，包括：通过调查研究，长期的观察实验，模拟实验，统计回归等方法，找出排污系数或万元产值排污当量；根据大量的调查和监测资料找出污染增长与环境质量变化的相关关系，建立数学模型，或确定出可用于定量预测的系数（如响应系数）进行预测。

（3）评价预测技术用于环境保护措施的环境经济评价；大型工程的环境影响评价；区域综合开发的环境影响评价等。

三、环境管理的决策技术（决策方法）

环境管理的核心问题是决策，没有正确的决策就没有正确的环境政策和规划。决策是根据对多种方案综合分析后选择的最佳方案（满足某一目标或两个以上目标的要求）。经常遇到的是环境规划工作过程中的决策，如，为达到某一规划期的环境目标，有多个可供选择的环境污染控制方案，究竟哪一种方案是最佳方案；或预计2010年达到某一环境目标，而再分成若干阶段并有分阶段的环境目标，为实现分阶段的目标及最后实现总目标（2010年的环境目标），可组成多种方案，究竟哪一种方案是最佳方案；或是在制定环境规划时统筹考虑环境效益、经济效益和社会效益，进行多目标决策等，这些都是制定环境规划过程中所要进行的决策。常用的数学方法有线性规划、动态规划及目标规划等。此外，还有环境政策的决策方法，以及环境质量管理的决策方法等。

四、环境管理的科学方法

系统分析方法，费用、效益分析方法，层次分析法，目标管理等科学方法是环境管理的几种方法。这些方法在环境管理上的应用日益广泛，并逐渐形成了自己的特点。如，用层次分析法进行环境规划指标体系的研究，用于参数筛选和分指标权值的确定，在实践中已取得了成功的经验；层次分析法用于污染治理技术的综合评价，优选出最佳可行技术，也很成功。环境目标管理就是把目标管理方法应用到环境管理中而出现的一种新的方法，现在已形成了一种行之有效的制度。

第七节　环境管理中的利益攸关者

管理的核心是协调和处理好各种关系，最大限度地调动一切积极因素和克服、消除一切消极因素，实现管理的目标。要达到这一要求，管理科学中要研究管理系统中的各种利益攸关者。环境管理中的主要利益攸关者有：

（1）政府（中央政府、地方政府、政府部门）；

（2）企业（产业、商业、服务、按企业性质或规模可以进一步细分）；

（3）非政府组织（NGO）或事业单位、高校；

（4）社区组织（CBO）；

（5）市民（可按收入、民族、宗教信仰、教育程度、性别等细分）。表 1－1 利益攸关者分析的一般模式。图 1－2 和图 1－3 是两个环境管理中利益攸关者分析模式的实例。

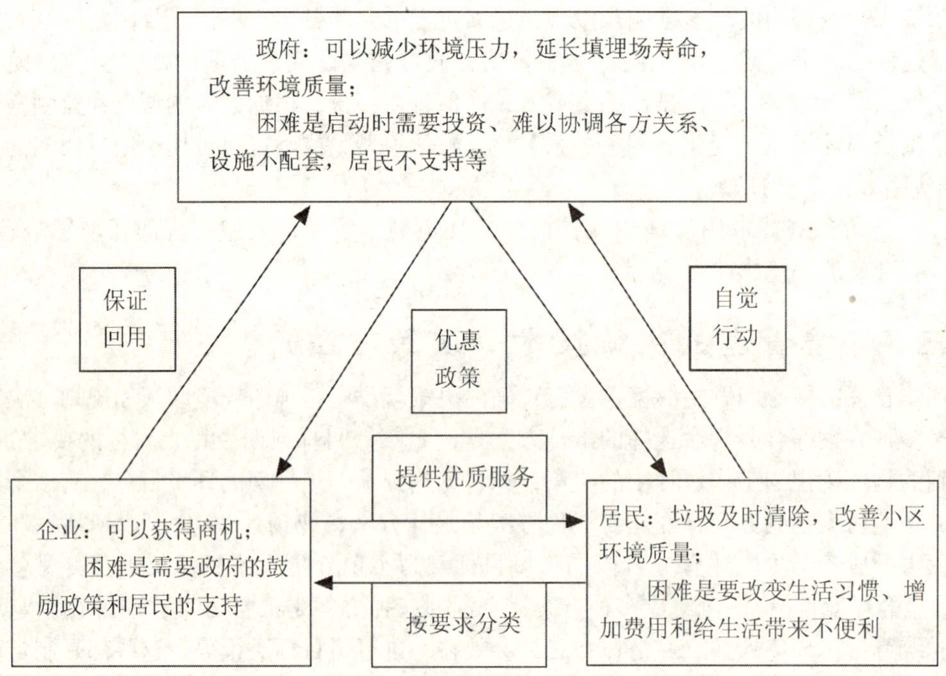

图 1－2　垃圾分类收集中利益攸关者分析模式的实例

表 1－1 环境管理中的利益攸关者分析模式

利益攸关者	兴趣和利益	冲突和损坏
政府		
企业		
非政府组织		
社区组织		
市民		

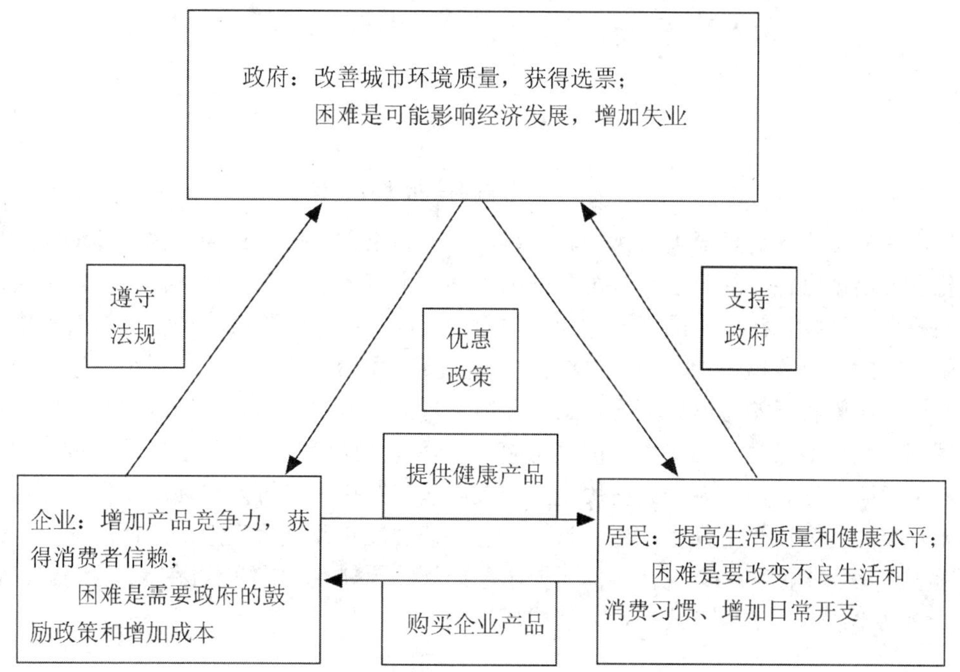

图 1－3 强化城市环境管理的利益攸关者分析模式的实例

第八节 环境管理的发展

如前所述，环境管理是一个区域性和综合性都很强的学科和工作领域。由于各国家、各地区经济社会条件的差异以及社会环境意识的高低，环境管理的发展水平也存在着很大的差异。

一、环境管理的一般发展趋势

图 1－4 表明了环境管理的一般发展过程。

在污染排放阶段，环境管理的概念比较模糊，人类社会并没有真正认识到其各项活动对环境的影响。但随着污染排放的增加，局部环境污染问题变得越来越突出，由于社会压

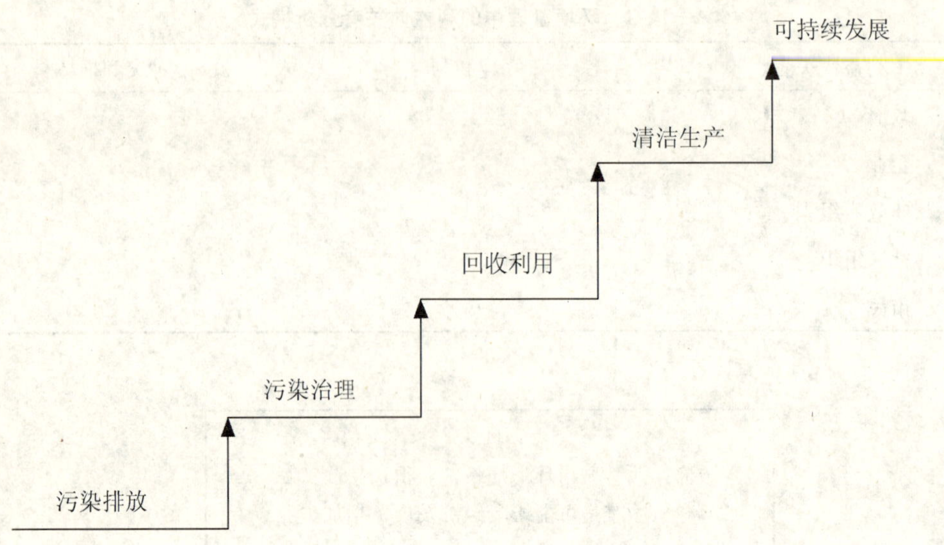

图 1-4　环境管理的一般发展过程

力和环境污染造成的局部损失，污染者不得不开始约束自己排污行为，这时环境管理进入以强化污染治理为核心的阶段，这个阶段的另外一个特征是环境保护法律、法规开始使用并不断健全，社会和污染者的环境意识开始得到提高。但这个阶段，环境保护对污染者而言，是生产的一个负担，治理环境需要大量的投资，而治理的直接回报很小。进入回收利用阶段后，污染者开始考虑如何通过加强环境管理减少资源消耗，并通过回收，增加资源的利用率，减少治理污染的损失。但这个阶段，环境污染的治理还是末端的、被动的。进入清洁生产阶段后，污染者开始使用全过程控制法控制排污或可能出现的排污，是环境管理由末端被动变为以预防为主的主动行为。可持续发展是环境管理追求的最高境界，这不仅要求生产活动少消耗、不排污，而且要求生产活动要体现代内和代际公平的问题，要实现生产活动不能给其他地方或后代人造成环境问题。

二、环境管理技术的发展

环境管理技术从大的方面看主要包括浓度控制和总量控制。环境管理最初采用的是浓度控制技术，如图 1-5 所示。

在最初管理环境时，人们几乎都采用了以排放口为核心的浓度控制方法，该方法的一个显著特点就是人为制定排放标准，通过排放标准控制排放口，从而实现保护环境的目的。但现实并不像人们想像的简单，以排放口为核心的浓度控制方法并没有很有效地控制环境恶化的趋势，其主要原因是排放标准大多是以当时的生产技术条件为基础的，而且排放标准只能控制排放污染物的浓度，并不能控制进入环境的污染物总量。为此，一种以环境质量为前提的总量控制方法逐步得到应用和推广。这种方法的主要优点是以环境的使用功能为目标，控制进入环境的污染物总量。这种方法在实际运用中的主要技术难点是如何确定环境的纳污能力。为此，很多国家目前并没有采用环境容量总量控制，而是采取了更为灵活的目标总量控制方法。

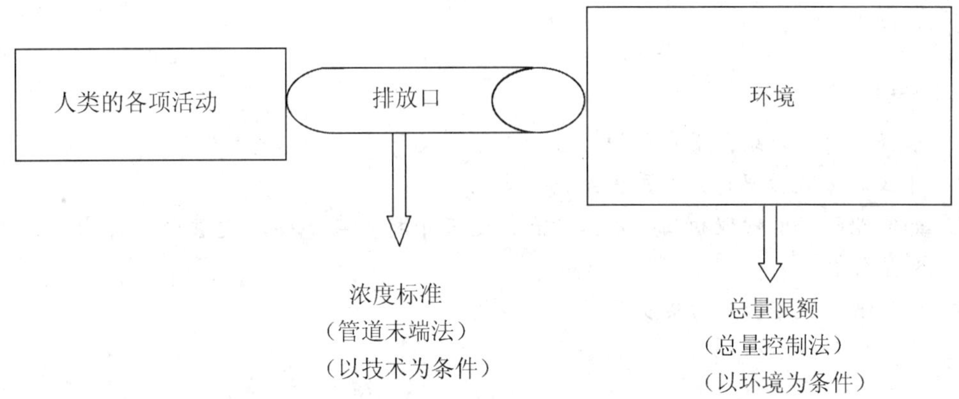

图 1－5　环境管理的浓度控制与总量控制技术

三、环境管理方式的发展

人们最初采用的环境管理方式是指令式的或强制式的（Command－and－control），这种方法的主要特点是以有关环境法律、法规和标准为依据，强行排污者或环境破坏者达到有关要求。这种方法对控制环境恶化，解决短期内的环境问题起到了很好的作用。但是，环境问题是一个很复杂的问题，解决环境问题仅靠强制性措施是不够的，要彻底解决问题还得依靠全社会的自觉和高度的环境责任感。为此，目前很多发达国家开始使用一些更有利于调动人们积极性、自愿式的（Voluntary）、能够达到更高环境目标的新的管理方法，如图 1－6 所示。

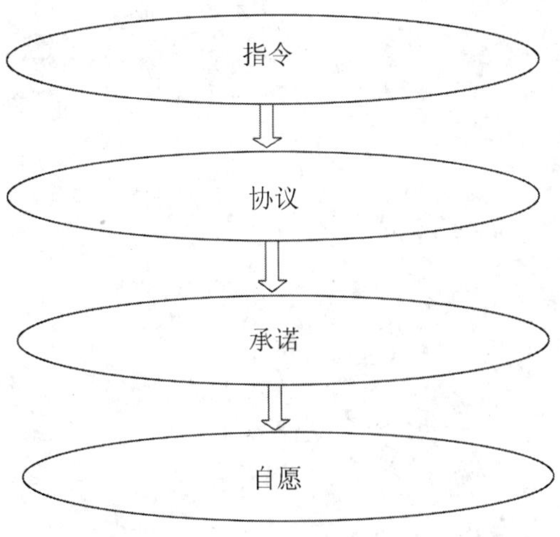

图 1－6　环境管理方式的发展

思考题

1. 根据本章的介绍，用自己的语言分别给狭义和广义的环境管理下一个定义。
2. 什么是环境管理的五大手段，并简要描述。
3. 如何理解环境管理的三个基本特点，这三个特点在实际环境管理工作中的重要意义是什么？
4. 分析解决城市饭店污染扰民的利益攸关者。

第二章　可持续发展战略

第一节　可持续发展思想的形成过程

一、人类对传统发展观的反思

18世纪工业革命以来，工业化的浪潮席卷全球，人类进入了工业文明时代。通过工业化促进经济增长的传统发展战略，给人类带来了巨大的物质财富。

发展是人类社会追求的永恒主体。长期以来，人们认为“经济增长”就是发展，衡量发展的标准就是人均国民生产总值（GNP）。在这种发展观的支配下，人们只关心GNP的数量，而忽视了社会其他领域的发展。联合国“第一个发展十年”（1960年—1970年）开始时，秘书长吴丹概括地指出：发展 = 经济增长 + 社会变革。这一关于发展的公式，反映了二战后20余年对发展的理解和认识，甚至还规定不发达国家的GNP年度增长率最低为6%，并希望贫困国家通过经济迅速增长来消除贫困。这种传统认识导致了人类对资源掠夺性开发和粗放利用，片面追求经济增长的行为加重了环境污染和生态破坏的程度，带来了一系列日益严峻的“世纪性难题”。GNP的增长并未能从根本上消除贫困，反而导致分配不均、两极分化等严重的社会不平等。由于国际经济秩序和政治关系发生重大变化，由联合国倡导的“第一个发展十年”宣告失败，发展中国家“有增长无发展”和“没有发展的经济增长”现象十分普遍。这种“恶性增长”的状况使人们开始对追求单纯经济增长的发展思路产生怀疑和反思。

20世纪50年代末，美国海洋生物学家蕾切尔·卡逊（Rachel Karson）在潜心研究美国使用杀虫剂所产生的种种危害之后，于1962年发表了科普著作《寂静的春天》。该书揭示了滥施化肥、农药对生态平衡的严重危害。她向世人呼吁人们长期以来行驶的道路，容易被误认为是一条可以高速前进的平坦、舒适的超级公路，但实际上，这条道路的终点却潜伏着灾难，而另外的道路则为我们提供了保护地球的最后惟一的机会。卡逊虽然没有明确告诉我们这“另外的道路”究竟是什么，但其思想却在世界范围内较早地引发了人类对自身的传统行为发展观进行系统、深入地反思。

20世纪60年代以来，国际学术界普遍认为，增长不等于发展。发展是经济社会各方面综合协调发展的系统工程。经济增长的涵义较窄，通常指纯粹意义的生产增长，发展的涵义则较广，除了生产数量上的增长，还包括经济结构和某些制度的变化，不仅包含经济发展，还包括社会状况的改善和政治体制的进步，是“量”和“质”的同时提高。20世纪60年代开始出现的“以人为中心的综合发展观”摒弃了单纯用GNP衡量经济发展水平的做法，要求把发展看作是以民族特性、历史传统、环境状况、资源条件为基础，由经济增长、政治民主、科技水平提高、文化价值观念变迁、社会转型、生态平衡等多种因素综合作用的过程，是有史以来第一次出现的以人为中心，充分考虑人的多方面需求的发展观。表明人们对发展内涵的认识已由单一性、片面性向多元性、全面性拓展。

二、可持续发展思想的产生

1968 年，几十位国际知名学者聚会罗马，成立了一个非正式的国际协会——罗马俱乐部（The Club of Rome），开始对人类长期经济发展面临的问题进行系统研究。受俱乐部的委托，以麻省理工学院 D·梅多斯（Dennis·L·Meadows）为首的研究小组，针对长期流行于西方的高增长理论进行了深刻的反思，并于 1972 年提出了第一份研究报告——《增长的极限》，提出了“零增长”模式。他们认为，如果世界在人口增长、工业发展、环境污染、粮食生产以及资源消耗等方面按照当时的增长率继续下去，那么未来 100 年内全球的经济增长将达到极限。就是说地球的支撑力将会达到极限，经济增长将发生不可控制的衰退。该报告发表后，立即在国际社会特别是学术界引起了强烈的反响和争论。它在促使人们密切关注人口、资源、环境问题的同时，因其反增长的情绪而遭受到尖锐的批评和责难。《增长的极限》的结论和观点，由于种种因素的局限存在着十分明显的缺陷，但是报告所表现出的对人类前途的“严重的忧虑”以及唤起人类自身的觉醒，其积极意义却是毋庸置疑的。它所阐述的“合理的、持久的均衡发展”，为人类如何正确认识现实和未来，寻求完整的社会发展规模开辟了一个新思维角度，提供了孕育可持续发展思想萌芽的土壤。

1972 年，联合国在瑞典的斯德哥尔摩召开第一次人类环境会议，来自世界 113 个国家和地区的代表汇聚一堂，共同讨论环境对人类的影响问题。这是人类历史上首次将环境问题纳入世界各国政府国际政治的事务议程。大会通过的《人类环境宣言》，提出了“只有一个地球”的口号，宣布了 37 个共同观点和 26 项共同原则。它向全球呼吁：现在已经到达历史上这样一个时刻，我们在决定世界各地的行动时，必须更加审慎地考虑它们对环境产生的后果。由于无知或不关心，我们可能给人类生活和幸福所依靠的地球环境造成巨大的无法挽回的损失。因此，保护和改善人类环境是关系到全世界各国人民的幸福和经济发展的重要问题，是全世界各国人民的迫切希望和各国政府的责任，也是人类的紧迫目标。各国政府和人民必须为着全体人民和自身后代的利益而做出共同的努力。联合国第一次人类环境大会尽管对整个环境问题认识比较粗浅，对解决环境问题的途径尚未确定，尤其是没能找到问题的根源和责任，但是，它唤起了各国政府和公众对环境问题，特别是环境污染的觉醒和关注，吹响了人类共同向环境问题挑战的进军号。自此以后，既要推动经济、社会发展，又要保护环境，使经济、社会发展与资源、环境保护相协调的可持续发展问题日益引起国际社会的关注。

三、可持续发展理论的形成

1976 年，日本学者坂本腾良在其专集《生态经济学》一书中阐述了生态对经济可持续发展的重要性。20 世纪 80 年代初，一些国际组织提出了“发展与环境协调论”。联合国环境规划署、开发计划署、世界银行和几大洲的地区开发银行发表的有关经济发展的环境政策宣言提出：经济与社会发展是缓和重大环境问题的根本，同时经济发展和社会目标应力求避免造成环境污染，或尽量使污染减少到最低程度。国际自然资源保护联合会

(IUCN) 于1980年3月公布的《世界自然保护大纲》中明确提出，开发的目的是为取得社会和经济福利，保护的目的则是保证地球资源能够持续开发利用，并支持所有生物生存的能力，两者是一致的。1981年美国科学家、世界观察研究所所长布朗（Brown）的《建设一个可持续发展社会》一书问世，对“可持续发展观”作了首次系统阐述。

1983年3月，联合国大会成立了以挪威首相布伦特兰夫人（G·H·Brundland）任主席的世界环境与发展委员会（WCED）。联合国要求其负责制订长期的环境对策，研究能使国际社会更有效地解决环境问题的途径和方法。该委员会经过3年多的深入研究和充分论证，于1987年向联合国大会提交了研究报告《我们共同的未来》（Our common Future）。报告分为“共同的问题”、“共同的挑战”和“共同的努力”三大部分，将注意力集中于人口、粮食、物种和遗传资源、能源、工业和人类居住等方面。在系统探讨了人类面临的一系列重大经济、社会和环境问题之后，提出了“可持续发展”的概念。报告深刻指出，过去我们关心的是经济发展对生态环境带来的影响，而现在我们正迫切地感到生态的压力，如土壤、水、大气、森林的退化，对经济发展所带来的重大影响。因此，我们需要有一条新的发展道路，这条道路不是一条仅能在若干年内、在若干地方支持人类进步的道路，而是一直到遥远的未来都能支持全球人类进步的道路。布伦特兰鲜明、创新的科学观点，把人们从单纯考虑环境保护引导到把环境保护与人类发展切实结合起来，实现了人类有关环境与发展思想的重要飞跃。

从1972年联合国人类环境会议召开到1992年的20年间，国际社会关注的热点已由单纯注重环境问题逐渐转移到环境与发展的关系上来。在这一背景条件下，1992年6月联合国在巴西的里约热内卢召开了环境与发展大会（UNCED）。183个国家代表团和联合国及其下属机构等70个国际组织代表出席了会议，102位国家元首或政府首脑亲自与会。会议以可持续发展为指导方针，制定并通过了《里约环境与发展宣言》和《21世纪议程》两个纲领性文件。前者是开展全球环境与发展领域合作的框架性文件，提出了实现可持续发展的27条基本原则；后者则是全球范围内可持续发展的行动计划，旨在建立21世纪全球人类活动对环境影响的各个方面的行动规则，为保障人类共同的未来提供一个全球性措施的战略框架。《21世纪议程》反映了实现世界可持续发展的战略目标，在环境与发展领域广泛开展合作的全球共识和最高级别的政治承诺。正式确定了可持续发展是当代人类发展的主题，详尽而深刻地阐明了环境与发展的关系，为人类改善环境，完善发展展示了广阔前景。这次大会标志着人类对环境与发展的认识提高到了一个崭新的阶段，可持续发展理论升华到可持续发展战略，并在全世界范围内得到理解和接受。

第二节　可持续发展的理论内涵

可持续发展战略作为一个全新的理论体系，正在逐步形成和完善，其理论内涵引起了全世界的广泛关注和探讨。各个学科从各自的角度对可持续发展进行了不同的阐述，至今尚未形成比较一致的定义和公认的理论模式。尽管如此，其基本含义和思想内涵却是一致的。

一、可持续发展的定义

"可持续发展"（Sustainable development）的概念来源于生态学，最初应用于林业和渔业，指的是对于资源的一种管理战略，如何仅将全部资源中合理的一部分加以收获，使得资源不受破坏，而新成长的资源数量足以弥补所收获的数量。经济学家由此提出了可持续产量的概念，"可持续"一词很快被用于农业开发和生物圈，而且不限于考虑一种资源的情况。

"可持续发展"一词，在国际文件中最早出现于1980年由国际自然保护同盟（IUCN）在世界自然基金组织（WWF）的支持下制订发布的《世界自然保护大纲》（The World Conservation Strategy）。由于可持续发展的概念最初是从生态学的范畴中引申而来，当它应用于更加广泛的经济学和社会学范畴时，则不可避免地导致一些不同的认识和理解，并按照不同的理解对可持续发展做了不同的定义。

可持续发展的定义很多，但具有代表性的看法是：可持续发展思想是建立在社会、经济、人口、资源、环境相互协调和共同发展的基础上，其宗旨是既能相对满足当代人需求，又不对后代人发展构成危害。另有学者认为，可持续发展要以人类生活质量和与之相伴的社会不断进步为目的，以当代以至各代际人的均衡、持久的发展为中心任务。其核心的发展是人的全面提高，这是一个全方位的文化演替过程，需要深刻的社会变革。还有学者认为，可持续发展在某种意义上讲是建立各种形式的良性循环。例如，我国某些乡镇或国有企业在过去很长一段时期，始终沿循着"高消耗、低收益、高污染、低效益"的轨迹恶性循环；而另一些企业却一直沿着"低消耗、高收益、低污染、高效益"的良性循环发展。可持续发展战略就是要建立后者这类多种形式的良性循环体系。就一个可持续发展的实验区来说，首先要建立该社区各种形式的良性循环体系，并把经济建设与人口、资源、环境以及社会发展相协调，在构建产业及产品结构时，首先要选准产业，并考虑诸产业的能源、资源来源和消耗量；废物的生成量与排放处，以及废物的再生与循环利用率等。可持续发展试验区从综合与宏观的角度看，就是要建立一个全社会的良性循环体系。再有学者认为，可持续发展是人类社会与生态环境同时具有持续性增长的发展。从广义讲，其宏观战略旨在促进人类之间、人类与自然之间的和谐，寻求建立有利于持续发展的社会、政治、经济、生产、技术、管理以及国际关系的新体系，这是一 个全球目标。

（一）世界环境与发展委员会对可持续发展的定义

《我们共同的未来》对可持续发展的定义是："既满足当代人的需求，又不对后代人满足其自身需求的能力构成危害的发展"。这一概念在1989年联合国环境规划署（UNEP）第15届理事会通过的《关于可持续发展的声明》中得到接受和认同。这个定义鲜明地表达了两个基本观点：一是人类要发展，要满足人类的发展需求；二是发展有限度，不能损害自然界支持当代人和后代人的生存能力。

联合国环境规划署理事会认为，可持续发展涉及国内合作和跨越国界的合作。可持续发展意味着国家内和国际间的公平，意味着要有一种支援性的国际经济环境，从而实现世界各国，尤其是发展中国家的经济持续增长与发展。可持续发展还意味着维护、合理使用并加强自然资源基础，这种基础支撑着生态环境的良性循环及经济增长。此外，可持续发展表明在发展计划和政策中纳入对环境的关注与考虑，而不代表在援助或发展资助方面的一种新形式的附加条件。

（二）从几个不同侧面对可持续发展的定义

1. 从自然属性方面的定义：国际自然保护同盟（IUCN）1991 年对可持续发展的定义是“可持续地使用，是指在其可再生能力（速度）的范围内使用一种有机生态系统或其他可再生资源”。同年，国际生态学联合会（INTECNL）和国际生态科学联合会（IUBS）进一步探讨了可持续发展的自然属性。他们将可持续发展定义为“保护和加强环境系统的更新能力”，即可持续发展是不应超越环境系统再生能力的发展。此外，从自然属性方面定义的另一种代表是从生物圈概念出发，认为可持续发展是寻求一种最佳的生态系统，以支持生态的完整性和人类愿望的实现，使人类的生存环境得以持续。

2. 从社会属性方面的定义：世界自然保护同盟、联合国环境规划署和世界自然基金组织于 1991 年发表的《保护地球——可持续生存战略》（Caring the Earth：A strategy for sustainable Living），对可持续发展提出的定义是：“在生存不超出维持生态系统涵容能力的情况下，提高人类的生活质量”。强调人类的生产方式与生活方式要与地球承载能力保持平衡，保护地球的生命力和生物多样性，并提出了可持续发展的价值观。他们还着重论述了可持续发展的最终目标是人类社会的进步，即改善人类生活质量，创造美好的生活环境。认为各国可以根据自己的国情制定各自的发展目标，但真正的发展必须包括提高人类健康水平，改善人类生活质量，合理开发、利用自然资源，创造一个保障人们平等、自由、人权的发展环境。

3. 从经济属性方面的定义：巴比尔（Edward B · Barbier）在《经济、自然资源、不足和发展》一书中把可持续发展定义为：“在保护自然资源的质量和其所提供服务的前提下，使经济发展的净利益增加到最大限度。”普郎克（Pronk）和哈克（Haq）在 1992 年所作的定义是：“为全世界而不是为少数人的特权而提供公平机会的经济增长，不进一步消耗世界自然资源的绝对量与涵容能力。”认为自然资源应当以如下方式被应用：不会因地球承载能力与涵容能力的过度开发而导致生态债务。英国经济学家皮尔斯（Pearce）和沃福德（Warford）在 1993 年合著的《世界末日》一书中对可持续发展定义用经济学语言表达为：“当发展能够保证当代人的福利增加时，也不应使后代人的福利减少”。经济学家科斯坦萨（Costanza）等人认为：“可持续发展是动态的人类经济系统与更为动态的，但在正常条件下变动却很缓慢的生态系统之间的一种关系。这种关系意味着人类的生存能够无限地持续，人类个体能够处于全盛状态，人类文化能够发展，但这种关系也意味着人类活动的影响保持在某些限度之内，以免破坏生态学上的生存支持系统的多样性、复杂性和基本功能。”

4. 从科技属性方面的定义：这方面的定义主要是从技术选择的角度对可持续发展进行了扩展，认为“可持续发展就是转向更清洁，更有效的技术，尽可能接近‘零排放’或‘密闭式’的工艺方法，尽可能减少能源和其他自然资源消耗。”还有学者提出：“可持续发展就是建立极少产生废料和污染物的工艺或技术系统。”他们认为污染并非工业活动不可避免的结果，而是技术水平差、效率低的表现。主张发达国家应与发展中国家进行技术合作，缩短技术差距，提高发展中国家的经济生产能力。

综上所述，可持续发展是一种从环境和自然资源角度提出的关于人类长期发展的战略和模式，它不是在一般意义上所指的一个发展进程要在时间上连续运行、不被中断，而是特别指出环境和自然资源的长期承载能力对发展进程的重要性以及发展对改善生活质量的重要性。它从理论上结束了长期以来把发展经济同保护环境和资源相对立起来的错误观点，并明确指出它们应当是相互联系和互为因果的。

二、可持续发展理论的基本含义

可持续发展是一个综合的概念，它不仅涉及当代的和一国的人口、资源、环境与发展的协调，还涉及到后代的和国家、地区之间的人口、资源、环境与发展之间矛盾的冲突。可持续发展主要包括自然资源与生态环境的可持续发展、经济的可持续发展和社会的可持续发展这三个方面。可持续发展是以自然资源的可持续利用和良好的生态环境为基础、经济可持续发展为前提、谋求社会的全面进步为目标。可持续发展不仅是经济问题，也不仅是社会问题和生态问题，而是三者互相影响的综合体。因此，可持续发展既是一个涉及代际公平和代内公平方面的综合概念，也是一个涉及经济、社会、文化、技术及自然环境的综合概念。

可持续发展理论的内涵是一个正在探讨的热门话题，其要点可以归纳如下：① 可持续发展是发展与可持续的统一，二者相辅相成，互为因果。放弃发展，则无持续可言，只顾发展而不考虑可持续，长远发展将丧失根基。可持续发展战略追求的是近期目标与长远目标、近期利益与长远利益的最佳兼顾，经济、社会、人口、资源、环境的全面协调发展。② 可持续发展涉及到人类社会的方方面面，走可持续发展之路，意味着社会的整体变革，包括社会、经济、人口、资源、环境等诸领域在内，亦要如此。③ 发展的内涵主要是经济的发展、社会的进步。资源的高效与永续利用同经济发展与社会进步密切相关。资源的合理利用与环境良性循环下的经济发展，要紧紧依靠科技进步和人的素质的不断提高。④ 自然资源、尤其是生物资源的高效与永续利用是保障社会经济可持续发展的基础；可再生资源、特别是生物资源寓存于地球生态经济系统内，在经济开发与发展中，必须保护生物的多样性及自然生态环境，将可再生资源的开发利用速度限制在其再生速率之内。⑤自然生态环境是人类生存与发展的基础，如果像水、空气或土地这类最根本的自然生态环境要素遭污染而恶化，人类将无法生存，更谈不上发展。可持续发展战略就是谋求社会、经济、人口、资源、环境的协调发展，并在发展中寻求新的平衡。当然，这种平衡不仅局限在生态与环境上，还包括经济、社会、人口、资源等诸领域的内部及相互间的平衡。⑥ 控制人口过快增长，提高人口质量，改善人口结构，并在保护生态环境的前提之下发展经济。⑦消除贫困。贫困是可持续发展战略要根除的首要目标。在全球约两亿儿童不足温饱，十几亿劳动力无工作可做的今天，发展的首要目标是解决这些人所遇到的困境。⑧ 坚持可持续整体发展的全局观念，反对只注重单纯的、片面的或局部的发展，以至把这类发展误认为可持续的整体发展。因此，要从大的方面考虑，并赋予现代观念，即指全人类的发展。⑨ 可持续发展既包括区际间协调——此地区发展不应以损害彼地区为代价，也包括全面满足当代人与后代人基本需求这种代际人之间的协调。这就必须解决好资源在当代人与后代人之间的合理配置，既要保证当代人的合理需求，又要为后代人留下较好的生存与发展条件。另一方面，应重视资源在各地区、各部门和每个人之间的合理分配，避免资源闲置与浪费。此外，还应采用能耗少和物耗小的新技术，推行资源与废弃物的循环利用；对可再生资源在开发利用的同时，采用人工措施促其增值；尽量采用替代资源，以减少稀缺资源的消耗，确保当代间、代际间的人与自然处于协调状态，生态处于持续平衡状态。

另有学者把可持续发展理论的内涵概括为：① 目标：保证经济高速发展，又保护生态环境，使社会经济同资源环境实现良性循环。不仅安排好当前的发展，又要为子孙后代着想，为未来发展创造好的条件。② 体系：可持续发展是社会与自然关系的变革，是以保护资源与环境为前提对社会进行革新，需要建立可持续发展的社会体系。③ 过程：从当前开始直至目标实现，在整个过程中协调好人口、资源、环境、社会及经济发展间的关系。④ 思想：可持续发展是一个理想，理想目标的实现，首先要使人的思想观念有所转变，树立环境意识和生态观念，提倡节约，反对浪费。特别要克服“发展”中片面追求经济增长的思想，防止以牺牲环境为代价换取暂时的经济增长。⑤ 原理：主要体现在以下三方面：首先，强调社会公平。可持续发展的目标是要满足所有人的基本需求，向所有人提供实现美好生活愿望的机会。社会要从提高生产潜力、确保每人都有平等的机会两方面满足人民需要。其次，强调发展与环境的统一，即社会经济发展同资源环境统筹安排是可持续发展的基本原则。最后，强调生态与经济的协调是核心。经济是社会发展的基础，所以要以经济建设为中心。生态是人类社会和生命系统同自然环境的关系，解决环境与发展的统一问题就必须首先解决好生态与经济的协调发展问题。

（一）可持续发展鼓励经济增长

可持续发展不否定经济增长（尤其是发展中国家的经济增长），但需要重新审视如何实现经济增长。可持续发展不仅要重视经济增长的数量，更要追求经济增长的质量。数量的增长是有限的，而依靠科学技术进步，提高经济活动的效益和质量，采取科学的经济增长方式才是可持续的。要达到具有可持续意义的经济增长，必须审计使用能源和原料的方式，力求减少损失，杜绝浪费，从粗放型向集约型转变，由传统的以“高投入、高消耗、高污染”为特征的生产模式和消费模式向“清洁生产”、“文明消费”转变，尽可能减少废物排放，从而减少经济活动造成的环境压力。既然环境退化的原因存在于经济活动之中，其解决的办法也应该从经济过程中去寻找。目前急需解决的问题是研究经济上的扭曲和误区，并站在保护环境、保持全部资本存量的立场上加以纠正，使传统的经济增长模式逐步向可持续发展模式转变。

（二）可持续发展以自然资源为基础，同环境承载能力相协调

可持续发展的标志是资源的永续利用和良好的生态环境，经济和社会发展不能超越资源和环境的承载能力。可持续发展要求在严格控制人口增长、提高人口素质和保护环境、资源永续利用的条件下进行经济建设，保证以可持续的方式使用环境资源，使人类的发展控制在地球的承载力之内。发展是有限制条件的，没有限制就不能实现可持续发展。因此，必须使资源的耗竭速率低于其再生速率，转变传统的发展模式，从根本上解决环境问题。如果在经济决策中能够将环境影响全面地、系统地考虑进去，可持续的增长是可以实现的。但如果处理不当，环境退化和资源破坏的成本将非常巨大，甚至会抵消经济增长的

成果。

（三）可持续发展的目标是谋求社会的全面进步

单纯追求产值的经济增长不能体现发展的内涵。“经济发展”的概念远比“经济增长”的含义更广泛，意义更深远。经济增长一般被定义为人均国民生产总值的提高，仅单纯地使人均实际收入提高而未能使社会和经济结构发生进化，一系列社会发展目标没有很好实现，就不能称其为发展。可持续发展的观念认为，世界各国的发展阶段和发展目标可以不同，但发展的本质应当包括改善人类生活质量，提高人类健康水平，创造一个和平、进步的社会环境。只要在社会、经济发展过程中始终保持经济、资源和环境的协调，就能实现人类社会持续、稳定、健康的发展。

（四）可持续发展承认并要求体现出环境资源的价值

环境资源是可持续发展的基础与条件，离开了这一基础和条件，人类的生存和发展就无从谈起。应当把生产中环境资源的投入和服务计入生产成本和产品价格之中，并逐步修改和完善国民经济体系。为了全面反映环境资源价值，产品价格应当完整地反映三部分成本：一是资源开采或获取的成本；二是与资源开采、使用有关的环境成本（环境净化成本和环境损害成本）；三是由于当代人使用了这一部分资源而造成后代人的效益损失，即用户成本。产品销售价格则应是上述三部分成本加上利税及流通费用的总和。

（五）可持续发展的实施以适宜政策和法律体系为条件，强调“综合决策”与“公众参与”

《21世纪议程》特别强调，需要改变过去各个部门封闭地、分隔地、“单打一”地分别制定和实施经济、社会、环境政策的做法，提倡根据周密的社会、经济、环境和科学原则，全面的信息和综合的要求来制定政策并予以实施。可持续发展的原则要纳入经济发展、人口、资源、环境、社会保障等各项立法及重大决策之中。

（六）可持续发展体现了发展与环境是一个有机整体

《里约环境与发展宣言》指出：“为实现可持续发展，环境保护工作应当是发展进程的一个整体组成部分，不能脱离这一进程来考虑。”可持续发展把环境保护作为追求实现的最基本目标之一，也作为衡量发展质量、发展水平和发展程度的宏观标准之一。在保护环境方面，每个人都享有权利和义务。

目前，可持续发展的理论内涵还是一个正在探讨的、很不成熟的课题。从现有研究成果看，可持续发展理论的内涵主要分为三类：

（1）可持续发展的哲学与伦理学内涵。最具代表性的是《我们共同的未来》一书中所描述的“可持续发展是指既满足当代人的需求，又不危及后代人满足其需求的发展”（WCED，1987）。这类定义强调的是可持续发展的思想、意识和观念，其政治性强、可操作性差。其主要观点是发展理念的平衡，包括区域平衡、代内平衡和代际平衡。

（2）可持续发展的生物、物理和地理科学内涵。其内涵的核心是强调物质世界的完整与平衡，主要观点是：污染物的排放与自净的平衡；资源消耗与再生的平衡；自然生态与人工、半人工生态的协调与平衡。这种观点强调的是物质世界的数量和质量，而不是价值。由于不同物质的质和量含义和量纲的不同，实际中很难就不同物质的替代进行定量的评价。

（3）可持续发展的经济学内涵。其核心是全社会资本总值随着时间持续增长或保持原值。资本中包括人造资本，如房屋、机器、设备等；人力资本，如劳动力，技术等；自然资本，如资源、环境等。该定义的特点是可操作性强，但有两个问题难于解决。一是如何核定各种资本的货币价值，尤其是自然资本的价值；二是总资本持续增长，理论上各种资本形式就可以互相替代，这在实际中又会遇到问题。例如，有些自然资本，如环境质量、生物多样性以及自然资源的生态功能等都不具备可替代性以及所有自然资源的生态价值都不具备可替代性。在这种情况下，强硬派认为可持续发展就是自然资本总量不随时间减少（Randall，1991），这显然又不符合发展的实际，尤其对广大发展中国家不现实。比较一致的看法是可持续发展的定义为资本总量持续增长，一些不可替代的自然资本不退化。

三、可持续发展的基本原则

可持续发展观强调的是环境与经济的协调发展，追求的是人与自然的和谐。其核心思想是，健康的经济发展应建立在生态持续能力、社会公正和公众积极参与自身发展决策的基础上。它所追求的目标是，既要使人类的各种需求得到满足，个人得到充分发展，又要保护生态环境，不对后代人的生存和发展构成危害。因此，可持续发展的基本原则有三个，即可持续性原则、公平性原则和共同性原则。

（一）可持续性原则

资源与环境是制约可持续发展的主要因素，资源的永续利用和生态环境的可持续性是可持续发展的重要保证。人类对于自然资源的耗竭速率应该充分考虑资源与环境的临界性，可持续发展不应该损害支持地球生命的大气、水、土壤、生物等自然系统。“发展”一旦破坏了人类生存的物质基础，“发展”本身也就衰退了。因此，可持续性原则的核心是人类的发展不能超越资源和环境的承载能力。人类在经济、社会的发展进程中，需要按照可持续性原则调整自己的生活方式，确定适当的消耗标准，而不能盲目地、过度地生产和消费。

（二）公平性原则

公平性指的是机会选择的平等性。可持续发展的公平性原则一是指当今世界不同地区、不同人群之间的平等，即同代人之间的横向公平。可持续发展要满足所有人的基本需求，使人们有机会满足过美好生活的愿望。当今世界贫富悬殊、两极分化的状况完全不符合可持续发展的原则。因此，世界各国应享有公平的发展权、公平的资源使用权，在发展的进程中消除贫困。各国拥有按其本国的环境与发展政策开发本国自然资源的主权，并负有确保在其管辖范围内或在其控制下的活动不致损害其他国家或地区的环境责任。二是代际间的平等，即世世代代之间的纵向公平。人类赖以生存和发展的自然资源是有限的，当代人不能因为自己的发展与需求而损害后代人满足其发展需求的基本条件——自然资源与环境，使后代人也享有公平利用自然资源的权利。

（三）共同性原则

可持续发展关系到全球的发展。对于世界各国来说，尽管历史、经济、文化和发展水平各不相同，可持续发展的具体目标、政策和实施步骤也互有差异，但其所表现的公平性和可持续性则都是共同的。实现可持续发展这一总目标，必须采取全球共同的联合行动。因此，致力于达成既尊重世界各国的利益，又保护全球环境与发展体系的国际协定至关重要。共同促进人类自身之间、人类与自然之间的协调，既是可持续发展对全人类的共同要求，也是人类共同的道义和责任。

（四）可持续发展本质上是一种创新观

可持续发展追求的是经济效益、环境效益、社会效益的协调和统一，人类自身再生产、物质再生产、环境再生产的相互适应。可持续发展要处理的是人与人之间的经济利益关系，要实现有限资源在代内与代际之间的合理分配和永续利用。因此，可持续发展要从根本上解决人类无限发展的需求与自然资源有限性这一对基本矛盾。基于现实中这一矛盾的日益激化，自然生态环境的污染与破坏已危及人类的生存与发展，如何处理好人与自然的关系是人类面临的最迫切、最根本的首要任务。导致自然环境破坏的根源是人类无止境的贪婪和无限制的掠夺，如果对人类的行为加以规范和节制，就会使人与自然的紧张关系缓和许多。但是，对自然的保护，并没有改变资源的有限性，对人类行为的节制，也不能触及人类发展的无限需求。因此，“保护”和“节制”不能从根本上解决这一对矛盾，它仅缓和了矛盾，随着时间的推移，矛盾的积累最终会导致矛盾冲突的爆发。所以，解决这一矛盾的根本不在于“保护”和“节制”，而在于创新。可持续发展观是对旧发展观批判、反思后的超越，它依存于对人类前途的忧虑，但不是悲观的。可持续发展观是乐观主义的，它相信人类自身的创新力量，批判的是对人类力量的盲目自信，但并不是要放弃自信、放弃自己的力量、依附于悲观主义的宿命论，而是要认识到自信的前提，认识到人类生存发展的条件性，认识到人自身的局限性，变盲目自信为自觉自信，有批判性的自信。人类既要承认自身发展的条件和局限性，同时又要创造条件，改变条件、突破自身的局限性。

由于解决自然资源的有限性与人类需求发展的无限性这对矛盾的主体是人，而人及其所处的环境是具体的、历史的、受现实的客观条件制约的。因此，这一矛盾的解决也是具体的、历史的、受现实的客观条件制约的。也就是说可持续发展的内涵有其内在的规范性，受到具体的、历史的、价值观的影响。尽管客观上要求可持续性的时间必须是无限性的，或者至少是相当长的，但是现实的“可持续性”问题的决策时间尺度往往是有限的时间，否则，便没有现实的意义和可行的价值。可持续发展要求时间的无限延续，而具体的、历史的人的时间总是有限度的。但是，这个时间性限度并非不可跨越，恰恰正是对这个时间限度的承认和明确化，才能真正实现对它的突破，寻求无限时间的可持续发展。自然资源是有限的，以人为中心的自然——经济——社会复合系统，只能在不超出资源与环境承载能力的条件下，促进经济发展，保护资源永续利用和提高生活质量。但资源有限性的具体涵义对不同的、具体的、历史的人而言，其意义是不一样的，后代的人可以超越前代资源有限性的界限，而赋予新的意义。人类整体创新能力的无限性，决定了资源有限性具体涵义的无限限定与突破。但对于每一具体历史而言，所要具体解决而且必须解决的，也是具体历史的资源有限性与具体历史人的需求的矛盾。因此，自然资源有限性与人类需求发展无限性这对矛盾的解决总是具体历史的，并没有一个一劳永逸的过程，是需要人类无限发展的创新能力来保证的。

可持续发展要实现自然、经济、社会的协调发展，关键是要处理好人与人、人与自然的关系，它所涉及的内容是多元的、多向的、多层次的复杂非线性关系。因而作为一种创新，其涵义是丰富的、全面的，主要表现在以下几个方面：一是环境创新。这是实现可持续发展的关键，要在深度上、广度上和观念形式上不断突破自然资源有限性的具体涵义，不是单纯地保护环境资源，而是要主动地寻求环境对人类发展的支持，通过环境创新，实现人与环境的协调发展。二是经济创新。在经济发展中，既要重视量的增长，更要重视质的提高，实行生产方式和经济运行模式的创新，转变传统的以物为中心的发展观，把全部经济活动纳入自然——经济——社会和谐发展的系统之内。三是社会创新。社会创新包括社会制度创新，生活方式创新和交往方式创新，以尊重自然、促进自然的发展为基础，协调人与人之间的关系。四是科技创新。科技创新是实现可持续发展的杠杆，是人的力量和自信集中的体现。五是文化观念创新。自然危机、生态危机、人与自然关系的危机、人类生存的危机，归根结底是传统的文化观念的危机。因此，实现可持续发展必须对传统的文化观念进行反思、批判，同时进行建设和创新，改变、超越传统的思维方式和价值观念。六是人类自身创新。这是可持续发展的根本基础，也是可持续发展的根本目的。提高人的综合素质，实现人类的全面发展，无论是环境创新、经济创新还是科技创新、文化观念创新，集中一点就是人的创新。如提高人的认识能力、改造能力、创新能力、反思批判能力以及充分发挥人的潜能等。

综上所述，可持续发展观本质上是一种自觉、持续、全面的创新观，是对人的本质能力的肯定，对人类未来前途的乐观，但不是盲目乐观，而是理性的、辩证的乐观。

四、实施可持续发展的基本条件

实施可持续发展的基本条件如表 2-1 所示。

表 2－1　可持续发展的十个基本条件和内涵

基本条件	具体含义
1. 可更新资源的消耗量不能超过其再生量	水资源、森林资源以及近海渔业资源的开采量不能超过其再生量
2. 不可更新资源消耗量不能超过其替代速率或目标消耗量	耕地面积应能保证人均食品达到 500kg/a 的要求；耗煤排放的污染物控制在要求的总量以内；其他矿产资源开采量限制在控制目标以内
3. 可降解污染物排放量不能超过其环境自净能力	如有机污染物排放量，近海石油类排放量以及 CO_2 排放量不能超过其环境净化能力

基本条件	具体含义
4. 难降解有机物排放量不能超过目标排放量	重金属，SO_2，NO_x 等的排放量不能超过目标排放量
5. 生物多样性指数递减率不高于其自然递减率	动植物物种数量不得因人为因素降低
6. 生态环境成本不能超过财政收入	生态破坏与环境污染损失小于财政收入
7. 人口年平均增长率小于粮食年平均增长率	粮食自给，不低于400kg/（人·a）的国际最低标准
8. 市区平均人口密度不超过1万人/km^2；市中心人口密度不超过2万人/km^2	避免市区拥挤及由此产生的一系列问题
9. 人均生活水平持续增长	人均居住面积，人均可支配收入，人均寿命等指标持续增长；人均GDP持续增长
10. 科技进步贡献率大于投资的边际效益递减率	教育水平，科技竞争力，行政管理水平与综合决策能力持续增长

从表2－1可以看出，条件1和2是关于资源可持续利用的基本准则，这也是公认的可持续发展的基本条件；条件3和4是保证在经济社会发展中环境质量不退化的根本保证，也是今后环保工作的核心；条件5是关于生物多样性保护的基本要求；条件6是资本总量持续增长的基本条件；条件7和8是控制总人口以及市区人口的基本条件。条件9是保证经济增长和市民生活条件持续增长的关键；条件10是衡量社会发展及科技进步的基本条件。

第三节　可持续发展能力测试方法

目前，尽管可持续发展的概念已被确认，可持续发展模式在很大程度上被各国政府所接受，但是，如何从一个概念进入可操作的具体行动仍需要进行许多方面的探讨和实践。其中一个至关重要的问题就是如何测定和评价可持续发展的能力。可持续发展是经济系统、社会系统以及环境系统和谐发展的象征，它所涵盖的范围包括经济发展与经济效率的实现，自然资源的有效配置和永续利用，环境质量的改善和社会公平与适宜的社会组织形式等等。因此，考察一个社会的可持续发展能力，要首先描述经济、社会、环境的状态，然后通过这三大系统的协调来评估可持续发展的能力。

一、衡量可持续发展能力的基本要素

（一）资源的承载能力

资源的承载能力又被称为“生存支持系统”或“基础支持系统”。是指一个国家或地区的人均资源数量及其对于空间内人口的基本生存支撑能力。该支撑能力不仅满足当代人与下一代人的需要，还要考虑以后的各代人，即世世代代的需要，这样才具备可持续发展

的条件。如果不能满足各代人的需要，则必须挖掘替代资源，使“生存支持系统”保持在区域人口需求范围之上。

（二）区域的生产能力

区域的生产能力又称“发展支持系统”或“动力支持系统”。这是一个国家或地区资源、人力、技术和资本在总体上可以转化为人类不断增长的需求及物质能力的水平。可持续发展要求此种生产能在不危及其他系统的前提下，必须与人类的需求同步增长。

（三）环境的缓冲能力

环境的缓冲能力又称为“环境支持系统”或“容量支持系统”。该系统要求人类对区域的开发、对资源的利用、对生产的发展、对废物的处理等，均应维持在环境的允许容量之内，否则，发展将不能持续。

（四）进程的稳定能力

又称之为“过程支持系统”。可持续发展要求在整个发展的轨迹上，出现由于自然波动和经济社会波动所带来的灾难性后果，防止系统发生崩溃或出现不可逆转的不良后果。保持“过程支持系统”的稳定，一是要培植系统的抗干扰能力；二是要增强系统的张性力。系统一旦受到干扰后应当具有较强的恢复能力，即有迅速的系统重建能力。

（五）管理的调节能力

管理的调节能力又称之为“智力支持系统”。它要求人的认识能力、判断能力、决策能力和调节能力应与本地区可持续发展的水平相适应。也就是说，一个国家或地区的行政长官、各企业与社团的负责人都应是掌握可持续发展理论的各类专业人才。

二、可持续发展指标体系

可持续发展的五大要素便于对一个国家或地区的可持续发展能力进行考察，但是由于缺少具体细则，因而无法进行深入的分析和判断，在实际操作中各地的指标体系也难以统一。要给出具体的具有可操作性的测试手段，则必须建立可持续发展指标体系，通过一系列的指标逐年对可持续发展的状态和程度进行考察，正确判断可持续发展的能力，及时发现并纠正不利于可持续发展的行为，维护社会、经济的可持续发展能力。

（一）可持续发展指标体系框架

衡量可持续发展的指标体系由描述性指标和评估性指标两大部分组成。描述性指标是为人们提供经济、社会、环境这三个关键要素的发展状况；评估性指标是评估环境系统与社会系统、经济系统之间的相互联系与协调程度。由于经济、社会、环境系统都是由复杂的多元参量组成。因此，可持续发展的描述指标与评估指标构成了一个庞大而复杂的指标体系。这一指标体系能够在时间上反映其发展的速度和趋向，在空间上反映其整体布局和结构，在数量上反映其规模，在层次上反映其功能和水平。

可持续发展指标体系必须具有这样几个方面的功能：第一，它应该能够描述和表征出某一时刻发展的各方面现状；第二，它应该能够描述和反映出某一时刻发展的各方面的变化趋势；第三，能够描述和表征发展的各个方面的协调程度。也就是说，可持续发展的指标体系反映的是社会—经济—环境之间的相互作用关系。基于此，经济合作与发展组织（OECD）提出了压力—状态—响应框架（图2-1）。根据这个框架，可持续发展指标体系应由三大类指标构成，即压力指标、状态指标和响应指标。压力指标反映的是对可持续发展有影响的人类活动、进程和方式，即表明环境问题的原因；状态指标衡量由于人类行为而导致的环境质量或环境状态的变化，即描述可持续发展的状况；响应指标是对可持续发展状况变化所作的选择和反应，即显示社会及其制度机制为减轻诸如资源破坏等所作的努力。

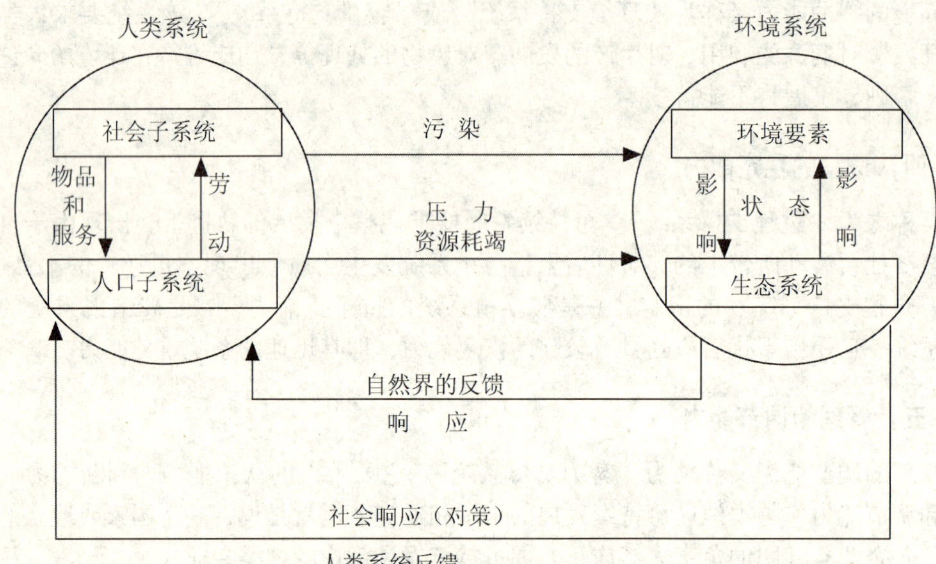

图2-1 可持续发展指标体系的压力—状态—响应概念框架

根据指标体系的层次性原则，可持续发展指标体系应包括全球、国家、地区（省、市、县）三个层次，它们分别涵盖资源存量、环境承载力、经济发展状况、社会发展状况、制度等方面的内容。这些不同层次的指标体系框架可分别用图2-2、图2-3表示。

（二）建立可持续发展指标体系的原则

1. 科学性原则。可持续发展指标体系应能客观地反映系统发展的内涵以及各个子系统和指标间的相互联系，并能度量区域可持续发展目标实现的程度。指标体系覆盖面要广，能综合地反映影响区域可持续发展的各种因素（如自然资源利用是否合理，经济系统是否高效，社会系统是否健康、生态环境系统是否向良性循环发展），以及决策、管理水平等。

2. 层次性原则。由于可持续发展指标体系主要是为各级政府的决策提供可靠的信息，并且解决可持续发展问题必须由政府在各个层次上进行调控和管理。因此，衡量社会的发展行为与发展状况是否具有可持续性，应在不同层次上采用不同的指标，即在不同层次上应该有不同的指标体系。

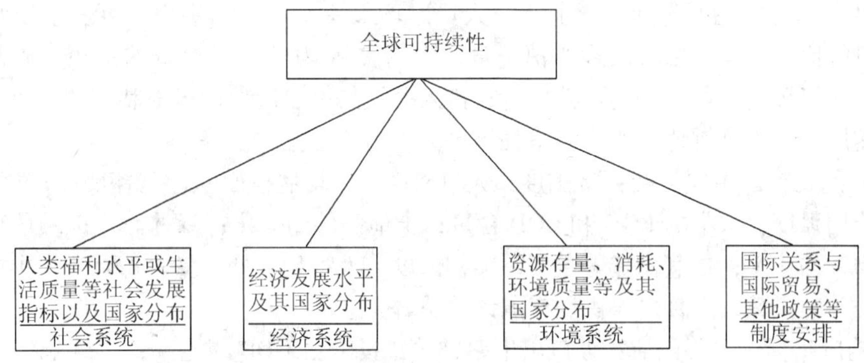

图2－2　全球可持续发展指标体系框架

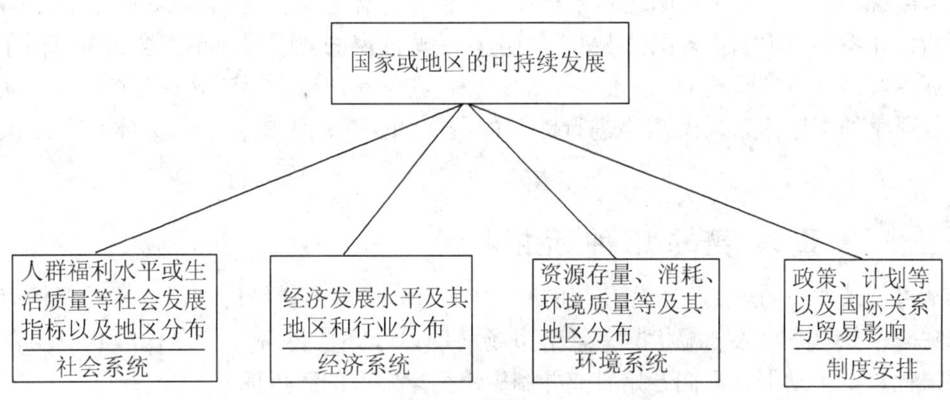

图2－3　国家（地区）级可持续发展指标体系框架

3. 相关性原则。可持续发展实质上要求任何一个时期，经济的发展水平或自然资源的消耗水平，环境质量和环境承载状况以及人类的社会组织形式之间都要处于协调状态。因此，从可持续发展的角度看，不管是表征哪一方面水平和状态的指标，相互间都有着密切的关联，也就是说可持续发展的任何指标都必须体现与其他指标的内在联系。

4. 简明性原则。指标体系中的各项指标应简单明了，具有较强的可比性并容易获取。指标不同于原始的统计数据和监测数据，必须经过加工处理使之能够清晰、明了地反映问题。

（三）联合国可持续发展指标体系

1992年世界环境与发展大会以来，世界上许多国家按大会要求纷纷研究和建立适合本国国情的可持续发展指标体系，目的是评判国家的发展趋向是否可持续，并以此进一步促进可持续发展战略的实施。作为全球可持续发展战略的重大举措，联合国也成立了可持续发展委员会，其任务是审议各国执行《21世纪议程》的情况，并对联合国有关环境与发展的项目和计划在高层次进行协调。为了对各国在可持续发展方面的能力和问题有一个较为客观的衡量标准，该委员会制定了联合国可持续发展指标体系。该指标体系由压力指标、状态指标、响应指标三部分构成。

1. 压力指标。主要包括：就业率；人口净增长率；成人识字率；可安全饮水的人口占总人口的比率；运输燃料的人均消费量；人均实际 GDP 用于投资的份额；矿藏储量的消耗；人均能源消费量；人均水消费量；排入海域的氮、磷量；土地利用的变化；农药和化肥的使用；人均可耕地面积；温室气体等大气污染物排放量等。

2. 状态指标。主要包括：贫困度；人口密度；人均居住面积；已探明矿产资源储量；原材料使用强度；水中的 BOD 和 COD 含量；土地条件的变化；森林面积；濒危物种占本国全部物种的比率；二氧化硫等主要污染物浓度；人均垃圾处理量；每百万人中拥有的科学家和工程师人数；每百户居民拥有电话数量等。

3. 响应指标。主要包括：人口出生率；教育投资占 GDP 的比率；再生能源的消费量与非再生能源消费量的比率；环保投资占 GDP 的比率；污染处理范围；垃圾处理的支出；科学研究费用占 GDP 的比率等。

需要说明的是，由于各国之间差异较大，该指标体系虽然经过专家多次讨论和修改，整个指标体系仍很难涵盖各国情况，有可能与一些国家的实际情况不完全相符。由于可持续发展内容涉及面广而复杂，人们对它的认识还在不断加深，要建立一套在理论和实践上都比较科学的指标体系，尚需要进行深入的研究和探讨。因此，该指标体系只能供我们参考。

三、衡量发展的几种新指标

从可持续发展的观点看，用传统的 GNP 或 GDP 作为衡量经济发展的主要指标有着明显的缺陷，如忽略收入分配状况、忽略市场活动以及不能体现环境退化等状况。在《21世纪议程》的推动下，人们开始研究并制定出衡量发展的新指标。

（一）人文发展指数

人文发展指数（HDI）是联合国开发计划署所创立的，用以纠正以往以 GNP 为基础的人均经济购买力指标体系的缺陷。它由“预期寿命、教育水准、收入水平”三个衡量指标构成。“预期寿命”反映了营养和环境质量状况，是根据人口的平均预期寿命来测定的；“教育水准”是指公众受教育的程度，通过成人识字率（2/3 权数）和大、中、小学综合入学率（1/3 权数）的加权平均数来衡量；“收入水平”是指人均 GDP 的多少，通过实际人均国内生产总值的购买力来测算。

HDI 强调了国家发展应从传统的以物为中心转向以人为中心，强调了追求合理的生活水平而非对物质的无限占有，向传统的消费观念提出了挑战。HDI 将收入与发展指标相结合，比人均 GDP 和人均收入指标较进步的方面在于，这一指标不仅能反映一个国家与地区的经济水平和收入水平，同时还能反映其劳动力的素质水平。但是，HDI 由于未提及环境的退化情况，没有考虑自然资源的耗竭对生活条件造成恶化的情况，因而仍带有很大的局限性。

将 HDI 与以往人均 GDP 排序的各国进行比较，揭示出的差别是很大的。如，哥斯达黎加按以往人均 GDP 排序，在南非后 20 多名，而按 HDI 排序，哥斯达黎加却在南非前 17 名，其原因是哥斯达黎加的成人识字率为 92%，而南非的成人识字率是 85%，哥斯达黎加的预期寿命也比南非高 13 岁左右。中国的 HDI 在世界 173 个国家中排序为 94 位，比人均GDP（第143位）名次提高了49位，但比朝鲜和蒙古低，主要差距是环境质量和教育水平，尤其是学龄儿童入学率。

（二）衡量国家（地区）财富的新标准

世界银行在1995年颁布了一项衡量国家（地区）财富的新标准，提出一国的国家财富由人造资本、自然资本和人力资本这三个主要资本组成。人造资本为通常经济统计和核算中的资本，包括机械设备、运输设备、基础设施、建筑物等人工创造的固定资产；自然资本是指大自然为人类提供的自然财富，如土地、森林、空气、水、矿产资源等；人力资本指的是人的生产能力，它包括了人的体力、受教育程度、身体状况、能力水平等各个方面。由于很多人造资本是以大量消耗自然资本换来的。因此，应该从中扣除自然资本的价值。如果将自然资本的消耗计算在内，人造资本未必都是经济的。人力资本不仅与人的先天素质有关，而且与人的教育水平、健康水平、营养水平直接相关，也就是说，人力资本可以通过投入人造资本来获得增长。所以说一个国家的财富，其真正含义应当是生产出来的财富，减去国民消费，再减去产品资产的折旧和消耗掉的自然资源。尽管一个国家可以使用和消耗本国的自然资源，但必须在使其自然生态保持稳定的前提下，能够高效地转化为人力资本和人造资本，保证人造资本和人力资本的增长能够补偿自然资本的消耗。该方法更多地纳入了绿色国民经济核算的基本概念，特别是纳入资源和环境核算的一些研究成果，通过对宏观经济指标的修正，试图从经济的角度去阐明环境与发展的关系，并通过货币度量一个国家或地区总资本存量（或人均资本存量）的变化，以此来判断一个国家或地区发展是否具有可持续性，能够比较真实地反映一个国家或地区的财富。

中国按此标准排列，在世界192个国家和地区中处于161位。人均财富6600美元，其中自然资本占8%，人造资本占15%，人力资本占77%。从人均财富相对结构来看，中国的自然资源相当贫乏；从人均财富的绝对量来看，中国拥有的各种财富也非常低，特别是高素质人才少，人力资本只有发达国家或地区的1/50。因此，今后如果仍一味地追求以自然资源高消耗、环境高污染为代价来换取经济高增长的模式，中国的人均财富不仅难以大幅度增长，而且还有可能下降。

（三）绿色国民账户

从环境的角度看，常规的国民经济核算体系存在三个方面的缺陷。一是国民账户未能准确反映社会福利状况，没有考虑资源状态的变化；二是人类活动所消耗的自然资源的实际成本没有计入常规的国民账户；三是环境损失未记入国民账户。因此，要克服这些缺陷，就需要建立一种新的国民账户体系。近几年，世界银行与联合国统计局合作，试图将环境问题纳入当前正在修订的国民账户体系框架中，以建立经过环境调整的国内生产净值（EDP）和经过环境调整的净国内收入（EDI）统计体系。目前，已出台一个试用性的“经过环境调整的经济账户体系（SEEA）”。该体系在尽可能保持现有国民账户体系的概念和原则的情况下，将环境数据结合到现有的国民账户信息体系中。环境成本、环境收益、自然资产以及环境保护支出均与国民账户体系相一致的形式，作为附属账户列出。其最重要的特点是能够利用其他测度的信息，如利用区域或部门水平上的实物资源账目。因此，附属账户是实现最终计算EDP和EDI的一个重大进展。

一般说来，国内生产净值（NDP）＝最终消费品＋净资本形成＋（出口－进口）。这一计算方法忽略了环境与自然资产的耗减。如果对这一部分加以环境调整，则调整后的国内生产净值（EDP）＝最终消费品＋（产品资产的净资本积累＋非产品资产的净资本积累－环境资产的耗减和退化）＋（出口－进口）。

第四节　中国的可持续发展战略

一、《中国21世纪议程》

1992年6月联合国环境与发展大会通过了《里约环境与发展宣言》、《21世纪议程》、《关于森林问题的原则声明》等重要文件，各国签署了联合国《气候变化框架公约》、《生物多样性公约》，充分体现了当今人类社会可持续发展的新思想，反映了在环境与发展领域全球所达成的共识和签署国最高级别的政治承诺。《21世纪议程》号召制定和组织实施相应的可持续发展战略、计划和政策。中国政府高度重视联合国环境与发展大会，当时的中国总理率团出席会议，并代表中国政府庄严承诺要认真履行《21世纪议程》等文件。据此，1992年7月，国务院环境保护委员会决定组织编制《中国21世纪议程》。1994年3月25日国务院通过了《中国21世纪议程——中国21世纪人口、环境与发展白皮书》。《中国21世纪议程》的制定实施，标志着中国可持续发展战略的正式确立。它从中国的人口、环境与发展的具体国情出发，提出了促进经济、社会资源和环境相互协调和持续发展的总体战略、对策和行动方案。为了保证这些方案的顺利实施，国务院于1994年7月4日向各省、自治区、直辖市人民政府和国务院各部委、各直属机关发出《关于贯彻实施〈中国21世纪议程——中国21世纪人口、环境与发展白皮书〉的通知》。《通知》指出：《中国21世纪议程》是制定我国国民经济和社会发展中长期计划的指导性文件，同时也是中国政府认真履行1992年联合国环境与发展大会文件的原则立场和实际行动。《中国21世纪议程》表明了中国在解决环境与发展问题上的决心和信心，为中国21世纪的发展描绘了一幅宏伟蓝图。

(一)《中国21世纪议程》的战略思想

1. 中国可持续发展的前提是发展。制定和实施《中国21世纪议程》，是中国在未来发展的自身需要和必然选择。中国是发展中国家，要提高社会生产力，增强综合国力和不断提高人民生活水平，就必须毫不动摇地把发展国民经济放在第一位，各项工作都要紧紧围绕经济建设这个中心来开展。中国是在社会基数大，人均资源少，经济和科技水平都比较落后的条件下实现经济快速发展的，这使本来就已经短缺的资源和脆弱的环境面临更大的压力。在这种形势下，中国政府认识到，只有遵循可持续发展的战略思想，从国家整体的高度协调和组织各部门、各地方、各社会阶层和全体人民的行动，才能顺利完成预期的经济发展目标，才能保护好自然资源和改善生态环境，实现国家长期、稳定的发展。

2. 中国可持续战略注重谋求社会的可持续发展。社会可持续发展包括多方面的内容，从中国实际出发，可以概括为四大关系：一是人与人之间的关系，主要是以建设社会主义精神文明为核心，树立良好的社会风尚和建立新的道德规范；二是人自身的发展与社会协调发展的社会关系，主要是落实计划生育这一基本国策，促进社会和谐发展，提高人的素质和修养，提倡健康的生活方式，使人们生活的消费水平与自然资源的承载力、经济发展的承受力相协调；三是人的自身发展与经济发展的关系，主要是建立以按劳分配为主体，效率优先、兼顾公平的收入分配制度，同时引导适度消费，建立适度和健康消费的生活体系，尽快消除贫困，实现经济与社会的健康与可持续发展；四是人与自然的关系，主要是以环境保护为基本国策，加强生物多样性保护和自然资源管理，加大工业污染防治的力度，加快生态经济建设及减灾防灾等。促进社会可持续发展的任务应当由政府承担。政府要按照社会发展的自身规律，运用市场和计划两种机制，组织和协调各方面的力量，处理好上述四个方面的关系。

3. 中国可持续发展要建立在资源的可持续利用和良好的生态环境基础上。国家要保护整个生命支持系统和生态系统的完整性，保护生物多样性；解决水土流失和荒漠化等重大环境问题；保护自然资源及其持续供给能力，避免侵害脆弱的生态系统；发展森林和改善城乡生态环境；预防、控制环境破坏和污染，治理和恢复已遭破坏和污染的环境；积极参与保护全球环境生态方面的国际合作等。对环境问题不能只是被动地进行末端治理，而应主动地从其源头抓起，实行全过程控制，特别是要避免走西方发达国家那种“先污染，后治理”的老路，而要闯出一条“先预防，后生产”的发展新路。

（二）《中国21世纪议程》的主要内容

《中国21世纪议程》与联合国《21世纪议程》相呼应，它结合中国国情，广泛吸纳、集中了各部门正在组织进行和将要实施的各类计划。其主要内容包括可持续发展总体战略与政策、社会可持续发展、经济可持续发展、资源与环境的合理利用与保护四大部分。

1. 可持续发展总体战略与政策。包括中国可持续发展的战略与对策，与可持续发展有关的立法与实施，费用与资金机制，教育与可持续发展能力建设，团体及公众参与等。这一部分着重论述了中国实施可持续发展的背景和必要性，提出了中国可持续发展战略的目标、战略重点和重大行动，强调了可持续发展的政策体系、法律法规体系、战略目标指标体系建设，以及资源环境、生态综合动态监测和管理系统、社会经济发展计划统计系统、信息支撑系统的建设，特别是包括建立健全可持续发展管理体系、发展科学技术和教育事业，提高全社会可持续发展意识和实施能力在内的可持续发展能力建设。

2. 社会可持续发展。包括人口、居民消费和社会服务，消除贫困，卫生与健康，人类居住区可持续发展，防灾减灾等。主要内容包括：坚持实行计划生育，控制人口数量，提高人口素质；引导人们建立可持续的消费模式；尽快消除贫困，提高中国人民的卫生和健康水平；正确引导城市化，加强城镇用地规划和管理，合理使用土地，加快城镇基础设施建设，促进建筑业发展，向所有的人提供住房，改善住区环境，完善住区功能；加强防灾体系建设，建立与中国社会经济水平发展相适应的自然灾害防治体系，提高社会防灾总体能力。

3. 经济可持续发展。包括可持续发展经济政策，农业与农村的可持续发展，工业与交通、通信业的可持续发展，可持续的能源生产与消费等若干问题。这部分主要内容是将经济发展与人口、资源、环境协调起来，采取新的发展模式，在保持经济快速增长的同时，不断改善发展的质量。把促进经济快速增长作为消除贫困、提高人民生活水平、增强综合国力的必要条件。着重强调利用市场机制和经济手段推动可持续发展，提供新的就业机会，在工业活动中积极推广清洁生产，尽快发展环保产业，提高能源效率，合理利用能源，开发利用新能源和可再生能源。

4. 资源的合理利用与环境保护。包括自然资源保护与可持续利用，生物多样性保护，荒漠化防治，保护大气层，固体废物的无害化管理等内容。这部分的主要内容是控制环境污染，改善生态环境，保护可持续利用的资源基础。着重强调在自然资源管理决策中推行可持续发展影响评价制度，对重点区域和流域进行综合开发整治，完善生物多样性保护法规体系，建立和扩大国家自然保护区网络，建立全国土地荒漠化的监测信息系统，加强气候变化的监测、预报和服务系统的建设，开发消耗臭氧层物质的替代产品和替代技术，建立科学的有害废物处理、管理和重新利用的法规体系和管理制度，制订和完善有关技术标准等。

(三)《中国21世纪议程》的特点

在全球《21世纪议程》的基础上，根据中国国情制定的《中国21世界议程》，具有以下几个主要特点：

1. 突出体现了新的发展观。《中国21世纪议程》力求结合中国国情，分类指导，有计划、有重点、分区域、分阶段摆脱传统的发展模式，逐步由粗放型经济发展过渡到集约型经济发展。对于我国东部和东南沿海经济相对比较发达的地区，强调在保持经济继续稳定、快速发展的同时，重点提高增长的质量和效益，节约资源与能源，减少废物排放，改变传统的生产模式与消费模式，实施清洁生产和文明生产。对于我国西部、西北部和西南部经济相对不够发达地区，重点是消除贫困，加强能源、交通、通讯等基础设施建设，提高经济对区域开发的支撑能力。对于农业，重点提出了一系列通过政策引导和市场调控等手段，逐步使农业向高产、优质、高效、低耗的方向发展，发展乡镇企业并引导其提高效益、减少污染，为农村剩余劳动力提供更多的就业机会。对于能源产业，根据我国能源结构中煤炭占70%以上的特点，强调在能源发展中要重点发展清洁煤技术，大力提倡节能，提高能源利用效率，加快新能源和可再生能源的开发速度。

2. 注重解决好人口与经济发展的关系。中国是世界上人口最多的国家，庞大的人口基数给经济、社会资源和环境带来了巨大压力。尽管中国人口的自然增长已呈下降趋势，但人口增长的绝对数仍然很大，社会保障、卫生保健、教育、就业等远跟不上人口增长的需求。《中国21世纪议程》根据这一严峻现实，提出要继续进行计划生育，在控制人口数量增长的同时，通过大力发展教育事业、健全城乡三级医疗卫生妇幼保健系统、完善社会保障制度等措施，提高人口素质、改善人口结构；要大力发展第三产业，扩大就业容量，充分发挥人力资源的优势，变阻力为动力。

3. 充分认识中国资源面临的挑战。中国在总体上是一个人均资源并不富裕的国家。《中国21世纪议程》充分认识到中国资源短缺和人口激增对经济发展的制约，提醒人们从现在起就要有资源危机感。通过经济和行政途径改变过去传统的资源利用方式，在21世纪建立起资源节约型经济体系，将水、土地、矿产、生物、海洋等各种自然资源的管理，纳入国民经济和社会发展计划，运用综合手段维持和强化自然资源基础，为经济持续增长和社会的持续发展提供可能的基础。

4. 积极承担国际责任和义务。《中国 21 世纪议程》充分考虑到中国的“环境与发展”战略与全球“环境与发展”战略的协调问题。对于诸如气候变化、平流层臭氧减少、生物多样性锐减、水土流失和荒漠化等全球性环境问题以及有害废物越境转移问题等，都提出了相应的战略对策和行动方案，以强烈的历史使命感和责任感去履行对国际社会应尽的责任和义务。

二、中国可持续发展战略的实施

中国对实施可持续发展战略给予了高度重视。在 1992 年联合国环境与发展大会之后，中国积极响应大会号召，在世界上率先制定国家级 21 世纪议程并积极付诸实施，并将可持续发展战略与科教兴国战略一起确定为国家两大发展战略。中国的态度和实际行动，向世人表明了中国走可持续发展之路的信心和决心。

（一）中国进一步实施可持续发展战略的部署和政策措施

2002 年，中国政府颁布了《中华人民共和国可持续发展国家报告》，提出了中国进一步实施可持续发展战略的部署和政策措施，主要内容是：

1. 实施可持续发展战略的部署

实施可持续发展的指导思想是：坚持以人为本，以人与自然和谐为主线，以发展经济为核心，以提高人民群众生活质量为根本出发点，以科技和体制创新为突破口，不断提高综合国力和竞争力，全面推进经济、社会与人口、资源、环境的持续协调发展，为在本世纪中叶基本实现现代化奠定坚实的基础。

实施可持续发展的总目标是：经过 10 到 20 年的努力，可持续发展能力明显提高，国土资源开发区域合理，生态环境质量明显改善，稳定低生育率水平，初步建成以资源节约、环境友好为基础的国民经济体系和公平、民主、文明与和谐的社会环境。

实施可持续发展的战略部署是：

（1）加快经济发展。可持续发展的核心是发展，是解决中国主要问题的关键。中国必须始终以经济建设为中心，继续实行扩大内需的方针，在坚持速度与效益相统一的基础上，抓住机遇，加快发展。到 2005 年，按 2000 年价格计算的国内生产总值达到 12.5 万亿元左右，人均国内生产总值达到 9400 元。五年城镇新增就业和转移农业劳动力各达到 4000 万人，城镇登记失业率控制在 5% 左右。价格总水平基本稳定。减缓区域发展不平衡，缩小城乡差别。

（2）转变经济增长方式。在经济稳步增长的同时，通过国民经济结构战略性调整，完成从“高消耗、高污染、低效益”向“低消耗、低污染、高效益”经济增长方式的转变。减轻资源环境压力，推进清洁生产，促进产业结构优化升级。

（3）严格控制人口增长，全面提高人口素质。2005 年全国总人口控制在 13.3 亿以内，2010 年控制在 14 亿以内。增加对公共服务的投入，为实现人人享有公共服务创造条件。

（4）合理开发和集约高效利用国土资源。节约和保护资源，不断提高资源承载能力，建成资源可持续利用的保障体系和重要资源战略储备安全体系。保护和合理利用土地、淡水、海洋、气候、森林、草原、矿产和生物等自然资源，提高资源利用率，千方百计减少浪费，实现永续利用。防灾减灾能力得到显著提高，灾害损失明显降低。

（5）改善生态环境。全国大部分地区环境质量明显改善，全面遏制住生态恶化的趋势，重点地区的生态功能和生物多样性得到基本修复。到2005年，生态恶化趋势基本得到遏制，森林覆盖率提高到18.2%，城市建成区绿化覆盖率提高到35%；新增治理水土流失面积2500万hm^2，治理“三化”草地面积1650万hm^2；城乡环境质量改善，主要污染物排放总量比2000年减少10%。到2010年，初步改善生态环境恶化的状况，城乡环境有比较明显的改善。

（6）提高实施可持续发展的能力。形成健全的可持续发展法律、法规体系，完善可持续发展的信息共享和决策咨询服务体系，全面提高政府的科学和综合决策能力。大幅度增强社会公众参与可持续发展的程度，鼓励和支持社会各界以及民间团体和非政府组织积极参与可持续发展的各项活动。提高参与国际社会可持续发展领域合作的能力。

2. 实施可持续发展战略的有利因素

（1）胜利地完成了国民经济和社会发展第九个五年计划，国民经济持续健康快速增长，经济运行质量与效益提高，综合国力进一步加强，为中国未来的可持续发展奠定了较好的经济、物质和技术基础。

（2）可持续发展已成为中国经济和社会发展的重要战略，已经纳入《国民经济和社会发展第十个五年计划纲要》中加以实施，这是中国可持续发展战略的重要保证。

（3）经济体制改革取得突破性进展，社会主义市场经济体制已经初步建立。国有大中型企业改革和脱困的三年目标基本实现，调整和完善所有制结构取得重大进展。市场体系建设全面推进，宏观调控机制进一步健全，国民经济的市场化、社会化程度明显提高。

（4）全方位对外开放格局基本形成。加入世贸组织使中国社会全面参与经济全球化，为进一步扩大和提高对外贸易和利用外资的规模和质量，创造了更好的国际环境。

（5）各项社会事业全面发展。科技和教育事业在改革中继续前进，信息、生命、生态、地球、空间和新材料等领域的新兴科技取得重大进展。计划生育成效显著，人口增长速度过快的势头得到控制。各项社会保障制度正在建立和完善。

（6）环境保护进一步加强。环境法制化建设全面加强，各项管理制度不断完善，一些重点城市、区域和流域的污染防治和生态建设工程已经有了良好开端。

（7）国家西部大开发战略开始实施。“西气东输”、“西电东送”等西部大开发重点工程已经启动，水利、交通等基础设施建设和生态环境建设力度加大。

（8）城镇化步伐加快。全国城乡人民生活质量继续改善，总体上达到小康水平，逐步向更加富裕的小康生活迈进。

3. 实施可持续发展战略面临的主要问题

（1）国民经济整体素质不高。中国的社会经济发展虽然取得了巨大成就，但中国仍然是发展中国家。与发达国家比较综合国力还不强，技术水平相对落后，资金短缺。1999年人均GDP 774美元，只有世界平均水平的1/7。经济结构不尽合理，经济发展还没有完全摆脱粗放型增长方式，经济增长的质量和效益不高，国际竞争力不强。社会主义市场经济体制尚不完善。

（2）庞大的人口压力。中国的人口基数很大，人力资源的素质还比较低。不仅给中国的资源供给和环境造成很大压力，而且解决教育、就业和社会保障的任务繁重，制约着经济、社会发展和人民生活水平的提高。

（3）资源短缺。中国的土地、水、石油等重要资源短缺，人均占有量远远低于世界的平均水平。同时，中国能源、水资源和一些重要的矿产资源分布极不平衡，加剧了供求的地区性和结构性矛盾。

（4）农业发展相对滞后。农业劳动力占全国劳动力比重大，农业总体生产力水平较低，农产品生产成本相对较高，深加工程度低。农用耕地不断缩小与人口不断增长的矛盾突出。农村基础设施仍较薄弱，抗灾能力不强。不断提高农民收入，加快农村城镇化的任务艰巨。贫困问题在一些地区仍然比较突出。部分地区乡镇企业污染环境、破坏农业生态的情况比较严重。

（5）地区间经济发展不平衡、城镇化水平低。加速城镇化进程和解决庞大农业人口向非农产业转移的任务十分艰巨。西部地区的经济建设、生态建设相对落后。实施西部大开发战略，促进地区协调发展的任务十分繁重。农村城镇化刚刚起步，城乡经济发展与居民生活水平差距较大。

（6）环境污染与生态破坏的状况仍然相当严重。不少城市的大气污染影响到居民的健康水平，一些地区水资源短缺和居民饮用水安全问题突出；在一些自然环境比较恶劣的地区，土地荒漠化和草原沙化面积仍以惊人的速度扩展。全国城市环境综合整治和一些重点区域、重点流域生态保护与建设的任务十分艰巨。

4. 实施可持续发展战略的政策措施

（1）坚持计划生育的基本方针，稳定现行生育政策，提高优生优育。重点做好农村特别是中西部地区农村的计划生育工作，加强对流动人口计划生育的管理。对计划生育家庭实现奖励政策，开展农村独生子女户和双女户社会保险试点工作。大力开展计划生育服务工作，改善基层服务条件。开展生殖健康教育及妇幼保健教育活动。以预防农村地区多发先天性疾病为重点，努力降低出生缺陷发生率。加强人口与计划生育的法制建设，建立依法管理、村（居）民自治、优质服务、政策推动、综合治理的管理机制。

（2）提高人口的科学文化水平，加强人力资源的开发与利用。大力发展教育事业，不断提高人口的科学文化素质，充分发挥市场机制对人力资源配置的基础性作用，建立人才激励机制，完善人才合理流动的法规体系，为实施可持续发展战略提供有力的人力资源保障。

（3）加大扶贫开发工作力度。继续坚持开发式扶贫的方针，帮助目前尚未解决温饱问题的3000万贫困人口尽快解决温饱；帮助已解决温饱问题的贫困人口进一步改善生产、生活条件，加强基础设施建设，巩固已取得的扶贫成果。

（4）加大生态保护和建设的力度。组织实施重点地区生态环境建设综合治理工程，加强天然林保护、退耕还林还草和京津风沙源等重点工程的治理建设。在过牧地区实现退牧、封地育草，实施“三化”草地治理工程。加快小流域治理，减少水土流失。推进岩溶地区石漠化综合治理。继续建设“三北”、沿海、长江、珠江等防护林体系，加速营造速生丰产林和工业原料林。加强自然保护区建设，保护珍稀、濒危生物资源和湿地资源，实施野生动物及其栖息地保护建设工程，恢复生态功能和生物多样性。

（5）坚持开源节流并重的方针，把节水放在突出位置。以水费合理定价、提高用水效率为核心，全面推行各种节水技术和措施，发展节水型产业，建立节水型社会。城市建设和工农业布局要充分考虑水资源的承受能力。加强流域水资源规划与管理，协调生活、生产和生态用水。加紧南水北调工程的进程。加强江河源头的水源保护。积极开展人工降雨（雪）、污水处理资源化利用、海水淡化。合理利用地下水资源，严格控制超采。建立合理的水资源管理体制和水价形成机制。广泛开展节水宣传教育，提高全民节水意识。

（6）坚持保护耕地，按照土地利用总体规划统筹安排各类建设用地，合理控制新增建设用地规模。保持全国耕地总量动态平衡，确保到2005年全国耕地面积不低于12800万 hm^2。加大城乡和工矿用地的整治、复垦力度。根据工业区、城镇密集区、专业化农产品生产基地、生态保护区等不同的土地需求，合理调整土地利用结构。加强土地保护的法律建设，依法强化对耕地的保护与管理。

（7）强化对森林资源的管理，加强森林防火、病虫害防治。完善林业行政执法管理体系和实施，实施采伐限额政策，实施分类经营，加强采伐管理。

（8）加强草原保护，禁止乱采滥垦。严格实施草场禁牧期、禁牧区和轮牧制度，防止超载过牧，维护草原的生态平衡。

（9）加大海洋资源调查、开发、保护和管理力度，加强海洋利用技术的研究开发，发展海洋产业。加强海域利用和管理，维护国家海洋权益。

（10）加强矿产资源勘探，严格整顿矿业秩序，对重要矿产资源实行强制性保护。深化矿产资源使用制度改革，规范和发展矿业权市场。积极稳妥地关闭资源枯竭的矿山，因地制宜地促进以矿产资源开采为主的城市和大矿区发展接续产业和替代产业，研究探索矿山开发的新模式。

（11）继续推进资源综合利用与循环利用。加强废旧物资回收利用，加快废物处理的产业化，促进废物转化为可用资源。

（12）发展生态农业。继续实施和推广生态示范区及生态农业县。鼓励和扶持广大农民因地制宜开展节水农业、无公害生产基地建设、农业废物资源化利用以及太阳能、节材灶及生态家园富民工程建设，引导农民安全、合理使用化肥、农药、农膜，大力发展无公害农产品。

（13）继续强化环境污染防治。巩固“三河三湖”水污染治理成果，启动长江上游、三峡库区、黄河中游和松花江流域水污染综合治理工程。加强近岸海域水质保护，抓好渤海、黄海环境综合整治和管理。加强农村环境保护工作，保护农村饮用水源。加强大气污染防治，实施二氧化硫与酸雨控制区和重点城市大气污染控制工程。推行垃圾无害化与危险废物集中处理。加强噪声污染防治，推进城市噪声达标区建设。推进工业企业的清洁生产和污染防治，努力实现工业“三废”减量化、无害化、资源化。

（14）提高防御各种灾害的安全网络能力。完善灾害预报预警预防、灾情监测和紧急救援体系，提高防灾减灾能力。提高气象、测绘等部门向社会提供服务的能力和水平。

（15）推进城镇化进程。有重点地发展小城镇，积极发展中小城市，完善区域性中心城市功能，发挥大城市的辐射带动作用，引导城镇密集区有序发展，逐步形成合理的城镇体系。大力发展城镇经济，提高城镇吸纳就业能力。加强城镇基础设施建设，健全城镇居住、公共服务和社区服务功能，全面提高城镇管理水平。

（16）充分发挥科技对可持续发展的支撑作用。加强研究与开发相关技术和设备，积极推进有利于可持续发展的科技成果向生产力的转化。依靠科技促进可持续发展试点示范。进一步完善适合中国国情的可持续发展理论，探索建立可持续发展指标体系，建立快速反映环境资源情况的信息系统。

(17) 完善有关环境保护、资源管理的法律、法规、标准，加强执法力度。完善现行的一系列管理制度，包括使可持续发展的战略思想进入有关决策程序的制度、对经济和社会发展的政策和项目进行可持续评价的制度等。加快制定符合国际惯例又符合我国国情的认证认可体系、产品质量标准体系和环境标志、标准体系。

(18) 提高全社会可持续发展意识。开展各种形式的可持续发展的宣传、教育和培训，引导和鼓励公众自觉地保护环境，节约资源，改变不可持续的生产与消费方式。发挥民间非政府组织的作用，不断增进广大公众和社会各界参与可持续发展的行动。

(19) 进一步加强国际合作。积极参与双边、多边的全球环境国际合作计划。积极引进国外的资金、技术和管理经验。推动地方可持续发展的国际交流与合作。

(二) 中国实施可持续发展战略的具体行动

中国政府认真履行在联合国环境与发展大会上的承诺，为推进可持续发展做出了不懈的努力。《中国 21 世纪议程优先项目计划》正在付诸实施；《国民经济和社会发展“九五”计划和 2010 年远景目标纲要》将可持续发展作为一项重要的指导方针和战略目标，并确定中国在今后的经济和社会发展中要实施可持续发展战略；建立中国可持续发展指标体系工作正在进行；积极推进 ISO14000 环境管理体系认证工作并取得较大进展；建立了一批生态农业实验区，在保护和改善生态环境、提高农业生产力、实现农村贫困人口脱贫等方面进行了成功的探索。这些具体行动表明，中国正在积极按照可持续发展的原则进行多方面的实践。

中国在可持续发展领域制定了一系列的重要方案和重大对策，主要有：中国环境与发展十大对策；中国环境保护战略；中国逐步淘汰破坏臭氧层物质的国家方案；中国环境保护行动计划（1991 年—2000 年）；中国 21 世纪议程；中国生物多样性保护行动方案；中国温室气体排放的控制问题与对策；中国环境保护 21 世纪议程、中国林业 21 世纪议程、中国海洋 21 世纪议程；国家环境保护“九五”计划和 2010 年远景目标；全国主要污染物总量控制计划和中国跨世纪绿色工程规划等。国家将对“三河”（淮河、海河、辽河）、“三湖”（太湖、巢湖、滇池）、“二区”（酸雨控制区、二氧化硫控制区）、“一市”（北京市）、“一海”（渤海）重点进行污染控制工作，并对“三区”（特殊生态功能区、重点资源开发区、生态良好区）进行重点生态环境保护，以确保国家环境安全，促进可持续发展战略的实施。此外，还积极开展国际合作，进行可持续发展的研究。

(三)《中国 21 世纪议程》的实施进程

《中国 21 世纪议程》自颁布以来，中国各级政府分别从计划、法规、政策、宣传、公众参与等不同方面加以推动和实施。主要包括以下四个方面：

1. 结合经济体制和经济增长方式的转变来推进《中国 21 世纪议程》的实施。在实施《中国 21 世纪议程》的过程中，一是既充分发挥市场对资源配置的基础作用，又注重加强宏观调控，克服市场机制在配置资源和保护环境方面的“失败”作用；二是促进形成有利于节约资源、低耗高效、改善环境的企业经营机制，有利于自主创新的技术进步机制，有利于市场公平竞争和资源优化配置的经济运行机制；三是加速科技成果转化，大力发展清洁生产、清洁能源、资源和能源的合理化开发与有效利用等新工艺、新技术，尽可能减少资源的占用和消耗，提高资源、能源和原材料的利用效率；四是结合农业、林业、水利基础设施建设和生态农业的推广，调整农业结构，加大科技兴农力度，改善农业生态环境；五是建立和完善可持续发展的相关法规、政策以及与国际接轨的信息系统；六是制定一系列的管理制度，包括使可持续发展的要求进入有关决策程序的制度、对经济和社会发展的政策和项目进行可持续发展评价的制度等。

2. 通过国民经济和社会发展计划实施《中国21世纪议程》。根据国务院决定，《中国21世纪议程》将作为各级政府制定国民经济和社会发展中长期计划的指导性文件，其战略思想和基本内容要在计划中得以体现。国务院要求各有关部门和地方政府要按照计划管理的层次，通过国民经济和社会发展计划分阶段地实施《中国21世纪议程》。主要是创造条件，优先安排对可持续发展有重大影响的项目，对建设项目进行是否符合可持续发展战略的评估，对不符合可持续发展要求的项目，坚决予以修改和完善。尤其是对经济和社会发展的政策和计划，按照可持续发展的思想进行评估，避免出现重大失误。

3. 大力提高全民可持续发展意识。主要是通过加强可持续发展的宣传、教育、培训和科学技术普及活动，提高公众和决策层的可持续发展意识。一是充分利用电视、电影、广播、报刊、书籍等大众传媒，积极宣传可持续发展思想；二是从初等到高等教育的全过程中，对全体在校学生进行可持续发展思想教育；三是对社会各阶层人员进行可持续发展培训，特别是加强对各级管理决策人员的可持续发展培训。

4. 通过国际合作推进《中国21世纪议程》的实施。为了加强中国可持续发展能力建设和实施示范工程，国家从各地方、各部门实施可持续发展战略的优先项目计划中，选择一部分有代表性的适合于国际合作的项目，列入《中国21世纪议程优先项目计划》，以争取国际社会的支持与合作。中国政府和联合国开发计划署（UNDP）于1994年和1997年先后在北京联合召开了《中国21世纪议程》高级国际圆桌会议，出台了《中国21世纪议程优先项目计划》，得到了国际社会的热烈响应。加拿大、荷兰、挪威、瑞典、英国、德国、法国等国家及联合国开发计划署、世界银行、亚洲开发银行、欧盟等国际组织都先后参与和支持了《中国21世纪议程优先项目计划》。据统计，在第一批出台的62项优先项目中，41.5%的项目已经开始执行，30.5%的项目正在洽谈中。在已启动的优先项目中，累计投入12.9亿美元，其中国际投入3.3亿美元。涌现出“本溪市环境治理”、“江西山江湖治理工程”、“黄河三角洲可持续发展”等在可持续发展领域国际合作的成功典范。《中国21世纪议程》的实施得到了联合国和许多国际组织及国家的支持，不仅对中国实施可持续发展产生了重要影响，而且对促进全球的可持续发展也影响深远。

思考题

1. 可持续发展理论的基本含义是什么？
2. 描述测试可持续发展能力的三个指标框架。
3. 用传统的GDP作为衡量经济发展的主要指标有何缺陷？
4. 试述《中国21世纪议程》的战略思想及特点。

第三章　环境保护方针与政策

第一节　我国环境保护工作的现状与面临的问题

一、我国环境保护工作的现状

“九五”期间，党中央、国务院高度重视环境保护，把环境保护作为影响经济和社会发展全局的重大问题之一，每年召开会议，听取环境保护工作汇报，提出环境保护的大政方针和明确要求。全国实行污染防治与生态保护并重方针，实施《“九五”期间全国主要污染物排放总量控制计划》和《中国跨世纪绿色工程规划》两大举措，全面推进工业污染企业排放达标和重点城市环境质量达标，重点治理“三河、三湖、两区、一市、一海”的污染，依靠科技进步，积极参与国际合作，结合国家经济结构调整和加强城市环保基础设施建设，基本完成了“九五”计划确定的主要任务。

（一）环境污染加剧的趋势得到基本控制

“九五”期间全国主要污染物排放总量控制计划基本完成。在国内生产总值年均增长8.3%的情况下，2000年全国二氧化硫、烟尘、工业粉尘和废水中的化学需氧量、石油类、重金属等12项主要污染物的排放总量比“八五”末期分别下降了10%～15%。

结合国家经济结构调整，取缔、关停了8.4万多家污染严重又没有治理前景的“十五小”企业，淘汰了一批技术落后、浪费资源、质量低劣、污染环境和不符合安全生产条件的小煤矿、小钢铁、小水泥、小玻璃、小炼油、小火电等，对高硫煤实行限产，有效地削减了污染物排放总量。

全国23万多家有污染的工业企业中，90%以上的企业实现了主要污染物达标排放。46个考核的环境保护重点城市中，25个城市实现了大气质量按功能分区达标，36个城市实现了地表水质量按功能分区达标。有19个城市（区）被授予国家环境保护模范城市（区）。

重点区域的污染治理取得了阶段性成果。淮河干流污染程度明显减轻，海河、辽河流域污染程度有所降低，太湖水质恶化趋势得到初步控制，滇池富营养状态恶化趋势有所减缓，巢湖富营养状态恶化趋势得到基本控制。“两控区”二氧化硫排放总量降低，酸雨范围和频率保持稳定。渤海污染防治工作已经启动。北京市环境治理初见成效。重点区域的污染治理带动了全国污染防治工作的全面展开。

（二）生态环境保护和建设得到加强

“九五”期间，实施了污染防治与生态保护并重、生态保护与生态建设并举的方针，加快了生态环境保护和建设步伐。国务院批准了《全国生态环境建设规划》、《全国自然保护区发展规划纲要（1996—2010）》和《全国生态环境保护纲要》，提出了加强生态功能保护区、重点资源开发区和生态良好区的“三区”保护战略构想。

国家把生态环境保护与建设列入西部大开发的重要内容，启动了国家天然林资源保护工程，开始实行退耕还林（草）、退田还湖、移民建镇，禁止采集发菜，限制乱挖甘草等破坏植被行为，完成了西部生态环境状况调查。自然保护区建设与管理和生物多样性保护工作取得新的进展。全国累计建立各类自然保护区1227处，自然保护区面积达到9821万 hm^2，占陆地国土面积的9.85%。农村环境保护开始得到重视，开展秸秆禁烧和综合利用工作。批准了213个国家级生态示范区建设试点，第一批33个国家级生态示范区通过了考核验收。启动了有机食品的认证管理工作。

（三）环境法制建设取得重大进展

“九五”期间，国家修订了《大气污染防治法》、《水污染防治法》、《海洋环境保护法》，制定了《噪声污染环境防治法》、《水污染防治法实施细则》、《建设项目环境保护管理条例》等环境保护法规。修改后的《刑法》增加了“破坏环境资源保护罪”、“环境保护监督渎职罪”的规定。迄今为止，国家共颁布了6部环境保护法律、10部相关资源法律和30多件环境保护法规，发布了90余件环境保护规章，制定了427项国家环境保护标准，地方性环境保护法规达1020件。

环境执法不断加强。各级人大和政协分别对各级人民政府环境执法进行了监督检查和视察，国家环境保护总局和监察部连续四年对各地贯彻《国务院关于环境保护若干问题的决定》情况进行监察和检查。在全国范围内开展了关停“十五小”、“一控双达标”等执法行动，司法机关依照《刑法》打击环境犯罪活动，推动了环保工作法制化进程。

（四）环境保护投入有所增加

“九五”期间，全国环境保护累计投资3600亿元，达到GDP的0.93%，高于“八五”期间0.73%的水平。

实施《中国跨世纪绿色工程规划》取得了阶段性成果。已竣工和开工1245个项目，占项目总数的85.7%，累计完成投资1107亿元，占项目总投资的73.8%。

“九五”后三年，中央财政增发国债资金，加大了城市环境保护投资力度，共安排城市环保基础设施建设、“三河三湖”污染治理、北京市环境综合整治、环保设备国产化等项目543个，总投资1622亿元，其中利用国债460亿元。“九五”期间，环保利用外资40亿美元。环保投入的增加，对改善环境质量、拉动内需和促进经济增长起了积极作用。

（五）环境宣传教育日益深入

认真贯彻《全国环境宣传教育行动纲要（1996—2010年）》，环境保护教育已纳入9年义务教育，全国有140所高校、上百所中等专业学校及职业高中开设了环保专业；在大、中、小学开展了创建绿色学校活动；各级党校和行政学院开设了环保教学内容；结合“三五”普法，开展了环境法制教育。举办了“保护生态环境、倡导文明新风”等大型宣传活动，环境宣传日益贴近群众；配合环保重点工作，新闻媒体集中进行采访报道；连续多年的“中华环保世纪行”活动宣传了先进典型，揭露和批评了违法行为，促进了一批“老大难”问题的解决。

二、当前我国的环境形势

经过多年坚持不懈的努力，全国环境状况正在由环境质量总体恶化、局部好转，向环境污染加剧趋势得到基本控制、部分城市和地区环境质量有所改善转变。但是，环境形势仍然相当严峻。全国污染物排放总量还很大，污染程度仍处在相当高的水平，一些地区的环境质量仍在恶化。生态恶化加剧的趋势尚未得到有效遏制，部分地区生态破坏的程度还在加剧。环境污染和生态破坏在一些地区已成为危害人民健康、制约经济发展和社会稳定的一个重要因素。

（一）环境污染依然严重

一是主要污染物排放总量仍处于较高水平。2000 年，全国二氧化硫排放量 1995 万 t，化学需氧量排放量 1445 万 t，远远高于环境承载能力。常规污染物排放总量削减的任务还未完成，机动车尾气污染、农村面源污染、有毒有害有机污染等问题日渐突出。

二是水环境污染相当严重。2000 年，七大水系干流中，只有 57.7% 的断面达到或优于国家地表水环境质量标准Ⅲ类；城市河段污染突出。各大淡水湖泊和城市湖泊均受到不同程度的污染，一些湖泊呈富营养化状态。沿海河口地区和城市附近海域污染严重，赤潮发生频次增加，面积扩大。

三是城市空气质量处于较重的污染水平。2000 年，开展监测的 338 个城市中，63.5% 的城市超过国家空气环境质量二级标准，处于中度或严重污染状态。区域性酸雨污染严重，61.8% 的南方城市出现酸雨，酸雨面积占国土面积的 30%，是世界三大酸雨区之一。

四是城市生活垃圾和固体废物污染日益突出。2000 年，工业固体废物排放量 3186 万 t，其中近 200 万 t 危险废物直接向环境排放，对环境和人民健康造成极大威胁。城市垃圾年产生量以每年 8% 的速度递增，1999 年已达 1.4 亿 t，仅少数经过无害化处理，垃圾围城现象比较普遍，二次污染严重。塑料包装物和农膜所导致的“白色污染”问题十分突出。

五是城市噪声扰民较为普遍。2000 年，在开展道路交通噪声监测的 214 个城市中，有 31.3% 的城市处于中度或较重污染水平；在开展区域环境噪声监测的 176 个城市中，有 55.6% 的城市处于中度或较重污染水平。

六是核安全与辐射环境安全监管任务繁重。我国核电设施具有堆型多、技术来源国别多、建设地点人口稠密等特点，部分研究型核反应堆设备老化，超期服役；民用辐射源量多面广，电磁辐射源增加迅速。确保核设施安全稳定运行和退役核设施及放射性废物安全处置的压力很大。

（二）生态恶化的趋势仍在加剧

一是土地退化严重。全国水土流失面积达 367 万 km^2，约占国土面积的 38%，平均每年新增水土流失面积 1 万 km^2；荒漠化土地面积已达 262 万 km^2，并且每年还以 2460km^2 的速度扩展；扬尘、浮尘和沙尘暴频繁发生。全国森林面积 1.59 亿 hm^2，人均不足世界平均水平的1/8，乱砍滥伐现象仍屡禁不止；草地退化、沙化和碱化的面积达1.35亿 hm^2，约占草地总面积的1/3，并且每年还在以200万 hm^2 的速度增加；农业自然灾害加剧，受灾面积由20世纪50年代每年1000万～2000万 hm^2 发展到90年代3000万～5000万 hm^2。

二是水生态系统失衡。旱涝灾害频发，河流断流现象加剧，不少湖泊萎缩，天然绿洲消失，现有水库蓄水量减少。湿地破坏严重。一些地区由于严重超采地下水，造成地下水位下降，形成大面积漏斗区。

三是农村环境问题日渐突出。已有1000万 hm^2 农田遭受不同程度的污染，畜禽粪便、水产养殖和不合理使用农药、化肥污染加重，农产品质量安全不容忽视。乡镇企业污染较为普遍，小城镇环保基础设施缺乏，农村饮用水受到不同程度的污染。

四是生物多样性锐减。野生动植物丰富区面积不断减少，栖息地环境恶化，乱捕滥猎和乱挖滥采现象屡禁不止，野生动植物数量和种类骤减，生物多样性受到严重破坏。有害外来物种入境增加，生物安全面临威胁。

“十五”期间，我国处于工业化和城镇化加速发展阶段，经济结构的战略性调整和经济增长方式的根本性转变需要较长时间，西部大开发中的环境保护任务十分繁重，加入WTO和全球环境保护带来许多新的课题，环境保护工作既要解决历史遗留的环境污染和生态破坏欠账，又要紧跟经济快速增长和对外开放步伐，防止新形势下可能出现的环境问题，环境保护面临着很大压力。同时，环保投入不足，资金筹措渠道不畅，环保科技水平不高，环境管理和执法能力与实际需要和群众要求差距较大。环境治理和生态保护是一项长期而艰巨的任务，实现生态环境明显改善的目标，需要经过几十年的努力。

“十五”期间，党中央、国务院更加重视环境保护，《国民经济和社会发展第十个五年计划纲要》把环境保护作为国民经济和社会发展的主要奋斗目标之一和提高人民生活水平的重要内容。经济结构的调整，综合国力的增强，为全面开展环境保护奠定了基础；可持续发展战略和科教兴国战略的全面实施，是做好环境保护工作的重要保证，环境保护面临着前所未有的机遇。

第二节　环境保护方针

一、“32字方针”

环境保护的32字方针是我国环境保护工作和早期环境立法的基本指导思想，是对我国环境保护工作的重点、方向、方法的高度概括。

1972年，我国出席人类环境会议的代表提出了：“全面规划、合理布局、综合利用、化害为利、依靠群众、大家动手、保护环境、造福人民”的32字方针，简称“32字方针”。后在1973年的第一次全国环境保护会议上定为指导方针，并在《关于保护和改善环境的若干规定（试行草案）》和《中华人民共和国环境保护法（试行）》中以法律的形式得到了肯定，它被认为是我国环境保护工作的指导方针，因为它在千头万绪中，指明了环境保护的一些主要方面，抓住了要领。环境保护法规定的原则制度也基本上是对“32字”方针的具体化和引申，可以说，这一方针比较简练，易于理解和执行。实践证明，这一方针是正确的，是符合当时中国国情的，也是符合中国环境保护实际的。它在很长一段时间内对我国的环境保护工作起到了积极的促进作用。

二、“三同步，三统一”的方针

在新的历史条件下，如果继续运用“32字”方针作为我国环境保护的基本方针就显得不合适了。因为，国情发生了变化，尤其是我国环境保护的特点和重点以及各方面对环境保护的要求都发生了变化。因此，第二次全国环境保护会议审时度势，提出了“三同步，三统一”的环境保护战略方针，这也是我国环境保护的基本方针。

我国代表在联合国环境规划署理事会第十三届会议上又阐明了我国环境保护工作的方针，指出：“我国环境保护的基本方针是：在国家计划的统一指导下，环境保护与经济建设、城乡建设同步规划、同步实施、同步发展，实现经济效益、社会效益和环境效益的统一。中国政府在防治环境污染方面，实现预防为主、防治结合、综合治理的方针；在自然保护方面，实行自然资源开发、利用与保护、增值并重的方针；在环境保护的责任方面，实行谁污染、谁治理，谁开发谁保护的方针”。这一方针是对“32字”方针的重大发展，它是在总结了历史经验的基础上，结合我国国情和环境保护实践提出来的。这条方针指明了解决我国环境问题的正确途径，是环境管理思想的一大进步，也是环境管理理论的新发展。这一方针已成为现阶段我国环保工作的指导思想和环境立法的理论依据。

“三同步”的基点在于“同步发展”。它是制定环境保护规划，确定政策、提出措施以及组织实施的出发点和落脚点，要求把环境污染和环境破坏解决在经济建设和社会发展的过程之中，通过环境保护来保证和促进经济发展和社会繁荣。

所谓“同步规划”，就是在通晓经济发展和环境保护之间的制约关系的基础上，坚持经济效益、环境效益和社会效益相统一的观点，制定环境保护的目标和实施标准，兼顾三者的要求。同步规划实际上是预防为主的具体体现，关键在于搞好“合理规划、合理布局”，同时采取各种有效措施；运用价值规律和经济杠杆，从投资、物资和科学技术方面保证规划的落实。

所谓“同步实施”，就是要在制定具体的经济技术政策和进行“三个建设”的具体工作中，全面考虑“三种效益”的最佳统一，采取各种经济的、法律的、科学技术的和宣传教育的手段，使规划的内容确实得到贯彻实施，保证“同步发展”的实现。

“三统一”实际上是贯穿于“三同步”始终的一条基本原则，也可以认为是各项工作的一个基本准则。“三统一”就是要克服传统的只顾经济效益的发展观点，强调整体效益和综合效益。

第三节　环境保护政策

一、环境保护政策综述

环境问题的不定性（或科学证据不充分）、区域性（和区域经济社会条件相关）、社会性（不同群体对环境的认识不同，态度不同）、综合性（和人类的全部活动相关）和不可比性（与经济、社会问题难以进行重要性对比）等决定了环境政策制定的一个显著特点就是在利益相关者中建立共识，因为环境的价值往往很难和一些经济价值类比，只有寻求全社会的支持，才能对环境这样的复杂问题采取有效的措施。所以在制定环境政策时，公众参与就显得尤其重要。

图 3－1 表明了制定和实施环境政策的若干重要要素及其相互关系。

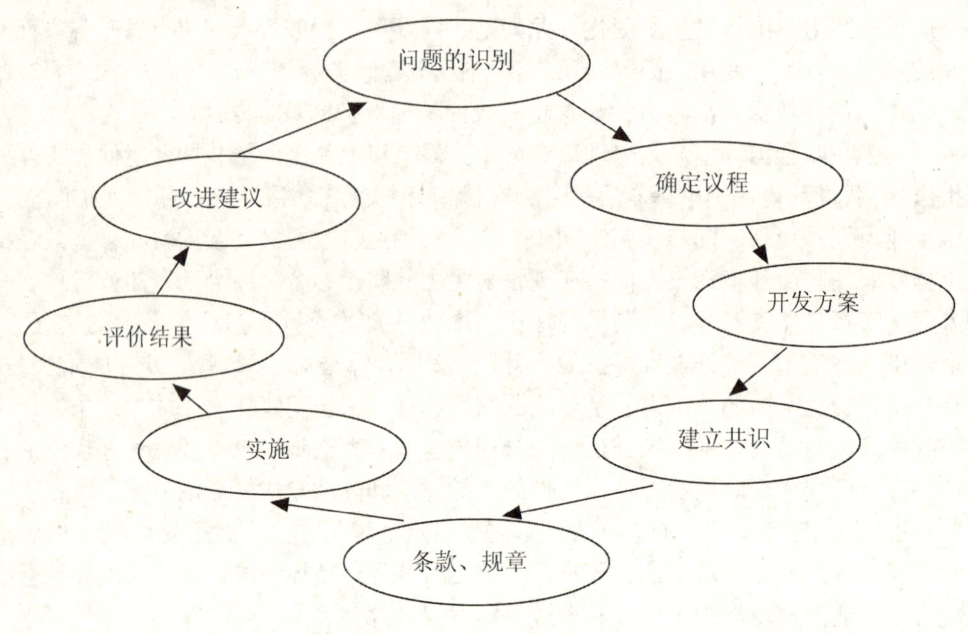

图 3－1　环境政策循环图

二、环境保护是我国的一项基本国策

(一) 基本国策的地位和作用

基本国策属于政策的范畴。国策也是为了实现党的方针、路线和任务而制定的，它是一个国家最高和最重要的政策之一。国策虽然是属于政策的范畴，但其职能大大超出了一般政策的范围，国策所涉及的范围，必然是制约全国、涉及全局、统帅各方和影响未来的重大政策。从这种意义上讲，国策的地位和权威在所有的政策中应该是最高的，国策是制定其他各种有关政策的前提和依据。当国策与具体政策发生矛盾时，只能是各种政策服务于国策。国策制约、调节和决定着具体政策，因此，列为国策的事业或工作，必须是在一个国家的社会经济发展以及其他的事业和工作中起着支配和决定性作用的事项，也必须是具有长期性、全面性和战略性影响和作用的事项。

环境是人们赖以生存和发展的最基本条件，从环境保护所从事的事业和工作对象看，它涉及到国民经济的各行各业，牵扯到社会的方方面面，关系到全民族和子孙后代的切身利益。所以，把环境保护作为基本国策是我们党和国家的重大英明决策。

（二）环境保护作为基本国策的必然性

1. **是由基本国情决定的**

我国虽然自然资源丰富，但人均占有率很低；人均资源和能源消耗量低，但人口绝对消耗量大，10 多亿人口每天的日常工作和生活必然会向环境中排放大量的“三废”。由于我国的生产力水平低，科学技术不发达，生产手段落后，这就从客观上决定了我国的原材料利用率低，浪费大，尤其是以煤耗为主的能源结构决定了我国环境污染的基本特征。此外，还由于我们没有对环境保护引起足够的重视，全民族环境意识差。因此，在这种情况下，如不抓紧工作，在未来一定时期，环境将迅速恶化。最终会不适于人类生存，而毁掉家园。所以，把环境保护作为基本国策是非常及时和果断的。

2. **是由保护环境和维护生态平衡的客观要求决定的**

我国目前的基本环境状况是：局部有所控制，总体还在恶化，前景令人担忧。随着改革开放的进一步深入，生产规模将迅速增长，给环境的压力也会相应增大，如果不从现在起，从整个国民经济和社会发展的战略地位，确定环境保护的大政方针，其后果是可想而知的。因此，保护环境和维护生态平衡是关系到整个发展的大事，是关系到人类生存的大事，这一客观特征，决定了环境保护在整个国家生活中的重要地位以及作为基本国策的必要性。

3. **是由促进社会发展、经济和环境之间协调发展的需要决定的**

为了实现新时期社会、经济发展的总目标，必须把社会、经济与环境作为一个整体来进行规划，达到三者之间的协调发展。而把环境保护作为基本国策，就把环境与社会、经济发展放在了同等重要的地位，也进一步明确了三者之间的关系。

三、中国环境保护的基本政策

经过长期的探索与实践，我国制定了“预防为主”，“谁污染谁治理”以及“强化环境管理”的三大环境保护基本政策，从而确立了我国环境保护工作的总纲和总则。这三大政策的根本出发点和目的就是要谋求以当今环境问题的基本特点和解决环境问题的一般规律为基础，以我国的基本国情，尤其是多年来我国环境保护工作的经验和教训为条件，以强化环境管理为核心，以实现经济、社会与环境协调发展战略为目的，具有中国特色的环境保护道路。

（一）“预防为主”的政策

“预防为主”的政策思想是：把消除污染、保护环境的措施实施在经济开发和建设过程之前或之中，从根本上消除环境问题得以产生的根源，大大减轻事后治理所要付出的代价。对中国这样生产体系和技术水平比较落后的国家来说，在提高经济发展质量上有很大潜力，因此采取预防为主的措施是明智的。“预防为主”政策的主要内容是：

把环境保护纳入到国民经济与社会发展计划中去进行综合平衡。这一工作是从“六五”开始的，在“七五”计划中仍然把环境保护单列了一个篇章。计划中规定了防治工业污染、控制重点城市污染、保护江河水质、保护农村环境和生态环境的目标和措施。一些省市也按照国家计划要求，将环保列入当地的发展计划之中。

实行城市环境综合整治，主要是把环境保护规划纳入城市总体发展规划，调整城市产业结构和工业布局，建立区域性“工业生物链”，实现资源的多次综合利用，改善城市能源结构，减少污染产生和排放总量。

实行建设项目环境影响评价制度。

实行污染防治措施必须与主体工程同时设计、同时施工、同时投产的“三同时”制度。

（二）“谁污染，谁付费”的政策

“谁污染，谁付费”是指某个区域内的若干家排污企业可以通过付费的方式，把污染治理交给专业化公司来完成，实现治污集约化。建立专业化环境治理公司可以吸纳各种社会资金，从而形成政府、银行、国内外企业和个人等多元投资的局面，解决目前中国环境治理的巨大需求与投入不足的矛盾。从根本上改变环境保护完全依靠政府的不利局面。

“谁污染，谁付费”原则的确立将成为我国的环境保护走上社会化、市场化、企业化轨道的开端。

“谁污染，谁付费”政策的思想是：治理污染，保护环境是生产者不可推卸的责任和义务，由污染产生的损害以及治理污染所需要的费用，都必须由污染者承担和补偿，从而使“外部不经济性”内化到企业的生产中去。这项政策明确了环境责任，开辟了环境治理的资金来源。其主要内容包括：①要求企业把污染防治与技术改造结合起来。技术改造资金要有适当比例用于环境保护措施。②对工业污染实行限期治理。③征收排污费。凡超过国家标准排放污染物的，都要依法缴纳排污费。

（三）“强化环境管理”的政策

三大政策中，核心是强化环境管理。这一方面是因为通过改善和强化环境管理可以完成一些不需要花很多资金就能解决的环境污染问题，另一方面是因为强化环境管理可以为有限的环境保护资金创造良好的投资环境，提高投资效益。这项政策的主要内容是：

1. 加强环境保护立法和执法。1979 年颁布《中华人民共和国环境保护法（试行）》以来，已先后有《中华人民共和国大气污染防治法》、《中华人民共和国水污染防治法》、《中华人民共和国海洋环境保护法》等一系列多项环境保护法律出台，并在《中华人民共和国森林法》、《中华人民共和国水法》等一系列相关法律中突出强调了环境保护的要求。从而形成了比较完善的环境保护法规体系，这些法规已成为环境保护工作的依据和武器，确立了环境保护的权威性，在实践中发挥了重要作用。

2. 建立全国性的环境保护管理网络。各级政府中都有环境保护机构，同时都建立了全国性的为环境保护提供支持手段的宣传、教育、科研、监测、管理等一系列机构，全国直接从事环境保护工作的人员达20 余万，环境保护工作基本上可以覆盖全国各个地方。

3. 运用图书、报刊、影视等传播媒介广泛动员民众参与环境保护，并在教育体系中逐步加强了环境意识教育。

4. 建立了多项制度为核心的强化环境管理的制度体系，使环境管理工作迈上了新的台阶。

四、中国环境保护的单项政策

在环境保护基本政策的指导下，我国还确立了各个与环境保护和生态建设有关领域的单项环境保护政策，这些政策可概括为以下五个方面：

(一) 工业建设布局的环境保护政策

实行工业建设合理布局政策，包括两个方面的内容：一是新建工业的合理布局，二是老工业不合理布局的改善。主要内容有：

1. 实行环境影响评价制度。即在一个工业区的新建或扩建，一个城镇的新建和扩建，一个大型水利工程建设，大面积垦荒，交通干线建设，直至一个工厂的新建或扩建，都要进行环境影响的综合评价。

2. 在特定的区域不准建设有污染的工业企业。《环境保护法》第十八条规定："在国务院、国务院有关主管部门和省、自治区、直辖市人民政府划定的风景名胜区、自然保护区和其他需要特别保护的区域内，不得建设污染环境的工业生产设施；建设其他设施，其污染物排放不得超过规定的排放标准。已经建成的设施，其污染物排放超过排放标准的，限期治理"。

3. 对布局不合理的老企业实行改造政策，对布局不合理的老企业实行改造政策，逐步使之趋于合理，改造的手段就是关、停、并、转、迁。关：就是对污染严重，危害甚大，靠技术治理难以达到要求的，实行关闭政策。停：就是对那些生产浪费大，污染重，危害大的，实行停产治理。并：就是将那些性质相近、分散生产、污染严重的产品实行合并生产。转：就是将那些污染严重的产品，向无污染和轻污染的产品转产。迁：就是将那些布局不合理、污染严重、就地治理难以达到环境要求的，实行搬迁措施。

4. 城市规划布局政策。进行城市整体规划，实行环境功能分区，按照环境特点合理安排工业区、商业区、居住区、文教区、风景游览区以及其他功能区域。

(二) 能源环境保护政策

我国总的能源政策是：在今后一个相当长的时期内，要优先开发煤炭和水电，以煤炭为主要能源，积极提高水电在一次能源中的比重；大力勘探开发石油和天然气，提高使用的经济效益，在严重缺能的地区，有计划地建设核电站，广大农村要努力发展沼气和薪柴林，积极开展新能源的实验工作。我国能源环保政策的主要内容是：

1. 城市能源环境保护政策。①近期主要包括：改变煤炭供应中的不合理状况，尽可能将低硫份、低挥发的优质煤供给民用；推广型煤。除了推广民用型煤外，还要积极推广工业型煤；推广无烟固体燃料；联片供热；新建区不准再建一楼一炉的取暖方式，对原有分散的小锅炉，要做出规划，分期分批进行改造。②远期主要包括：煤气化，集中供热，炊事电气化。

2. 农村能源环境保护政策。①近期主要包括：推广省柴灶，营造薪炭林，积极发展沼气，增加生活用煤。②远期主要包括：因地制宜地充分利用各种可再生能源，发展沼气和薪柴林；同时，发展小水电、太阳能、地能、风能和潮汐能等。

3. 工业、能源环境保护政策。主要包括：①工业环境保护政策。即调整能耗高、环境与经济效益差的企业和产品，开发有利于环境的能源技术，回收可燃气体，热能综合利用。②煤炭工业的环境保护政策。即注意在高硫煤矿区发展洗煤、筛分鼓励坑口电站烧劣质煤，淘汰小土焦。③工业锅炉的消烟除尘。新出厂的锅炉质量要符合“安全可靠，节煤节电，消烟除尘”的要求，烟尘排放浓度超标的不得出厂；年限过久的老式锅炉5年内淘汰更新，不得易地转让；发展多种类型锅炉，以适应我国多种燃料的特点；加强对司炉工的岗位培训办法。

（三）水域环境保护政策

总的来说是节约用水，控制污染，合理利用水资源。主要内容为：

1. 压缩耗水量。主要措施是城市使用水源的单位，均纳入用水计划，实行计划用水、定额供水，对于超量用水部分，采取累进加价收费。

2. 压缩排污量。要从水资源的综合利用入手，通过加强企业管理、技术改造，“三废”资源化以及排污收费等措施，尽可能把污染物控制在生产过程中，最大限度地压缩排污量。

3. 对工业废水中的污染物实行分类、分级和总量控制。重点是重金属和难降解有机物。对于重金属，要严格控制，使之在车间或厂内达标排放；对于其他有机物实行总量控制和集中处理。

4. 因地制宜，建立城市污水系统。

5. 发展净化技术，研究并推广那些处理量大，效果好的净化设备。

（四）自然环境保护政策

我国自然环境保护的总政策是合理利用自然资源，防止生态系统的退化和破坏；发展经济和保护自然资源相结合；实现自然资源的永续利用。具体政策是：

1. 调整农业结构、布局，实行农、林、牧、渔全面发展的方针。按照自然规律和各地的环境特征，宜农则农，宜林则林，宜牧则牧，宜渔则渔。积极发展多种经营。

2. 保护植被，控制水土流失。主要对策是：①广泛种树草；②保护草原；③合理垦荒。

3. 保护珍贵的野生动植物资源。总的政策是：保护、发展和合理利用。

（五）有利于环境保护的经济技术政策

主要内容包括：

1. 鼓励综合利用，实现化害为利，变废为宝。
2. 在技术改造中采取控制工业污染的措施。
3. 全面实行污染物排放超标收费，并逐步向排污收费过渡。
4. 实行“污染者付费、开发者保护”的政策。

思考题

1. 什么是“三同步、三统一”的环境保护方针？它与当前的可持续发展战略的关系是什么？

2. 为什么说环境保护是我国的一项基本国策?
3. 我国三大环境保护政策是什么?
4. 简述我国的能源环境政策。
5. 简述我国的水域环境保护政策。

第四章　环境管理制度

环境管理制度属于环境管理对策与措施的范畴，是从强化管理的角度确定了环境保护实践应遵循的准则和一系列可以操作的具体实施办法，是关于污染防治和生态保护与管理思想的规范化指导，是一类程序性、规范性、可操作性、实践性很强的管理对策与措施，是国家环境保护的法律、法规、方针和政策的具体体现。

我国现行的环境管理制度是从探索我国环境保护工作的规律和方法出发，以有计划地控制环境污染、生态破坏和实现环境战略为目标，随着我国环境保护工作的深化而逐步产生的。

第一节　环境管理制度的形成

从 1973 年我国环境保护事业起步至今，我国在环境保护的实践中，不断地探索和总结，逐步形成了一套既符合中国国情，又能够为强化环境管理提供有效保障的环境管理制度。从最早提出的"三同时"、环境影响评价和排污收费等老三项管理制度，到后来的环境保护目标责任制、城市环境综合整治定量考核、排污许可证制度、污染物集中控制和限期治理等新五项环境管理制度，以及后来又在环境保护的实践中形成了污染事故报告制度、现场检查制度、排污申报制度、环境信访制度和环境保护举报制度。目前，我国的环境管理制度已经远不是单项制度的"构件"的简单堆砌，而是一座由新老制度构成的有机整体。

一、老三项制度的形成

1973 年 8 月 5 日 ~20 日在北京召开的第一次全国环境保护会议是我国环境保护事业的里程碑，标志着环境保护在我国被提到了正式的议事日程上来了。自环境保护工作正式开展以来，我国积极探索科学的管理方法，不断发展完善环境管理思想。随着环境保护工作的不断开展，对外交流的逐渐增多，吸收了许多国外好的经验，同时也不断总结自身的经验和教训，并在此基础上开始了环境管理制度的建设。

1972 年的北京官厅水库鱼污染事件，引起了党和国家的高度重视，国务院接连做出四次指示，指定北京市、河北省、山西省、天津市和国务院有关部门组成官厅水库保护领导小组，积极开展治理，这是由国家出面针对污染进行的第一次治理。同年 6 月，在国务院批转的《国家计委、国家建委关于官厅水库污染情况和解决意见的报告》中第一次提到了工厂建设和"三废"利用工程要同时设计、同时施工、同时投产的要求。1973 年经国务院批转的《关于保护和改善环境的若干规定》中规定"一切新建、扩建和改建的企业，防治污染项目必须和主体工程同时设计、同时施工、同时投产"。从此"三同时"成为我国第一项环境管理制度，1979 年《中华人民共和国环境保护法（试行)》中对"三同时”制度从法律上加以确认。随后，为了确保“三同时”制度的有效执行，国家先后又颁布了一系列的行政法令和规章，如1981年5月由国家计委、国家建委、国家经委、国务院环境保护领导小组联合下达的《基本建设项目环境保护管理办法》、1986年国务院环境保护委员会颁布的《建设项目环境保护管理办法》、1987年颁布的《建设项目环境保护设计规定》、1989年正式颁布的《中华人民共和国环境保护法》、1998年国务院颁布的《建设项目环境保护管理条例》、2002年国家环境保护总局颁布的《建设项目竣工环境保护验收管理办法》等等。

根据我国预防为主的环境管理思想，以及国际上20世纪70年代以来出现的环境评估的做法，我国1978年在《关于加强基本建设项目前期工作内容》中首次提出了进行环境影响评价的问题，规定环境影响评价应成为基本建设项目可行性研究报告中的一个重要篇章，同时环境影响评价成为我国又一项环境管理制度。1979年9月颁布的《中华人民共和国环境保护法（试行）》将这一制度法律化，规定“一切企业、事业单位的选址、设计、建设和生产，都必须充分注意防止环境的污染和破坏。在进行新建、改建和扩建工程时，必须提出对环境影响的报告书，经环境保护部门和其他有关部门审查批准后才能进行设计”。1981年5月由国家计委、国家建委、国家经委、国务院环境保护领导小组联合下达的《基本建设项目环境保护管理办法》，对环境影响评价的基本内容和程序做了规定。为了确保环境影响评价制度的有效执行，国家先后颁布了一系列政策、法令，如1986年国务院环境保护委员会颁布的《建设项目环境保护管理办法》、1987年颁布的《建设项目环境保护设计规定》、1989年正式颁布的《中华人民共和国环境保护法》、1998年国务院颁布的《建设项目环境保护管理条例》、1999年国家环境保护总局颁布的《建设项目环境保护分类管理名录（试行）》、1999年国家环境保护总局颁布的《建设项目环境影响评价资格证书管理办法》、2002年国家计委、国家环境保护总局发布的《关于规范环境影响咨询收费有关问题的通知》等等。

20世纪70年代末期，我国根据环境保护事业发展的需要，确定了“谁污染谁治理”的原则，根据这个原则，并借鉴了70年代初期世界经济合作与发展组织提出的“污染者负担”的原则，仿效一些国家和地区实行的行政污染税或排污收税的做法，结合中国国情，提出了具有中国特色的排污收费制度。排污收费制度在我国的实行大体经历了三个发展阶段：一是排污收费的提出和试行阶段。1979年颁布的《中华人民共和国环境保护法（试行）》中规定：超过国家规定的标准排放污染物，要按照排放污染物的数量和浓度，根据规定收取排污费。从法律上确立了排污收费制度。自1979年苏州市在全国率先进行排污收费试点，至1981年底，全国有27个省、自治区、直辖市逐步开展了排污收费的试点工作；二是排污收费制度的建立和实施阶段。1982年2月，国务院在总结全国27个省、自治区、直辖市开展排污收费试点工作经验的基础上，发布了《征收排污费暂行办法》，对实行排污收费的目的、排污费的征收、管理和使用做出了统一规定；三是排污收费制度的发展、改革和不断完善阶段。1988年7月国务院颁布了《污染源治理专项基金有偿使用暂行办法》，在全国实行了排污收费有偿使用，拉开了我国排污收费制度改革的帷幕。1994年，全国排污收费工作会议在全面总结我国排污收费制度执行情况的基础上，明确提出了排污收费制度改革的方向。根据此次会议精神，1998年国家环境保护总局、国家计委、财政部下发了《关于在杭州等三城市实行总量收费试点的通知》。

“三同时”制度、环境影响评价制度和排污收费制度是我国最早出现的环境管理制度，习惯上又称之为老三项环境管理制度。老三项制度的形成对我国环境保护事业的发展具有重要的意义，特别是对于预防和控制污染、加强环境管理和环境保护队伍的自身建设起到了十分重要的作用，如环境影响评价制度充分体现了预防为主的方针，保证新建项目的合理选址和布局；“三同时”制度除了体现预防为主的战略方针外，还将环境保护纳入到基本建设程序中，实现经济与环境的协调发展，对控制新增污染效果明显；排污收费制度通过经济刺激手段提高了企业的环保意识，为污染防治开辟了一条可靠的资金来源渠道等等。

二、新五项制度的形成

老三项制度是我国环境管理制度的基石，无论是过去、现在、还是将来，其在环境保护事业中都将发挥着重要的作用。然而事物总是在不断变化和发展的，老三项制度毕竟是在我国环境保护事业开创不久产生和确立的，在进一步的实践中，发现老三项制度存在明显的局限性：第一，强调了预防新污染源，控制老污染源不够；第二，强调浓度标准，没有注意到总量控制；第三，强调单项、点源、分散控制，而综合、区域、集中控制不够；第四，强调定性管理，忽略了定量管理；第五，片面强调环境保护部门的积极性，调动各部门，特别是政府首长的积极性不够。而所有这些局限性不是通过制度本身的完善能够克服的，只有通过新的制度加以补充克服。

随着我国环境保护事业的不断发展，我们清醒的认识到中国的环境问题有因历史的原因而欠下的旧帐，也有因为经济不断发展带来的新问题，特别是在现有的经济条件、科学技术水平下依靠大量的资金投入和先进的工艺技术解决环境问题是不符合中国国情的。正是基于上述原因，八十年代初期，我们提出了将环境保护工作的重点由治理转向管理、以管促治、强化环境管理的思想，同时也为了克服老三项制度的局限性，80 年代以来，我国先后提出了环境保护目标责任制、城市环境综合整治定量考核、排污许可证制度、污染物集中控制和限期治理等五项环境管理制度。

我国环境保护事业开创初期，工作中过于单独依靠环保部门自身的积极性，忽略了其他部门，特别是政府首长的积极性、主动性，工作中出现了种种的困难和阻力。为了克服孤军奋战的局面，经过反复探索研究推出了环境保护目标责任制这项新的环境管理制度，有人讲环境保护目标责任制的推出，是环境管理体制的重大改革，是新五项制度的“龙头”，具有全局性的影响，标志着我国环境管理进入了一个新的阶段。

为了解决老三项制度定性管理多于定量管理、分散、点源、单项治理多于综合整治等的局限性，特别是基于城市环境问题的严重性和复杂性，我国政府一直把城市作为环境保护的重点，并采取了一系列控制城市环境污染和改善城市环境质量的措施。回顾我国城市环境保护经历了三个发展阶段：一是我国环保事业开创初期工业污染的点源治理阶段；二是工业污染的综合防治阶段；三是经过工业污染的点源治理和工业污染综合防治两个阶段的实践，我国城市环境管理思想逐步成熟起来后的城市环境综合整治阶段。为了使城市环境综合整治起到积极的作用，1985 年在洛阳市召开了第一次全国城市环境保护工作会议，明确了城市环境综合整治的目标和措施，并把城市环境综合整治作为城市政府的一项基本职责，强调市长要对城市环境质量全面负责。在此基础上国家推出了城市环境综合整治定量考核制度，使我国城市环境保护真正走上综合整治的道路，同时也使环境保护从软任务变成硬指标。

在不断的探索实践过程中，人们发现单纯的依靠浓度控制并不能够从根本上改善环境质量，尽管花费了大量的人力、物力和财力，但起到的是事倍功半的效果。随着环境保护实践的深入，环境管理思想发生着深刻的变化，认识到只有实行总量控制才能够从根本上解决环境质量恶化的问题，正是基于这种思想提出了排污许可证制度。国家环保局从1986年开始在水污染物排放许可证制度方面首先进行了试点工作。第三次全国环境保护会议后，按照国务院《关于进一步加强环境保护工作的决定》中关于“逐步推行污染物排放总量和排污许可证制度”的要求，在水污染物许可证试点工作的基础上，于1991年又开始了在上海、天津、太原、广州、沈阳等16个城市进行排放大气污染物许可证制度的试点工作，取得了一定的效益。特别是1996年第四次全国环境保护会议上，明确提出实施总量控制是“九五”期间的一项重要任务，通过在全国范围内全面推行排污许可证制度是能否完成这一任务的关键。

污染物集中控制制度是从我国环境管理实践中总结出来的，多年的实践证明，污染治理的根本目的不应该是追求单个污染源的处理率和达标率，而应当是谋求整个环境质量的改善，同时讲求经济效益，以尽可能小的投入获取尽可能大的效益，而这些依靠老三项制度是不可能实现的。

应该说限期治理的观点提出得相对较早，早在1972年北京官厅水库鱼污染事件、大连湾污染事件发生后，国务院连续召开各有关部门的会议研究治理对策，其中一项重要的措施就是对那些污染危害严重的工厂进行限期治理。1973年8月，在国家计委给国务院的《关于全国环境保护会议情况的报告》中，明确提出：对污染严重的城镇、工矿企业、江河湖泊和海湾，要一个一个地提出具体措施，限期治理好。从第一次全国环境保护会议之后，全国各地都在不同程度地运用限期治理的手段防治污染。1979年9月颁布的《中华人民共和国环境保护法（试行)》中进一步明确了限期治理的法律地位，以及以后在全国人大常委会颁布的法令中、在国务院下达的文件中都一再重申，所有这些都为建立限期治理制度打下了坚实的基础。1989年4月召开的第三次全国环境保护会议，根据《中华人民共和国环境保护法（试行)》的规定，在总结了近16年的限期治理污染工作的基础上，把限期治理污染作为五项环境管理制度的重要组成部分，重新予以公布。

新五项环境管理制度一方面是随着我国改革开放的不断深入，新的环境问题不断出现，人们对环境管理工作认识的不断深入和管理思想的逐步成熟应运而生的，体现了广大环保工作者坚持改革、大胆实践、实事求是、勇于探索的精神；另一方面，推行新五项环境管理制度是强化环境管理的客观要求；是环保部门自身建设的重大改革；是我国环境管理进入定量和优化管理的标志，为控制和改善环境质量找到了新的综合动力；更重要的是推行新五项环境管理制度，为开拓和建立有中国特色的环境管理模式和道路，提供了新的框架和基础。

经过将近30年的实践与探索，在不断学习、不断总结经验和教训的基础上，我国逐步形成了具有中国特色的八项环境管理制度。八项环境管理制度已经成为我国环境保护工作的基石，对我国环境保护事业发展起着重要的作用。

三、其他五项制度的形成

老三项和新五项制度颁布实施后，我国环境管理迈上了一个新的台阶。但是，随着我国环境保护事业的发展，环境监管的力度不断加强，在实际工作中又建立了污染事故报告制度、现场检查制度、排污申报制度、环境信访制度和环境保护举报制度等新制度。

第二节　我国的环境管理制度

一、环境影响评价和“三同时”制度

环境影响评价和“三同时”制度是我国防止新污染出现和破坏的两大法宝，是预防为主的环境保护方针的具体体现，也是建设项目环境管理的主要依据，两种制度相辅相成。

（一）建设项目环境管理

建设项目环境管理是贯彻预防为主，控制新污染和新的生态破坏的重要措施，也是正确协调经济建设和环境保护的关系，实现经济效益、环境效益和社会效益统一的战略措施，执行环境影响评价、“三同时”制度是建设项目环境管理的主要手段。

1. 建设项目

所谓建设项目指一切基本建设项目、技术改造项目和区域开发建设项目，包括涉外项目（中外合资、中外合作、外商独资建设项目）的总称。

基本建设项目是指以扩大生产能力或新工程效益为主要目的的新建、扩建、迁建、恢复等工程。

技术改造项目是指以提高企、事业单位的社会综合经济效益为主要目的的原有固定资产更新和装备技术改造，以及相应配套的辅助性生产、生活福利设施等工程。

2. 建设项目环境管理

所谓建设项目环境管理是指环境保护部门根据国家的环境保护产业政策、行业政策、技术政策、环境规划布局和清洁生产要求及专业工程验收规范，运用环境预审、环境影响评价和“三同时”管理制度对一切建设项目依法进行的管理活动。

3. 建设项目环境管理程序

建设项目的环境管理是按照建设项目的建设程序来分阶段进行的。整个建设项目管什么？怎样管？怎样才能管得好？首先要把好建设程序这个脉络。当然，技术改造项目与基本建设项目的程序有些不同；大中型项目与小型项目的建设程序和环境管理内容也有差异，但大体的模式是近似的。都要经过项目建议书的提出和批准立项、可行性研究及审查、设计、施工和竣工验收四个阶段五道审批手续，这些程序和相应的环境管理内容如图 4－1 所示。

从图 4－1 可以看出，我国建设项目环境管理程序具有如下三个特点：第一，以基本建设程序为主体，两大程序紧密结合、紧紧相关；第二，建设项目环境管理涉及面广，是

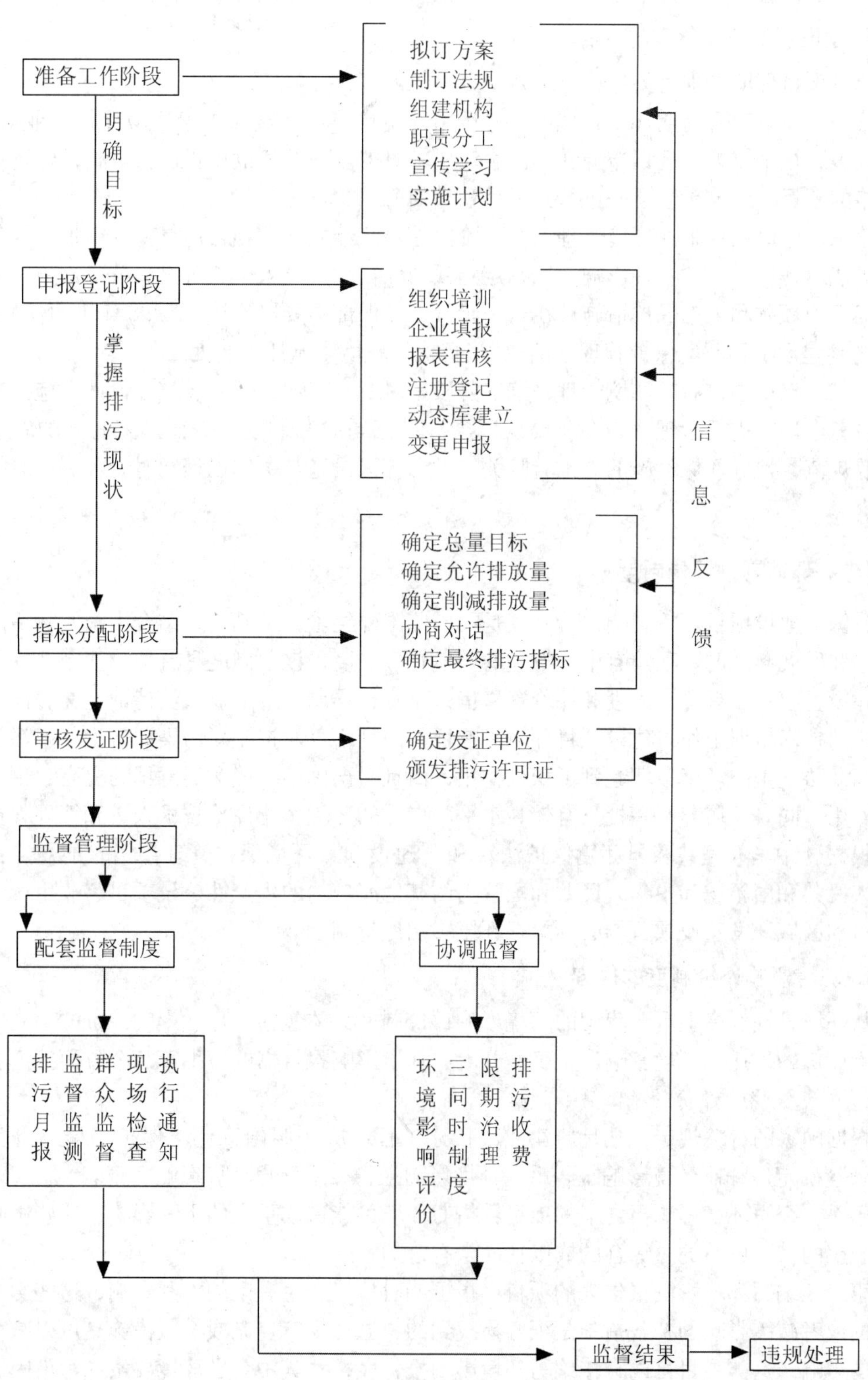

图4－1　排放污染物许可证制度工作程序

一种广泛的社会性工作；第三，环保部门有独立的审批权和监督权，执法上具有独立性。

4. 建设项目环境管理的内容

建设项目环境管理主要包括以下几个方面的内容：

第一，建设项目前期环境管理：主要运用环境预审制度按照国家环境保护产业政策、行业政策、技术政策、规划布局和清洁生产要求对拟立项的建设项目进行审查，经环境预审合格的项目才能准予立项并进入到项目管理的第二阶段。

第二，建设项目中期环境管理：这一阶段是对已经立项的项目进行技术审批，评价该项目可能对环境产生的各种影响，以判定立项的项目能否进入施工阶段以及准许施工所应采取的污染预防和生态保护措施。在这一阶段，环保部门要严格按照1998年11月国务院颁布的《建设项目环境保护管理条例》，认真执行环境影响评价制度。

第三，建设项目后期环境管理：这一阶段是对配套建设的环保设施在设计、施工和竣工验收三个环节进行管理。因此，要认真执行“三同时”制度，按照国家有关的专业工程验收规范，把好环保设施的竣工验收关，做到环保设施与主体工程同时验收、同时投入运行。

（二）环境影响评价制度

我国的建设项目环境影响评价制度是在借鉴国外经验的基础上，结合中国实际情况逐步建立和发展起来的一项具有中国特色的环境管理制度，该项制度具有法律强制性并纳入基本建设程序；实行分类管理和评价资格审核制度；强调评价从业人员持证上岗和注重环评队伍的技术培训工作。建设项目环境影响评价制度不仅对控制新污染源产生、老污染源治理以及防止生态环境破坏起到了积极作用，而且对全民族环境保护意识的提高起到了重要的作用，同时还培养了一批具有较高水平和素质的环境影响评价技术人员和管理人员。

根据《中华人民共和国环境保护法》和《建设项目环境保护管理条例》的规定：在中华人民共和国领域和中华人民共和国管辖的其他海域内的生产性建设项目、非生产性建设项目和区域开发建设项目均必须执行环境影响评价制度。

1. 环境影响评价制度的内容

从环境管理程序上看，我国的环境影响评价制度大体包括：环境影响评价的确立、环境影响评价的委托、环境影响评价工作开展、环境影响报告书的审批等几个方面的内容：

（1）环境影响评价的确立

根据国家的有关规定，凡是新建或改扩建工程，应按照国家环境保护总局“分类管理名录”确定应编制环境影响报告书、环境影响报告表或填报环境影响登记表。

第一，编写环境影响报告书的项目：指对环境可能造成重大的不利影响，这些影响可能是敏感的、不可逆的、综合的或以往尚未有过的。

第二，编写环境影响报告表的项目：指可能对环境产生有限的不利影响，这些影响是较小的或者减缓影响的补救措施是很容易找到的，通过规定控制或补救措施是可以减缓对环境的影响。这类项目可以直接编写环境影响报告表，对其中个别环境要素或污染因子需要进一步分析的，可附单项环境影响评价专题报告。

第三，对环境不产生不利影响或影响极小的建设项目，不需要开展环境影响评价，只填报环境保护管理登记表。

但是，对于未列入国家和省建设项目分类管理名录的建设项目，建设单位必须向环境保护行政主管部门如实办理申报表。环境保护行政主管部门依据建设项目的特性及所在区域的环境保护要求，按照审批管理权限对环境有影响的建设项目做出依法编制环境影响报告书、环境影响报告表或登记表的处理意见，对环境无影响的建设项目直接加具同意项目建设的意见。

（2）环境影响评价的委托

建设单位在明确了环境影响评价工作的类型后，应委托持有国家环境保护总局颁发的《建设项目环境影响评价资格证书》的单位开展环境影响评价工作。建设单位在选择评价单位时应注意以下几个问题：

第一，评价单位持有的评价证书等级：国家环境保护总局颁发的《建设项目环境影响评价资格证书》分甲、乙两个等级。持有甲级评价证书的单位，可以按照评价证书规定的业务范围，承担各级环境保护部门负责审批的建设项目环境影响评价工作，编制环境影响报告书或环境影响报告表。持有乙级评价证书的单位，可以按照评价证书规定的业务范围，承担地方各级环境保护部门负责审批的建设项目环境影响评价工作，编制环境影响报告书或环境影响报告表。

第二，评价单位的业务范围：按照1999年新颁布的《建设项目环境影响评价资格证书管理办法》，评价单位必须在证书规定的业务范围内开展环境影响评价工作。

（3）环境影响评价工作程序

环境影响评价工作程序如图4－2所示，大体分为三个阶段，第一阶段为准备阶段，主要工作为研究有关文件，进行初步的工程分析和环境现状调查，筛选重点评价项目，确定各单项环境影响评价的工作等级，编制评价工作大纲；第二阶段为正式工作阶段，其主要工作为进一步做工程分析和环境现状调查，并进行环境影响预测和评价环境影响；第三阶段为报告书编制阶段，其主要工作为汇总、分析第二阶段工作所得到的各种资料、数据，给出结论，完成环境影响报告书的编制。

（4）环境影响报告书（表）的审批

环境影响报告书（表）的审批程序是保证环境影响评价工作顺利进行的重要手段，是环境保护部门进行建设项目环境管理把关的重要步骤，是环境影响评价制度能否落到实处的关键。

①环境影响评价大纲的编制与审批

按照分类管理名录需要编制环境影响报告书的项目，应编制环境影响评价大纲。环境影响评价大纲是环境影响报告书的总体设计和行动指南，应在开展评价工作之前编制。它是具体指导环境影响评价的技术文件，也是检查报告书内容和质量的主要判据，应在充分研读有关文件、进行初步的工程分析和环境现状调查后形成。

对于环境影响评价大纲的审查应引起环保部门的足够重视，首先，环境影响评价大纲是开展环境影响评价工作的具体指导，环保部门通过评价大纲可以初步判断项目是否符合环保产业政策、评价工作的深度、广度、方法是否合适。对于一些不符合产业政策的项目，可以在评价大纲阶段就予以否定，既提高了办事效率，也减少了评价单位、建设单位在经济上、时间上的压力。其次，通过评价大纲的审查，环保部门可以提出对环境影响评

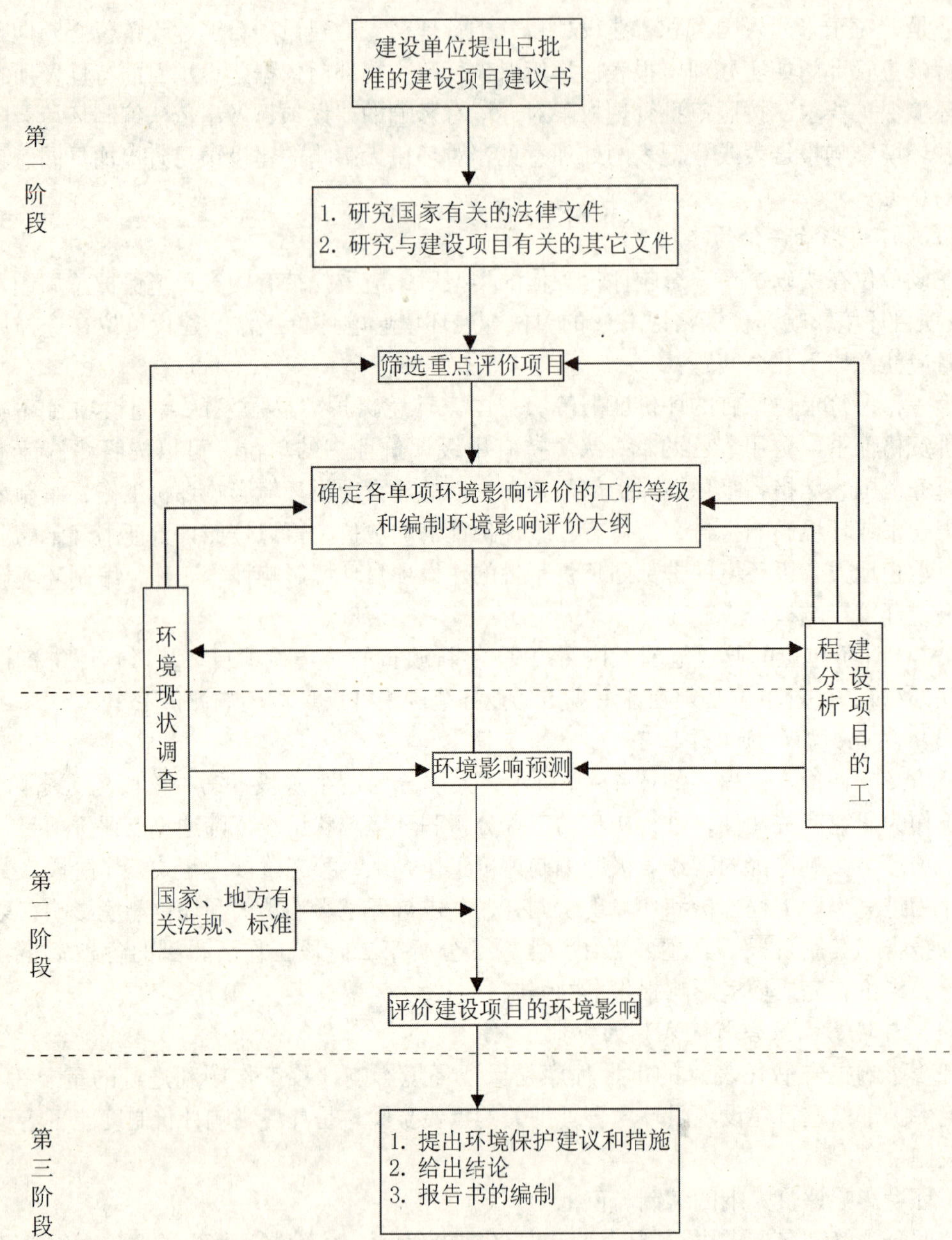

图 4－2　环境影响评价工作程序

价工作的具体要求，使评价单位能够及时补充、完善，以免报告书完成后再修改、补充，增加建设单位和评价单位的负担。第三，对环保部门而言，认真审批环境影响评价大纲，相应减轻了报告书审批的压力。

环境影响评价大纲审批权限与环境影响报告书的审批权限一致，由建设单位向负责审批的环境保护部门申报，并抄送行业主管部门。环境保护部门根据情况确定评审方式，提出审查意见。

评价单位应在环境保护部门对评价大纲做出批复后开展具体的环境影响评价工作，并注意在实施中把审查意见列为报告书内容。

②环境影响报告书的编制与审批

环境影响报告书是环境影响评价程序和内容的书面表现形式之一，是环境影响评价项目的重要技术文件。建设项目的类型不同，对环境的影响差别很大，环境影响报告书的编制内容和格式也有所不同，一般而言应包括以下内容：

i 总论：包括环境影响评价项目的由来、编制报告书目的、编制依据、评价标准、评价范围、控制及保护目标等；

ii 建设项目概况：包括建设项目规模、生产工艺水平、产品方案、原料、燃料及用水量、污染物排放量、环保措施，并进行工程影响环境因素分析；

iii 环境现状：自然环境调查、社会环境调查、评价区域大气环境质量现状调查、地表水环境质量现状调查、地下水环境质量调查、土壤及农作物现状调查、环境噪声现状调查、人体健康及地方病调查、其他社会、经济活动污染、破坏环境现状调查；

iv 污染源调查与评价：包括建设项目污染源预估、评价区内污染源调查与评价；

v 环境影响预测与评价：包括大气环境影响预测与评价、水环境影响预测与评价、声环境影响预测与评价、生态环境影响评价、对人群健康影响分析、振动及电磁波的环境影响分析等；

vi 环保措施的可行性及经济技术论证：大气污染防治措施的可行性分析及建议、废水治理措施的可行性分析及建议、废渣处理及处置的可行性分析、对噪声、振动等其他污染控制措施的可行性分析、对绿化措施的评价及建议、环境管理、监测制度建议；

vii 环境影响经济损益简要分析：包括建设项目的经济效益、建设项目的社会效益和建设项目的环境效益；

viii 实施环境监测的建议：针对建设项目环境影响特点，提出对各排放口的监测方案或计划，提出配置监测设备和人员的建议；

ix 结论：要求简要、明确、客观地阐述评价工作的主要结论，包括评价区的环境质量现状、污染源评价的主要结论、主要污染源及主要污染物、建设项目对评价区环境的影响、环保措施可行性分析的主要结论及建议、从三个效益统一的角度，综合提出建设项目的选址、规模、布局等是否可行。

环境影响报告书（表）的审批一律由建设单位负责提出，报主管部门预审，主管部门提出预审意见后转报负责审批的环境保护部门审批；建设项目的性质、规模、建设等发生较大改变时，应按照规定的审批程序重新报批；对于环境问题有争议的建设项目其环境影响报告书（表）可提交上一级环境保护部门审批。

负责审批的环境保护部门应严格按照审批权限、时限进行审批，坚决杜绝越权审批的发生。1998 年颁布的《建设项目环境保护管理条例》对审批权限作出如下规定：

第一，属于国家环境保护总局审批的项目：核设施、绝密工程等特殊性质的建设项目；跨省、自治区、直辖市行政区域的建设项目；国务院审批的或国务院授权有关部门审批的建设项目。

第二，上述规定以外的建设项目环境影响报告书、报告表或登记表的审批权限，由省、自治区、直辖市人民政府规定。

各级主管部门和环境保护部门在审批环境影响报告书（表）时，应着重从审查建设项目是否符合国家产业政策，是否符合城市环境功能区划和城市总体发展规划，是否符合清洁生产要求，是否作到污染物达标排放，是否满足国家和地方规定的污染物总量控制指标，以及项目建成后是否能够维持地区环境质量、符合功能区要求等几个方面入手。其审查以技术审查为基础，审查方式是专家评审会还是其他形式可由负责审批的环境保护行政主管部门根据具体情况而定。

2. 我国环境影响评价制度的特点

我国的环境影响评价制度是借鉴国外经验并结合中国的实际情况，逐步形成的。我国的环境影响评价制度主要特点表现在以下几个方面：

（1）具有法律强制性　我国的环境影响评价制度是国家环境保护法明令规定的一项法律制度，以法律形式约束人们必须遵照执行，具有不可违背的强制性，所有对环境有影响的建设项目都必须执行这一制度。

（2）纳入基本建设程序　我国多年实行计划经济体制，改革开放以来，虽然实行社会主义市场经济，但在固定资产投资上国家仍有较多的审批环节和产业政策控制，强调基建程序。多年来，建设项目的环境管理一直纳入到基本建设程序管理中。1998 年《建设项目环境保护管理条例》颁布，对各种投资类型的项目都要求在可行性研究阶段或开工建设之前，完成其环境影响评价的报批。环境影响评价和基本建设程序密切结合。

（3）分类管理　国家规定，对造成不同程度环境影响的建设项目实行分类管理。对环境有重大影响的必须编写环境影响报告书，对环境影响较小的项目可以编写环境影响报告表，而对环境影响很小的项目，可以只填报环境影响登记表。

（4）实行评价资格审核认定制　为确保环境影响评价工作的质量，自 1986 年起，我国建立了评价单位的资格审查制度，强调评价机构必须具有法人资格，具有与评价内容相适应的固定在编的各专业人员和测试手段，能够对评价结果负起法律责任。评价资格经审核认定后，发给相应等级环境影响评价证书，甲级证书由当时国家环境保护局颁发，乙级证书由省、自治区、直辖市环保局颁发。1999 年国家环境保护总局根据 1998 年新颁布的《建设项目环境保护管理条例》制定了新的《建设项目环境影响评价资格证书管理办法》，强调了环评人员的持证上岗、对评价单位两年一次的定期考核以及新的证书申请办法，规定甲、乙级环境影响评价证书均由国家环境保护总局颁发。持证评价是我国环境影响评价制度的一个重要特点。

综合起来看，《环境保护法》和《环境影响评价法》是我国环境影响评价制度的源头；《建设项目环境保护管理条例》是我国环境影响评价制度的源流和体现；《建设项目环境影响评价资格证书管理办法》是环境影响评价制度的组织保证；《环境影响评价技术导则》是环境影响评价制度的技术保证。它们汇集成为我国的环境影响评价制度。

3. 我国的《环境影响评价法》

中华人民共和国第九届全国人民代表大会常务委员会第三十次会议于 2002 年 10 月 28 日通过了《中华人民共和国环境影响评价法》，并于 2003 年 9 月 1 日起施行。这部法律对环境影响评价的范围由单纯地评价建设项目，扩大到评价对环境有影响的总体规划和专项规划。根据《环境影响评价法》，今后包括编制国土规划、土地利用总体规划、城市规划、区域、流域、海域开发利用规划，以及工业、农业、林业、能源、水利、交通、旅游、自然资源开发的专项规划，都要进行环境影响评价。《环境影响评价法》在《建设项目环境保护管理条例》的基础上增加了规划环境评价的内容。建设项目大多由负责项目的业主向政府报批，由政府批准，而规划的主体则是各级政府部门，这部新法将要求政府在制定规划时对环境负责，部门在报批规划草案时要附送环境影响评价报告书，从而对政府决策者、执行者从法律上追究环境影响责任。

（1）立法宗旨

本法的立法宗旨即立法目的主要是：第一、预防因规划实施后对环境造成不良影响；第二、预防因建设项目实施后对环境造成不良影响；第三、实施可持续发展战略，促进经济、社会和环境的协调发展。

（2）环境影响评价的概念

本法所称环境影响评价，主要包括以下五个方面：第一、评价的对象是拟订中的政府有关的经济发展规划和建设单位兴建的建设项目；第二、评价单位要分析、预测和评估所评价对象在其实施后可能造成的环境影响；第二、评价单位通过分析、预测和评估，提出具体而明确的预防或者减轻不良环境影响的对策和措施；第四、环保部门对规划和建设项目实施后的实际环境影响，要进行跟踪监测和评价；第五、本法所称环境影响评价，是指指导环境影响评价工作的方法和制度。

（3）关于本法的适用范围

所谓本法的适用范围，是指哪些规划和建设项目属于本法调整，评价单位可以对哪些规划和建设项目进行环境影响评价。

A. 属于本法调整的规划

总体而言，本法所指规划有几个特征：一是指政府拟定的规划，这样就与企业的规划区分开了；二是指政府的经济发展方面的规划，这样就与政府的其他规划区分开了；三是指实施后对环境有影响的规划。国际经验证明，并不需要对所有的规划都进行环评。一般在评价之前，有关部门首先要启动“识别程序”，通过识别，把对环境有影响的规划挑选出来，再对可能对环境有影响的规划启动正式的评价程序。

考虑到我国经济与环境管理工作的阶段性，考虑到协调来自各个方面的意见，本法对现阶段可以进行环境影响评价的规划作了如下的表述：“编制本法第九条所规定的范围内的规划……应当依照本法进行环境影响评价。”本法第九条规定，依照本法第七条、第八条的规定需进行环评的规划的具体范围，由国家环境保护总局会同国务院有关部门规定，报国务院批准后实施。

B. 属于本法调整的建设项目

对属于本法调整的建设项目，本法第三条主要规定了以下三点：第一、建设对环境有影响的建设项目；第二、在中华人民共和国领域内建设对环境有影响的建设项目；第三、在中华人民共和国管辖的其他海域内建设对环境有影响的项目。国家根据建设项目对环境的影响程度，对建设项目评价实行分类管理，具体分类可见本法第三章和国务院以及国家环保总局的有关规定。至于关于“领域”和“中华人民共和国管辖的其他海域”的界定，可见我国有关海洋的规定。

（4）关于进行环境影响评价的原则

主要有以下四点：第一、环境影响评价必须客观、公开、公正。所谓“客观”，是与主观臆断相区别的；所谓“公开”，是与暗箱操作相区别的；所谓“公正”，是指不带偏见，对所有的评价对象一视同仁，依法进行评价；第二、进行环评要综合考虑对各种环境因素及其所构成的生态系统的影响；第三、环境影响评价的结论应当为决策提供科学依据；第四、国家鼓励有关单位、专家和公众以适当方式参与环境影响评价。

(5) 国家支持环境影响评价的基础工作

主要从以下两个方面支持：第一、国家加强环境影响评价的基础数据库和评价指标体系建设，鼓励和支持对环境影响评价方法、技术规范进行科学研究，建设必要的环境影响评价信息共享制度，以提高环境影响评价的科学性；第二、国家环境保护总局应当会同国务院有关部门，组织建立和完善环境影响评价的基础数据库和评价指标体系。

(三)“三同时”制度

“三同时”制度，是指新建、改建、扩建项目和技术改造项目以及区域性开发建设项目的污染治理设施必须与主体工程同时设计、同时施工、同时投产的制度。它与环境影响评价制度相辅相成，是防止新污染和破坏的两大“法宝”，是我国“预防为主”方针的具体化、制度化。

“三同时”制度是我国出台最早的一项环境管理制度。它是中国独创，是在我国社会主义制度和经济建设经验的基础上提出来的，是具有中国特色并行之有效的环境管理制度。

1.“三同时”制度的主要内容

“三同时”的设想是1972年6月，在国务院批转的《国家计委、国家建委关于官厅水库污染情况和解决意见的报告中》提出的；1979年《中华人民共和国环境保护法（试行)》对“三同时”制度从法律上加以确认；1981年5月由国家计委、国家建委、国家经委、国务院环境保护领导小组联合下达的《基本建设项目环境保护管理办法》，把“三同时”制度具体化，并纳入基本建设程序；1986年在《基本建设项目环境保护管理办法》的基础上，国务院环境保护委员会、国家计委、国家经委联合发布了《建设项目环境保护管理办法》，对“三同时”制度从内容到管理程序、各部门之间的职责都做出了明确的规定；1998年，为了适应环境保护事业的发展，国务院在1986年《基本建设项目环境保护管理办法》的基础上，补充、修改、完善颁布了《建设项目环境保护管理条例》，其中有关“三同时”的规定有：

(1) 建设项目的设计阶段

建设项目的设计阶段，应对建设项目建成后可能造成的环境影响进行简要的说明，在可行性研究报告中，应有环境保护的专门论述。初步设计中必须有环境保护篇章。

(2) 建设项目的施工阶段

在建设项目的施工阶段，环境保护设施必须与主体工程同时施工。在施工过程中，应当保护施工现场周围的环境，防止对自然环境造成不应有的损害；防止或减轻粉尘、噪声、震动等对周围生活环境的污染和危害。建设项目在施工过程中，环境保护部门可以进行现场检查，建设单位应提供必要的资料。

(3) 建设项目正式投产或使用前

建设项目正式投产或使用前，建设单位必须向负责审批的环境保护部门提交《环境保护设施竣工验收报告》，说明环境保护设施运行的情况，治理的效果，达到标准的，经过环境保护部门验收合格并发给《环境保护设施验收合格证》，方可正式投入生产或者使用。

(4) 各有关部门的职责

首先，环境保护部门对建设项目的环境保护实施统一的监督管理；负责对设计任务书（可行性研究报告）和经济合同中的有关环境保护内容的审查；负责对环境影响报告书或报告表的审批；负责对初步设计中的环境保护篇章的审查及建设施工的检查；负责对环境保护设施的竣工验收；负责对环境保护设施运转和使用情况的检查监督。

其次，建设项目的主管部门负责对建设项目环境影响报告书（表）、初步设计中的环境保护篇章、环境保护设施竣工验收报告等的预审；监督对建设项目设计与施工中的环境保护措施的落实；监督对项目竣工后环保设施的正常运转。

第三，建设单位负责提出环境影响报告书（表）；落实初步设计中的环境保护措施；负责对项目竣工后防治污染设施的正常运转。

(5) 对违反“三同时”规定的处罚

对于违反“三同时”规定的，对建设单位及其单位负责人处以罚款。建设项目的环境保护设施未经过验收或验收不合格而强行投入生产或使用的，要追究单位和有关人员的责任。

2.“三同时”制度具体管理程序

(1) 项目设计阶段

● 环境保护方案设计

建设单位应依据环境保护行政主管部门审批通过的环境影响报告书、报告表中提出的建议，委托有相应资质的单位，在项目设计阶段进行建设项目环境保护方案的设计工作。

环境保护方案主要应包括以下几个方面的内容：

①污染物产生量、治理方案、治理效果、排放浓度、排污量、须达到的排放标准、排放总量、排污方式等；污染物产生量大，难治理的项目，要说明采用清洁生产工艺情况及治理方案的可行性、可靠性；原有污染问题未解决的项目，要说明一并治理的情况。

②施工期环保措施。

③经评价对生态环境有影响的项目，须有专项防止生态破坏的环保措施。经评价对可能造成明显水土流失的项目，须落实水土保持方案。

④绿化措施。

⑤环境监测计划和管理措施。

⑥环保投资。

⑦说明是否符合报告书、报告表批复要求。

● 环境保护方案审核原则

环保行政主管部门对于环境保护的审核应把握以下原则：

环保部门审核环境保护方案主要是审核其是否落实了报告书、报告表批复的要求，不需要审核具体的设备、工艺及具体的土建施工设计。

有的项目可在设计阶段环保方案审核时确认报告书、报告表审批时仍未确定的事项，例如：排污总量控制指标，治理难度较大的项目进一步调研选定治理方案，以及须在此阶段确认的其他事项等。

● 环境保护方案审核意见

环保行政主管部门对环境保护方案审核意见必须涉及以下几个方面的内容：

①是否同意提出的环境保护方案（不涉及设备、工艺及土建施工设计等较具体的设计内容）。

②部分项目要有明确的具体控制指标或要求。

③是否要求做出进一步的说明。

● 环境保护方案的审核期限

对在环境影响报告书或报告表批复时规定的应在设计阶段报审环境保护方案的项目，建设单位在项目设计的基础上编写环境保护方案，报环保审批部门审核。下一级项目所在地环保部门应在收到环境保护方案之日起 15 日内，向环保审批部门提出初审意见；环保审批部门在收到环境保护方案之日起 30 日内，提出审核意见。

（2）项目施工阶段

在建设项目施工期，环境保护部门负责对项目施工期的环境保护工作实施监督管理；同时根据环保批复，在施工期需设立专门的环保监督管理程序的，应按照计划要求实施监测、管理，并应注意执行环境保护法律法规及各地政府颁布的管理规范。

（3）项目竣工阶段

● 项目竣工后试生产（试运行）申报

环保审批部门在批复项目环境影响报告书、报告表或登记表时明确规定须实施项目竣工后试生产（试运行）申报的项目，建设单位在项目竣工后，向环保部门申报建设项目试生产（试运行）申报表，说明环保设施建设及环保措施落实情况，提出环保设施试运行期，提出监测和管理计划，提出临时排污申请。

环保审批部门在收到试生产（试运行）申报表之日起 15 日内，会同项目所在地环保部门对建设项目环保设施进行检查并签署意见，确认主体工程是否可投入实物试运行，规定环保设施竣工验收申报期限，并核发临时排污许可证。

● 环保设施竣工验收期限确定

环保审批部门可在批复项目环境影响报告书、报告表、登记表或审核项目环境保护方案和签署项目竣工后试生产（试运行）申报环保意见时明确环保设施竣工验收申报期限，也可在试生产（试运行）期间根据实际情况确定具体的申报期限。

环保设施竣工验收申报期限一般为投入试生产（试运行）后三个月内。一般应要求运行工况稳定，运行负荷达 75% 以上。

若项目的主体工程试产期较长，或运行不稳定，或运行规模小，影响环保设施正常稳定运转，经环保审批部门确认，验收期限可大于三个月。若项目分期投产，或项目较长时间未达生产（运行）规模，应实施分期或分步验收。若建设项目执行由有关管理部门组织总体工程验收程序的，环保设施竣工验收应在项目总体工程验收之前完成报审。

● 环保设施竣工验收申请

①申请格式

环保设施竣工验收申请报告格式由国家环境保护总局或省环境保护局规定。由环保审批部门根据不同项目类型，确认选用的申请报告格式。市环境保护局可根据实际情况设定不同项目类型的申请报告格式。

②环保设施竣工验收申请报告

环保设施竣工验收申请报告内容主要包括：项目建设、运行情况；各项环保设施建设、运行情况、各项环保措施落实情况；污染项目应包括污染物产生、治理、综合利用、排放及达标等情况；实施监测的项目，应有符合规范的监测数据，说明是否符合法规、标准及项目环保批复要求；存在问题及改进意见。

③监测复核

对应实施监测的项目，建设单位须委托环保审批部门确认的环境监测站进行环保设施竣工验收监测并编写环保设施竣工验收监测报告。监测报告为环保设施竣工验收申请报告的必备附件。在实施监测前，实施竣工验收监测的方案应经环保审批部门的确认。监测报告应符合规范要求，内容主要包括：污染物排放状况监测；环保设施效果监测；部分项目在主要环境敏感点或代表点的环境质量监测；各项监测结论；各项环保设施、环保措施检查情况，是否符合环保批复要求。

④环保设施竣工验收审批原则

在环保设施竣工验收审批过程中应把握以下原则：

审批应依据环保法规、标准、报告书、报告表、登记表审批及环保方案审核确定的环保要求；

环保设施按照要求建成，环保措施落实；

符合环保审批部门对项目的批复文件要求；

污染物排放达到规定的标准或控制指标；

对公众较为关注的项目或有争议的项目，主要问题得到解决；

存在的非主要问题可得到有效的解决；

项目建设环保审批手续完备，环保设施竣工验收申请文件符合规范要求；

若不符合环保设施竣工验收条件的，环保审批部门根据实际情况，要求建设单位或运行使用单位限期整改，并要求重新申报环保设施竣工验收。

⑤环保设施竣工验收审批程序

在项目主体工程投入试生产（试运行）后三个月内，或在环保审批部门规定的期限内，建设单位或运行使用单位向环保部门申报环境保护设施竣工验收申请报告。下一级项目所在地环保部门应在收到申请报告之日起 15 日内向环保审批部门提出初审意见；环保审批部门收到申请报告之日起 30 日内予以批复。

⑥环保设施竣工验收审批文件内容

项目建设过程是否符合环保法律法规及环保审批部门规定的要求；

防治污染设施运转是否达到预期的效果，污染物排放是否达到规定的控制指标，保护生态环境的措施及管理措施是否达到规定的要求；

环保设施竣工验收申请报告及监测报告是否符合规范的要求；

是否同意通过验收及对存在问题的意见。若不同意通过验收，应明确整改期限。

⑦违反“三同时”的处罚措施

试生产建设项目配套建设的环境保护设施未与主体工程同时投入试运行的，由审批该建设项目环境影响报告书、报告表或登记表的环境保护行政主管部门责令限期整改；逾期不改正的，责令停止试生产，可以处5万元以下的罚款。

建设项目投入试生产超过三个月，建设单位未申请环境保护设施竣工验收的，由审批该建设项目环境影响报告书、报告表或登记表的环境保护行政主管部门责令限期办理环境保护设施竣工验收手续；逾期未办理的，责令停止试生产，可处以5万元以下的罚款。

建设项目需要配套建设的环境保护设施未建成、未经验收或者经验收不合格，主体工程正式投入生产或者使用的，由审批该建设项目环境影响报告书、报告表或登记表的环境保护行政主管部门责令停止生产或使用，可处以10万元以下的罚款。

3. “三同时”制度评述

(1) 推行的效果

随着法制建设和管理工作的加强，“三同时”制度的执行率逐年上升，同时，环境保护设施投资在建设项目总投资中的比例也在逐年上升，有效地控制了新污染源的发展。

达到这样的效果与我国在推行“三同时”制度中所采取的一些措施是分不开的，具体有以下几点：

①制定具体的管理办法

我国从1976年起开始对大中型建设项目的“三同时”执行情况进行检查，后来建立了按年度统计的制度并被纳入统计报表制度内。

②加强同国务院各部门的协作配合

主要包括两个方面：一是同主管建设部门配合，把环境保护纳入到基本建设管理程序中去。实践证明，只有建设的同时考虑环境保护，把环境保护设施作为建设项目设施的有机组成部分，才能有效地控制住建设项目对环境的影响。否则，单纯由环境保护部门来监督与协调是难以奏效的。二是加强规划、银行、卫生、劳动保护、工商行政管理等部门的配合，建立定期的“三同时”会审制度，共同把关。

③建立“三同时”的职能机构或专职人员队伍

为加强对建设项目的环境管理工作，国家环境保护部门设立了开发建设项目环境管理的职能机构，专门管理建设项目的“三同时”。建设项目的主管部门以及各地区环境保护部门都设立了专门管理“三同时”的职能机构或专职人员队伍，定期进行督促检查，并帮助解决在建设项目“三同时”中出现的一些问题和困难。

④建立必要的奖惩制度

(2) “三同时”制度有待完善之处

“三同时”制度虽然推行多年，但是仍有些不够完善的地方，需要进一步予以解决。“三同时”制度基本上是单项治理为主，就是各个污染源都要上一套治理设施，这在经济上是不合理的，即使是一个污染源达标排放，也会对其所在区域的环境增加污染负荷，所以，可以考虑采取社会化的集中治理办法，以取得更好的经济效益和环境效益。第二，“三同时”制度对污染治理的要求一般只限于搞治理设施，进行无害化处理以实现“浓度达标”，却忽视了对污染物的总量控制。“三同时”制度应当促进废物的综合利用，促进通过工艺改革、技术进步，从而达到节能、节水、节约原材料的目的，这既是杜绝浪费，提高经济效益，又是不用治理设施就能控制污染的途径。

二、排污收费制度

中国的排污收费制度就是关于在全国范围内对污水、废气、固体废物、噪声、放射性等各类污染物的各种污染因子，按照一定标准收取一定数额的费用，以及有关排污费可以计入生产成本，排污费专款专用，主要用于补助重点污染源治理等基本原则规定的总称。

（一）排污收费标准和计算方法

1. 水污染物排污费收费标准及计算方法

水污染物排污费按排污者排放污染物的种类、数量以污染当量计算收取，每一污染当量收费标准为0.7元。

（1）污染当量的计算

（A）一般污染物的污染当量计算

$$某污染物的污染当量数 = \frac{该污染物的排放量（g）}{该污染物的污染当量值（g）}$$

污染当量值见表4－1

表4－1 一般水污染物污染当量值

污染物	污染当量值（g）
1. 总汞	0.5
2. 总镉	5
3. 总铬	40
4. 六价铬	20
5. 总砷	20
6. 总铅	25
7. 总镍	25
8. 苯并（a）芘	0.0003
9. 总铍	10
10. 总银	20
11. 悬浮物（SS）	4000
12. 五日生化需氧量（BOD_5）	500
13. 化学需氧量（COD）	1000
14. 总有机碳（TOC）	490
15. 石油类	100
16. 动物油类	160
17. 挥发酚	80
18. 氰化物	50
19. 硫化物	125
20. 氨氮	800
21. 氟化物	500
22. 甲醛	125
23. 苯胺类	200
24. 硝基苯类	200

污染物	污染当量值（g）
25. 阴离子表面活性剂（LAS）	200
26. 总铜	100
27. 总锌	200
28. 总锰	200
29. 彩色显影剂（CD－2）	200
30. 总磷	250
31. 元素磷（以P4计）	50
32. 有机磷农药（以P计）	50
33. 乐果	50
34. 甲基对硫磷	50
35. 马拉硫磷	50
36. 对硫磷	50
37. 五氯酚及五氯酚钠（以五氯酚计）	250
38. 三氯甲烷	40
39. 可吸附有机卤化物（AOX）（以Cl计）	250
40. 四氯化碳	40
41. 三氯乙烯	40
42. 四氯乙烯	40
43. 苯	20
44. 甲苯	20
45. 乙苯	20
46. 邻－二甲苯	20
47. 对－二甲苯	20
48. 间－二甲苯	20
49. 氯苯	20
50. 邻二氯苯	20
51. 对二氯苯	20
52. 对硝基氯苯	20
53. 2，4－二硝基氯苯	20
54. 苯酚	20
55. 间－甲酚	20
56. 2，4－二氯酚	20
57. 2，4，6－三氯酚	20
58. 邻苯二甲酸二丁脂	20
59. 邻苯二甲酸二辛脂	20
60. 丙烯腈	125
61. 总硒	20

（B）pH值、色度、大肠菌群数和余氯量的污染当量计算

$$某污染物的污染当量数=\frac{污水排放量（g）}{该种污染物的污染当量值（g）}$$

污染当量值见表4－2

表 4-2　pH 值、色度、大肠菌群数和余氯量污染当量值

1. pH 值：	1. 0~1，13~14	0.06t 污水
	2. 1~2，12~13	0.125t 污水
	3. 2~3，11~12	0.25t 污水
	4. 3~4，10~11	0.5t 污水
	5. 4~5，9~10	1t 污水
	6. 5~6	5t 污水
2. 色度		5t 水·倍
3. 大肠菌群数（超标）		3.3t 污水
4. 余氯量（用氯化消毒的医院废水）		3.3t 污水

说明：

①pH5~6 指大于等于 5，小于 6，pH9~10 指大于 9，小于等于 10，其余类推。

②色度一栏的 t·水倍是指超标吨倍数，计算方法为：排污口污水排放总量×超标倍数。

（C）禽畜养殖业、小型企业和第三产业的污染当量计算

$$污染当量数=\frac{污染排放特征值（g）}{污染当量值（g）}$$

污染当量值见表 4-3

表 4-3　禽畜养殖业、小型企业和第三产业污染当量值

禽畜养殖场	1. 牛	0.1 头·月
	2. 猪	1 头·月
	3. 鸡、鸭等家禽	30 羽·月
小型企业	4. 主要污染行业	0.42t 污水
	5. 一般污染行业	1.8t 污水
6. 饮食娱乐服务业		0.5t 污水
7. 医院	消毒	0.14 床·月
		2.8t 污水
	不消毒	0.07 床·月
		1.4t 污水
8. 其他行业		0.7 人·月

说明：

①对存栏规模 50 头奶牛、500 头猪、5000 羽鸡鸭等以上的禽畜养殖场按本表计算污染当量。

②小型企业中的造纸、建材、化工、冶炼、印染、农药、电镀、制革、酿造等为主要污染行业，其他为一般污染行业。

③饮食娱乐服务业指月排污水量小于 400t 的单位和个体工商户。

④医院病床数大于 20 张的按本表计算污染当量。

⑤其他行业指流通部门（如交通运输、邮电通讯业、商业、物资供销和仓储业）；为生产和生活服务的部门（如金融、保险业、综合技术和生产服务业、居民服务业、公用事业和房地产业）；为提高科学文化水平和居民素

质服务的部门（如卫生、体育、教育、文艺、广播电视业和科学研究事业）；为社会服务的部门（如社会团体）等，污染当量按每月从业职工人数计算。

对于冷却水等排放污染物的污染当量计算，应扣除进水的本底值。

（2）污水排污费的计算

污水排污费收费额 = 污染物的污染当量数之和 × 污染当量收费标准 × 地区收费调整系数 × 环境功能区收费调整系数。

地区收费调整系数为：不发达地区 0.8，一般地区 1，发达地区 1.2。

环境功能区收费调整系数为：五类 0.6，四类 0.8，三类 1，二类 1.2，一类 1.4。

其中，对超过国家或者地方规定排放标准的污染物，应在污水排污费收费额基础上加倍收取。

对每一排放口收取水污染物排污费的污染物种类，以污染当量从多到少的顺序计算，但最多不得超过 5 项，并按污染物排放是否超过国家或地方规定的污染物排放标准分别计算合并计收。同一排放口中的化学需氧量（COD）、生化需氧量（BOD）和总有机碳（TOC），大肠菌群数和总余氯分别只收取污染当量数高的一项。

2. 废气排污费收费标准及计算方法

废气排污费按排污者排放污染物的种类、数量以污染当量计算收取，每一污染当量收费标准为 0.6 元。

（1）污染当量计算

大气污染物的污染当量计算

$$\text{某种污染物的污染当量数} = \frac{\text{该种污染物的排放量（kg）}}{\text{该种污染物的污染当量值（kg）}}$$

污染当量值见表 4－4

表 4－4　大气污染物污染当量值

污染物	污染当量值（kg）
1. 二氧化硫	0.95
2. 氮氧化物	0.95
3. 一氧化碳	16.7
4. 氯气	0.34
5. 氯化氢	10.75
6. 氟化物	0.87
7. 氰化氢	0.005
8. 硫酸雾	0.6
9. 铬酸雾	0.0007
10. 汞及其化合物	0.0001
11. 一般性粉尘	4
12. 石棉尘	0.53
13. 玻璃棉尘	2.13
14. 炭黑尘	0.59
15. 铅及其化合物	0.02

污染物	污染当量值（kg）
16. 镉及其化合物	0.03
17. 铍及其化合物	0.0004
18. 镍及其化合物	0.13
19. 锡及其化合物	0.27
20. 烟尘	2.18
21. 苯	0.05
22. 甲苯	0.18
23. 二甲苯	0.27
24. 苯并（a）芘	0.000002
25. 甲醛	0.09
26. 乙醛	0.45
27. 丙烯醛	0.06
28. 甲醇	0.67
29. 酚类	0.35
30. 沥青烟	0.19
31. 苯胺类	0.21
32. 氯苯类	0.72
33. 硝基苯	0.17
34. 丙烯氢	0.22
35. 氯乙烯	0.55
36. 光气	0.04
37. 硫化氢	0.29
38. 氨	9.09
39. 三甲胺	0.32
40. 甲硫醇	0.04
41. 甲硫醚	0.28
42. 二甲二硫	0.28
43. 苯乙烯	25
44. 二硫化碳	20

（2）废气排污费计算

废气排污费收费额 = 污染物污染当量数之和 × 污染当量收费标准 × 地区收费调整系数 × 环境功能区收费调整系数。

地区收费调整系数为：不发达地区 0.8，一般地区 1，发达地区 1.2。

环境功能区收费调整系数为：三类 0.9，二类 1，一类 1.1。

（3）如排放的烟尘监测难度较大、缺乏烟尘排放量的监测数据，可按林格曼黑度计收废气排污费

具体收费标准为：1 级 1 元/t・燃料；2 级 3 元/t・燃料；3 级 5 元/t・燃料；4 级 10 元/t・燃料；5 级 20 元/t・燃料。

每一废气排放口收取废气排污费的污染物种类，按污染当量从多到少的顺序不得超过 5 项。

3. 固体废物排污费收费标准

对无专用贮存或处置设施和专用贮存或处置设施达不到环境保护要求（即无防渗漏、防扬散、防流失设施）排放的工业固体废物一次性收取固体废物排污费。具体收费标准为：冶炼渣25元/t；粉煤灰30元/t；炉渣25元/t；煤矸石5元/t；尾矿15元/t；其他渣25元/t。

对以填埋方式处置危险废物不符合国家有关规定的，危险废物排污费收费标准为每次每吨1000元。

4. 噪声超标排污费收费标准

排污者产生环境噪声，超过国家规定的环境噪声排放标准，干扰他人正常生活、工作和学习的，按照超标的分贝数缴纳噪声超标排污费。收费标准见表4－5。

表4－5　噪声超标排污费收费标准

超标分贝数	1	2	3	4	5	6	7	8
收费标准（元/月）	350	440	550	700	880	1100	1400	1760
超标分贝数	9	10	11	12	13	14	15	16及16以上
收费标准（元/月）	2200	2800	3520	4400	5600	7040	8800	11200

说明：

①一个单位边界上有多处噪声排放，征收额应根据最高一处超标声级计算，当沿厂界长度超过100米有二处及二处以上噪声超标时，则加一倍收取。

②一个单位若有不同地点的作业场所，收费应分别计算、合并收取。

③昼、夜均超标的环境噪声，收费金额按本标准昼、夜分别计算，累计收取。

④声源1个月内超标不足15天的（昼或夜），超标排污费减半收取。

⑤夜间频繁突发和夜间偶然突发厂界超标噪声排污费按等效声级和峰值噪声两种指标中超标分贝值高的一项计算排污费。

⑥一个工地多个建筑施工阶段同时进行时，按噪声限值最高的施工阶段计算收取超标噪声排污费。

⑦本标准以每分贝为计征单位，不足一分贝的按四舍五入原则计算。

（二）排污费的征收与核定

为了做好排污费的征收工作，规范排污费征收核定程序，根据《排污费征收使用管理条例》（国务院令第369号）的有关规定，国家环境保护总局就排污费征收核定工作作出了以下规定：

1. 县级以上环境保护局应当切实加强本行政区域内排污费征收管理工作的贯彻实施，其所属的环境监察机构具体负责排污费征收管理工作。

县级环境保护局负责行政区划范围内排污费的征收管理工作。

直辖市、设区的市级环境保护局负责本行政区域市区范围内排污费的征收管理工作。

省、自治区环境保护局负责装机容量30万kw以上的电力企业排放二氧化硫排污费的征收管理工作。

2. 负责征收排污费的环境监察机构应要求所辖行政区域范围内的一切排污单位和个体工商户（以下简称排污者）于每年12月15日前，填报《全国排放污染物申报登记报表（试行）》（或《第三产业排污申报登记简表（试行）》、《畜禽养殖场排污申报登记简表（试行）》、《建筑施工场所排污申报登记简表（试行）》），申报下一年度正常作业条件下排放污染物种类、数量、浓度等情况，并提供与污染物排放有关的资料。排污者申报下一年度排放污染物的情况，应当以本年度污染物排放实际情况和下一年度生产计划所需排放污染物情况为依据。

新建、扩建、改建项目，应当在项目试生产前 3 个月内办理排污申报手续。在城市市区范围内，建筑施工过程中使用机械设备，可能产生环境噪声污染的，施工单位必须在工程开工 15 日前办理排污申报手续。

排放污染物需作重大改变或者发生紧急重大改变的，排污者必须分别在变更前 15 日内或改变后 3 日内履行变更申报手续，填报《排污变更申报登记表（试行）》。

排污者可以采取书面填表、网上申报等申报方式进行排污申报。

3. 环境监察机构应当在每年 1 月 15 日前依据排污者申报的《全国排放污染物申报登记报表（试行）》进行排污收费年度审核；对排污者申报的新建、扩建、改建项目《全国排放污染物申报登记报表（试行）》和排放污染物需作重大改变或者发生紧急重大改变的《排污变更申报登记表（试行）》应当及时进行审核。

对符合要求的，环境监察机构向排污者发回经审核同意的《全国排放污染物申报登记报表（试行）》；对符合减免规定的，按规定予以减免并公告；对不符合要求的，责令限期补报；逾期未报的，视为拒报。

4. 环境监察机构应当依据《排污费征收使用管理条例》，按照下列规定顺序对排污者排放污染物的种类、数量进行核定。

（1）排污者按照规定正常使用国家强制检定并经依法定期校验的污染物排放自动监控仪器，其监测数据作为核定污染物排放种类、数量的依据；

（2）具备监测条件的，按照国家环境保护总局规定的监测方法监测所得的监督监测数据；

（3）不具备监测条件的，按照国家环境保护总局规定的物料衡算方法计算所得物料衡算数据；

（4）设区市级以上环境监察机构可以结合当地实际情况，对餐饮、娱乐、服务等第三产业的小型排污者，采用抽样测算的办法核算排污量。

5. 各级环境监察机构应当在每月或者每季终了后 10 日内，依据经审核的《全国排放污染物申报登记报表（试行）》、《排污变更申报登记表（试行）》，并结合当月或者当季的实际排污情况，核定排污者排放污染物的种类、数量，并向排污者送达《排污核定通知书（试行）》。

排污者对核定结果有异议的，自接到《排污核定通知书（试行）》之日起 7 日内，可以向发出通知的环境监察机构申请复核；环境监察机构应当自接到复核申请之日起 10 日内，做出复核决定。

对拒报、谎报《全国排放污染物申报登记报表（试行）》、《排污变更申报登记表（试行）》的，由环境监察机构直接确定其排放污染物的种类、数量，并向排污者送达《排污核定通知书（试行）》。

6. 各级环境监察机构应当按月或按季根据排污费征收标准和经核定的排污者排放污染物种类、数量，确定排污者应当缴纳的排污费数额，并予以公告。

排污费数额确定后，由环境监察机构向排污者送达《排污费缴纳通知单（试行）》。

排污者应当自接到《排污费缴纳通知单（试行）》之日起7日内，到指定的商业银行缴纳排污费。

逾期未缴纳的，负责征收排污费的环境监察机构从逾期未缴纳之日起7日内向排污者下达《排污费限期缴纳通知书（试行）》。

7.《全国排放污染物申报登记报表（试行）》、《排污变更申报登记表（试行）》、《排污核定复核决定通知书（试行）》的格式和内容由国家环境保护总局统一规定。《排污费缴纳通知单（试行）》由国家环境保护总局统一印制。

8. 各级环境监察机构应当使用由国家环境保护总局统一规定的排污费征收管理系统软件。

9. 上级环境监察机构应加强对下级环境监察部门征收排污费的稽查工作。对县级以上环境监察机构应当征收而未征收或者少征收排污费的，上级环境监察机构可以责令其限期改正，或直接责令排污者到指定的商业银行补缴排污费。

(三) 排污费征收使用管理条例（国务院令（第369号））

2002年1月30日国务院第54次常务会议通过了排污费征收使用管理条例，该条例自2003年7月1日起执行，具体内容分六章、二十五条。

第一章　总　则

第一条　为了加强对排污费征收、使用的管理，制定本条例。

第二条　直接向环境排放污染物的单位和个体工商户（以下简称排污者），应当依照本条例的规定缴纳排污费。

排污者向城市污水集中处理设施排放污水、缴纳污水处理费用的，不再缴纳排污费。排污者建成工业固体废物贮存或者处置设施、场所并符合环境保护标准，或者其原有工业固体废物贮存或者处置设施、场所经改造符合环境保护标准的，自建成或者改造完成之日起，不再缴纳排污费。

国家积极推进城市污水和垃圾处理产业化。城市污水和垃圾集中处理的收费办法另行制定。

第三条　县级以上人民政府环境保护行政主管部门、财政部门、价格主管部门应当按照各自的职责，加强对排污费征收、使用工作的指导、管理和监督。

第四条　排污费的征收、使用必须严格实行“收支两条线”，征收的排污费一律上缴财政，环境保护执法所需经费列入本部门预算，由本级财政予以保障。

第五条　排污费应当全部专项用于环境污染防治，任何单位和个人不得截留、挤占或者挪作他用。

任何单位和个人对截留、挤占或者挪用排污费的行为，都有权检举、控告和投诉。

第二章　污染物排放种类、数量的核定

第六条　排污者应当按照国务院环境保护行政主管部门的规定，向县级以上地方人民政府环境保护行政主管部门申报排放污染物的种类、数量，并提供有关资料。

第七条　县级以上地方人民政府环境保护行政主管部门，应当按照国务院环境保护行政主管部门规定的核定权限对排污者排放污染物的种类、数量进行核定。

装机容量30万千瓦以上的电力企业排放二氧化硫的数量，由省、自治区、直辖市人民政府环境保护行政主管部门核定。

污染物排放种类、数量经核定后，由负责污染物排放核定工作的环境保护行政主管部门书面通知排污者。

第八条　排污者对核定的污染物排放种类、数量有异议的，自接到通知之日起7日内，可以向发出通知的环境保护行政主管部门申请复核；环境保护行政主管部门应当自接到复核申请之日起10日内，做出复核决定。

第九条　负责污染物排放核定工作的环境保护行政主管部门在核定污染物排放种类、数量时，具备监测条件的，按照国务院环境保护行政主管部门规定的监测方法进行核定；不具备监测条件的，按照国务院环境保护行政主管部门规定的物料衡算方法进行核定。

第十条　排污者使用国家规定强制检定的污染物排放自动监控仪器对污染物排放进行监测的，其监测数据作为核定污染物排放种类、数量的依据。

排污者安装的污染物排放自动监控仪器，应当依法定期进行校验。

第三章　排污费的征收

第十一条　国务院价格主管部门、财政部门、环境保护行政主管部门和经济贸易主管部门，根据污染治理产业化发展的需要、污染防治的要求和经济、技术条件以及排污者的承受能力，制定国家排污费征收标准。

国家排污费征收标准中未作规定的，省、自治区、直辖市人民政府可以制定地方排污费征收标准，并报国务院价格主管部门、财政部门、环境保护行政主管部门和经济贸易主管部门备案。

排污费征收标准的修订，实行预告制。

第十二条　排污者应当按照下列规定缴纳排污费：

（一）依照大气污染防治法、海洋环境保护法的规定，向大气、海洋排放污染物的，按照排放污染物的种类、数量缴纳排污费。

（二）依照水污染防治法的规定，向水体排放污染物的，按照排放污染物的种类、数量缴纳排污费；向水体排放污染物超过国家或者地方规定的排放标准的，按照排放污染物的种类、数量加倍缴纳排污费。

（三）依照固体废物污染环境防治法的规定，没有建设工业固体废物贮存或者处置的设施、场所，或者工业固体废物贮存或者处置的设施、场所不符合环境保护标准的，按照排放污染物的种类、数量缴纳排污费；以填埋方式处置危险废物不符合国家有关规定的，按照排放污染物的种类、数量缴纳危险废物排污费。

（四）依照环境噪声污染防治法的规定，产生环境噪声污染超过国家环境噪声标准的，按照排放噪声的超标声级缴纳排污费。

排污者缴纳排污费，不排除其防治污染、赔偿污染损害的责任和法律、行政法规规定的其他责任。

第十三条　负责污染物排放核定工作的环境保护行政主管部门，应当根据排污费征收标准和排污者排放的污染物种类、数量，确定排污者应当缴纳的排污费数额，并予以公告。

第十四条 排污费数额确定后，由负责污染物排放核定工作的环境保护行政主管部门向排污者送达排污费缴纳通知单。

排污者应当自接到排污费缴纳通知单之日起7日内，到指定的商业银行缴纳排污费。商业银行应当按照规定的比例将收到的排污费分别上缴中央国库和地方国库。具体办法由国务院财政部门会同国务院环境保护行政主管部门制定。

第十五条 排污者因不可抗力遭受重大经济损失的，可以申请减半缴纳排污费或者免缴排污费。

排污者因未及时采取有效措施，造成环境污染的，不得申请减半缴纳排污费或者免缴排污费。

排污费减缴、免缴的具体办法由国务院财政部门、国务院价格主管部门会同国务院环境保护行政主管部门制定。

第十六条 排污者因有特殊困难不能按期缴纳排污费的，自接到排污费缴纳通知单之日起7日内，可以向发出缴费通知单的环境保护行政主管部门申请缓缴排污费；环境保护行政主管部门应当自接到申请之日起7日内，做出书面决定；期满未做出决定的，视为同意。

排污费的缓缴期限最长不超过3个月。

第十七条 批准减缴、免缴、缓缴排污费的排污者名单由受理申请的环境保护行政主管部门会同同级财政部门、价格主管部门予以公告，公告应当注明批准减缴、免缴、缓缴排污费的主要理由。

第四章 排污费的使用

第十八条 排污费必须纳入财政预算，列入环境保护专项资金进行管理，主要用于下列项目的拨款补助或者贷款贴息：

（一）重点污染源防治；

（二）区域性污染防治；

（三）污染防治新技术、新工艺的开发、示范和应用；

（四）国务院规定的其他污染防治项目。

具体使用办法由国务院财政部门会同国务院环境保护行政主管部门征求其他有关部门意见后制定。

第十九条 县级以上人民政府财政部门、环境保护行政主管部门应当加强对环境保护专项资金使用的管理和监督。

按照本条例第十八条的规定使用环境保护专项资金的单位和个人，必须按照批准的用途使用。

县级以上地方人民政府财政部门和环境保护行政主管部门每季度向本级人民政府、上级财政部门和环境保护行政主管部门报告本行政区域内环境保护专项资金的使用和管理情况。

第二十条 审计机关应当加强对环境保护专项资金使用和管理的审计监督。

第五章 罚　　则

第二十一条 排污者未按照规定缴纳排污费的，由县级以上地方人民政府环境保护行政主管部门依据职权责令限期缴纳；逾期拒不缴纳的，处应缴纳排污费数额1倍以上3倍以下的罚款，并报经有批准权的人民政府批准，责令停产停业整顿。

第二十二条　排污者以欺骗手段骗取批准减缴、免缴或者缓缴排污费的，由县级以上地方人民政府环境保护行政主管部门依据职权责令限期补缴应当缴纳的排污费，并处所骗取批准减缴、免缴或者缓缴排污费数额1倍以上3倍以下的罚款。

第二十三条　环境保护专项资金使用者不按照批准的用途使用环境保护专项资金的，由县级以上人民政府环境保护行政主管部门或者财政部门依据职权责令限期改正；逾期不改正的，10年内不得申请使用环境保护专项资金，并处挪用资金数额1倍以上3倍以下的罚款。

第二十四条　县级以上地方人民政府环境保护行政主管部门应当征收而未征收或者少征收排污费的，上级环境保护行政主管部门有权责令其限期改正，或者直接责令排污者补缴排污费。

第二十五条　县级以上人民政府环境保护行政主管部门、财政部门、价格主管部门的工作人员有下列行为之一的，依照刑法关于滥用职权罪、玩忽职守罪或者挪用公款罪的规定，依法追究刑事责任；尚不够刑事处罚的，依法给予行政处分：

（一）违反本条例规定批准减缴、免缴、缓缴排污费的；

（二）截留、挤占环境保护专项资金或者将环境保护专项资金挪作他用的；

（三）不按照本条例规定履行监督管理职责，对违法行为不予查处，造成严重后果的。

第六章　附　　则

本条例自2003年7月1日起施行。1982年2月5日国务院发布的《征收排污费暂行办法》和1988年7月28日国务院发布的《污染源治理专项基金有偿使用暂行办法》同时废止。

三、环境保护目标责任制

环境保护目标责任制已经在全国广泛地展开，取得了良好的效果，一些地区的环境质量状况得到不同程度的改善。实践证明环境保护目标责任制的推出，是我国环境管理体制的重大改革，标志着我国环境管理进入一个新的阶段。

环境保护目标责任制是一种具体落实地方各级人民政府和有污染的单位对环境质量负责的行政管理制度。这项制度确定了一个区域、一个部门乃至一个单位环境保护的主要责任者和责任范围，运用目标化、定量化、制度化的管理方法，把贯彻执行环境保护这一基本国策作为各级领导的行为规范，推动环境保护工作的全面、深入发展，是责、权、利、义的有机结合。

环境保护目标责任制是新五项制度措施的龙头，具有全局性的影响。首先，它明确了保护环境的主要责任者、责任目标和责任范围，解决了“谁对环境质量负责”这一首要问题。其次，责任制的容量很大，各地可以根据本地区的实际情况，确定责任制的指标体系和考核方法，既可以有质量指标，也可以有为达到质量所要完成的工作指标；既可以将老三项制度的执行纳入责任制，也可以将其他四项新制度的实施包容进来。许多地方把排污费收缴率、环境影响评价和“三同时”执行率等都纳入了责任制。所以抓住了这个龙头就能带动全局，促进其他制度和措施的全面实行。第三，责任制的各项指标可以层层分解，使保护环境的任务落到方方面面、各行各业，调动全社会的积极性，从制度上扭转了环境保护部门一家孤军作战的局面。

（一）环境保护目标责任制运行程序

实施环境保护目标责任制是一项复杂的系统工程，涉及面广、政策性强、技术性强、任务十分繁重。其工作程序大致经过责任书的制定、责任书的下达、责任书的实施、责任书的考核四个阶段：

1. 制定阶段

在这一阶段各级政府组织有关部门和地区，通过广泛调查研究，充分协商，确定实施责任制的基本原则，建立指标体系，制定责任书的具体内容。

2. 下达阶段

责任书制定后，以签订责任状的形式，把责任目标正式下达，将各项指标逐级分解，层层建立责任制，使任务落实、责任落实。

3. 实施阶段

在各级政府的统一指导下，责任单位按各自承担的义务，分头组织实施，政府和有关部门对责任书的执行情况定期调度检查，采取有效措施，以保证责任目标的完成。

4. 考核阶段

责任书期满，先逐级自查，然后由政府组织力量，对完成情况进行考核。根据考核结果，给予奖励或处罚。

（二）指标体系

环境保护责任书的指标应分为两部分：一是本届政府的环境目标；二是分年度的工作指标。

1. 本届政府环境目标

这是一届政府任期内环境保护总的奋斗目标。一般而言，其基本内容应包括：提出预期达到的城市环境综合整治定量考核综合得分，具体制定城市大气环境质量目标，主要饮用水源和主要河道、湖泊水质目标，工业固体废物处理处置率和综合利用率，主要交通干线和区域环境噪声的控制目标、绿化目标等。此外，根据各城市的特点和某些突出的环境问题，对重要流域、区域和风景旅游区等环境质量提出单独的要求。

2. 年度工作指标

为了实现本届政府的环境目标，把责任制落到实处，做到有方向、有目标、有阶段、有措施、有责任，根据任期目标按年度制定具体工作指标。一般来说应主要包括城市环境综合整治定量考核、城市环境建设项目、重点污染源治理项目、强化环境管理与环境保护系统的自身建设。

对所列指标，在责任书都应详细规定其分解内容、工作进度和完成期限、应达到的标准和要求、项目的承办单位（或责任人）、每项指标的分数和考核方法以及指标的现状，以便定量化管理和检查、考评。

（三）环境保护目标责任制执行中应注意的问题

根据各地的实际情况，在推行环境保护目标责任制的过程中，要特别注意以下几个方面的问题：

第一，要注意责任制的严肃性。环境保护是一项基本国策，是关系到子孙后代生存条件如何的崇高而伟大的事业，对待这项工作必须严肃认真，签定的责任书应具有法律文书的效力，不得随意更改，要自始至终贯彻落实，责任书的签订最好采用公开的方式，以做到政务公开，有利于舆论和群众监督。

第二，防止与规划、计划脱节的现象。一届政府环境目标的确定，以国家和当地的国民经济与社会发展计划、环境保护规划为依据，使环境目标与经济、社会发展计划和环境保护规划密切结合起来，成为计划和规划的组成部分。只有这样，才能保证“一盘棋”，在投资、材料、措施等方面得到落实，彻底解决环境保护和经济发展“两张皮”的问题，防止在责任制执行过程中的随意性和盲目性。环境保护部门应紧密联系实际，积极慎重地提出规划目标，制定切实可行的环境规划，为进一步深化环境保护目标责任制奠定基础。

第三，防止出现冒进和畏难两种倾向。在制定责任目标时，各地应实事求是，一方面不要不顾实际条件和可能，盲目追求速度；另一方面，也要避免片面强调本地区情况特殊和条件欠缺，不去积极创造条件推行的现象。

第四，责任书内容要尽可能地具体明确，应该更多地注意安排广大群众看得见、迫切需要解决又对改善城市区域环境有重要作用的综合项目。

四、城市环境综合整治定量考核制度

实施城市环境综合整治定量考核，是推动城市环境综合整治的保证措施，也是我国环境管理制度的重要组成部分。这项制度的出现，标志着中国城市的环境管理，开始从传统的定性管理向定量管理转变，由经验型管理向科学化管理发展。

（一）城市环境综合整治

城市环境综合整治，就是在城市政府的统一领导下，以城市生态理论为指导，以发挥城市综合功能和整体最佳效益为前提，运用系统工程方法，对制约城市环境系统良性发展的主要因素，采取多功能、多目标、多层次的综合对策和措施，统筹规划，综合治理，总体调控，以尽可能小的投入进行经济建设、城市建设和环境建设，争取最佳的环境、经济、社会效益，实现城市生态系统的良性循环。

（二）城市环境综合整治定量考核

城市环境综合整治定量考核，是城市环境保护工作的重要手段，也是推动城市环境综合整治的有效措施。它以城市环境综合整治规划为依据，在城市政府的统一领导下，通过科学的、定量化的城市环境综合整治指标体系，把城市各行各业、各个部门组织起来，开展以环境、社会、经济效益统一为目的的环境建设、城市建设、经济建设，使城市环境综合整治定量化。

（三）城市环境综合整治定量考核指标体系

1. 指标包括的内容

城市环境综合整治定量考核的指标体系，是根据我国城市环境保护工作的实际，经过科学论证提出的，“十五”期间我国城市环境综合整治定量考核的指标体系主要涉及环境质量、污染控制、环境建设、环境管理四个方面，共计 20 项指标。

环境质量指标：包括可吸入颗粒物浓度年平均值、二氧化硫浓度年平均值、二氧化氮浓度年平均值、集中式饮用水水源地水质达标率、城市水域功能区水质达标率、区域环境噪声平均值、交通干线噪声平均值等 7 项指标。

污染控制指标：包括烟尘控制区覆盖率及清洁能源使用率、汽车尾气达标率、工业固体废物处置利用率、危险废物集中处置率、工业企业排放达标率（含工业废水排放达标率、工业烟尘排放达标率、工业二氧化硫排放达标率、工业粉尘排放达标率等）等 5 项指标。

环境建设指标：包括城市生活污水集中处理及回用率、生活垃圾无害化处理率、建成区绿化覆盖率、生态建设、自然保护区覆盖率等 5 项指标。

环境管理指标：包括环境保护投资指数、污染防治设施及污染物排放自动监控率、环境保护机构建设等 3 项指标。

2. 各项指标的权重分配

权重的设计主要遵循两条原则：一是从指标内容对城市环境质量影响的大小考虑；二是从指标内容在综合整治中的难易程度和对改善环境的作用考虑。具体见表 4－5。

表 4－5　城市环境综合整治定量考核指标权重及分值

序号		指标名称	单位	限值		权重	计分公式	考核范围
				上限	下限			
环境质量	1	可吸入颗粒物浓度年平均值	mg/m^3	0.15	0.04	6	$3(0.15-x)/0.05$ $(0.1\leqslant x\leqslant 0.15)$ $3+3(0.10-x)/0.06$ $(0.04\leqslant x\leqslant 0.1)$	认证点位
	2	二氧化硫浓度年平均值	mg/m^3	0.10	0.02	5	$5(0.10-x)/0.08$	认证点位
	3	二氧化氮浓度年平均值	mg/m^3	0.08	0.04	5	$5(0.08-x)/0.04$	认证点位
	4	集中式饮用水水源地水质达标率	%	100	80	6	$6(x-80)/20$	城市市区
	5	城市水域功能区水质达标率	%	100	60	6* (5+1)**	$6(x-60)/40$* $4(x-60)/40+2(y-60)/40$* $5(x-60)/40+z$** $3(x-60)/40+2(y-60)/40+z$**	认证点位
	6	区域环境噪声平均值	dB (A)	62	56	4	$4(62-x)/6$	认证点位
	7	交通干线噪声平均值	dB (A)	74	68	4	$4(74-x)/6$	认证点位

序号		指标名称	单位	限值 上限	限值 下限	权重	计分公式	考核范围
污染控制	8	烟尘控制区覆盖率及清洁能源使用率	%	100，30	30，0	5+1	5（x－30）/70＋y/30	建成区
	9	汽车尾气达标率	%	80	50	4	4（x－50）/30	城市市区
	10	工业固体废物处置利用率	%	90	50	4	4（x－50）/40	城市地区
	11	危险废物集中处置率	%	100	20	3	3（x－20）/80	城市市区
	12	工业企业排放达标率：工业废水排放达标率	%	100	60	3	3（x－60）/40	城市地区
		工业企业排放达标率：工业烟尘排放达标率	%	100	60	1	（x－60）/40	
		工业企业排放达标率：工业二氧化硫排放达标率	%	100	60	1	（x－60）/40	
		工业企业排放达标率：工业粉尘排放达标率	%	100	60	1	（x－60）/40	
环境建设	13	城市生活污水集中处理及回用率	%	60，30	0	7	6x/60＋y/30	城市市区
	14	生活垃圾无害化处理率	%	80	10	7	7（x－10）/70	城市市区
	15	建成区绿化覆盖率	%	40	10	5	5（x－10）/30	建成区
	16	生态建设	暂不考核			6		城市地区
	17	自然保护区覆盖率	%	8	0	4	4x/8	城市地区
环境管理	18	环境保护投资指数	%	2	0	4	4x/2	城市地区
	19	污染防治设施及污染物排放自动监控率	暂不考核		5			城市地区
	20	环境保护机构建设	国家考核		3		见指标解释	城市地区

*既有海域又有地表水考核点位但无出入境水质变化考核点位的城市按该公式计算得分。

* *考核出入境水质变化的城市按此分值计分，水质变化考核分值1分，此时其他水域功能达标率考核分值为5

分，该项指标考核分值总分仍为6分。

（四）城市环境综合整治定量考核的实施办法

1. 实行分级考核

城市环境综合整治定量考核实行分级考核，国家环境保护总局负责113个国家环境保护重点城市的考核。各省、自治区、直辖市负责考核的城市除地级市外，还可根据本省实际情况可对县级市进行考核。

2. 考核程序

城市环境综合整治定量考核每年进行一次，考核的具体程序是每年年终，由城市政府组织有关部门对各项指标的情况进行汇总，填写《城市环境综合整治定量考核结果报表》，上报省环境保护局；省环境保护局对上报情况进行初步审查，并提出审查意见报国家环境保护总局。国家环境保护总局组织对被考核的城市进行复查，复查核实后，排出名次向全国公布考核结果。省、自治区政府组织对所辖城市进行考核，并在当地公布考核结果。

五、排污许可证制度

排污许可证制度以改善环境质量为目标，以污染物总量控制为基础，规定排污单位许可排放什么污染物，许可污染物排放量，许可污染物排放去向等，是一项具有法律效力的行政管理制度。

排污许可证制度是我国的一项重要的环境管理制度。国家环境保护局早在1986年就开始进行排放水污染物许可证制度的试点工作。第三次全国环境保护工作会议后，按照国务院《关于进一步加强环境保护工作的决定》中关于“逐步推行污染物排放总量控制和排污许可证制度”的要求，在水污染物许可证试点工作的基础上，于1991年又确定在上海、天津、太原、广州、沈阳等16个城市进行排放大气污染物许可证制度试点工作。随着“九五”以来全国主要污染物排放总量控制计划的实施，排污许可证制度的重要性日益突出。

（一）实行排污许可证制度的必要性和目的

排污许可证制度是为了强化环境管理而提出来的，其必要性和目的主要体现在以下几个方面：

第一，是实施排污总量控制的需要。随着我国经济的快速发展，废水、废气、固体废物等排放量逐渐增大，虽然不少污染源排出的污染物在浓度上已经达到国家或地方规定的排放标准，但是污染物的总量却在不断增加，环境质量仍在恶化，可见以往单纯依靠浓度控制的做法，并不能够从根本上解决环境质量恶化的问题。所以，只有在实行排污浓度控制的基础上，对一些重点的污染源实施排放总量控制，才能从总体上有效地控制污染，保护环境质量。而排污许可证制度则是实施总量控制的具体体现。

第二，是污染治理与环境质量目标相结合的需要。以往衡量污染源治理是否合格的排放标准是浓度标准，不管污染源的大小、排放的是什么污染物，也不问污染源所处的位置和所排放的总量多少，只要求达到浓度排放标准，很少考虑污染物排放密度和环境质量所承受的能力。实行排污许可证制度，力求从污染物总量控制出发，注重于整个区域环境质量的改善，针对不同地区不同的环境质量要求，来确定不同污染源削减不同污染物的排放量，将污染治理与环境质量目标的实现紧密地结合起来。这样，治理资金投入方向明确，工作重点清楚，有利于环境质量目标的实现。

第三，是区域污染治理总费用最小的需要。污染治理必须以改善环境质量为前提，而浓度控制追求“一刀切”的排放标准，势必造成某些污染源的过度治理，搞“小而全”，增大对治理设施的投资和运行费用。总量控制基础上的排污许可证制度，与环境质量目标和污染物排放总量相联系，就有可能集中财力、物力和技术、管理力量，抓住重点，首先治理对环境质量举足轻重的主要污染大户或比较容易治理的污染源，用较小的代价去最大限度地削减污染物。

（二）实施排污许可证制度的工作程序

排污许可证制度工作程序制定的科学与否，直接影响到许可证工作的效益以及运行机制的畅通。一般而言，实施排污许可证制度工作可分为准备工作阶段、申报登记阶段、指标分配阶段、审核发证阶段及发证后监督管理阶段。

1. 准备工作阶段

准备工作阶段是排污许可证工作的基础，主要包括制定法律、法规及政策、组建机构、宣传学习、拟定工作方案、编制实施计划、明确职责分工等内容。

制定地方法规：包括各级人大常委会审议通过的法律、省、市人民政府颁布的法规、环保行政管理部门颁布的行政规章。

明确职责分工：环保行政主管部门负责排污许可证制度的组织实施、统一管理；环保监理部门负责排污许可证制度的运行管理；环境监测部门负责排污申报核定、对持证单位监测、参与排污许可证制度执行结果的考核和评价等。

组织人员培训：实施排污许可证制度很重要的准备工作之一就是进行培训，目的之一是提高各级领导及各有关部门管理人员对实施排污许可证制度的认识，目的之二是提高参与实施排污许可证制度人员的业务素质。

2. 申报登记阶段

排污申报登记本身就是法律所规定的制度，也是实施排污许可证制度的一项重要基础工作，是核定排污许可限值，进行排污收费的重要依据，也是环保部门掌握排污现状，进行污染源动态管理，制定环境规划、环境标准的重要基础工作。

3. 排污指标分配阶段

确定排污指标是实施排污许可证制度的核心内容。国家根据有关防治污染的法律、政策、法规、标准、措施、技术基础、经济能力等提出确定排污指标的规范方法、指导原则和统一的技术参数，地方以此为依据，结合本地区的环境质量要求、技术经济条件，确定所有申请排污许可证单位的排污指标。

排污指标必须具备科学性、公平性和执法的严肃性。该阶段的工作应由环境管理部门组织，主要依靠科研单位和有经验的专家，在污染源调查的基础上，结合本地区社会、经济发展规划和环境保护规划，从本地区污染状况、污染源排放特征、地形、水文、气象状况、环境管理工作基础、管理人员素质等实际情况出发，选择适合本地区的技术路线。

4. **审核发证阶段**

审核发证阶段是对排污指标分配阶段工作结果的一个最终表述，通过排污许可证的形式，限定企业排污行为。

审核发放许可证时，要对排污者规定必须遵守的条件：污染物的允许排放量；规定排污口的位置、排放方式、排放最高浓度等。对符合规定条件的排污者，发放《污染物排放许可证》，对暂时达不到规定条件的，发放《临时污染物排放许可证》，同时要求限期治理，削减排污量。一般正式证有效期 3 ~5 年，临时证的有效期 1 ~2 年。

具体的审核发证涉及到排污许可证的申请、排污许可证的签发、换证管理等具体的内容。

排污许可证的申请：指排污企业用排污申请表向环保部门提出未来规定的时间内所需要排放的污染物种类、数量、浓度以及排放方式、排放去向，并提出领取排污许可证的要求。

排污许可证的签发：环境保护行政主管部门在收到排污单位的《排污许可证申请表》后，应在规定期限内对其申请的指标予以审核。对审核认可的排污许可证申请单位颁发正式的排污许可证；对排放未达标但已经有治理计划的污染源，颁发临时排污许可证，并责令限期治理；对排放未达标但又无治理计划的污染源，要求在规定的时间内制定污染治理计划，并重办排污许可证申请手续；持临时排污许可证单位，在规定期限内，削减排放量达到总量排污指标，经验收合格后，可转发正式排污许可证；有效期过后，仍未按计划削减排污量的，收回排污许可证，按无证排放行为处理。

换证的管理：持证单位的排污情况发生较大改变时，需在变化前的 3 个月内重新向环境保护行政主管部门提出排污申请，申请换证，环保部门重新按规定审核签发许可证；持正式证单位应在有效期满前三个月内申请换证，持证单位有效期满，仍未换证的，按无证排放行为处理；持证单位在有效期内，欲与其他持证单位调换排污指标的，需向当地环境保护行政主管部门申请换证，并按排污指标有偿转让的有关规定办理有关事宜。

5. **监督管理阶段**

监督管理阶段是一个执法含义较强的阶段，也是体现和保障排放污染物许可证管理成效的重要阶段，在“排污许可证”发放以后，重要的是对企业执行许可证情况进行管理，放松监督管理将会使许可证制度流于形式。这个阶段不仅包括环保部门对企业的管理，也包括企业自身的强化管理，主要有企业自报、监督监测、监督检查、总量核算、排污情况的考核、到期换证等几种内容和形式。

排污单位和环保部门都要配备监测人员和设备，逐步完善监测体系，同时要配备必要的专业管理人员，健全排污许可证的证后监督管理体制。

六、污染物集中控制和限期治理

（一）污染物集中控制

污染物集中控制是从我国环境管理实践中总结出来的。多年的实践证明，我国的污染治理必须以改善环境质量为目的，以提高经济效益为原则。就是说，治理污染的根本目的不是去追求单个污染源的处理率和达标率，而应当是谋求整个环境质量的改善，同时讲求经济效益，以尽可能小的投入获取尽可能大的效益。但是，以往的污染治理常常过分强调单个污染源的治理，零打碎敲，尽管花了不少钱，费了不少劲，搞了不少污染治理设施，可是区域总的环境质量并没有大的改善，环境污染并没有得到有效的控制。

正是基于上述原因，与单个点源的分散治理相对，提出了污染物集中控制。污染物集中控制是在一个特定的范围内，为保护环境所建立的集中治理设施和采用的管理措施，是强化环境管理的一种重要手段。污染物集中控制应以改善流域、区域等控制单元的环境质量为目的，依据污染防治规划，按照废水、废气、固体废物等的性质、种类和所处的地理位置，以集中治理为主，用尽可能小的投入获取尽可能大的环境、经济、社会效益。

1. 污染物集中控制的基本做法

首先，实行污染物集中控制，必须以规划为先导。污染物集中控制是与城市建设密切相关的，如完善排水管网，建立城市污水处理厂，发展城市绿化等。同时，城市污染集中控制是一项复杂的系统工程。因此，集中控制污染必须与城市建设同步规划、同步实施、同步发展。

其次，集中控制城市污染，要划分不同的功能区域，突出重点，分别整治。因为各区域内的污染物性质、种类和环境功能不同，其主要的环境问题也就不一样。

第三，实行污染物集中控制，必须由地方政府牵头，政府领导挂帅，协调各部门，分工负责。

第四，实行污染物集中控制必须与分散治理相结合。实行集中控制，并不意味着不需要分散治理，从某种意义上讲，分散治理还十分重要，如少数大型企业、远离城镇的污染源或因条件不具备无法实行集中控制的等等。

第五，实行污染物集中控制必须疏通多种资金渠道。污染物集中治理比起分散治理，在总体上可以节约资金，但是一次性投入较大。所以，要多方筹集资金。

2. 污染物集中控制的意义

污染物集中控制实施以来，显示出了强大的生命力：

第一，有利于集中人力、物力、财力解决重点污染问题。集中治理是实施集中控制的重要内容。根据规划对已经确定的重点控制对象，进行集中治理，就有利于调动各方面的积极性，把分散的人力、物力、财力集中起来，解决敏感或老大难的污染问题。

第二，有利于采用新技术，提高污染治理效果。实行污染集中控制，使污染治理由分散的点源治理转向社会化综合治理，有利于采用新技术、新工艺、新设备，提高污染控制水平。

第三，有利于提高资源利用率，加速有害废物资源化。实行污染集中控制，可以节约资源、能源、提高废物综合利用率。如集中控制水污染，可把处理污水作农田灌溉之用；集中治理大气污染，可同时从节煤、节电抓起。

第四，有利于节省防治污染的总投入。集中控制污染比分散治理污染节省投资、节省设施运行费用、节省占地面积，也大大减少了管理机构、人员，解决了企业缺少资金或技术，难以承担污染治理责任，虽有资金但缺乏建立设施的场地，或虽有设施却因管理不善达不到预期效果等问题。

第五，有利于改善和提高环境质量。集中控制污染是以流域、区域环境质量的改善和提高为直接目的的，其实行结果必然有助于环境质量状况在相对短的时间内得到较大的改善。

（二）限期治理制度

限期治理是指以污染源调查、评价为基础，以环境保护规划为依据，突出重点，分期分批地对污染危害严重、群众反映强烈的污染物、污染源、污染区域采取的限定治理时间、治理内容及治理效果的强制性措施，是人民政府为了保护人民的利益对排污单位采取的法律手段，被限期治理的企业事业单位必须依法完成限期治理。这一概念有几层意思：一是限期治理不是随便哪污染重就对哪限期，而要经过科学的调查评价明确污染源、污染物的性质、排放地点、排放状况、迁移转化规律、对周围环境的影响等各种因素，并且要在总体规划的指导下进行；二是限期治理必须突出重点，分期分批解决污染危害严重、群众反映强烈的污染源与污染区域；三是限期治理要具有四大要素：限定时间、治理内容、限期对象、治理效果，四者缺一不可。

限期治理污染与治理污染计划不同，限期治理决定是一种法律程序，具有法律效力，而治理计划则是一种经济管理手段，完不成也不追究法律责任。为了完成限期治理任务，限期治理项目应按照基本建设程序无条件地纳入本地区、本部门的年度固定资产投资计划之中，在资金、材料、设备等方面予以保证。

1. 限期治理的基本原则

限期治理要以污染源调查为基础，以环境保护规划为依据，与环境综合整治、污染源集中控制、污染物总量控制相结合，解决突出的环境污染问题。

确定限期治理项目仅仅从点源治理需要出发是不够的，必须充分考虑整个区域环境污染防治的整体需要，有些污染项目可以通过调整布局、关、停、并、转、迁或调整经济结构或集中控制来解决，不能盲目地进行点源限期治理。所以，限期治理项目必须在对污染的性质、污染程度，对整个区域环境影响基本清楚，区域环境综合整治规划基本完成的情况下才可以确定。

限期治理要坚持强制与自觉相结合的原则。对于那些污染危害严重，不治理就会造成严重后果的污染源必须强制限期治理，被限期治理的单位必须无条件按期完成治理任务。但强制必须与自觉相结合，没有企业的自觉主动，限期治理也难以完成，也不能坚持设施的正常运转和发挥预期效益。

限期治理必须从国情出发，实事求是，先易后难，既要考虑环境保护的需要，又要考虑实际的可能性。列入限期治理的项目必须技术成熟、资金基本落实。

限期治理必须坚持环境效益、社会效益、经济效益统一的原则。一般来讲限期治理项目的环境效益、社会效益都是比较好的，关键是如何理解经济效益好的问题。

限期治理必须坚持“谁污染谁治理”的原则，限期治理的资金主要应由造成污染的企业自筹或贷款解决。

2. 限期治理的范围和重点

限期治理的范围包括区域性限期治理、行业性限期治理和污染源限期治理。其中，区域性限期治理是指对污染严重的某一区域、某个水域的限期治理，如在滇池流域、淮河流域进行的限期治理。这类限期治理整体效益好，可与提高环境质量、改善环境面貌挂钩。区域性限期治理的措施、手段，除了进行必要的点源治理外，调整工业布局、调整经济结构、技术改造、市政建设和改造等也都是区域性限期治理的重要措施。行业性限期治理是指对某个行业性污染的限期治理，如国家对“15 小”的限期治理。行业性限期治理也包括限期调整产品结构、原材料、能源结构和工艺设备的限期调整与更新。污染源限期治理是指对污染严重的排放源进行限期治理。

限期治理的重点主要针对污染危害严重、群众反映强烈的污染物、污染源；位于居民稠密区、水源保护区、风景游览区、自然保护区、城市上风向等环境敏感区的污染源；区域或水域环境质量十分恶劣，有碍观瞻、损害景观的区域或水域的环境综合整治项目；污染范围较广、污染危害较大的行业污染项目等。

3. 限期治理的管理工作

限期治理要制度化、程序化，减少工作中的随意性。

七、其他五项环境管理制度

（一）现场检查制度

现场检查制度是指环境保护部门或者其他依法行使环境监督管理权的部门，对管辖范围内排污单位的排污情况和污染治理等情况进行现场检查的制度。实行现场检查制度的目的在于督促排污单位遵守环境保护法律规定，采取措施积极防治污染；促进排污单位加强环境管理，减少污染物的排放和消除污染事故隐患，提高排污单位的领导及有关人员的环境保护意识和环境法制观念，自觉履行保护环境的义务；督促管理部门履行自己的职责，提高污染防治水平，克服和减少有法不依的现象。

（二）污染事故报告制度

污染事故是指由于违反环境保护法律法规的经济社会活动与行为以及意外因素的影响或不可抗拒的自然灾害等原因，致使环境受到污染，人体健康受到危害，社会经济与人民财产受到损失，造成不良社会影响的突发性事件。污染事故可分为：水污染事故、大气污染事故、噪声与振动污染事故、固体废物污染事故、农药与有毒化学品污染事故、放射性污染事故等。污染事故报告制度，是指因发生事故或者其他突然性事件，以及在环境受到或可能受到严重污染，威胁居民生命财产安全时，依照法律法规的规定进行通报和报告有关情况并及时采取措施的制度。

（三）排污申报制度

《中华人民共和国环境保护法》第二十七条规定：排放污染物的企业事业单位，必须依照国务院环境保护行政主管部门的规定申报登记。排污申报制度的具体规定如下（1992 年 8 月 14 日国家环境保护局令第十号）：

第一条 为加强对污染物排放的监督管理，根据《中华人民共和国环境保护法》及有关法律法规制定本规定。

第二条 凡在中华人民共和国领域内及中华人民共和国管辖的其他海域内直接或者间接向环境排放污染物、工业和建筑施工噪声或者产生固体废物的企业事业单位（以下简称“排污单位”），按本规定进行申报登记（以下简称“排污申报登记”），法律、法规另有规定的，依照法律、法规的规定执行。放射性废物、生活垃圾的申报登记不适用本规定。

第三条 县级以上环境保护行政主管部门对排污申报登记实施统一监督管理，排污单位的行业主管部门负责审核所属单位排污申报登记的内容。

第四条 排污单位必须按所在地环境保护行政主管部门指定的时间，填报《排污申报登记表》，并按要求提供必要的资料。新建、改建、扩建项目的排污申报登记，应在项目的污染防治设施竣工并经验收合格后一个月办理。

第五条 排污单位必须如实填写《排污申报登记表》，经其行业主管部门审核后向所在地环境保护行政主管部门登记注册，领取《排污申报登记注册证》。

排放污染物的个体工商户的排污申报登记，由县级以上地方环境保护行政主管部门规定。

排放单位终止营业的，应当在终止后一周内向所在地环境保护行政主管部门办理注销登记，并交回《排污申报登记注册证》。

第六条 排污单位申报登记后，排放污染物的种类、数量、浓度、排放去向、排放地点、排放方式、噪音源种类、数量和噪声强度、噪声污染防治设施或者固体废物的储存、利用或处置场所等需作重大改变的，应在变更前十五天，经行业主管部门审核后，向所在地环境保护行政主管部门履行变更申报手续，征得所在地环境保护行政主管部门的同意，填报《排污变更申报登记表》；发生紧急重大改变的，必须在改变后三天内向所在地环境保护行政主管部门提交《排污变更申报登记表》。发生重大改变而未履行变更手续的，视为拒报。

第七条 排放污染物超过国家或者地方规定的污染物排放标准的企业事业单位，在向所在地环境保护主管部门申报登记时，应当写明超过污染物排放标准的原因及限期治理措施。

第八条 需要拆除或者闲置污染物处理设施的，必须提前向所在地环境保护部门申报，说明理由。环境保护部门接到申报后，应当在一个月内予以批复，逾期未批复的，视为同意。

未经环保部门同意，擅自拆除或闲置污染物处理设施未申报的，视为拒报。

第九条 法律、法规对排污申报登记的时间和内容已有规定，按已有规定执行。

第十条 建筑施工噪声的申报登记，按《中华人民共和国环境噪声污染防治条例》第二十二条的规定执行。

第十一条 排污单位对所排放的污染物，按国家统一规定进行监测、统计。

第十二条 排污单位的废水排放口、废气排放口、噪声排放源和固体废物储存、处置场所应适于采样、监测计量等工作条件，排污单位应按所在地环境保护行政主管部门的要求设立标志。

第十三条　县级以上环境保护行政主管部门有权对管辖范围内的排污单位进行现场检查，核实排污申报登记内容。被检查单位必须如实反映情况，提供必要的资料。

进行现场检查的环境保护行政主管部门必须为被检查单位保守技术及业务秘密。

第十四条　县级以上环境保护行政主管部门应建立排污申报登记档案，省辖市级以上的环境保护行政主管部门应建立排污申报登记数据库。

第十五条　排污单位拒报或谎报排污申报登记事项的，环境保护行政主管部门可依法处以三百元以上三千元以下罚款，并限期补办排污申报登记手续。

第十六条　《排污申报登记表》、《排污变更申报登记表》、《排污申报登记注册证》的格式和排污申报登记数据库的建设规范由国家环境保护局统一制定。

第十七条　本办法自一九九二年十月一日起施行。

（四）环境信访制度

为了防范环境污染事故的发生，减少各类环境污染事件的扰民危害，除了要进一步加大环境监督执法力度，还必须加大环境监察的检查频率，增加明察暗访。为此，国家专门设立了动员和鼓励广大群众参与环境监督的环境信访制度，并颁布了《环境信访办法》（〔1997〕局令19号）。办法中规定了环境信访应遵循的原则、环境信访工作的机构与职责、环境信访的受理、环境信访的形式、环境信访人的权利和义务以及环境信访的办理程序等。

（五）环境保护举报制度

“九五”期间，国家环境保护总局开始在全国实施环境保护举报制度，同时全面开通了12369中国环保举报热线，并逐步实现有奖举报制度。环境保护举报制度的内容包括：

- 制定环境保护举报制度管理办法，内容包括：环境保护举报的受理范围，举报事项的办理程序，鼓励环境保护举报的措施。
- 通过报纸、广播、电视及其他有效形式，向社会公告受理环境保护举报的单位名称、通讯地址、邮政编码、电话号码及环境保护举报的其他有关规定。
- 环境保护举报的受理范围应包括环境污染和生态破坏事故，违反各项环境管理制度的行为及其他违反环保法律、法规、规章的事件和行为，对环境保护执法情况的监督等。
- 环境保护举报事项的办理程序应包括登记立案，协调分办，及时反馈，定期公布受理情况和办理结果。
- 鼓励环境保护举报的措施应包括为举报者保守秘密，对有重大贡献的环境保护举报者予以表彰、奖励等。

第三节　我国的环境管理制度体系及发展趋势

一、我国的环境管理制度体系

自1973年我国环境保护事业起步以来，经过大胆的探索和实践，在环境管理制度建设方面形成了以新、老八项制度为核心的环境管理制度体系。这个体系的形成、发展与完善，为我国环境保护事业的发展提供了有力的保障。我国环境管理制度体系有层次性、包含性、系统性和网络性等特点。

(一) 环境管理制度体系的层次性

我国在多年的环境保护工作实践中形成的八项环境管理制度是一个有机的整体，具有明显的层次性。

首先，其以环境保护目标责任制作为龙头，占据环境管理制度体系的最高层。一方面它是实施各项环境管理制度的保证，可以涵盖其他各项制度；另一方面，其他制度的实施又为目标责任制创造了条件，使目标责任制的内容得以具体的落实。

其次，城市环境综合整治定量考核、污染物集中控制制度体现了环境质量保护和改善的客观规律，体现了我国环境保护中综合防治的战略思想。处于体系的中间层次。

第三，环境影响评价、“三同时”、排污收费、限期治理、排污许可证制度，更多考虑的是单个污染源的问题，是我国环境保护思想的具体体现和落实，是前面两个层次的基础和保障。

(二) 环境管理制度体系的包含性

环境管理制度体系除了上述的层次性外，还有包含性，如上面层次的环境管理制度往往包含下面层次的环境管理制度。比如，城市环境综合整治定量考核制度中包含环境影响评价、排污收费、“三同时”等制度，集中控制制度中包含排污许可证、限期治理、“三同时”，环境保护目标责任制包含城市环境综合整治定量考核的内容等等。

(三) 环境管理制度体系的系统性

环境管理制度体系存在明显的系统性，保证了管理的连贯性。如环境影响评价制度针对建设项目提出超前的防治污染要求，“三同时”制度则提出具体的防治污染要求以及项目建成后防治污染的要求，排污收费制度则从经济刺激的角度强化污染源单位治理污染的行为，排污许可证制度则是对企业排污行为的一种法律上的界定，而对污染严重的单位、行业、区域实行限期治理则是保证环境不受破坏的强制措施。

(四) 环境管理制度体系的网络性

综合分析我国现行的八项环境管理制度，还可以发现相互之间存在着正向联系和反馈联系的网络关系。这种联络关系显示出中国环境管理制度体系的运行机制，这是各级政府、各级环保部门的负责人应该十分清楚地理解与统筹规划、巧妙运用的规律。

二、我国环境管理制度的发展趋势

(一) 我国环境管理制度的总体发展趋势

由于历史背景的差异，以及制度出现先后时间的差异，在推行制度的过程中必然会出现新、老制度间的一些矛盾、交叉与衔接问题。就是同一项制度，也会因情况的变化而出现上述问题，因此，要协调好以下四种问题：

第一，要协调法规上的不协调问题。出现这种情况应本着子法服从母法，小法服从大法，平级之间，老法服从新法原则。

第二，要协调标准上的不协调问题。一般来说，浓度标准应服从总量标准，低标准应服从高标准，行业标准应服从地方标准。

第三，要协调技术经济上的不协调问题。应坚持技术可行、经济合理的原则，不能单单考虑某个方面的问题。

第四，要协调经济、社会、环境三个效益不协调的问题。当环境效益跟不上经济、社会效益时，环境政策与制度就需要强化；当经济、社会效益不如环境效益时，就应在一定程度和范围内采取适当的让步政策与策略。

（二）环境管理制度的发展趋势

八项环境管理制度是主体，随着我国环境保护事业的发展，社会经济体制的变革，其会发生相应的变化。

1. 环境影响评价制度

环境影响评价制度是我国预防为主的环境政策的具体体现，对建设项目提出了超前的防治污染的要求，在建设项目环境管理中发挥着重要的作用。

然而，在该项制度的具体执行过程中也存在一些问题，说明需要进一步的发展和完善，归纳起来环境影响评价制度需在以下几个方面发展完善：

第一，为解决以往环境影响评价耗时过长的弊端，需进一步简化审批手续、强化环境预审。如在确定环境影响评价类型的过程中，通过公布《建设项目分类管理名录》的方式给予建设单位更大的自主权；通过环境预审初步评估建设项目的可行性等。

第二，为进一步提高环境影响评价的质量，确保环境影响评价为项目审批提供科学的依据。我国已经开始加强对环境影响评价证书的管理工作，以及对环境影响评价人员进行专业培训、持证上岗、证书分级等工作。

第三，进一步明确环境影响评价过错追究制度，颁布《环境影响评价法》，对建设单位、环境影响评价单位、环境影响评价人员、项目审批人员的违法违规行为将追究法律责任。

第四，简化审批程序并不意味着削弱环境审批，而是应该更好的把握第一审批权。

2. “三同时”制度

“三同时”制度与环境影响评价制度相辅相成，是我国防止新污染破坏的两大法宝，也是我国独创的一项环境管理制度，“三同时”制度在执行的过程中也遇到了一些问题，值得今后注意。

第一，为了彻底解决“三同时”执行过程中出现的执行率高、运转率低的问题，应考虑到清洁生产，加强生产全过程的控制以减少排污口治理的压力。

第二，实行环境保护治理设施运营社会化、市场化，减轻企业负担，增强企业治理污染的积极性，使环境效益、社会效益、经济效益实现真正的统一。

第三，要加强“三同时”的日常监督管理，这也是国家环境保护总局在“十五”期间提出的重要任务。

第四，进一步规范“三同时”管理程序，特别是“三同时”验收程序。

3. **排污收费制度**

我国排污收费制度深化改革的总体目标是：适应社会主义市场经济体制，修订和完善排污收费的法律、法规，研究制定以改善环境质量，促进经济与环境协调发展为目标的排污收费经济政策体系，确定排污收费标准的总体框架和基本原则，提出经济效益高、环境效果好的排污收费方法和收费标准，制定科学合理、效益较高的排污收费资金使用政策和管理办法，建立一支规模适宜、素质较高、装备精良的排污收费与环境监理执法队伍。

(1) 排污收费政策的改革

排污收费政策要逐渐实现以下四个转变：一是由超标收费向排污收费转变；二是由单一浓度收费向浓度与总量相结合收费转变；三是由单因子收费向多因子收费转变；四是由静态收费向动态收费转变。

基于上述考虑，1998 年国家环境保护总局会同国家计委、财政部下发了《关于在杭州等三城市实行总量收费试点的通知》，在杭州、郑州、吉林三个城市展开了总量收费工作。在总结三个城市总量收费做法的基础上，2002 年国家环境保护总局会同国家计委、财政部、经贸委下发了《关于发布排污收费标准（试行）及有关问题的通知（征求意见稿）》，提出了新的收费设想，如总量收费、多因子收费等，这些设想即将付诸实施；同时，为了规范排污收费制度，国务院拟发布新的《排污费征收使用管理条例》。

(2) 排污收费标准的改革

我国现行的排污收费标准是在不同时期、不同阶段、依据不同的成本、费用原则而制定的。由于受到经济发展水平和人们环境意识等主客观因素的制约，现行收费标准项目不全、标准偏低。按照现行物价水平，我国排污收费标准仅为污染治理设施运行成本的 50% 左右，某些项目的收费甚至不到污染治理成本的 10%，这也成为“缴排污费买排污权”现象的主要原因。

排污收费标准的改革，要根据我国环境与经济协调发展的实际需要，确定排污收费标准的总体框架，并按照补偿对环境损害的原则、略高于治理成本的原则、排放同质等量污染物等价收费的原则，研究制定以控制污染、改善环境质量为目标、技术经济可行和科学合理、简便易行的新的排污收费标准，充分发挥排污收费制度在促进污染治理和筹集环保资金方面的作用，促进环境质量的改善，为促进经济持续发展服务。

(3) 排污费资金使用改革

排污费资金使用改革首先要在排污费资金有偿使用方面实行三个调整：一是由部分有偿使用调整为全部有偿使用；二是按照市场机制下资金的保值、增值原则，对现行低利率进行调整，对环境效益明显的项目可实行贴息优惠；三是取消豁免本金政策，真正体现排污费资金属国家所有的原则，逐步破除排污费“返还”的观念。

排污费资金使用改革的第二方面，就是要改变单纯用行政办法管理排污费资金的做法，按照社会主义市场经济体制的要求，以中央和地方及地方各级环境管理权限划分为依据，逐步建立新的排污费资金的分配体制，并在此基础上建立各级环境保护基金、设立环境保护投资管理的非单纯行政性的组织机构，运用经济和行政相结合办法，管理好、用好排污费，加快环境保护资金积累，提高投资效益。

4. 环境保护目标责任制

环境保护目标责任制在我国环境管理制度体系中居于龙头地位，对其他制度的执行具有全局性的影响，应该说其能否顺利执行举足轻重。而环境保护目标责任制在执行中又存在流于形式的隐患。因此，要在制度的严肃性、加强公众监督力度、环保一票否决等方面加大力度，使制度更加完善，切实起到龙头的作用。

5. 城市环境综合整治定量考核制度

城市环境综合整治定量考核要充分体现我国不同阶段环境保护方面的要求，不断完善深化。

第一，根据不同时期国家环境保护的方针、政策、思路，不断调整考核指标体系。如为了配合全面达标，加强污染源的监督管理，国家环境保护总局在“十五”城考指标体系中就加入了污染防治设施及污染物排放自动监控率等指标。

第二，应该有创新、有发展，如 1996 年在城考的基础上提出了创建国家环境保护模范城市的设想，到如今已经有张家港、珠海、深圳、大连等几十座城市获得了国家环境保护模范城市的称号，通过环境保护模范城市的创建工作，极大的促进了城市环境综合整治的效果。

6. 排污许可证制度

排污许可证制度全面铺开是 1996 年第四次全国环境保护会议之后，有许多问题需要进一步的探讨、完善。

第一，排污交易问题，也就是指环保部门核定指标转让的问题，需要有政策上、法规上的配套。

第二，与其他制度之间的衔接、配套问题。

第三，对污染源管理提出了更高的要求。要切实落实排污许可证制度，首要的问题就是加强污染源的监管力度，而无论从人力、物力还是监测计量水平上讲都存在问题。在线监测已经提到议事日程上来。

第四，加强总量控制方面的科研工作，力求做出的总量分配指标科学、合理、公正。

7. 限期治理制度

限期治理是较早提出的一种思想，在解决突出的环境问题时起到了积极的作用。特别是 1996 年第四次全国环境保护会议，提出了“跨世纪绿色工程计划”，限期治理在其中发挥了重要的作用，如淮河流域、滇池流域、太湖流域等几个零点行动计划，事实上就是区域限期治理，而要求 2000 年底完成的“一控双达标”活动，涉及到了区域、行业、污染源的限期治理。随着“十五”期间环境保护目标的明确，特别是工业排放污染物全面达标的提出，限期治理的地位更加举足轻重。

8. 污染物集中控制制度

污染物集中控制是实现环境目标不可或缺的，特别是随着人们环境意识的提高，对环境质量的要求也越来越高，单纯依靠分散治理已不能满足，集中控制就显示出其优越性，而且这种优越性将越来越明显，无论从环境效益、社会效益还是经济效益上去考虑，都应如此。例如，广州市历来重视工业废水的治理，其水环境污染问题主要是生活污水造成的，而解决城市生活污水最好的办法就是建设城市污水处理厂，实行集中控制。

思考题

1. 我国现行的环境管理制度包括哪些？
2. 什么是建设项目环境管理？建设项目环境管理主要内容及涉及的管理制度是什么？建设项目环境管理程序如何？
3. 试述排污收费制度的执行程序。
4. 试述实行排污许可证制度的必要性及执行程序。
5. 试述我国环境管理制度体系及发展趋势。

第五章　环境管理的体制、机构与职能

第一节　环境管理体制

自 1972 年以来，我国环境管理工作走过了一条艰难而又漫长的发展道路，取得了明显进展，在实践中确立了环境管理的大政方针，建立起“预防为主、防治结合”、“污染者负担”、“强化环境管理”为核心的政策体系，基本上形成了具有中国特色的环境保护法规体系，初步建立了八项管理制度体系，形成了国家、省、市、县、镇（乡）五级管理体系。30 年来，我国环境保护正是依靠政策、法规、制度和机构这四大体系强化环境管理、努力促使经济建设与环境保护相协调，走出了一条具有中国特色的环境保护道路。

一、我国环境管理体制的形成与发展

我国环境管理的发展历程，也是我国环境管理体制形成与发展的过程，大致经历了以下三个阶段：

（一）起步阶段（1972—1978）

1972 年的斯德哥尔摩人类环境会议对我国的环境管理事业的开创起了促进作用。我国代表在大会上提出了环境保护的“32 字方针”，即“全面规划、合理布局、综合利用、化害为利、依靠群众、大家动手、保护环境、造福人民。”这 32 字方针反映了我们对环境问题认识的觉醒。

1972 年斯德哥尔摩人类环境会议之后，为加强我国的环境保护工作，由国家计委牵头成立了国务院环境保护领导小组筹备办公室。1973 年 8 月我国召开了第 1 次全国环境保护会议。同年 11 月国务院批转了《关于保护和改善环境若干规定》（试行草案）。12 月颁发了我国第一个《工业“三废”排放试行标准》，明确地提出了新建、改建、扩建项目的防治污染和其他公害的设施必须与主体工程同时设计、同时施工、同时投产的“三同时”的要求，对污染严重的企业要采取限期治理的措施。1974 年 12 月，国务院环境保护领导小组正式成立，其主要职责是制定环境保护的方针政策，审定国家环境保护规划，组织协调和督促检查各地区和各有关部门的环境保护工作。领导小组下设办公室，负责日常工作。

在当时的历史条件下，国务院环境保护领导小组的成立，标志着我们对环境保护认识的转变，也标志着我国环境保护机构建设的起步。与此同时，各地比照中央政府的模式，相继设置了地方环保机构。但是，由于当时国家的法制建设薄弱，而环境立法更是一片空白。因此，环境管理工作无法可依，步履艰难。

(二) 创建阶段(1979—1992)

10 年动乱结束,国家进入了一个新的历史发展时期。党的十一届三中全会以后,全党工作重点转移到以经济建设为中心的现代化建设上来,环境保护工作开始列入党和国家的重要议事日程。1978 年国家颁布了新宪法。该法规定:“国家保护环境和自然资源,防治污染和其他公害。”首次将环境保护确定为政府的一项基本职能。

以此为依据,1979 年国家颁布了《中华人民共和国环境保护法(试行)》,明确规定了各级环保机构设置的原则及其职责,从而为我国环保机构的建设提供了法律依据。1979 年 3 月国务院环境保护领导小组在成都召开了全国环境保护工作会议,会议总结了环境保护工作的经验教训,提出了“加强全面环境管理,以管促治”的方针,同年 3 月,在成都成立综合性的(包括自然科学与社会科学)中国环境科学学会,提出要发展有中国特色的环境科学。组建了中国环境科学研究院和监测总站。1980 年 2 月,在太原市召开了中国环境管理、经济与法学学会成立大会,会议提出“要把环境管理放在环境保护工作首位”。

1980 年初开展了环境标准制订工作,其中包括环境质量标准、行业排放标准和部分地方排放标准。

环境监测和环境质量评价工作,20 世纪 70 年代就已开始,1980 年前后又得到进一步发展。1980 年 11 月,召开了第一次全国环境监测工作会议,并决定每年要向政府提出环境质量报告。制订了《环境监测工作条例》等规章制度。大部分重点企业都建立了监测站,部分工业部门还建立了监测中心,开展了对新建企业的环境影响评价。

1981 年 5 月,国家计委、建委、经委、国务院环境保护领导小组颁发了《基本建设项目环境保护管理办法》,1982 年 2 月,国务院根据环境保护法发布了《征收排污费暂行办法》,排污收费这一经济手段进入企业经济活动之中,起到了限制污染物随意排放的积极作用。同年 8 月,在北京召开了全国工业污染防治会议,会后,国务院发布了《关于结合技术改造防治工业污染的几项规定》。

随着环境保护工作的不断深入和环境保护基本法的颁布实施,我国环境管理机构建设也初具规模。在中央政府,国务院环境保护领导小组办公室已制定了一套比较完整的管理制度,并逐步成为我国环境管理的实体机构;在地方各级政府,则表现为多数成立一级局建制的环境保护局或具有相对独立的环保办公室并进入政府系列。

1983 年 12 月,国务院召开第二次全国环境保护会议。这次会议标志我国的环境管理进入了一个崭新的阶段,为开创环境保护工作的新局面,奠定了思想和政策基础。会议提出了环境保护是我国的一项基本国策。并把自然资源的合理开发和充分利用作为环境保护的基本政策。明确了“大家动手、分工合作”的管理体制和“经济建设、城乡建设和环境建设要同步规划、同步实施、同步发展,实现经济效益、社会效益和环境效益的统一”的指导思想。这是环境保护工作战略思想的大突破、大转变,是环境管理认识上的一次重大飞跃。

1984 年中共中央在《关于经济体制改革的决定》中提出“城市环境综合整治”。1984 年 5 月,国务院成立环境保护委员会,进一步加强环境保护的统一领导。同年,国务院发布了《关于加强环境保护工作的决定》。

1985 年 10 月，国务院环境保护委员会在洛阳市召开了城市环境综合整治会议，明确提出当前综合整治的重点是“除四害”，即大气污染防治、水污染防治、固体废物处理与利用和噪声污染防治。

在此阶段，我国还陆续颁布了《水污染防治法》、《大气污染防治法》等环境保护法律法规，环境立法工作取得一定进展，使环境管理逐步向法制管理发展。

但应指出，在此阶段，我国环境管理机构建设经历了一段弯路。1982 年国务院机构改革，成立城乡建设环境保护部，并将原国务院环境保护领导小组撤销，其办公室并入城乡建设环境保护部，称环境保护局，成为该部内设的司局级机构；绝大多数地方各级政府上行下效，纷纷将环保与城建部门合并，形成“城乡建设与环境保护一体化”的管理模式。

这次机构改革，意在通过设立一个高规格的常设机构来加强环境保护工作。但是，由于环境保护与城乡建设内涵不一，而且二者存在着管理与被管理、监督与被监督、环境管理与城乡建设的关系。两项职能应该分离，由不同的机构、载体承担，而不能合二为一，归同一机构负责。总之，此次机构改革，不仅未达到预期目的，反而冲击了刚刚成型的环境保护队伍，削弱了环境保护工作。

也正是由于这种机构模式不适应环境保护工作的需要，1984 年底，原城乡建设环境保护部环境保护局升格为部委归口管理的国家局，对外称国家环境保护局。与此同时，地方各级政府也做了适当调整。

1988 年，国务院机构改革，将国家环境保护局从原城乡建设环境保护部中独立出来成为国务院直属机构，而原城乡建设环境保护部改称为建设部。

国家环境保护局的成立标志着我国的环境管理机构建设进入了一个新阶段。运行实践表明，一个独立的具有较大权限的环保常设机构的设置，能够极大改善国家的环境管理，提高管理水平。

1989 年 5 月召开的第三次全国环境保护会议，正式推出了新的五项环境管理制度。这五项制度概括了多年来各地在环境管理实践中摸索出来的成功经验，是我国在实践中形成的环境管理战略总体构想的体现和深化，适应了强化环境管理的新形势的需要。

1989 年 12 月 26 日，第七届全国人大常委会第十一次会议通过了《中华人民共和国环境保护法》的修正，新的环境保护法的实施，为强化环境管理提供了强有力的法律保障。

1990 年 12 月 5 日，国务院做出《关于进一步加强环境保护的决定》。决定指出：当前防治环境污染和生态破坏已成为十分紧迫的任务。为促使经济持续、稳定、协调发展，深入贯彻执行《中华人民共和国环境保护法》，在改革开放中要进一步搞好环境保护工作。这个决定是进一步加强和发展我国环境管理的纲领性文件。

在创建阶段，我国确定了环境保护基本国策的地位，明确提出了环境保护的大政方针，建立了独立的具有较大权限的环境管理机构，形成了具有中国特色的环境管理政策和制度，加快了环境保护立法和执法工作，促进了我国环境管理体制的形成和中国特色的环境保护道路的确立。

（三）发展阶段（1992—）

1992年6月，联合国环境与发展大会召开，这是人类环境管理发展史上的第二座里程碑。当时的国务院总理李鹏率团出席了会议，代表中国政府在会上做出了履行《21世纪议程》等文件的承诺。1992年7月，党中央、国务院批准了《中国环境与发展十大对策》，明确提出了实行可持续发展战略及主要对策措施。此后，我国环境管理在可持续发展战略的指引下，开创了环境管理的崭新的发展阶段，我国的环境管理体制得到了进一步完善。

1993年，国务院发布《关于开展加强环境保护执法检查，严厉打击违法活动的通知》。从1993年起，全国人大常委会环境资源保护委员会和国务院环境保护委员会连续组织了全国环保执法大检查。

1994年8月，国家环境保护局发布《全国环境保护工作纲要（1993—1998）》，指出环境保护所面临的任务，存在的主要问题，环保工作的指导思想、目标和主要任务。

1994年3月，国务院发布《中国21世纪议程——中国21世纪人口、环境与发展白皮书》，确定了实施可持续发展战略的行动目标、政策框架和实施方案。

1994年8月，国家计委和国家环境保护局联合颁布了《环境保护计划管理办法》，规范了环境保护计划工作。

1995年2月，中国人民银行发出《贯彻信贷政策与加强环境保护工作有关问题的通知》，提出了有利于环境保护的金融政策。

1995年7月，财政部发出《充分发挥财政职能，进一步加强环境保护工作的通知》，提出了有利于环境保护的财税政策。

1995年12月，全国环境保护厅局长会议在江苏省张家港市召开，会议推出两大举措——“实施污染物排放总量控制计划”和“中国跨世纪绿色工程计划”。1996年3月，八届全国人大四次会议审议通过了《国民经济和社会发展“九五”计划和2010年远景目标纲要》，对环境保护工作提出了明确的目标和要求：到2000年，力争使环境污染和生态破坏加剧的趋势得到基本控制，部分城市和地区的环境质量有所改善；到2010年，基本改变生态环境恶化的状况、城乡环境有比较明显的改善。

1996年7月，第四次全国环境保护会议召开。会议提出了《国家环境保护“九五”计划和2010年远景目标》。

1996年8月，国务院发布的《关于环境保护若干问题的决定》中，明确提出，在1996年9月30日前，对小造纸、小制革、小染料厂及土法炼焦、炼硫、炼砷、炼汞、炼铅锌、炼油、选金和农药、漂染、电镀、石棉制品、放射性制品等“十五小”企业实行取缔、关闭或停产。在全国掀起了关停“十五小”的高潮。截至当年9月30日，全国共取缔关停“十五小”企业48458家，占应取缔总数的69.2%。

1997年3月8日，中央计划生育和环境保护工作座谈会在中南海举行。江泽民总书记和李鹏总理发表了重要讲话。中央政治局常委听取环保工作汇报，研究解决问题，表明党中央对环境保护高度重视，已经把环境保护与计划生育摆到同等重要位置，标志着环境管理已经开始进入党和国家最高领导层的重要议事日程。

从1972年我国参加联合国人类环境会议至今，已经过去了30年。总结30年来我国环境管理的创业史，既是创立和逐渐形成具有中国特色的环境管理总体战略的历史，又是积极顺应世界环境保护新潮流，构筑适应可持续发展和社会主义市场经济发展的环境保护方针、政策、体系、法规标准体系和管理制度体系的历史；从这一历史中我们可以看出我国环境管理体制的形成过程。可见，我国环境管理体制已经形成了一整套的思想、方法、法律、制度、政策体系，反映了具有中国特色的环境保护道路。

二、中国环境管理体制

《中华人民共和国环境保护法》中明确规定，县级以上各级人民政府的环境保护行政主管部门对本辖区的环境保护工作实施统一监督管理，从而在中国正式形成了各级环境保护行政主管部门统一监督管理，各有关部门分工负责的环境行政管理体制。中国环境管理体制有三种类型：区域管理模式、行业或部门管理模式、资源管理模式。

（一）区域管理模式

我国环境管理体制在纵向实行分级管理，国家环境保护总局是国家环境保护行政主管部门，各级人民政府设有相应的环境保护行政主管机构，对所辖区域进行环境管理，这种管理在形式上称为区域管理。由于环境污染和生态破坏总是在一定地域范围内造成影响。所以，国家环境保护总局，省、自治区、直辖市环境保护局，地、市、县等地区性、综合性环境保护机构是环境管理组织体系中的重点，他们的基本职能就是规划、协调、指导（服务）、监督。

区域管理模式也称为“块块管理”模式，它是将同一区域内的环境问题，不分行业、不分领域、不分类别均纳入该区域环境管理范围的管理模式。这种模式是世界各国最早普遍采用的，以行政区划为特征的管理模式。该模式的确立，主要源于国家的区域行政管理体制和模式，源于环境保护组织机构的“块块管理”的人事制度和体制。我国《环境保护法》中关于“地方政府对本辖区环境质量负责”的法律规定就是区域管理模式的基础和法律依据。

区域管理模式是环境管理模式中的主要模式，是其他管理模式的基础。在这一模式中，国家环境保护总局是国家的职能部门，代表国家行使环境管理的职能；省、市、县等各级环境保护机构分别代表所在辖区人民政府行使环境管理的职能。在我国的长期环境管理实践中，区域环境管理体制已形成了一整套思想、方法、制度、政策体系，代表了中国特色的环境保护道路。

（二）行业或部门管理模式

行业或部门管理模式也称为“垂直管理”或“条条管理”模式，这是跨越行政区域范围，以行业或部门作为管理对象，以行业或部门环境问题作为管理内容的一种管理模式，是对区域管理模式的补充。行业或部门的环境保护机构主要是负责本系统、本部门的环境管理工作，他们也是环境管理组织体系中的重要方面，如：轻工、化工、冶金、石油等部门都设立了部门性的、行业性的环境保护机构，结合本部门的生产实际过程，控制污染和破坏，制定污染防治规划和环境管理条例，开展工业环境管理和工业企业环境管理等。

(三) 资源环境管理模式

资源管理模式即是指农业、林业、水利、海洋等资源部门的环境管理机构对所管辖领域的环境保护进行的管理，主要任务是保护自然环境，协调开发利用资源与环境保护的关系。值得指出的是，资源管理模式往往在区域上是跨区域管理，所以有时也称这种模式为跨区域环境管理模式。另外，我国对一些大的水系、自然保护区也设有行政管理机构，他们也负环境保护之责，他们也属于资源管理模式或跨区域管理模式，有时也称为流域环境管理。如长江流域、淮河流域、大的自然保护区等的环境管理。这种管理往往有跨行政区的管理机构负责组织、协调，如长江水利委员会负责长江流域水资源的管理。当然，这种跨区域资源环境管理要与区域环境管理有机结合才能更好地发挥效力，如长江流域的环境管理，需依靠跨区域的管理机构的组织、协调，以流域内各省、市、县的管理为主，才能实现流域环境管理的目标。

第二节　环境管理机构

一、中国环境管理机构体系

环境管理机构是环境管理的组织保证，建设成一支强有力的环境管理机构，是强化环境管理的必要条件。我国环境管理机构是从20世纪70年代初起步的。1971年国家基本建设委员会成立了防治污染的“三废”利用管理机构。1973年在周恩来同志的关怀下，召开了第一次全国环境保护会议，1974年国务院批准成立了国务院环境保护领导小组，随后，全国各省、自治区、直辖市和大、中城市也相继在人民政府中设立了环境保护办公室。至20世纪70年代末期，我国虽然从上至下建立了环境管理机构，但是这个时期的管理机构尚未纳入政府的机构系列，人员编制也严重不足。

1979年颁布的《中华人民共和国环境保护法（试行）》对各级人民政府设立环境保护管理机构做出了明确规定。在该法第四章规定指出：国务院设立环境保护机构；各省、自治区、直辖市人民政府设立环境保护局；市、自治州、县、自治县人民政府根据需要设立环境保护机构。而国务院和各级人民政府的有关部门，大、中企业和有关事业单位，根据需要设立环境保护机构，分别负责本系统、本部门、本单位的环境保护工作。环境保护法的公布，不仅开始了我国环境保护的法制管理阶段，而且也为把环境保护管理机构纳入各级人民政府的编制系列提供了法律依据。各地根据这些规定和法律原则，在全国范围内逐步建立和加强了环境保护机构。

1984年5月，国务院以国发（1984）64号文发出《关于加强环境保护工作的决定》，决定成立国务院环境保护委员会，同年12月批准将城乡建设环境保护部环境保护局改为国家环境保护局，同时作为国务院环境保护委员会的办公室的职能部门。至1985年底，全国已有18个省、市、自治区成立了环境保护委员会，11个省、直辖市的环境保护局改为一级局；市、县一级的环境保护机构也有了较大的发展，全国有很大一部分县也设立了环境保护机构，有些地方在县以下的区、乡一级还设有专职或兼职的环保员。1988年在机构改革中，国家环境保护局从原来的城乡建设环境保护部中独立出来，成为国务院直属机构，从体制上确立了国家环境保护局独立行使环境监督管理权的地位，国家环境保护局的成立标志着中国环境保护机构建设进入了一个新的阶段。1989年全国人大常委会颁布的《中华人民共和国环境保护法》中明确规定，县级以上各级人民政府的环境保护行政主管部门对本辖区的环境保护工作实施统一监督管理，从而在中国正式形成了各级环境保护行政主管部门统一监督管理，各有关部门分工负责的环境行政管理体制。

在1998年的中央政府机构改革中，环境管理机构不仅没有削弱，反而得到了进一步加强，国家环境保护局成为部级机构，更名为国家环境保护总局，这在机构改革中是唯一的例外。它充分反映了我国政府对环境保护事业的重视。

到1997年底，全国省级环保机构，除西藏外已全部实现独立设置，计划单列市、省会城市、省辖市设立了一级局建制的环境管理机构。环境保护系统科研院所达224个，监测站2223个，监理所1659个。环保系统职工人数达8.8万人，行政管理人员2.5万人。大中型企业普遍设置了环保机构和人员。在全国范围内已经建立起环境保护部门统一监督管理、各有关部门分工负责的环境管理体制以及相应的环境监测、监理、统计、科研、宣传、教育体系。

目前，我国已经建立了从中央到地方各级政府环境保护部门为主管的、各有关部门相互分工的环境保护管理体制，形成了国家、省、市、县、镇（乡）5级管理机构体系(图5-1)。

二、各级环境管理机构及其职责

图5-1反映了前文所说的我国环境管理体制的三种模式，即以环境保护局为主的区域管理模式、行业或部门管理模式及资源（跨区域）管理模式。图的左侧是从国务院的职能部门国家环境保护总局为始点，到省、市、县、乡镇各级环境保护局，形成了我国环境管理体制的主线；图的右侧是部门或行业环境管理及跨区域资源的环境管理，他们是我国环境管理体制的有机组成部分，是以环境保护局为主的环境管理体制的重要补充；而全国各级人大常委会环境与资源保护委员会（以下简称环资委）作为立法和执法监督机构，是我国各级环境管理机构依法行政的重要保证。下面就有关机构的职责加以说明。

(一) 环境与资源保护委员会

1993年3月，全国人大常委会环资委正式成立。而后，各省、自治区、直辖市人大常委会也相继成立了地方人大环资委。全国人大环资委以高效率的工作有力推动了环境保护法律的出台，各地人大也相继颁布了一批地方环境保护法规，大大加快了我国环境立法的进程。

1993年8月，根据国务院《关于开展加强环境保护执法检查、严厉打击违法活动的通知》的精神，全国人大环资委同国务院环委会联合开展了全国环保执法大检查，派出六个检查组，分赴黑龙江、山东、新疆、云南、广东、安徽、江苏7个省区，检查环境保护法和野生动物保护法的执行情况。这是我国环境保护事业开展以来进行的第一次高规格、大范围环境保护执法检查活动。继1993年之后，又连续开展了环保执法检查。环境保护执法检查采取听取汇报与现场检查相结合、联合检查与分组检查相结合、抓违法典型曝光与受理举报相结合等方式，起到了“解决一个、带动一片”的作用，收到了显著成

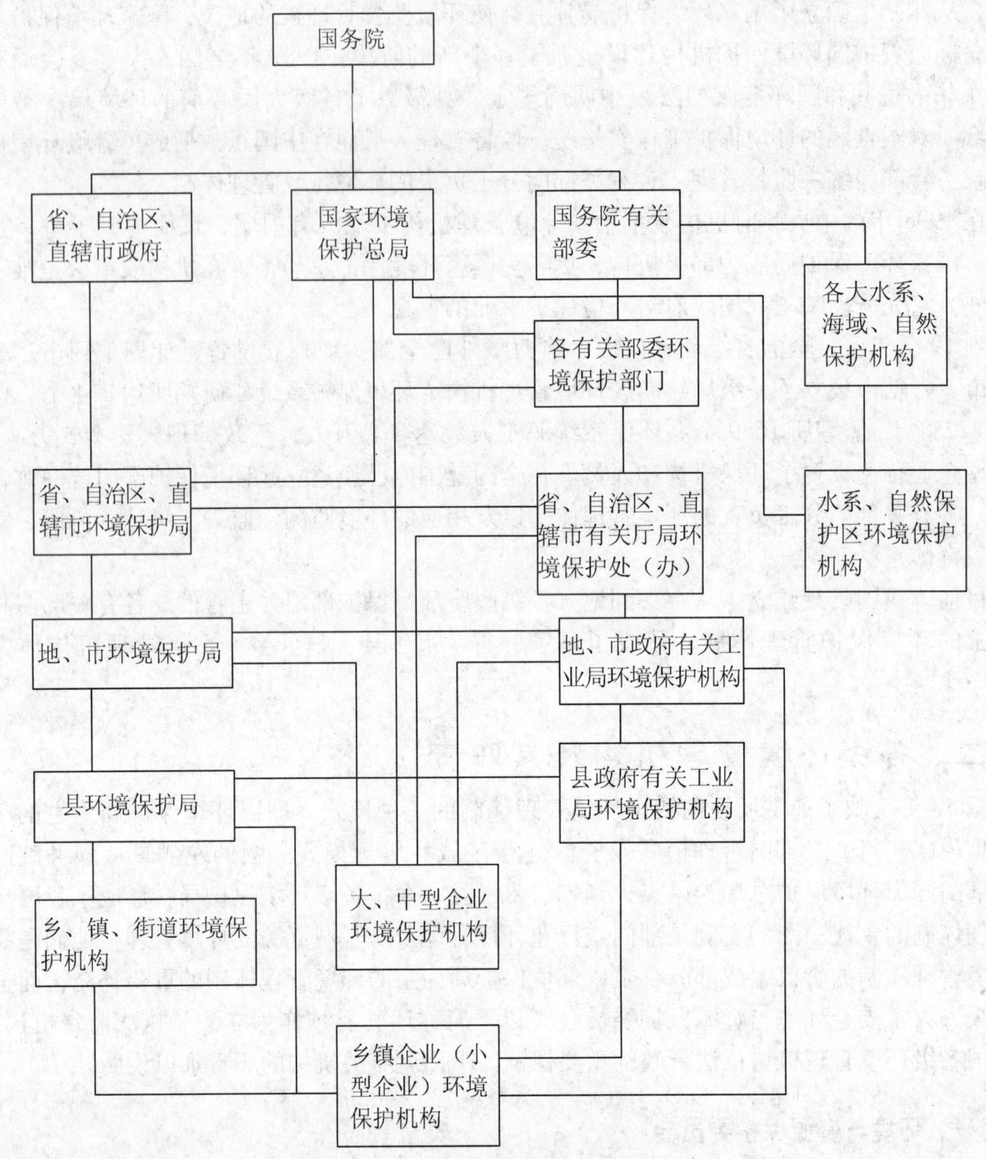

图 5－1　我国环境管理机构体系示意图

效，树立了环境保护法律的威严，促进了执法力度的加大。

（二）环境保护局的职责

1. 国家环境保护总局

国家环境保护总局的主要任务是：依照法律和行政法规，对全国环境保护工作实施统一监督管理，防治污染和其他公害，保护和改善生活环境与生态环境，促进经济和社会持续发展。

（1）制订国家环境保护的方针、政策、法律、法规，制定行政规章，监督法律、法规、规章的实施；协同国务院有关部门，制定与环境保护相关的经济、技术、资源配置和产业政策，组织对重大经济政策的环境影响评估。

（2）拟订国家环境保护规划和计划，参与制定国家经济和社会发展中、长期规划、年度计划、国土开发和整治规划、区域经济开发规划、产业发展规划以及资源节约和综合利用规划；审核重点城市总体规划中的环境保护内容；参与组织自然资源核算工作，管理全国环境统计和环境信息工作，编报国家环境质量报告书，发布国家环境状况公报。

（3）制定并发布环境保护国家标准以及环境保护行业标准，并监督实施。

（4）负责大气、水体、土壤、海洋等的环境保护工作。负责监督管理全国废气、废水、废渣、粉尘、恶臭气体、放射性物质、有毒化学品以及噪声、振动、电磁波辐射等污染的防治工作；公布应禁止（或严格限制）建设的重污染项目名录；会同有关部门组织公害病调查并提出防治对策；公布有毒化学品优先控制名录，组织有毒化学品进出口登记等环境管理工作；受国务院委托，处理涉外环境污染纠纷，对重大环境污染事故和生态破坏事件进行调查处理。

（5）负责监督管理全国自然环境保护工作。制定自然保护区管理的法律法规、标准并监督实施，负责全国自然保护区的区划、规划工作；向国务院提出新建国家级自然保护区审批建议；综合协调并监督检查生物多样性保护与野生动植物、珍稀濒危动植物保护工作，监督珍稀濒危物种的进出口管理；指导生态农业建设工作；监督对生态环境有影响的资源开发活动。

（6）组织全国排污申报登记与排污许可证、排污收费、环境影响评价、“三同时”等项制度的实施。审批限额以上基本建设项目和技术改造项目以及区域开发建设项目的环境影响报告书；指导城市环境综合整治工作，负责环境保护重点城市的环境综合整治定量考核。

（7）制定并组织实施国家环境保护技术政策和科技发展规划、环境保护产业发展规划；组织重大环境科技攻关及环境科技成果的管理工作；归口管理环境保护技术引进工作；组织环境保护设备的质量监督、认证工作，组织管理环境标志工作。

（8）管理全国环境监测工作，建立环境监测制度，制定环境监测规范，管理国家级环境监测网和全球环境监测系统中国网；指导各级环境监测站的计量认证和质量保证工作；会同有关部门组织环境监测网络。

（9）指导和协调全国环境保护宣传教育工作；协同国家教育主管部门编制大、中、小学和成人教育的环境教育大纲，确定环境教材及课程设置；指导其他部门在有关各类院校开展环境教育工作。

（10）指导全国环境保护队伍建设，规划与组织指导全国环境保护系统在职人员岗位培训和继续教育；指导全国环境保护系统劳动工资工作。

（11）会同有关部门，制订国家关于全球环境问题的基本原则，参加国际环境条约的谈判及组织国内履约活动，协调有关环境保护的国际活动；归口管理环境保护国际合作和利用外资项目，组织审核国务院各部门和地方的环境保护对外合作项目；指导我国驻联合国环境规划署代表处的工作，负责与国际环境保护组织的联系。

（12）承办国务院交办的其他事项。

2. 省（自治区、直辖市）环境保护局（厅）的主要职责

（1）贯彻执行国家环境保护的方针、政策、法律、法规，制定本辖区环境保护法规、条例，并监督实施；协同省级有关部门，制定辖区内与环境保护相关的经济、技术、资源配置和产业政策，组织对辖区内重大经济政策的环境影响评估。

（2）拟订辖区内环境保护规划和计划，参与制定辖区内经济和社会发展中、长期规划、年度计划、国土开发整治规划、区域经济开发规划、产业发展规划以及资源节约和综合利用规划；审核省辖重点城市总体规划中的环境保护内容；管理辖区内环境统计和环境信息工作，编报省级环境质量报告书，发布省级环境状况公报。

（3）监督辖区内实施环境保护国家标准（环境质量标准、污染物排放标准、环境基础标准、环境方法标准、标准样品标准）及环境保护行业标准，制定并发布环境保护地方标准（环境质量标准、污染物排放标准），并监督实施。

（4）负责辖区内大气、水体、土壤、海洋等的环境保护工作。负责监督管理辖区内废气、废水、废渣、粉尘、恶臭气体、放射性物质、有毒化学品以及噪声、振动、电磁波辐射等污染的防治工作；监督辖区内执行国家公布应禁止（或严格限制）建设的重污染项目名录和有毒化学品优先控制名录，负责辖区内化学品环境管理工作；受同级政府委托，处理涉及辖区外环境污染纠纷，协调辖区内地域间环境污染纠纷，对本辖区重大环境污染事故和生态破坏事件进行调查处理。

（5）负责监督管理辖区内自然环境保护工作。负责辖区内自然保护区的区划、规划工作；向省级政府提出新建省级自然保护区审批建议；综合协调并监督检查辖区内生物多样性保护与野生动植物、珍稀濒危动植物保护工作；指导辖区内生态农业建设工作；监督辖区内对生态环境有影响的资源开发活动。

（6）组织辖区内排污申报登记与排污许可证、排污收费、环境影响评价、“三同时”等项制度的实施。审批限额内基本建设项目和技术改造项目以及区域开发建设项目的环境影响报告书；指导辖区内城市环境综合整治工作，负责辖区内环境目标责任制的组织协调工作，负责辖区内环境保护重点城市的环境综合整治定量考核。

（7）执行国家环境保护技术政策，制定并组织实施辖区内环境保护科技发展规划、环境保护产业发展规划；组织辖区内重大环境科技研究及环境科技成果的管理工作；负责组织辖区内国内外环境保护科技合作；组织辖区内环境保护设备的质量监督、认证工作。

（8）管理辖区内环境监测工作，监督执行环境监测制度，管理辖区内国家级环境监测网，组织辖区内环境监测网络；指导环境监测站的计量认证和质量保证工作。

（9）指导和协调辖区内环境保护宣传教育工作；协同有关部门在大、中、小学和成人教育、培训中开展环境教育和社会环境宣传教育工作。

（10）指导辖区内环境保护队伍建设，规划与组织指导辖区内环境保护系统在职人员岗位培训和继续教育；指导辖区内环境保护系统劳动工资工作。

（11）组织辖区内国际环境保护公约的履行活动，管理辖区内有关的环境保护国际合作项目和利用外资项目。

（12）承办同级政府交办的其他事项。

3. 市（地、自治州、盟、行署）环境保护局的主要职责

（1）统一监督本辖区内执行国家环境保护的方针、政策、法律、法规、规章，制定本辖区地方环境保护法规、规章和办法；协同有关部门制定本辖区内与环境保护相关的经济、技术、资源配置和产业政策，并监督执行。

（2）编制本辖区内环境保护规划和计划，归口管理辖区内环境统计和环境信息工作。参与制定本辖区内经济和社会发展中、长期规划、年度计划、国土开发整治规划、区域经济开发规划及产业发展规划，以及资源节约和综合利用规划；参与审核本辖区城市总体规划、开发区、城区改造中环境保护内容。

（3）统一监督辖区内贯彻执行国家环境保护有关标准、技术规范。

（4）统一监督管理辖区内废水、废气、固体废物、恶臭气体、放射性物质、有毒化学品以及噪声、振动、电磁波辐射等污染物、污染源的防治工作；监督辖区内执行国家公布应禁止（或严格限制）建设的重污染项目名录和有毒化学品优先控制名录，负责辖区内化学品环境管理工作，受同级政府委托，处理涉及辖区外环境污染纠纷，协调辖区内地域间环境污染纠纷，对本辖区重大环境污染事故和生态破坏事件进行调查处理。承办同级人大、政协有关环境保护的方案、提案及处理群众有关环境保护的来信来访。

（5）监督管理辖区内自然环境保护工作，协调并监督检查辖区内自然保护区、生物多样性、野生动植物及珍稀濒危物种保护工作，指导辖区内生态农业建设工作、监督辖区内对生态环境有影响的资源开发活动。

（6）负责本辖区内排污申报登记与排污许可证、排污收费、环境影响评价、“三同时”、限期治理等环境管理制度的实施；审批限额内基本建设项目和技术改造项目以及区域开发建设项目的环境影响报告书。

（7）负责辖区内环境保护目标责任制和城市环境综合整治定量考核的组织协调工作。

（8）负责组织本辖区内环境保护科研工作。制订组织实施本辖区环境保护科研发展规划；组织申报国家和地方重大环境保护课题，组织环境科技成果的管理工作；管理辖区内环境保护新技术、新工艺的引进工作；组织辖区内环境保护设备的质量监督、认证工作。

（9）统一管理辖区内环境监测工作，监督配合辖区内环境监测制度、环境监测规范的实施，指导辖区内环境监测网络的建设，指导辖区内环境监测站的计量认证和质量保护工作。

（10）组织辖区内环境保护宣传教育工作；协同有关部门在大、中、小学和成人教育、培训中开展环境教育和社会环境宣传教育工作。

（11）负责辖区内环境保护队伍的建设工作，组织辖区内环境保护系统在职人员岗位培训，指导辖区内环境保护系统劳动工资工作。

（12）承办同级政府交办的其他事项。

4. 县（旗、县级市）环境保护局的主要职责

（1）贯彻执行国家环境保护方针、政策、法律、法规、标准。

（2）组织编制本辖区环境保护规划（计划），并监督实施。制定本辖区社会发展中、长期发展规划（计划）、国土开发整治规划、区域经济开发规划、资源开发和综合利用规划。

（3）负责环境保护目标责任制的组织实施，审批本辖区限额内基本建设项目、技术改造项目、区域开发建设项目的环境影响报告书（环境影响报告表）。

（4）负责本辖区污染源调查工作，管理污染源排污申报登记和发放许可证工作。提出本辖区污染源限期治理的建议。

(5) 负责本辖区环境监理工作，现场检查污染治理设施运行情况，“三同时”和排污许可证执行情况，调查本辖区环境污染事故和污染纠纷，征收排污费。

(6) 组织辖区内环境监测工作，掌握环境质量状况和发展趋势，提出改善和保护环境的对策与措施，并组织实施。

(7) 协调并监督检查自然保护区、野生动植物保护工作，指导生态农业建设，监督对生态环境有影响的资源开发活动。

(8) 承办同级人大、政协有关环境保护的提案、议案，处理群众来信来访。

(9) 组织开展本辖区环境保护宣传教育活动。

(10) 承办同级政府交办的其他事项。

5. 乡（镇）、街道人民政府环境保护机构或专职人员的主要职责

(1) 组织村民委员会或居民委员会开展群众性环境保护监督工作，制定环境保护的乡规民约，宣传环境保护方针、政策、法律、法规，提高广大群众的环境意识。

(2) 参与生产经营者污染物排放申报、登记管理工作。掌握并汇报辖区内工业污染源治理和生态环境保护状况。

(3) 向上级环保部门报告本辖区的环境污染事故或隐患。参与本辖区污染事故处理和环境污染纠纷的调解处理。

(4) 负责征收排污费。

（三）环境监察与环境监测机构

环境监察与环境监测机构是各级环境保护行政主管机构的重要组成部分。从国家环境保护总局环境监察办公室、中国环境监测总站，到各级环境保护行政主管机构的环境监理（监察）站（所）、环境监测站，形成了全国的环境监察与环境监测网络，是各级环境保护机构依法行政的重要保证，被称为环境保护的“两只轮子。”

1. 环境监察机构

环境监察机构是随着我国环境保护工作的不断深入而产生和逐步发展起来的。1986年国家环境保护局在马鞍山等四城市进行了第一批环境监察试点；1991 年以后又先后部署了第二批试点，共计 57 个城市和 100 个县级环境监察试点。经过努力工作，全国现在已有环境监察机构 1600 多个，环境监察人员近 5 万人，形成了一支对排污单位进行经常性现场监督检查的环境监察队伍。

所谓环境监察，是指各级人民政府环境保护行政主管部门，通过专门的机构和人员，对本辖区的环境保护进行现场监督执法活动的统称。其有以下特征：

首先，环境监察属于环境监督管理的范畴。它是环境保护法律法规赋予各级环境保护行政主管部门对环境保护实施统一监督管理职能的一部分，因而环境监察具有环境执法的属性。

其次，担负环境监察职能，基本上是环境保护行政主管部门所属的专门机构，并根据授权或委托行使环境保护行政主管部门的部分监督执法职能。

第三，环境监察的内容，主要是根据授权或委托，对环境管理对象进行经常性的现场监督执法。因而，环境监察机构的工作与环境保护行政主管部门的工作既有紧密联系又有明显分工，进行现场监督执法构成了环境监察的突出特征。

环境监察机构作为各级环境保护行政主管部门领导下的一支现场监督执法队伍，主要担负着环境保护“统一监督管理”中现场监督管理的那一部分职责，即以强化对污染现场的监督、检查、处理为核心，做好“三查、二调、一收费”。

所谓“三查”，是指对排污单位和个体工商户的排污情况进行监督检查，对“三同时”、排污许可证、限期治理及其他环境管理制度和措施的执行情况进行现场监督检查，对海洋污染和生态破坏情况进行监督检查。所谓“二调”，一是对污染事故进行调查，二是对污染损害赔偿纠纷进行调查。在实际工作中，监察机构除了调查，还参与处理。“一收费”就是依法征收排污费。

2. 环境监测机构

环境监测是科学有效的环境监督管理的基础和依据，是实行环境监督管理的重要组成部分和重要支柱，是环境管理中依法实施技术监督的重要手段。我国的环境监测工作从上到下已形成了全面系统的网络化管理。国务院环境保护主管部门——国家环境保护总局，对全国环境监测工作实施统一监督管理。地方政府环境保护主管部门对本辖区环境监测工作统一监督管理。国务院其他部门、行业及企业的环保机构，对本部门、行业、企业的环境监测工作实施监督管理。各级政府环境保护主管部门内设置环境监测专职或兼职的管理人员。

环境监测的专业机构为环境监测站，按四级设置。国家环境保护总局设置中国环境监测总站（一级站）。各省、自治区、直辖市政府环境保护部门及国务院其他部、委、办、局、总公司、军队的环境保护主管部门设环境监测中心站（二级站）。各市（地区、自治州、盟）、直辖市的区政府环境保护主管部门，省（自治区、直辖市）政府的有关厅、局、公司以及各海区、水系设环境监测站（三级站）。各县（县级市、自治县、旗），大城市的区政府环境保护主管部门及各重点企业、事业单位设置环境监测站（四级站）。政府各级环境监测站受同级环境保护主管部门领导，业务上受上一级环境监测站的指导和管理，接受所在地区环境监测网牵头单位的业务指导和监督。

各级环境监测站内部分别设置环境质量监测、污染源监督监测、监测质量控制、数据统计与综合分析等职能部门，以及业务技术管理、后勤等部门。

《中华人民共和国环境保护法》第十一条规定，组建国家环境监测网。环境监测网是国家环境保护行政主管部门会同有关部门组织的环境监测协作组织，通过该网分工协作，开展环境质量监测、污染源监测及综合性环境调查，更好地为环境管理服务。

环境监测网分四类三级。四类即国家环境质量要素监测网，地区横向环境管理监测网，部门、行业、军队环境管理监测网，全球环境监测系统（GEMS）。三级即国家级（一级），省、部级（二级），地市级（三级）。其组成分别为：

一级网由中国环境监测总站及各中心站（二级站）组成。

二级网分别是由省（自治区、直辖市）环境监测中心站，以及省辖市、辖区中计划单列市和有关省厅、局、办、公司监测站组成的区域环境管理监测网。国务院其他有关部、委、局、总公司、军队环境监测中心站，以及所属省厅、局、办、公司及企业环境监测站组成的各部门、行业、军队环境管理监测网。国务院环境保护行政主管部门所属的大气、地表水、噪声、放射性、生态、海洋、生物、背景等环境要素质量监测网和国务院环境保护行政主管部门所属的全球环境监测网。

三级网由各市（地）环境监测站、直辖市的区环境监测站以及所属县（县级市）、大城市的区环境监测站和辖区内的企业事业单位环境监测站组成。

国家环境监测网由国务院环境保护行政主管部门组织管理、中国环境监测总站业务牵头；区域环境监测网由省（自治区、直辖市）和市（地）政府环境保护主管部门统一管理，分别由省环境监测中心站、市级环境监测站为业务牵头单位；部门、行业环境监测网分别由各部门管理，部门、行业中心站为业务牵头单位。国务院行政主管部门负责制订国家监测网的章程、监测技术规范、监测管理制度等并监督实施。

各级环境监测机构的职责如下：

（1）国务院环境保护主管部门统一管理全国环境监测工作，除一般常规的行政业务管理工作外，具体的管理有：制定方针、政策、条例、制度，组织制订各种监测的技术规范及统一的监测分析方法；编写并发布全国质量报告书，重点污染源监测报告及环境年鉴；组建全国环境监测网；组织全国性的环境监测调查和科研以及国际交流。

各级政府环境保护主管部门是本辖区环境监测的管理机构，管理本辖区内以上所述业务范围的各项工作。

（2）各级监测站是相应的各级政府辖区内环境监测的技术、数据综合和网络中心。具体任务是：

①为辖区内的环境管理服务，为决策提供依据，收集、综合分析、汇总监测数据，评价环境质量及污染源排放情况及趋势，编写环境质量报告书及污染源监测报告。

②拟订监测技术标准，负责环境监测网的质量保证和质量监督工作。

③监测网的技术指导、技术协调与技术服务。

④环境监测新技术的研究、开发、推广。

⑤污染事故调查与仲裁的监测工作。

第三节　环境管理的职能

所谓环境管理的职能，就是环境管理的职责与功能。这种职责与功能贯穿于环境管理工作的全过程。环境管理是一种兼具科学性、艺术性的社会活动。其活动形式表现为通过计划、组织、协调、监督而达到既定目标的过程。因此，环境管理可分为四个基本职能：计划职能、组织职能、协调职能和监督职能。另外，为了正确处理经济建设与环境保护的对立统一关系，环境管理还具有指导与服务两个辅助职能。

一、规划（计划）职能

规划职能是环境管理的首要职能。所谓规划职能，是指对未来的环境管理目标、对策和措施进行规划和安排。也就是在开展环境管理工作或行动之前，预先拟定出具体内容和步骤，它包括确立短期和长期的管理目标，以及选定实现管理目标的对策和措施。

规划职能的主要内容如下：一是分析和预测环境管理对象未来的情况变化；二是制定环境管理目标，包括确定任务、对策、措施等；三是拟定实现计划目标的方案，做出决策，对各种方案进行可行性研究，选出可靠的满意方案；四是编制环境保护的综合规划、环境保护的年度计划和各专项活动的具体计划；五是检查总结规划的执行情况。

规划是环境管理的依据。没有规划，管理就会出现盲目性和随意性，也无法衡量管理的成效。

规划是预防未来不确定性的一种手段。随着人类社会的不断变革和科学技术的不断创新，人类的环境问题在不断产生，人类对环境问题的认识也在不断发展变化。因而，人类的环境战略和对策也必然处于不断的调整之中，规划是预测这种变化并且设法消除变化对环境管理造成不良影响的一种有效手段。

规划是减少资源和时间浪费、提高管理效益的方法。规划工作的一项重要任务就是要使未来的管理活动均衡发展，预先对此进行认真研究能够消除不必要的活动所带来的各种浪费，能够避免在今后的环境管理活动中由于缺乏依据而进行轻率判断所造成的损失。规划是环境管理者进行监督的基础，监督的所有标准几乎都源于计划，规划职能与监督职能具有不可分割的联系。规划的实施需要监督活动给予保证，在监督活动中发现的“偏差”，又可使环境管理者修订计划，建立新的目标。

环境保护规划按期限的长短可以分为长期规划、中期规划和短期规划三种。

十年以上的规划属于长期规划。例如，国家在1996年制定的环境保护2010年远景规划就是一个环境保护的长期规划。长期规划主要回答两方面的问题：第一是环境保护的长远目标和发展方向是什么，第二是怎样去实现环境保护的长远目标。

五年规划属于中期规划。例如，国家和各级地方政府制定的“十五”环境保护规划就是中期规划。中期规划与长期规划的内容基本一致，但更为详细和具体，具有衔接长期规划和短期规划的作用。

在中期规划指导下制定的一年或一年时间段以下的规划属于短期规划，此时一般称其为短期计划。例如，各地区为实现“十五”环境保护规划所制定的环境保护年度计划就是短期计划。它比中期规划更为详细具体，能够满足具体实施的需要。环境保护的短期计划可以是综合性的计划，也可以是单一目标的计划。短期计划由于对各种活动有了非常详细的说明或规定，因此在执行当中选择的范围很小。此外，短期计划涉及的环境要素比较确定，容易预测，也容易评价。

环境保护计划按对计划执行者的约束力大小可分为指令性计划和指导性计划两种。

环境保护指令性计划是由国家或上级主管部门下达的具有行政约束力的环境保护计划。例如，为实现国家“十五”环境保护目标所确立的工业污染源定期达标排放的计划；为加快国家产业结构调整，推进经济增长方式转变所提出的关闭“15小”的计划等就是指令性计划。指令性计划具有强制性，计划一经下达，各级地方政府以及计划执行单位必须遵照执行，而且要尽最大努力加以完成，没有选择的余地。

环境保护指导性计划是由国家或上级主管部门下达的具有指导和参考作用的环境保护计划。例如，为实现污染全过程控制，国家提出在“33211”重点工程区域内推广清洁生产的计划就是一种指导性计划。指导性计划一经下达，各级地方政府以及计划执行单位可考虑本地区的实际情况，决定是否按指导性计划开展工作。这是一种间接的计划方法，上级为了促使下级按指导性计划开展环保工作，不是采取行政命令的方法，而是采用价格、税收、信贷等经济杠杆进行调节，还可以通过制定经济政策和经济法规对计划进行指导。对环境保护指导性计划任务给予某种优惠待遇，会使下级执行单位进行决策时感到执行指导性计划更为有利，容易调动计划执行单位的环境保护积极性，变被动服从为主动参与。

二、组织职能

所谓环境管理的组织职能是指为了实现环境管理目标，对人们的环境保护活动进行合理的分工和协作，合理配备和使用各种资源，协调和动员社会各方面的力量，正确处理人际关系和调整社会各阶层的经济利益关系的职能。为了实现环境管理目标和计划，必须要有组织保证，必须对管理活动中的各种要素和人们在管理活动中的相互关系进行合理的组织。因此，环境管理的组织职能包括两大方面：一是环境管理的内部组织职能，二是环境管理的外部组织职能。

（一）环境管理的内部组织职能

环境管理的内部组织职能也是环境保护部门内部组织职能。主要有以下几方面：一是按照环境管理目标的要求建立合理的组织机构；二是按照业务性质进行分工，确定各部门的职责范围；三是给予各部门和管理人员相应的权力；四是明确上下级之间、部门之间、个人之间的领导与协作关系，建立环境管理信息沟通的渠道；五是配备、使用和培训环境管理工作人员；六是建立考核和奖惩制度，对人员进行激励。

（二）环境管理的外部组织职能

环境管理的外部组织职能也称为环境保护部门的外部组织职能。主要有以下几方面：一是按照国家和上级环境保护部门的要求，在地方政府的领导下组织本地区的城市环境保护工作；二是按照国家和上级环境保护部门的要求，在地方政府的领导下组织本地区的乡镇和农业环境保护工作；三是根据国家资源和生态保护政策，组织本地区以资源开发活动为中心的生态环境保护工作；四是协调、组织本地区重大环境问题的执法监督管理工作。在环境管理的组织职能中，外部组织职能是第一位的，内部组织职能是第二位的。

三、监督职能

监督作为一种管理职能是普遍存在的，是环境管理活动中的一个最基本、最主要的职能，也是环境保护行政主管部门的一种基本管理职能。

在环境管理过程中，会出现各种预料不到的情况，同时，各种活动要素及其相互联系也存在一些事先无法把握的变化。所以在执行计划的过程中，仍然可能产生不同程度的偏差。这就要求通过监督和反馈加以调节，以保证环境管理目标的实现。具体地说，环境管理的监督职能是对环境管理的活动进行监察和处理，对环境质量进行监测和检查的职能。

（一）按照监督的功能划分，环境管理监督包括内部管理监督和外部管理监督两种

内部监督是管理组织的自身监督。主要指环境管理部门从执法水平和执法规范两个方面开展的系统内部的监督。通过内部监督来加强环境保护执法队伍的自身建设，提高环境执法人员的政策和执法水平。

外部监督是管理组织对被管理者实施的监督。主要指环境管理部门依据国家的环境法律、法规、标准以及行政执法规范对一切经济行为主体以及行政主管部门开展的环境监

督。通过这种监督落实各经济行为主体以及行政主管部门的环境责任和环境保护措施，确保遵守国家环境法律、法规和标准，做好污染预防和治理工作，改善区域环境质量。外部监督是环境保护部门开展环境管理的主要监督内容和形式。

（二）按照监督的时序划分，环境管理监督包括预先监督、现场监督和反馈监督三种

预先监督也称前馈监督或环境计划监督。即指环境管理部门对依法赋予环境保护责任和义务的其他行政单位、企业的行政主管部门以及企业环境保护计划的制定进行检查和督促，为防止计划执行过程中产生偏差而采取的管理行为。未来的定向监督对实现管理目标是十分重要的，但由于监督具有时间上的滞后性，为了使监督更为有效，通过预先监督落实环境保护计划是必不可少的。

现场监督是在计划执行过程中，环境管理部门根据国家和地方政府的环境法律、法规和标准直接对各种经济行为主体的生产与经营活动、资源部门的开发与建设活动以及其他产生环境污染行为主体进行现场检查、处理以制止环境污染和生态破坏的监督行为。

现场监督是环境管理中最主要的监督形式。大量违法行为的查处和环境问题的解决都是通过现场监督获取第一手材料和信息的。例如，企业执行“三同时”情况，开发建设活动的项目管理，污染治理方案的实施和污染事故处理等都是通过现场环境监督来获取第一手材料的。

反馈监督是以过去的经验、数据等信息作为评鉴，指导或纠正未来管理行为的一种监督。这种监督主要是分析环境管理工作的执行结果，预测未来变化，找出已发生的或潜在的影响因素，以控制下一过程的变化。

（三）按照监督的对象划分，环境管理监督包括对经济主体监督和对行政主体监督两种

对经济主体监督是指环境管理部门对所有经济行为主体依法开展的环境监督。包括对企业的生产与经营行为的环境监督，资源的开发与建设活动的环境监督，资源保护与利用行为的环境监督，人们消费行为的环境监督等。

对行政主体监督是指环境管理部门对依法赋予环境保护责任与义务的政府其他部门和所有经济行为主体的行政主管部门有关环境保护的计划、实施情况依法开展的环境监督。这些部门包括：经济部门、工业部门、交通部门、水利部门、农业部门、林业部门、土地部门、能源部门、港监部门、建设部门、工商部门、税务部门、公安部门、海洋部门等。对行政主体监督是环境管理监督中的重要方面，通过加强行政主体监督，可以有效调动地方政府各有关职能部门的环境保护积极性和主动性，加强行业环境管理。

环境监督的基本程序：一是制订监督标准。由于监督的类型、内容和对象不同，其监督的标准也是不同的。例如管理组织的内部监督标准是岗位工作目标，而外部监督标准则是国家的环境政策、法规和标准。二是衡量实际效果。对于内部监督而言，就是管理人员的工作绩效；对于外部监督而言，就是被管理者执行国家环境法律、法规和标准的实际水平。三是将实际效果同预定的管理目标相比较，弄清是否出现了偏差。四是采取针对性的纠正措施，或者强化管理以提高管理客体的实际效能，或者修正和调整管理主体的监督标准。监督是管理成功与否的关键，因而，环境监督是环境管理的关键职能。

四、协调职能

协调是环境管理的一个重要职能。所谓协调职能是指在实现管理目标的过程中协调各种横向和纵向关系及联系的职能；协调职能与监督职能的关系非常密切，强化监督管理离不开协调。

从宏观上讲，环境管理就是要协调环境保护与经济建设和社会发展的关系，实现国家的可持续发展；从微观上讲，环境管理就是要协调社会各个领域、各个部门、不同层次人们的各种需求和经济利益关系，以适应环境准则。环境管理涉及范围广、综合性强，需要各部门分工合作，各尽其责。因此，协调已成为环境管理者的重要任务。不论是环境机构的组织内部管理，还是环境机构组织的外部管理，都需要协调。

通过协调统一组织内部人们的思想认识和行动，消除矛盾，降低内耗，优化组织结构，实现组织的管理目标；通过协调消除或减少来自于外部的政府行政干预，加大环境执法力度；通过协调强化环境保护部门统一监督管理的职能；通过协调营造一个有利于实施环境与发展综合决策的氛围和环境；通过协调调动地方政府各部门环境保护的积极性，推进区域的环境污染防治工作；通过协调加强跨区域或流域的环境保护；通过协调减少各种环境纠纷，降低区域的不安定环境因素，等等。

总之，开展环境管理需要协调，只有通过协调，才能使步调一致，提高管理效率。例如，为加强对汽车尾气的管理，需要环境保护部门、能源部门、交通部门和环境科研部门的共同配合与协作才能完成。而其中任何一个部门都无法单独实现管理目标；同样，开展建设项目环境管理和污染治理也离不开综合协调。

五、指导职能

指导职能是指环境管理者在实现管理目标的过程中对有关部门具有的业务指导职能。指导职能包括纵向和横向指导两个方面。纵向指导是指上级环境管理部门对下级环境管理部门的业务指导；横向指导是指在同一政府领导下的环境管理部门对同级相关部门开展环境保护工作的业务指导。

六、服务职能

服务职能是从指导职能中派生出来的一个职能。加强环境监督管理，服务必须到位，这是新形势下对环境管理提出的新要求。从广义上讲，“管理就是服务”，环境管理工作要服务于经济建设的大局。从狭义上讲，环境管理中有许多需要为经济部门和企业提供服务的内容。包括：污染防治技术咨询服务，环境法律、政策咨询服务，清洁生产咨询服务，ISO1 4000 环境管理标准体系咨询服务等内容。

思考题

1. 简述我国环境管理体制的形成与发展。
2. 简述我国环境管理体制的三种类型。
3. 我国环境管理的职能有哪些？请分别说明每个职能的主要内容。

第六章　环境规划

第一节　环境规划综述

一、环境规划的含义与意义

环境规划是人类为使环境与经济社会协调发展而对自身活动和环境所做的时间和空间的合理安排。环境规划的目的在于调控人类自身的活动，减少污染，防止资源破坏，从而保护人类生存、经济和社会持续稳定发展所依赖的基础——环境。历史经验证明，人类“野蛮征服”自然的时代已经结束，现在已开始进入必须与自然和谐相处的新文明时期。人类的经济和社会活动必须既遵循经济规律，又遵循生态规律，否则终将受到大自然的惩罚。环境规划就是人类为协调人与自然的关系，使人与自然达到和谐而采取的主动行动。

为达到环境规划的目的要求，在环境规划中必须包括两方面的内容：第一，要根据保护环境的需要，对人类经济社会活动提出约束要求，如实行正确的政策和措施，确立合理的生产规模、产业结构和布局，采取有利于环境的技术和工艺等；第二，要根据经济社会发展和人民生活水平提高对环境越来越高的需求，对环境保护与建设做出长远的安排与部署，如确立长远的环境质量目标，筹划自然保护和生态建设等。这两个方面互相反馈和作用，在经济发展中不断增强保护环境的能力，消除导致环境破坏的贫穷根源，同时以环境的保护和改善保障人类自身健康和经济的持续发展。

环境规划是克服人类经济生产活动的盲目性和主观随意性的科学决策活动。因而，环境规划首先必须是科学的、合理的。环境规划不是理想化的产物，它必须符合一定时期的经济和技术发展水平和实际支持能力。因此，环境规划是一种有条件的最优化，是一种合理的安排。

环境规划是实现环境目标管理的基本依据，是国家环境保护战略方针与政策的具体体现，是国民经济和社会发展规划体系的重要组成部分，是协调人与环境、经济社会与环境的重要手段。

二、环境规划与其他规划的关系

环境是经济和社会发展的基础和支撑条件，环境问题与经济和社会发展有紧密的联系，因而环境规划也与许多其他规划相容或相关。但是，环境规划又与这些规划有着明显的差异，环境规划有自己独立的内容和体系。

（一）环境规划与国民经济和社会发展规划

国民经济和社会发展规划是国家或区域（省域）在较长一段历史时期内经济和社会

发展的全局安排，它规定了经济和社会发展的总目标、总任务、总政策以及所要发展的重点、所要经过的阶段、所要采取的战略部署和重大政策与措施。防治环境污染、保持生态平衡，也是国民经济和社会发展规划中所涉及的重点内容之一。

环境规划是国民经济和社会发展规划体系的重要组成部分，是一个多层次、多时段的有关环境方面的专项规划的总称。因此，环境规划应与国民经济和社会发展规划同步编制，并纳入其中。环境规划目标应与国民经济和社会发展规划目标相互协调，并是其中的重要目标之一。环境规划所确定的主要任务，如重大环境污染控制工程和环境建设工程等，都应纳入国民经济和社会发展规划，参与资金综合平衡，保证同步规划和同步实施。

环境规划对国民经济和社会发展规划起着重要的补充作用。环境规划的制定与实施是保障国民经济和社会发展规划目标得以实现的重要条件。

环境规划与国民经济和社会发展规划关系最密切的有四个部分：一是人口与经济部分，如人口密度、素质，经济的规模及生产技术水平等；二是生产力的布局和产业结构，它对环境有着根本性影响和作用；三是因经济发展产生的污染，尤其是工业污染，这始终是环境保护的主要控制目标；四是国民经济能够给环境保护提供多少资金，这是确定和实现环境保护目标的重要保证。

环境规划纳入国民经济和社会发展规划可以从环境的角度提出人口控制和经济发展的合理政策，促进生产力布局和产业结构的合理化，并从预防为主的观念出发，变污染控制的末端治理为全过程控制，将污染控制与技术改造和设备更新以及工艺改造和提高生产效益结合起来，实现环境与经济的协调发展。

（二）环境规划与城市总体规划

城市环境规则既是城市总体规划中的主要组成部分之一，又是城市建设中的独立规划。城市环境规划与城市总体规划互为参照和基础。城市环境规划目标是城市总体规划目标之一，并参与城市总体规划目标的综合平衡并纳入其中。由于城市是人与环境的矛盾最为突出和尖锐的地方，因而城市总体规划中必须包括城市环境保护规划这一重要篇章。

城市总体规划是为确定城市性质、规模、发展方向，通过合理利用城市土地，协调城市空间布局和各项建设，实现城市经济和社会发展目标而进行的综合部署。城市总体规划侧重于从城市形态设计上落实经济、社会发展目标，环境的保护与建设是其中的重要内容。

城市环境规划与城市总体规划的差异性在于：城市环境规划主要从保护生产力的第一要素——人的健康出发，以保持或创建清洁、优美、安静的适宜生存的城市环境为主要目标，是一种更深、更高层次上的经济和社会发展规划要求，并含有城市总体规划所不包括的污染源控制和污染设施建设和运行等内容。

城市总体规划与城市环境规划的相互关联主要有三个方面：一是城市人口与经济；二是城市的生产力与布局；三是城市的基础设施建设。

城市人口和经济规模和生产力水平，决定城市对环境保护的要求，经济实力决定着环境保护投资的可能规模。城市生产力布局和产业结构规定了城市环境规划的功能区划类别以及污染控制对象。城市的基础设施，如供水供能、城市排泄物的流向与处理等，是城市环境规划的重要内容和主要实施措施。

城市环境规划的制定和实施可以促进城市建设的发展，保证城市功能的更好发挥，保护城市的特色和居民的健康，使城市建设走上健康发展的轨道。

环境规划与国民经济和社会发展规划以及城市总体规划既互相联系，又互有侧重和互相区别，组成一个相互交叉和相互渗透的体系。

三、环境规划体系

以环境保护与环境建设为主要对象和内容的规划，按其时空界域和作用，又包括环境战略规划、国土环境整治规划、中长期环境规划（即通常所说的环境规划）等等，组成一个完整的环境规划体系（表6－1）。

环境战略规划是为确定长期的环境目标和环境保护政策而制定的。它的作用在于指导所有其他类型环境规划的制定，规定环境规划的主要内容和总的方向与任务。《全国“十五”及2010年环境规划纲要》即属于这一类型。

国土环境整治规划是国土规划的重要组成部分，它对于综合协调和平衡环境保护与经济开发的关系，拓展环境保护领域以及促进将环境规划纳入国民经济和社会发展计划方面起着重要作用。

国土环境整治规划融环境污染防治、生态保护与改善以及资源合理利用于一体，宏观地提出目标、任务和重大工程项目，从而为国家或区域（省域）的环境决策提供依据。

表6－1　环境规划的类型及其时空界域

类型	空间界域	时间界域	重点内容	性质和作用
环境战略规划	国家、区域	10年以上	总目标、总政策、总任务	指导全局
国土环境整治规划	国家、区域	10年以上	目标、政策、措施、重大工程	指导、协调
环境规划	区域、流域	5～10年	目标、指标、方案、措施、投资、工程	指导行动计划的制定

环境规划是以控制污染为主要内容的中长期环境保护规划，主要目的在于指导五年计划和短期计划的制定。

四、环境规划的层次结构

环境规划按其编制和管理的隶属关系，分为国家级、省市级、地市级以及从部门至行业的不同层次，形成一个多层次的结构体系。

各层次环境规划之间的关系是：上一层次的规划是下一层次规划的依据和综合；上一层次的规划对下一层次的规划起指导和约束作用。下一层次规划是上一层次规划的条件和分解，并且是其有机的组成成分和实现的基础。各层次之间既有区别又密切联系，因而在制定规划时，要上下联系，左右协调，综合平衡，实现整体上的优化。

五、环境规划的特点

（一）综合性

环境规划集经济、社会和自然环境三大系统于一体，是一项复杂的系统工程；环境规划又是生态经济学、人类生态学、环境化学、环境物理学、环境工程、环境经济、环境法学以及系统工程等多种学科知识、理论和技术的综合运用。因此，具有很强的学科综合性。

（二）整体性和地域性

环境规划既体现国家或地域环境生态的整体性，又体现环境与经济社会的整体性，同时具有很大的地域差异性，即体现地域的自然、地理、经济、社会等特殊性，因而是整体性和地域性的有机结合。

（三）目的性和目标性

目标选择是规划的核心。规划的目标一般具有如下特点：预见性和长期性，即着眼于未来、长远，根据未来作安排；宏观指导性，即具有普遍指导意义；相对稳定性，即在规划期间不致大起大落；全面性，体现整体利益与局部利益、长期利益与近期利益的协调以及各种利害关系的平衡；可分解性，即可分解实施。

（四）政策性

规划涉及到人口控制，能源结构，工业布局，发展战略，重大工程建议以及投资方向等，都须体现国家和地方的政策精神，因而规划编制就是一个重大的决策过程。

（五）科学性

以生态规律为指导，以经济规律为前提，既要满足近期需求，也要兼顾长远利益，将局部和整体结合起来。

（六）可操作性

这是规划生命力的主要标志。可操作性体现在：

（1）目标可行，即符合经济和技术支撑能力，经过努力，可以实施。

（2）方案具体而富有弹性，即方案建立在可行性基础上，便于实施并留有余地。

（3）措施落实，最重要的是资金和工程配套措施的落实，并与其他建设规划相匹配。

（4）易分解执行。环境规划目标能被分解成任务，并且均能分解给具体的承担者，而承担者也有完成任务的能力。

（5）与现行管理制度和管理方法相结合。能够运用法律的、经济的和行政的手段保证和促进规划目标的实现，特别是能运用目前行之有效的环境管理制度对规划实施监督检查，促进其落实与实施。

（6）充分估计科技进步带来的环境效益，保证目标的先进性。

（7）与经济社会发展规划紧密结合，便于纳入国民经济计划。

六、环境规划的指导思想与一般原则

（一）指导思想

环境规划的指导思想是谋求经济、社会和环境的协调发展，保护人民健康，促进社会生产力持续发展及资源和环境的可持续利用。在经济发展的同时，改善环境；在改善环境中，促进经济发展。环境规划要适应社会主义初级阶段经济社会发展水平，体现社会主义市场经济特点，贯彻环境保护的总方针和总战略，坚持经济建设、城乡建设与环境建设同步规划、同步实施、同步发展，实现经济效益、社会效益和环境效益的统一。

（二）一般原则

1. 坚持全面规划、合理布局、突出重点、兼顾一般的原则，保障环境与经济协调发展。

2. 坚持以提高经济效益、社会效益、环境效益为核心的原则，遵循经济规律和生态规律，使有限的资金发挥更大的效益。

3. 坚持依靠科技进步的原则，大力发展清洁生产和推进废物综合利用，将污染消灭在生产过程之中，积极采用适宜规模的、先进的、经济的治理技术，发展经济，保护环境。

4. 坚持污染防治与基本建设、技术改造和城乡建设紧密结合，实行环境综合整治的方针。

5. 坚持谁污染谁承担责任，谁开发谁保护的原则，点源治理与集中控制相结合，以集中控制为优先，由污染、破坏环境者承担环境补偿的责任。

6. 坚持自然资源的开发利用与保护增值并重的原则，建立以保护资源为核心的环境战略。

7. 坚持实事求是，因地制宜的原则。从实际出发，环境目标要切实可行，与经济发展相协调，规划措施要具有可操作性。

8. 坚持强化环境管理的原则，运用法律的、经济的、市场的和行政的手段保证并促进环境保护事业的发展，充分体现具有中国特色的环境管理思想、制度和措施。

七、环境规划的组织

环境规划的组织包括从任务下达到上报审批、直至纳入国民经济和社会发展规划的全过程。编制工作由管理部门组织，由专业技术组完成规划文本的编制。

（一）规划的编制

环境规划的编制是动态、不断反馈和协调的过程。一般包括如下步骤：

1. 接受任务与组织规划编制

上级环境保护部门代表同级政府下达编制规划的任务，提出主要要求、时间进度；下一级环境保护部门代表同级政府组织规划编制组，编制工作计划和规划大纲。也可以由政府下达编制规划的任务，同级环境保护部门组织规划编制组。规划编制组一般分为领导组、协调组和技术组，人员由通晓规划对象的专家，具有一定环境学素养以及规划理论、环境工程和经济学知识的科技人员以及有关规划、计划管理部门，如各级计委和主要产业部门的干部组成；由对规划地域或领域具有决策权和协调能力的部门领导人担任指导。

规划编制组的第一项任务是编制工作计划，并通知有关部门，与其他部门取得联系，以便互通信息、交流情报。

2. 完成规划文本的编制

环境规划文本的编制是由专门组织的技术队伍（规划编制组）进行的，这是规划编制的主要阶段，其编制技术要求程序可以参考国家有关环境规划编制的技术大纲。

（二）规划的申报与审批

环境规划的申报和审批是整个规划工作的有机组成部分。规划的申报和审批过程是沟通上下级思想、统一认识、协调环境保护部门与其他部门之间关系的过程；是将规划方案变为实施方案并纳入国民经济和社会发展规划的过程；同时也是环境规划管理工作的一项重要制度。

环境规划的申报审批采取由上而下、由下而上、上下结合，既有民主，又有集中，协调协商的原则。

1. 规划初级申报和审批

规划编制单位在规划基本编制完成后，将文本报送同级政府和上一级环境保护部门初审；同级政府在其职权范围内，可对方案进行决策、批准、驳回或提出修改意见；上级环境保护部门在收到申报文本后，进行初审，在与有关部门取得协商意见后，对申报文本批准或提出修改意见。

规划的审批应在组织各行业专家进行评审和论证的基础上进行。

2. 终级申报与审批

下级环境保护部门在得到初审意见后，要根据审批意见，对规划进行修改、完善或重新编制。若认为初审意见不合理，可提出申辩，对规划进行修改或重新编制后，再次申报给同级政府审批和上一级环境保护部门备案。

同级政府收到申报文本后，应予迅速批准，并将批准后的环境规划付诸实施。

环境规划的申报和审批应特别注意重大问题、跨区域和跨流域问题的协调与解决，并应申报上一级政府部门备案。

在规划实施过程中，若出现新的重大问题，确需对环境规划的指标或内容进行补充修改时，必须报请原审批机关同意。

八、环境规划文本

（一）环境规划文本类型

一次环境规划工作结束时，一般应有三类文本：

1. 技术档案文本

系将规划过程所收集的背景材料、调查或检测所采集的信息、规划编制过程的技术档案或记录进行整理而成的背景材料文本。此文本存放当地，供规划的核查、调整或下次编制规划时参考。

2. 环境规划文本

系正式的环境规划文本。由环境规划管理部门管理，作为进行规划实施与管理的蓝本。

3. 环境规划报审文本

系正式的环境规划文本的缩编文本或简编文本，主要用于申报、审批。简编文本内容应包括自然环境特点、经济和社会简况；前期环境规划（或计划）执行简况；规划要解决的主要环境问题；规划目标（时空限定）；主要措施；主要工程项目及说明；投资预算及来源；主要困难及要求提供的条件等。

环境规划报审文本应简捷明了，突出主要内容，一般不罗列计算过程等繁杂内容。

(二) 环境规划文本内容

环境规划的内容应根据规划对象和实际情况选取，下述内容一般为区域或城市综合性环境规划所应包括。

1. 自然环境现状和社会发展状况简述

自然环境概述着重于规划区域特殊的气候、地理、生态状况和开发历史等，这是规划的重要基础之一，是保证规划的实用性和针对性所必须的内容。

经济社会发展概述着重描述经济发展规模、产业结构与布局、资源利用分析，科技水平、经济发展与环境的相互依赖关系，经济发展对环境的影响以及环境污染和破坏对持续经济发展的影响等。在规划中对上述问题进行追述和概略分析，作为整个规划的重要出发点和依据。

2. 环境保护工作情况概述

概述前几年环境保护计划的完成情况，包括污染控制、环境建设、完成工程项目、投资与效益等，以及完成先前规划目标存在的主要问题、困难及原因等，以此作为新规划的重要参考。

3. 环境变化趋势分析

环境变化趋势分析包括环境质量总的发展趋势、污染发展趋势、生态环境变化趋势以及重大环境问题的发展趋势等。环境变化趋势是环境调查、评价、预测的综合描述与分析。列入描述与分析的内容项目要与规划目标基本相对应，同时阐明今后应注意的问题、发展方向等。

趋势分析是编制规划的重要基础和起点。

4. 环境规划总目标

概括阐明新的环境规划的总目标以及将要达到的主要指标。

综合性规划的总目标须包括两个主要方面：环境质量目标和污染物总量控制目标。区域（如省区）环境规划总目标视情况还可包括生态环境目标。

5. **重点城市和经济区环境综合整治规划**

城市和经济区是经济社会活动高度集中的地方，也是环境问题比较突出的场所。城市和经济区环境的综合整治，是环境保护工作的重点。重点城市和经济区环境综合整治包括：

（1）重点城市环境质量目标；

（2）城市环境功能区划分，特别是新经济开发区的环境功能区划；

（3）污染物总量控制目标与方案；

（4）重点综合整治项目规划和重点污染源治理方案；

（5）城市土地利用（布局和产业结构）规划或方案；

（6）实施目标的主要措施；

（7）城市生态建设规划。

6. **工业污染防治或部门行业污染控制规划**

我国的环境污染主要来源之一是工业，工业污染防治是环境综合整治工作的重点。工业污染防治规划包括：

（1）规划区内工业污处物排放（产生）、治理（削减）总量和各主要工业部门（行业）工业污染物的排放（产生），治理（削减）总量；

（2）主要工业污染源或重大工业污染源治理工程项目的确定和安排；

（3）工业污染防治的主要政策与措施。

7. **乡镇环境保护与建设规划**

乡镇是城市发展的基础，广阔的乡镇环境与城市环境有着相互影响、互相依存的关系。乡镇环境保护与建设规划的重点一是控制乡镇企业的污染，二是改善乡镇的生态环境，为大农业的发展创造有利条件。乡镇环境保护与建设规划一般包括：

（1）乡镇工业发展的产业政策和产业结构宏观调控政策；

（2）规划区内乡镇企业污染物排放（产生）与治理（削减）规划；

（3）污水灌溉及农药、化肥污染土壤的控制；

（4）乡镇生态建设及生态农业试点发展计划。

8. **水源与水环境保护规划**

水环境（河流、湖泊、地下水、海洋）都是环境的主要组成要素，对国民经济和社会发展以及人民生活有重大影响，水资源短缺和水污染是我国主要环境问题之一，水环境保护规划应包括：

（1）规划水域功能、水质要求、水环境容量及纳污量；

（2）主要污染源排序及主要污染物排序；

（3）水污染控制措施、方案及主要工程项目；

（4）跨辖区水环境问题的协调解决措施；

（5）水源保护计划。

9. **大气环境保护规划**

大气环境保护主要指城市地区而言。其主要内容包括：

（1）能源消费量，能源结构分析与大气污染特征；

（2）功能区划分与大气质量目标的确定；

（3）大气污染防治主要工程项目与污染削减计划；

（4）大气污染防治主要措施。

10. 产业结构与生产力布局规划

产业结构和生产力布局对环境有着长远的、深刻的影响。确定合理的产业结构和生产力布局，对于促进经济、社会与环境的协调、持续和稳定发展，有十分重要的意义。

产业结构与生产力布局规划的考虑原则是：

（1）因地制宜，充分发挥规划区的环境优势，如城市特色的保持与发展；

（2）合理利用自然资源，做到优势资源的优化利用；

（3）发挥技术、经济综合优势，促进经济发展，如开辟新经济开发区等；

（4）现实可行性和长远利益相结合，并注重克服自然的或技术、经济的主要约束因素；

（5）有利于环境污染的综合防治和能够合理利用自然净化能力；

（6）实现社会、经济与环境效益的统一。

产业结构与生产力布局规划应包括的内容为：

（1）规划区（城市、经济区）的性质与规模，产业结构合理化；

（2）功能区划分及经济建设总体布局；

（3）基础设施建设和环境设施建设（含生态建设）及其环境有效性；

（4）污染物集中处理计划；

（5）布局规划实施的政策与措施。

11. 自然保护规划

建立自然保护区是保护自然生态系统的一个重要手段。我国自然、地理条件复杂，生物多样性高，拥有许多极高价值的自然生态系统。建立自然保护区，保护这些自然生态系统，特别是加强珍稀濒危物种的保护，不仅是对国家也是对全人类的重要贡献。

自然保护与生态环境建设应坚持重点保护与普遍改善相结合的原则；正确处理保护与开发利用以及保护区与周围地区群众生产生活的关系。

自然保护区的规划应包括：

（1）自然保护区的范围及重点保护对象；

（2）自然保护区建设与管理计划；

（3）珍稀濒危动植物保护计划（包括物种保存与繁育地的建设）；

（4）保护区与周围其他事业发展的协调关系与措施。

12. 科技发展与环境保护产业发展计划

科技发展和环境保护产业发展是规划实施的技术和物质基础。重视发展环境保护科学技术和环境保护产业，不仅是完成规划目标所必需的，而且是环境保护潜力增长的必要因素。

环境保护科技的发展应注重硬技术的开发和应用，也应适当发展软科学技术，提高科技为环境保护的服务水平。环境保护科技发展与环境保护产业发展计划应包括：

（1）科学研究与装备计划；

（2）重大技术开发项目与攻关组织计划；

（3）环境保护工业、技术装备与环境保护技术服务发展计划；

（4）科技引进、交流和人才培养计划。

13. 环境保护系统自身建设计划

主要包括政策研究、法规建设、标准制定、监测体系的完善、信息的收集与传递、宣传教育以及环境保护系统职工素质的提高等问题。

在编制计划时，应就人员编制、机构设置、建筑面积、装备条件等综合考虑，纳入计划。

14. 费用预算和资金来源

必要的经费是实现规划目标的重要保证，实施规划所需的费用及其来源，是规划的重要内容，也是规划可行性的重要依据。规划中应就费用预算、用途、来源以及可行性分析加以论证和说明，以便纳入国民经济和社会发展规划和城市总体规划。对于重大环境工程还应有专门的规划文本和投资预算。

第二节　环境规划的主要内容

环境规划是环境管理的先导和依据，是促进经济、社会与环境协调发展的关键环节之一，因此环境规划的目的为：依据研究对象的系统特征，提供对系统可持续发展支撑水平较高的规划方案。环境规划类型不同，其具体内容也不尽相同，但各类型的环境规划也有相同之处。其一：各类型环境规划的研究对象均是一个以人为中心，涉及社会、环境、资源、经济几方面内容复杂的人工生态系统，系统内部包含人口、工业、农业、服务业、资源、环境等几个子系统，进行环境规划研究必须要充分考虑各子系统之间的相互影响，而不是简单地研究某一要素或某一子系统。因此进行对象系统的现状调查、评价和分析是各类型环境规划基本内容之一。其二：环境是人类生存发展的物质基础，经济和社会发展要受环境因素的制约。因此以对象系统历史发展趋势回顾为基础，预测对象系统在环境规划期内资源与环境承载力对社会经济发展的支撑水平，并找出约束系统发展的瓶颈，也都是环境规划的基本内容之一。其三：环境规划的目的是促进研究区域社会、经济和环境的协调发展，如何在满足环境保护要求的前提下，实现社会经济的发展目标，是环境规划的核心。因此提出优化的环境规划方案是环境规划的主要内容之一，也是环境规划的基本任务。

下面以区域环境规划为例介绍环境规划的主要内容。

一、环境规划前期的准备工作

环境规划前期准备工作的主要工作内容为：区域环境特征调查及生态登记；污染源调查与评价；环境质量现状评价；环境污染破坏效应调查；环境保护措施效益分析；环境管理现状的调查评价。

(一) 区域环境特征调查与生态登记

1. 区域环境特征调查

(1) 调查内容

①自然环境特征调查

土地：地形地貌环境、雨洪径流特征、地质条件、土地稳定性。

水：水资源总量、河流流量、可调配水资源量及其变化规律、水资源系统（供水系统、用水系统、处理系统、容纳系统）及管理，海湾的潮流、汐流、扩散系数等，地下水量、总储量、可开采量、地下水位及其变化等。

气候：平均气温及气温变化规律、降水量及降水特征、平均风速、最大风速、风频、风向、逆温层、日照时间、热岛强度、主要气象灾害及防御等。

②社会和经济特征调查

人口子系统：人口的数量、结构、密度、分布、出生率、死亡率、机械变化率、资源需求量、生活污染物排放量及科教水平提高对人口素质的影响。

经济子系统：经济规模、发展速度、密度，产业结构、主要产品产量及经济子系统的资源需求量、主要环境污染物排放量。其中：

工业：从业人数、工业总产值、资金投入量工业布局、工业行业产业结构、主要工业行业的产值规模、产品结构、原料结构、能源结构、主要污染物的排放量及资源需求量；

农业：农业户数、农田面积、资金投入量、生态农业、各种农产品产量、单位面积收获量、农作物生长状况；

渔业：渔业人口、渔业资金投入量、渔业产品产量及品种、主要污染物的排放量及资源需求量；

畜牧业：畜牧业人口、畜牧业资金投入量、畜牧业产品种类和饲养数量、主要污染物的排放量及资源需求量；

科技：科技水平、资金投入量、科技应用率、科技对经济发展的贡献率，等等。

(2) 调查方法

环境特征调查的方法主要有：收集资料法、现场调查法和遥感调查法。

收集资料法是环境特征调查中普遍采用也是最先采用的方法。由有关权威部门（如统计局、水利局、土地局、气象局及航空部门等）获得有关环境特征的各种资料，提取并分析有价值的信息。但这种方法获得的资料往往不能完全满足调查者的主观要求，因此需要其他调查方法加以补充。

现场调查法针对性强，可以在调查的时空范围内获得满足调查者主观要求的第一手资料。但这种方法工作量大，需投入较多的人力、物力、财力和时间，而且有时受客观条件（如季节）的制约。

遥感调查是指利用航空图片、卫星图片、遥感图片和地理信息系统，从整体上研究一个区域的环境特征。

2. 生态登记

(1) 调查登记的主要内容

①生态系统调查登记

一般调查登记：动、植物物种，珍稀、濒危物种的种类、数量、分布、生长、生活习性、繁殖及迁移行为的规律。

生态系统类型调查登记：研究区域属于哪种类型的生态系统或研究区域生态系统由哪几种类型的生态子系统构成，每种类型的特点、结构及功能。常遇到的生态类型有：淡水生态系统、海洋生态系统、荒漠生态系统、草原生态系统、森林生态系统、城市生态系统、农业生态系统等。

与其他环境要素关系的调查登记：一个系统总是与它周围的环境要素相互影响、相互作用，共同组成一个更大的系统，生态系统也不例外。为了全面准确地了解生态系统，必须研究与之相互影响的环境要素，这些要素对于生态系统是否能健康的发展具有及大的影响。在具体调查中，首先要考虑人类行为（如对自然的改造、对资源的利用、向环境中排放污染物）对某种生境类型的生态系统的影响；然后还要考虑自然因素对某种生境类型生态系统的影响。如水利工程、输入水质、水生生物栖息地和繁殖场所的保持、水产养殖业及捕鱼活动等会对淡水生态系统产生影响，人类行为和自然灾害都会影响农业生态系统。

② 区域社会经济状况调查登记

主要调查登记人类活动对生态系统的影响，如土地条件等级和利用状况、人口密度、经济密度、建筑密度、能耗密度、交通强度、植被面积及结构、噪声扰民度等。

③区域特殊保护目标调查登记

需要重点关注的生态环境目标有：地方性敏感区，如：水源地、风景名胜地、人群聚居地等；脆弱生态系统，如：高寒带生态系统、热带雨林生态系统、岛屿生态系统等；生态安全区，如江河源头、对人口集中区有重要保护作用的地区；重要生境，如原始森林、荒野地、湿地生态系统等。

（2）*生态登记方法*

①选定生态因子

根据规划要求和研究区域特点，考虑人力、物力、财力和客观条件的约束，选定需要调查登记的生态因子。

②划分网格

在规划区地图上（地图比例1:10000或1:50000）按经纬方向划分网格，每一网格边长为1km或2km，将网格进行编号。

③调查登记

以网格为单位进行调查，核实并分析数据，进行数据的分级处理，并将调查结果登记在以网格为单位的调查表上。

调查方法有收集资料法、现场调查法和遥感调查法。

（二）污染源调查与评价

污染源是指产生或排放污染物的场所或装置。按污染物的来源可分为自然污染源与人为污染源。人为污染可分为生产性污染源与生活性污染源两大类，生产性污染源又可分为工业污染源、交通污染源、农业污染源。

污染物是指进入环境后使环境的组成和性质发生有害于人类变化的物质。有的是自然释放的，有的是人类生产、生活产生的。按环境要素来分可将污染物分为大气污染物、水污染物、固体废物、综合污染物。不同环境要素的污染物可以相互转化。

环境规划研究，以研究人为污染为重点，通常可以按污染物分类，也可按污染源分类，也可将两种方法综合应用。工业污染源调查要按照国家环境保护总局的统一要求进行，其他类污染源调查结合规划区具体情况进行。

1. 污染源调查程序

污染源调查程序大体可分为三步：一、准备阶段，准备阶段要明确调查目的，制定调查计划，做好调查前组织工作及资料、工具的准备工作，搞好调查试点工作；二、调查阶段，包括社会调查、实地监测和理论计算；三、总结阶段，对调查数据进行核实、分析、处理、建档，进行污染源评价并编写调查报告。

2. 污染源调查方法

污染源调查方法：社会调查法，对一般污染源进行普查，重点污染源要进行详查；理论计算法，有物料衡算法和经验计算法；实地监测法，其计算公式为：

排污量 = 实测的污染物的平均排放浓度 × 介质流量。

3. 污染源调查评价的主要内容

污染源调查评价的主要内容为：按环境要素逐个污染源进行环境污染物调查，统计每个污染源每种污染物的排放量；计算每种污染物的排放总量及各污染源的排污分担率；进行污染源和环境质量评价，确定主要污染源及主要污染物。

调查评价的主要步骤为：

（1）画出污染源分布图

污染源分布图可以按污染类型标注在网格内，也可按环境要素标注，每网格 $1km^2$ 或 $2km^2$。

①按污染类型画污染源分布图的方法

工业污染源：在网格内标明企业概况（企业名称、厂址、性质、规模、占地面积、产品、产值、产量、利润等），生产工艺、生产布局和管理水平，资源消耗量，污染物排放种类、排放口、排放量和排放条件等；

农业污染源：在网格内标明农业废物种类和排放量，农业机械使用情况，农药和化肥使用情况等；

生活污染源：在网格内标明人口数量及结构，居民用水量、废水排放量，燃料消耗量、燃料来源、构成及供应方式，生活垃圾种类、数量、处理方式、处理量等；

交通污染源：在网格内标明机动车种类、数量、车流量、排气量、噪声分布，路面状况、绿化状况等。

②按环境要素画污染源分布图的方法

大气污染源分布图 在规划区域的网格图上标明大气污染源的位置、能耗及排污量。烟囱高度≥40m 的高架点源要逐个标出；烟囱在 40m 以下的均视为面源，划分成若干片，并按片进行标注。

水污染源分布图 在规划区域的网格图上，按水系画出排污口的位置，并标明废水排放量、排污量及污染分担率。同时要画出主要污染源至各排污口的排水管网。

噪声污染源分布图 按规划区域的网格标明污染源的分布及强度；交通噪声污染源要画出主要干线，标明车流量，车流量需要按车辆类型分别统计，分别标注。飞机场噪声源，画出机场位置，标明各种类型飞机的起降次数并画出起降航线。

（2）主要污染物年排放量及排污分担率

主要调查、计算大气污染物、水污染物、固体废物的年排放量及环境噪声强度，并从不同角度计算排污分担率。大气污染物主要有尘、SO_2、NO_x、CO 等；水污染物主要有工业废水、生活污水、COD、BOD、酚、氰、重金属等；固体废物主要有生活垃圾、各类工业固体废物；环境噪声主要有工业噪声、交通噪声、建筑噪声等。

① 大气污染物的年排放量及排污分担率，以尘、SO_2 为例：

大气污染物排放总量 = 工业污染排放量 + 生活污染物排放量 + 交通污染物排放量

Ⅰ 工业污染源中尘和 SO_2 的排放量

首先按行业或逐个工业污染源列表调查统计工业年耗煤量，然后估算每个行业或每个污染源的烟尘和 SO_2 排放量。之后，再计算工业污染源的污染物总排放量，各污染源及各行业的污染分担率。在调查时，应收集尽可能多的年份的历史数据，最好在 5 年以上，以保证估值准确。

工业污染物的总排放量 = 工业燃煤污染的总排放量 + 工艺生产过程污染物的总排放量

SO_2及烟尘总排放量的计算公式：

$$M_s = 1.6BS + 10^{-9} Q_s C_s$$

$$M_p = B \times A\% \times b\% \times (1 - \eta) + 10^{-9} Q_p C_p$$

式中：M_s、M_p——工业 SO_2 总排放量和工业烟尘总排放量，t；

B——年耗煤量，t；

S、A——煤中硫的含量和灰粉含量，%；

$b\%$——飞灰量（自然通风取 15% ~ 20%，风动炉取 30% ~ 40%；沸腾炉取 60% ~ 80%）；

η——平均除尘效率，%；

Q_s、Q_p——含 SO_2 的工业废气排放量及含烟尘的工业废气排放量，m^3；

C_s、C_p——SO_2 及粉尘的监测浓度，mg/m^3。

Ⅱ 生活污染源 SO_2 及烟尘排放量

首先调查生活年耗煤量；然后根据年耗煤量计算出 SO_2 及烟尘排放量，其计算方法与工业耗煤 SO_2 及烟尘排放量的计算方法相同。

Ⅲ 调查交通污染源 SO_2 及烟尘排放量。

Ⅳ 逐个污染源、逐个行业计算工业污染源排污分担率。以 SO_2 为例，排污分担率的计算公式为：

第 i 个污染源（或行业）排污分担率 = M_{SO_2i}/M_{SO_2}

式中：M_{SO_2i}为第 i 个工业污染源（或行业）SO_2 排放量；M_{SO_2}为工业 SO_2 排放总量。

Ⅴ 画出大气污染源分布图。

② 水污染源污染物排放量及排污分担率

水资源紧缺是经济发展面临的主要问题之一。因此，进行水耗量的调查非常必要。水污染调查分析要取得如下资料数据：耗水系数和排污系数。生产耗水系数是指各行业万元产值耗水量（或吨产品耗水量，或万元 GDP 耗水量）；生活耗水系数是指居民生活人均日耗水量。生产排污系数是指单位产值或单位产量污染物排放量；生活排污系数是指居民生活人均日排污量。在获得以上数据的基础上进行如下计算：

Ⅰ　总耗水量 总耗水量 = 生产耗水总量 + 生活耗水总量

某行业生产耗水量 = 行业产值（或产量）×此行业耗水系数

（生产耗水总量等于各行业耗水量之和）

生活耗水量 = 人口数量×生活耗水系数

Ⅱ　污水排放量 污水排放总量 = 生产污水排放总量 + 生活污水排放总量

某行业生产污水排放量 = 行业产值（或产量）×此行业废水排放系数

= 行业耗水量×（1 - 某行业生产耗水率）

（工业污水排放总量等于各行业污水排放量之和）

生活污水排放量 = 居民生活用水量×（1 - 生活耗水率）。

（生活耗水率和生产耗水率可从《全国水资源公报》中查得）

Ⅲ　水污染物（如 COD、BOD、NH_3—N、酚等）排放量

以 COD 为例计算水污染物排放量

COD 总排放量 = COD 生产总排量 + 生活总排放量

某行业生产 COD 排放量 = 此行业产值（或产量）×此行业 COD 排污系数

（生产 COD 排放总量等于各行业 COD 排放量之和）

生活 COD 排放总量 = 居民人口数×居民 COD 排污系数

进行水污染现状调查时，要重视非点源污染的调查。非点源污染主要由两部分组成：城区降雨径流污染和农业非点源污染。

Ⅴ　根据以上结果计算各污染源、各行业的排污分担率。

Ⅵ　画出水污染源分布图。

③ 固体废物排放量及污染分担率

Ⅰ　固体废物排放总量 = 工业固体废物量 + 生活垃圾

工业固体废物需要列表逐个污染源调查产生量、处理量、排放量，计算总的产生量、处理量、排放量、污染分担率。有毒有害废物量要单独列出。

生活垃圾要调查日产生量、年产生量、清运量、清运率和处理率。

Ⅱ　画出固体废物处理厂的位置、占地面积、固体废物日处理能力。

④ 噪声污染调查

以规划区域的网格为调查单位，画出噪声污染分布图，标出噪声超标地区。

（3）污染源评价

污染源所排放的污染物对环境和人类健康的危害受很多因素的影响，为了准确找出并表达区域内主要环境污染问题，需要将污染物毒性、危害和环境功能等因素综合考虑，这就是污染源评价。

对同一种污染物各污染源间相互比较，可以采用类别评价。类别评价可以按浓度指标进行评价，也可以按照排放强度指标进行评价，还可以按统计指标进行评价。浓度指标是指用污染物的浓度值来表达污染源的污染能力；排放强度指标是考虑单位时间内污染物的

排放绝对数量；统计指标有检出率、超标率等。但要综合反映污染源的潜在污染能力，则需要进行污染源的综合评价。综合评价方法考虑了污染物的种类、浓度、绝对排放量和累积排放量，可以较全面地衡量污染源的污染能力。

① 评价标准的选择

在选择评价标准时，首先要确定需要进行评价的环境单元的功能要求，选择与环境功能相对应的评价标准。在国家标准与地方标准并存时，首先选用地方标准，所选择的评价标准应尽量包括需要进行评价的所有污染物。

选择标化系数应注意以下两点：A. 不同类型和形态的污染物（如大气污染物、水污染物、固体废弃物等）可根据需要各自选择恰当的标化系数，也就是说不同类型和形态的污染物所选标化系数可以不同；但同一种类型和形态的污染物所选标化系数必须属于同一系列。B. 同一类型和形态的污染物标化后可直接叠加；不同类型和形态的污染物标化后不能直接叠加，如水、气、固体废物标化计算后，其等标污染负荷不能直接叠加，只能是各种水污染物等标污染负荷直接相加得到$P_{水}$，各种大气污染物等标污染负荷直接相加得到$P_{气}$，各种固体废物等标污染负荷直接相加得到$P_{固}$。在计算总的等标污染负荷时，需要对$P_{水}$、$P_{气}$、$P_{固}$分别乘上一个权系数（r），再相加。即：

$P = r_{水} P_{水} + r_{气} P_{气} + r_{固} P_{固}$（式中各$r$值的大小需要经过效应调查和专家咨询来确定）

② 评价方法

Ⅰ　等标污染负荷法

● j污染源i污染物等标污染负荷计算方法

$P_{ji} = m_{ji}/C_{0i}$

式中：M_{ji}——j污染源i污染物年或日排放量，t或kg；

C_{0i}——i污染物的排放标准数值，无量纲；

P_{ji}——j污染源i污染物等标污染负荷，t（标）或kg（标）。

j污染源的等标污染负荷（P_j）为j污染源所排放的各种污染物等标污染负荷之和（不同形态污染物的等标污染负荷需要加权求和）。

评价区域内i污染物的等标污染负荷（P_i）$P_i = M_i/C_{oi}$

式中：m_i——评价区域内i污染物的总排放量，kg；

C_{0i}——i污染物的排放标准数值，无量纲；

P_i——i污染物的等标污染负荷，t（标）或kg（标）。

评价区域内总的等标污染负荷（P）等于区域内排放的各种污染物等标污染负荷之和（不同形态污染物的等标污染负荷需要加权求和）。

● 等标污染负荷通过计算等标污染负荷，可确定该区域内的主要污染源及主要污染物。计算评价区域内各污染源等标污染负荷（$K_j = P_j/P$），将所得结果按从大到小的顺序排列，等标污染负荷大的污染源为主要污染源。计算评价区域内各种污染物的等标污染负荷，将所得结果按从大到小的顺序进行排列，等标污染负荷大的污染物为主要污染物。

Ⅱ　排毒系数法

排毒系数表示当污染物充分、长期作用于人体时，能够引起中毒反应的人数，是一个反映污染物排放水平的系数，不反映任何外环境的影响。排毒系数法的计算公式为：

$$F_i = \frac{m_i}{d_i}$$

式中：F_i——排毒系数；

m_i——i 污染物的排放量；

d_i——能够导致一个人出现毒作用反应的污染物最小摄入量（可根据毒理学实验所得出的毒作用阈剂量计算而得）。

Ⅲ　经济技术评价指数

污染物的排放量受生产过程中资源消耗量及其利用率的影响，因此引入经济技术指数进行评价的目的是希望能从另一侧面反映污染物的潜在危害。经济指数有消耗指数和流失指数。消耗指数是指生产单位产品的水耗量、能耗量和原材料消耗量与定额消耗量之比；流失量是指生产单位产品的水流失量、能流失量和原材料流失量与定额量之比。

（三）环境质量现状评价

环境质量现状评价是在区域生态环境特征调查登记、污染源调查评价的基础上，对研究区域大气、水体、固体废物、噪声等的污染现状做出评价，对研究区域的经济环境现状和生态环境现状进行分析，从而确定区域内的主要环境问题。

1. 环境污染现状评价

环境污染现状评价的程序是：

（1）选择评价因子（也称评价要素）

根据研究区域的环境特征和污染现状，选择排放量大、对区域环境质量危害较大的污染物作为评价因子。

（2）选择适当的标准进行评价

评价标准应首先选用国标，有些评价因子尚无国标，可参照国外标准或建立临时标准，但应按国家环境保护总局的规定程序报有关部门批准后方可使用。

（3）选择适当的评价方法

环境质量指数法是进行环境质量评价常采用的评价方法，应用环境质量指数法进行评价的步骤为：

①计算单因子环境污染分指数

某种污染物的污染分指数（I_i）等于某污染物的实测浓度（C_i）与某种污染物的评价标准（S_i）的比值。即：$I_i = C_i/S_i$

②计算环境污染综合指数

计算出环境污染分指数后，选择适当的模型方法计算环境污染综合指数，常用的方法有：

Ⅰ 直接综合指数法：

$$AQI = \sum_{i=1}^{n} I_i$$

式中：n——所选评价因子的个数；（$i = 1, 2, ..., n$）

AQI——综合指数。

Ⅱ 加权均值法：

$$AQI=\frac{1}{n}\sum_{i=1}^{n}W_iI_i$$

式中：n——所选评价因子的个数；

W_i——权值；

AQI——综合指数。

Ⅲ 姚氏环境质量综合指数法

$$AQI=\sqrt{I_{imax}\cdot\frac{1}{n}\sum_{i=1}^{n}I_i}$$

式中：I_{imax}——单因子环境污染分指数中数值最大者；

n——所选评价因子的个数；

AQI——综合指数。

姚氏环境质量综合指数法的特点是，能对所选评价因子中某一环境浓度突出高的污染物的影响，给以充分考虑，可以较为真实地反映污染物浓度不均衡地区的环境质量状况。

（4）确定主要污染因子

根据分指数和环境污染综合指数的计算结果，确定研究区域内各环境单元中各环境要素（如大气、水、噪声等）的环境质量等级，并确定研究区域内主要的污染因子和污染严重地段。

（5）画出各环境要素（大气、水、噪声等）的污染分布图

各环境要素的污染分布图可以分别画出某要素中某种污染物（如 SO_2、TSP、NO_x 等）的浓度分布网格图，也可以画等值线图，还可以在环境污染现状评价的基础上，按某一要素各种环境污染物的综合影响画污染分布图。

2. 经济环境现状分析

经济环境现状分析主要是进行经济结构的现状分析，如产业结构分析、能源结构分析、交通结构分析。在产业结构分析的基础上还要进行各产业内部行业结构分析，如工业结构包括工业系统内各行业的产值规模、生产力水平及工业布局。工业布局不仅要考查各工厂所处的自然地理位置是否合理，污染物的排放强度是否在允许的范围内，还要考查工业区内各行业之间的物流、能流、信息流是否顺畅。

在调查分析的基础上要形成如下材料：研究区域产业结构和工业结构的变化历程及变化趋势；产业结构和工业结构的变化与排污量变化的关系；研究区域内的物流、能流分布是否合理，环境容量利用是否合理。

3. 生态环境现状分析

分析研究区域内位于主导地位的生态系统及其环境功能现状，并进行历史性回顾分析和变化趋势分析；分析区域内自然资源开发利用现状，并进行历史性回顾和变化趋势分析；分析研究区域的绿化系统现状，并进行历史性回顾和变化趋势分析。

（四）环境污染破坏效应调查

环境污染破坏效应调查一般包括人体效应调查、经济效应调查和环境效应调查三部分。

1. **人体效应调查分析**

调查环境污染对人体健康的影响称为人体效应调查。环境污染的人体效应是个很复杂的问题，受多种因素的影响，所以此项工作难度很大。一般的调查方法是：首先调查环境污染与人体效应的相关关系，然后确定因果关系与定量关系。如要调查大气污染的人体效应，首先调查区域内呼吸疾病的发病率、死亡率及其分布，与大气污染分布图对照分析，找出相关关系；然后找出飘尘（或TSP）与呼吸系统疾病发病率的直接因果关系，并据此建立定量化模型。

2. **经济效应调查分析**

经济效应调查是要找出环境污染或生态破坏所带来的经济损失，经济损失包括社会损失、国民经济损失和自然损失。社会损失有国家损失和企业损失；国民经济损失可分为直接损失和间接损失两种；自然损失有生物损失和非生物损失。环境污染破坏经济损失估算的一般方法是：把损害按各环境要素（如水污染造成的损害、大气污染造成的损害等）各因素（如居民损害、工业损害、农业损害等）分别进行估价，然后求和，其总和即是损失总额。

3. **生态效应调查分析**

人类活动对生态系统的影响十分复杂，有直接影响，也有间接影响。直接影响在活动之后很快就会显示出来，一般是可逆转的。间接影响则相反，是在初始影响后的一定时间内才会显现出来的，是长期累积效应，一般是不可逆转的。生态效应的调查方法可分行业进行，如农业活动效应调查、渔业活动效应调查、林业活动效应调查、水利建设活动效应调查、矿业活动效应调查、化工生产活动效应调查，等等。各项活动效应之和，既为总的生态效应。

（五）环境保护措施效益分析

为了提高环境保护投资的综合效益，需要对现有的环境保护工程措施和管理措施的投资效果进行调查、评价。

1. **环境保护工程措施效益分析**

环境保护工程效益一般用进行某项环境保护工程所投入的费用和获得的收益比例关系来表示，这里的收益是指因环境质量改善所获得的环境收益、经济收益与社会收益的总和。在制定环境规划时，环境保护工程措施效益调查分析，可以为确定科学、合理的环境目标（最佳控制水平）提供科学依据；为估算削减污染物所需投资提供可参考的数据。

环境保护工程措施可以使环境保护区内的许多生产单位受益。因此，环境保护工程措施效益具有区域性的特点；环境保护效益除了有可以用价值直接计算的经济效益外，还会在人体健康、景观等多种方面产生效益，而这些效益难以进行准确地计算。因此，环境保护工程措施的效益还具有难以计算性；除此之外，环境保护工程措施的效益还具有宏观与微观的不一致性和综合性等特点。

调查分析步骤：调查因进行某项环境保护工程所投入的费用；调查因环境保护工程所获得的利益；比较费用与效益，进行综合效益分析。

调查时要获得的数据：降低主要污染物单位质量所需要的费用（万元/t）；万元投入

降污量（t/万元）。调查时需要按行业对主要污染物进行逐个调查，然后综合分析确定以上两项数值。

2. 环境管理措施效益分析

环境管理措施的效益是综合性的、多方面的，一般首先需要调查本区域的环境管理水平、已采取的环境管理措施和环境管理标准及环境管理费用；然后调查本区域通过环境管理使环境质量得以改善后，因污染减轻而减少的损失；最后进行综合效益分析。

二、环境预测与分析

（一）环境预测的依据和方法

环境预测是环境规划的核心。通过对研究区域现状及历史资料的调查、收集、整理和分析研究，探索出社会经济发展与环境之间的关系和变化规律，并据此估计研究区域实施社会经济发展规划和城乡建设总体规划后，可能产生的环境影响，对环境质量发展趋势做出中长期的预测，为环境规划优化决策提供科学依据。

1. 环境预测的依据

（1）环境质量评价是环境预测的基础。

（2）经济社会发展规划和城乡建设总体规划中各规划水平年的发展目标是环境规划的依据。

（3）区域总体发展战略和发展目标及其他相关资料也是区域环境规划的依据。

2. 环境预测方法

目前国内外的环境预测方法有很多，每种方法都有各自的优点和局限，这里只介绍其中的几种方法供读者选择。

（1）逻辑判断预测

逻辑判断预测属定量或半定量预测方法。主要是根据预测人员的经验和判断能力求得预测结果。主要方法有：调研判断预测、进度判断预测、平衡判断预测、集合判断预测。

调研判断预测：根据预测的目的要求，调查研究搜集有关信息资料，结合过去的经验来推断未来环境质量发展变化的方向和程度。以收集资料为主，必要时还要组织有针对性的专门调查。

进度判断预测：利用日、旬、月、年的进度统计资料，根据期内计划任务的进度执行情况，结合其他有关情况，推测期末能否完成任务，其主要目的是检验期内执行环境计划过程中存在的问题，及时提出解决的方法。这种方法一般用于环境工程进度的预测。

平衡判断预测：利用若干个环境指标、经济指标的平衡关系推算所要预测的各种指标数值。一般需要编制平衡表（如投入产出平衡表），然后根据平衡表中的数据，分析和预测所需要的数值。

集合判断预测常用的方法有专家调查法（Delphi 法）及民意调查法，其预测精度取决于参加预测人员的知识水平、判断能力以及预测资料的丰富程度。

民意调查法是指通过调查问卷等形式征询公众对某项环境政策、某项环境工程措施、某地居住环境等的看法，为改善环境质量、控制和消除污染，提供有价值的参考资料。

专家调查法是以专家和专业人员为信息索取对象，根据专家和专业人员的集体智慧和经验，对未来或未知的环境前景进行判断和推测。在缺乏统计资料的情况下，专家调查法对未来环境状态能够做出较为有效的估计和推测。专家人数一般以20~50人为宜，大型咨询项目可请100人左右。专家调查法的工作程序为：①确定咨询内容。②选择专家。总体的权威程度要高，专家的代表面要广，所选择的专家要熟悉咨询内容并有时间参加咨询。③设计咨询表。表格要简明扼要，且每一栏要紧扣咨询内容。设计的表格最好是需要专家较长时间的思考判断，而应答方式则应力求简单。④进行专家咨询。将咨询表和相关信息资料发给专家，请专家作答。给专家提供的相关信息资料要尽量齐全，且不带有任何主观色彩。⑤信息反馈。将专家寄回的意见调查表综合起来，进行必要的处理和分析。把分析结果再寄给专家，请他们再作第二次判断，同时询问与大多数人意见不一致的专家给出不一致答案的原因，并将原因反馈给其他的专家，并请专家再一次作答。经多次往返循环（一般为3~4轮）咨询后，意见逐渐集中，最后得到预测结果。当专家回答的问题是一系列可比较大小的数列时，可采用中值和上、下四分位点的方法处理专家们的答案，求出预测期望值和区间。

（2）数学模型预测

对真实系统进行观察，通过实验或实际监测调查获取大量数据，对系统的过程本质及变化规律取得一定的认识，在此基础上经过抽象简化和数学处理而得到的一个由多个数学方程式组成的集合，这个集合就称为数学模型。由于环境系统是一个庞大复杂的系统，其间所包含的要素的反馈信息较多。因此，环境预测数学模型是许多子模型组面的模型体系。应用数学模型进行环境预测可以提供定量化研究结果，加之电子计算机技术的应用，提高了模型预测的速度与精度，因此数学模型越来越多地应用于环境规划的预测、决策研究中。

下面简单介绍几个环境预测中常用到的模型：

① 人口预测模型

$N=N_0\ (1+a)^{t-t_0}$　　　　或 $N=N_0e^{k(t-t_0)}$

式中：N——预测年人口数，人/a；

N_0——起始（基准）年人口数量，人/a；

t——预测年；

t_0——基准年；

α——人口年均增长率；

k——人口增长系数或自然增长率，是人口出生率与死亡率之差。

K =（年人口出生数量 - 年人口死亡数量）/人口总数量 ×1000‰

② 产值预测

$M=M_0\ (1+a)^{t-t_0}$

式中：M——预测年产值，万元/a；

M_0——起始（基准）年产值，万元/a；

t——预测年；

t_0——基准年；

α——年均增长率。

③比例法预测污染物浓度

$C_0/G_0 = C_1/G_1$

C_0、C_1——不同年份污染物在环境中的浓度，mg/m^3；

G_0、G_1——不同年份该类污染物的排放量，t/a 或万 t/a。

④ 排污系数预测

$K = K_0\ (1-a)^{t-t_0}$

式中：K——预测年产值，万元/a；

K_0——起始（基准）年产值，万元/a；

t ——预测年；

t_0——基准年；

α——年均递减率。

⑤ 线性回归预测分析

环境系统自变量和因变量之间多为复杂的非线性关系，但可用各种数学方法将非线性数学关系转变为线性或近似线性关系，而线性数学关系则可以用线性回归预测方法进行预测。例如：$y = ab^x$（非线性方程）

可转化为：$\log y = \log a + x\log b$；

若令：$Y = \log y$，$A = \log a$，$B = \log b$ ；

则：$Y = A + B_x$

可得：$Y = A + B_x$（线性方程）

Ⅰ．一元线性回归预测

一元线性回归预测模型数学表达式是一元线性方程，预测对象主要受一个相关因素的影响，且两者呈线性相关关系，如二氧化硫的排放量（y）与煤的消耗量（x）之间的一元线性回归方程可表示为：$y = a + bx$。

$$\bar{x} = \frac{1}{n}\sum_{i=1}^{n}x_i \qquad \bar{y} = \frac{1}{n}\sum_{i=1}^{n}y_i$$

$$L_{xx} = \sum_{i=1}^{n}(x_i - \bar{x})^2 \qquad L_{yy} = \sum_{i=1}^{n}(y_i - \bar{y})^2 \qquad L_{xy} = \sum_{i=1}^{n}(x_i - \bar{x})(y_i - \bar{y})$$

$$\hat{b} = \frac{L_{xy}}{L_{xx}} \qquad \hat{a} = \bar{y} - \hat{b}\bar{x}$$

$$y = \hat{a} + \hat{b}x$$

$$|R| = \frac{L_{yy}}{\sqrt{L_{xx} - L_{yy}}}$$

式中：$\bar{x}$、$\bar{y}$——自变量和因变量的平均值；

x_i、y_i——自变量和因变量的实测值；

n——样品数量；

$|R|$——相关系数。

相关系数越接近于1，则说明 x 与 y 之间的线性关系越好，在给定置信 α 下查表 R_α，（R_α 为相关系数的临界值，在一般的统计书上都有相关系数 R 的临界值表）若 $R > R_\alpha$，则方程有实际意义，反之方程则不能用。

Ⅱ. 多元线性回归预测

在进行环境预测时，常常会遇到一个因变量同时受多个自变量影响的情况，在这种情况下，若经过数据分析，确定自变量与因变量之间存在着线性关系，则可以用多元回归分析的方法进行预测。多元线性回归同一元线性回归的道理是一样的，只是正规方程组的阶数增多了，使得求解较困难，因此一般用电子计算机进行求解。

（二）大气污染预测

1. 源强变化预测

（1）能耗增长预测

能耗量 = 耗煤量 + 耗油量

耗煤量 = 工业耗煤 + 取暖耗煤 + 生活耗煤 + 蒸汽机车年耗煤量

工业耗煤量 = 预测年工业总产值 × 预测年单位产值耗煤量

取暖耗煤 = 预测年采暖面积 × 预测年采暖耗煤系数

生活耗煤量 = 预测年人口数 × 预测年人均年耗煤量

蒸汽机车年耗煤量 = 预测年蒸汽机台数 × 预测年蒸汽机车年均单台耗煤量

耗油量 = 预测年各种车辆总台数 × 预测年各种车年均单台耗油量

（2）污染物排放量预测

我国大气污染主要是煤烟型污染，应控制的主要污染物一般为尘、SO_2、NO_x、CO，有些地区有特殊污染物。主要污染物一般确定为尘、SO_2 和 NO_x。

污染物排放总量 = 燃料燃烧向大气中排放的污染物量 + 工艺生产过程中向大气排放的污染物的量。

①燃煤烟尘排放量预测

$$G_{烟} = B \times A \times d_{fh} \times (1-\eta)$$

式中：$G_{烟}$——预测年烟尘排放量，t/a；

B——燃煤量，t/a；

A——煤的灰分，%；

d_{fh}——烟气中烟尘占灰分的百分数，%；

η——除尘效率，%。

②燃煤 SO_2 排放量预测

$$G_{SO_2} = 2BS(1-\alpha)(1-\eta)$$

式中：G_{SO_2}——预测年 SO_2 排放量，t/a；

B——燃煤量，t/a；

S——煤中的全硫分含量，%；

α——煤中无机硫含量（根据用煤情况而不同，一般在 10% ~20% 之间），%；

η——SO_2 平均去除率（全环境单元平均值），%

（3）燃煤 NO_x、CO 排放量预测

根据表 6-2 给出的参数进行预测

表6－2　燃烧1t煤NO_x、CO的排放量　　单位：(kg/t)

污染物	炉型		
	电业炉	工业炉	采暖及家用炉
CO	0.23	1.36	22.7
NO_x	9.08	9.08	3.62

(4) 燃油排放的各种污染物采用有关统计参数进行预测

(5) 生产工艺排放的各种污染物预测

$G = KM$

式中：G——预测年生产工艺排放各的某种污染物数量，t/a；

K——预测年某种污染物的排污系数，kg/t或kg/m^3。

M——某产品产量，t或m^3；

2. **环境污染预测**

根据源强变化，预测大气环境污染物浓度常用的方法有：比例法、箱模型与高斯模型。

比例法是根据历史数据求出大气污染物排放量与大气污染物浓度之间的转换系数。比例法应用于无大的高架源的地区，可取得较为满意的结果，当有大的高架源存在时，我们通常用箱模型和高斯模型进行预测，箱模型预测低烟源，高斯模型预测高烟源（烟囱有效高度不小于40m）。

(1) 箱式模型

运用箱模型进行预测时，可将规划研究区域分为若干个环境单元，每个环境单元为一个箱，分别进行预测。箱模型计算公式如下：

$$C = \frac{P}{LH\bar{u}}C_o$$

式中：C——预测年污染物浓度；

L——箱的边长；

H——混合层高度；

$\bar{u}$——平均风速；

P——污染物排放量；

C_0——污染物背景浓度。

混合层高度（H）可从当地气象部门得到。

(2) 高斯烟流模型（点源模型）

$$C_{(x,y,z)} = \frac{q}{2\pi\bar{u}\delta_y\delta_x}F(y)F(z)$$

$$F(y) = \exp\left(-\frac{y^2}{2\delta_y^{\ 2}}\right)$$

$$F(z) = \exp\left[-\frac{(Z-H_e)^2}{2\delta_z^{\ 2}}\right] + \exp\left[-\frac{(Z+H_e)^2}{2\delta_z^{\ 2}}\right]$$

式中：q——污染物排放源强，g/s；

C——污染物的浓度，mg/m^3；

$\bar{u}$——平均风速，m/s；

δ_y——用浓度标准偏差表示的 y 轴上的扩散参数；

δ_z——用浓度标准偏差表示的 z 轴上的扩散参数；

H_e——烟流中心线距地面的高度（烟囱的有效高度）。

当计算地面浓度时，$z=0$。当计算烟流中心线处的污染物地面浓度时 $z=0$ 且 $y=0$。

3. **大气环境容量分析**

大气环境容量是指某一环境单元大气所能承载的污染物的最大允许排放量。环境容量的大小与环境单元的环境功能目标相关联。大气环境容量分析是选用适当的方法计算环境单元在保持规定的环境质量标准的前提下，所允许排放的某种污染物的最大排放量。

（1）某一环境单元大气环境容量模型

$A_v = V(S_a - B_a) + C_a$

式中：A_v——某环境单元中大气的环境容量；

V——某环境单元大气的体积；

S_a——某大气污染物国家规定的环境质量标准或地方标准；

B_a——大气中某种污染物的背景浓度；

C_a——大气的净化能力。

（2）用大气预测模型进行反推

在实际规划研究过程中，在同一环境单元进行大气污染预测和用反推法进行大气环境容量分析，前后所用模型应是同一模型。

若箱模型公式为：$C = \frac{P}{LH\bar{u}} + C_o$

则其反推公式为：$P = (C - C_0) LH\bar{u}$

（三）水资源及水环境污染预测

1. **水资源需求量预测及供需平衡分析**

（1）水资源需求量预测

①水资源总需求量：$W_T = W_P + WQ_L$

式中：W_T——水资源总需求量，t；

W_P——生产用水需求量，t；

W_L——生活用水需求量，t。

②用水需求量：$W_P = W_i + W_a + W_b + W_t$

式中：W_i——工业生产需水量；

W_a——农业生产需水量；

W_b——建筑业需水量；

W_t——交通运输需水量。

生产用水需求量预测：$W_n = Q_{Gn} \cdot B \cdot (1+a)^{t-t_o} (1-\gamma)^{t-t_o}$

式中：W_n——某行业预测年生产需水量，t/a；

Q_{Gn}——某行业基准年 GDP，万元；

B——某行业基准年万元 GDP 需水量，t/万元；

α——某行业 GDP 年均递增率,% ；

γ——某行业万元 GDP 需水量年均递减率,% ；

t_0——基准年

t——预测年

$n \in \{i, a, b, t\}$

α 可由社会经济发展总体规划中得到数据，γ 可通过对历史资料的回归分析得出。

③ 生活用水需求量：$W_L = W_c + W_v$

式中：W_L——生活需水量；

W_c——城镇居民生活需水量；

W_v——农村居民生活需水量。

生活用水需求量预测：$W_L = (K_c P_c + K_v P_v)/10$

式中：K_c、K_v——城镇居民生活需水系数和农村人口生活需水系数，t/（万人·a）

P_c、P_v——城镇人口数量和农村人口数量，万人。

（2）水资源供需平衡分析

水资源供需平衡表达式：$S_w = W_t / W_p$

式中：S_w——水资源供需比；

W_t——研究区域预测年水资源需求量；

W_p——研究区域预测年总供水能力（水资源可供量）。

总供水能力是各种水力工程为生产、生活提供水资源的能力。当 $0.9 \leqslant S_w \leqslant 1$ 时，水资源供需平衡；当 $S_w > 1$ 时，供水能力不足。

水资源承载力分析公式：$H_w = W_t / W_u$

式中：H_w——水资源承载力；

W_t——研究区域预测年水资源需求量；

W_u——研究区域可用水资源总量。

研究区域可用水资源总量，由地表水资源量与地下水资源量相加，扣除两者之间的相互转化量而得，是供水能力的水资源基础。当 $H_w \leqslant 0.8$ 水资源开发利用不足，$0.8 \leqslant H_w \leqslant 1$ 时，达到平衡；当 $S_w > 1$ 时，水资源危机。

2. 水污染物排放量预测

（1）废水排放量预测

废水总排放量为工业生产废水排放量、农业生产废水排放量、建筑业废水排放量、交通运输废水排放量与生活废水排放量之和。

在需水量预测的基础上进行废水排放量预测，预测公式：

$Q = (1 - K) W$

式中：Q——废水排放量；

W——新鲜水耗量；

K——耗水率，（1—K）为废水排放系数。

各行业的耗水率是不相同的。某行业的耗水率预测方法是：对规划研究区域此种行业耗水率的历史数据进行回归分析，同时参照国内其他地区同行业耗水率，估算出预测年的此种行业耗水率。

（2）COD 排放量预测

①COD 总排放量（G_{COD}）=生产 COD 排放量（G_{CODp}）+生活 COD 排放量（G_{CODL}）

②工业 COD 总排放量预测公式

$$G_{CODp}=\sum_{i=1}^{n}G_{CODi}$$

式中：G_{CODp}——生产 COD 总排放量；

G_{CODi}——某生产行业 COD 排放量；

n——行业数。

某生产行业 COD 排放量预测公式为：

$$G_{CODp}=Q_i\times K_i\times(1+a)^{(t-t_0)}(1+\gamma)^{(t-t_0)}$$

式中：G_{COD_i}——某生产行业预测年 COD 排放量，t/a；

Q_i——某行业基准年产值，万元；

K_i——某行业基准年万元产值 COD 排放量（COD 排污系数），t/万元；

α——某行业产值年均递增率，%；

γ——某行业 COD 排污系数年均递减率，%；

t_0——基准年；

t——预测年。

③生活 COD 排放量预测

生活 COD 排放量（G_{CODL}）等于城镇居民生活废水排放的 COD 量与农村居民生活废水排放的 COD 量之和。预测公式如下：

$$G_{CODL}=K_{CODC}P_C+K_{CODV}P_V$$

式中：P_C、P_V——城镇、农村居民人口数；

K_{CODC}、K_{CODV}——城镇居民和农村居民生活 COD 排放系数。

不同环境单元的 COD 排放系数明显不同，统计手册给的参考数据为 60～120g/（人·d），生活水平较高地区 COD 排放系数较大，可取上限数据。

3. 水环境污染预测

水环境污染预测以水环境污染物排放量预测为基础，预测河水水质变化和控制断面水环境污染物浓度的变化。水环境污染预测模型有很多，下面以 COD 为例简单介绍河流混合稀释模型，这是在环境规划研究中进行水质预测较为常用的模型。

当污染物由排污口排入河流并与河水完全混合时，在预测时只考虑河水的扩散能力，其预测公式为：　$c=(q'c'+q_ic_i)/(q'+q_i)$

式中：c——河水与污染物完全混合后，河流下断面某污染物浓度，mg/L；

q'、q_i——河流上游来水量及废水排放量，m^3/s；

c'、c——河流上游来水水质浓度（即上断面某种污染物的浓度）和所排废水中污染的浓度，mg/L。

当污染物不只由排污口以点源形式排入，还有沿程非点源汇入时，采用如下公式进行预测：

$$c=\frac{q'c'+q_ic_i}{q'+q_i}+\frac{m_i}{86.4q_x}$$

式中：m_i——为沿程河段内非点源汇入的污染物总负荷量，kg/d；

q_x——下游 x 公里处河段的流量，m^3/s；

其他符号的物理意义同上。

（四）固体废物预测

固体废物产生量等于生活垃圾产生量与生产固体废物产生量之和，其预测方法与水污染物 COD 总排放量预测相似。生活垃圾产生量为人口数与人均生活垃圾产生量之积。生产固体废物产生量各行业可分别进行预测。

危险固体废物对环境和人类的危害大，因此需要将其单独列出，危险固体废物主要来源是医药行业和化工行业。

（五）噪声污染趋势分析

根据社会经济发展总体规划和城乡建设总体规划，预测车流量与建筑工程量，据此进行施工噪声与交通噪声的预测。

（六）生态环境质量变化趋势分析

在以上预测的基础上，预测规划水平年生态环境质量，将其与基准年生态环境质量进行比较，分析生态环境质量变化趋势。进行协调因子分析，在本区域环境功能区划的基础上确定合理的环境目标。确定环境目标的基本原则有：满足研究区域的性质功能的原则、满足区域居民生存发展的基本要求的原则、与区域经济技术发展的现实水平相协调的原则。

三、协调因子分析

（一）资源环境综合承载力分析

环境承载力是指在某一时期某种状态下，某地区所能承受的人类活动的阈值。环境承载力是环境系统的客观属性，具有客观性、可变性、可控性、控制范围的有限性等特点。环境承载力包括环境可向人类提供自然资源的能力与容纳污染物的能力。环境承载力的大小可以用环境所能承受人类活动的强度和规模来反映。开发强度是指人类在某一历史时期内对资源的开发利用量。资源环境综合承载力评价值（EP）等于开发强度（F）与环境承载力（Z）的比值。

分析方法与步骤：

1. 进行参数筛选

对应列出开发强度（发展变量）与环境承载力（制约变量）的多对参数，通过系统模拟灵敏度分析或专家咨询等方法进行参数筛选，确定评价参数。

在进行协调度评价时，参数筛选可从自然资源、社会经济资源和环境污染控制三方面进行考虑。参数筛选时要注意以下两点：①所选参数应为对经济、社会与环境协调发展影响较大的因素；②所选参数中开发强度与环境承载力参数要一一对应，如水资源需求量应与水资源可供量相对应。

自然资源有水资源、土地资源、生物资源、矿产资源等；社会经济资源参数有资金投入能力、科技水平、人口素质等；环境污染控制参数主要有污染物最大允许排放量、削减量和环境污染治理能力等。

2. 计算单项资源环境承载力评价值（E_{pi}）

$E_{pi}=F_i/Z_i$。

式中：F_i、Z_i——i因素发展变量及制约变量（如水资源需求量和水资源可供量）。

3. 计算资源环境综合承载力评价值（E_p）

$$E_p=\frac{1}{n}\sum_{i=2}^{n}W_iE_{pi}$$

式中：W_i——i因素评价值的权值（可由灵敏度分析结果或由专家咨询等方法确定）

n——所筛选出的参数的个数。

4. 资源环境综合承载力分析

根据综合评价值，进行资源环境综合承载力分析，一般采用如下分级方法进行分析：

$W_P \leqslant 0.8$ 表示开发不足，资源与环境容量没有得到最大限度的利用，发展速度可以提高，开发强度可以加大；

$0.8<W_P \leqslant 1$ 表示科学合理地利用了环境资源和环境容量；

$W_P>1$ 表示开发强度大于环境承载力，社会经济的发展是以环境污染和生态破坏为代价的，若以原方式继续进行发展，会受到资源与环境条件的约束，是不可持续的。

（二）协调因子分析

协调度评价（亦可称为资源环境综合承载力分析）的重点是对开发强度与环境承载力之间是否协调进行分析，对社会、经济与环境是否协调发展做出判断。如果社会经济与环境处于不协调发展状态，则人类应调整自身行为，促进其协调发展。

社会经济环境系统由许多相互联系、相互影响的因素组成，任何一种因素的变化都会对其他因素有一定程度影响。但是大多数因素的变化对整个系统的影响非常小，只有极少量因素的变化会对系统产生重大影响，我们将这些少量的、可以对系统产生巨大影响的因素称之为敏感因素，敏感因素中有些是人类在某种程度上可以对之进行调控的，对其进行正确的调控可以促进社会、经济和环境的协调发展，我们将这些对社会经济环境系统的协调发展起调控作用的因素称之为协调因子。协调因子分析是在协调度评价的基础上进行的，协调因子分析可以分为三个层次：战略协调、政策协调和技术协调。

1. 战略协调

战略协调因子是从战备高度对经济与环境的协调发展起调控作用的因素。战略协调由两方面组成：

一是为促进经济与环境协调发展而制定的相应的战略方针，如“三同步”、“三统一”战备方针，“预防为主，保护优先”、“在保护中开发，在发展中保护”的战略方针，环境与发展综合决策，等等。在制定区域环境保护战略（即环境总目标）时，要以上述战略方针为依据，因地制宜地制定研究区域的环境保护战略。

二是转变人的思想观念，提高人们的环境保护意识，实现从道德、文化、观念、知识、技能等各方面环境意识的转变。环境意识是指对环境问题的认识程度和认识水平及为保护和改善环境而主动调节自己经济活动和社会行为的自觉性。提高人们的思想观念，首先提高决策层的环境意识、环境责任感、环境与经济协调发展的综合决策能力，这是保护和改善环境质量、实施可持续发展战略的基础，是一项十分艰巨的任务；再者提高全民族的环境意识也十分重要，我国人口众多，总体科学文化水平、环境意识并不高，因此提高全民族的环境意识仍是一项艰巨的任务。

2. 政策协调

在正确的环境保护战略指导下制定恰当的政策、建立有效的环境管理制度和运行机制，制定有利于环境保护的经济政策，是实现经济与环境协调发展的根本途径。中国的三大环境保护政策体系包括：预防为主防治结合政策，谁污染谁治理政策，强化环境管理的政策。

(1) 预防为主的政策

预防为主的政策是针对全国正在进行大规模的经济建设而制定的，其主旨是在快速发展经济的同时，不产生或尽量少产生对环境的污染和破坏，在解决历史遗留的环境污染与生态破坏问题的同时，不再造成新的污染与破坏，不再产生新的污染欠账，保证环境与经济的协调发展。为了达到这一目标需要推行清洁生产，制定可持续的生产政策，建立充分体现“预防为主，防治结合”的环境管理系统。环境规划、环境影响评价和“三同时”制度组成了这样一种环境管理系统。

(2) 谁污染谁治理政策

经济合作与发展组织（OCED）环境委员会在“关于环境政策的国际经济方面的控制原则”中提出了“污染者负担的原则”，又称“三 P”原则。这项原则主要是针对污染者向环境排污却不负担污染治理责任和费用，而是将其转嫁给社会的现象。根据这项原则，污染者为了避免受到经济上的制裁，必须积极地治理因自身生产经营等活动而造成的环境污染。因此“三 P”原则是将外部不经济性内化的一项环境经济政策，是环境管理的支柱。“三 P”原则有三种情况：等量负担、欠量负担和超量负担。

中国借鉴“三 P”原则制定了“谁污染谁治理”的政策。其主要内容有：

Ⅰ. 结合技术改造，履行工业污染防治，技术改造费的 7% 要用于污染防治。

Ⅱ. 对污染严重、资源浪费严重、扰民的生产经营单位限期治理，或关、停、并、转；

Ⅲ. 实施排污收费制度，有超标收费和排污费两个层次。超标收费是指“排放污染物超过国家或地方标准的企事业单位，依照国家规划缴纳超标排污费，并负责治理”。超标排污所排污染物的总量超过了环境容量的允许限度，有可能对环境造成损害，超标排污费是对为种损害的一种补偿，但这种补偿小于所造成的损害，属于欠量补偿，收费标准略高于污染治理费用。

排污收费所征收的是环境容量的使用费，排污即收费制度可促使排污者尽量减少污染物的排量。排污收费是资源有偿使用的体现。

Ⅳ. “征收生态补偿费”，“开发者保护、破坏者恢复、利用者补偿、开发利用与保护增殖并重”的原则也是“三 P”原则的扩展。

(3) 强化环境管理政策

中国有一部分环境问题是由于管理不善造成的，通过加强环境管理可以解决这类由管理不善而造成的问题。中国现阶段不可能投入巨额资金用于环境保护，我们必须强化管理，使有限的环境保护资金发挥最大的作用。因此强化环境管理政策是中国环境管理政策体系的核心。而管理的核心问题是遵循生态规律，正确认识人与环境的辩证关系，正确处理环境与发展的关系，运用法律、经济、技术、教育和行政等手段，实行科学的环境管理，即可以解决因管理不善造成的资源浪费和环境污染破坏问题，同时也可以保证其他政策措施的顺利实施。

(4) 制定有利于环境保护的经济政策

有利于环境保护的经济政策有：有利于环境保护的产业政策；有利于环境保护的能源政策；有利于环境保护的信贷政策。

3. 技术协调

技术协调是指运用技术手段，调整人类行为，促进社会经济与环境的协调发展。技术协调的主要内容：制定环境保护技术政策，制定技术规范、标准等环境管理技术措施，进行科学技术的环境影响预测，等等。

四、环境功能区划和环境目标的确定

环境功能分区是实施区域环境按功能进行管理的基础，也是制定区域环境主要污染物排放总量控制目标的依据之一。区域生态环境区划是区域环境功能分区的主要依据之一，因此，首先简单介绍区域生态环境区划。

(一) 区域生态环境区划

区域生态环境区划是用生态理论为指导，为土地利用适度化提供科学依据，其目的是建立一个有利于生产和生活的良好的环境。

区域生态环境区划的方法步骤如下：

1. 生态适宜度分析

在区域生态登记的基础上，逐网格进行生态适宜度分析，寻求土地的最佳利用方法。生态适宜度分析要综合考虑生态要求和经济、社会发展的需要，对各种土地利用方式逐一进行生态适宜度分析。

生态适宜度分析的步骤是：正确的选择生态因子；进行单因子分级评分；逐网格计算综合分值；进行综合分值的分级；将土地利用方式整理制图。生态适宜度分析，一般选用以下生态因子：人工与自然特征、气象、土地开发利用评价值、生态敏感度和生产生态位等。上述各种生态因子的含义如下：

人工与自然特征是指进行生态适宜度分析的网格周围的环境特征。

土地开发利用评价值（S）等于土地条件等级（L）与土地利用现状（U）的比值，即 $S=L/U$。土地条件等级与该块土地的实际利用状况相协调时，土地开发利用评价值达到平衡点（S_P），$S>S_P$ 表示该网格开发不足，$S=S_P$ 表示该网格开发平衡，$S<S_P$ 表示该

网格开发过度。

气象主要是指平均气温、气温变化规律、降水量、降水特征、风速、风频、风向、逆温层、日照时间、热岛强度等；

生态敏感度是对生产过程生态效应的敏感程度。

生态位是指居民生存状态水平的高低或条件的好坏。生产生态位是指有利于发挥生态系统生产功能的条件和基础，主要是自然资源、经济资源和社会资源的条件。自然资源包括水资源、能源、土地资源、生物资源和环境容量等；经济资源包括财政资源、工业交通资源和城市基础设施等；社会资源包括人口劳动力资源、智力资源、卫生资源和科技资源等。

2. 提出生态区划方案

收集农业部门、国土部门有关土地利用区划的材料，收集城乡建设总体规划关于土地利用等级分类及功能区划的资料，在生态适宜度分析的基础上，综合分析以上资料，经专家咨询提出生态区划初步方案。初步区划方案需征求各部门意见，经调整修改后再形成最后的生态区划方案。

（二）环境功能区划

1. 环境功能区划的原则

（1）功能区划要以研究区域生态环境特征为基础，以区域生态环境区划为依据，分析研究区域内各环境单元目前的主要环境功能，分析现有功能是否合理和明确，并分析改变现有功能的可能性。功能区划要使环境容量得以合理利用并有利于区域生态环境建设，力求与现状布局近似，以减少改建投资。

（2）环境功能区划必须满足国家的有关标准、法规和规定的要求，满足国家对一些特殊区域的特殊规定。如风景区、疗养区、居民生活区都有一些特殊规定。

（3）功能区划必须满足居民生产和生活的基本需要，并有利于区域经济和社会的发展。

（4）功能区承担多种功能时，以最高功能或主要功能的要求为准。如某一水源地同时承担饮用水、工业用水、农业灌溉用水等几种功能时，应以饮用水水源地的有关标准来要求。在实现最高功能有困难时，可以以主要功能为准，但对最高功能要有妥善保护措施。如混杂在工业区内的居民生活区，要设置防护林带，并限制其进一步发展，有条件时要加以调整。

2. 功能区划的方法

（1）分析研究区域现状图、区域总体规划布局图、区域环境区划图；对比分析研究区域大气和水污染源排放量密度图，及环境噪声分布图和固体废物堆放分布图；对比分析研究区域静态人口密度分布图、区域内主要环境单元动态人口密度分布图、交通流量分布图、现有建筑密度分布图。在综合分析的基础上，分别绘制研究区域社会经济发展所要求的功能区划图和研究区域生态环境保护所要求的功能区划图，平衡二者关系，广泛征求有关部门意见，形成环境功能区划初始方案。

（2）有关部门和有关方面的专家对初始方案进行反复论证，并根据他们的意见进行修改，以确定最后的环境功能区划图。

3. 环境功能区划

综合环境功能区划主要以研究区域中人群的活动方式和对环境的要求为分类原则，环境功能区划方案确定后，要汇总制表并绘图。

环境功能区的名称与区域建设总体规划基本一致，一般可分为工业区、居民区、商业娱乐区、风景旅游区、重点保护区等。为了突出环境保护的特点，也可将环境功能分区做如下分类：

（1）重点保护区，如风景旅游区、文物古迹区和休闲疗养区等；

（2）一般保护区，如以居住、商业活动为主的地区；

（3）污染控制区，指目前环境质量较好，需严格控制新污染的工业区；

（4）重点治理区，指现状污染较严重，在规划中要加强治理的工业区，国家或省调查确定的重点污染区（如汞污染区）也在此列；

（5）新建经济技术开发区，该区环境质量根据开发区的功能而定，应从严要求。

4. 单要素环境功能区划

单要素环境功能区划以单一环境要素为研究对象，在综合环境功能区划的基础上进行的，不同环境单元的社会功能不同，因此不同环境单元对单一环境要素环境质量提出的要求也不尽相同。一般包括：大气环境功能区划、水环境功能区划、噪环境功能区划等。

（1）*单要素环境功能区划的方法*

①调查环境功能区现状，分析评价现行单要素环境功能的目标要求是否达到，将现行单要素环境功能调查的结果列表登记。

②根据国家环境质量标准、当地的气象特征和综合环境功能区划方案，提出单要素环境区划初步方案并划分类别。

③征求有关部门意见，补充、修改初步方案。

④确定最后单要素环境功能区划方案，在研究区域的地图上绘制单要素环境区划图，标明各类功能区的边界和范围和应执行的国家环境质量标准。

（2）*大气环境功能区划*

大气环境功能区划是按功能区对大气污染物实行总量控制和进行大气环境管理的依据。大气环境是由流动的空气构成，因此大气环境功能区划宜粗不宜细。一般可将区域大气环境划分为3类功能区：一类功能区，如自然保护区、风景旅游区、疗养区、特殊保护区，应执行GB3095—1996一级标准；二类功能区，如居民区、商业区、文教区、农村、新经济技术开发区，应执行GB3095—1996中的二级标准；三类功能区，如工业区、港口区、交通枢纽及干线，应执行GB3095—1996中的三级标准。

（3）*水环境功能区划*

水环境功能区划是按功能区对水污染物实行总量控制和进行水环境管理的依据。区划范围：规划区域内的河流、湖泊及水库等。水环境功能区划的原则：饮用水源重点保护；统筹考虑、合理组合；与区域布局相结合，综合考虑水污染源排放口的分布；合理利用水环境容量；经济技术节约；便于管理且目标可行。水环境功能区划可分为：饮用水源一级保护区应执行国标（GB3838—2002）Ⅱ类或Ⅱ类以上水质标准；饮用水源二级保护区，应执行国标Ⅲ类或Ⅲ类以上水质标准；鱼类保护区、游泳区应执行国标Ⅲ类水质标准；工业用水应执行国标Ⅳ类或Ⅳ类以上水质标准；农业用水应执行国标Ⅴ类或Ⅴ类以上水质标准。

(4) 声环境功能区划

声环境功能区划也是在综合环境功能区划的基础上进行的，主要依据《中华人民共和国城市区域环境噪声标准》GB3096—1993。各类标准适用区域如下：0 类标准适用于疗养区、高级宾馆和别墅等；1 类标准适用于以居民、文教机关为主的地区；2 类标准适用于居住、商业、工业混杂区；3 类标准区适用于工业区；4 类标准区适用于交通干线两侧。

(三) 环境目标的确定

区域环境规划中环境目标可分为 3 个层次：环境总目标、总量控制目标、专项环境规划的具体环境目标。

1. 环境总目标

环境总目标确定依据：一是国家的环境战略目标；二是本区域的生态特征、环境现状，在全国社会和经济发展全局中的地位；三是本区域的总体发展战略和技术经济发展水平。

环境总目标的描述：分阶段描述环境总目标中有关减轻环境污染状况、遏制生态破坏、促进经济社会与环境协调发展的内容和目标。

说明：国家的环境战略目标是指由国家统一制定的、涉及全国范围的、长远的环境目标。如《国家环境保护局“十五”计划和2015 年远景规划目标纲要》的建议中提出，到2005 年，初步建立起适应社会主义市场经济体制的环境保护政策法规和管理体系，力争环境污染的状况有所减轻，生态环境恶化趋势开始减缓，重点区域和城市的环境质量得到改善。环境污染得到控制，主要污染物排放量比 2000 年减少 10%，两控区的 SO_2 排放量比 2000 年减少 20%。到 2015 年，环境污染得到控制，力争生态环境有所改善，城乡环境质量基本适应人民生产生活的需要。

2. 总量控制目标

总量控制目标是实现环境战略目标的主要环节，是确定专项环境规划具体目标的依据。总量控制目标的确定原则：对环境危害大的、国家要求控制的主要污染物；环境监测和统计手段能够支持对其进行监测和统计的污染物；能够实施总量控制的污染物。总量控制目标分为三类：一是环境污染总量控制目标；二是生态环境总量控制目标；三是经济社会发展目标。

环境总量控制目标的确定程序与方法：

(1) 确定总量控制指标

参照国家的总量控制目标，结合本区域的实际情况，列出可供筛选的指标，通过专家咨询等方法进行参数筛选，确定各类总量控制指标。

①环境污染总量控制指标有：大气污染宏观总量控制指标，工业废气排放量及处理率，汽车尾气排放量，大气主要污染物（烟尘、工业粉尘、二氧化硫、氮氧化物等）排

放量，等等；水污染控制指标，工业废水与生活废水排放量、处理量、处理率，外排工业废水达标率，万元产值工业废水排放量，废水中主要污染物（TOC、COD、NH_3-N、酚等）的排放量等等；工业固体废物宏观控制指标，工业固体废物产生量、排放量、处置率，工业固体废物综合利用量、利用率、利用产值，危险废物无害化处理、处置量和处理、处置率等等。

②生态环境总量控制指标有：自然保护区面积占研究区域国土总面积的比例，生态脆弱保护区及生态特殊保护区面积，森林覆盖率，植树造林面积，人工草原面积，生态建设示范区及生态农业示范区个数及面积，荒漠化土地面积，水土流失面积约占国土总面积的比率等等。

③经济和社会指标有：人口密度，经济密度，人均国内生产总值（GDP/人），人均国民生产总值，万元 GDP 耗水量，万元 GDP 综合耗能，科技贡献率（%），环境保护投资占 GDP 的比值等等。

（2）按照国家的统一要求，结合本区域的经济技术发展水平，确定排污总量控制目标及总量削减目标

如：到2005 年主要大气污染物和水污染物排放量要在2000 年（规划基准年）的基础上削减 14%；万元 GDP 耗水控制在 500t 以下等等。

污染物总排放量削减量 = 预测污染物排放总量 - 环境容量

注：此处预测污染物排放总量是建立在污染治理水平和管理水平都没有明显提高的基础上。

污染物削减率 = 污染物削减量/预测污染物排放总量

此处所指的环境容量是目标环境容量。为了研究方便，可将环境容量分为自然环境容量和目标环境容量。自然环境容量是指某一区域环境对人口和经济发展的承载能力。它主要包括可供开发利用的自然资源的数量和环境消解废弃物的最大负荷量。因此，衡量污染物的排放量是否会对环境造成影响和危害，应根据该污染物的自然环境容量而定。由于资金、技术的限制和历史的原因（有些地区环境污染欠债太多），要求所有地区在规划期内都达到污染物排放强度控制在自然环境容量允许的范围内是有困难的，因此提出目标环境容量。目标环境容量是指达到相应环境功能时污染物的允许排放强度。必须指出，控制污染物的排放强度不超过目标环境容量不能保证该污染物不对环境造成污染和危害，因此努力将污染物排放量控制在自然环境容量允许的范围内是我们的最终目标，但这一目标可能需要通过较长的时间的努力才能实现。

（3）从资金、技术、管理三方面进行环境总目标可达性分析

3. 环境规划的具体环境目标

专项环境规划的具体目标是针对某一环境要素而制定的环境目标，如大气环境目标、水环境目标、噪声环境目标等。一般包括环境质量目标、污染控制目标、环境管理目标和环境建设目标，水环境目标中还应包含资源保护目标。

（1）确定目标的依据：国家的法规、标准和总体规划；研究区域的气象特征和区位特征；研究区域社会经济发展需求及经济技术的实际水平；研究区域环境功能区划结果。

（2）确定目标的方法和程序：①设计指标体系框架，指标体系应包括环境质量指标、污染控制指标、环境管理指标和环境建设指标等；②采用适当方法，如专家调查法、经验

判断法等，进行参数筛选，确定应包含的分指标，并将各项分指标按相对重要性排序，确定各项分指标权值；③确定各项指标的环境目标；④确定综合指标值；⑤进行环境目标可达性分析。环境目标可达性分析通常包括以下内容：从投资分析环境目标的可达性，从环境管理水平和污染防治技术的提高论述环境目标的可达性，从污染负荷削减的可行性论述环境目标的可达性。

第三节　环境规划的编制方法

环境规划编制是在环境规划研究和环境管理工作经验的基础上进行的。其主要内容：介绍研究区域环境概况；进行研究区域环境质量预测分析；针对研究区域进行环境功能区划并制定环境目标；采用适当的方法进行规划优化决策，提出规划方案；确定实施规划的支持与保证。

一、研究区域环境概况

（一）研究区域环境特点

介绍研究区域的自然地理位置，气候特点，灾害性天气的出现几率，资源特点。介绍研究区域总面积，市区面积，建成区面积，人口规模和非农业人口数量。

1. 区域的地理位置：地理环境特征、地势特征，重要的自然景观和人文景观，自然景观和人文景观的特征。

2. 区域内水系统特征：如降水量及降水特征；境内河流特征、水环境容量；供水能力、污水处理能力；水循环系统组成形式（供水厂取水水质、位置、取水量，纳污水体容量等）；水污染物排放量、排放特征及造成的危害。

3. 大气环境特征：大气的自净能力与大气污染物扩散特征；研究区域上风向地区的经济结构是否合理及其对大气环境的影响。

4. 人口结构特征：人口年龄结构，男女性别比，受过高等教育人口占总人口的比例，一、二、三产业从业人口比等。

5. 经济结构特征：一、二、三产业的产值比例；增长速度比；确定各产业内的支柱行业，支柱行业的发展对全区域经济、社会发展的影响及对环境质量的影响。

（二）研究区域环境质量现状

评价研究区域综合环境质量和整体环境质量状况；确定环境污染比较严重的地区和对造成污染贡献较大的污染因子；确定大气、水、固体废物、噪声等环境要素在污染贡献中所占的比例。

1. 大气环境质量评价程序：选择确定评价因子、评价标准、评价方法，调查获得评价所需数据，进行评价，得出评价结果；分析评价结果，确定研究区域大气环境质量现状，不同季节环境污染特征，各环境单元大气环境质量现状。

2. 地面水环境质量评价程序：选择确定评价因子、评价标准、评价方法，调查获得地面水评价所需要的数据，进行评价，得出评价结果；分析评价结果，确定研究区域地面水环境质量现状（丰水期、枯水期分别进行介绍），主要的水环境污染因子，各评价水体水环境质量现状。

3. 地下水环境质量评价程序：选择确定评价因子、评价标准、评价方法，调查获得评价所需数据，进行评价，提出评价结果；分析评价结果，确定地下水 pH 值、总硬度、COD 等指标是否符合饮用水标准，若有超标指标，确定其超标率，确定各井水是否适于作为饮用水源，确定地下水存在的主要问题。

4. 固体废物评价：固体废弃物的产生量、处理率及综合利用率；危险固体废物的产生量、处理率及存放位置。

5. 环境噪声现状评价：研究区域噪声污染程度，主要噪声源，噪声超标率地段占总区域的面积比例，噪声超标率。

6. 区域绿化系统现状评价：绿化面积，绿化结构；建成区绿化覆盖率，人均公共绿地面积。

二、研究区域环境质量预测分析

选择适当的预测方法（不同环境要素，预测方法不同），在假设系统不进行调整，政策不发生重大变化的前提下，以基准年的值为基础，对研究区域规划期内的环境质量分阶段进行预测分析。预测分析的目的是寻找出系统发展的约束瓶颈，对主要的约束资源进行最优化配置，以求得最佳的社会经济发展规划方案。

（一）大气环境变化趋势预测的主要内容：耗煤预测；主要大气污染物排放量预测；主要大气污染物浓度预测，大气环境质量预测。

（二）水环境变化趋势预测的主要内容：水资源可供量预测；需水量预测；废水产生量预测；主要污染物产生量预测；主要水域纳污量预测；水环境质量预测（需要分水体进行预测）。

（三）固体废物产生量变化趋势预测的主要内容：工业固体废物产生量；生活垃圾产生量预测。

（四）噪声污染变化趋势预测的主要内容：对区域环境噪声、交通噪声、建筑噪声分别进行预测。

（五）区域绿化趋势预测的主要内容：绿化面积和绿化结构预测；建成区绿化覆盖率预测，人均公共绿地面积预测。

（六）区域生态环境变化趋势分析：在以上预测基础上，分阶段预测各环境单元生态环境变化趋势和区域生态环境总体变化趋势；确定规划期内各阶段末生态位水平，各阶段末与规划基准年相比的生态位势。

三、环境功能分区和环境目标的确定

环境功能分区的主要内容是：①环境区划，环境区划的主要内容有土地开发度评价、生态适宜度分析和确定不同开发用地需要的适宜开发区。②环境功能分区，环境功能分区包括综合环境功能分区和单要素（大气、水、噪声等）环境功能分区。

在环境功能分区的基础上分阶段确定环境总体目标、总量控制目标和具体环境目标。

（一）进行优化决策，确定规划方案

在环境现状调查、预测和功能区划的基础上确定环境目标，再采用适当的优化决策方法，得出对区域可持续发展支持水平较高的环境规划方案。环境规划方案一般包括以下内容：

1. 研究区域总体结构规划方案

总体结构规划原则是：实现环境保护总目标，实现自然资源、社会资源和经济资源的合理利用与最优化配置。

总体结构优化的目的是：在满足资源承载力和环境容量约束的前提下，实现社会和经济效益的最大化，即实现社会、经济与环境的协调发展。

总体结构规划方案的主要内容是：确定社会经济的总体发展规模、发展速度、发展稳定度、发展潜力；确定研究区域在发展规划期内适度的人口规模；确定一、二、三产业的合理结构（产值、发展速度、资金投入等）比例；确定各产业环境资源与环境容量的可开发利用量（如土地资源、水资源、大气环境容量、水环境容量等）；确定规划水平年与规划基准年间的生态位势。

生态位的概念最初源于对自然生态系统的研究，一般指物种所占有的物理空间和在生物群落中的地位和作用，这里是指居民生存水平的高低或条件的优劣。生态位可用于衡量研究区域为满足人类生存所提供的各种条件的完备程度和生存适宜度。生态位势是指两个生态位之间的差异。

2. 产业结构方案

（1）工业行业结构规划方案

制定工业行业结构规划方案的原则是：在满足工业生产资源消耗量与污染物排放量不大于工业所得份额（指在总体规划方案中规定的限值）的前提下，实现工业产值规模最大化，社会、经济收益最大化，资源消耗量最小化，污染物排放最小化。

工业行业结构规划方案的主要内容是：规划期内工业各行业发展速度与发展方式；各阶段末，工业各行业的产值规模；工业的合理化布局；各行业在规划期内对自然资源需求量和污染物的排放量。

（2）农业及第三产业结构优化方案

农业结构优化原则：在满足资源消耗量与污染物排放量不大于农业所得份额的前提下，实现农业产值最大化，社会收益量最大化，资源消耗量最小化，污染物排放量最小化。

农业结构优化方案的主要内容：规划期内农业产值；农业生产结构与种植结构；资源需求量；污染物排放量。

3. 污染物治理方案

一般选择对研究区域生态环境质量冲击较大的几种污染物进行研究。逐项研究在规划方案下各种污染物的排放总量和排放源，确定对于超过总量控制标准的污染物的治理措施，将规划水平年污染物排放强度与规划基准年污染物排放强度进行比较，验证是否达到了污染总量削减和总量控制目标的要求，同时分析污染物排放总量的变化趋势。

4. 环境保护工程设施建设规划方案

对规划期内准备建设的环境保护工程设施进行投资效益分析，确定可执行的投资项目。投资费用是指因进行项目建设而需要投入的资金；投资收益是指环境保护工程设施对生态环境的保护收益、对促进社会经济发展的收益，包括资源的节约、污染物排放量的减少、环境质量的改善等。

5. 生态建设和生态保护规划方案

生态建设和生态保护的指导思想是：以可持续发展为指导，应用生态经济学理论和方法，以科技为先导，结合研究区域的实际情况，集中力量解决生态环境面临的突出问题，改善生态、发展生产、提高人民生活质量，促进生态环境良性循环，实现经济效益、社会效益、生态环境效益的三统一。

生态建设和生态保护规划方案的主要内容是：确定生态建设与生态保护的重点区域；确定各阶段生态建设与生态保护的分指标。分指标包括：研究区域内规划期各阶段末的森林覆盖率；建成区绿化覆盖率；建成区人均公共绿地面积；自然保护区覆盖率；人均耕地面积；人均水资源占有量；水土流失面积最大量等等。

第四节　环境规划方案的实施

环境保护是我国的一项基本国策，环境规划是国民经济与社会发展规划的有机组成部分，将环境保护纳入到综合经济决策，其目的是在发展的同时保护环境，使经济与环境协调发展。因此环境方案的顺利实施是实现经济可持续发展的前提。

环境规划由人民政府环境保护行政主管部门组织拟定，经同级人民政府批准后，由政府组织实施，环保局行环境规划的实施有监督管理权。地区计委应当把环境规划中的环境保护指标纳入到地区国民经济与社会发展计划中，与年度计划一并下达。

一、资金投入的支持和保证

落实环境规划资金是保证环境规划实施的关键，环境保护投资需占同期 GDP1.2% 以上，环境保护投资用于防治污染、环境监测、生态建设和生态保护、环境科学研究、环境教育等各方面。为了切实保证环保投资到位，建立多元化、多渠道的环保投资机制是很必要的。

（一）将环境保护指标纳入到国民经济和社会发展计划。将环保投入纳入到各级财政预算，政府投资主要用于环境基础设施的建设、环境保护管理、生态保护和生态建设。

（二）建立环境保护基金。通过财政专项资金，开征以节约资源和保护环境为目的的资源环境税，改革排污收费使用办法。

（三）制定恰当的政策，拓宽环保投资渠道。制定优惠的环保信贷政策，鼓励银行在确保信贷安全的条件下，积极支持污染治理、生态保护和生态建设项目；全面征收城镇污水处理费和城市垃圾处理费；强化环境监督，促使企业严格执行环保标准，结合技术改造和产业升级，增加环保投入。

（四）引入市场机制。市场经济要求环境保护引入市场机制，即环境保护设施运营市场化、专业化。环境保护设施运营市场化、专业化要求服务方自主经营、自负盈亏。环保设施运营市场化、专业化的形式有：①由排污企业组织自己的专业运营队伍，以承包的方式负责环保设施的运营；②由排污企业将环保设施委托给专业化的运营公司负责运营，实行社会化有偿服务；③由地方政府负责环保设施的建设，由政府委托给专业化的运营公司，实行社会化有偿服务；④将环保设施建设权与运营权结合（BOT形式），由专业化的治理公司进行污染防治设施的建设并负责运营，实行社会化有偿服务。

二、强化法制政策和环境管理

（一）落实环境保护目标责任制

根据环境规划的目标要求，确定各年度环境保护指标，并将指标逐级分解，下放到各责任单位，以签订责任书的形式落实，保证环境规划按期实施。

（二）落实环境综合整治定量考核

根据区域环境规划目标的要求，落实定量考核制度。各区域作为一个整体要参加国家定量考核或省定量考核，各区域对下一级政府或下属有关部门也要进行定量考核。

考核得分 = 实际得分/指定考核指标应得分

（三）进一步强化环境管理制度

强化并不断完善环境管理制度是实现环境规划的基本保证，各地区要结合本区域的具体情况和规划管理需要，制定环境管理制度的实施细则。

（四）推广和落实排污许可证制度

实施排污许可证制度是环境管理由浓度控制转向浓度控制与总量控制相结合的关键一步。排污许可证制度，需按环境功能单元进行实施。首先确定各环境单元按功能要求和国家标准要求，各种污染物的最大允许排放量，然后将这些排放量指标分解到各经济主体。排污许可证制度的具体实施步骤为：①由区域环境保护行政主管部门统一下发排污申报登记表，排污单位需要如实申报排放污染物的种类、数量和浓度，对实行总量控制的污染物要详加登记其排放总量、排放强度和排放规律。②由区域环境保护部门核实排污申报表内容，核定排污总量指标及总量削减指标，分配到排污单位。③地区环境保护部门，对在当年即可完成总量削减指标的经济实体，依法发给排污许可证；对制定出切实可行的排污总量削减计划，在2~3年内可完成总量削减指标的经济实体，发给临时排污许可证。④环境保护部门对持证单位每年组织1或2次核查，并组织监测部门进行不定期监督检查，同时建立奖惩办法。

（五）进一步推广污染物集中控制

污染物集中控制可以提高污染治理效率、降低污染治理成本，有利于实现社会效益、经济效益与环境效益的统一。

三、实施环境规划的技术支持

环境规划的顺利实施除了需要资金支持、法制政策支持和强有力的环境管理的支持，还需要技术的支持。主要包括监测技术、资源最优化利用与配置技术和污染治理技术。先进的监测技术和高素质的监测队伍，可以保证向环境质量控制系统提供信息的准确性和及时性，这是进行优化决策的基础。以科学的方法进行资源的优化配置，是实现经济可持续发展的前提。污染治理工程措施是总量控制目标和污染物削减量指标的技术保证。

（1）强化监测管理，积极开发监测新技术。其中包括：优化采样布点，加强重点区域和重点污染物的监测工作，加强技术监督与服务性监测等等。

（2）结合实际，开展科学技术研究。科学技术研究大致可分为两类：① 污染治理政策技术的研究。例如，实施排污许可证过程中，如何公开、公平、公正地分配主要污染物的排放总量指标，建立排污权市场，如何将市场机制引入资源管理等等。② 污染治理工程技术研究。例如，怎样因地制宜地建立“中水道”，采用什么样的工程措施实现废物资源化等等。

思考题

1. 简述环境规划的类型。
2. 简述环境规划编制的基本程序。
3. 简述有效实施环境规划的要点和措施。
4. 简述环境规划中协调因子分析方法。

第七章　环境质量管理

第一节　环境质量管理概述

环境质量管理的概念是1968年由日本学者首先提出来的，他们在环境容量研究的基础上，把环境质量管理技术引入环境科学领域，对解决日本的环境污染问题起了一定的促进作用，后来，美国也出现了以环境质量管理技术为基础的所谓“泡泡政策”。我国则在1970年引入环境质量管理的概念，并立即在环境科学领域得到迅速推广和使用。

一、环境质量管理的概念和分类

所谓环境质量管理，就是指为了保证人类生存与发展而对自然环境质量和社会环境质量所进行的各项管理工作。这项工作的范围很广泛，就各级各类环保管理部门来说，其主要任务是提出环境质量标准，组织监控（监测、检查、控制）和协调；就利用环境资源的各部门而言，则是要把生产质量和环境质量管理紧密结合起来，开展环境教育，树立环境文明道德观，把环境污染尽力消除在生产过程之中。

环境质量管理的类型，按环境特性可分为：化学环境质量管理、物理环境质量管理、生物环境质量管理以及人类社会环境质量管理；按环境要素可分为单要素环境质量管理（如大气环境质量管理；水环境质量管理等）和综合环境质量管理；按环境管理的范围又可分为部门环境质量管理（如工业环境质量管理等）和区域环境质量管理（如城市环境质量管理、水域环境质量管理等）。

二、环境质量管理的基本内容

环境质量管理内容广泛，包括制定环境质量标准，确定环境质量的指标体系，对环境质量进行监控、测试、评价以及编写环境质量报告书等。环境质量标准是环境质量管理的基本依据，因为没有标准便无从判断环境质量是否达到要求以及达到的程度，管理也就无从着手。环境质量标准是从保护人体健康和维护生态平衡出发，为获得最佳的环境效益和经济效益，在综合考虑发展经济与保护环境及保护人体健康等方面因素的基础上制定出来的，并经一定权力机构批准、赋予法律效力的技术准则，目前环境质量标准还只是规定了污染物（化学的、物理的、生物的）在环境中的允许含量水平，至于人类社会环境标准还研究得很不够。环境质量监控就是指对环境质量进行监测和控制。监测就是在对环境进行调查、研究的基础上、监视、检测代表环境质量的各种指标数据的全过程，及时分析和处理这些数据，以掌握环境质量的现状及变化发展趋势。控制就是根据监测得到的环境质量现状及趋势，及时将信息反馈给有关部门，在超过警报指标或出现严重污染事故时发出警报和进行预报，通过有关部门采取某些具体措施，如减少车流量，要求排污严重的工厂减产、停产等，以控制环境质量继续恶化。

环境质量监控是环境质量管理的主要环节，它包括下述三种类型的监控：一是区域环境质量监控，即对区域的大气、水体、土壤等的环境质量现状进行监控。这种监控有两种情况：第一种情况是区域环境质量已经达到国家规定的某一级标准，或虽未达到标准但达到过渡性指标。这时应根据维护和改善环境质量的要求，继续对环境中的有害污染物的浓度变化和发展趋势进行常规监视性监测。第二种情况是地区环境质量既未达到国家标准，又无明确的环境目标，且环境质量逐年恶化，这时的环境质量管理首先是制止污染的发展，控制新污染，按期汇总报告给有关部门和决策机构，以便从根本上采取合理的对策。二是污染源监控，我国目前主要对工业污染源进行监控，包括内容有：①工业污染源调查，主要是摸清企业基本情况、生产工艺和排污、工厂的能源、水源、原材料、污染治理、生产发展趋势等，在调查基础上对重点污染源进行解剖，确定主要污染物；②根据国家污染物排放标准或由地区环境容量确定的总量控制标准，对污染源的排放量进行控制，同时根据地区环保部门的要求，确定厂内外一定范围内环境质量控制标准；③确定采样、布点，制定监测制度；④定期及时处理监测数据，将信息反馈给有关决策部门，以控制污染源的运行状态。关于交通运输污染源和农业污染源，我国目前只是不定期地作一些调查、监测，还没有建立起环境质量监控指标体系和监控系统，但这些污染源的监控在环境管理中的作用已日益显著。三是污染事故的监测分析，主要确定在各种紧急事故情况下的污染程度和范围，检查分析原因，以便采取有效措施避免事故再次发生。环境质量评价包括回顾评价、现状评价和影响评价，是指按照一定的评价标准和评价方法，对区域的环境质量状况及变化进行量的描述、评定及预测，也是环境质量管理的重要内容之一。

编写环境质量报告书，就是在环境监测、评价基础上，提出对环境质量状况的分析以及改善环境质量的对策。编写“环境质量报告书”是环境质量管理的又一重要内容，是各级环保部门的一项重要任务。环境质量报告书有国家级、地区级和企业级三种，它的作用是：①有利于弄清本地区的环境质量状况，为制定地区环境质量标准和污染综合防治规划、开展环境科学技术研究提供依据；②有利于当地政府和居民了解环境质量状况，促进建立环保目标责任制，把环境保护工作纳入各级政府的议事日程；③“报告书”通过对监测评价结果的分析，可对已采取环保对策的实施效果进行评估，并可针对现存问题提出新的对策；④为制定区域环保技术政策提供依据。

环境质量报告书涉及的范围很广，需要各有关部门协同动作，在编写过程中要统一认识，因此编写环境质量报告书，应遵循下列原则：一是要着眼于“人类－环境”大系统，从地区的整体出发，以生态理论为指导，全面分析经济、社会发展与环境质量的关系，不要局限于“三废”及噪声，尽管监测数据主要是“三废”及噪声数据；二是在对基本数据汇总分析时，要包括自然环境特征与社会环境特征，要有较强的针对性，以便为分析环境问题提供具体依据；三是分析问题要抓住主要矛盾，要对主要环境问题的危害包括经济损失及产生原因，有比较确切的分析，不能似是而非，模棱两可。对环境质量的变化及发展趋势，要有科学的预测，并对主要环境问题提出相应的对策。

三、环境质量管理程序的研究

环境质量管理涉及范围很广，必须依据环境管理的一般方法和程序，针对所要解决的

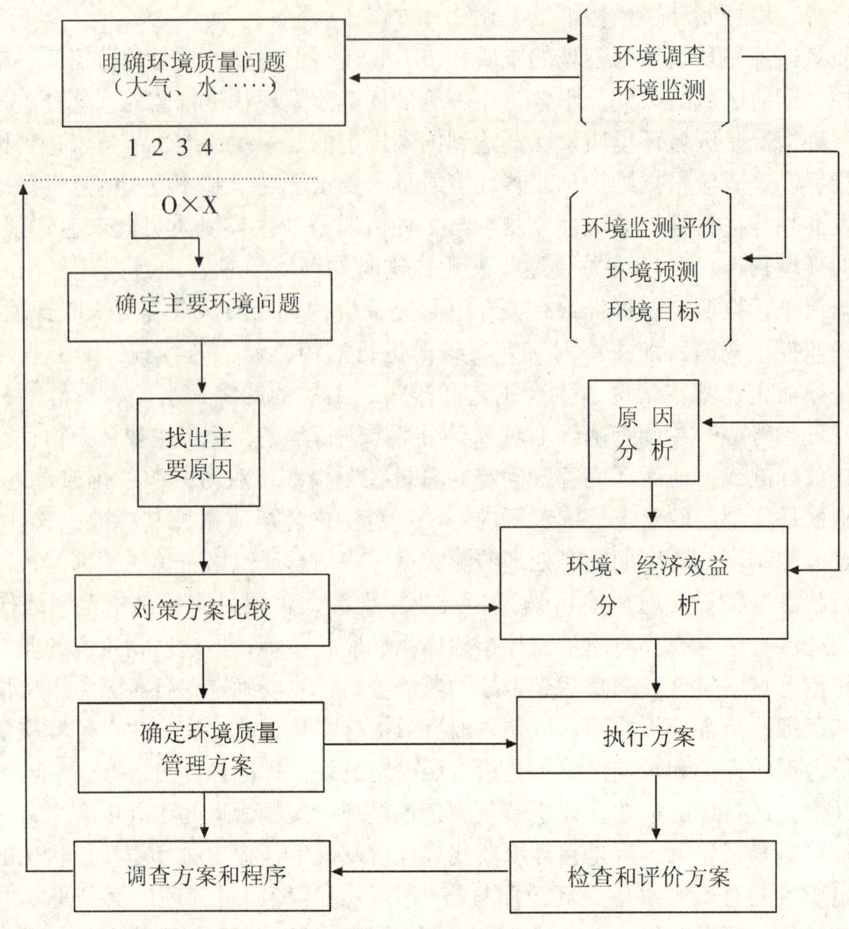

图 7－1　确定环境质量管理方案的一般程序

实际环境问题，进行方案的分析、对比，确定具体环境质量管理的程序。因为就某一地区的环境质量而论，需要从整个地区的实际情况，统一考虑各方面的管理工作，分轻重缓急，将它们有机结合起来，这当中就有一个程序问题；就一个地区（如城市）的环境质量管理而言，为保护和改善环境质量，应首先解决什么问题？怎样去解决这方面的问题，也需要确定恰当的程序。程序研究是环境质量管理中应当注意研究的一个十分重要的问题，科学合理的程序，是提高环境投资效益、促进各方面管理工作的关键，如图 7－1 和图 7－2 所示。

第二节　空气环境质量管理

空气是一种资源，是一种与一切生命息息相关的资源，因此，管理好空气质量是环境保护的一项十分主要的任务。

一、空气质量标准

空气质量标准是我国规定的各类地区空气中某些污染物的含量在一定时间内不允许超

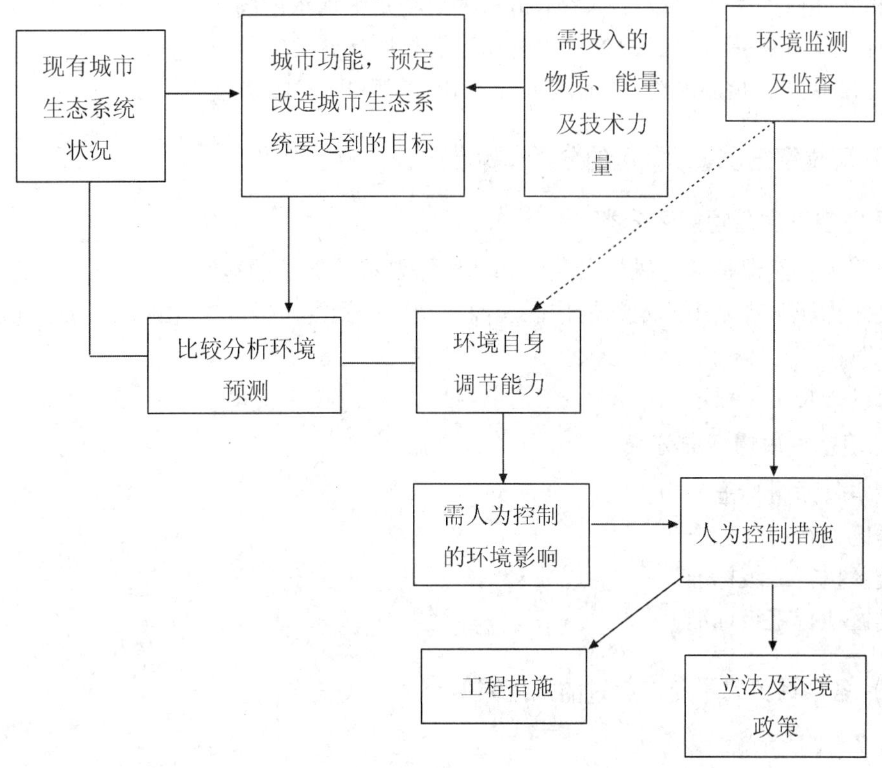

图 7－2　调查确定人为控制措施的一般程序

过的限值，是评价和管理大气的准绳。我国现行的空气质量标准是1996年颁布的“中华人民共和国国家标准—— 环境空气质量标准（GB 3095－1996）”。

（一）环境空气质量标准（GB 3095—1996）的定义

- 总悬浮颗粒物（TSP）：指能悬浮在空气中，空气动力学当量直径≤100μm 的颗粒物。
- 可吸入颗粒物（PM10）：指悬浮在空气中，空气动力学当量直径≤10μm 的颗粒物。
- 氮氧化物以（NO_2 计）：指空气中主要以一氧化氮和二氧化氮形式存在的氮的氧化物。
- 铅（pb）：指存在于总悬浮颗物中的铅及其化合物。
- 苯并［a］芘（B［a］P）：指存在于可吸入颗粒物中的苯并［a］芘。
- 氟化物（以 F 计）：以气态及颗粒态形式存在的无机氟化物。
- 年平均：指任何一年的日平均浓度的算术均值。
- 季平均：指任何一季的日平均浓度的算术均值。
- 月平均：指任何一月的日平均浓度的算术均值。
- 日平均：指任何一日的平均浓度。
- 一小时平均：指任何一小时的平均浓度。

- 植物生长季平均：指任何一个植物生长季月平均浓度的算术均值。
- 环境空气：指人群、植物、动物和建筑物所暴露的室外空气。
- 标准状态：指温度为273K，压力为101.325kPa时的状态。

（二）环境空气质量功能区的分类和标准分级

1. 环境空气质量功能区分类

一类区为自然保护区、风景名胜区和其他需要特殊保护的地区。

二类区为城镇规划中确定的居住区、商业交通居民混合区、文化区、一般工业区和农村地区。

三类区为特定工业区。

2. 环境空气质量标准分级

环境空气质量标准分为三级。

一类区执行一级标准

二类区执行二级标准

三类区执行三级标准

（三）各项污染物不允许超过的浓度限值

如表7－1所示。

表7－1　各项污染物的浓度限值

污染物名称	取值时间	浓度限值			浓度单位
		一级标准	二级标准	三级标准	
二氧化硫 SO_2	年平均 日平均 1小时平均	0.02 0.05 0.15	0.06 0.15 0.50	0.10 0.25 0.70	mg/m^3 （标准状态）
总悬浮颗粒物 TSP	年平均 日平均	0.08 0.12	0.20 0.30	0.30 0.50	
可吸入颗粒物 PM_{10}	年平均 日平均	0.04 0.05	0.10 0.15	0.15 0.25	
氮氧化物 NO_x	年平均 日平均 1小时平均	0.05 0.10 0.15	0.05 0.10 0.15	0.10 0.15 0.30	
二氧化氮 NO_2	年平均 日平均 1小时平均	0.04 0.08 0.12	0.04 0.08 0.12	0.08 0.12 0.24	
一氧化碳 CO	日平均 1小时平均	4.00 10.00	4.00 10.00	6.00 20.00	
臭氧 O_3	1小时平均	0.12	0.16	0.20	
铅 pb	季平均 年平均		1.50 1.00		mg/m^3 （标准状态）

污染物名称	取值时间	浓度限值			浓度单位
		一级标准	二级标准	三级标准	
苯并［a］芘 B［a］P	日平均		0.01		
氟化物 F	日平均 1 小时平均		7① 20①		
	月平均 植物生长季平均	1.8② 1.2②	3.0③ 2.0③		$mg/cm^2 \cdot d$

注：①适用于城市地区：②适用于牧业区和以牧业为主的半农半牧区，蚕桑区；③适用于农业和林业区。

二、大气污染综合整治宏观分析

所谓大气污染综合整治宏观分析就是在制定大气污染综合整治规划时，根据大气污染和大气环境特征，从生态系统出发，对影响大气质量的多种因素进行系统的综合分析。从宏观上制定大气污染综合整治的方向和重点，从而为具体制定大气污染综合整治措施提供依据。

（一）影响城市大气质量的因素分析

城市大气质量受到多种因素的影响。在进行系统分析时，可参考大气污染源调查及评价，大气污染预测等有关内容。综合因素分析如图 7－3 所示。

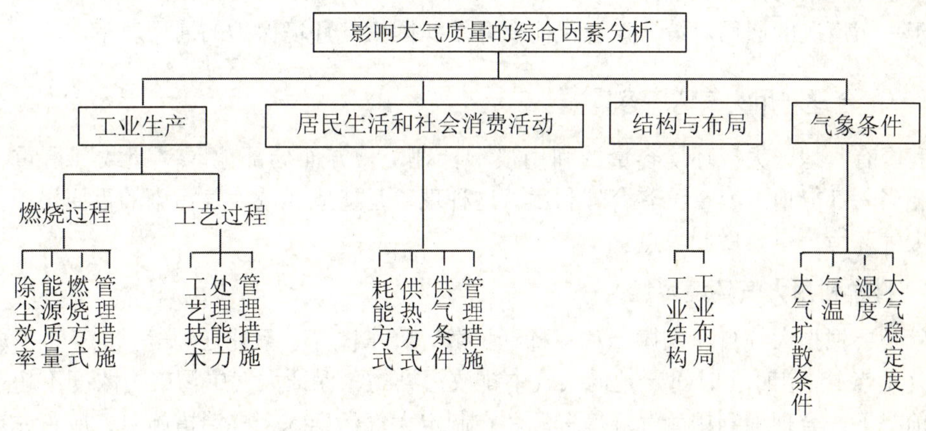

图 7－3　影响大气质量的综合因素分析

影响因素的分析最好能做到定量。定量分析步骤如下：

（1）先进行类比调查，查清本市的各有关因素指标与本省、全国平均水平的差距，或与有关指标原设计能力的差距。如调查除尘效率、能源结构、净化、回收设施处理能力、型煤普及率、热化和气化率等与全省、全国平均水平的差距等。

（2）计算各因素指标达到全省、全国平均水平，或原设计能力时，所能相应增加的污染物削减量。

（3）计算和分析各因素指标在平均控制水平下的污染物削减速量，从而确定主要的影响因素；或计算各因素指标在本市条件下所应达到的水平下的污染物削减量，从而确定主要的影响因素。

(二) 确定大气污染综合整治的方向和重点

通过对大气质量影响因素的综合分析，可以明确影响大气质量的主要因素和目前在控制大气污染方面的薄弱环节，在此基础上，就可以根据加强薄弱环节，控制环境敏感因素的原则，确定城市大气污染综合整治的方向和重点。例如：影响大气质量的重点是居民生活和社会消费活动（主要是面源）以及工业生产燃烧过程的除尘效率，那么，今后大气污染综合整治的方向和重点就应该从普及型煤、集中供热、煤气化、强化管理、提高除尘效率等方面考虑。如果影响大气质量的重点是气象因素和工业生产工艺过程，那么，今后大气污染综合整治的方向和重点就应该从如何结合工业布局调整，合理利用大气自净能力和加强工艺技术改造、提高处理设施运行处理能力，强化工艺尾气治理和管理等方面考虑。

通过对大气污染综合整治方向和重点的宏观分析，可以避免制定大气污染综合整治措施中面面俱到，没有重点或抓不住重点的弊病，并可为系统分析，整体优化大气污染综合整治措施提供条件。

三、大气环境管理对策

大气污染综合整治是大气环境管理的核心。由于各地区大气污染的特征、条件以及大气污染综合整治的方向和重点不尽相同，因此，对策的确定具有很大的区域性，很难找到适合于一切情况的通用对策，这里仅简要介绍我国大气环境保护的通用对策。

(一) 合理利用大气环境容量

我国有些地区大气环境容量的利用很不合理，一方面局部地区“超载”严重；另一方面相当一部分地区容量没有合理利用，这种现象是造成区域大气污染的重要根源。合理利用大气环境容量要做到二点：

1. 科学利用大气环境容量

就是要根据大气自净规律（如：稀释扩散、降水洗涤、氧化还原等），定量（总量）、定点（地点）、定时（时间）地向大气中排放污染物，保证大气中污染物浓度不超过要求值的前提下，合理地利用大气环境资源。在制定大气污染综合整治措施时，应首先考虑这一措施的可行性。

2. 结合工业布局调整，合理开发大气环境容量

工业布局不合理是造成大气环境容量使用不合理的直接因素。例如：大气污染源分布在城市主导风向的上风向，使得城市市区上空有限的环境容量过度使用，而城郊及广大农村上空的大气环境容量未被利用；再如：污染源在某一小的区域内密集必然造成局部污染严重，并可能导致污染事故的发生。因此，在合理开发大气环境容量时，应该从调整工业布局入手。

（二）以集中控制为主，降低污染物排放量

多年的实践证明，集中控制是防治污染、改善区域环境质量，实现“三个效益”统一的最有效的措施。在我国城市，大气污染主要是煤烟型污染，而大气污染物主要是尘和二氧化硫。因而，大气污染综合整治措施，以集中控制为主，并与分项治理相结合。所谓集中控制就是从城市的整体着眼，采取宏观调控和综合防治措施。如：调整工业结构、改善能源结构、集中供热、发展无污染或少污染的新能源（如太阳能、风能、地热能等）。以及集中加工和处理燃料，采取优质煤（或燃料）供民用的能源政策等。

对局部污染物，如：工业生产过程排放的大气污染物、工业粉尘、制酸及氮肥生产排放的 SO_2、NO_x、HF 等，以及汽车尾气，则要因地制宜，采取分散防治措施。

集中控制的内容非常丰富，实践证明，在我国现有条件下，实施以下政策，对提高能源利用率，改善大气环境质量，效果非常显著，应积极推广。

1. 发展气体燃料，提高城市燃料气化率

发展城市气化的原则是：先大城市和环境保护十分重要的城市，后中、小城市。有气源条件的中、小城市（包括工矿区），也可优先气化。要合理利用多种气源，对于天然气、焦炉余气、煤矿矿井瓦斯以及石油化工尾气等，应充分利用，发展城市燃气。煤炭资源优越的地区或具备条件的地区应积极发展煤制气。

2. 发展城市集中供热

发展城市集中供热是节约能源，综合防治煤烟型大气污染的重要途径之一。在老城市改造和新城市建设总体规划中，要把生产用热和生活用热结合起来，采用多种热源途径，编制供热规划，以集中供热方式替代分散供热方式。主要措施有：①因地制宜地发展城市集中供热，合理安排热电厂和区域锅炉房的供热。②以热定电建设城市热电厂，经济合理地实行集中供热。③烧油、烧气改烧煤的工业锅炉或旧式锅炉的更新改造及现有锅炉房的扩建，都要实行集中供热。

3. 改进燃烧设备，提高烟气净化效率

结合工业技术改造和设备的更新，必须有计划、有步骤地改进燃烧设备，努力提高烟气净化效率，从根本上减轻大气污染。具体措施有：①没有条件实行集中供热的地区，锅炉又不符合烟尘排放标准的，要有计划地加快锅炉的更新改造。并配备除尘设备。②凡已公布淘汰的兰开夏、康尼许、考克兰等污染严重的老式锅炉要限期更新，不准转让使用。③新建、扩建燃煤电厂，须采用静电除尘等高效除尘技术、现有燃煤电厂要推行静电除尘、文丘里除尘等高效除尘技术，努力提高水膜除尘器及多管旋风除尘器的除尘效率。

4. 积极推广型煤

现有的烧煤方式主要是散烧。如果进行加工成型，做成蜂窝煤，煤球等型煤，就可以减轻大气污染。同时，当煤中掺进少量石灰时还可把其中的硫固定下来，减少燃烧时二氧化硫的排放。实践表明型煤比散煤还可节煤约 20%。

（三）建立并逐步扩大城市烟尘控制区

城市烟尘控制区系指以城市街道和行政区为单位划定的区域内，对各种锅炉、窑炉、

茶炉、营业灶和食堂大灶排放的烟气黑度，各种炉窑，工业生产设施排放的烟尘，进行定量控制，使其达到规定的标准。

1. 建设烟尘控制区的基本标准

（1）烟尘控制区内各种炉、窑、灶排放的烟气黑度以排放台（眼）计算，分别有80%以上达到国家或地方规定的排放标准，其余的部分烟气黑度必须控制在林格曼三级以下。

（2）烟尘控制区内的各种炉窑、工业生产设施排放的烟尘浓度，以排放台（眼）计算，分别有70%以上达到国家或地方规定的排放标准。

（3）环境保护重点城市和非采暖地区的大中城市，排放的烟气黑度和烟尘浓度，其达标率应分别提高10%。

2. 建立烟尘控制区的基本原则

（1）发展集中供热，联片采暖，避免新建分散的采暖锅炉；

（2）利用工业余热发展集中供热；

（3）城市新建燃煤电厂，应当热电结合；

（4）利用多种气源，发展城市燃气，提高气化率；

（5）发展煤炭加工和选洗脱硫技术，将低硫、低挥发份煤优先供给民用；

（6）大力推广民用型煤，积极发展工业型煤；

（7）改革生产工艺，减少烟尘排放；

（8）运用行政、经济和法律手段，加强排污管理，促进烟尘控制区的建设、巩固和提高。

（四）按功能区实施大气环境目标管理

实施大气环境目标管理的具体做法是：

（1）根据国家对不同功能区的大气环境质量标准，确定环境目标，并计算主要污染物（如尘、二氧化硫）的最大允许排放量。

（2）按污染源的排污分担率（或污染分担率）逐年分配削减污染物排放量指标；并将该指标与经济、社会发展计划结合下达。

（3）签定目标责任状，制定奖惩制度。第一，对达不到目标要求和违反规定的要处罚，如警告、罚款、停炉、停止能源供应等。第二，加强监测，要及时准确地掌握排污单位的情况。为管理提供依据。第三，要运用经济手段对超标排污单位或违反规定的单位加重收费或罚款。第四，搞好宣传，开展环境教育，发挥群众监督作用。

（五）发展植物净化

植物具有美化环境，调节气候，截留粉尘。吸收大气中有害气体等多种功能，可以在大面积的范围内，长时间连续地净化大气，尤其是在大气中污染物影响范围广、浓度比较低的情况下，植物净化是行之有效的方法。因此，在大气污染综合整治中，结合城市绿化，选择抗污物种，发展植物净化是进一步改善大气环境质量的主要措施之一。

（六）进行大气污染预测、预报

在日本、美国、加拿大和西欧一些国家，根据大气监测资料，通过广播电台每天发布大气环境质量情况的预报，有些国家还分析大气污染发展趋势并及时发出警告。大气污染预报分为大气污染潜势预报和城市大气污染物浓度预报。前者主要预报在未来气象条件下大气的稀释扩散能力，从而判断是否会产生严重的大气污染。可以利用现有的大尺度天气预报的工具和方法，对于中尺度预报区（相当于大、中城市），除了尺度指标外，还需增加中尺度预报指标，选择与特定区域稀释扩散条件、城市性质、局地环流等有关的气象参数作为潜势预报的参数，如混合层高度和混合层平均风速等。

城市大气污染物浓度预报，主要是预报城市大气环境质量。浓度预报大致分为统计预报和模式预报两类。统计预报需要有较长时间的大气污染浓度监测资料及同步的气象资料，建立起排放总量、气象条件与大气污染物浓度的统计关系，并应用到预报之中。模型预报主要是应用“箱”模型和烟流模型进行预报。

第三节　水环境质量管理

一、地表水环境质量标准

目前采用的是 2002 年颁布的“中华人民共和国国家标准——地表水环境质量标准（GB 3838—2002）。”具体内容如下：

（1）前言

为贯彻《中华人民共和国环境保护法》和《中华人民共和国水污染防治法》，防治水污染，保护地表水水质，保障人体健康，维护良好的生态系统，制定本标准。

本标准将标准项目分为：地表水环境质量标准基本项目、集中式生活饮用水地表水源地补充项目和集中式生活饮用水地表水源地特定项目。地表水环境质量标准基本项目适用于全国江河、湖泊、运河、渠道、水库等具有使用功能的地表水水域；集中式生活饮用水地表水源地补充项目和特定项目适用于集中式生活饮用水地表水源地一级保护区和二级保护区。集中式生活饮用水地表水源地特定项目由县级以上人民政府环境保护行政主管部门根据本地区地表水水质特点和环境管理的需要进行选择，集中式生活饮用水地表水源地补充项目和选择确定的特定项目作为基本项目的补充指标。

本标准项目共计 109 项，其中地表水环境质量标准基本项目 24 项，集中式生活饮用水地表水源地补充项目 5 项，集中式生活饮用水地表水源地特定项目 80 项。

与 GHZB1—1999 相比，本标准在地表水环境质量标准基本项目中增加了总氮一项指标，删除了基本要求和亚硝酸盐、非离子氨及凯氏氮三项指标，将硫酸盐、氯化物、硝酸盐、铁、锰调整为集中式生活饮用水地表水源地补充项目，修订了 pH、溶解氧、氨氮、总磷、高锰酸盐指数、铅、粪大肠菌群 7 个项目的标准值，增加了集中式生活饮用水地表水源地特定项目 40 项。本标准删除了湖泊水库特定项目标准值。

县级以上人民政府环境保护行政主管部门及相关部门根据职责分工，按本标准对地表水各类水域进行监督管理。

与近海水域相连的地表水河口水域根据水环境功能按本标准相应类别标准值进行管理，近海水功能区水域根据使用功能按《海水水质标准》相应类别标准值进行管理。批准划定的单一渔业水域按《渔业水质标准》进行管理；处理后的城市污水及与城市污水水质相近的工业废水用于农田灌溉用水的水质按《农田灌溉水质标准》进行管理。

《地面水环境质量标准》（GB 3838—83）为首次发布，1988 年为第一次修订，1999 年为第二次修订，本次为第三次修订。本标准自 2002 年 6 月 1 日起实施，《地面水环境质量标准》（GB 3838—88）和《地表水环境质量标准》（CHZBl—1999）同时废止。

本标准由国家环境保护总局科技标准司提出并归口。本标准由中国环境科学研究院负责修订。本标准由国家环境保护总局 2002 年 4 月 26 日批准。本标准由国家环境保护总局负责解释。

（2）适用范围

本标准按照地表水环境功能分类和保护目标，规定了水环境质量应控制的项目及限值，以及水质，评价、水质项目的分析方法和标准的实施与监督。

本标准适用于中华人民共和国领域内江河、湖泊、运河、渠道、水库等具有使用功能的地表水水域。具有特定功能的水域，执行相应的专业用水水质标准。

（3）水域功能和标准分类

依据地表水水域环境功能和保护目标，按功能高低依次划分为五类：

Ⅰ类 主要适用于源头水、国家自然保护区；

Ⅱ类 主要适用于集中式生活饮用水地表水源地一级保护区、珍稀水生生物栖息地、鱼虾类产卵场、仔稚幼鱼的索饵场等；

Ⅲ类 主要适用于集中式生活饮用水地表水源地二级保护区、鱼虾类越冬场、洄游通道、水产养殖区等渔业水域及游泳区；

Ⅳ类 主要适用于一般工业用水区及人体非直接接触的娱乐用水区；

Ⅴ类 主要适用于农业用水区及一般景观要求水域；

对应地表水上述五类水域功能，将地表水环境质量标准基本项目标准值分为五类，不同功能类别分别执行相应类别的标准值。水域功能类别高的标准值严于水域功能类别低的标准值。同一水域兼有多类使用功能的，执行最高功能类别对应的标准值。实现水域功能与达标功能类别标准为同一含义。

（4）标准值

如表 7－2，表 7－3 和表 7－4 所示。

表 7－2 地表水环境质量标准基本项目标准限值　　单位：mg/L

序号	分类 / 标准值 / 项目	Ⅰ类	Ⅱ类	Ⅲ类	Ⅳ类	Ⅴ类
1	水温（℃）	人为造成的环境水温变化应限制在： 周平均最大温升≤1 周平均最大温降≤2				

序号	分类 标准值 项目		Ⅰ类	Ⅱ类	Ⅲ类	Ⅳ类	Ⅴ类
2	pH值（无量纲）		6~9				
3	溶解氧	≥	饱和率90%（或7.5）	6	5	3	2
4	高锰酸盐指数	≤	2	4	6	10	15
5	化学需氧量（COD）	≤	15	15	20	30	40
6	五日生化需氧量（BOD_5）	≤	3	3	4	6	10
7	氨氮（NH_3-N）	≤	0.15	0.5	1.0	1.5	2.0
8	总磷（以P计）	≤	0.02（湖、库0.01）	0.1（湖、库0.025）	0.2（湖、库0.05）	0.3（湖、库0.1）	0.4（湖、库0.2）
9	总氮（湖、库以N计）	≤	0.2	0.5	1.0	1.5	2.0
10	铜	≤	0.01	1.0	1.0	1.0	1.0
11	锌	≤	0.05	1.0	1.0	2.0	2.0
12	氟化物（以F^-计）	≤	1.0	1.0	1.0	1.5	1.5
13	硒	≤	0.01	0.01	0.01	0.02	0.02
14	砷	≤	0.05	0.05	0.05	0.1	0.1
15	汞	≤	0.00005	0.00005	0.0001	0.001	0.001
16	镉	≤	0.001	0.005	0.005	0.005	0.01
17	铬（六价）	≤	0.01	0.05	0.05	0.05	0.1
18	铅	≤	0.01	0.01	0.05	0.05	0.1
19	氰化物	≤	0.005	0.05	0.02	0.2	0.2
20	挥发酚	≤	0.002	0.002	0.005	0.01	0.1
21	石油类	≤	0.05	0.05	0.05	0.5	1.0
22	阴离子表面活性剂	≤	0.2	0.2	0.2	0.3	0.3
23	硫化物	≤	0.05	0.1	0.2	0.5	1.0
24	粪大肠菌群（个/L）	≤	200	2000	10000	20000	40000

表7-3 集中式生活饮用水地表水源地补充项目标准限值 单位：mg/L

序号	项目	标准值
1	硫酸盐（以SO计）	250
2	氯化物（以Cl计）	250
3	硝酸盐（以N计）	10
4	铁	0.3
5	锰	0.1

表 7-4　集中式生活饮用水地表水源地特定项目标准限值　　单位：mg/L

序号	项目	标准值	序号	项目	标准值
1	二氯甲烷	0.06	41	丙烯酰胺	0.0005
2	四氯化碳	0.002	42	丙烯腈	0.1
3	三溴甲烷	0.1	43	邻苯二甲酸二丁酯	0.003
4	二氯甲烷	0.02	44	邻苯二甲酸二（2—乙基己基）酯	0.008
5	1，2-二氯乙烷	0.03	45	水合肼	0.01
6	环氧氯丙烷	0.02	46	四乙基铅	0.0001
7	氯乙烯	0.005	47	吡啶	0.2
8	1，1-二氯乙烯	0.03	48	松节油	0.2
9	1，2-二氯乙烯	0.05	49	苦味酸	0.5
10	三氯乙烯	0.07	50	丁基黄原酸	0.005
11	四氯乙烯	0.04	51	活性氯	0.01
12	氯丁二烯	0.002	52	滴滴涕	0.001
13	六氯丁二烯	0.0006	53	林丹	0.002
14	苯乙烯	0.02	54	环氧七氯	0.0002
15	甲醛	0.9	55	对硫磷	0.003
16	乙醛	0.05	56	甲基对硫磷	0.002
17	丙烯醛	0.1	57	马拉硫磷	0.05
18	三氯乙醛	0.01	58	乐果	0.08
19	苯	0.01	59	敌敌畏	0.05
20	甲苯	0.7	60	敌百虫	0.05
21	乙苯	0.3	61	内吸磷	0.03
22	二甲苯①	0.5	62	百菌清	0.01
23	异丙苯	0.25	63	甲萘威	0.05
24	氯苯	0.3	64	溴氰菊酯	0.02
25	1，2—二氯苯	1.0	65	阿特拉津	0.003
26	1，4-二氯苯	0.3	66	苯并（a）芘	2.8×10^{-6}
27	三氯苯②	0.02	67	甲基汞	1.0×10^{-6}
28	四氯苯③	0.02	68	多氯联苯⑥	2.0×10^{-5}
29	六氯苯	0.05	69	微囊藻毒素-LR	0.001
30	硝基苯	0.017	70	黄磷	0.003
31	二硝基苯④	0.5	71	钼	0.07

序号	项目	标准值	序号	项目	标准值
32	2，4－二硝基甲苯	0.0003	72	钴	1.0
33	2，4，6－三硝基甲苯	0.5	73	铍	0.002
34	硝基氯苯⑤	0.05	74	硼	0.5
35	2，4－二硝基氯苯	0.5	75	锑	0.005
36	2，4－一氯苯酚	0.093	76	镍	0.02
37	2，4，6－三氯苯酚	0.2	77	钡	0.7
38	五氯酚	0.009	78	钒	0.05
39	苯胺	0.1	79	钛	0.1
40	联苯胺	0.0002	80	铊	0.0001

注：①二甲苯：指对－二甲苯、间－二甲苯、邻－二甲苯。②三氯苯：指1，2，3－三氯苯、1，2，4－三氯苯、1，3，5－三氯苯。③四氯苯：指1，2，3，4－四氯苯、1，2，3，5－四氯苯、1，2，4，5－四氯苯。④二硝基苯：指对－二硝基苯、间－二硝基苯、邻－二硝基苯。⑤硝基氯苯：指对－硝基氯苯、间－硝基氯苯、邻－硝基氯苯。⑥多氯联苯：指PCB－1016、PCB－1221、PCB－1232、PCB－1242、PCB－1248、PCB－1254、PCB－1260。

二、水资源保护

水资源保护是水环境管理的第一步。其主要目的是通过水资源的可开采量、供水及耗水情况，制订水资源综合开发计划，做到计划用水，节约用水。

1. 根据水环境功能区的划分结果，确定各功能水域的保护范围和保护要求

在水资源保护中，首先应该明确的是饮用水源的保护问题，这是水资源保护的重点。对饮用水源的保护，主要体现在取水口的保护上。应该明确划分出保护界限，即对于水环境功能区划定的饮用水源地设一级、二级保护区。

（1）一级保护区。以取水口为圆心，半径100m的区域，包括陆域。

（2）二级保护区。以一级保护区的边缘为起点，上游1000m，下游100m的范围（主要指河流）。

对于设置一、二级保护区还不能满足要求的，可增设准保护区。即以二级保护区的边缘为起点，上游1000m，下游50m的区域（主要指河流）。

上述各级保护区应设有明显的标记。各保护区内应严格执行国家环保局、卫生部、建设部，水利部、地质矿产部联合颁发的《饮用水水源保护区污染防治管理规定》。各保护区应执行的具体标准是：

一级保护区的水质标准不得低于国家规定的GB 3838—2002《地面水环境质量标准》中的Ⅱ类标准，并须符合国家规定的GB 5749—85《生活饮用水卫生标准》。

二级保护区的水质标准不得低于国家规定的GB 3838—2002《地面水环境质量标准》中的Ⅳ类标准，并保证一级保护区的水质能满足规定的标准。

准保护区的水质标准应保证二级保护区的水质能满足规定的标准。

各保护区的相应保护要求是：

①一级保护区

- 禁止新建、扩建与供水设施和保护水源无关的建设项目；
- 禁止向水域排放污水，已设置的排污口必须拆除；
- 不得设置与供水需要无关的码头，禁止停靠船舶；
- 禁止堆置和存放工业废渣、城市垃圾、粪便和其他废弃物；
- 禁止设置油库；
- 禁止从事种植、放养禽畜，严格控制网箱养殖活动；
- 禁止污染水源的旅游活动和其他活动。

②二级保护区

- 不准新建、扩建向水体排放污染物的建设项目。改建项目必须削减污染物排放量；
- 原有排污口必须削减污水排放量，保证保护区内水质满足规定的水质标准；
- 禁止设立装卸垃圾、粪便、油类和有毒物品的码头。

③准保护区

直接或间接向水域排放废水，必须符合国家或地方规定的废水排放标准。当排放总量不能保证保护区内水质满足规定的标准时，必须削减排污负荷。

对于饮用水地下水源的保护，也应划分一、二级保护区，各级保护区的保护措施和规定必须执行《饮用水水源保护区污染防治管理规定》的第三章对饮用水地下水源保护的有关规定。

2. 根据城市耗水量预测结果，分析水资源供需平衡情况，制定水资源综合开发计划

(1) 全面调查、测定、汇总城市淡水储量。水是人类的生产和生活活动不可缺少的资源。据统计，地球上的水储量中，淡水储量仅占2.53%，而人类可以利用的淡水只有地下水、湖泊淡水、河床水等，这3项之和仅占总储量的0.77%，而地下水只有浅层水可供利用，如果除去不能开采的地下水，实际上能供人类使用的水仅占世界总水量的0.2%，目前世界许多地区面临缺水和严重缺水的状况。

我国也是一个缺水的国家，尤其是城市缺水情况已相当严重，计划用水、节约用水已迫在眉睫。要做到计划开采水资源，首先必须探明城市淡水储量，这项工作可参考水利部门的资料，也可和水利部门合作重新测定城市淡水储量。

(2) 确定城市淡水可开采量。在探明城市淡水储量之后，还要结合水文地质特征和开采的技术设置水平，分析确定城市淡水的可开采量。

(3) 调查目前城市用水量。调查方法可参考图7-4。水量调查结束后，可做水量平衡分析，为制定水资源开采和分配计划提供依据。水量平衡分析可参考图7-5。

(4) 根据城市的经济社会发展战略，预测城市耗水量。预测方法已在本书第六章中讨论。

(5) 水资源供需平衡分析，并制定水资源开采计划。如果用$Q_{开}$表示城市每年可供开采的水量，$Q_{供}$表示城市每年的供水量，Q表示城市每年的实际需水量。如果忽略水资源开采过程中的损失，那么：

$$Q_{开}=Q_{供}$$

如果$Q_{供}>Q_{需}$，也即$Q_{开}>Q_{需}$，这种情况下，城市水量能满足生产生活活动，但是水资源也应有计划开采，尤其是水资源的保护应重点考虑，因足量的水一旦受到污染，便失去原来的使用价值，储量，可开采量再大，可供使用量就会下降，供需平衡就会失调。

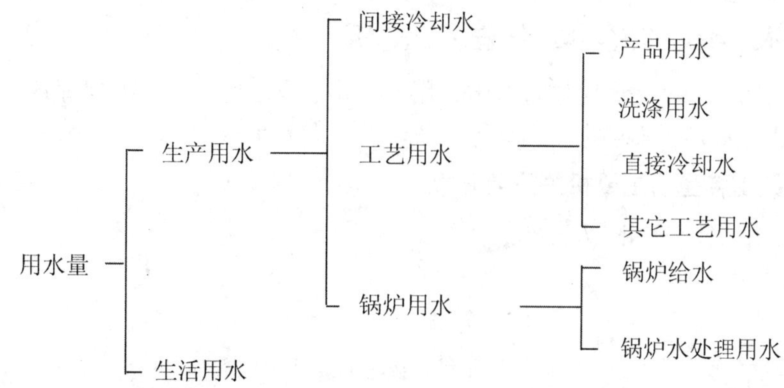

图 7－4　城市用水量调查示意图

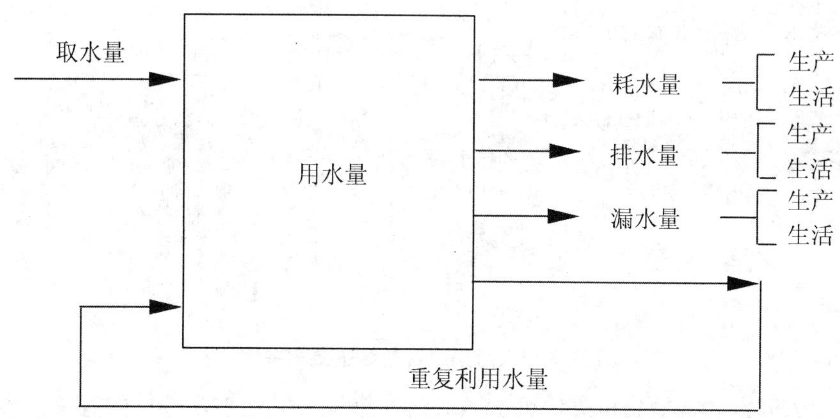

图 7－5　城市水量平衡分析图

如果 $Q_{供}=Q_{需}$，也即 $Q_{开}=Q_{需}$。这时供需达到平衡，水资源保护中计划开采与水污染防治同样重要，忽视其中任一条，供需平衡就会失调。

如果 $Q_{供}<Q_{需}$，也即 $Q_{开}<Q_{需}$。这时城市缺水，必须严格制定开采计划，严格控制水资源的污染贬值，并制定措施弥补水资源的不足，恢复水资源供需平衡。

3. 合理利用和保护水资源的措施

要因地制宜，从以下几方面去制定措施：

（1）统一管理，控制污染，防止枯竭。

（2）合理利用，降低万元产值耗水量。提倡一水多用，积极推广和采用无水和少水的新工艺、新技术、新设备。

（3）限制冶金、化工、食品加工等三大污染行业的工业用水指标，调整工业结构，努力发展纺织、服装和其他深加工的节水型企业，采取有奖有罚的工业用水经济手段，提高工业用水循环率。

（4）严格控制生活用水指标，大力提倡节约用水。加强城市基础设施建设，提高下水道普及率。

三、水污染综合整治宏观分析

宏观分析的目的就是要对城市取水、用水、排水及水的再用、处理等各个环节进行全面系统的分析，从宏观上确定水污染综合整治的方向和重点。

1. 水污染综合整治主要相关因素分析

主要相关因素分析如图 7 – 6 所示。

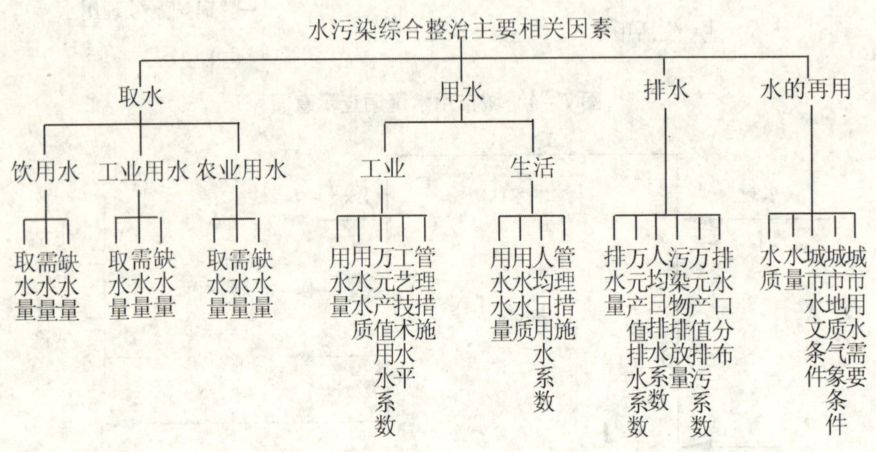

图 7 – 6　水污染综合整治主要相关因素

主要相关因素的定量分析方法可参照大气污染综合整治宏观分析的有关内容。

2. 确定水污染综合整治的方向和重点

通过主要相关因素的分析，可以明确水环境的主要问题和管理的薄弱环节，从而可从宏观上确定水污染综合整治的方向和重点。确定时要考虑以下两点：

（1）城市水资源供需情况及矛盾所在。我国大部分城市一方面水资源缺乏，另一方面水污染和水资源浪费又相当严重，针对这种情况，在制定水污染综合整治措施时，应该充分考虑水资源的合理利用和计划利用，解决目前存在的供需矛盾（或指出解决矛盾的方向和重点）。例如：供需矛盾中水质差是主要问题时，则在规划中重点考虑如何提高水质等问题。若供需矛盾中属水量不足，则应从用水的各个环节入手，一方面节约用水，计划用水；另一方面废水回用，资源化等。

（2）城市工业废水和生活污水的取向分析。城市工业废水和生活污水的取向问题是水污染综合整治的核心问题。在考虑工业废水和生活污水的取向时，应从以下几个方面分析：

- 废水资源化的可行性。主要是从城市的性质（如：是否缺水或严重缺水），城市的水文、地理、气象条件（如：水域条件、土地条件、气温条件等），城市的经济社会条件（如：投资承载力、社会需要）以及城市所处的流域条件和环境要求等，综合分析废水资源化的问题。
- 合理利用环境容量消除污染的可行性。如果城市所处的区域为水域丰富区，如：

靠近大江、大河，包括近海，则可以分析合理利用水环境容量大的优势，在近期环保投资困难的情况下，分析通过调整水污染源分布和污染负荷分布，利用水体自净消除污染的可行性。

◎ 正确处理厂内处理与污水集中处理的关系。污水厂内处理与污水集中处理的关系可用图 7－7 表示。

从图 7－7 中可以看出，对一些特殊污染物，如：难降解有机物和重金属应以厂内处理为主，面对大多数能降解和宜集中处理的污染物，应该以集中处理为主。目前，从改善区域环境质量和节省投资看，集中处理是污水处理的发展方向，但也不可忽视厂内分散处理的作用。

四、制定水污染综合整治措施

水污染综合整治是指应用多种手段，采取系统分析的方法，全面控制水污染。水污染综合整治措施的内容非常丰富，这里仅介绍几种主要的措施。

1. 合理利用水环境容量

水体遭受污染的原因有两点：一是因为水体纳污负荷分配不合理；二是因为负荷超过水体的自净能力（环境容量）。在水环境综合整治中应该针对这两方面原因，分别采取对策。

（1）科学利用水环境容量。就是根据污染物在水体中的迁移、转化规律，综合计算和评价水体的自净能力，在保证水体目标功能的前提下，利用水环境容量，消除水污染。水污染自净除了利用水体本身的稀释净化作用外，还可利用水生植物的净化作用（如：人工养殖凤尾莲等）、土壤对污染物的净化作用（如：污灌、土地处理系统等）等。因此，在评价和应用水环境容量时，要考虑到这些相关因素，做到科学利用。

（2）结合调整工业布局和下水管网建设，调整污染负荷的分布。由于历史的原因，污水就近排放、盲目排放的现象相当严重，这也是造成城市地面水污染的一个重要原因，尤其是上游污水的排放，对城市地面水水质影响更大。因此，在调整城市工业布局和城市下水管网建设中，应该充分考虑这些因素，以保证城市水污染负荷的合理分布。如：将水污染排放口下移或将取水口（尤其是饮用水源取水口）上移；或将污染负荷引入环境容量较大的水体。如：合理利用大江、大河、近海海域的水环境容量等。

2. 节约用水、计划用水、大力提倡和加强废水回用

一般认为，综合防治水污染的最有效、最合理的方法是节约用水，组织闭路循环系统，实现废水回用。因此，全面节流、适当开源、合理调度，从各个方面采取节约用水措施，不仅关系到国民经济的持续、稳定发展，而且直接关系到水污染的根治。

经过妥善处理的城市污水，首先可用于农田灌溉、养鱼、养殖藻类等水生生物。其次可用作工业用水，如：在电力工业、石油开采和加工工业、采矿业和金属加工工业，把处理后的废水用作冷却水、生产过程用水、油井注水、矿石加工用水、洗涤水和消防用水等。当水质不能满足某些工艺的要求时，可在厂内进行附加处理。此外，还可作为城市低质给水水源，用作不与人体直接接触的市政用水，如：灌溉花草、喷泉、消防等。

对工业废水，首先要采取节流措施，即废水的循环利用。如回用造纸厂的白水，以减

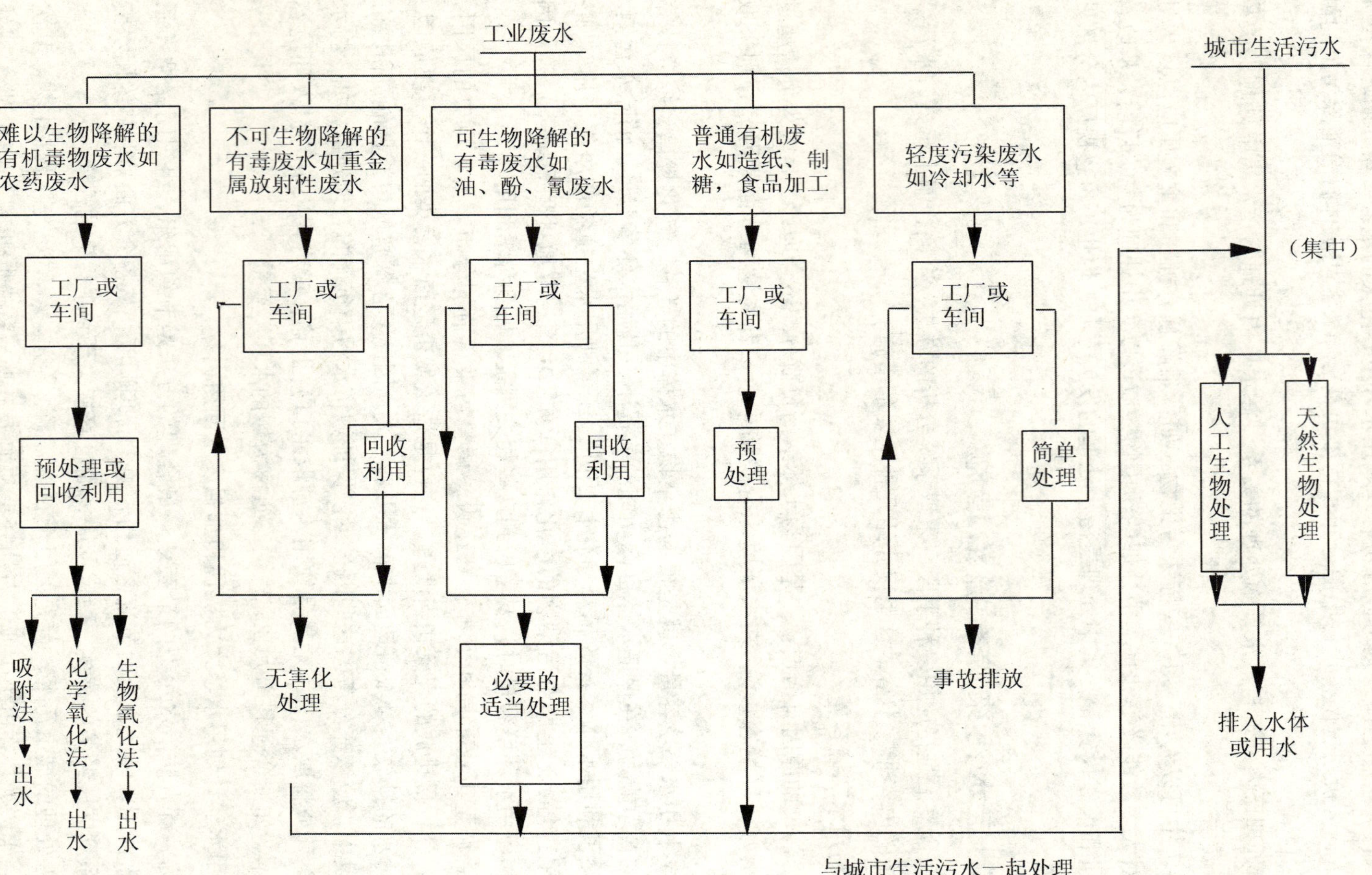

图 7-7 污水厂内处理与集中处理的关系

少洗涤水用量。煤气发生站排出的含酚废水，一般应通过处理封闭循环使用。各种设备的冷却用水都应循环使用。在某些情况下，废水可以顺序使用，即将某一设备的排水供另一设备使用。例如：锅炉水力冲灰系统可利用车间排出的没有臭味、不含挥发性物质的废水；回用钢厂冷却水来补充烟气洗涤水；用酸性矿坑废水洗煤等等。酸和碱是工业上的重要物质，需求量大，所以，酸性和碱性废水常重复使用或转供他厂使用。食品工业废水和生活污水性质类似，经妥善处理后可以肥田。

此外，发展中水道，输送处理后符合相应水质标准的处理水作为低质给水，是解决城市供水紧张的重要途径之一，日本已在这方面开展研究和建设活动。我国某些城市，尤其是缺水或严重缺水的城市，有计划地建设中水道，是充分利用废水资源，解决长期供水紧张的战略性措施。

3. 强化水污染治理

水污染治理技术很多，下面主要介绍城市污水和工业废水处理问题。

（1）城市污水处理。根据污水流量和受纳水体对有机污染物以 BOD_5 计的允许排放负荷或浓度来确定污水的处理程度和规模。目前有些污水处理厂是二级处理厂，仅能去除可以生物降解的有机物，而不能去除难以生物降解的有机物以及氮、磷等营养性物质，处理后的污水排入水体仍会造成污染。因此，最近也有少数污水处理厂增加了除氮、除磷等处理设施。在一些缺水城市，有的还小规模地采取了三级处理系统，即将经过二级处理的水进行脱氮、脱磷处理，并用活性炭吸附或反渗透法去除水中的剩余污染物，用臭氧和液氧消毒，杀灭细菌和病毒，然后将处理水送入中水道，作为冲洗厕所、喷洒街道、浇灌绿化带、防火等水源。近年来，由氧化塘（或曝气湖）、贮存湖和污水灌溉田等组成的土地处理系统作为三级处理是经济、有效的代用方法，在有条件的地区颇受重视并得到实际应用。

（2）工业废水处理。一些工业废水的成分和性质相当复杂，处理难度大，而且费用昂贵，必须采用综合防治措施。首先是改革生产工艺，用无毒原料取代有毒原料，以杜绝有毒废水的产生。在使用有毒原料的生产过程中，采用合理的工艺流程和设备，保证设备的妥善运行，消除逸漏，以减少有毒原料的耗用量和流失量。重金属废水、放射性废水、无机有毒废水和难以生物降解的有机有毒废水，应尽可能与其他废水分流，并就地进行单独处理，要尽量采用封闭循环系统。流量大的无毒废水，如：冷却水，最好在厂内经过简单处理后回用，以节省水资源消耗量，并减轻下水道和污水处理厂负荷。性质类似城市污水的工业废水可排入下水道，由污水处理厂处理。一些能生物降解的有毒废水，如：含酚、氰废水，可按规定排入城市污水混合处理。一般情况下，污水处理厂的规模越大，其单位基建费和运行费越低，处理水量和水质越稳定。

4. 排水系统的体制规划（管网组合方式）

为及时地排除城市生活污水、工业废水和大气降水，并按照最经济合理的方案，分别把不同的污水集中输送到污水处理厂或排入水体，或灌溉土地，或处理后重复使用，需要建设排水管网系统。因此，必须结合本地区的自然条件和社会条件，考虑各分片的污水收集方式。采用各种污水的分流制（生活污水、工业废水、雨水分别建管网系统）还是合流制（各种污水合建管网系统）或两种体制适当结合的混合制；排放口位置的选择；近期建设和远期规划的结合；以及管径、坡降、管网附属构筑物、施工工程量、运行维护费等等，做出技术经济比较，以制定正确的排水系统统一规划。对于城市原有管道系统的扩建和改建，也需要结合已有设施，统一安排。

5. 水域污染综合防治工程

许多湖泊、河流、水库和近海海域受到严重的污染，不仅恶化了水环境和卫生条件，而且破坏了水资源，因此，从20世纪60年代起，水域污染综合防治工程便开始发展起来。这种防治工程根据城市和工矿区沿水系分布情况，分段（河川）或分区（湖、海）调查研究它们各自的自净能力和自净规律，确定它们的污染负荷，从而确定它们对污染物的去除程度，以修建相应的处理设施。这些设施包括大规模的区域性联合污水处理厂，以及在一些自净能力小或污染超负荷的区段修建调节水库或污水库，以增加枯水期的水流量或用以贮存污水。也可修建曝气设施，增加水体的溶解氧和自净能力，或者引附近水系的水进行稀释。水系统区域内的工业用水要采取措施压缩用水量，实行循环用水，减少排污量。

6. 饮用水的污染去除

在水源被城市污水、工业废水以及大气沉降、降水、农业废水等挟带的多种多样污染物污染的情况下，传统的城市给水处理工艺，已不能满足饮用水的水质要求，需要采用更加有效的处理方法。现在美国已有50多座水厂用粒状活性炭滤池取代砂滤池，或者在砂滤池之后附加活性炭滤池，通过活性炭的吸附去除多种污染物，尤其是有机污染物。

7. 综合整治、整体优化

水污染综合整治的发展方向，是按功能水域实行总量控制，优化排污口分布，合理分配污染负荷，实施排污许可证制，定期进行定量考核。

要达到上述要求，必须技术措施与管理措施相结合，集中控制与分散治理相结合，各种方案合理组合，运用优化技术进行整体优化，综合分析，确定“三个效益”相统一的水环境综合整治对策。

第四节　声环境质量管理

一、城市区域噪声标准

目前采用的是“中华人民共和国城市区域噪声标准（GB 3096—93）”。该标准规定了城市五类区域的环境噪声最高限值。本标准适用于城市区域，但乡村生活区域可参照本标准执行。

（一）标准值

城市5类环境噪声标准值列于表7－5。

表 7－5　环境噪声标准等效声级 L_{Aeq}　　单位：dB

类别	昼间	夜间
0	50	40
1	55	45
2	60	50
3	65	55
4	70	55

各类标准的适用区域是：

0 类标准适用于疗养区、高级别墅区、高级宾馆区等特别需要安静的区域，位于城郊和乡村的这一类区域分别按严于 0 类标准 5dB 执行。

1 类标准适用于以居住、文教机关为主的区域。乡村居住环境可参照执行该类标准。

2 类标准适用于居住、商业、工业混杂区。

3 类标准适用于工业区。

4 类标准适用于城市中的道路交通干线道路两侧区域，穿越城区的内河航道两侧区域。穿越城区的铁路主、次干线两侧区域的背景噪声（指不通过列车时的噪声水平）限值也执行该类标准。

（二）夜间突发噪声

夜间突发的噪声，其最大值不准超过标准值的 15dB。

（三）区域及时间的划定

各类标准适用区域由当地人民政府划定。本标准昼间、夜间的时间由当地人民政府按当地习惯和季节变化划定。

二、噪声污染控制技术

所有的噪声污染问题都可以分解为三个因素，即：声源——传播途径——接收者（受体）。因此，噪声控制技术程序都是从三个方面来考虑的。首先是控制声源，降低声源本身的噪声强度，这是最根本的；其二是在传播途径上采取控制措施，经常采用的措施有：吸声、消声、隔声及隔振技术等；其三是接收者（受体）的个人防护，最简单的方法是佩戴护耳器。

（一）声源控制技术

降低声源本身的噪声强度防治噪声污染是治本的方法。在工矿企业中，经常可以遇到各种类型的噪声源，它们产生噪声的机理各不相同，所采用的技术措施也不相同。

1. 改进产品设计、改善产品结构

在实际防治噪声的工作中要分析噪声源产生噪声的机理，有针对性地采取措施。如：设计制造无噪声（或低噪声）发动机、鼓风机，以及无噪声（或低噪声）电器设备等。

2. 改革工业生产的加工工艺

改革生产工艺也是降低声源噪声强度的一种重要措施。如：用低噪声的焊接代替高噪声的铆接；用无噪声的液压或摩擦压力代替高噪声的锤打。

3. 有源减噪技术

利用电子线路和扩声设备产生与原有的噪声源的相位相反的声音——反声，来抵消原有噪声源的噪声排放强度。

有源减噪的仪器系统，主要包括传声器、放大器、反相装置、功率放大器和扬声器。它是一种能够减少传声器邻区声压的电声反馈系统。传声器将所接收到的声压转变为相应的电压，通过放大器把电压放大到反相装置所要求的输入电压，经反相装置将这个电压的相位改变180°，送给功率放大器，功率放大后推动扬声器使其产生与原来的声压大小相等而相位相反的声压，这两个声压彼此相互抵消，达到降低噪声的目的。

（二）控制噪声的传播途径

在许多情况下，由于技术或经济上的原因，直接从声源上治理噪声往往是不可能的。厂房建好了，再改建和搬迁就不太容易。提高机器精度和周围绿化对于降低噪声也有一定限度。这就需要在噪声传播途径上采取吸声、消声、隔声、隔振、阻尼等常用的噪声控制技术。

1. 吸声

室内声源，发出的声波将从墙面、顶棚、地面及其他物体表面多次地反射，反射使室内声源的噪声级比同样声源在露天的噪声级高。用吸声材料装饰在房间的内表面，或在室内悬挂空间吸声体，房间内的反射声就会被吸收，房间内的噪声源就会降低。这种控制噪声的方法就叫吸声。

吸声材料用的是一些多孔、透气的材料，如玻璃棉、矿渣棉、泡沫塑料、毛毡、吸声砖、木丝板、甘蔗板等。吸声材料之所以能吸声，是由于声波进入多孔材料后引起材料的细孔和狭缝中的空气振动，使一部分声能由于小孔中的摩擦和粘滞阻力转化为热能被吸收。

吸声材料对于高频噪声有效，对于低频噪声，吸声材料不是很有效。为了增加低频吸收，就要大大增加材料厚度，这在经济上是不合适的。因此，对于低频往往采用共振吸声的方法。

最常见的共振吸声结构是穿孔板共振吸声结构。在金属板、薄木板上穿一些孔，在它后面设置空腔，这就是最简单的吸声结构。穿孔板吸声结构既省钱又简便，但有一个缺点，就是它有较强的频率选择性，吸声频带比较窄。为了克服这个缺点，近年来研究出一种微穿孔板吸声结构，它能在较宽的频率范围内有较好的吸声效果。

吸声结构多用在室内墙壁、天花板是光滑坚硬材料，室内混响声较强的场合。一般可以降低噪声5～10dB。

2. 消声

消声是消除空气动力性噪声的方法。如果把消声器安装在空气动力设备的气流通道上，就可以降低这种设备的噪声。消声器就是阻止或减弱噪声传播而允许气流通过的一种装置。

好的消声器应当是消声量大，空气动力性能好（即阻力损失小），结构性能好（坚固耐用，体积小），这三者是缺一不可的。

消声器结构形式很多，按消声原理可分为阻性消声器、抗性消声器和阻抗复合消声器，以及我国近年研制成功的微穿孔板消声器。

阻性消声器是利用吸声材料消声的。把吸声材料固定在气流流动的管道内壁，或者把它按一定方式在管道内排列组合，就构成阻性消声器，当声波进入阻性消声器，一部分声能被吸声材料吸收，就起到消声作用。

最简单的是直管式消声器。结构简单，阻损小，对于小流量的空气动力设备特别适用。大流量的空气动力设备，管道截面很大，如果还用管式消声器，高频声波以窄声束传播，很少或根本不与吸声材料接触，消声效果就会大大下降。为了解决这一矛盾，常常把消声器作成蜂窝式、片式、折板式和声流式。

阻性消声器的优点是能在较宽的中高频范围内消声。别是对刺耳的高频噪声有显著的消声作用。缺点是在高温、水蒸气，以及对吸声材料有腐蚀作用的气体中，使用寿命短，对低频消声效果较差。

对于低频噪声，常采用抗性消声器。抗性消声器是根据声学滤波原理设计，利用消声器内声阻、声顺、声质量（可类比电阻、电容、电感）的适当组合，可以显著地消除某些频段的噪声。如扩张室式消声器，共振消声器以及弯头、屏障、穿孔片等组合而成的消声器。汽车、摩托车、内燃机的消声器就是抗性消声器。

3. 隔声

控制噪声的另一个办法是隔声。在许多情况下，可以把发声的物体或需要安静的场所封闭在一个小的空间中，使它与周围环境隔绝。典型的隔声措施是隔声罩、隔声间、隔声屏。

隔声罩由隔声材料、阻尼涂料和吸声层构成。隔声材料用1～3mm的钢板，也可以用较硬的木板。钢板上要涂一定厚度的阻尼层，防止钢板产生共振。吸声层可用玻璃棉或泡沫塑料。

在高噪声车间（如空压机站、鼓风机房）常采用建立隔声室的办法。

隔声室要采取隔声结构，并需很好密封。此外，室内还要做吸声处理，为了换气还要加设通风设备，并在通风的进出管道上加装消声器。对于土木结构的隔声室，隔声效果主要取决于门和窗的处理，要特别注意门与门框，窗与窗框的密封。多采用3mm～5mm厚双层玻璃固定窗和双层木门。

隔声屏主要用在大车间或露天场合下的隔声，如在居民稠密的公路铁路两侧设置隔声堤，隔声墙等。在大型车间设置活动隔声屏可以有效地降低机器的高中频噪声。隔声屏的设计原理和效果，在本章下节讲述。

4. 隔振与阻尼

为了减少机器振动通过基础传给其他建筑物，通常的办法就是防止基础与其他结构的刚性连接，这种方法就叫基础隔振。主要措施有三种：①在基础与其他结构之间铺设具有一定弹性的软材料，如橡胶板、软木、毛毡、纤维板等等。当振动由基础传至隔振垫层时，这些柔韧材料中的分子或纤维之间产生摩擦而将部分振动能量转换成热能耗散掉。因而降低了振动的传递，起到隔振的作用。选用隔振材料时，应注意材料的耐压性能，以免材料过分密实或被压碎而失效。也要考虑到使用环境的不同而选择相适应的隔振垫层。如耐高温。防火、防潮、防腐蚀的材料等等。②在机器上安装设计合理的减振器。这不仅安装方便，经济、隔振效果也好。减振器主要分三类；橡胶减振器，弹簧减振器和空气减振器，这三种也可以组合使用。弹簧减振器必须根据机器的振动性质及所需的减振量具体设计才可使用，否则一旦发生共振，严重的可使机器损坏。③在机器周围挖一定深度的沟，也能起到隔振作用，这种沟称为隔振沟。隔振沟越深，效果越好，一般 1～2m 为宜。沟的宽度对隔振效果影响不大，可在 10cm 以上。中间以不填材料为最好，也可以填些松散的锯末，膨胀珍珠岩（可耐火）或浇灌沥青。

为了提高隔振效果，可将三种措施综合运用。

金属薄板、船体、飞机外壳等常会因剧烈的振动辐射较强的噪声、可以用涂抹阻尼材料的方法降低噪声。阻尼材料就是内损耗大的材料。如 746 阻尼浆，沥青，软橡胶以及一些高分子涂料。一般涂层厚度为金属板厚的 1～3 倍。阻尼材料应具备尽可能高的阻尼系数，与金属板能紧密粘结及较大的劲度。

（三）接收者个人防护

声源控制和传播途径控制难以达到标准时，常需要采取个人防护措施。目前最常用的方法是佩戴护耳器。一般的护耳器可使用耳内噪声降低 10～40dB。护耳器的种类很多，按构造差异分为耳塞、耳罩和防声头盔。

耳塞，耳罩使用简单方便，但头盔的隔声效果比耳塞、耳罩优越，不仅可以防止噪声的气导泄漏，而且可以防止噪声由头骨传导进入内耳。

三、噪声污染综合防治

噪声污染综合防治是从区域（或城市）的整体出发，防治结合、技术措施与管理措施相结合，综合防治噪声污染，全面改善区域（或城市）的声环境质量，它是一项涉及范围广泛的环境噪声控制系统工程（图 7－8）。下面分别阐述主要的综合防治对策。

（一）加强噪声污染防治法制建设

1. 加强立法和执法

1989 年 9 月国务院第 47 次常务会议通过了《中华人民共和国环境噪声污染防治条例》颁布后于当年 12 月 1 日起实施，在防治环境噪声污染的工作中发挥了很大的作用。

为了健全法制，从 1982 年 4 月开始即开始起草环境噪声污染防治法，经过 10 多年的工作，1996 年 10 月 29 日，八届全国人大常委会第 22 次会议通过并由国家主席公布了《中华人民共和国环境噪声污染防治法》，1997 年 3 月 1 日实施。《环境噪声防治法》与原来的《条例》相比不但具有更大的约束力、强制性，在内容上也更加科学、明确、具有可操作性。

《环境噪声污染防治法》共 64 条，比原来的《条例》增加了 17 条，两者比较，《环境噪声污染防治法》有如下显著特点。

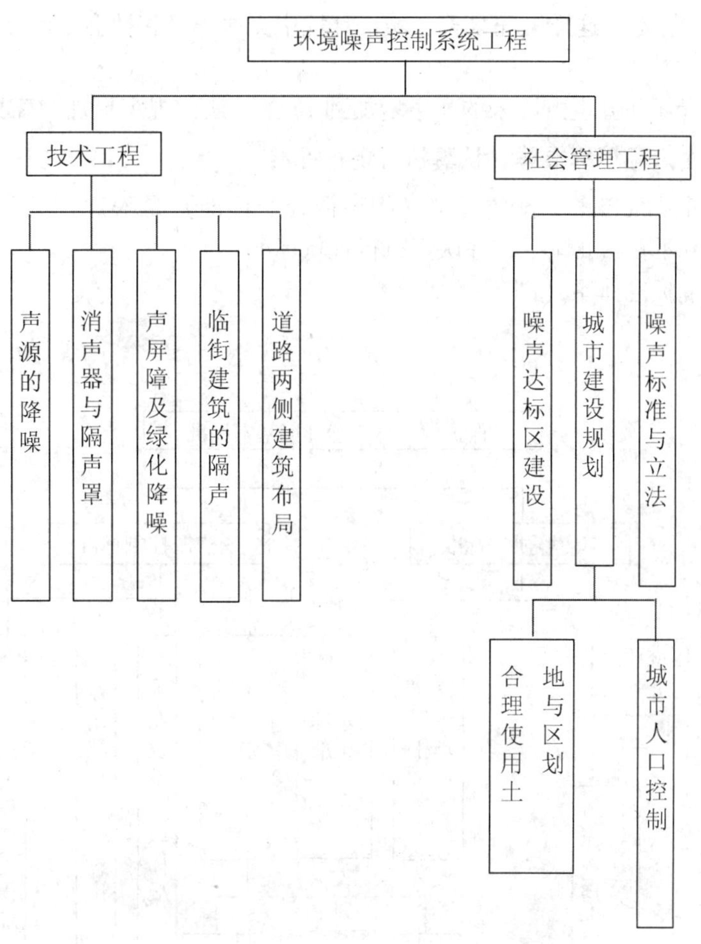

图 7－8　环境噪声控制系统工程方框图

（1）法律条文中的概念更加科学。在《环境噪声污染防治法》中增加了“工业噪声”、“建筑施工噪声”、“交通运输噪声”、“社会生活噪声”的定义，引入了“声环境”的概念，将原《条例》中的“噪声质量标准”改为声环境质量标准，并对噪声排放、噪声敏感建筑物、噪声敏感建筑集中区域等，都确定了明确的定义。

（2）强化监督管理。《环境噪声污染防治法》第二章与原来《条例》“第二章环境噪声标准和环境噪声监测”不同，改为“第二章环境噪声污染防治的监督管理”，并对环境噪声污染防治的环境影响评价、“三同时”、限期治理等环境管理制度在法律上做了明确规定。

（3）对各类噪声污染防治做了更加具体的法律规定。在工业噪声污染防治、建筑施工噪声污染防治、交通运输噪声污染防治及社会生活噪声污染防治中，后两类噪声污染防治的法律规定明显加强。《条例》中“交通噪声污染防治”只有 6 条，《环境噪声污染防治法》中“交通运输噪声污染防治”增加到 10 条，增强了对敏感建筑物集中区域设声屏障、在已有的城市交通干线的两侧建设噪声敏感建筑物应按国家规定间隔一定距离等法律规定，在《条例》中“社会生活噪声污染防治”只有4条，《环境噪声污染防治法》中增加到7条，对用电器、乐器或者进行家庭娱乐活动，以及室内装修活动的噪声污染控制都做了明确的法律规定。这样做完全符合城市环境中交通噪声和社会生活噪声日益突出的实际情况。

（4）法律责任部分也由原来的9条增加到15条，法律规定更加明确具体。

2. 逐步完善声环境标准体，认真执行现行标准

声环境质量标准和噪声排放标准（噪声源控制标准）是噪声污染防治的基本依据。必须逐步完善声环境标准体系，并认真执行现行标准。

（1）声环境标准体系（图7-9）

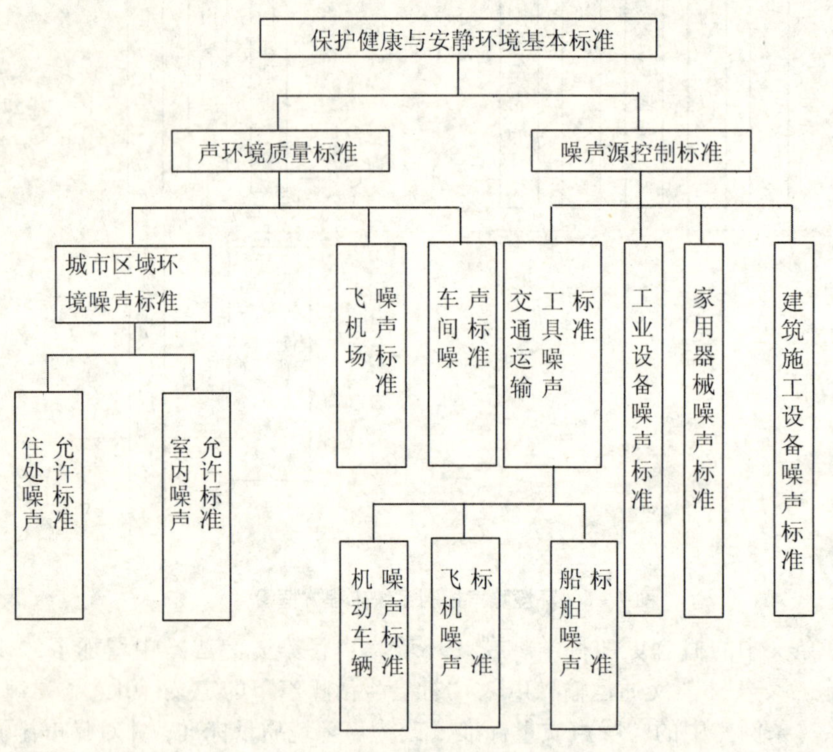

图7-9　声环境标准体系图

（2）认真执行现行声环境质量标准和噪声源控制标准

声环境质量标准和噪声源控制标准是《环境噪声污染防治法》的重要组成部分，必须认真执行才能有效地改善城市（或区域）的声环境质量。

我国已制定和实施了下列噪声标准（声环境标准），收到了较好的实际效果，今后将逐步完善标准体系。

①城市区域环境噪声标准（GB 3096—93）

②机动车辆允许噪声标准（GB 1495—79）

③机场周围噪声环境标准（GB 9660—88）

④工业企业厂界噪声标准（GB 12348—90）

⑤厂界噪声测量方法（GB 12349—90）

（二）深入开展城市环境综合整治，认真防治噪声污染

中国的《环境与发展的十大对策》中第三条就是："深入开展城市环境综合整治，认真治理城市'四害'"，噪声污染是"四害"之一，因噪声引起的环境纠纷日益增多，必须制定切实可行的城市建设总体规划和城市环境保护规划，并将噪声污染综合防治纳入规划，提出有效的对策，对未来的城市噪声控制具有非常重要的意义。制定和实施规划可从城市人口控制、土地的合理使用、声环境功能区划和道路设施以及建筑物的布局等方面来考虑。

1. 城市人口的控制

控制城市人口是十分重要的，根据欧洲国家的统计，人口的增长与城市噪声有如下关系：

$L_b = 27 + 10\log P$

式中：L_b—从早上7点到晚上11:00的平均声级，dB；

P—人口密度，人/km^2。

用这个公式估计，其准确度在3dB以内，这在我国也基本适用。因此，严格控制城市人口密度的增长对减少城市噪声效果很明显。为了解决城市人口过于集中，并随之带来的工业，商业、交通的集中，许多国家正采取在大城市远郊区建立卫星城的办法。

2. 合理使用土地

合理使用土地是城市建设规划中减少噪声对人的干扰的有效方法，根据不同的使用目的和建筑物的噪声标准，选择建筑场所和位置，从而决定建立学校、住宅区和工厂区的合适地址，在进行建筑施工以前，首先应该进行噪声环境的预测，看是否能符合该建筑的环境噪声标准。对于兴建噪声较大的工矿企业，还应该先进行环境影响预测评价，估计它们对周围环境的影响。根据瑞士的研究结果，土地使用规划可根据表7-6的数据来考虑，这些数据给出了基本的噪声级范围。

表7-6　户外允许噪声级　　单位：dB

区　域	基本噪声级		频繁的峰值		偶尔的峰值	
	夜 间	白天	夜 间	白天	夜 间	白天
医院	35	45	45	50	55	55
安静居民区	45	55	55	65	65	70
混合区	45	60	55	70	65	75
商业区	50	60	60	70	65	75
工业区	55	65	60	75	70	80
大马路	65	70	70	80	80	90

在区域规划中，应该尽量使居民区不与吵闹的工业区和商业区混杂，也应该考虑噪声控制的措施；如日本东京，考虑到工厂噪声干扰，因此，在规划中将工厂集中到机场附近，因为都属噪声区，而将需要安静条件的区域相对集中到另一地区，在我国城市中应根据国情研究制定最佳土地利用方案。

3. 噪声功能区划（声环境功能区划）

为便于城市噪声环境质量的管理，对于城市建成区的噪声功能区划分，应对照“城市区域环境噪声标准 GB 3096—93”规定的类别，适用区域的规定来划分。但对于老城区居民集中地带，按 1 类还是 2、3 类不好明确，4 类区交通干线两侧区划限界，过去也没有严格规定，致使各城市区划不统一。国家环保总局结合新的“城市区域环境噪声标准”的颁布，拟定了一个噪声功能区划方法，现将主要内容分述如下：

（1）1、2、3 类标准适用区划定量划分方法

a. 噪声区划的主要指标

噪声区划主要指标是反映区域主导功能。由城市用地分类见（城市用地分类与规划建设用地标准）（GBl37—900）分为三类。其中：

A 类用地含各类居住、行政办公、医疗卫生及教育科研设计用地。

B 类用地含各类工业和高噪声仓储用地。

C 类用地含对外交通、道路广场和和交通设施用地。

b. 区划标准

b－1 区划指标符合下列条件之一的划为 1 类标准适用区域。

噪声区划主要指标的数值表示：三类用地的占地百分率。

①A 类用地占地率大于 70%；

②A 类用地占地率在 60%～70%之间。B 类与 C 类用地占地率之和小于 20±5%。

b－2 区划指标符合下列条件之一的划为 2 类标准适用区域。

①A 类用地占地率在 60%～70%之间。B 与 C 类用地占地率之和大于 20±5%；

②A 类用地占地率在 35%～60%之间；

③A 类用地占地率在 20%～35%之间，B 与 C 类用地占地率之和小于 60±5%。

b－3 区划指标符合下列条件之一的，划为 3 类标准适用区域。

①A 类用地占地率在 20%～35%之间，B 与 C 类用地占地率之和大于 60±5%；

②A 类用地占地率小于 20%。

（2）4 类标准适用区域划分（交通干线两侧区域划分）

4 类标准适用区域以各类交通干线红线外一定距离划定距离根据交通干线两侧建筑物形式和相邻区域的噪声区划类型确定。

a. 道路两侧区域的划分

a－1 若临街建筑以高于三层楼房以上的建筑为主，将第一排建筑物面向道路一侧以内的区域划为 1 类标准适用区域。

a－2 若临街建筑为低层建筑（含开阔地），将道路红线外一定距离内的区域划为 4 类标准适用区域。距离的确定方法如下：

相邻区域为 1 类标准适用区域，距离为 45m±5m；

相邻区域为 2 类标准适用区域，距离为 30m±5m；

相邻区域为 3 类标准适用区域，距离为 20m ± 5m。

b. 铁路（含轻轨）两侧区域的划分

将铁路（含轻轨）城市规划控制用地范围一定距离以内的区域划为 4 类标准适用区域。距离确定的原则和方法同 a，距离的延伸长度在 a 类的基础上增加 30m。

（三）噪声达标区建设

噪声达标区建设是区域环境噪声污染综合防治系统工程，它的工作程序可概括如图 7－10：

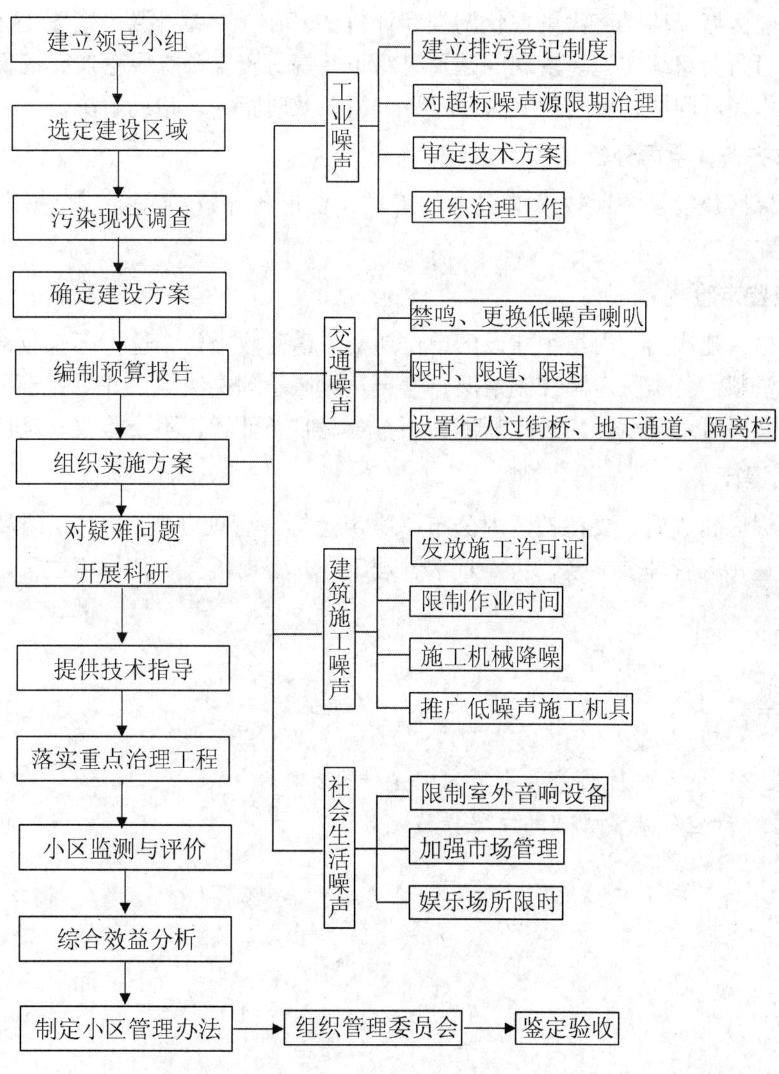

图 7－10　噪声达标区建设主要程序图

从上述工作程序图可看出，噪声达标区建设工作量大，涉及面广，技术性强，绝不能只靠环保部门孤军作战，必须依靠社会各方力量同力协作，做好达标工作。

1. 组织落实

噪声达标区建设必须建立一个有各部门主要领导参加的领导小组，便于组织协调和统筹安排。同时要配备部分人员专门负责此项工作，分工明确，责任到人，使噪声达标区建设落到实处。

2. 选区准确

噪声达标区建设区应首先在居民稠密区和噪声污染影响较大的地区进行，达标区最好以街道和行政区为单位，便于管理。

3. 落实方案，组织实施

在对所建区域环境噪声污染现状调查和评价的基础上，提出噪声达标区建设的方案，经各方论证可行后组织实施。发现问题及时纠正。搞好资金预算及落实，确保治理工程的进行。对技术疑难问题，可组织专家技术咨询组，及时指导，帮助解决。

4. 资料齐备，全面分析

噪声达标区建设是一项技术性很强的工作，要求各种资料齐备，数据准确，图表直观，建设效益分析全面。

5. 组织鉴定验收

噪声达标区建成后，由组织建设的单位递交申请验收报告，达标区验收部门要认真审核各种有关资料，各类噪声源控制情况，噪声达标区管理办法等，并对噪声源治理情况进行抽测，必要时可对环境噪声进行复测，不符合验收条件者，不予验收，确保验收质量。

6. 巩固提高

噪声达标区建成后，要在辖区内公布“噪声达标区管理办法”、组织区域内各主要单位组成噪声达标区管理委员会，负责日常管理工作，督促落实，使噪声达标区建设成果得以巩固。

思考题

1. 什么是环境质量？
2. 地表水和空气环境质量的主要内容是什么？
3. 地表水和空气质量管理的主要措施是什么？

第八章　专项环境管理

第一节　城市环境管理

一、城市生态学

生态学的含义很多，一般认为生态学是研究生物与其环境间的相互关系，以及研究生物彼此间的相互关系的一门科学。城市生态学是应用生态学原理和方法，将城市视作生态系统，研究其结构、功能、平衡与运行规律的一门科学，它是生态学的重要分支学科。

城市生态学首先把城市看成是一个在自然生态系统基础上建立起来的、充分人工化了的、多因素、多层次、多变化的复杂人工生态系统。城市生态学重点研究以下几方面的问题。

（1）研究构成城市系统主体的人的结构、空间分布和变化速率，揭示城市人口的发展与城市环境变化的相互关系。

（2）研究城市的物质代谢、能量流动、信息交换的特点及其与城市环境变化的关系。

（3）研究自然资源（土地、水源、矿物质）的开发利用对城市环境的影响。

（4）研究城市生态系统与城市环境质量的关系，探索城市污染的规律和控制途径，建立城市生态系统模型，创造有利于社会发展和人类生存的最佳生态环境条件。

（一）城市生态系统的结构

城市生态系统是个多层次、多因素、多功能的随机动态的复杂人工生态系统，其结构包括多个子系统，它们之间复杂的相互制约的运动推动了整个系统的发展。一般来讲，城市生态系统可以分成三个亚系统。

1. 自然环境生态系统（简称自然系统）

从自然环境角度研究人类活动与城市相互关系和影响，该系统以环境问题为中心。它包括自然能源子系统（太阳能、风能、潮汐能）、矿产子系统、水环境子系统（地表水、地下水、降雨）、大气环境子系统、土地环境子系统、生物（动植物）子系统、景观绿化子系统等。

2. 经济生态系统（简称经济系统）

以生产问题为中心，从经济发展角度研究城市生态系统。它包括工业生产子系统、农业生产子系统、交通运输子系统、邮电通讯和信息子系统、商业金融证券子系统、建筑子系统、人工能源子系统等等。

3. 社会生态系统（简称社会系统）

从社会学角度研究城市与人类活动的关系，该生态系统以人口问题为中心。它包括人口子系统（劳力、就业、年龄结构、流动）、住宅子系统、防灾子系统（地震、水灾、火灾）、安全子系统（公安、保险、劳保、防空）、基础设施子系统、文化教育子系统、医疗保健子系统、政府服务子系统、污染治理子系统、社会心理学子系统等等。

上述三个亚系统是不可分割的。人的活动贯穿整个生态系统的各个过程，整个系统又可归纳为环境—生产—消费三链式结构。

（二）城市生态系统的结构

城市好比是一个高度组织的有机体，具有一切有机体的正常功能。城市依靠许多系统完成各种功能，并进行有序的活动和有效的运转。城市出现的一切问题都应从其组成部分的功能上找原因，加以调整，使之协调平衡。因此，城市生态系统中各子系统的相互作用和关系决定了整个系统的功能，而功能又取决于结构的合理程度。

城市的功能就是将外界输入的物流、能流、信息流、人口流及货币流，经过系统内部的转化作用，最后以一定的方式输出，完成城市生产、生活和还原的重大功能。因此，城市好像一个加工厂，组织着合理的流程，提高转化效率，达到稳定运行，生产高质量高数量的优质产品。

自然生态系统的基本功能是维持能量流动，维持物质循环并具有自我调节的机能。城市生态系统则直接受人的目的、愿望和经济技术水平的控制，在一定的空间范围内集中了大量的物质和能源消耗，集中了大量的人口、交通和信息流，建立大量的人类技术物质（包括建筑物、道路、桥梁和其他城市设施），而且产生了大量破坏城市的污染物，改变了原来的生态环境。同时，城市的地理环境也发生了深刻的改造，地貌形态已失去原有的面貌，人工地面（混凝土、沥青、砖石等）的形成，改变了自然土壤的结构与性能，增加了不透水性，也改变了地面受热状况，破坏了自然调节能力，致使城市气候发生明显改变，形成了“热岛环流”，出现“城市热岛”效应。

按照各种城市所处自然地带的环境特点，设计最优人为生态系统，会人为地改变自然生态系统的循环，对扩大环境容量，防止环境污染，提高环境质量具有重要意义。

应该指出，城市生态系统是人类社会生态系统的组成部分之一，在其构成中应该包括社会基本结构系统（包括城市的历史发展过程、文化和科学技术传统、学术思想的形成和发展、创造发明过程的组织协调、城市美学环境等）。城市社会文化发展过程与经济发展过程应该同步协调地发展。

从上述城市生态系统的功能来看，它与周围的其他环境系统之间有着各种复杂的关系，这个系统不但受到自然环境系统的制约，而且还受到社会环境的强烈约束，这给对城市生态系统的认识带来了复杂性。由于城市生态系统中人口的大量集中，并且在城市地区集中了大量的工矿企业、生产和生活设施，建设了大量建筑物，各种交通和信息流活动频繁，人为活动消耗大量的能源和资源，因此，也伴随着形成了大量的噪声和“三废”污染，使得自然景观遭到彻底的改造，植物群落结构发生改变，野生动物灭绝，微生动物活动受到抑制，造成自然环境中大气、水体、土壤等的污染，使城市环境质量下降。在实践中人们对复杂的城市环境和形成的城市生态系统缺乏足够的认识和了解，以及往往局限于眼前利益的行为，通常是造成城市环境破坏和污染的根源。因此，必须掌握城市环境和城市生态的特点和规律，搞好近期和长远的城市规划，将城市建成适合于人类居住和生活的场所。

（三）城市生态系统的特点

城市生态系统是个规模庞大、结构复杂、功能综合、因素众多的，具有高度自适性和强大组织能力的主动大系统。城市生态系统是以人类为中心的自然和社会结合的生态系统，高于一般的生态系统。

城市生态系统是由无生命物质和生物物质两部分组成的。生物物质部分是以有思维意识的人为主体，加上野生和人工培养的动植物等。无生命物质除自然环境物质外，还有由房屋、道路、通信等以及与生产和生活相关的医疗、文教、福利等设施共同组成的人为环境。城市的人口环境不仅受城市而且受国家社会经济系统的制约。城市生态系统远比自然生态系统复杂，它的主要特点是：

1. 人是城市生态系统的主体

城市的最大特点是人口集中、密度高，人口的集中速度特别快，它与工农业生产发展密切相关。正是这个原因，城市人为活动变得十分强烈，它不仅改变自然环境，而且也在不断地破坏自然生态系统，从而创造了人为生态系统——城市生态系统。大量的物质与能量（生产资料与生活资料）输入这个系统，造成大量的物质积累于城市中，城市生产与生活的废弃物质大量排放，超出了自然净化能力，城市也就成为环境污染最严重的地区。

2. 城市生态系统生产者小于消费者

自然生态系统中，生产者的生物量和生物个体数目都比消费者的生物量和生物个体数目多。按其能量传递次序（以食物链为基础的各种营养阶段），消费者完全依靠生产者生产的有机物生存，因此在稳定的自然生态系统中，如果消费者有多级的话，其生物量和生物个体逐级递减，成为生态系统金字塔，这就是美国生态学家林德曼提出的“十分之一定律”，也叫林德曼效率。例如，假定一个人单纯靠吃鱼来增加自己的体重，每增加 lkg 体重需要吃 l0kg 鱼，10kg 鱼要吃 100kg 浮游动物，100kg 浮游动物要消耗 1000kg 浮游植物。也就是说 1000kg 浮游植物的生物量才能使人的体重增加 1kg。但是在城市生态系统中消费者主要是城市居民，人数很多，而作为生产者的绿色植物所占比例很小，呈倒金字塔，城市中人类现存量远大于植物现存量。

3. 城市生态系统是一个开放系统

自然生态系统是一个自律系统，绿色植物吸收阳光能量进行光合作用，将光能变成化学能，贮存在所创造的有机物中，依靠系统内部的能量与物质传递可维持各种生物的生活。城市生态系统则不然。消费者的数量远远大于生产者的数量。所以必须从城市外部输入农副产品、日用品等供消费者——城市居民的生活之用。同时，城市居民在生产和生活中排泄的大量废物，也不能完全在本系统内分解，还要输送到其他生态系统（如农田、水域等），因此，城市生态系统中能量的循环是一个开放式的生态系统。

4. 城市生态系统是一个动态的模糊系统

它是一个在时间上、空间上不断演变发展的动态系统。系统运行的环境不能控制，有很长的时滞效应。因此，调控时必须考虑目前虽未出现、但未来可能出现的干扰，并作出相应的反应，它要求控制本身应随时间而发展。这个特点要求城市规划和建设要有动态变化和动态平衡的观点，要富有弹性，留有余地，能及时跟踪系统的变化，以便与社会、经济的发展相适应。此外，效应的时滞特点及部分不可逆性，要求我们的决策必须慎重。

5. 城市生态系统是具有自我调节能力的系统

任何生命系统都有自调节、自控制、自稳定以及一定的自我修复能力，它标志了系统的生命力，城市依靠这些能力维持其动态平衡。这些能力的来源就是城市资源，包括经济潜力、人的智力、可再生资源和能源、适应性与应变性强而富有弹性的基础设施以及外界的支持。

城市的最优规划是城市建设、经济建设、环境建设同步发展的保证，但它们之间往往是竞争的、相互制约的，必须在矛盾中统一，使总体效益最大。

6. 城市生态系统处于生态环境的脆弱带

城市通常是在自然生态条件较好的地区首先建立起来的，一般沿海、沿江、沿湖这些地区是老城市的发源地。

现代生态学把处于两种以上的物质体系、能量体系、结构体系、功能体系之间所形成的界面，以及围绕这个界面内外延伸的过渡带称为“生态环境脆弱带”。这个地带存在着一种边缘效应，在自然条件下通常生物群落结构复杂，出现多种生物共存现象，因而这里的物种竞争也特别激烈，处在不停顿的动态变化之中，城市生态系统正处于这“生态环境脆弱带”之中。该带中，一旦某个生物种群遭破坏（或食物链破坏），该生态环境就会立即失去平衡。

综上所述，城市生态系统这些特点决定了保护和维持该系统的基本对策是控制污染，调整物质循环，提高资源和能源利用效率，提倡高科技工艺以及控制城市人口增长。

二、城市环境综合整治

城市环境综合整治，概括地说就是：“在城市人民政府的直接领导下，从整体出发，综合考虑各部门的需要，以最佳的方式利用城市环境资源，通过经济建设、城市建设与环境建设同步规划、综合平衡，达到‘三个效益’的统一，并综合运用各种手段，对城市系统进行调控、保护和塑造，全面改善环境质量。”

（一）城市环境综合整治的由来

我国城市环境保护工作，自1973年以来，经历了三个发展阶段，这三个阶段是：

1. 点源治理阶段。大体上是从1973年到1978年，这一时期主要抓以下工作：一是锅炉改造，消烟除尘，控制大气污染；二是工业“三废”综合利用和主要污染物的净化处理，如解决水体中重金属、酚、氰化物污染；三是水源保护。

2. 综合防治阶段。大体上是从 1979 年到 1983 年。历史的经验证明，点源治理虽然对控制环境污染起到了一定的作用，但从总体上看，效果并不明显。在 1979 年颁布的《中华人民共和国环境保护法（试行）》中规定的环境保护“三十二字”方针指导下，我国城市的环境保护工作进入了“预防为主，防治结合，综合治理”的新时期，这个期间主要抓了以下几个方面的工作：一是在“工业污染防治规划”指导下开展了污染防治工作；二是通过工业的合理布局和调整经济结构防治污染；三是结合企业技术改造解决污染问题。

3. 城市综合整治阶段。这一阶段大体上是从 1984 年开始的。1984 年 10 月，中共中央在《关于经济体制改革的决定》中明确提出：“城市政府应该集中力量做好城市的规划、建设和管理，加强各种公用设施的建设，进行环境的综合整治。”从而，把进行城市环境综合整治确定为城市政府的一条主要职责。为了贯彻这一精神，总结城市环境保护工作的经验，搞好城市环境综合整治工作，1985 年，国务院在河南省洛阳市召开了“全国城市环境保护工作会议”，会议原则通过了《关于加强城市环境综合整治的决定》。

（二）城市环境综合整治定量考核

城市环境综合整治定量考核制度已在本书第四章叙述，这里不再重复。

（三）进一步加强城市环境综合整治的措施

1. 明确城市环境综合整治责任，健全城市环境管理机制。各级城市人民政府应根据《中华人民共和国环境保护法》、《中华人民共和国城市规划法》的规定和“经济建设、城市建设、环境建设同步规划、同步实施、同步发展，实现经济效益、社会效益和环境效益统一”的战略方针，对城市的环境质量负责，开展城市环境综合整治工作，将环境综合整治的任务分解到各有关部门和单位，建立环境保护目标责任制并实行定量考核。城市人民政府要把城市环境综合整治工作作为重要职责，形成和完善市长统一领导下的有关部门分工负责、广大群众积极参与的城市环境综合整治的管理机制，及时解决工作中的重大问题。

2. 完善城市环境综合整治规划，实现城市环境保护目标。各级城市人民政府应组织有关部门，根据城市总体规划及国民经济和社会发展规划的要求，制定和完善城市环境综合整治规划，在确定城市大气、水域和噪声功能区的基础上，着重保护好集中式饮用水源地，提高居民文教区和风景名胜区的环境质量。全国城市环境综合整治的主要任务是：努力控制城市环境污染的发展，重点搞好工业污染防治和城市基础设施的建设，逐步使城市环境保护与国民经济和社会发展相协调。

3. 结合调整产业结构和企业技术改造，进一步防治工业污染。城市人民政府和国务院各有关部门，应根据国家产业政策，科学、合理地调整产业结构、产品结构、能源结构和原材料结构。采取措施逐步淘汰原材料消耗高、耗能高、污染严重的工艺、设备，停止生产污染严重的产品。城市工业主管部门和环境保护部门，在审查固定资产投资项目时，应对工艺和设备的先进性、适用性及经济、环境效益进行论证，禁止采用耗能高、污染严重的工艺、设备。各工业部门应加强生产管理，制定并争取实现同行业先进水平的原材料消耗定额和工艺设计标准。各企业应结合技术改造提高工业“三废”的回收和综合利用率，实现“三废”资源化。环境污染严重的城市，应逐步实行排放污染物总量控制，新增的污染物应在企业或城市区域内等量消减，在基本建设和技术改造中，应采取“以新带老”、“以大带小”和“工民互带”等措施，做到“增产不增污”。

4. 积极推行污染集中控制，提高防治效益。城市环境综合整治必须从城市的总体效益出发，打破行业和部门界限，积极推行对污染的集中控制。对过于分散的污染源和不宜集中处理的特殊污染物，应进行单独处理或者预处理。各级城市人民政府和有关部门应改变城市燃料构成和供热方式，控制大气污染，综合合理利用能源。城市新建、扩建燃煤电厂，应根据用电和供热的需要实行热电结合；对现有的中低压凝汽式发电机组，应改造为供热机组或采用大容量发电机组替代，以提高能源利用率。煤炭、石油、化工、冶金等部门，应优化能源利用，将适合民用的煤炭、可燃气及余热资源优先供应城市民用，发展城市燃气和集中供热，替代燃煤民用炉灶和分散供热锅炉。煤炭生产及供应部门应发展煤炭加工技术，提高煤炭洗选能力，积极发展工业和民用固硫型煤，对用户实行对路供应。机械部门要逐步淘汰燃烧效率低、污染严重的陈旧锅炉和机动车产品，推广燃烧效率高、污染轻的新产品，开发燃煤工业锅炉和炉窑的燃烧新技术，控制二氧化硫排放。距离相近的企业和可以共同处理水污染物的企业，应对污染实行联合集中处理或者与生活污水一起处理。对造纸制浆、电镀、热处理等污染严重的行业，应逐步实行相对集中的专业化生产，并对排放的污染物进行集中处理。企业排放固体废物应根据“减量化、资源化、无害化”的原则，做好综合利用和集中处理、处置工作。排放有毒有害废物必须进行申报登记，并严格依照有关规定，对有毒有害废物进行集中处理或处置，防止扩散和产生危害。

5. 加强城市基础设施建设，提高综合防治污染能力。城市新区开发和旧区改造，要实行“统一规划、合理布局、因地制宜、综合开发、配套建设”的原则，继续加强城市供排水、公共交通、污染治理等市政公用设施的建设，进一步提高城市功能和环境质量。采暖地区城市的新区建设和旧区改造，尽可能实行集中供热，联片采暖，一般不得再建分散的公用供暖锅炉房；积极发展城市燃气，在城市附近开发的天然气要优先供给民用，替代民用小煤炉的燃烧方式。经济开发区和住宅小区的建设，应与集中供热、燃气化或型煤化、垃圾收集和处理、供排水系统、地面绿化、道路硬化等市政公用配套设施的建设同时规划、同时建设、同时交付使用。“八五”期间，大、中城市应完善城市排水管网，特别是污水截流干管的建设，有计划地建设污水处理厂、氧化塘或采用科学措施解决污水排放问题，集中力量整治城区内不符合功能区水质要求的江、河段以及沟、渠、湖、塘。大中城市要逐步实行垃圾收集容器化和密闭运输，近期以高温堆肥和卫生填埋等方式为主进行处理，改善城郊环境卫生状况，减少农田占用面积，鼓励垃圾综合利用，减少垃圾量。加强城市道路桥梁的建设、养护和维修，尽快形成干道网，提高路面质量。有条件的特大城市，应适度发展立体交通，提高道路通行能力。控制交通噪声和机动车辆尾气污染。加强以绿化为主的城市生态环境建设，覆盖城市街道两旁的裸露地面，并逐步建立一批立体绿化和楼顶花园的示范工程，提高城市绿化覆盖率。

6. 疏通、拓宽资金渠道，扩大资金来源。城市人民政府应按照“谁开发谁保护，谁破坏谁恢复，谁利用谁补偿”和“谁污染，谁治理”的方针，采取有利于环境综合整治的经济政策，开辟各种资金渠道。城市人民政府和有关部门对国家已经规定用于环境保护和城市建设的资金，要落实来源并合理安排使用，要管好、用好城市维护建设资金、环境保护补助资金，并适当增加预算内的环境保护资金；综合利用利润留成应当用于治理工业“三废”；土地使用权有偿转让收入，应重点用于城市建设和土地开发等。有条件实行污染集中控制的城市，企业、事业单位新建、扩建和改造项目污染防治设施的建设资金，应有相应部分用于集中处理设施的建设；根据《中华人民共和国水污染防治法》的规定征收的排污费和超标准排污费，应用于重点污染源的治理和环境污染的综合性治理；积极争取国外环境保护和城市建设的优惠贷款及赠款，进一步扩大资金来源。

7. 加强城市环境管理，健全监督执法队伍。城市人民政府应进一步强化城市环境管理，进一步落实以环境保护目标责任制、城市环境综合整治定量考核和城市市容达标为核心的各项制度，加强城市建设和环境管理的法制建设，根据具体情况，制定切实可行的城市环境综合整治管理办法。城市人民政府环境保护行政主管部门，应依据《中华人民共和国环境保护法》，对环境保护实施统一监督管理，城市建设行政主管部门对城市建设实行统一监督管理，公安、交通、土地等部门，也应依据有关法律规定和职责分工做好监督管理工作。加强城市污染防治设施的使用管理，保证设施的完好率和使用效果。城市人民政府应积极组织开展创建“烟尘控制区”、“城市环境噪声达标区”的活动，评选城市环境综合整治优秀项目，推动环境综合整治工作的深入开展。城市人民政府应根据《国务院关于进一步加强环境保护工作的决定》，建立健全城市环境管理监督执法队伍，增强执法力量。城市建设监察和环境保护监督执法人员应统一标志，持证进行监督检查。城市建设监察和环境保护监督执法队伍应依据分工各司其职，严格执法。对监督管理人员，应组织开展业务培训，建立考核制度，提高监督执法人员的素质，以适应城市建设和环境管理工作的需要。

三、创建国家环境保护模范城市，实现城市可持续发展

(一) 为什么要创建环保模范城市

自全国第四次环境保护工作会议召开之后，我国的环境保护工作开始进入一个新的发展时期，按照《中共中央关于加强社会主义精神文明建设若干问题的决议》和《国务院关于环境保护若干问题的决定》，以及《国家环境保护“九五”计划和2010年远景目标》中提出的城市环境保护“要建成若干个经济快速发展、环境清洁优美、生态良性循环的示范城市”的要求，国家环境保护局决定在全国各城市开展创建国家环境保护模范城市活动。通过这项创建活动，树立一批环境与社会、经济协调发展，环境质量优秀的环境保护模范城市，以此推动我国城市环境保护进程。这对于在我国城市实施可持续发展战略，努力实现两个根本性转变和促进城市环境保护工作与国际接轨，同时加强精神文明建设，创建文明城市，均具有非常深远的意义。创建国家环境保护模范城市以改善环境质量和促进经济发展为出发点，在促进城市产业经济结构调整，

优化城市功能布局、塑造良好城市形象、提高城市品味、扩大对外开放、提高人民群众生活质量方面起到了积极推动作用，是我国实施城市可持续发展战略的重要举措。

(二) 国家环境保护模范城市的标志是什么

国家环境保护模范城市的标志是社会文明昌盛，经济快速健康发展，环境质量良好，资源合理利用，生态良性循环，城市优美洁静，基础设施健全，生活舒适便捷，居民健康长寿。这些也就是创建国家环境保护模范城市带来的实际好处。

(三) 创建国家环境保护模范城市与创建国家卫生城市、国家园林城市、国家优秀旅游城市有什么区别

国家环境保护模范城市的产生并非是一种偶然现象，而是社会经济发展到一定程度和阶段的必然要求，是城市环境保护工作深入开展的结果。目前，全国各地广泛开展创建国家文明城市、国家卫生城市、国家园林城市、国家优秀旅游城市等各种先进典型城市的活动，在社会上产生了深刻影响，而国家环境保护模范城市作为城市可持续发展的优秀典型，其内涵更为广泛丰富，是城市内在美与外在美的综合体现，是城市精神文明与物质文明建设发展的结晶和升华。可以这样说：环境保护模范城市的含金量更高，因为它涵盖了社会、经济、环境以及卫生、园林等等方面的内容，一个城市得到这个称号的意义非常重大，所以我们要拼全力创建环境保护模范城市。优良的环境本身就是一笔财富，是经济、社会发展的基础。

(四) 哪些城市可以申报国家环境保护模范城市

全国所有设市的城市都可以向国家环境保护总局进行申报创建国家环境保护模范城市。创建工作首先本着自愿的原则，重点放在创建的过程。主要包括，申报城市按照标准进行创建和申报，经省、自治区环境保护部门推荐，国家环境保护总局组织考核并审批和命名，并定期进行复查。

资料 1：国家环境保护模范城市的考核指标及实施细则

一、国家环境保护模范城市考核指标分“基本条件”和“考核指标”两大部分，其中基本条件 3 项，考核指标 23 项（南方城市）。

（一）3 项基本条件

1. 城市环境综合整治定量考核名列全国或全省前列；
2. 通过国家卫生城市验收；
3. 环境保护投资指数 >15%。

（二）23 项考核指标

社会经济 5 项

1. 人均 GDP >1 万元/人；
2. 经济持续增长率高于国家平均增长水平（率）；
3. 人口自然增长率 < 国家计划指标；
4. 单位 GDP 能耗 < 全国平均水平；
5. 单位 GDP 用水量 < 全国平均水平。

环境质量 5 项

6. 空气污染指数 <100，采用空气自动连续监测系统；
7. 集中式用水水源地水质达标率 >96%；
8. 城市水功能区水质达标率 100%（沿海城市包括市区近岸海域海水部分），且市内无超五类水体；
9. 区域环境噪声平均值 <60dB（A）；
10. 交通干线噪声平均值 <70dB（A）。

环境建设 9 项

11. 自然保护区覆盖率 >5%（包括风景名胜区、森林公园）；
12. 建成区绿化覆盖率 >30%；
13. 城市生活污水处理率 >50%；
14. 工业废水排放达标率 100%；
15. 城市气化率 >90%；
16. 生活垃圾无害化处理率 >80%；
17. 工业固体废物综合利用率 >70%，并无工业危险废物排放；
18. 烟尘控制区覆盖率 >90%；
19. 噪声达标区覆盖率 >60%。

环境管理 4 项

20. 城市市委、市政府听取环境保护工作汇报和政府例会研究环境保护工作频次 >1 次/年；
21. 环境保护机构独立建制；
22. 公众对城市环境的满意率 >60%；
23. 执行主要污染物总量削减计划，按照《国务院关于环境保护若干问题的决定》，执行新污染项目环保一票否决规定，并纳入城市社会经济发展计划之中；按期完成总量削减计划。

二、关于国家环境保护模范城市考核指标的实施细则

基本条件部分

1. 城市环境综合整治定量考核的具体要求是：

考核前3年城市环境综合整治定量考核应连续3年名列全国或全省前列。

2. 通过国家卫生城市验收的具体含义是：

经全国爱国卫生运动委员会组织专家进行考核、评比、验收后批准公布的卫生城市。

3. 环境保护投资指数具体含义是：

城市环境保护投资占城市国内生产总值的百分比，即环保投资指数大于1.5%。

考核指标部分

（一）社会经济方面

1. 人均GDP指标：是指城市国内生产总值与城市总人口之比，即要求人均GDP大于1万元/人。

2. 经济持续增长率：经济持续增长率是指考核前3年的经济增长率平均值。

3. 人口自然增长率：是指在一年内市区人口自然增加数与该时期内平均人数（或期中人数）之比，一般用千分率表示。

4. 单位GDP能耗：是指城市总能耗与城市国内生产总值之比。

具体考核要求是：单位GDP能耗小于全国平均水平。

5. 单位GDP用水量：是指城市总用水量与城市国内生产总值之比。

具体考核要求为：单位GDP水耗小于全国平均水平。

（二）环境质量方面

1. 空气污染指数：所谓空气污染指数（API），是一种反映和评价空气质量的数量尺度方法，就是将常规监测的几种空气污染物浓度简化成为单一的概念性指数数值形式，并分级表征空气污染程度和空气质量状况。目前我国计入空气污染指数的项目暂定为：二氧化硫、氮氧化物和可吸入颗粒物。

各种污染参数的污染分指数都计算出以后，取最大者为该区域或城市的空气污染指数API。

具体考核要求是：按国家重点城市空气质量预报技术规定，API小于100。

2. 集中式饮用水水源地水质达标率：是指市区从城市集中饮用水源地中取得的水，其水质要求达到《生活饮用水卫生标准》的数量占取水总量的百分比。

按考核要求：集中式饮用水水源地水质达标率须大于96%。

3. 城市水功能区水质达标率：是指城市水功能区认证点位按各水体功能区划标准监测达标的频次占各认证点位监测总频次的百分比。目前该指标只考核下列四类功能的水体：渔业用水、农田灌溉用水、工业用水和景观娱乐用水。沿海城市还应考核近岸海域海水水质（按海水功能区划进行）。

按考核要求：城市水功能水质达标率大于90%。

4. 区域环境噪声平均值：是指城市建成区环境噪声网格监测的等效声级算术平均值。

按考核要求：区域环境噪声平均值小于60dB（A）。

5. 交通干线噪声平均值：是指城市建成区交通干线各路段监测数据，按其长度加权的等效声级平均值。

按考核要求：交通干线噪声平均值小于70dB（A）。

（三）环境建设方面

1. 自然保护区覆盖率：是指城市地区（含所辖县及县级市）所拥有的自然保护区、风景名胜区和森林公园总面积占城市地区（含所辖县及县级市）国土面积的百分比。

按考核要求，自然保护区覆盖率须大于5%。

2. 建成区绿化覆盖率：是指在城市建成区的园林绿地面积与道路绿化覆盖面积之和占建成区面积的百分比。

按考核要求：建成区绿化覆盖率须大于30%。

3. 城市污水处理率：是指城市市区经过污水处理厂或经其他处理设施处理的污水量与城市污水排放总量的百分比。

按考核要求：城市污水处理率须大于25%。

4. 工业废水处理率：是指城市市区经过处理的工业废水处理量与工业废水排放总量的百分比。

按考核要求：所有企业都要达标排放，达标率为100%。

5. 城市气化率：是指城市小区居民使用煤气、液化气、天然气、工业可燃气及城市专供电炊的城市非农业人口数占城市非农业人口总数的百分比。

按考核要求：城市气化率应大于90%。

6. 生活垃圾处理率：

生活垃圾处理率是指经无害化处理、一般处理和简易处理的城市市区生活垃圾数量占市区生活垃圾清运总量的百分比。

按考核要求：生活垃圾处理率须大于90%。

7. 工业固体废物综合利用率：是指城市市区各工业企业当年综合利用的工业固体废物量之和占当年各工业企业产生的工业固体废物量之和的百分比。

按考核要求：工业固体废物综合利用率须大于70%。

8. 烟尘控制区覆盖率：是指在城市建成区内，已建成的烟尘控制区面积之和占城市建成区总面积的百分比。

按考核要求：烟尘控制区覆盖率须大于90%。

9. 环境噪声达标区覆盖率：是指在城市的建成区内，已建成的环境噪声达标区面积占建成区总面积的百分比。

按考核要求：环境噪声达标区覆盖率须大于60%。

（四）环境管理方面

1. 关于城市市委、市政府听取环境保护工作汇报和政府例会研究环境保护工作频次。

城市市委、市政府听取环境保护工作汇报和政府例会研究环境保护工作频次，是指城市市委、市政府专门听取环境保护工作汇报，由市政府或市政府办公厅组织召开的例会中，专门研究落实环境保护工作内容的次数。

按考核要求：城市市委、市政府专门听取环境保护工作汇报研究环境保护工作频次大于1次/年。

2. 关于环境保护机构独立建制。

环境保护机构独立建制是指城市所辖地区内独立环境保护行政机构的建设情况。

按考核要求，城市及所辖区域内区（县）、县级市必须建立健全独立的环境保护行政机构。

3. 关于公众对城市环境的满意率。

公众对城市的满意率：是指被抽查的公众对城市环境满意（含基本满意）的人数占被抽查的公众总人数的百分比。

按考核要求：(1) 抽查总人数不少于城市人口的万分之一。(2) 公众对城市环境满意率>60%。

4. 关于执行主要污染物排放总量削减计划，按照《国务院关于环境保护若干问题的决定》，执行新污染项目环保一票否决规定，并纳入城市社会经济发展计划。

执行主要污染物排放总量削减计划，并纳入城市社会经济发展计划：是指城市政府执行主要污染物排放总量削减计划，并将该计划纳入城市经济发展年度计划之中，有关项目、资金得到落实。同时，按照《国务院关于环境保护若干问题的决定》，执行对有污染的建设项目环保一票否决的规定。

第二节 工业污染防治

一、现代市场经济与现代企业制度

要鉴别市场机制对工业污染防治模式的变革需求，则首先需要明确市场经济体制与现代企业制度的真正内涵，同时区别它们与计划经济体制的差异。

（一）现代市场经济

现代市场经济是相对古典市场经济而言的。古典市场经济的基本形式是政府采取的是自由放任的政策，政府不干预经济活动。目前，大多数发展中国家和发达国家都已进入现代市场经济，即政府对经济进行必要的宏观调控和行政干预，而且政府调节已成为现代市场经济的必要组成部分。

市场就其词意来说，它是指买卖物品的地方。作为一种机制或经济体制，市场指的是一种物品的买主和卖主相互作用，最终决定该物品的价格和数量的过程。市场机制要解决三个问题：即生产什么，如何生产和为谁生产，这也是市场均衡的三个内容。市场经济有下列五个特点：第一，承认个人和企业等市场主体的独立性，它们自立地作出经济决策，独立地承担决策的经济风险。第二，建立起具有竞争性的市场体系，由市场形成价格，保证各种商品和生产要素的自由流动，由市场对资源配置起基础的作用。第三，建立起有效的宏观经济调控机制，对市场运行实行导向和监控，弥补市场经济本身的弱点和缺陷。第四，必须有完备的经济法规，保证经济运行的法制化等。第五，要遵守国际经济交往中通行的规则和惯例。作为现代市场经济，其最大的特点就是市场与政府都是经济运行中不可缺少的和相互补充的组成部分。正确理解现代市场经济，要特别注意以下三点：

1. 现代市场经济是有秩序的经济体系

市场经济中，竞争秩序、社会秩序和经济运行秩序是经济发展的必要条件，而这些条件的满足则依赖于政府的法制建设以及建立与市场经济原则相辅的宏观调控体系。从这种意义上说，我们目前的经济体系则刚刚处于向市场经济的过渡时期。要使市场经济有秩序地运行，则必须配备行之有效的市场规则。

2. 现代市场经济是一种法制经济

既然市场经济是有秩序的，那么市场经济必然要求有一个完备的法律体系。在这种意义上说，市场经济也是一种法制经济。法制在市场经济中可起到引导、规范和保障等作用。作为一个完整的市场经济法律体系，其结构由以下六个方面的规范构成：

（1）市场主体法，即关于市场主体组织形式和地位的法律规范，市场主体法包括公司法、合作社法、合伙企业法、国有企业法、集体企业法、私营独资企业法、经营户法以及破产法等。

（2）市场主体行为规则法，即关于市场主体交易行为的法律规范，包括物权法、债权法、票据法、证券交易法、保险法、海商法、专利法、商标法、著作权法和广告法等。

（3）市场管理规则法，即规定市场平等竞争条件，维护公平竞争秩序的具有普遍性的法律规范，包括反不正当竞争法、反垄断法、消费者权益保护法和产品质量法等。

（4）市场体系法，即确认不同市场，规定个别市场规则的法规规范。市场体系法包括货物买卖法、期货交易法、信贷法、劳动力市场管理法、技术贸易法、信息法、建筑工程招标投标法等。

（5）市场宏观调控法，即关于政府对市场实施宏观调控的法律规范，主要有预算法、银行法、物价法、税法、投资法、产业政策法、计划法等。

（6）社会保障法，即关于对劳动者提供社会保障的法律规范，它包括有劳动法、社会保险法等。

3. 现代市场经济离不开政府的宏观调控

市场经济有时会出现市场失灵的情况。现代市场经济离不开政府必要的宏观调控体系。政府在市场经济中的经济职能主要表现在增进效率、平等和稳定三个方面。在我国向市场经济转轨时期，政府的宏观调控作用尤为重要。从发达资本主义国家的市场运行状况来看，政府除了从法律上保障市场运行的良好外部环境之外，还要通过对市场运行过程的调控来纠正市场偏差。其手段主要是建立国有企业、实行宏观财政政策和宏观货币政策以及经济计划四种。

（1）发展国有经济。国有经济即国有企业，一方面是为了实现国家经济政策目标，如保证满足居民对社会公共产品和服务的需求，保持经济稳定和充分就业等，另一方面是为了消除“自然垄断”，平衡市场力量，促进自由竞争。就大多数资本主义国家来讲，虽然国有经济的规模有限，所占比例不大，但其地位举足轻重，因为他们大多集中在一些基础经济部门或国民经济的要害部门，如交通运输、能源动力、城市基础设施、邮政通讯、金融保险以及科技开发等部门和领域。

（2）财政政策。国家干预调节经济运行过程的主要经济政策手段之一，是通过实施有效的财政政策来实现预期的经济目标。财政政策的含义是指“为影响总体经济活动水平对政府支出、税收和借债水平的选择”。因此、财政政策的内容主要包括政府支出、税收和公债三个方面，政府根据对经济形势的判断而主动增加或减少政府收支。

（3）货币政策。货币政策是西方国家政府根据既定目标，通过中央银行对货币供给的管理，来调节信贷供给和利率，以影响宏观经济活动水平的经济政策。中央银行的货币供给管理，包括对铸币、纸币和活期存款的管理。在货币供给中，占比例最大的不是铸币和纸币，而是活期存款，所以中央银行对货币供给的管理主要是对活期存款的管理，而对活期存款的管理的关键，就在于对储备金的管理。因此，西方国家的中央银行采取措施管理储备金，来实现货币供给的管理。

（4）经济计划化。这是第二次世界大战后许多西方国家干预调节经济运行过程的一种手段，它们先后在不同程度上实行某种经济计划，其中以法国为典型代表。法国是战后第一个首先制定、实施指导性计划的国家，自 1947 年至今已实行了十一个五年计划。后来，西欧及北欧国家如意大利、比利时、荷兰、瑞典、挪威等，在一定范围和时期内实行的指导性计划，大都以法国为样板。日本则实行了“天气预报式”的预测性计划，调整产业结构，指导企业参与国际竞争。

（二）现代企业制度

企业是市场经济的经营主体。建立现代企业制度是现代市场经济的必然要求和基本条件。现代企业制度的内容有三个方面：一是企业法人制度。企业要进入市场，成为市场竞争主体，就必须能够独立地享有民事权利，承担民事责任，其中最关键的是确立企业法人财产权，使企业做到不仅有人负责，而且有能力负责，国家仅以出资者身份拥有企业财产，但不直接干预企业的生产经营活动。二是有限责任制度。企业以全部法人财产为限，对其债务承担有限责任。企业破产清盘时，投资者只以其投入企业的出资额为限，对企业债务承担有限责任。三是科学的企业组织制度。通过规范的企业组织制度，使企业的权力机构、监督机构、决策和执行机构之间相互独立、权责明确，形成制约关系，做到出资者放心，经营者精心，生产者用心。

建立现代企业制度绝不是把企业简单地改组为公司，更不是把全部企业都改组为公司。建立现代企业制度的目的是：实现政企职能真正分开；使企业成为能够自负盈亏的法人实体；实现企业全面进入市场，成为市场竞争主体；实现政府职能转变；实现企业组织和管理制度的科学化、规范化。随着现代企业制度的逐步建立和完善，传统的企业环境管理模式也必然作出相应的调整和变革。

（三）市场机制对工业污染防治模式的变革需求

对于我们中国人来说，数十年来已经习惯于计划经济的思维模式和操作实践。现在，当转向建立社会主义市场经济体制时，大多数人都会产生许许多多的困惑。例如，许多环境管理工作者认为，市场经济条件下的工业污染防治将面临着极大的困难，而且市场经济必将带来新的环境灾难。当然，在经济体制转轨时期，传统的工业污染防治体制部分失效或失灵是不可避免的，但我们不需要对市场经济产生一种“恐惧”心理。市场经济给工业污染防治既带来了挑战，也带来了机遇。从某种意义上说，机遇要大于挑战，关键是要把握市场经济的规律和法制。

（四）利用市场机制推动工业污染防治

首先，市场经济崇尚效率，建立市场经济体制有利于提高资源使用效率。市场机制主要是通过价值规律合理配置资源，即以市场为导向来配置社会经济资源（包括劳动力、原材料、能源、资金等），通过市场来配置资源比通过高度集中的计划经济来配置资源具有更大的优越性和有效性。从宏观方面看，高度集中的计划经济环节多，易造成产品的短缺与积压的双重困难，从而造成资源的浪费；从微观方面看，市场经济迫使企业面向市场，及时对市场供求作出灵敏的反应，并尽量减少资源消耗成本，提高资源利用率。同时，市场经济可以促进社会经济资源总量的优化组合，便于各类企业在市场经济中建立广泛的联系，根据市场的需要和各自的条件进行组合，实现生产要素的合理流动，使有限资源得到合理、充分利用，从而获得最佳效益。因此，建立市场机制为激发企业节约资源和防治污染的内在动力提供了可能和条件。

第二，建立市场经济体制，有利于企业技术进步，减少污染物的排放。市场经济的价格杠杆和竞争机制促使企业必须遵循价值规律的要求，以实现最大经济效益和提高劳动生产率为目的，按照少投入、低消耗、多产出的原则组织生产，这就要求企业必须大力采用先进技术，积极推进技术进步，降低原材料消耗，提高产品质量，降低成本，以使自己在市场竞争中站稳脚跟。

第三，建立市场经济体制，有利于强化政府环境保护职能。在市场经济条件下，政府将不再直接干预企业的生产经营活动，这就使政府从过去那些不该管也管不好的事务中解脱出来，有更多的时间和精力加强环境管理职能，防止环境污染。建立市场经济体制，使政府由直接管理变为间接管理，即国家调控市场，市场引导企业，这就减少了政府对企业经营活动的干预，充分发挥市场的调节作用，增强企业的活力，使企业有资金保障来解决环境问题。与此同时，随着政府解除对企业承担的无限责任，政府和企业在环境保护方面也将建立起正常的监督与被监督关系，提高政府环境管理的效能。

第四，建立市场经济体制，有利于与国际市场接轨，增强人们的环境观念。建立市场经济很重要的一点，就是要使国内市场和国际市场接轨。当前，国际消费市场正掀起一股“绿色浪潮”，人们在购物和消费时，首先要考虑环境污染问题，而那些在生产和使用过程中危害环境的产品则日益受到抵制；因此，在国际市场对环境要求越来越高的情况下，企业必须致力于开发绿色产品，才能适应国际市场。

二、市场经济下工业污染防治管理体制

市场机制下的工业污染防治体制，应该是按照市场经济体制的特点和要求，由工业污染防治的政策法规、管理体制、企业约束和激励机制以及技术经济支持系统组成的一个运作体系。在这个体系中，工业污染防治的有关组织、企业和公众之间，应该有一个责任明确、互相制约并有市场中介服务支持的运行机制。

三、市场经济下工业污染防治政策法规体系

现代市场经济是一种法制经济和有秩序的经济，在市场经济条件下，工业污染防治作为市场经济活动的组成部分，应该纳入法制的轨道，根据国家或政府制定的政策、法规和标准进行控制管理。工业污染防治政策法规是市场机制下中国工业污染防治体制的核心组成部分。现在面临的问题就是，如何建立符合市场经济或转轨经济要求的我国工业污染防治政策法规体系。

从形式上看，我国的防治政策法规体系已基本形成。但是，由于这些政策法规是在实行计划经济体制时期颁布和实施的，许多社会经济背景已发生根本变化，再加上这些政策法规本身存在的一些问题，所以，现行的污染防治政策法规体系在新的经济体制下将面临许多挑战和障碍，主要体现在：①政策、法律、行政规章和管理制度之间的界定不清楚，在环境立法上由于坚持“宜粗不宜细”的原则，致使一些环境基本法和专项法类似于政策原则，而一些已经实施 10 多年的管理制度也不能以法律条文（程序法）的形式出现。②由于受计划经济影响和长期遵循“成熟一条出台一条，不成熟不出台”的原则，致使政策法规体系建设严重滞后，环境立法只注重经验性，而忽略了先导性，许多条款明显滞后，甚至与现实脱节。

工业污染防治技术政策是环境政策的重要组成部分，长期以来比较容易受到政府部门

的注意。从概念上说，污染防治就是污染预防和污染治理的综合，所以，工业污染防治技术政策必须有“预防”和“治理”两个核心，即污染预防性政策和污染治理性两大类政策。我国的工业污染防治技术政策应包括以下7个方面的内容：

（一）实施工业污染全过程控制的技术政策

全过程控制是工业污染预防技术政策的核心，其基本含义是要求生产过程的设计，尽量采用能够使原料最大限度地转化为产品、能源最有效地利用、废物最少化的新工艺，代替污染物排放量大的落后工艺；采用无污染、少污染、低噪音、节省原料和能源的高效技术装备，代替那些严重污染环境、浪费资源能源的陈旧设备；尽量使用无毒、无害、低毒、低害原料，替代有害的原料；采用合理的产品设计，发展换代型的对环境无污染、少污染、环境兼容、可回收利用的新产品。全过程控制的思想引导了划时代的以清洁生产为代表的现代工业生产的发展。

（二）发展环境标志产品的技术政策

环境标志的目标是，如果某项产品具备了表示国际标准化的标志，公众应该明白其环境的含义。按目前一些发达国家实行的经验，在初期发展阶段，环境标志产品技术政策的主要内容应该有：①绿色食品标准及清洁生产技术；②节能产品标准及清洁生产技术；③节水产品标准及清洁生产技术；④适用性能的省料产品标准和清洁生产技术；⑤低污染产品标准及清洁生产技术；⑥低毒低害产品标准和清洁生产技术；⑦环境兼容产品标准和清洁生产技术；⑧可回收利用产品标准和清洁生产技术；⑨废物最小化技术产品标准等。

以上内容可以概括为：绿色标志机制的适用，通过市场机制促进绿色产品的消费，鼓励企业采用新技术达到保护环境的目的。环境标志的进一步发展，还可以探索运用市场监督机制的途径，即作出工业产品配置环境标志牌的规定，明示产品的环境指标水平。环境标志的环境指标不只具有与产品使用中和环境有关的指标，还应包括某些需要控制的资源能源消耗指标，间接反映企业的生产技术和装备水平，以及对产品质量的影响。

（三）技术及产品淘汰技术政策

技术及产品淘汰是污染预防的组成部分，技术和产品淘汰是常见于市场竞争中发生的一种现象。但是市场经营活动的复杂性使它又具有明显的滞后性。淘汰的技术和产品，严格地说是以不合理的经营手段掠取资源、浪费资源，从中获取利润。因此规定明确的技术和产品淘汰技术政策，同样具有预防污染的意义，是与推行清洁生产不同意义上的技术行为。

（四）废物回收再用的技术政策

产品生产过程的废物回收再用是废物处理处置的优先选择。废物回收利用的障碍主要是局限于传统习惯，把这类生产过程与经典的原料加工生产过程等区别对待，忽视了废物资源二次加工所特有的社会经济特征。在技术上，产品生产的设计者习惯传统的原料单一开发的技术路线，造成前门出产品，后门排废物的被动局面，未来的企业将会朝着综合开发利用生产多种产品的新型工业发展，产品的范畴也会随之扩大，不但包括对人类生产和生活有使用价值的产品，还将发展对保护和改善生态环境提出更加多种多样的生态需求产品，从而达到生产活动同生态和谐相处的境界。近期鼓励废物回收再用的技术政策应当提倡能源、水资源、废水、生物能、矿产废物、垃圾、工业废料、废液以及废气等回收和综合利用技术。

（五）工业污染治理处置的技术政策

作为工业污染防治过程的末端处理环节，其技术准则应遵循高效、经济、无害化、无累积、无转移的五项原则。但是现代净化技术远没达到完美的程度、自然净化能力被科学地发现以后，盲目地依赖天然的同化能力，某种程度上阻碍了生态无害处理技术的发展。随后环境承载力的脆弱性被全球性环境问题明显地揭示出来，于是除了清洁技术之外，污染物处理处置技术仍然是现代环境科学技术关注的重大课题。根据我国经济条件和污染处理处置技术发展状况，当前重点要解决好以下几个方面的问题：①工业行业集中控制的合理运用和高效低费用技术的开发；②总量控制技术，在总量限值下，综合运用排污权交易、产品结构、产业结构、原料路线的调整，压缩排放量、采用清洁技术和调整布局等多项措施，实现总量控制目标；③工厂严格预处理在常规集中处理中难以去除的有害有毒物；④优先发展毒物处理技术；⑤无转移、无累积、无害化、生态良好处理技术的优先发展等等。

（六）工业污染控制技术装备技术政策

当前我国工业污染控制技术装备总体水平相当落后；即便是随着新建工业工程建设起来的处理设施的技术水平也不高。原因有两个方面，一是没有根据国家环境保护有关规定制订各类工业污染控制的技术装备政策，以指导工业环境工程建设；二是技术装备的技术水准和配套水平低，至今还没有一套完整的环保工业产品标准体系和其它工业产品环保指标要求，可对其实施监督管理并指导研究开发、生产、使用。制定我国工业技术装备技术政策是当务之急。从我国环保产业现状出发，工业污染控制技术装备的发展应遵循高效、质量、品种、成套的指导方针，为此，技术政策应包括以下几个方面：①行业污染控制技术装备政策，分不同行业、不同生产规模的技术、原料路线等；②工业污染控制技术装备的产业结构；③工业污染控制技术装备的产品结构；④技术装备的成套性，技术装备的产品标准体系，工业产品的环保技术要求。

（七）工业污染防治的宏观调控技术政策

规划控制是防治工业污染的重要手段。过去在行业、区域（流域）工业污染控制方面做了许多工作，有不少成功的实例。但是宏观调控还相当薄弱，五年计划编制虽然将工业污染控制纳入计划，但没有建立相应的调控机制，在各项计划中也难以保证。建立工业污染宏观调控体系，充分发挥规划控制作用是深化工业污染防治的一项急迫的任务。包括：①工业污染宏观调控体系的运作机制，关键是要与国家社会经济发展的宏观调控体系接轨；②工业污染宏观调控与国民经济综合平衡相协调；③工业政策、投资政策的环境评估；④资源配置、生产力布局、产业结构、产品结构的环境评估；⑤资源开发、土地开发的环境评估；⑥工业技术产品开发发展规划的环境评估等等。

此外，上述工业污染防治技术政策的实施必须有配套的经济政策和管理制度，并建立相应监督机制予以保证。

资料2："十五"期间工业污染防治的主要任务

把削减工业污染物排放总量作为工业污染防治的主线，实施工业污染物排放全面达标工程，促进产业结构调整和升级。

(1) 严格控制新污染。基本建设和技术改造项目必须严格执行国家产业政策和环境保护法规，采用清洁生产工艺和设备，合理利用自然资源，并通过"以新带老"，做到增产不增污或增产减污。

(2) 巩固和提高工业污染源主要污染物达标排放成果。以污染负荷占全国工业污染65%的企业为重点，推行污染物排放全面达标，工业污染源排放的各种污染物要达到国家或地方排放标准。全面实施排污申报登记动态管理，在重点地区推行许可证制度。实施污染物排放总量控制定期考核和公布制度。

(3) 淘汰污染严重的落后生产能力。综合运用法律、经济和行政手段，结合国家工业生产总量调控目标，关闭产品质量低劣、浪费资源、污染严重、危害人民健康的厂矿，淘汰落后设备、技术和工艺。开展经常性执法检查，防止关停企业死灰复燃。禁止被关闭淘汰企业的落后生产装置和设备向西部地区转移。

(4) 大力推行清洁生产。结合产业结构调整，提倡循环经济发展模式，采用高新适用技术改造传统产业，支持企业通过技术改造，节能降耗，综合利用，实行污染全过程控制，减少生产过程中的污染物排放。开展清洁生产审计，在5个行业和10个城市开展清洁生产示范，建立50个清洁生产示范企业。大力推行节能、节水，实施重点行业的能耗和用水定额标准。积极开展ISO14000环境管理体系和环境标志产品认证，在国家经济开发区全面启动开展ISO14000的活动，创建15个ISO14000国家高新技术示范区，建设若干个国家生态工业示范园区，提高企业环境管理水平和国际竞争能力。开展上市公司的环境绩效评估和环境信息公告。

(5) 抓好重点行业的污染防治。

煤炭行业：以改善煤炭结构为导向，限制开采高硫煤，着力提高优质煤比重。加大煤炭清洁利用技术研究开发力度，大力发展煤炭洗选、型煤、动力配煤、水煤浆、煤炭气化和液化，逐步提高煤炭洁净利用水平和利用效率。抓好劣质煤和煤矸石的综合利用，开发利用煤层气资源，逐步限制直接使用原煤，发展配煤产业。加强矿区环境综合整治，以土地复垦为重点，建立各种类型的矿区生态建设示范基地，逐步形成与生产同步的生态恢复建设机制。2005年，大中型煤矿矿井水重复利用率达到60%以上。

电力行业：以削减二氧化硫排放量为重点。优化电源布局，促进西电东送，控制东部地区新建燃煤电厂，限制"两控区"新建燃煤电厂，禁止在大中城市市区和近郊新建、扩建燃煤电厂（热电联产除外）。调整电源结构，积极发展水电和坑口大机组火电，压缩小火电，关停和替代老旧机组，适度发展核电，鼓励热电联产和综合利用发电，因地制宜发展风力、太阳能、生物质能等新能源和可再生能源发电。新建燃煤电厂要采用低氮燃烧方式，并同步建设脱硫设施；积极推动现役火电机组脱硫。制定优惠经济政策，为燃煤电厂脱硫创造公平的竞争环境。国家在脱硫资金和政策上要给予有力支持，一是制定不同地区发电环保折价标准；二是国家对电厂脱硫项目给予资金支持；三是保证脱硫电厂优先上网；四是提高二氧化硫排污收费标准，以调动企业脱硫积极性；五是加快采用洁净煤技术。

到2005年，电力行业二氧化硫排放量比2000年削减10%～20%。加强燃煤电厂环境监督管理，燃煤燃油机组必须安装烟气在线监测装置。到2005年，燃煤电厂平均供电煤耗比2000年降低15～20g/kW·h，废水回用率达到60%，已满灰场全部复垦。

冶金行业：结合钢铁产量总量调控和结构调整，继续加大取缔小土焦、小钢铁等小企业，淘汰平炉、倒焰式焙烧炉、小高炉、小烧结、小转炉、化铁炼钢等落后工艺和装备，大力推动以清洁生产为中心的技术改造，积极采用干熄焦、炉外精炼、高效连铸等先进技术，全面推广余能、余压、余热和废气、废水、废渣的综合利用。2005年，大中型企业吨钢综合能耗降到0.8t标煤以下，吨钢耗新水量降到$16m^3$以下，烟（粉）尘、二氧化硫等主要污染物排放量降低10%。逐步调整冶金工业的地区布局，首都和重要旅游城市、风景名胜城市及严重缺水地区的钢铁企业要严格控制生产规模，逐步压缩生产能力。

有色金属行业：继续关停土冶炼，淘汰落后工艺和落后企业。鼓励企业采用新技术装备，进行高技术起点的技术改造和清洁生产，提高工艺废气、废水、废渣综合利用率。2005年，工业用水重复利用率提高到85%，单位产品能耗下降3%～5%，重点冶炼加工企业环保设施达到国际先进水平，粗铜冶炼硫回收率达到95%，粗铅冶炼硫回收率达到90%，大型预焙槽电解铝吨铝排氟量降到1kg以下。除有重点地开发中西部地区有色金属矿资源外，严格限制新上有色金属冶炼和加工项目；东中部地区大中城市内的有色金属冶炼企业，要按照城市环保要求，大幅度削减污染物排放量。

石油和化工行业：以结构调整和清洁生产为重点，关闭污染严重的小化工企业，逐步淘汰高毒高污染的甲胺磷、久效磷、对硫磷、磷胺等有机磷农药，淘汰工艺落后、污染严重、附加值低的染料、涂料品种。按照履行国际公约进程，逐步禁止生产和使用持久性有机污染物质，淘汰臭氧层耗损物质，发展替代品。发展高浓度、缓释化肥和高效低毒低残留农药。到2005年，高浓度化肥占化肥总产量的比例达到65%，低毒农药比例达到55%，低污染涂料比例达到40%。加快技术进步，推行清洁生产，节能节水，降耗减污。加强石油开采的污染防治和生态保护，取缔小油井和土炼油，逐步关闭炼油能力100万t/a以下炼油厂，按照防治大气污染要求提高油品品质。大力发展天然气工业，优化能源结构。

建材行业：逐步淘汰机立窑、立波尔窑、中空窑等落后工艺，禁止新建、扩建立窑生产线，鼓励发展新型干法窑外分解大型水泥项目，使新型干法水泥产量的比重达到20%以上。淘汰引上工艺、平拉工艺、小型格法工艺等落后玻璃工艺，发展“洛阳浮法”玻璃技术，使浮法玻璃产业的比重达到80%以上。大力开展废物综合利用，发展新型墙体材料，在大中城市强制淘汰黏土实心砖。

轻工行业：关闭污染严重、技术落后、不符合经济规模的小制浆厂、小制革厂、小酿造厂、小糖厂等，淘汰落后工艺和落后生产能力，加大重污染行业的结构调整和污染治理力度。造纸行业要从调整原料结构入手，大力发展木浆，积极利用废纸浆，降低非木浆比重，压缩草浆。对重污染行业实施规模政策，企业最低规模：木浆纸厂年产10万t，新建、扩建化学木浆规模年产30万t，化机木浆10万t，草浆3.4万t，其他非木浆生产线5万t；制革新建、扩建年产10万张（折牛皮）；啤酒年产3万t。积极开发和推广无磷洗涤产品。禁止生产锌汞电池。停止一次性发泡塑料餐具生产和销售。建立废旧电器回收制度。限制轻工产品的过度包装。2005年前完成汽车空调、烟草、电冰箱（含冷柜）、工商制冷4个行业和哈龙1211等臭氧损耗物质（ODS）的淘汰，实现氟氯烃（CFCs）50%的替代目标。大力推广环境标志产品认证，推动发展节能、低噪、无毒、无污染的环保型轻工产品。

四、创建环境保护模范企业

创建环境保护模范企业活动的目的是为了规范企业的环境行为，减少各项生产经营活动造成的环境污染与生态破坏，最大限度地节约资源、改善环境质量，促进环境与经济社会的可持续发展。

创建环境保护模范企业活动要专门制订《创建环保模范企业考核办法》，考核内容可以包括：企业能够严格执行国家及地方环境保护法律、法规和各项制度；认真推行清洁生产，在生产设计、工艺、原料、能源投入、生产过程等环节进行有效处理和综合利用；所有新、改、扩建项目都认真执行环境影响评价和“三同时”制度，依法进行如实申报排污情况，按期足额交纳排污费；企业内部建立了完善的环境保护内部管理制度和监督检查制度；主要排放源配备了在线监测设备；企业所排放的生产、生活污染物能够达到国家或地方规定的排放标准，并全面完成主要污染物总量削减计划等内容。已通过 ISO14000 环境管理体系认证的企业，在评选中可以优先考虑。

申报环境保护模范企业的单位，必须经过严格的审核、考察和评估，要进行公示。被评为环保模范的企业，当地政府将优先安排技改资金和环境治理项目补助资金、国家专项贷款和引进国外资金。政府部门还要定期对被命名的企业进行一次复核，复核不合格或出现群众举报属实、发生严重污染事故的，将撤销命名。

开展创建环境保护模范企业活动，是改善企业投资环境和生产生活环境的重大举措，同时也为企业入世后突破非关税“绿色贸易壁垒”和在激烈的市场竞争中创造有利条件。

第三节　农业环境保护

一、农业环境污染

农业环境污染指的是农业生产活动自身所造成的污染。农业生产活动包括施用化学农药防治病、虫、害，施肥、引水（包括污水）灌溉等。这些生产活动为农业增产起到了积极的作用，但由于不合理的过量施用农药和化肥，以及引用未经处理的污水灌溉，不同程度地造成了农村环境的污染。

（一）农药的污染

1. 粮食中农药的残留

粮食中农药的残留与农药的使用历史有密切关系。有机氯农药具有较高的残留性，在禁止使用有机氯农药的初期，粮食中残留量较高。据 1983 年对全国小麦、稻类、玉米中六六六残留量的调查、检出率为 90.9%，超标率为 7.4%。据 1988—1989 年调查，其残留量有所下降，六六六的残留只有河南省的小麦超标 7%，玉米超标 1%。

农药在粮食中残留与施药水平关系极大。据对江苏省三个县的调查，施药少的残留量少，施药多的残留量高。例如江苏省武进县施药量高，其残留的检出率为 100%，超标率 33.3%。

1988—1989 年农业部在全国六省市进行的粮食中农药残留调查表明，有机氯农药禁用后，其取代农药对粮食的污染在总体上不构成持久性，污染范围较小。由于施药水平的差异较大，施药水平高的地区，粮食中农药的残留接近有机氯禁用时的水平，但其毒性要比有机氯高得多。就目前粮食中农药总体残留而言，据农业部对六省 29 个基地县调查，已有 1.12% 的粮食农药残留超过食品卫生标准，其中 0.67% 的基地粮食有机氯残留超标，0.47% 的粮食有机磷残留超标，总检出率为 60.1%，处在有机氯和有机磷共同影响的状态。

2. **蔬菜中农药的残留**

有机氯农药禁用以后，有机磷等取代农药在蔬菜上的残留日趋严重。据 1987 年浙江农业大学对杭州主要菜场、农贸市场蔬菜抽样检测表明，甲胺磷检测率达 100%，超标率大于 50%，最高残留水平为允许标准的几十倍。1988 年，山东农业环保站对山东省 6 个地市的 11 种蔬菜中的有机磷农药进行了测定，均检出有残留，超标 2. 54 ~ 27. 9 倍。苏州市对 10 种蔬菜进行检测，检出率为 80%。在我国施药水平较低的兰州和呼和浩特市，蔬菜中农药残留量较低，极少发生农药残留超标现象。

3. **大气中农药的残留**

农药对大气的污染主要来自于农药的喷施所形成的大量漂浮物，这些漂浮物或被大气中的飘尘所吸附，或以气体或气溶胶的状态悬浮在空气中。

农药在大气中的浓度极低。其危害主要表现在两方面，一是可能造成对施药人以及对周围敏感生物的不良影响；二是可能危害农药生产人员的身体健康。

4. **农药对水体的污染**

农药对水体的污染主要来源于以下几方面：水体直接施用农药、农药生产厂向水体排放生产废水、农药喷洒时其微粒随风飘移降至水体、大气和土壤中的农药经降雨径流进入水体以及农药容器和使用工具在水体中洗涤等。

农药对地下水的污染问题，国家环境保护总局南京环科所曾做过研究，结果表明：在一些地下水位较高，饱气带砂性重的土壤地区，农药易进入到地下水中，其浓度有超标现象。农药对地下水的污染与农药品种、施用地区、施用量、使用历史及管理措施有关。

5. **土壤**

土壤是农药在环境中的“贮藏库”，又是农药在环境中的“集散地”。田间施洒的农药有部分进入到土壤环境中，大气中的残留农药与喷洒时附着在作物上的农药，经雨水淋洗也将进入土壤中。另外，用已受农药污染的水体灌溉农田，也会造成农药对土壤的污染。研究表明，一般农田均受到不同程度的污染，而农药直接施入土壤的地区造成的农药土壤污染最为严重。

农药对土壤的污染，与农药的使用品种、数量及种植作物种类和栽培技术等有关。不同性质的农药，其在土壤中的残留降解有极大的差异。

二、农村环境管理

（一）农村环境管理体制

所谓环境管理体制，主要是指如何处理上下左右、条条块块的权力、责任、相互关系和沟通这种关系的方式，而这种方式必须要有法律给予保证。我国的环境管理体制，经多年的探索已具雏型，但在实践中仍存在不少的问题。要搞好农村环境管理，首先要解决管理体制问题。

《中华人民共和国宪法》第二十六条规定：“国家保护和改善生活环境和生态环境，防治污染和其他公害。”《中华人民共和国环境保护法》第十六条规定：“地方各级人民政府，应当对本辖区的环境质量负责，采取措施改善环境质量。”第七条规定：“国务院环境保护行政主管部门，对全国环境保护工作实施统一监督管理。县级以上地方人民政府环境保护行政主管部门，对本辖区的环境保护工作实施统一监督管理。”“县级以上人民政府的土地、矿产、林业、农业、水利行政主管部门，依照有关法律的规定对资源的保护实施监督管理”，“国家海洋行政主管部门、港务监督、渔政渔港监督、军队环境保护部门和各级公安、交通、铁道、民航管理部门，依照有关法律的规定对环境污染防治实施监督管理。”以上条款是对我国环境保护管理体制的规定，显然，我国环境保护的管理体制分三个层次：

1. 各级人民政府对环境质量负责。这样能更有效地把环境保护纳入经济和社会发展规划，能切实加强政府对环境保护工作的领导，这是搞好我国环境保护工作的最根本的保证。

2. 各级人民政府环境保护行政主管部门对环境保护工作实施统一监督管理，这是国家法律所赋予的监督管理权。主要的监督内容有两个方面：其一是监督环境保护政策、法律、规划、标准等的实施；其二是监督有关部门对环境保护工作的执行。具体地说：①宏观上的监督管理，包括拟定环境保护规划，制定环境质量标准，制定污染物排放标准等，并监督其执行；② 组建环境监测网络，发布环境质量公报等；③ 实施具体的监督管理，包括：环境影响评价报告书的审批；“三同时”项目的审批、验收；污染事故的仲裁以及对各有关依照法律实施分工管理的有关部门的监督检查等等。

3. 各级人民政府有关部门，依照有关法律的规定，对环境污染防治和资源的保护实施监督管理。其中，农业行政主管部门，要切实作好农业生产过程中对环境的污染和生态破坏的防治工作，控制农药、化肥、农膜对环境的污染；推广植物病虫害的综合防治；根据当地资源和环境保护要求，合理调整农业结构。林业行政主管部门要加强森林植被的保护和管理；制止乱砍滥伐，防治水土流失。水利行政主管部门要对水资源的开发利用进行规划和管理，合理利用开发水资源，节约用水，保护饮用水源地。矿产行政主管部门，要加强对采矿的管理，作好由于采矿引起的生态环境破坏的恢复整治的监督管理工作。乡镇企业行政主管部门，要加强对乡镇企业污染防治的管理。计划部门应作好农村环境保护规划的综合平衡工作。规划和城建部门，要加强对小城镇、村落建设的规划管理等等。

依照有关法律，农村环境管理体制可明确为实行“国家统一管理与地方分级管理相结合，统一监督管理与部门管理相结合，县、乡两级主管部门为主”的管理体制。这样的管理体制，进一步明确了各级人民政府、各级环境保护行政主管部门和其他相关部门的责任。各级环境保护行政主管部门是依法代表政府对环境保护工作实施统一监督管理的主管部门，要对环境保护工作负责；各资源行政主管部门依法对资源保护实施监督管理；各工业部门要负责所管辖的行业的环境管理。应该说，这样理顺了环保部门和各资源部门之间的关系，明确了各自管辖范围的监督管理职权和职责，体现了统一监督管理和分工负责相结合的原则。这样的管理体制，有利于克服职责不清与互相扯皮、争权越权的现象，有利于发挥各有关部门的积极性。

（二）农村环境管理的任务

环境保护主管部门开展的农村环境管理工作主要有：农村环境管理组织机构建设，乡镇企业环境管理，集镇环境规划，农村饮用水源及环境敏感区的环境管理，生态农业管理，乡镇环境综合整治，农村自然生态管理，农村环境质量监测与污染源监督监测管理，农村环境管理中的部门协调与协作等综合性管理，农村污染事故，纠纷的调解、处理与执法，农村环境管理规章制度、执法体系的建设等等。

1. 乡镇企业环境管理

乡镇企业环境管理是农村环境管理工作的重点，也是占据县级环境保护主管部门主要管理力量的一项工作。例如一般县级环境保护局的职能科（股、室）均分为管理、监督、监理和综合等几个主要职能科（股、室），而管理科通常以乡镇工业新、改、扩建项目的环境影响评价、审批乡镇工业污染源治理项目的论证与审批、“三同时”治理项目的审批为主，基本上都与乡镇企业环境管理相关。而监督监理科（股、室、所）的工作也主要与乡镇企业环境管理有关，如排污收费工作，污染源治理项目的验收和设施的运转监督与管理，污染事故与纠纷的处理也大多与乡镇企业有关。

2. 农村生态管理

农村生态管理包括生态农业与自然生态两方面的管理工作。生态农业的建设工作主要是由农业部门来抓的，但为了推广生态农业，各地环保部门也抓了一些典型生态县、乡、村点的试点与建设工作。生态农业建设试点主要内容为用地养地、保持水土，开展病虫害综合防治，农业生产废弃物综合循环利用，田间绿化和村镇建设规划。自然生态管理是农村生态管理工作的另一方面内容，是农村环境管理的核心内容。

3. 农村饮用水源和敏感环境区的保护

各地环保部门对农村饮用水源的保护还是非常重视的，管理也比较严格。如禁止在饮用水源的上游新建有污染的企业，有的地方对饮用水源地区还专门制订了环境保护规划及管理办法。当然，由于农村饮用水源是一个面源的问题，农村人口分散居住，这个水源的下游是另一个水源的上游，对于河网地区，尤其受潮汐影响的地区，白天是上游，晚上变成了下游，使得饮用水源的保护工作难度很大，乡镇工业又是分散于农村各个村、镇，饮用水源污染防不胜防。因此尽管环境保护部门重视这项管理工作，但农村饮用水源的污染仍然逐年扩大，一些乡镇工业发达的乡镇已见不到干净的地面水，农民吃水大多挖井取浅层地下水，天长日久浅层地下水也越来越深，过去的清水现变成了混浊水，有些浅层地下水因接近污染源也受到不同程度的污染。可以说，农村饮用水源问题已经很严峻，其管理水平必须提高，要变被动管理为主动管理。

农村环境敏感区的保护主要指那些自然保护区、珍禽异兽栖息地、有珍稀濒危动植物分布，风景名胜、文物古迹等环境比较脆弱又必须保护的区、点。这些环境敏感区、点的保护通常有专门管理机构，环境保护部门主要行使一些协调与监督管理工作，参与保护规划、管理办法的制订，并检查、督促、执行。

4. 农村环境宣传与教育

环境宣传与教育能提高广大环境管理者、被管理者以及各级政府领导、广大人民群众的环境意识、环境科学技术知识水平，能对环境管理效率的提高起到事半功倍的作用。因此各地对这项工作都很重视，凡有环境管理主管部门的县在农村环境管理中都开展了这项工作。有县级广播站、电视台的县，环境保护部门还经常组织农村环境污染与环境保护状况、环境科技基础知识的资料、稿件等向全县播送。在世界环境日、地球日等重大环境节日都开展规模较大的环境宣传与教育活动。一般县一个季度平均要进行一次以上的环境宣传与教育活动。各地县级环保部门还要求有污染的乡镇工业企业要订阅中国环境报等环境保护方面的报刊杂志。在环境教育方面，各地有乡镇环保员的县（市）基本做到先培训后上岗，并且经常组织乡镇环保员交流学习，不断提高乡镇环保员的环境管理水平和环境科学基础知识水平。一些地区还经常举办乡镇企业领导环保学习班，对他们进行轮流培训。有的地方甚至还举办乡镇政府领导、县级行政部门领导的环保学习班，使这些领导人员提高环境意识，为农村环境管理工作的顺利进行打下良好的基础，也使他们能支持环境保护工作，主动开展本部门、本乡镇的环境保护工作。

三、“十五”农村环境保护的主要任务

抓住农业产业结构调整和加快小城镇建设的契机，在大力发展农业和农村经济的同时，开展农村环保科普宣传教育，把控制农业面源污染和农村生活污染、改善农村环境质量作为环境保护的重要任务。

（一）保护农村饮用水源。划定村镇集中式饮用水源保护地，加大保护力度，确保农村集中式饮用水水源地的水质基本达到标准。

（二）防止农作物污染，确保农产品安全。开展全国土壤污染调查和污染防治示范，建立农产品安全检测和监管体系。加强农药和化肥环境安全管理，推广高效、低毒和低残留化学农药，禁止在蔬菜、水果、粮食、茶叶和中药材生产中使用高毒、高残留农药。防止不合理使用化肥、农药、农膜和超标污灌带来的化学污染和面源污染，保证农产品安全。结合农业产业结构调整，大力发展生态农业、有机农业和节水农业，积极发展有机食品、绿色食品和无公害食品。

（三）控制规模化畜禽渔养殖业的污染。推广畜禽养殖业粪便综合利用和处理技术，鼓励建设养殖业和种植业紧密结合的生态工程；加强渔业资源和渔业水域生态保护；合理确定养殖容量和捕捞强度。重点在“三湖”地区和长江三角洲、珠江三角洲、黄河三角洲地区，开展畜禽渔养殖污染、面源污染的综合防治示范。

（四）开展秸秆禁烧，促进综合利用。在机场、高速公路、重要铁路干线和高压输电线以及人口集中区禁止焚烧秸秆。大力推广秸秆还田、过腹还田、秸秆气化和其他综合利用措施，开辟工业利用秸秆新途径。发展沼气、节能灶等新能源和新型节能技术，加强农村能源综合建设。

（五）保护小城镇环境。采取有效措施防止高消耗和高污染的落后工业向农村，尤其是西部农村地区转移。加强小城镇环境保护规划，引导乡镇企业适当集中，建立乡镇工业园区，实行乡镇工业污染的集中控制。促进城镇环境基础设施建设，特别是要因地制宜地建设城镇污水处理设施和垃圾处理设施，开展环境优美小城镇创建活动。

第四节　生态保护

一、我国的主要生态问题

（一）森林破坏

我国的森林的面积和覆盖率虽都有提高，其中森林覆盖率已达13.92%（按郁闭度大于0.3计算，如按国际通用的郁闭度大于0.2计算，相当于15.25%）。但是大面积的天然林被砍伐，森林蓄积量虽然也已开始增长，但森林的质量下降，其涵养水源、蓄水保土、防风固沙、净化空气、保护生物多样性等生态功能已大大降低。毁林开荒、陡坡种植等加重了自然灾害造成的损失。1998年长江大洪水的原因之一，就是长江上游天然林大量砍伐，其涵养水源，调节河流流量的功能降低。

（二）水土流失日趋严重

全国水土流失面积已达367万km^2，约占国土面积38%。近年来许多地区水土流失面积、侵蚀强度、危害程度呈加剧趋势，全国平均每年新增水土流失面积约1万km^2。黄河每年泥沙达15亿t，而长江的泥沙也在明显增加。

（三）土地荒漠化不断放大，草原退化、沙化、盐碱化增加

全国荒漠化土地已达262万km^2，占国土面积的27.3%，而且每年还以2460km^2的速度扩展。2000年春季我国北方发生十几次沙尘暴。全国已有退化、沙化、盐碱化的草地1.35亿hm^2，约占草地总面积的三分之一，而且每年以200万hm^2的速度增加。草地的产草量和载畜量也在明显降低。

（四）生物多样性受到破坏

我国已有15%至20%的动植物物种受到威胁，高于世界10%至15%的平均水平。大熊猫、丹顶鹤、东北虎、华南虎等珍稀动物受到严重威胁。

（五）水资源紧张，黄河断流

我国人均水资源只占世界平均水平的1/4，而北方缺水更为严重，黄河从20世纪70年代开始断流，目前最多一年即1997年中断流达226天。断流长度达700多千米。

生态破坏给国民经济和社会稳定带来极大危害，严重影响可持续发展。生态破坏首先是加剧落后地区的贫困程度；其次是加剧了经济和社会发展的压力；另外还造成自然灾害的频率增加和损失程度的增长。总之，生态破坏给我国造成的损失据专家估算，大约每年有数千亿元之多，影响是非常巨大的。

二、生态保护的方针与原则

(一) 生态保护的方针

1990 年 7 月在长春市召开了全国自然保护区工作会议。在这个会议上提出了我国自然保护工作的方针，即“全面规划、积极保护、科学管理、永续利用”。这个方针也可以作为生态保护的方针。

1. 全面规划

由于生态环境管理涉及面很宽，涉及的部门也很多，而生态环境及生态系统又是一个有机的整体，各组成要素之间与各种自然资源之间又有相互依存，相互影响的关系。因此，生态保护工作必须全面规划，综合整治。这是生态保护工作的基础。

2. 积极保护

生态保护不是消极的保护。生态环境从整体上对人类有益，但某些方面也有对人类不利的影响。再说如果消极保护，必然会束缚人类的手脚，不利于人类的经济、技术、社会的可持续发展。另外地球上的生态环境大部分已经受到人类的深刻影响，已不是纯粹的“原始”生态环境，也必须应用积极保护的措施来治理和改善。总之，积极保护是生态保护的方向，但局部地区生态破坏严重，也需要抢救性保护和强制性保护。

3. 科学管理

生态环境与生态系统是复杂的，又是经常变化的，生态环境及其自然资源的开发、利用和保护都涉及到自然科学、社会科学的许多领域，单纯依靠经验和行政命令是管理不好的，另外生态保护从根本上讲还需要依靠科学技术，因此对生态环境必须实施科学管理，这是生态保护工作的关键。

4. 永续利用

这是生态保护的目的，是为人类实现可持续发展提供良好的生态环境和充足的自然资源，生态保护的重点是保护可更新资源的更新能力，使其能够被人类永续利用。对于不可更新和难以更新的自然资源，生态保护工作的任务是一方面珍惜、节约使用宝贵的不可更新的自然资源，另一方面是寻找可靠的替代资源，保证人类发展的需求。

(二) 生态保护工作的原则

1. 经济、社会、生态三种效益统一的原则

处理好人类社会经济发展与生态环境的关系，协调人类活动与生态环境相互的关系，为此，经济建设、城乡建设与生态建设要同步规划，同步实施，同步发展，做到经济效益，社会效益和生态效益的三统一。

2. 综合利用的原则

生态系统及自然资源都具有多种效用，而几种不同类型的自然资源又往往共生在一起，因此应该充分利用生态系统和自然资源的这种特点，在自然资源的开发、利用中力争做到综合开发与利用，使自然资源能够物尽其用，减少浪费，使宝贵的自然资源发挥最大

的作用。

3. 因地制宜的原则

生态环境和自然资源都有显著的区域性，区域分异很明显。因此，在生态环境和自然资源的开发与利用中，必须坚持因地制宜的原则，既要借鉴其他地区的经验，又结合本地区的实际，提高预见性，避免和减少盲目性。

4. 开发利用与养护更新相结合的原则

根据可持续发展的理论，对可更新的自然资源一定要确保其更新能力，使之可以永续利用，即使是不可更新或难以更新的自然资源也要坚持节约使用和综合利用的原则，延长自然资源利用时间，充分发挥自然资源的作用。

三、生态保护的任务

生态保护的目的是保护人类赖以生存的生态环境，使人类活动增加预见性和计划性，克服对自然资源利用的盲目性和破坏性，使人类能够主宰自己的命运，实现可持续发展。为此确定生态保护的三大目标：保护生命支持系统和重要的生态过程：保存遗传基因的多样性；保证现有物种与生态系统的永续利用。为了达到上述目标，生态保护有以下十项具体任务：

（1）确保可更新自然资源的持续存在；
（2）确保和维持自然生态系统的动态平衡；
（3）确保物种的多样性和基因库的发展；
（4）保护脆弱而有典型代表性的生境；
（5）保护珍贵稀有的野生动植物的种类；
（6）保护水源的涵养地；
（7）保存有科学和学术价值的研究对象和场所；
（8）保护野外休养地和娱乐场所的环境；
（9）保护乡土景观生态；
（10）保护农业生态系统与农业自然资源。

四、机构与分工

（一）环境保护部门

1. 国家环境保护总局

负责全国生态保护的统一监督管理工作，下设自然生态保护司，共有自然保护区、海洋、乡镇环境和生物多样性四个处。

2. 省、自治区、直辖市环境保护局

我国各省、自治区、直辖市环境保护局负责其管辖范围内的生态保护的统一监督管理工作，一般都设有自然生态保护处，下设几个科室。

3. 市环境保护局

我国城市环保局负责其管辖范围内的生态保护的统一监督管理工作，不少城市的环保

局设了自然生态保护科，负责开展自然生态保护工作。

4. **县和县级市的环境保护局**

我国许多县设有环境保护局，负责县域的生态保护的统一监督管理工作，有些县环境保护局自己设有自然生态保护股。

(二) 其他各部门

1. **农业部门**

农业部门负责农业、渔业、牧业的生态保护的监督管理工作。有许多农业部门设有生态保护部门。

2. **林业部门**

我国的国家及地方林业部门负责森林生态系统的生态保护的监督管理工作。

3. **水利部门**

我国的水利部门负责水生生态系统和水资源方面的生态保护和监督管理工作。

4. **海洋部门**

我国海洋部门负责海域及其海岸的生态保护的监督管理工作。

5. **地矿部门**

我国地矿部门负责辖区的矿产资源保护的监督管理工作和地质环境监督管理工作。

6. **土地部门**

我国的土地部门负责辖区的土地资源保护的监督管理工作。

五、我国生态保护的法规

(一) 我国生态保护的法规体系

1. **宪法**

我国宪法中明确规定："国家保护和改善生活环境和生态环境……"

2. **环境保护法**

我国的环境保护法中，污染防治和生态保护的内容和条款大约各占一半。

3. **生态系统和资源保护法规**

我国先后制定并颁布的生态系统和资源保护法规有以下几项：

- 森林法
- 草原法
- 土地管理法
- 水土保持法
- 水法
- 海洋环境保护法
- 矿产资源法

- 野生动物保护法
- 渔业法
- 自然保护区条例

（二）生态保护法规建设方面存在的问题

1. 法制还不够完善

我国生态保护法规已成体系，但仍不够完善，有些国家制定并颁布了《自然保护法》，主要内容是保护自然生态系统整体。我国目前还没有类似的法规，另外我国还缺少海岸法、湿地法、荒漠防治法等法律，需要今后进一步完善。

2. 法制观念薄弱

有些人习惯于生态环境和自然资源是大自然提供的，任何人可以随意无偿开发利用，不愿意接受法律约束。

3. 执法不严的现象仍然存在

在生态保护中，有法不依、执法不严等现象仍然存在。有些执法机关对生态保护法规的实施重视不够，也导致执法不严的现象发生。

（三）加强生态保护的法制建设

1. 完善立法

应当尽快制定并颁布《自然保护法》或者《生态保护区法》，在法律上对保护生态环境整体给予明确。另外还应当研究制定《海岸法》、《湿地法》、《荒漠防治法》等法规。还有必要加强法规的强制性和可操作性。

2. 强化法制宣传

下大力气抓好生态保护法制宣传，使群众提高法制观念，使各地领导提高生态意识和法治意识，依法保护生态、管理生态。

3. 严格执法

强化生态保护的监督机构，加强公、检、法的执法力度，违法必究，执法必严。严格依据法律规定严惩破坏生态，破坏资源，破坏野生生物的行为。

六、“十五”期间，我国生态保护的主要任务

贯彻实施《全国生态环境保护纲要》，加强生态环境保护监管能力建设，开展生态环境本底调查，编制全国生态环境功能区划，加大生态环境保护执法力度，努力减少人为生态破坏，力争全国生态环境恶化的趋势得到遏制。以西部生态环境保护与建设为重点，在实施天然林保护工程、防护林建设工程以及退耕还林还草工程等重大生态保护和建设工程的同时，要特别抓好以下生态保护方面的工作。

（一）实施重要生态功能区的抢救性保护。抢救性地保护中西部地区的一些生态脆弱区。建立江河源头区、重要水源涵养区、水土保持重点保护区和监管区、天然洪水调蓄区和防风固沙区等15个国家级生态功能保护区、40个省级生态功能保护区。加强以京津风

沙源和水源为重点的治理与保护，建设环京津生态圈。制定和实施生态功能保护区管理法规，加强对生态功能保护区的统一监督管理。积极推动大中型湖泊滨湖带保护区和重要湿地保护区建设，使60%的重要湿地的生态环境功能得到有效维护。

（二）实施资源开发的强制性保护。加强水、土地、矿产、森林、草原和旅游资源开发的生态环境保护，完善监管制度。

维护水环境安全和水生态平衡。科学核定重点河流的生态用水，建立基本流量保障制度，合理配置流域水资源。划定用水紧缺地区并建立地下水禁采区，严格控制高耗水产业的发展。在西部地区建立一批高效、节水的生态农业示范区和示范工程。

加强国土和矿产资源开发的环境保护。搞好土地利用总体规划的编制和实施，合理调整土地利用结构和布局，保证生态功能区用地需求，优先保护具有重要生态功能的林地、草地和湿地；加快小流域治理，减少水土流失，确保水库和饮用水源保护区的环境安全。推进黔桂滇岩溶地区石漠化综合治理；加快矿山环境治理和土地复垦，开展矿山限期治理试点和生态恢复治理示范工程；对少数生存环境恶劣的贫困地区，要逐步实行异地扶贫、恢复生态。

维护和恢复森林、草原的生态功能。实行林业分类经营，加大天然林和防护林保护力度，停止自然保护区和风景名胜区内的森林砍伐，延长一般用材林砍伐周期；加强退耕还林还草地区的农村能源建设，减少过度樵采对林草植被的破坏，加大天然草原的保护力度；完成草原载畜量核定工作，建立禁牧期、禁牧区和轮牧相配套的草原养护制度，坚决制止新的草原开垦；继续做好禁止采集发菜和制止滥挖甘草、麻黄草等固沙野生植物或中药材的监督工作。

加强旅游业的环境保护。积极推进风景名胜区及各类旅游景点水、大气、垃圾和噪声污染防治，保护自然景观、人文景观和生态环境；建立完善的环境保护管理体系，创建15个ISO14000风景名胜示范区；合理控制旅游规模，严格旅游设施建设项目的环境管理，促进旅游业的可持续发展。

加强国家重点工程实施过程中的环境保护工作。重点抓好西气东输、西电东送、南水北调、三峡工程、青藏铁路等重大项目建设过程中的环境监理。

（三）提高自然保护区和生态示范区的建设质量和管理水平。新建国家级自然保护区50个，力争70%的自然保护区（国家级90%）完成建设规划和投资，建成20个国家级自然保护区的示范样板；探索自然保护区有效管护与当地经济发展、农民增收相结合的良性发展机制；新建120个国家级生态示范区，100个生态农业示范县，积极推进海南省、吉林省、黑龙江省、陕西省等生态省建设。

（四）加强生物多样性保护与生物安全管理。保护珍稀、濒危生物资源，严厉打击收购、销售活动；加强野生动、植物及其栖息地保护建设，恢复生态功能和生物多样性；加强森林、草原、海洋、内陆水域、农业和干旱半干旱地区生物多样性保护。完成外来物种的调查，贯彻落实《农业转基因生物安全管理条例》，制定生物安全管理条例、转基因生物及其产品进出口管理办法、生物安全风险评估和管理技术规范与标准。组建生物多样性监测网络、生物安全跟踪检测和应急系统，形成生物多样性和生物安全信息交换机制。

第五节 海洋环境保护

一、海洋污染及其危害

（一）海洋环境污染及其来源

1. 概念

海洋自净能力。海洋有着巨大的“净化”污染物的能力。当污染物进入海洋，由于海水的扩散稀释、化学分解、生物降解等作用，使污染物的毒性逐渐降低、由大变小甚至变为无毒物质。海洋的这种能力，称为海洋的自净能力。然而，海洋的自净能力特别是近海海域的自净能力不是无限的，正如海洋之大、海水之多也不是无限的一样。

长期以来，人们把海洋当作各种废弃物的廉价处理场所，大量地、无休止地将废弃物倾倒入海洋，这种做法是错误的，必将带来严重的不良后果。

海洋污染。海洋污染是指人类的生产和生活活动，直接或间接地把污染物质和能量引入海洋环境，超过了海洋环境的自净能力，因而造成损害海洋生物资源、危害人群健康、妨碍海洋经济活动、破坏海水使用和减少舒适程度等有害影响。

2. 海洋污染物的来源

海洋污染源主要分为陆地污染源（陆源型污染源）、海上污染源（海洋型污染源）和大气型污染源（扩散污染源），前两者是主要的。

陆地污染源。一般是指临海工厂的直接入海的排污管（渠）道，混合入海排油管（渠）道，入海河流，沿海油田、港口等。陆地污染源约占入海污染物总量的80%，1990年沿海11个省市废水排放量约169亿t，占全国废水排放总量的47.65%；其中工业废水118亿t，总达标率约54.7%。这些废水都直接或间接排入海洋环境。

工业废水中主要有毒有害物质为：COD、油类、汞、铝、六价格、砷、铅、酚、氰化物等。其中（以等标污染负荷计）COD、酚和油类分别占到48.81%、23.95%和22.62%。

海上污染源（一般包括船舶、海上设施等）。海上污染源排放的污染物以石油类为主。交通运输业和海上石油开发的迅速发展，海上污染源的排放量呈增加趋势，目前沿海船舶含油污水发生量达1800万t，海洋石油平台排放的石油约3.0万t。

目前入海污染物主要是石油类、COD、铜和氨氮，对我国近海海域产生环境污染影响的主要污染物是石油、COD和氨氮。

大气型污染源。主要指大气降水或大气沉降使污染物进入海中。如：石油类污染物通过含油废气沉降和大气降水携带入海。

（二）海洋环境污染的危害

陆源污染物和海上污染物的直接排放已使中国沿岸海域受到了不同程度的污染，尤其是海域的有机污染加剧。三氮和活性磷酸盐等营养盐已成为中国近海的第一污染物，近海海域的富营养化比较突出，赤潮发生频率上升。近海局部海域的污染和不合理的滩涂开发、围海造地已影响到海洋生物的栖息和繁衍，严重地区已出现渔业资源锐减、优质品种减少和滩涂养殖场荒废等现象，直接危害海岸带自然生态系统和居民的生活环境和身体健康。

1. 近海污染对水产资源的影响

我国海域辽阔、滩涂广、水产资源丰富，渔业生产与人民生活密切相关，是国民经济不可缺少的重要组成部分。随着沿海地区工农业、海上交通运输业的发展和海洋石油的开发，大量的工业废水、生活污水和石油类等进入海洋，造成近海环境污染，并使海洋水产资源遭受不同程度的影响和损害，特别是潮间带生物资源、溯河性鱼虾、滩涂贝类、沿岸性鱼类受害最严重，主要表现在：

（1）内湾鱼场遭到破坏；

（2）外海渔场也遭受不同程度的污染和损害；

（3）回游性鱼虾产卵场受到损害；

（4）滩涂贝类受到严重损害；

（5）溯河性鱼虾类资源遭到破坏；

（6）赤潮频繁发生。

2. 海域污染和海岸景观破坏对风景旅游区和海水浴场的影响

我国海岸线漫长、岛屿众多，纵跨热带、亚热带和温带三个气候带。海岸曲折、景色秀丽、气候宜人，是优美的滨海旅游资源，但由于缺乏统一的规划、妥善的环境保护措施，使宝贵的滨海旅游资源遭到了不应有的污染损害和破坏。

石油污染严重损害了滨海风景的旅游价值，海面漂浮的大量油膜或油块，随海流漂至海岸区域，粘附在潮间带各物体上，渗透于沙砾之间，从而污染了海水滩面、礁石、海岸堤坝和海上游乐设施等，破坏了海滨环境，降低了海滨旅游价值。

3. 海域污染对人体健康的影响

海洋污染对人体健康的影响，主要是污染物能通过食物链的传递转移到人体内，直接危害人体健康。据广东、福建、浙江、山东、河北、天津、辽宁等省渔民反映，食用带油味的鱼虾后，轻者恶心，重者呕吐、腹泻。据调查沿海渔民头发中汞、砷、铅、镉等含量均高于相应地区的农民，其中以汞含量最为显著。

渤、黄海沿岸渔民恶性肿瘤死亡率高于全国恶性肿瘤普查的死亡率，说明渔民恶性肿瘤的死亡水平不仅高于同区的农民，而且也超过全国水平。渔民前四种癌症的位次是胃癌、肝癌、食道癌和肺癌，这四种癌症的死亡率均显著高于农民。渔民恶性肿瘤死亡率迅速上升的年龄比农民提前一个年龄组。这说明近海环境污染对渔民的健康已产生不良影响，应引起有关部门的高度重视。

4. 海上船舶事故性溢油污染损害

随着海上交通运输的发展，石油运输量不断增加，海上船舶事故性溢油也不断发生，每年发生大小船舶海损事故成千起，其中一部分是事故溢油。

二、海洋环境保护对策

（一）海洋环境保护法制建设

《海洋环境保护法》是我国第一部保护海洋环境的单行法律。为实施《海洋环境保护法》，由国务院颁布了《防治陆源污染物污染损害海洋环境管理条例》、《防治海岸工程建设项目污染损害海洋环境管理条例》、《防止拆船污染环境管理条例》等3项行政法规。国家环境保护总局还批准发布了《渔业水质标准》，《海水水质标准》、《污水综合排放标准》、《船舶污染物排放标准》、《船舶工业污染物排放标准》和《海洋石油开发工业含油污水排放标准》。沿海各省、自治区、直辖市也分别制定了一批地方性海洋环境保护法规，规章和标准。经过15年的法规建设，我国基本形成了海洋环境保护法规体系。

（二）加强海洋环境保护机构和队伍建设，建立联合执法制度

1985年以来，国家环境保护总局和沿海地方环境保护部门分别建立了自然保护司，海洋环境保护办公室，海洋环境管理处或管理科，充实管理人员进行海洋环境保护工作。目前，海洋环境保护管理工作人员有2500多名。沿海环境保护部门按照法律规定，定期对本地海洋环境的重点污染源及热点问题进行联合执法检查，发现问题进行解决。1986年，环渤海地区建立了由天津、山东、河北，辽宁三省一市及其17个省辖市环境保护部门共同组成的环渤海环境保护协作组，编制了“环渤海地区海洋环境保护规划”。这是我国第一个区域性的海洋环保协作组织。

（三）编制海洋环境保护规划，组织开展近岸海域环境功能区划

从1985年开始，国家环境保护局组织编制了全国海洋环境保护“七五”、“八五”计划和十年规划以及跨世纪绿色海洋计划，并纳入国家国民经济和社会发展总体规划；沿海各省级环境保护部门，编制了地方海洋环境保护“七五”、“八五”计划和十年规划以及跨世纪绿色海洋计划，并纳入地方国民经济与社会发展总体规划。这项工作为定量化目标管理提供了依据。自1989年，国家环境保护局组织沿海11个省、自治区、直辖市，开展了近岸海域环境功能区划工作。为合理开发利用海洋资源，控制和减轻近岸海域环境污染和生态破坏，加强近岸海域环境的监督管理提供科学依据。

（四）建立近岸海域环境监测网络，组织近岸海洋环境调查与监测

1994年，国家环境保护局组织沿海11个省、自治区、直辖市及所辖市、县的64个环境监测站成立了中国近岸海域环境监测网。在沿海城市近岸、入海河口以及沿海经济开发区的邻近海域，设立海水及底质监测点近300个，监测项目近30项，并对主要入海污染源（包括工厂企业直排口、入海河流、市政污水排放口）布设站位，进行常规监测和应急监测。

1997年，国家环境保护总局组织开展了渤海、黄海近岸海域环境综合调查，设置了271个监测站位，其中海域站位89个，陆域站位182个，共获得水质数据6000余个。同时，沿海各地还对331个企业直排口、61个混合排污口、93个市政下水口、116个入海

河口、5 个海上石油平台和 10 万余艘船舶以及 127 万亩养殖塘等污染源进行了调查、监测。从总体上摸清了渤海和黄海近岸海域水质状况。

1998 年 10 月，国家环境保护总局组织开展了东、南海近岸海域环境综合调查。此次调查范围东海、南海沿海省和海南岛 30m 等深线向陆一侧海域，共布设 296 个海上监测站位，其中东海 151 个，南海 145 个，共采集各类样品 2440 个，获得各类数据 4.3 万余个。同时，沿海各地还对 880 个企业直排口，99 个混排口，数百个市政下水口，94 条入海河流，13 个海上石油平台和 16.4 万艘船舶及 90.3 万亩对虾养殖塘等污染源排海进行了调查、监测。通过此次调查行动，获得了较为全面、综合的资料，为准确评价、分析这一海域环境质量，加强海域及沿岸海洋环境污染综合治理与管理提供了基础资料。

（五）对重点污染源强化管理，逐步改善近岸海域环境质量

10 多年来，为控制新污染源的产生，加快治理老的污染源，遏制近岸海域环境污染恶化的趋势，国家和地方严格执行“环境影响评价”等环境管理制度。据统计，大型海岸工程建设项目“环境影响评价”和“三同时”制度执行率达 100%，中、小型项目“环境影响评价”，“三同时”制度执行率为 70% 到 80%。在“六五”期间安排渤、黄海沿岸 195 项重点治理工程，“七五”和“八五”下达了 280 个重点水污染源的限期治理项目。至 1997 年底，沿海地区工业废水处理率和污水排放达标率分别达到 85.3% 和 64.3%。1994 年，11 个沿海省（区、市）完成了 44 546 个企业的污水排放申报登记，发放了 9574 份水污染物排放许可证。

沿海城市在治理重点污染源的同时，加强了环境建设，城市污水集中处理设施有了较大发展。

通过对陆源污染物和海岸工程建设项目的监督管理，减缓了近岸海域环境恶化的发展趋势，局部海域的环境质量有所好转。

河流携带污染物是陆源污染物入海的重要途径。国家环境保护总局提出了“三河”（淮河、海河、辽河）、“三湖”（太湖、巢湖和滇池）、“两区”（二氧化硫和酸雨控制区）污染防治工作重点，制定了上述区域的污染防治规划，并实施依法管理，限期实现削减污染物排放总量和改善环境质量的目标，大幅度削减了陆源性污染物对海洋环境的污染。

（六）渤海碧海行动

国家环境保护总局于 1998 年 12 月 8～9 日在北京召开了渤海环境保护工作会议，讨论实施碧海行动计划。会议全面回顾总结了我国海洋环境保护，特别是近岸海域环境保护工作所取得的成绩，分析了面临的形势，对进一步加强我国海洋环境保护，实施《渤海碧海行动计划》提出了指导思想、目标、重点和对策。《渤海碧海行动计划》的指导思想是：坚持可持续发展战略，以促进两个根本转变为宗旨，以增强沿海地区社会经济发展后劲为目的，以整治陆源污染为重点，加强法制，强化监督，分层推进，重点抓好污染严重城市的毗邻海区、河口附近海区及海湾，促进近岸海域海洋环境质量的改善，努力实现海洋生态环境良性循环。

渤海近岸海域的环境保护要分阶段推进，力争实现以下三个阶段的目标：

近期目标：到2005年，深入开展沿海及入海河流沿岸地区工业污染源达标排放工作，建设、改造完成一批市政污水处理工程和设施，有效削减入海河流、直排口、城市混合排放口污染物入海总量，使其达到国家规定的要求；渤海近岸海域环境严重污染的趋势减缓，岸边生态破坏的趋势得到初步控制，沿海防护林体系全面建成。

中期目标：到2010年，近岸海域环境质量和生态系统得到改善；COD实施总量控制；并控制住氮、磷和石油的污染增长趋势，近岸海域水质基本达到环境功能区划保护目标。建成一批生态环境示范区。

远期目标：到2030年，近岸海域环境质量和生态系统明显好转；COD、氮、磷、石油类等项控制指标要全面达到总量控制要求；近岸海域水质全面达到环境功能区划保护目标；生态基本实现良性循环，完成一批重点海域的环境综合整治。

启动《渤海碧海行动计划》，第一步是摸清近岸海域海洋污染现状，计划在1999年6月底前完成调研和资料收集、汇总工作，力争在1999年年底之前，组织完成行动计划的编制工作，为全面启动《渤海碧海行动计划》奠定基础。

实施《渤海碧海行动计划》的重点是大力推进陆源污染的治理。首先确保完成到2000年所有工业污染源污染物排放必须达到国家或地方规定的标准和重点城市地面水环境按功能区达到国家规定的标准的“双达标”任务。同时要逐步解决混合排污口的污染问题。环渤海13个重点沿海城市以改善近岸海域环境质量为目标，深化城市环境综合整治定量考核制度，加大城市污水综合整治的投入，加速重点海域功能区的达标。

实施《渤海碧海行动计划》要贯彻“污染防治和生态保护并重”方针，以切实保护好近岸海域生态环境。

实施《渤海碧海行动计划》要坚持加强协调，通力合作，共同推进的原则。共同组建《渤海碧海行动计划》联席会议制度，具体负责《渤海碧海行动计划》的组织协调，及时解决工作中的有关问题。会后，国家环境保护总局起草了拟上报国务院的“关于将渤海纳入全国环保工作重点的请示”，并得到国务院领导的重视与批复，《渤海碧海行动计划》被列为国家环境保护工作重点工作，即已在“3321”工程中增加了渤海，成为“33211”工程。

（七）开展海洋环境科学研究，为海洋环境管理提供科学依据

在“七五”和“八五”期间，国家环境保护局组织了“全国沿海污染源调查”，相继开展了“渤海、黄海海域污染防治研究”，“公元2000年中国近海环境污染预测和对策研究”、“全国污水海洋处置规划布局综合研究”、“北方沿海中小城市污水综合整治规划实用技术研究”、“全国近岸海域环境功能区划原则与技术方法研究”、“黄、渤海污染发展及生态影响研究”、“近岸海域底栖生物监测方法研究”、“全国污水海洋处置管理信息系统研究”、“渤海典型海域污水海洋处置规划布局研究”、“杭州湾环境研究 ”等重大科研课题，为海洋环境管理和政府决策提供了依据。

为保护海洋自然环境和资源，拯救珍稀、濒危的生物物种和有价值的自然遗迹，国家共建立海洋及海岸类型自然保护区59个，总面积约367万hm^2，其中国家级海洋自然保护区16个，面积约90万hm^2。

（八）开展海洋环境保护国际交流与合作

目前，国家环境保护总局在海洋环境保护方面与20多个国家和地区进行了交流和合作；与联合国有关机构建立了合作关系；积极参加了联合国环境规划署组织的“保护海洋环境免受陆上活动污染全球行动方案”、防止难降解有机物调查评估及其旨在保护区域海洋环境的“西北太平洋行动计划”和“东亚海行动计划”，组织编写和提交了有关国家报告。通过交流与合作，了解了其他国家海洋环保的情况和经验，促进了我国海洋环境保护事业的发展。

三、“十五”期间，我国海洋环境保护的主要任务

坚持河海统筹、陆海兼顾，以陆源污染防治为重点，以实施碧海行动计划为载体，加强对近岸海域水质和生态环境的保护，突出海岸带管理，以渤海碧海行动为突破口，全面推动海洋环境保护工作，力争海洋污染损害的速度和范围有所控制，海洋生态破坏的趋势得到初步遏制。

（一）加强海洋环境统一监督管理。严格执行《海洋环境保护法》，加强海洋环境监测、巡视和执法力度，防治船舶和海上油气采输、海岸工程、海洋工程污染，加强海上溢油应急处理工作和倾倒废弃物的管理。

（二）控制陆源和养殖污染。推行近岸海域环境功能区达标考核制度。对沿海大中城市附近海域加强污染控制，加强污染严重的河口、海湾的污染综合整治，积极治理陆源污染和海水养殖污染。研究推广生态养殖、科学养殖，减少养殖污染物的入海量。

（三）实施《渤海碧海行动计划》，抓好渤海环境综合整治和管理。加强渤海入海河流水污染的防治和近岸海域水质保护，加快沿海城市污水处理厂的建设，采取有效措施，控制面源污染，研究预防、控制和治理赤潮，试行污染物排海总量控制制度。

（四）保护海岸带和海洋重要生态系统。加强海洋和海岸自然保护区建设与管护，重点保护珊瑚礁、红树林和重要海洋生物资源。开展海岸带环境保护示范区建设试点。加快沿海防护林建设工程，加强海岸工程的环境管理和海岸带保护管理。半封闭海域及重点敏感海域禁止填海造地。

第六节　核安全与电磁辐射的管理

一、核安全管理

随着放射性物质在现代社会中越来越广泛的应用，人们越来越关心核安全问题。核安全问题涉及面很广，大的方面有如何防止核武器的扩散、核反应堆和核电站的事故等，一般的有放射性物质和各种核设施的安全管理与使用，放射性废物的运输、存贮和处理。放射性物质排放大气、水体等环境介质后，超过一定浓度并通过直接吸入和其他间接途径进入人体发生人身损害或直接辐射对人体发生损害，称为放射性污染。

随着无线电通讯、广播、电视、雷达、微波炉、理疗设备、高频感应加热设备等利用电磁波为人类服务的工艺设备的发展，电磁辐射对环境的污染也在加重。与核物质

一样，电磁波在造福人类的同时也给环境带来了污染，称为电磁辐射污染。同样应当进行防治。

核安全管理是国家环境保护总局成立后新增的一项职责。解振华局长在2001年全国环境保护工作会议的报告中说“严格核安全和辐射环境监督管理，要切实保证对运行核电厂实施严格、有效的监督……健全放射性污染物的申报管理制度，加强城市放射性废物库的建设，提高管理水平。继续加强对核设施的监督管理。”

“十五”规划中提出“强化核安全核辐射监督管理，建立和完善核安全、辐射防护、放射性废物管理的法规和标准。加强对核设施的监督，做好核安全评审与环境影响评价，严格建造过程的现场监督和核承压设备的安全监督管理。严格核材料管制。加强对放射性废物的安全贮存与处置的监督，完成每省一个放射性废物库建设，做好中、低放射性废物的收贮和管理。”

二、核辐射污染源

放射性污染源有如下几个方面：

（一）核原料的开采、提取、加工、贮存、运输过程产生的放射性尾矿、粉尘、废气、废水。

（二）核工业“三废”污染源：核反应堆运行过程产生的放射废物，包括生产性反应堆，核电站与其他核动力装置的运行过程。

（三）有些矿产资源伴生有放射性物质，在开采、冶炼和排放过程中会产生和排放放射性“三废”。

（四）城市放射性核素的使用单位（医院、研究单位、大学实验室等）均可能产生放射性“三废”。核技术研究和放射性核素使用单位均会产生放射性污染物，其中除少量属低放射性废液和废气外，通常可分为7种主要形式，即：①各种污染材料和劳保用品；②各种受污染的工具设备；③零星低放废液的固化物；④供试验用的动物尸体或植物；⑤废弃放射源；⑥含放射性核元素的有机闪烁液；⑦医疗诊治中进行透视、照射或使用的示踪药物。

（五）含有放射性物质的建筑材料（如大理石、瓷砖、涂料、水泥等），有些矿石煤渣、尾矿渣和粉煤灰制成的砖或水泥放射性会超标，建成的房屋γ辐射水平可能较高，有时氡的含量也会达到有害水平。

此外，意外事故也会引起放射性污染。

三、电磁辐射污染源

电磁污染源产生于一些电子设备和电气装置的工作系统，其中包括：

（一）高频感应加热设备如高频淬火、高频焊接、高频熔炼等，它们在工作时产生较强大的电磁感应场和辐射场，带来的环境污染突出。

（二）高频介质加热设备如塑料热合机、高频干燥处理机、介质加热联动机等。这些设备在工作时引发的电磁辐射比较严重，对值班人员及附近居民有不良影响。

（三）短波、超短波理疗设备的广泛使用。

（四）微波加热与发射设备，由于天线系统的旋转会使周围环境受到较严重的污染。

（五）无线电广播与通讯在定向工作状态下所造成的污染，其半径可达数公里。

四、电磁辐射的污染危害

大功率的电磁辐射能量可以作为能源利用，但也有产生危害的不利因素存在，有时会有明显的伤害和破坏作用，甚至引起死亡。电磁辐射的危害有以下各方面：

（一）极高频辐射场可使导弹系统控制失灵，造成电爆管效应提前或滞后；也可使金属器件之间相互碰撞而打火，从而引起火药、可燃油类或气体燃烧或爆炸。

（二）具有很强的信号干扰与破坏作用，可直接影响电子设备、仪器仪表的正常工作，使信息失误，控制失灵，对通讯联络造成意外。当铁路控制信号失误时，会引起机车运行事故。当飞行器指示信号失误时，会引起飞机、导弹或人造卫星的失控。当医院附近的电工器产生高频电磁辐射，可干扰脑电图、心电图和血流图设备使之无法正常工作。

（三）高强度的电磁辐射以热效应和非热效应两种方式作用于人体，可导致机体发生机能障碍和功能紊乱，对人体健康带来危害。

五、核安全环境监理

1998 年，国务院机构调整，国家环境保护总局增设核安全与辐射环境管理司（对外称国家核安全局）。承担了核设施安全，辐射放护和放射性废物的主要监督管理职能。环境监理稽查处也开始研究强化对核设施的安全运转、放射性防护监督及放射性废物的监督管理。

对核安全监督和放射性防护，国家已有一系列法律规定，如：《中华人民共和国民用核设施安全监督管理条例》、《中华人民共和国核材料管理条例》、《放射性同位素与射线装置放射性防护条例》、《核电厂核事故应急管理条例》、《放射环境管理办法》、《城市放射性废物管理办法》等，为核安全监督和放射性防护提供了法律规定。

按照国家有关规定，核安全和放射性防护环境监理的主要职责如下：

（一）环保部门依法对核设施、一般放射性装置的建设项目进行环境保护管理。

（二）依照国家对核设施的环境保护管理规定，在日常监理工作中加强对核设施、一般放射性设施的生产运行状况的环境监理。

（三）对于采矿业、建筑业中矿石的放射性进行日常监督检查。防止含高放射性的矿产品及建筑材料进入生活环境。

（四）对于危险货物运输的监理检查中，要特别注意放射性货物的贮放、运输，防止放射性货物的污染。

（五）对工业、农业、科研、军工、医疗、教学等行业的放射性废物的处理处置，要严格管理。一般应妥善处理后，交放射性废物库处置。

（六）一旦发生核污染事故，环境监理人员应当参与事故现场的应急处理工作。并立即向省和国家级环境保护部门报告，在国家和省级核安全部门领导下开展工作。

六、“十五”期间，我国核安全与电磁辐射管理的主要任务

强化核环境安全管理，严格核设施运行监督。积极防治电磁辐射污染，保持电磁辐射环境良好状态。

（一）加强核安全与辐射环境管理。建立和完善核安全、辐射防护与应急、放射性废物管理的法规和标准。制订《放射性污染防治法》和《核安全法》。加强对在役核设施的安全运行监督，做好新建核设施安全评审和环境影响评价，严格建造过程的现场监督和核承压设备活动的安全监督管理。严格核材料管制。加强对放射性废物的安全贮存与处置的监督，完成各省放射性废物库建设，做好中、低放射性废物的收贮和管理，开展退役核设施安全处置的政策和技术研究。

（二）防治电磁辐射污染。建立和完善防治电磁辐射污染的法规和标准。做好电磁辐射环境影响评价工作，控制和降低城市电磁辐射污染，尤其是降低社区、学校和工作场所的电磁辐射污染。

思考题

1. 城市环境综合整治的原则和指标有哪些？模范城市的含义和意义是什么？
2. 工业企业作为管理的主体，对本企业自身实施内部环境管理的主要内容有哪些？
3. 政府环境保护职能部门对工业企业的环境监督管理包括哪些内容？
4. 农业生产和乡镇工业活动可能引发哪些农村环境问题？
5. 核安全与电磁辐射管理的主要内容是什么？

第九章　环境管理的经济措施

第一节　环境经济学基本概念

一、什么是环境经济学

环境经济学是研究如何运用经济科学和环境科学的原理和方法，分析经济发展和环境保护的矛盾，以及经济再生产、人口再生产和自然再生产三者之间的关系，选择经济、合理的物质变换方式，以便用最小的劳动消耗为人类创造清洁、舒适、优美的生活和工作环境的新兴学科。

二、环境经济学的研究对象

作为一门学科都有其特定的研究对象，否则就不能成为一门独立的学科。环境经济学的研究对象是环境经济系统。

环境经济系统是由环境系统和经济系统复合而成的。环境系统和经济系统之间存在着复杂的联系。在环境与经济共同发展的过程中，通过物质、能量和信息的双方流通和相互作用，两者逐步耦合成为一个整体，即环境经济系统。

人类社会的经济再生产过程，首先要从自然环境中获取原料，通过劳动，变成人们需要的产品。而后经过分配，流通和消费，满足人类生存和社会生产发展的需要。在这一过程中，一部分废物（包括生产和生活消费过程中产生的废物）又排入自然环境，参与自然界的物质循环。经济再生产过程就是这样不断地循环进行。

三、环境经济学的性质

(一) 边缘性

所谓边缘性，是指多学科的交叉性质。众所周知，环境科学和经济科学都是综合性科学。环境经济问题研究涉及到自然、社会经济、技术等各方面因素。它既然是经济科学与环境科学交叉渗透的产物，因而与地学、生物学、技术科学、管理科学和法学等许多学科在内容上和研究领域上有很大的交叉，所以环境经济学具有社会科学，自然科学多学科交叉的边缘性质。由于这种边缘性质，在研究环境经济问题时，既要重视经济规律的作用，又要重视自然规律的制约。这就要求环境经济学工作者既要掌握经济科学知识，社会科学知识，又要掌握环境科学和自然科学知识，只有这样才能担当起应用和发展环境经济学的任务。

（二）应用性

所谓应用性，是指运用基础科学的理论和方法，解决实际问题。环境经济学主要运用经济科学和环境科学理论和方法，研究正确协调环境保护和经济发展的关系的方法。它要解决的主要课题是经济活动的环境效应，并使这种效应转化为经济信息反馈到国民经济平衡与核算中去，为正确制定经济和社会发展战略及各项环境经济政策提供依据，为解决问题选择劳动消耗最小的可行方案提供依据。所以它是一门应用性很强的学科。

（三）阶级性

环境经济学的阶级性或社会性是一种客观存在。环境经济学的社会性主要表现在环境问题与生产关系的关系上。造成当代环境问题的直接原因固然来自现代生产力在生产发展中所带来的某种“副作用”，但决不能因此就说现代生产力的发展必然带来污染。当人们逐渐认识到污染的危害后，本来是应该而且可以从生产组织和科学技术上找到防治污染，保护环境的办法的，之所以长期没有这样做，以至形成像 20 世纪五六十年代在发达资本主义国家普遍爆发的那样严重的社会公害问题，主要是由于人们的经济生活和经济关系方面的原因造成的。因此，造成环境问题的原因，不仅来自生产力方面，而且也来自生产关系方面。环境经济学的基本任务之一就是要从生产关系方面揭示造成环境问题的原因，寻找消除它的办法和途径。

（四）科学性

环境经济学是一门科学，它当然具有科学性。资本主义环境经济学中的科学理论，可为我国建立社会主义环境经济学提供借鉴和参考。

四、环境经济学的特点

环境经济学的研究对象，决定了它具有整体性，综合性和协调性等重要特点。

（一）整体性

环境经济学的整体性，是由环境经济系统的整体性特点决定的。环境经济系统的整体性是环境系统和经济系统的有机的统一整体。在这个统一体中的各个子系统之间，子系统内部各个成分之间，都具有内在的、本质的联系，这种联系使环境经济系统构成一个有机联系的整体。因此，环境经济学具有严密的整体性。由于这一点环境经济学反对用孤立的，片面的观点看待环境与社会经济的相互关系，而要求从整体上看待环境经济问题。

（二）综合性

环境经济学的研究对象本身就是综合的。环境经济系统是一个多层次、多序列的综合结构体系，在这个庞大的综合体系中，环境系统的生命系统包含动物，植物和微生物并由食物链连接起来的生物网络，环境系统的非生命系统（水圈、岩石圈、大气圈等）有物理、化学等过程。广义的经济系统，不仅包括生产、分配、流通和消费等各种环节和许多产业部门，而且还包括结构复杂的技术系统等等。由于环境经济学涉及到人、社会、经济和自然之间相互联系、相互作用的各个方面，因此，它必然是一门综合性很强的科学。

（三）协调性

环境经济系统是一个多要素，多侧面、多层次的错综复杂的巨系统。在这个多维网络结构中，人类是系统的核心和主体，要对系统进行能动的调控。这种调控，就是利用社会经济发展计划、政策、经济行政干预以及科学技术措施和信息反馈等手段，围绕一定的社会经济和环境目标，对系统进行重新设计。所以，环境经济学的研究就是要完成对各子系统和总系统的调控，以协调人类社会经济活动与自然环境的关系，协调人类生存和经济发展的眼前和长远需要，从而实现人类寻求的总体目标最优。

五、环境经济学的研究任务

环境经济学的任务包括下列几个方面：

第一，全面认识环境与经济相互之间的对立统一关系，研究实现经济发展与保护和改善环境互相促进，共同发展的途径。环境和经济既有互相对立的一面，又有相互统一的一面。环境经济学的首要任务就是要在全面分析环境与经济对立统一关系的基础上，正确处理两者的矛盾，寻求实现经济再生产良性循环和环境再生产良性循环，促进环境与经济持续、协调发展的最佳方案。

第二，全面认识经济活动对于环境的积极影响和消极影响，研究使经济活动符合自然规律（主要是生态规律）的要求，以最小的环境代价实现经济迅速增长的途径。系统内部各个子系统之间有着互相依存、相互制约的关系。只要把经济活动对环境的消极影响控制在一定范围以内，环境系统本身就有能力对这种影响进行补偿和缓冲，从而维持系统的稳定性。

第三，全面认识环境建设对经济建设的促进和制约作用，研究使环境建设符合经济规律要求，以最小的劳动消耗取得最佳环境效益与经济效益的途径。环境建设和经济建设都是社会主义建设的组成部分。环境建设对于经济建设既有促进又有制约作用。为了充分发挥环境建设活动对经济建设的促进作用，有效地限制环境建设对经济建设的制约作用，就要使环境建设不仅要讲究环境效益，更要考虑经济效益，寻求以最小的劳动消耗取得最佳环境效益与经济效益的方案。

六、环境经济学的研究内容

环境经济学的内容非常丰富，随着学科的发展不断充实和完善，从目前来看，可概括为以下内容：

（一）环境经济学的基本理论

基本理论是一门学科形成的基础。环境经济学的基本理论包括：

1. 环境问题同经济制度的关系

主要是探讨不同经济制度下环境问题的共性和特性，揭示经济制度与环境问题之间是否存在必然的联系以及环境问题的经济本质。我国应加强社会主义市场经济条件下解决环境问题的方法和途径的研究。

2. 经济发展和环境保护的关系

环境保护与经济发展的关系是环境经济学研究的核心问题。研究的关键是要确立正确的发展战略以及经济增长与环境问题间的内在运行机制，提出如何才能在保持经济增长的同时，保护和改善环境质量以及它们之间协调发展的衡量标准与方法。

3. 外部性理论

外部性理论是环境经济学的主要理论基础之一。环境问题外部性研究的目的主要是应用一般均衡分析法，分析环境问题产生的经济根源（确切地说是市场条件下环境外部不经济性），提出解决环境污染和破坏这个外部不经济性问题的各种可行方法。

4. 环境资源价值理论

环境资源价值理论是环境经济学的又一主要理论基础。主要研究环境资源有无价值，科学的环境资源价值观的内涵，运用环境资源价值观指导人们的实践活动，科学地开发和保护环境资源。

5. 环境质量公共物品经济学

公共物品理论是环境经济学的另一理论基础。研究环境质量公共物品主要是分析作为公共物品的环境质量与一般物品或商品的差异，确定环境质量这一特殊公共物品的供给与需求，同时提出使资源配置最佳或经济效率最高的环境质量公共物品提供方式或途径。

6. 环境政策的公平与效率问题

这一方面的内容与经济制度有较大的关系，主要包括环境政策造成的收入分配影响以及环境费用分担合理化研究。除此之外，该研究还要关注宏观经济政策和国际环境政策引起的国与国之间环境费用分担和补偿问题。

（二）环境经济学的分析研究方法

1. 环境费用效益分析

环境费用效益分析是环境经济学的一个核心内容，主要内容包括：环境费用效益分析的基本原理，环境费用效益分析常用方法，费用效益方法应用，环境费用效益分析的基本原理以及应用。

2. 环境经济系统的投入产出分析

投入产出分析可以以定量的方式来描述环境与经济间的协调关系，既可以是宏观的定量描述，也可以是微观的定量描述。前者则可把环境保护纳入国民经济综合平衡计划，后者则可详尽地描述一个企业各生产工序间环境和经济的投入产出关系。

3. 环境退化的宏观经济评估

环境退化包括环境资源耗竭和环境质量恶化两个内容。研究的主要内容是如何确定环境资源价值核算指标体系、核算方法以及把国民收入核算与环境退化联系起来。换言之，如何改进现行的国民收入核算体系，在经济增长中考虑环境资本的消耗。

4. 环境资源开发项目的国民经济评价

国民经济评价是项目（包括资源开发项目）经济评价的核心部分，与财务评价相对应。国民经济评价在考察费用和效益时一般都要考虑间接（外部环境）费用和间接效益，而间接费用和效益计算往往又涉及到环境费用效益分析技术以及资源的机会成本或影子价格。

（三）环境管理的经济手段

在市场经济制度下，在环境管理中更多地应采用经济手段，以提高经济效率和改善环境效果。目前，正在研究和广泛采用的环境管理经济手段主要有：收费制度、财政补贴与信贷优惠、市场交易和押金制度。

（四）环境经济问题研究

环境经济问题的研究是环境经济学的重要内容，包括许多方面，如人口资源环境、经济贸易与环境、自然资源的合理配置、环境保护投资、环保产业与环境保护市场化、环境与发展综合决策、国际环境经济问题等。

第二节　环境管理的经济手段

一、环境政策手段

目前，在环境保护领域应用的政策手段非常多。在中国，一般将环境政策手段分为行政手段、法律手段、经济手段、技术手段、教育手段五大类。世界银行将环境政策手段分为利用市场、创建市场、实施环境法规、鼓励公众参与四大类（表9－1）。

表9－1　政策矩阵——可持续发展的政策和手段

议题	政策手段			
	利用市场	创建市场	实施环境法规	鼓励公众参与
资源管理与污染控制	减少补贴 环境税 使用费押金 返还制度专项补贴	产权/分散权力 许可证交易/权力 国际补偿制度	标准 禁令 许可证和配额	公众参与信息披露

资料来源：世界银行，《里约后5年——环境政策的创新》

随着经济发展及环境问题的变化，世界各国的环境政策也在不断变化。环境政策手段的发展变化情况见表9－2。

表 9－2　环境政策手段的发展趋势

年代	20 世纪 70 年代	20 世纪 80 年代	90 年代及 2000 年之后
环境政策	命令——控制手段 污染治理 法规 单一介质 增长极限	市场手段 预防和防止 法规改革 环境税费 可交易许可证 定价政策 多介质 消费者需求	混合途径 长远规划 可持续发展 法规与经济措施 寿命周期分析 污染预防与控制 自愿协商 对话

资料来源：沈满洪，《环境经济手段研究》

根据世界银行的研究报告《里约后 5 年——环境政策的创新》，成功的环境政策需要考虑以下几方面的因素：

（1）实现资金的可持续性。最为成功的环境政策是那些认识到有限的外部资源和政府财政的窘迫并进而能够产生出财政收入的政策，如征收环境税、征收排污费、取消有害于环境的补贴等等。

（2）确保管理的可持续性。在政策变革中要认识到在实施新政策中的许多管理方面的约束，如机构、人员、技术、设备、法律等方面。

（3）建立对变革的支持体系。在政策变革中，会遇到一些人的反对。因此，要实施有效的政策变革，就必须有相应的政治意愿。在环境部门中，外部性的普遍存在和租金的收取使得政治方向更为重要。

（4）实现综合决策。环境与发展密不可分，宏观经济决策会影响到环境，环境政策也会影响到宏观经济。因此，应该实现环境与经济的综合决策。

二、运用经济手段管理环境的必要性

（一）经济靠市场，环保靠政府

1. 市场失灵（market failures）

在市场经济体制下，应该依靠市场机制来配置资源。根据微观经济学原理，在理想的市场经济条件下，市场机制可以实现资源的最优配置，即达到帕累托最优。但是，市场机制充分发挥作用，还需要满足一些条件：

（1）必须是完全竞争性市场。垄断会导致不完全竞争，垄断阻碍创新，影响效率，垄断使得市场机制难以发挥作用。

（2）市场主体对交易的商品及服务有完备的信息。消费者和生产者获得的信息往往是不完全的，市场只能提供有限的信息。在信息的不足和不对称的情况下，市场机制难以发挥作用。

（3）不存在经济外部性。经济外部性的存在，将会使市场信息失真，从而使市场机制的调节作用失灵。

（4）不存在公共商品等等。私人市场不提供或很少提供公共商品，市场机制对私人商品的配置非常有效。但是，市场机制对公共商品的配置基本上是无效的。

（5）健全的市场制度。市场机制发挥作用还需要有较为健全、完善的市场制度。

但是，在现实的市场中，这些条件不能满足或不能完全满足，由此造成市场机制不能充分发挥作用，市场机制不能充分发挥作用，就是市场失灵。换句话说，市场失灵是指由于市场机制的某些障碍导致资源配置缺乏效率的状态。

在环境保护领域，由于生态环境资源的产权不明晰、生态环境资源的公共商品属性、环境污染及生态破坏的负外部性、生态建设及环境保护的正外部性、生态环境信息的稀缺性和不对称性、生态环境资源无市场和自然垄断等原因，必然出现生态环境资源配置的市场失灵。换句话说，在环境保护领域，市场失灵尤其突出。

生态环境资源配置的市场失灵必然导致环境资源利用的低效率，其结果是造成生态破坏和环境污染。所以说，市场失灵是环境问题的制度根源。

2. **政府失灵**（government failures）

在市场经济体制下，解决市场失灵的有效办法是政府干预。即通过政府的力量来纠正、弥补市场失灵。但是，政府干预并不是总能取得预期的效果。当政府的行为不能纠正市场失灵，反而使资源配置更加缺乏效率和不公平时，就出现了政府失灵。政府失灵包括政策失灵和管理失灵。政策失灵是指那些造成环境与资源使用中私人成本扭曲（这些成本对个人而言是合理的，却损害了社会财产）的政策，这些政策造成原本可以正常工作的市场机制扭曲。管理失灵是指导致政策实施效果不佳的各级政府组织中存在的问题。沈满洪在《环境经济手段研究》中总结了政府失灵的原因：

（1）信息不足与扭曲。政府干预时也会面临信息不足与扭曲，如我国的“官出数字，数字出官”的不正常现象会使信息扭曲。

（2）政策实施的时滞。政府制定与实施一项政策时往往存在认识时滞、决策时滞、执行与生效时滞。

（3）公共决策的局限性。政府的决策会影响很多人，但真正参与决策的只是少数人，决策者在进行决策时会倾向于自己所代表的阶层或集团的偏好与利益。

（4）政府作用对象的“理性”反应。政府作用的对象是有“理性”、会算计的人，政策的效果取决于人们对政策的反应。

（5）寻租活动的危害。寻租活动是指那些维护既得经济利益或对既得经济利益进行再分配的非生产性活动，寻租活动浪费了资源，造成资源配置的扭曲；寻租还会造成政府官员的腐化堕落。所以，有人把市场机制比作“看不见的手”，把政府干预比作“看得见的手”，把寻租活动比作“看不见的脚”。

在环境保护领域，政府失灵也广泛存在，主要有三种类型：第一，政府政策失灵，政府政策失灵又可分为项目政策失灵、部门政策失灵和宏观政策失灵；第二，环境管理失灵，如各种政策间的不协调、政策缺乏强制措施、环境管理中的寻租活动都会导致环境管理失灵；第三，生态环境问题的计划失灵。

因此，在市场经济体制下，需要正确发挥市场和政府两方面的作用。

3. **正确理解“经济靠市场，环保靠政府”**

由于市场失灵会导致环境问题，所以解决环境问题必须纠正市场失灵。实践证明，政府调控是纠正市场失灵的有效途径。基于这一点，发达国家提出了“经济靠市场，环保靠政府”。正如世界银行在《1992 年世界发展报告》中指出的：“在过去 20 年中，各国人民已经懂得了在促进经济发展方面，应该更多地依靠市场，而较少地依赖政府。但是，在环境保护领域恰恰是政府必须发挥中心作用的领域，私人市场几乎不能为制止污染提供什么鼓励性措施。”美国学者勃布·罗滨逊曾指出：“市场经济并不能成功地保护环境，政府的干预是必要的。”

“经济靠市场，环保靠政府”这一论点传入我国后，引起了广泛的争论。应该讲，这一论点同样适用于我国。当然，我们需要正确理解“经济靠市场，环保靠政府”：

（1）环境保护必须依靠政府。这主要有三方面的原因：

第一，在环境保护领域，市场失灵非常突出，因此，在环境保护领域应该加强政府干预的力度，即环保靠政府；

第二，环境保护是一项基本国策，我国已经把环境保护列为一项基本国策，环境保护是政府的一项基本职能。《中华人民共和国环境保护法》第 16 条明确规定“地方各级人民政府，应当对本辖区的环境质量负责。”根据这一规定，政府应该在环境保护中发挥主导作用，即环保靠政府；

第三，环境保护事业涉及面广，环境保护几乎涉及社会经济生活的各个方面，只有依靠政府的力量才能做好环境保护工作。在市场经济体制下，环境保护是政府的基本职能，政府在环境保护中的职能在逐步加强。《国家环境保护“十五”计划》明确指出了政府在环境保护中的位置：“建立政府主导、市场推进、公众参与的环境保护新机制”。“‘十五’期间，必须加强政府的政策引导、资金投入和监管力度。”

（2）“环保靠政府”不等于政府包揽环境保护的一切活动。在环境保护领域，市场失灵问题十分突出，当然需要依靠政府。“环保靠政府”是指依靠政府在环境保护中的组织、协调作用。而政府则利用法律的、经济的、行政的、技术的、教育的手段保护环境。通过政府在环境保护中的组织、协调，强化市场主体的环境保护责任。

（3）环境保护不排斥市场。“环保靠政府”并不是说在环境保护领域要排斥市场，环境保护也需要利用市场机制对经济、社会和环境的刺激、调节作用，将经济激励机制应用与环境保护工作之中。目前，世界各国十分重视利用市场机制来解决环境问题，即环境保护同样需要依靠市场。

（4）经济发展也离不开政府调控。市场经济主要依靠市场机制来调节经济活动，促进经济发展，但是，政府同样需要在经济发展中发挥作用，只是政府的作用和干预内容需重新界定，国家干预范围应缩小（见表 9 -3）。

表 9-3 不同经济类型国家干预内容比较

干预内容	计划经济	市场经济转型	市场经济
干预范围	过大	缩小	适度
干预手段	计划与行政手段为主	转变	经济、法律手段为主辅之行政手段
干预目的	国有企业垄断市场	公平、公正市场	公平、公正市场
干预约束	受长官意志制约	受制度约束	受制度约束
干预与市场	排斥市场	对市场友善	结合
干预与信息	缺乏透明度	增加透明度	公开信息

资料来源：胡鞍钢、王绍光，《政府与市场》

在市场经济体制下，需要正确界定政府的作用范围。一般说来，在市场可以发挥作用的领域政府要减少干预，在市场不能发挥作用的领域，需要进行政府干预。政府可以对市场经济和个人活动起催化作用、促进作用和补充作用。世界银行首席经济学家约瑟夫·斯蒂格利茨和欧洲复兴开发银行首席经济学家尼古拉斯·斯特恩认为政府的职能主要包括：① 财富的公平分配；② 纠正市场失灵；③ 解决外部效应；④ 提供公共物品；⑤ 提供社会有益的需求。根据世界银行研究，国家（政府）的作用可以归纳为三方面，即最基本作用、中介作用、积极职能（见表 9-4）。

表 9-4 国家的作用

	强调市场失效	促进社会公平
最基本作用	提供公共物品：国防、法律和秩序、保护产权、宏观经济管理、公共医疗卫生	保护穷人：反贫困计划、消除疾病
中介作用	(1) 解决外部性：基础教育、环境保护 (2) 规范垄断：公共事业法规、反垄断政策 (3) 克服不完全信息：保险（健康、人寿、退休金）、金融规则、消费者保护	提供社会保障：重新分配养老金、失业保险、家庭津贴
积极职能	协调私人活动：促进市场、调动积极性	再分配：资产再分配

资料来源：世界银行：《1997 年世界发展报告：在变化世界的国家》

三、环境保护的经济手段

（一）环境保护经济手段的定义

1. 经济手段的概念

经济手段是环境保护的一项重要的手段，目前，环境保护的经济手段还没有一个统一的定义，现介绍几种：

（1）环境管理的经济手段是国家根据生态规律和经济规律，运用价格、成本、利润、信贷、税收等经济杠杆，以及环境责任制等经济方法，影响和调节社会生产、分配、流通、消费，限制破坏环境的活动，促进合理利用环境资源，使经济发展同环境保护协调发

展。(张象枢、魏国印、李克国,《环境经济学》)

(2) 环境管理的经济手段是指利用价值规律的作用，通过采取鼓励性或限制性措施，促使污染者减少、消除污染，来达到保护和改善环境目的的手段。(王金南，《环境经济学》)

(3) 经济手段从影响成本效益入手（使得价格反应全部社会成本)，引导经济当事人进行选择，以便实现改善环境质量和持续利用自然资源的目标。(张坤民，《可持续发展论》)

(4) 环境保护的经济手段是利用价值规律的作用，通过采取鼓励性或限制性措施，促使污染者减少和消除污染，达到保护和改善环境的目的的手段。(张兰生：《实用环境经济学》)

(5) 环境保护的经济手段是为达到环境保护和经济发展相协调的目标，利用经济利益关系，对环境经济活动进行调节的政策措施。狭义的经济手段，指运用税收、价格、成本和利润等经济刺激形式对环境经济活动进行调节的政策措施。广义的经济手段，指在所有有利于环境保护的政策和法规中，利用经济手段进行调节的措施，也可称为环境经济政策。(罗勇、曾晓非,《环境保护的经济手段》)

(6) 环境经济手段有广义和狭义之分，从广义角度看，一种政策手段只要同时对环境与经济有影响，就可以称之为环境经济手段。(沈满洪,《环境经济手段研究》)

(7) 经济手段可以定义为：从影响成本效益入手，引导经济当事人进行选择，以便最终有利于环境的一种手段。这种手段明显的表现是要么在污染者和群体之间出现财政支付转移，如各种税收和收费、财政补贴等，要么产生一个新的实际市场，如许可证交易。(经济合作与发展组织,《环境经济手段应用指南》)

2. 经济手段的特点

根据环境管理经济手段的定义，环境管理经济手段具有以下特点：

(1) 环境保护经济手段的基本特征是贯彻经济利益原则。即从经济利益上来处理国家、企业和个人之间、污染者和被污染者之间、代际之间以及上下左右之间的各种经济关系，达到控制有损于环境的活动，调动各方面保护环境积极性的目的。

(2) 经济手段对市场主体具有刺激性而不具有强制性。运用经济手段，把当事人的环境经济行为同自身经济利益联系在一起，促使人们在各自分散的决策中纳入环境成本的考虑，让人们感到采用更有利于环境的行为意味着更多的好处，进而将行为和态度自动地转向更有利于社会的方向上来。同时，经济手段往往会给市场主体两种或两种以上的选择，即经济手段具有灵活性而不具有强制性。

(3) 发挥市场机制的作用，对环境经济行为的调控是通过市场信号的刺激，而不是直接的行为限制（政府权力的直接干预）来实现。

(4) 经济手段具有较高的经济效率。在市场体系和市场机制较为完善、企业和政府的行为较为合理的条件下，污染者能够通过经济手段确定其环境成本，并选择最佳的降低污染的方式，以获得最佳经济效益。

(5) 采用经济手段有利于使环境经济政策目标转向主要以预防为主的较高阶段。

（二）环境保护经济手段的类型

目前，在环境保护领域应用的经济手段的种类非常多，对经济手段也有多种分类方法，现介绍如下：

1. 经济合作与发展组织（OECD）的分类

20 世纪 90 年代，经济合作与发展组织将环境保护领域应用的经济手段分为收费、补贴、押金——退款制度、市场创建、执行鼓励金等五种类型。（见表 9－5）

表 9－5　经济手段的类型

类型	内容
排污收费	对污水、废气、固体废弃物、噪声等进行收费 基于所产生污染物的质和量来计算收费额
产品收费	对危害环境的产品收费，如高硫煤、电池等
押金—退款	押金是对潜在的污染产品的销售收取的，如容器、汽车等
排污交易	一定区域内设置污染物总排放水平，并分配给排污单位排污单位可以进行排污指标转让，但要保证总排放量不增加
补贴	财政资助或价格支持，来提供鼓励污染削减动机 通常以拨款、优惠贷款、或税收津贴的形式
其他制度	责任制度 保证金 再分配

资料来源：罗勇、曾晓非，《环境保护的经济手段》

2. 张坤民、张世秋的分类

在张坤民主笔的《可持续发展论》中，将经济手段分为明晰产权、建立市场、税收手段、收费制度、财政和金融手段、责任制度、债券与押金——退款制度等 7 大类，详见表 9－6。

表 9－6　经济手段的类型

类型	内容	类型	内容
建立市场	可交易的排污许可证 可交易的狩猎配额 可交易的开发配额 可交易的水资源配额 可交易的资源配额 可交易的土地许可证 可交易的环境股票等	收费制度	排污费 使用者费 改善费 准入费 道路费 管理收费 资源、生态、环境补偿费

类型	内容	类型	内容
税收手段	污染税 原料投入税 产品税 出口税 进口税 差别税 租金和资源税 土地使用税 投资税减免等	财政手段	财政补贴 软贷款 赠款 利率优惠 周转金 部门基金 生态、环境基金 绿色基金 加速折旧等
责任制度	法律责任（违章费以及其他责任） 环境资源损害责任 保险赔偿 执行鼓励金等	债券与押金—退款制度	环境行为债券（如森林管理债券） 土地开垦债券（如开矿） 废物处理债券 环境事故债券 押金—退款制度
明晰产权	所有权：土地保有权、水权、矿权 使用权：许可证、管理权、特许权		

资料来源：张坤民，《可持续发展论》

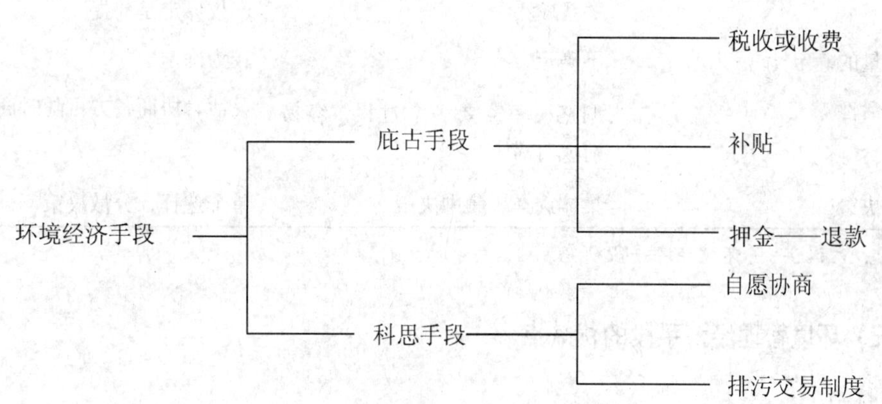

图 9－1　经济手段分类

3．罗勇、曾晓非的分类

罗勇、曾晓非在《环境保护的经济手段》中，将经济手段分为四类：

（1）税费手段。包括排污收费、各种税收优惠制和环境税等。

（2）价格手段。包括资源定价和产品收费（产品价格）。

（3）交易制度。包括排污交易和其他交易方法。

（4）其他经济手段。包括补贴（财政手段）押金——退款制度和执行鼓励金等。

4. **沈满洪的分类**

沈满洪在《环境经济手段研究》中，将经济手段分庇古手段和科思手段两大类，并对庇古手段和科思手段进行了对比分析（表9－7）。

表9－7 庇古手段与科思手段的特征比较

比较项目	庇古手段	科思手段
政府干预作用	较大	较小，产权界定后不需要
市场机制作用	较小	较大
政府管理成本	较大	较小
市场交易成本	较大	参与经济主体少时不高；参与经济主体多时很高
面临危险	政府失灵	市场失灵
经济效率潜力	帕累托最优	帕累托最优
参与经济主体	污染者	污染者与受害者
适用时期	代内外部性	代内外部性
对技术水平的要求	较高	较低
偏好情况	政府更加偏好	公众更加偏好
收入效应	不受影响	受影响
产权	关系较小	产权界定是前提
环境质量的确定性	不确定	较为确定
调节灵活性	调整税率需要一个过程，容易造成时滞	灵活，协商各方可随时商定
选择与决策	集体选择，集中决策	单个选择，分散决策

资料来源：沈满洪，《环境经济手段研究》

（三）环境管理经济手段的优缺点

1. **优点**

环境管理经济手段具有以下优点：

（1）灵活性。一般说来，经济手段允许污染者自己选择合适的方式达到规定的标准，如交排污费、购买排污许可证、投资治理污染等等。

环境管理经济手段可以提供经济刺激。市场经济是一种利益经济，在市场经济体制下，市场主体的行为主要受经济利益驱使。通过实施经济手段，可以对市场主体的行为（尤其是和环境直接相关的行为）提供经济刺激，引导人们积极、主动地保护环境。

（2）筹集专项资金。通过实施经济手段，可以筹集到专项资金，用于环境保护。如我国通过实施排污收费制度，为我国的环境保护事业筹集到大量资金。

2. 缺点

环境管理经济手段具有以下缺点：

(1) 环境效果的不确定性。经济手段实施后，污染者会根据自身的情况作出不同的选择，其环境效果就表现出不确定性。如排污收费制度与排污许可证制度相比，排污收费制度的环境效果不确定，而排污许可证制度的环境效果比较确定。

(2) 经济手段存在政治障碍。一般说来，经济手段会增加市场主体的成本开支，因而容易引起产业部门、政府部门以及公民的反对。

表 9-8　管制手段与经济手段的比较

比较项目	管制手段	经济手段
企业自主性	无	有
政策灵活	无	有
经济激励性	无	有
执行成本	较大	较小
环境效果	确定	不确定
筹集资金	不能	能
政治障碍	较弱	较强
适用的体制	计划经济或市场经济	市场经济

(四) 环境保护经济手段的实施条件

环境保护经济手段是理想的政策措施，在社会主义市场经济体制下，应该充分利用环境保护经济手段来保护环境。环境保护经济手段正常发挥作用需要一些条件：

1. 法律保障

市场经济就是法制经济，一切行为应该符合法律的要求。环境保护经济手段的顺利实施，同样需要法律的支持。具体说来，环境保护经济手段应该有相关法律的保障，缺乏法律支持的环境保护经济手段很难实施。如我国一些地方于20世纪80年代开始试行“三同时”保证金制度，试点结果表明，“三同时”保证金制度能有效地提高“三同时”制度的执行率，“三同时”保证金制度是与“三同时”制度相配套的经济手段。但是，在现行的法律中，没有“三同时”保证金制度。因此，在国家规范我国的收费政策时，“三同时”保证金制度被明令取消。与此形成鲜明对照的是排污收费制度，《中华人民共和国环境保护法》、《中华人民共和国海洋环境保护法》、《中华人民共和国水污染防治法》、《中华人民共和国大气污染防治法》、《中华人民共和国固体废物污染环境防治法》、《中华人民共和国环境噪声污染防治法》、《征收排污费暂行办法》、《中国人民解放军环境保护条例》等法律法规中明确规定了排污收费制度，所以我国的排污收费制度得以不断发展。

2. 市场机制有效化

要建立较为完善而有效的市场机制，尤其是不存在严重价格扭曲的困扰，能够充分促进经济手段在生产要素与产品合理流动、配置和自动调节结构失衡等方面的作用。包括三方面的要求：第一，营造公平的竞争环境，完善竞争机制；第二，建立灵敏的价格机制；第三，构筑规范的法律体系。

3. 政府行为合理化

政府有宏观调节职能，能够通过政策及政策组合手段来调节、控制、引导、规范各经济主体的行为和市场运行。为了有效地实施环境保护经济手段，政府的行为应该合理化，具体说来有以下几点：第一，有足够的基础知识，包括各种环境政策的成本和效率、政策的分配效果、环境资源与环境质量状况等等；第二，有较高的管理水准；第三，有较高的政策水平。

第三节 环境经济政策

一、环境经济政策概述

（一）环境经济政策的基本概念

环境经济政策是指按照价值规律的要求，运用价格、税收、信贷，收费、保险等经济手段，调节或影响市场主体的行为，以实现经济建设与环境保护的协调发展。环境经济政策具有以下功能：

1. 刺激作用。环境经济政策的刺激作用是指通过实施环境经济政策，给市场主体一定的经济刺激，当人们的行为符合环境保护和可持续发展的要求时，行为人将获得相应的经济利益；反之，行为人将会受到相应的经济处罚。通过环境经济政策，给市场经济主体施加一定的经济刺激，从而促使人们主动地保护环境。

2. 筹集资金。通过实施环境经济政策，可以筹集一定的资金，用于环境保护及可持续发展建设。例如我国从20世纪70年代末期开始实施的排污收费制度，截止到2001年底，累计征收排污费336亿元，累计从排污费资金中安排污染治理资金212.4亿元，约占同期全部工业污染治理资金的16%。

3. 协调作用。环境经济政策可以有效地将环境保护行为与行为人的经济效益结合起来，从而使经济发展与环境保护的关系协调，以实现可持续发展。

此外，实施环境经济政策，可以兼顾公平与效率。

（二）环境经济政策体系的组成

1. 环境资源核算政策。一个国家或地区国民财富的富裕程度，不仅应用国民生产总值来衡量，而且还应用资源储备来衡量。因此，必须建立完善的资源核算政策，以全面评价经济发展的成果。在环境资源核算政策的基础上，就可以建立科学、公平、合理、有效的环境资源有偿使用制度。

2. 财政政策。发达国家从其经济发展和环境保护历程中总结出一条规律，即“经济靠市场，环保靠政府”。利用财政政策支持、促进环境保护是环保靠政府的重要途径。作为环境经济政策的财政政策主要包括：绿色税收政策和财政投入政策。

3. 信贷政策。信贷政策是环境经济政策的重要组成部分之一。它是根据环境保护及可持续发展的要求，对不同的对象实行不同的信贷政策，即优惠信贷政策或严格的信贷政策。具体来说，对环境保护及可持续发展有利的项目实施优惠信贷政策，反之，则实施严格的信贷政策。

4. 环保投入政策。环境保护需要资金的投入，建立、完善环保投入政策是确保环境保护资金投入的需要。

5. 环境管理的经济手段。环境管理的经济手段是环境经济政策的重要组成部分，主要包括排污收费、生态补偿政策、押金制度、排污权交易等等。

(三) 中国的环境经济政策

1. 环境经济政策在中国的实施情况

目前，我国已经初步建立了适应社会主义市场经济体制及环境保护要求的环境经济政策体系（表9－9）。

表9－9　环境经济政策在中国的应用现状

环境经济政策类型	实施部门	开始时间	实施范围
资源税	税收部门	1986	全国
差别税收	税收部门	1984	全国
环保投资渠道	计划、财政、环保、金融	1984	全国
生态环境补偿费	财政、环保	1989	广西、福建、江苏等地
财政补贴	财政、环保	1982	全国
运用信贷手段保护环境	环保、金融	1995	全国
环境资源核算	计划、环保	不详	不详
污水排污费	环保	1991	全国
二氧化硫排污费	环保	1992	“两控区”
超标排污费	环保	1982	全国
排污许可证交易	环保	1987	实施总量控制的地区
废物回收押金制度	物资部门	不详	全国
污染责任保险	金融、环保	1991. 1	大连、沈阳
生活污水处理费	城建、环保	1994	上海、淮河流域城市等
污染赔款、罚款	环保	1979. 9	全国

2. 中国的环境经济政策存在的主要问题

(1) 环境经济政策不健全。如表9－9所示，我国的环境经济政策虽然种类较多，但真正在全国范围内实施并发挥作用的环境经济政策并不多见。有些环境经济政策虽然有政策性规定，但是由于没有配套的措施，这些环境经济政策并没有起到应有的作用。例如，中国人民银行于1995年制订了政策：要求各级金融机构“不符合环保规定的项目不贷款”，但是，由于没有配套的措施，这项很好的环境经济政策并没有得以实施。再如，我国虽然已经建立了差别税收政策（如“对‘三废’综合利用项目减征、免征增值税”就是一种差别税收政策），但是，与发达国家相比，我国的差别税收政策种类较少、应用领域较窄；环境税收政策仍处于初级阶段（理论研究阶段）；生态环境补偿费、排污许可证交易、废物回收押金制度、环境资源核算、污染责任保险仍处于起步阶段。

(2) 已有的环境经济政策亟待完善。我国现行的环境经济政策本身存在一些问题，需要根据市场经济体制及环境保护事业不断发展、变化的要求而不断更新、完善。如排污收费政策就应根据PPP原则（即“污染者负担原则”）的要求，使排污收费政策实现五个转变：由浓度收费向总量收费转变；由超标收费向排污收费转变；由单因子收费向多因子收费转变；由静态收费向动态收费转变；由低收费标准向略高于治理成本的收费标准转变。

3. 完善我国环境经济政策的几点思考

为了保证我国的可持续发展战略的实施，应尽快建立、修订、完善我国的环境经济政策。根据我国实施可持续发展战略及环境保护工作的要求，除现行的环境经济政策外，我国应尽快建立和完善以下几项环境经济政策：资源有偿使用政策、符合可持续发展战略要求的税收政策、生态环境补偿政策、排污许可证交易等等。同时，需要加强环境经济政策与其他政策关系的研究，充分发挥各种政策的作用。

二、环境税收

(一) 资源税

在我国现行的税收体制下，严格意义上的环境税只有资源税。1994年的税制改革中，我国已开始征收资源税（表9－10）

表9－10　资源税税目、税额幅度表

税目	税额幅度	税目	税额幅度
一、原油	8～30元/t	五、黑色金属矿原矿	2～30元/t
二、天然气	2～15元/km^3	六、有色金属矿原矿	0.4～30元/t
三、煤炭	0.3～5元/t	七、盐	
四、其他非金属矿原矿	0.5～20元/t 或 m^3	固体盐	10～60元/t
		液体盐	2～10元/t

虽然我国已经开始征收资源税，但是，我国的资源税制度还很不完善，突出表现在资源税征收项目不全，如我国目前没有对水资源、生物资源（如森林、草原、海洋渔业资源等）征收资源税。

除资源税外，我国还有一些与环境相关的税种（收费），如城市建设维护税、城镇土地使用税和耕地占用税、固定资产投资方向调节税、消费税、车船使用税等等。尽管这些税种的设置很少考虑环境因素，但是，这些税种已经为保护环境提供了一定的经济刺激和资金。

据资料介绍，我国的环境税和与环境相关的税收呈逐年上升的趋势，其总量占我国税收的8%，占GDP的0.8%～0.9%。

(二) 环境收费

税收收入和规费收入都是财政收入的重要组成部分，但是税收与收费有比较大的区别（表9－11）。根据国家财政体制改革的要求，收费项目将面临三种发展方向：①取消，国家将取消一大批不合理的收费项目；②规范化，国家将保留一部分合理的、必要的收费项目，对保留的收费项目需要对征收、管理、使用等环节进行规范化；③费改税，一部分收费项目将转化为税收。

表9－11　税收与收费的比较

比较项目	税　收	收　费
设立程序	严格的立法程序，不易改变	行政程序颁布，比较容易调整
审批部门	人代会，财政部	国家计划、财政部或省级政府
征收部门	税务部门或代理部门	非税务部门或事业单位
征收对象	普遍性	特定的受益者或对象
收入使用	纳入公共财政预算统一管理使用	大部分用于特定的支出和需要
与经济发展的关系	随经济发展和收入上升而提高	与经济发展的关系比较弱

资料来源：王金南，《中国的税收与环境：实际与展望》

从短期看，我国的排污收费属于国家保留的收费项目。由于我国的排污收费制度在收费政策、征收、管理、使用等方面还存在一些问题，需要进行改革，以充分发挥排污收费制度在环境保护和经济发展中的作用。

从长期看，排污收费也会面临费改税的问题，发达国家的实践已证实了这一点，如发达国家实施的碳税、能源税、硫税、NO_x 税等等污染税与我国的排污收费类似。但是，由于排污收费的特殊性（排污费的计算需要较多的专业知识），排污费很难全部改为环境税，一部分排污费（如二氧化硫排污费）改为税收的可能性则较大。

(三) 中国税收制度的“绿色化”

简单地说，税收制度的“绿色化”就是提高有利于环境及可持续发展的税收在整个税额中的比重，以及降低不利于环境的税收在总税额的比例。税收制度“绿色化”的途径主要有两种：一是调整现行税制结构；二是直接设置环境税。

1. 调整现行税制结构

调整现行税制结构的基本原则是减少对环境不友好的税目，增加有利于环境的税目。如我国的消费税的“绿色化”潜力非常大：①增设煤炭资源消费税税目；②对低标号汽油和含铅汽油征收消费附加税，利用税收差异鼓励使用高标号汽油和无铅汽油；③对危害健康和污染环境的消费品（如烟草、塑料袋、塑料饭盒、一次性筷子等）征收消费税或消费附加税；④对奢侈品、高档消费品征收消费税；⑤对轿车、摩托车征收消费税。

2. 建立、完善环境税

我国的环境税改革既要考虑其规范性，达到引导社会生产过程中有效利用资源和保护环境的目的，又要考虑其所产生的社会影响和社会承受力。未来的环境税改革，税率设定上可以有一定的灵活性，并且分地区、分步骤来实施；同时，通过税收收入的合理利用和其他措施，尽量减少环境税对低收入阶层的影响。对我国目前的环境税改革的基本构想：

（1）将环境税改革纳入到整个国家税收体制改革中去。一方面按照“谁受益谁付费”的原则，建立独立的特别资源环境消费税，对污染产品征收污染产品税，使环境税成为现行国家税收体系的一个有机部分；另一方面改变传统税收倾向于增加闲暇、资源消耗和环境恶化的激励特征，对现有税收体系中已有的税种税目进行全面评价和改革，使其有利于资源环境的可持续利用和保护。

（2）将环境税改革同现行环境收费体系有机地结合起来，一方面对明显具有税收特征的收费加快其费改税的步伐；另一方面还应保留合理的、收效好的收费项目。

（3）将环境税改革同相关财政补贴政策联系起来，充分考察各项补贴的环境效应，逐步减少直至取消不利于环保的各项补贴。

（4）在追求经济效率的同时，环境税改革要协调和权衡有关收益和成本在不同利益集团（包括企业、个人、政府）之间、不同区域之间以及当代人和后代人之间的分配，必要时应采取缓解和补偿措施。

（5）加强环境税改革的法律基础，适当的时候经过全国人大在全国立法，同时进一步加强和规范环境税费实际执行过程中的监管力度。

三、环境金融政策

（一）信贷政策

信贷政策是环境经济政策的重要组成部分之一，发达国家十分重视利用信贷杠杆保护环境。信贷政策在环境保护领域的应用途径：根据环境保护及可持续发展的要求，对不同的信贷对象实行不同的信贷政策，即优惠信贷政策或严格的信贷政策。具体来说，对环境保护及可持续发展有利的项目实施优惠信贷政策，反之，则实施严格的信贷政策。

我国已经开始利用信贷政策保护环境，1995 年中国人民银行就制定了适应环境保护要求的信贷政策，但是，这项政策的实施效果很差。

（二）环境污染责任保险

1. 污染责任保险的基本概念

污染责任保险在责任保险中是一个比较年轻的险种，从世界看仅有几十年的历史，在我国只有 10 余年的历史。它的产生背景主要是，随着生产力在不断发展，科学进步的日新月异，工业企业在不断提高产品数量、质量、品种的同时，也增加了风险因素和不安全因素，环境污染就是其中之一。同时，各国为保障其公民享有的环境权益，环境保护的法律法规也在不断健全，公民的环境意识包括因遭受环境损害在内的索赔意识也在不断地增强。因此，依法处理污染赔偿的事件已屡见不鲜。在这种情况下，于 20 世纪六、七十年代，美国、英国等一些经济发达国家的保险行业相继推出了污染责任保险这一新的险种，为企业提供一种新的风险方面的保障，即环境污染责任保险。

在我国，随着社会主义市场经济体制的建立和环境保护方面的法律的不断健全，企业作为社会的法人，一旦由于环境污染造成民事损害，必然要依法承担经济赔偿责任。如我国民法通则第124条规定："污染环境造成他人损害的，应承担民事责任"；环境保护法第41条第一款规定："造成环境污染危害的，有责任排除危害，并对直接受到损失的单位或个人赔偿损失"。另一方面看，工业发展带来的环境污染是多方面的，诸如水污染、大气污染、固体废物污染等，对人民生命财产的危害，越来越令人担忧，尽管从人的主观意识上想尽量减少污染或避免污染危害的发生，但客观上毕竟无法完全杜绝。以1993年为例，全国污染事故2761起，造成直接经济损失21693.4万元，赔偿金额24万元。这说明，开展污染责任保险已成为客观需要，因此，在1991年大连市率先推出污染责任保险这项新业务，此后沈阳等一些城市也开展了这项保险业务。

污染责任保险是以被保险人的民事损害赔偿责任为对象的一种保险。具体说，污染责任保险是保险人对被保险人因保险责任范围内的污染环境的行为，造成受害者人身伤害、财产损毁等民事损害赔偿责任提供保障的保险。

2. 污染责任保险的意义和作用

为企业提供一种经济保障。由于污染危害的风险存在，企业一旦遇到风险，就有可能承担巨额的经济赔偿责任，不仅会影响到企业的正常生产，甚至会造成企业的瘫痪。参加污染责任保险，就可以解除企业的这种忧虑。因为这种保险，是将个别经济损失在全体投保人中间进行分摊，调节投保人之间的经济利益，企业一旦遇到此种风险时，也不会影响企业生产的正常运行。

有利于保障公民的环境权益和维护社会安定。由于企业污染造成环境损害，却无力承担赔偿责任的情况时有发生。如出现这种情况，会使公民应享有的环境权益得不到保障，势必也会影响到社会的安定。若实行污染责任保险，则可由保险公司承担赔付责任，就会避免上述情况的发生。

有利于促进企业加强环境管理。企业参加污染责任保险是有一定条件的，如有污染治理设备不运转或不正常运转、管理混乱、大量超标排污，风险很大，保险公司就不会同意这样的企业投保。企业参加了污染责任保险，就要履行保险合同中规定的双方当事人的权利和义务，保险人为使风险尽量减少，必然要求投保人切实加强内部环境管理，而且有权对其实施监督。如投保人不履行合同中规定的职责，一旦出现了风险，保险人会以投保人违约为由，不承担赔偿责任。所以，并不是企业投了保就会导致放松内部环境管理，相反，在保险公司的督促下，有利于强化企业的环境管理，从而减少由于污染给人民生命财产带来的危害。据调查，目前我国已有的污染治理设施，有一半左右不能正常运转，如果企业参加污染责任保险，会有利于解决这方面的问题。

有利于开拓保险的服务领域。保险作为一种特殊的商品，越来越受到国家的重视，充分发挥保险在促进经济建设和维护社会安定方面的作用，是对保险业提出的新要求；开展污染责任保险，既有利于落实环境保护这项基本国策，也符合保险的宗旨。尽管这项保险业务，在我国刚刚开始，属于一种新的尝试和开拓，需要在实践中加以探索，但从发展眼光看，它符合事物的发展规律，前途是很广阔的。只要从我国的国情出发，认真探索、不断总结、改进和完善，同时借鉴国外的成功经验，无疑，污染责任保险会被越来越多的人所接受，而成为一个作用显著的新险种。

是对排污收费制度的一种补充。我国对排污企业实行排污收费制度十几年来，通过征收排污费，对提高企业的环境意识，促进企业的污染治理和加强管理等方面起到了积极作用。征收排污费的性质，是体现企业在使用环境要素时对社会的一种经济补偿。企业即使交纳了排污费，也不能保证不会出现污染事故，如一旦发生了污染事故，企业仍要依法承担民事损害的经济赔偿责任，排污收费解决不了这方面的问题，污染责任保险正是为解决这方面问题而建立的，可以说它是对排污收费制度的一种补充。

3. 污染责任保险的种类

污染责任保险可分为两类，一类是由于突发性事故造成的环境污染，而导致受害者的人身伤害或财产损失的保险。所谓突发性事故是指：当事人由于自然灾害（如台风、洪水、地震等）或预料不到的特殊情况下（设备故障等）而酿成的污染事故，但不包括经常性排放污染物所造成的后果。美、英、法、德、意大利等一些国家在20世纪60年代初已普遍开展此类污染责任保险。另一类污染责任保险，是既包括当事人由于突发性污染事故所造成的后果，也包括当事人由于经常性排放污染物所造成的后果，这两种后果对受害人造成的人身伤害和财产损失，依法应承担的经济赔偿责任均列为保险责任。应该指出的是后一种情况具有积累性和渐进性的特点，这种情况对人体健康带来的危害，往往更为显著。一些开展污染责任保险较早的国家，正在不断扩大污染责任保险的范围，即由第一类污染责任保险向第二类污染责任保险过渡。

四、排污收费

排污收费制度已在本书的第四章详细介绍，本章不再重复。

五、生态环境补偿政策

生态环境补偿政策是市场经济体制下经济政策的重要组成部分，按照不同的分类标准，生态环境补偿政策有不同的分类方法：

（一）污染补偿与生态补偿

从生态环境补偿政策的内涵看，生态环境补偿政策可以分为污染补偿和生态补偿。

1. 污染补偿。污染补偿是指排污者因向环境排放污染物而支付的补偿费，我国目前征收的排污费就具有污染补偿的性质。

2. 生态补偿。生态补偿是指因开发、利用生态环境资源而支付的费用，如我国部分地区实行的矿产资源补偿费、森林资源补偿费就具有生态补偿的性质。

（二）代际补偿与代内补偿

根据补偿者与被补偿者的关系，生态环境补偿政策可以分为代际补偿和代内补偿：

1. 代际补偿。代际补偿是当代人对后代人的补偿。由于稀缺的生态环境资源是人类共有的财富，当代人对生态环境资源的利用，一般会影响后代人对生态环境资源的利用。因此，当代人在利用生态环境资源时应对后代人进行补偿。根据可持续发展理论，资本包括人造资本（如机器、厂房、道路等）、自然资本（即生态环境资源）、人力资本（人的体力与智力）、社会资本（文化、风俗习惯、宗教、社会制度等）。世界银行副行长 Ismail Sarageldin 认为："我们留给后代人的上述四类资本的总和不少于我们这一代人拥有的资本的总和。"这应作为代际补偿的基本原则。

2. 代内补偿。代内补偿是指不同国家、不同地区之间的生态补偿。受经济、技术、自然环境等多种因素的影响，不同国家、不同地区对生态环境资源的利用存在较大差别，一些国家、地区过量使用环境资源，使其他国家、地区受到了损害，这就要求在国家间、地区间实施生态环境补偿政策。

(三) 国家间补偿与国内补偿

根据生态环境补偿发生的范围，可以分为国家之间的补偿和国内补偿：

1. 国家间补偿。各国的生态环境资源相互作用、相互联系，共同构成了地球环境资源大系统，一国在利用其本国资源时，有可能对其他国家造成危害，这时，应进行国家间的补偿。更为普遍的是，发达国家凭借其经济、技术、管理等方面的优势，掠夺发展中国家的环境资源（表现为环境殖民主义），由此对发展中国家造成了严重的损害，因此，发达国家必须对发展中国家进行生态补偿。在 1992 年召开的联合国环境与发展大会上，经过与会者的认真谈判，分清了全球环境问题的责任，并在 21 世纪议程中明确规定发达国家每年应拿出其国内生产总值（GDP）的 0.7% 用于官方发展援助（ODA），这一发展援助实质上就是生态补偿。即发达国家对其发展过程中对全球生态环境造成的破坏进行补偿。但是，这一补偿政策的执行情况不好。据挪威弗里约夫·南森研究所出版的 1998/1999 环境与发展国际合作年鉴资料，除挪威、瑞典、荷兰等国外，其他发达国家的发展援助均没有达到 0.7% 的规定（表 9-12）。

表 9-12 发达国家官方发展援助（ODA）占 GDP 的比重

国家	比重（%）	国家	比重（%）
挪威	1.1	德国	0.4
瑞典	0.9	意大利	0.3
荷兰	0.8	西班牙	0.3
法国	0.6	日本	0.3
葡萄牙	0.4	英国	0.3
加拿大	0.4	美国	0.2
比利时	0.4		

资料来源：1998/1999《环境与发展国际合作年鉴》

2. 国内生态环境补偿。国内生态环境补偿在一个国家内部，不同地区在利用环境资源时可能会对其他地区造成损害（如河流上游排污可能对下游造成损害）或使其他地区受益（如"三北"防护林建设会使包括北京在内的广大地区受益），因此，在一个国家内部也应该实行生态补偿政策。

在社会主义市场经济体制下，为了保护环境、促进经济、社会的可持续发展，应该重视运用经济手段。生态环境补偿政策就是一项有效的经济手段。目前，我国已开始实施生态环境补偿政策，如在全国范围实施了排污收费制度，一部分地区已开始征收生态环境补偿费等等。但是，我国的生态环境补偿政策还很不完善，亟待加强。我国的生态环境补偿政策应包括以下内容：

（1）积极开展环境外交，争取更多的国外资金、技术援助

我国是一个发展中国家，是全球环境质量恶化的受害者；同时，中国的环境保护和可持续发展建设将使包括中国在内的所有国家受益。因此，我国应得到相应的补偿。我们应充分利用发达国家的对外发展援助（ODA），争取到更多的补偿资金。我国在这方面已做了许多工作，例如，截至1999年7月，中国家用制冷业共有多个企业的53个项目得到多边基金赠款8650万美元，用于淘汰CFCs。但是，我国作为最大的发展中国家，所得到的发展援助（也就是生态环境补偿）还是太少。这需要所有的发展中国家共同努力，敦促发达国家兑现其承诺（即拿出GDP的0.7%用于对外发展援助），履行其应尽义务。

（2）完善污染补偿制度

完善我国的污染补偿制度包括两方面的内容：一是完善排污收费制度；建立区域间污染补偿机制，目前，跨区域污染问题十分普遍，如黄河、淮河等河流的上游对下游的污染问题，城市对农村的污染问题等等。跨区域污染问题对社会经济发展造成了严重影响，有些地方甚至因此引发了严重的地区间冲突。解决跨区域污染问题，也可以引入经济手段，即建立区域间污染补偿机制。结合我国的具体情况，首先可以建立区域间的水污染补偿制度。《水污染防治法》第十七条和第十八条以及《水污染防治法实施细则》第十二条和第十三条规定，制定省界水体的水环境质量标准，按照这一规定，还应制定市（地）界水体的水环境质量标准、县界水体的水环境质量标准。省（市、县）界水体的水环境质量标准是制定区域间污染补偿制度的基础。同时，应尽快制定城市对农村的污染补偿政策。

（3）建立生态补偿政策

生态补偿政策主要包括两方面的内容：

一是生态环境资源的开发、利用者支付的补偿。开发、利用生态环境资源如矿产资源的开采、森林资源的采伐、旅游、放牧、采药等活动。一方面是利用了有价值的生态环境资源，另一方面会对生态环境造成破坏，因此，开发、利用生态环境资源应该支付相应的补偿费。生态环境补偿费可以按生态环境资源的开发利用量来征收。目前，广东、广西、福建、江苏等地已经开始征收生态环境补偿费。

二是受益者补偿。生态环境资源的保护和建设具有明显的外部经济性，如长江中上游防护林体系建设将会使全流域受益。根据受益者补偿原则，生态环境资源的保护、建设的受益者也应该支付相应的补偿费。通过建立受益者补偿制度，可以筹集到一笔专项基金，以用于生态环境的保护和建设。

（4）综合补偿机制

从经济发展来看，我国的东部、中部、西部的经济发展极不平衡，三大地带的可持续发展能力也存在很大的差别。1997~2001年我国评选的全国环境保护模范城市（张家港、大连、厦门、深圳、威海、珠海、烟台、中山、昆山、莱州、荣城、海口、汕头、苏州、上海市闵行区、天津市大港区、江阴、青岛、文登、太仓、常熟、招远、惠州、绍兴）基本均来自东部地区就很能说明问题，随着时间的推移，三大地带的差距可能进一步扩

大，这显然不利于我国的可持续发展。为了实现全国的可持续发展，可以建立综合补偿机制，即由东部地区对中西部地区进行补偿。综合补偿机制可以参照国际上发达国家对发展中国家的发展援助（ODA）的做法，即从东部地区的 GDP 中拿出一定比例用于对中西部地区的发展援助。

六、排污许可证交易

排污许可证交易又称排污权交易，排污许可证交易是一项重要的环境经济政策，目前受到世界许多国家的关注。排污许可证交易的思想首先是由戴尔兹（J. H，Dales）于 1968 年提出的，并首先被美国国家环保局（EPA）应用于大气污染源及河流污染管理，而后在德国、澳大利亚、英国等国家相继进行了排污许可证交易政策的实践。我国于 1987 年开始试行水污染物总量控制，1990 年开始试行大气污染物总量控制，在实践中，各地根据具体情况进行了排污许可证交易的探索。

根据总量控制的要求，环保部门给排污单位颁发排污许可证，排污单位必须按排污许可证的要求排放。由于经济的不断发展，排污单位及其排污情况会发生变化，从而会对排污许可证的需求发生变化。排污许可证交易正是为了满足排污单位的这一要求而产生的。

排污许可证交易作为一项经济手段，是市场经济体制下环境保护的有效措施，应尽快在我国推广。在我国实施排污许可证交易制度的可行性可从以下三方面说明：

（一）法律保障

市场经济是法制经济，依法办事是法制经济的基本要求。实施排污许可证交易制度也需要有法律的保障。目前，我国的法律虽然没有明确规定排污许可证交易，但是，在一些政策、法规中，有排污许可证交易内容：

1. 1988 年 3 月国家环境保护局颁布的《水污染物排放许可证管理办法》第 21 条规定："水污染物排放指标，可以在本地区的排污单位间互相调剂。"

2. 1992 年国务院批准的我国环境发展十大对策之一是"运用经济手段保护环境"。

3. 1993 年国务院批准的《中国环境保护行动计划（1991～2000）》中规定："要根据中国的具体情况，借鉴国际社会的成功经验，制定和实施一些新的环境政策。""中国目前的环境保护政策中，仍有一些未涉及的领域，或有待进一步深化的问题，如排污收费、排污权交易、污染物集中控制等方面，都需要制定一些具体的政策规定。"

4. 1996 年召开的第四次全国环境保护会议提出了《"九五"期间全国主要污染物排放总量控制计划》。

除此之外，部分地区如上海市、本溪市、包头市已经制定了有关排污许可证交易的地方法规、政策。但是，上述政策、法规还不能有效地保证排污许可证交易的实施，为了使实施排污许可证交易在我国尽快、全面推广，我们还需加强总量控制、排污许可证交易的立法进程，通过法律来规范总量控制、排污许可证交易。应明确将总量控制、排污许可证交易等内容写入《环境保护法》及其相关的污染控制法律中。

（二）技术条件

实施排污许可证交易制度还需要有相应的技术手段的支持，如环境容量的计算、排污指标的分配、排污监测、许可证管理等等，就我国目前的技术条件来看，我国已有排污许可证交易所需要的全部技术，有许多地方已具备实施排污许可证交易的条件。

(三) 监督管理

对排污单位进行有效的排污监督管理是实施排污许可证交易制度的必备条件。有效的排污监督才能保证排污单位按排污许可证的要求排污，从而促使没有排污许可证或虽有排污许可证但排污指标不足的排污单位主动购买排污许可证（或排污指标）。同时，有效的排污监督还能保证排污许可证的出让方所交易的排污许可证的可靠性。

为了保证监督管理真正落到实处，必须建立有效的违规处罚措施。

七、其他环境管理的经济手段

(一) 生活污水处理费、生活垃圾处理费

1999 年生活污水排放量首次超过工业废水排放量（生活污水占污水排放总量的 51%），生活污水已成为城市水环境污染的主要原因。同时，我国的污水处理率很低，据资料介绍，我国城市污水处理率只有 20% 左右。造成我国污水处理率低的原因是多方面的，其主要原因是我国的生活污水收费政策不完善。部分城市还未对生活污水进行收费，一部分城市已开始进行生活污水收费，但收费标准太低，收费标准一般为 0.1 ~0.5 元/t 污水，只有极少数城市的污水处理费收费标准超过 1 元/t 污水。而我国生活污水处理成本一般为 0.5 ~0.7 元/t 污水。

污水处理费标准低，一方面违背了污染者负担原则的要求，减轻了污水排放者应承担的经济责任；另一方面，对城市污水处理厂的运营也会造成负面影响。据有关资料报道，德国里莎市自来水费为 1.7 欧元/t，污水处理费为 2.2 欧元/t，二者之比为 7:9，我国自来水费为 1 元/t 左右，污水处理费为 0.1 ~ 0.4 元/t，二者之比为 2.5 ~ 10:1（见表 9 - 13）。

表 9 - 13　吴县市城市污水处理厂与里莎市城市污水处理厂对比

污水处理厂	投资	处理能力 (t/d)	运行费用	自来水费	污水处理费	盈亏	服务人数
吴县市	2300 万元	10000	1.24 元/ t	0.75 元/ t	0.2 元/ t 含在水费中	-1.04 元/ t	4 万
里莎市	1400 万欧元	10000	0.7 欧元/ t	1.7 欧元/ t	2.2 欧元/ t 单独收取	+ 1.5 欧元/ t	10 万

资料来源：环境导报，2000.2，40 页

根据环境经济学理论，污水处理成本是制定污水处理费标准的基础。一般说来，污水处理费用应能够补偿排污管网和污水处理设施的运行成本，加上合理盈利。根据我国的经济状况，城市生活污水处理费标准应该适当提高。

1999 年 9 月 6 日，国家计委、建设部、国家环保总局联合发布了“关于加大污水处理费的征收力度，建立城市污水排放和集中处理良性运行机制的通知”（计价格［1999］1192 号），明确规定在全国范围开征城市生活污水处理费。其主要内容包括：① 在供水价格上加收污水处理费，建立城市污水排放和集中处理良性运行机制；②污水处理费应该按照补偿排污管网和污水处理设施的运行维护成本，并合理赢利的原则核定，运行维护成本主要包括污水排放和集中处理过程中发生的动力费、材料费、输排费、折旧费、人工工资及福利费和税金等；③建立健全对污水处理费的征收管理和污水处理厂运行情况的监督制约机制；④切实做好征收污水处理费的各项工作。

据 2002 年 6 月 15 日《中国环境报》报道（王娅），从 2002 年起，江苏省将污水处理费标准提高为 1.10～1.15 元/t，从而使污水处理厂告别了亏损，实现了保本微利。受这一政策的影响，企业纷纷投资于城市污水处理厂。

城市生活垃圾是指在城市日常生活中或者为城市日常生活提供服务的活动中产生的固体废物以及法律、行政法规规定视为城市生活垃圾的固体废物。我国是世界上垃圾包袱最沉重的国家，据不完全统计，上海市 $50m^2$ 以上的垃圾堆有近 2000 个，占地 $526hm^2$；北京市有 50 m^2 以上的垃圾堆 4000 多个。2000 年全国城市生活垃圾产生量达 1.9 亿 t，且将以 8% 的年增长率递增，而城市生活垃圾处理率只有 10% 左右。我国目前有 688 个城市，有 200 多座城市已陷入城市生活垃圾的包围之中。城市生活垃圾造成了严重的环境问题和社会问题，安徽巢湖下河镇农民（2000 年 3 月）、北京昌平农民（2000 年 4 月）因城市生活垃圾污染而先后封堵城市生活垃圾处理厂，给城市的社会经济造成了严重的影响。

表 9－14　中国城市人口、生活垃圾现状及其增长趋势

年份	1997	2010	2030	2050
全国总人口（$\times10^8$）	12.36	13.59	15.50	15.87
城市人口（$\times10^8$）	3.70	6.00	9.30	11.99
城市生活垃圾（$\times10^8$t）	1.3	2.64	4.09	5.28

城市生活垃圾的处理需要一定的费用，根据污染者负担原则，城市居民应该承担相应的费用。因此，建立城市生活垃圾收费政策势在必行。城市生活垃圾收费可以分为按人收费或按垃圾量收费两种形式，根据我国的实际情况，可先实行按人收费，以后逐步过渡到按垃圾量收费。目前，我国的一部分城市已经开始征收生活垃圾处理费，如北京市从 1999 年 9 月开始征收生活垃圾处理费，收费标准为：北京市居民每户每年缴费 3 元，外地人每人每年缴费 2 元。

据《中国环境报》（2002 年 6 月 15 日）报道，上海市已经开始向一次性塑料餐盒经销商征收塑料餐盒回收处置费，收费标准为 0.03 元/个。其中以 0.01 元/个用于回收一次性塑料餐盒，即“一分钱政策”。上海市的“一分钱政策”已经发挥了重要作用，每天回收一次性塑料餐盒 50 万只，占每天消费量的 62%。

（二）产品收费

产品收费（product charge）是指对那些在消费过程中产生污染的产品收取费用。这项收费手段的功能主要是直接通过提高产品的价格来实现的，即通过价格上升来减少这些产品的消费量。产品收费通常有四种形式：

1. 直接针对某种产品收费。如发达国家对化肥、农药、润滑油、含 CFC 产品、包装材料、化石燃料、轮胎、汽车电池等产品征收产品收费。

2. 针对某些产品具有的某种危害特征收费。如根据汽油的含铅量、根据燃料的含碳量和含硫量收费。直接针对某种产品收费和针对某些产品具有的某种危害特征收费均会使产品的价格上升，从而可以减少人们对污染产品的需求量。

3. 对“环境友好”产品实行价格补贴。即“环境友好”产品实行负收费，使“环境友好”产品的价格下降，扩大“环境友好”产品的生产与消费。

4. 最低限价。主要用于维持和改善某些具有潜在价值的废弃物的市场，以促使该废弃物不被倾倒而被再利用。例如，废纸回收可以显著地减少焚烧和倾倒的家庭废弃物数量，而废纸市场通常极不稳定，为维持这个市场，可由政府规定最低限价。

(三) 押金—退款制度

押金—退款制度（deposit refund system）对可能引起污染的产品征收押金（收费），产品报废后，如果将报废的产品送到指定的地点，则退还押金。押金—退款制度可以把它理解为征税手段和补贴手段的组合使用，当购买可能引起污染的产品时向消费者“征税”，当消费者把报废的产品送到指定的地点时，又将这一税金退还消费者（这可视为补贴）。

押金—退款制度通常有两种类型，一是旨在强化再利用的类型；二是旨在刺激循环使用的再利用的类型。

目前，押金—退款制度的应用范围远不如税费手段广，但押金—退款制度在一些特殊的领域仍有其优越之处。如对电池、饮料、容器、含有毒有害物质的包装物等，押金—退款制度非常有效。在 OECD 国家中，有 16 个国家实行玻璃瓶押金—退款制度，12 个国家实行塑料饮料容器押金—退款制度，5 个国家实行金属容器押金—退款制度，这些容器的返还率达到了 60% 以上，高的达到了 90%。瑞典和挪威对汽车残骸实行了押金—退款制度，返还率达到了 80% 以上。

押金—退款制度在执行过程中应该注意以下问题：第一，押金—退款占产品的价格比率要适当；第二，押金—退款制度应该与现有的产品销售和分送系统结合起来，以降低收还押金的管理成本；押金—退款制度应与相关法律、法规及管理制度相协调。

押金—退款制度是一种有效的经济刺激手段，但是，我国的押金—退款制度还不健全。我们应该加强对押金—退款制度的研究，尽快建立适合中国国情的押金—退款制度。

(四) 执行鼓励金

在环境保护领域实施的执行鼓励金主要有三种形式：

第一，违章费和罚款。市场主体违反了环境保护的法律、法规时，将被处以罚款。罚款这种经济手段在我国广泛应用。通过罚款，旨在对单位、个人违反环境保护法律、法规的行为进行经济制裁，从而引导单位、个人选择遵守环境保护法律、法规的行为方式。为了达到这一目的，罚款额应高于行为人的违法所得到的利益。例如，美国的排污许可证制度规定：年终审核时，如果排污单位当年的SO_2实际排放量超过所持有的许可证，将面临每吨2000美元（1990年价格）的罚款和补扣许可证的双重处罚。而1999年SO_2许可证的平均市场价格为130美元。

第二，执行债券。为使污染者遵守环境法规而预先以债券方式收取一定的款项，一旦法规得到遵守即可将债券兑现。

第三，保证金。一种预付款，如果环境危害未发生，或者执行了规定的行为，保证金将予以返还。

（五）补贴

补贴又称为专项补贴（targeted subsidies），是政府为实际的潜在的污染者提供的财务刺激，主要用于鼓励污染削减或减轻污染对经济的影响。在实际工作中，补贴通常采用直接拨款、优惠（优先）贷款、税收优惠三种方式。

目前广泛应用的补贴主要有：对污染治理项目的补贴、对生态建设项目的补贴、对清洁生产项目的补贴、对环境科研的补贴、对生产环境友好产品的补贴等等。

（六）污染赔款

污染赔款是指污染者对污染受害者进行的经济补偿，我国的污染赔款情况见表9－15。

表9－15　全国环境纠纷与赔款

年份	环境纠纷总件数	污染赔款总额（万元）	大气污染纠纷	水体污染纠纷	环境噪声纠纷	固体废弃物纠纷	其他污染纠纷
1986	128823	5265	39752	33644	30500		
1990	131851	9743	48878	32654	33423	8208	7125
1991	111359	4109	36340	35331	27814	3935	7939
1992	95309	5190	35027	21606	28517	3079	7080
1993	98207	4124	35585	22999	29862	2910	6851
1994	107338	4451.1	33537	59848	35410	3322	6093
1995	109650	3854.7	38433	22688	39991	3684	5835
1996	114982	2624.4	40432	19885	43025	3978	7009
1997	135226	2694.3	47244	23825	54921	3606	5630
1998	187924	1851.7	63739	28279	85017	4618	6271
1999	253656	2116.3	89273	33892	116645	7224	6622
2000	307322	3144.9	117089	42691	132694	8152	6696

注：①表中数据只是污染受害者到环保部门信访的次数统计，而没有包括受害者到政府其他部门及法院解决纠纷的数据；②同一件污染纠纷，当事人可能多次到环保部门信访，因此有重复计算的可能；③污染纠纷的赔偿额，仅指环保部门确定为污染事故的赔偿额，而不包括法院通过民事诉讼程序及其他途径解决的赔偿额。

（资料来源：王灿发、许可祝，中国环境纠纷的处理与公众监督环境执法）

思考题

1. 简要解释外部性概念。
2. 主要环境经济分析方法有哪些?
3. 简述我国的主要环境经济政策。
4. 什么是循环经济?

第十章　环境监测管理

第一节　概　述

一、环境监测的含义

“环境监测”这一概念最初是随着核工业的发展而产生的。由于放射性物质对人及其周围环境的威胁，迫使人们对核设施进行监测，测量其强度，并可随时警报。英文“监测”一词“MONITOR”即是监视、检测、监控的意思。随着工业的发展，环境污染问题的频频出现，监测的含义扩大 了。逐步由工业污染源监测发展到大环境的监测，即监测的对象不仅仅是污染物、污染因子，还延伸到环境行为，如环境生物，生态监测等。

随着环境科学的产生“环境质量”这一概念随之被人们所明确和接受。为了寻求环境质量变化的原因，人们着手研究污染物质的来源、性质、含量水平及时空分布规律。起初着眼于化学污染物质的定性、定量分析，就是环境分析，但是，判断环境质量的好坏，仅对单个污染物短时间的取样分析是不够的，必须取得代表环境质量的各种数据。即需要得到各种污染因素在一定范围内的时、空分布数据，才能对环境质量作出确切的评价。这项任务单靠某一种手段（如化学分析）是难以完成的。

从 20 世纪 70 年代开始，人们认识到环境问题不再仅仅是排放污染物所引起的人类健康问题，而且包括自然环境的保护和生态平衡。以及维持人类繁衍、发展的资源问题。人们对环境质量的理解和要求也不断提高，不仅要掌握化学物质的污染，还要掌握各种物理因素，如噪声、振动、热辐射、电磁辐射和放射性等污染，不仅要弄清直接污染，还要弄清间接污染；不仅要求自然环境质量，还要求社会环境质量。起初以化学分析为主要手段，建立在对测定对象间断地、定时、定点地采集环境样品的基础上所得到的分析结果已不能定量地描述和评价全面的环境质量状况，更不能反映环境质量的动态变化。必须和先进的物理的或物理化学的以及遥感、遥测等各种测试手段相结合才能完成。所以环境监测就是用科学的方法监视和检测代表环境质量及发展变化趋势的各种数据的全过程。

从监测手段上来看，有对环境组分、污染物分析测试的化学监测；有测定环境中的热、声、光、电磁，振动、放射性等物理量和状态的物理监测；生物监测则是利用生物对环境污染所发生的各种信息，如群落、种群变化，畸形变种、受害症候等作为判断环境污染状况的手段。生物长期生活在自然环境中，不仅可以反映多种因子污染的综合效应，也反映环境污染的历史状况，即长期的积累效应。所以生物监测可以弥补上述化学的、物理的监测手段之不足，是环境监测的重要组成部分。环境监测手段应包括：化学监测、物理监测和生物监测。

从环境监测的过程来说，它应包括：

现场调查—优化布点—样品采集—运送保存—分析测试—数据处理—综合评价等系列的过程。即首先根据监测目的要求，进行现场调查研究。这里的目的是指针对性的目的，目的不同，监测设计和安排有很大差异。当然调查内容也不同，调查的内容包括主要污染物的来源、性质及排放规律；污染受体（居民、机关、学校、农田、水体、森林及其他）的性质和受体与污染源的相对位置（方位和距离）；水、地理、气象等环境条件及有关历史情况。

根据监测的目的要求和现场的调查资料，研究监测的范围和项目，研究采样点的数目和具体位置，确定采样的时间和频率，调配采样人员和运输车辆。实验室分析人员的分工安排，现场工作和实验室的联系等，根据监测设计（计划）实施采样：将安好的有效的采样器安装在指定的监测位置，按照规定的操作程序和确定的采样时间及频率采集样品，并如实地记录采样实况和现场状况。将采集的样品和记录及时地送往实验室分析测试，按规定（或经核定）的分析方法进行样品分析。将测得的监测数据记录整理填入报告表，并对数据进行处理和统计检验。最后将监测数据资料整理入库（数据库），依据规定的有关标准和规定进行综合（或单项）评价，并结合现场调查的资料对监测数据作合理的解释并写出综合研究（对策和预测）报告。报告经检验符合预期要求，按规定程序上报。若不符合要求，作补充监测或在总结前次监测的基础上另行监测。只有把各个环节都做好了，才能获得代表环境质量的各种标志的数据。

从监测的对象和结果上，凡是代表（反映）环境质量变化的各种数据；凡是对人与环境有影响的各种人为的环境因素；凡是对环境造成污染危害的各种成分均为环境监测的内容。具体地说，世界上的物质有三态（气态、液态、固态）及一波。

气态——大气、空气、尾气、毒气……

液态——地面水、地下水、雨水，污水……

固态——岩石、矿物、土壤、生物、工业废渣、生活垃圾、农业废弃物等。

波——热、声，光、电磁、振动、放射性辐射波等。

关于什么是环境监测的问题，以往认识不一，说法很多。有的认为环境监测是环境与化学的结合，有的认为环境监测是对环境污染的监视和测试；有的认为环境监测是对表征环境质量数据的测取和解释；还有的认为环境监测是对环境质量数据的测取、解释和运用。从当今信息技术来说，环境监测是环境信息的捕获、传递、解析、综合的过程。现代化的自动监测系统，就是同时具备对环境信息的获取，传递、解析，综合的过程。这些说法都从不同角度解释了环境监测，都有一定道理，但不全面。

环境监测是一个科学活动过程，这已是环境科学发展过程中的一个事实，另一个客观事实是环境科学各分支学科研究环境问题时都要有这么一个“过程”，或者要依赖于这一“过程”的结果。随着人们对环境质量要求的提高及环境科学的不断深入和发展，环境监测的手段不断在进步和改善，其科学性不断增强，环境监测是复杂的科学技术活动，不是测几个数据就了事的“简单劳动”。至此，环境监测的“过程”较合理的描述应该是：运用理化科学技术方法定量地测定环境污染因子及其他有害于人体健康的环境变化，分析其环境影响过程与程度的科学活动。从执法监督的意义上说，它是用科学的方法监视和检测代表环境质量和变化趋势的各种数据的全过程。

二、环境监测的作用

对环境监测的意义和作用的认识，是关系到监测工作及监测站发展方向，发展战略改革思路的大事，是各级政府、环保局、监测站各级领导和全体监测人员需要达成共识的首要问题。大家知道，环境保护研究的中心问题是人与环境之间在进行物质和能量交换活动中所产生的影响。而这些研究都是在定性、定量化的基础上进行的。这些定量化的环境信息是通过环境监测才能得到。

近几年我国的环境保护事业有了进一步发展，走出了一条具有中国特色的环境保护道路，就是坚持环境法制建设，强化监督管理，依靠科学技术进步，促进了我国环境保护工作的发展。在强化监督管理方面要在继续实施行之有效的“环境影响评价”、“三同时”、“排污收费”老三项制度的同时，积极推行深化环境管理的“环境目标责任制”、“城市环境综合整治定量考核制”、“排污许可证制”、“污染物集中控制”和“限期治理”等新五项制度，依靠这八项制度的贯彻实施，环境管理逐步实现从定性管理向定量管理、单向治理向综合整治、浓度控制向总量控制转变。无论是“八项”管理制度的贯彻还是“三个”转变的实现都离不开环境监测工作，否则加强环境管理将是一句空话。

在第四次全国环境监测工作会议上，曲格平先生在总结回顾环保工作的发展历程的基础上提出环境监测是执行法规、标准的“耳目”和“尺子”，是环保工作的“阵地”和“基础”；是技术支持和保证，并解释了环境管理必须依靠环境监测，环境监测必须为环境管理服务的监测工作方针。二者相互支持，紧密配合才能科学有效地实施统一监督管理的职能。正如江泽民同志提出的“……监测是环境管理的重要手段之一。连续监测、定时监测和严格管理相结合，才能准确地反映环境质量状况，才能有针对性地加强监督管理”。特别是在市场经济的新形势下，政府对企业的行政制约能力减弱，依法行政，依据监测数据的权威性执法显得愈来愈重要，环保系统各级监测站是依法实施环境技术监督职能的社会公益性事业单位，是环境保护行政主管部门授权，采用监测手段对一切违反环境法律、法规、制度的行为和这些行为对环境影响的范围、程度进行监督。同时也对各级政府、各单位执法效果（如：污染物排放达标情况，治理设施运行情况，环境质量达标情况，各项制度、措施的实施效果等）进行监督检查，对污染事故和环境纠纷进行技术仲裁，为政府部门进行环境执法管理提供具有法律效力的科学依据。

因此，环境监测是环境保护的重要组成部分，其行为是属于政府行为之一，各级监测站能否及时、准确、系统地掌握环境质量和污染物排放动态变化状况，不仅是监测站业绩和能力的体现，更应该是各级环保局政绩和能力的体现。监测站一是要强化主动全面服务意识；二是强化基础技术，提高服务的能力，三是强化数据的综合分析，保证数据的准、快、全。

三、环境监测的目的

环境监测的目的是及时、准确、全面地反映环境质量和污染源现状及发展趋势、为环境管理、环境规划、污染防治提供依据。

“八五”期间，我国环境监测工作总的指导思想是：解放思想、深化改革、巩固提高、强化管理。实现环境监测工作的新突破，高质量、高效率地为环境管理服务。总的目标是，完善中国特色的环境监测体系，及时、准确地掌握环境质量和污染源动态，为环境管理和国家经济建设提供高质量、高效率的服务。其定量指标是：

（一）完善一个网络：即以中国环境监测总站为牵头单位的全国环境监测网络，并做到组织有章程、管理有制度、技术有规范、工作有分工、机制健全、运转灵活。

（二）突出两个重点，掌握两个动态：即强化污染源监测，执行《环境监测为环境管理八项制度服务的若干规定》；及时、准确地掌握环境质量变化动态和污染源动态。

（三）抓好三个建设：即环境监测的制度建设、基础技术建设和队伍建设。

（四）完善报告制度：即环境监测月报、环境监测季报、环境监测年鉴、环境监测年报（公报）及环境质量报告书。

（五）实现一个提高：即提高为环境管理服务的效能。

“九五”期间中国环境监测工作的指导思想是：立足国情、瞄准方向，以了解、掌握全国环境质量及其变化规律为目标，建立和完善具有中国特色的环境监测网络体系和环境境监测技术体系，预测环境质量变化趋势，提高对突发性环境事故应急监测能力和对污染源动态排放即时监督监测能力，当好环境保护的“耳目”、“哨兵”，准确地为环境管理决策主动服务、及时服务和超前服务。

四、环境监测的任务

（一）具体任务

环境监测任务详见《环境监测管理条例》，概括起来为以下几方面：

1. 对环境中各项要素进行经常性监测，及时、准确、系统地掌握和评价环境质量状况及发展趋势。

2. 对污染源排放状况实施现场监督监测和检查，及时、准确地掌握污染源排放状况及变化趋势。

3. 开展环境监测科学技术研究，预测环境变化趋势并提出污染防治对策与建议。

4. 开展环境监测技术服务，为经济建设、城乡建设和环境建设提供科学依据。

5. 为政府部门执行各项环境法规、标准，全面开展环境管理工作，提供准确、可靠的监测数据和资料。

（二）具体对策

1. 抓住机遇，迎接挑战，制定中国环境监测工作的中长期发展规划，选择切合国情实际的环境监测发展战略，确定符合新的发展战略的技术路线。

2. 紧紧抓住了解和掌握全国环境质量这一核心任务，积极开展各类各项监测工作。研究变化规律，预测其变化趋势并向决策部门提供科学依据。

3. 抓好对突发性污染事故应急监测的能力建设，培养人才、补充装备，完善监测网络和数据自动传输系统，对突发性污染事故真正做到招之即来，来之能测。

4. 开展区域环境质量变化规律预测预报的研究，开展重点有机污染物和“三致”有毒有害物，污染机理监测方法的研究，不断开拓新的监测领域，努力跟踪国际监测技术前沿。

5. 进一步加强环境监测的立法工作。深化改革，增强各级监测站的活力，在确保完成好纵向任务的前提下，积极面向环保产业的市场，面向为社会服务的市场，大搞技术开发和技术监督。开创我国环境监测工作的新局面。

五、环境监测的特点

（一）环境监测的生产性

环境监测与一般检验相比在某种意义上来说具有生产性。监测的基本产品是监测数据。环境监测具备生产过程中的几个基本环节：投料（布点和采样）、加工制作（消化处理、分析测试）、产品成型（数据）、产品检验（监测质量保证）……因此，监测管理如同生产过程要定岗、定责、定工艺流程、定产品数量和质量定额一样。环境监测有一个类似生产工艺定型化、分析方法标准化、监测技术规范化的问题。因此，环境监测在一定意义上是生产监测数据的工厂。

（二）环境监测的综合性

环境监测的综合性表现在以下几个方面：

1. 监测手段可以是化学的、物理的、生物的，以及物与化或生与化二者结合的方法获取监测数据，最后综合于统一的监测系统。

2. 监测对象包括大气、水体（江河、湖泊，海洋、地下水等）、土壤、固体废物、生物等客体，只有对这些客体进行综合分析，才能说明环境质量状况。

3. 通过监测数据对环境质量进行综合评价，涉及自然科学、社会科学等很多领域，只有善于综合，才能揭示监测数据的内涵。

因此，加强环境监测综合管理，建立综合研究室协调各部门、各科学之间的关系，才能充分发挥环境监测效益。

（三）环境监测的追踪性

环境监测对象大多成分复杂，变化大、干扰因素多、浓度范围广，环境监测数据是由众多人次，许多实验得出，其最终目的都是说明我们所生存的统一环境的质量状况。因此，数据必须具有可比性。数据的准确可比要靠量值追踪体系来传递，根据这个特点，要建立环境监测质量保证体系。

（四）环境监测的持续性

环境监测数据如同水文气象数据一样，累积时间越长越珍贵，空间的可比性愈大愈好，只有在有代表性的监测点位持续监测，才能揭示环境污染的发展趋势。据此，我们在监测管理中要特别注意，一旦监测点位的代表性得到确认，就应尽可能坚持下去，组织网络持续监测，并将各种监测数据集中起来建立数据库。

（五）监测工作的艰苦性

环境监测工作是一项艰苦细致的科学技术活动，需要到野外现场调查采样，接触各种污染源；实验室检测类型多、样品杂，质量要求严格，需要经常进行质控考核。因此要求监测人员思想进步、作风严谨、热爱监测事业，具有奉献精神。建立在党支部领导下的站长负责制的管理体制，加强精神文明建设，组成一支特别能战斗的监测队伍，同时也要注意监测的后勤保证和物质待遇，使他们热爱本职工作、安心本职工作，保证监测工作的正常进行。

第二节　环境质量监测

一、各级环境监测站的职责和任务

目前我国环境保护系统设置四级环境监测站：

一级站：中国环境监测总站；

二级站：各省、自治区、直辖市设置省级环境监测中心站；

三级站：各省辖市设置市环境监测站；

四级站：各县、旗、县级市、大城市的区设置环境监测站。

（一）中国环境监测总站的主要职责和任务

1. 参与制定全国环境监测工作的规划和年度计划。

2. 对各级环境监测站进行业务、技术指导，负责全国环境监测网业务上的组织协调工作，组织环境监测技术交流和各级环境监测技术人员的技术培训及业务考核。

3. 组织研究环境监测数据的统计分析方法。收集、储存、整理、汇总全国环境监测数据资料，编制全国环境监测年鉴，绘制环境污染图表，综合分析全国环境质量状况。定期向国家环保总局提出报告。

4. 负责全国的环境监测的质量保证工作，组织开展环境监测新技术、新方法的研究，组织研究、生产、分发环境监测标准参考物质，筛选和确认全国统一采用的环境监测仪器装备。

5. 承担国家综合性的环境调查和重大污染事故调查，负责国内重大污染事故纠纷和国际间环境纠纷的技术仲裁。

6. 参加制订和修订国家各类环境标准和技术规范。

7. 参加编写全国环境质量报告书。

8. 受国家环保总局的委托，参加国家重大新建、改建、扩建项目环境影响报告书的审查和治理工程环境效益的监测。

（二）省级环境监测中心站的主要职责和任务

1. 参与制订本区域环境监测工作的规划和年度计划。

2. 收集、整理、汇总和储存本区域的环境监测数据资料，为报出各类监测报告提供基础数据，编报本区域的环境污染年鉴。

3. 对下级环境监测站进行业务、技术指导，负责本区域环境监测网业务上的组织协调工作，组织本区域内环境监测技术交流和下级环境监测技术人员的技术培训和业务指导。

4. 负责本区域环境监测的质量保证工作。

5. 承担本区域内综合性环境调查及环境纠纷的技术仲裁。

6. 参加制订和修订地方环境标准和技术规定，承担国家环境标准制订、修订任务和验证工作及提供依据材料。

7. 承担本区域环境质量评价和监测技术的研究，参加编写本区域环境质量报告书。

8. 受环境保护主管部门委托，参加污染事件调查和建设项目影响报告书的审查，进行治理工程环境效益的监测。

（三）市级环境监测站的主要职责和任务

1. 对本市大气、水体、土壤、生物、噪声、放射性等各种环境要素的质量状况，按国家统一规定的要求，进行经常性监测、分析，收集、储存和整理环境监测数据资料，定期向同级环境保护主管部门和上级监测站呈报本市环境质量状况和污染动态的技术报告。

2. 对本市各有关单位排放污染物的状况进行定期或不定期的监视性测定，建立和健全污染源档案，为加强污染源管理和排污收费提供监测数据。各地排污收费管理单位不另设测试机构。

3. 参加制订本市环境监测规划和计划，完成主管部门为进行环境管理所需要的各项监测任务。

4. 负责本市环境质量评价，参加编写本市环境质量报告书，编制本市环境监测年鉴。

5. 负责本市环境监测网的业务组织和协调，组织技术交流和监测人员培训。

6. 研究野外作业、采样、布点、样品运输、贮存、分析、测定等各重要技术环节中存在的问题，促进监测技术的不断发展。

7. 承担国家和地方性环境标准、技术规范、环境测试技术、新方法和验证任务，参加地方环境标准的制订、修订。

8. 参加本市污染事件调查，负责环境污染纠纷的技术仲裁。

（四）县、旗、县级市、大城市区环境监测站的主要职责和任务

1. 对本县（市、区）内各种环境要素的质量状况按照国家统一规定的要求，制定监测计划和进行经常性的监测。定期向上级站报送监测数据，编报本县环境质量报告书。

2. 对县（市、区）内排放污染物的单位进行定期或不定期的监测，建立污染源档案，监督和检查各单位执行各类环境法规和标准的情况。为排污收费等环境管理提供监测数据。

3. 完成环境保护主管部门为进行环境管理所需要的各项监测任务。

4. 参加县（市、区）内污染事件调查，为仲裁环境污染纠纷提供监测数据。

5. 宣传环境保护的方针政策，积极组织和发动群众参加环境监督活动，组织群众性的环境监测网。

（五）各部门的专业监测机构主要职责和任务

1．参与制定本系统、本部门环境监测规划和计划。

2．参加国家或地区的环境监测网。按统一计划和要求进行环境监测工作，对所辖方面和范围内的环境状况进行监测，负责组织本系统或本流域的环境监测网的活动。

3．参加本部门或地区所承担的各项环境标准制订、修订工作，为其提供制、修订的依据，参加国家或地方环境标准的讨论和审议。

4．参加本系统重大污染事件调查，组织检查所属单位遵守各项环境法规和标准的情况。

5．参加本系统、本部门所属企事业单位新建、改建、扩建工程的环境影响评价。

6．汇总本系统或本流域环境监测数据资料，绘制污染动态图表，建立污染源档案。

7．企业事业单位的监测站，负责对本单位的排污情况进行定期监测，及时掌握本单位的排污状况和变化趋势，其监测数据和资料向主管部门报送的同时，要报当地环境监测站。各单位的监测机构参加当地监测网工作。

8．组织本部门行业监测技术研究，培训技术人员和开展技术交流。

9．卫生、水利、海洋等部门的环境监测站，除负责本系统专业环境监测的职责外，同时要配合地方环境监测站参与环保主管部门组织的有关重大污染事件的调查。

二、环境监测管理部门的分工

各级环境监测站实行党委（支部）领导下的站长分工负责制。

站长应由专业技术干部担任。

监测站的人员配置应以专业技术人员为主，其业务技术人员的比例不低于总人数的80%。

各级监测站设环境监察员。他是环境监测站对各单位及个人排放污染物的情况和破坏或影响环境质量的行为进行监测和监督检查的代表。环境监测站根据人员组成情况和工作需要，可设综合组、水质监测组和大气监测组等，以便开展监测及评价工作。

三、环境质量报告

编写“环境质量报告书”是环境质量管理的重要内容。它是在大量的环境调查（包括污染源调查），环境监测，环境质量监测评价等工作的基础上，编写反映环境质量现状，发展趋势，以及提出改善环境质量对策的文件。

环境质量报告书包括国家的环境质量报告书，地区的环境质量报告书，以及企业的环境质量报告书。

（一）环境质量报告书的作用

1．有利于弄清本地区的环境质量状况，为制定地区环境标准，制定污染综合防治规划，开展环境科学技术研究提供依据。

2．有助于政府和当地居民了解环境质量状况，以促进建立环境责任制，把环境保护工作纳入各级人民政府的议事日程。

3. 报告书能通过对监测评价结果的分析，对已采取的环境保护对策的实施效果进行总结，并可针对现存问题提出新的对策。

4. 为制定环境保护技术政策提供依据。

（二）环境质量报告书的编制原则

1. 要着眼于“人类—环境”系统，从地区环境的整体出发，以生态理论为指导，正确分析经济社会发展与环境质量的关系。不要局限于个别污染物或某些污染物的污染及整治。

2. 基本数据汇总，阐述环境特征，要包括自然环境特征与社会环境特征，要有针对性，要为分析环境问题提供依据。

3. 分析问题要抓住主要矛盾，要有预见性。首先要对主要环境问题的危害（损失）和产生原因有比较准确的回答；其二，对环境质量变化趋势要有科学的预测分析；其三，针对主要环境问题要有恰当的对策。

第三节　污染源监测

一、污染源监测的作用

所谓污染源是指产生物理的、化学的和生物的有害物质和因素的设备、装置和场所等发生源，都称之为污染源。

污染源按不同的分类方法有不同的类型。按产生污染的原因，可分为天然污染源（如火山爆发、地震等）和人为污染源（即人类经济、社会活动所形成的污染源）。如果按污染的对象可分为大气污染源、水污染源和土壤污染源等。按向环境排放污染物的空间分布方式，可分为点污染源和面污染源。

要使人类赖以生存的环境清洁、舒适、优美，就要与危害环境的污染作斗争。而斗争的主要对象就是产生污染因素的根源，即污染源。因此对污染源的监测调查就显得十分重要。其作用有：

（一）污染源监测调查，可以发现和估量潜在的危害，以便采取预防措施。比如，工业污染物以废水、固体废物形式排入水体或土壤时，如果能通过调查和监测手段及早发现潜在的污染因素，就能及早采取控制措施，而不致造成危害。反之，如果已造成严重污染，再进行治理就要付出很大的代价，甚至数倍的代价。

（二）进行污染源监测调查，是进行环境污染预测、预报的基础。掌握污染源排放物的数量，浓度及其时空分布规律，结合自然条件，就可进一步研究污染物在环境中的运动规律，建立各种污染物在大气、水体中扩散、稀释模式，为污染物的预测、预报服务。

（三）污染源监测调查是控制污染的基础。当污染物从污染源进入环境时，人们用制订的环境质量标准来评价监测到的环境质量数据，为了控制环境质量在国家规定的标准限值以内，就必须要使污染源排出的污染物控制在排放标准以下。就是说，认识环境污染要从污染源开始，控制污染最终也要落在污染源上，对污染源的研究既是起点也是终点，

（四）查清区域内污染源状况，便于采取综合对策。如对大气污染，除对污染源采取

工艺上的措施外，还可以采取集中供热、调整燃料构成，实行煤气化、城市绿化等综合技术政策；在管理政策上可采取排污总量控制措施，优选控制方案，实现最经济、最有效的削减排污量；在经济政策上，可利用经济杠杆，针对污染源的排放情况确定排污收费的额度，对综合利用采取减免税的政策。

（五）工业污染源调查可以为企业技术改造、污染治理、综合利用、加强管理指出方向。对于充分发挥企业潜在能力有着十分重要的意义。环境污染的形成，主要是对能源、资源的利用不合理所致，深入进行污染源调查，必能查明潜在的浪费之处。查清污染源状况，实质上就是查出企业内部发展生产的潜力。

二、污染源评价与数据库

污染源评价主要是指污染源对环境影响的评价。评价的目的是将不同种类的污染物用同一标准进行换算，使毒性不同、形态不同的各类污染物可以相互比较与加和，了解污染源的潜在危害，确定主要污染源和主要污染物，为制定经济、合理的环境保护措施和污染源控制方案提供依据。

评价方法一般分为单项评价和综合评价

（一）单项评价

根据各类污染源中某一种污染物的相对含量（浓度）、绝对含量（数量）、统计指标（检出率、超标率、超标倍数、标准差）等项指标，来评价污染物和污染源的潜在污染能力。

1. 浓度指标

某污染源排放某种污染物的实际浓度与同一污染物规定的排放标准相比，所得比值即为超标倍数，用以表示该污染物对环境污染的程度。浓度指标的缺点是容易忽略浓度偏低而绝对排放量大的污染物。

2. 排放强度指标

单位时间污染物排出量，即：

$$W_i = C_i \cdot Q_i$$

式中：W_i——污染物 i 的单位时间排放量，g/d；

C_i——废气或废水中污染物 i 的实测浓度，mg/L；

Q_i——含污染物 i 的废气或废水排水量，m^3/d。

3. 统计指标

（1）检出率。指污染物的检出数占样品总数的百分比，即：

$$B_i = \frac{n_i}{A_i} \times 100\%$$

式中：B_i——污染物 i 的检出率，%；

n_i——检出污染物 i 的样品个数；

A_i——为测定污染物 t，所采的样品总个数。

（2）超标率。指某污染物超过排放标准的检出次数占污染物检出样品数的百分比，即：

$$D_i = \frac{f_i}{n_i} \times 100\%$$

式中，D_i——污染物 i 的超标率,%；

f_i——污染物 i 的超标样品数；

n_i——污染物 i 的检出样品数。

（3）标准差。指某污染物实测浓度偏离排放标准的程度。标准差的计算通常是在实测浓度大于排放标准的情况下进行的，计算公式如下：

$$\delta_i = \frac{\sum_{i=1}^{A_i} (C_i - C_{oi})}{A_i}$$

式中：δ_i——污染物 i 的标准差，mg/L；

C_i——污染物 i 的实测浓度，mg/L；

C_{oi}——污染物 i 的排放标准，mg/L；

A_i——为测定污染物 i 所采的样品数。

当污染物 i 的实测浓度大于排放标准（$C_i > C_{oi}$）时，标准差的值大于 0。标准差值越大，说明实测浓度偏离排放标准越大，对环境的影响就越大。当污染物 i 的平均实测浓度小于或等于排放标准（$C_i \leqslant C_{oi}$），则标准差的值小于或等于 0，说明污染物 i 的浓度低，对环境形成污染小。

（二）综合评价

综合评价是对某污染源所排放的各种污染物进行标化处理，以用于比较或加和，即可得出此污染源的主要污染物及总污染负荷。同样亦可求出某调查区内的主要污染源和主要污染物。下面介绍常用的几种评价方法。

1. 等标污染负荷

（1）某污染物的等标污染负荷（P_i）定义为：

$$P_i = \frac{C_i}{|C_{oi}|} \cdot Q_i \cdot 10^{-8}$$

式中：P_i——某一污染物 i 的等标污染负荷，t/d 或 t/a；

C_i——某一污染物 i 的实测浓度，mg/L；

$|C_{oi}|$——某一污染物 i 的工业排放标准的绝对值；

Q_i——某一污染物 i 的废水量，t/d 或 t/a 或 m_3/d 或 m_3/a。

（2）某工厂的等标污染荷负（P_n），是其所排若干污染物的等标污染负荷之和。

$$P_n = \sum_{i=1}^{n} P_i = \sum_{i=1}^{n} \frac{C_i}{C_{oi}} \cdot Q \cdot 10^{-8} \qquad (i=1,\ 2,\ 3,\ \cdots,\ n)$$

（3）某个地区（或流域）的等标污染荷负 P_m 为：

$$P_m = \sum_{n=1}^{m} P_n \qquad (n=1,\ 2,\ 3,\ \cdots,\ m)$$

（4）全区域（或全流域）的等标污染负荷 P 为：

$$P=\sum_{m=1}^{n}P_m \qquad (m=1, 2, 3, \cdots, n)$$

有了以上的基本数据，我们即可以计算全区域（或全流域）中某地区（或某流域）、某工厂、某污染物的污染负荷比（K_m、K_n、L_i）。经分析比较，确定出主要污染源和主要污染物。

2. 排毒系数

污染物的排毒系数（F_i）定义为：

$$F_i=\frac{m_i}{d_i}$$

式中：m_i——污染物排放量；

d_i——能导致一个人出现毒害作用反应的污染物最小摄入量。这里，是根据毒理学实验所得出的毒害作用阈剂量值计算求得的：

（1）废水中污染物 d 值的计算：

d = 污染物毒作用阈剂量 mg/kg × 成年人平均体重（27.5kg）

（2）废气中污染物 d 值的计算：

d_i = 污染物毒作用阀剂量（mg/m^3）×人体每日呼吸空气量（m^3）

F_i 值的意义是很明显的，它表示当污染物充分、长期作用于人体时，能够引起出现毒作用反应的人数。F_i 值完全是一个反应污染物排放水平的系数，它不反映任何外环境的影响，因此可以作为污染源评价的一个客观指标。各种不同性质的污染物，通过这种标化计算，相互之间就有了可比性，具有了相同的量纲，为进一步运算打下了基础。同样，我们也可由 F_i 计算出某工厂的排毒系数 F_n，进而算出某地区的 F_m，全区域的 F。

$$F_n=\sum_{i=1}^{n}F_i \qquad (i=1, 2, 3, \cdots, n)$$

依此类推。

3. 等标排放量

（1）等标准排放量（P）是污染物的绝对流失量 M（t/a）与卫生标准 C（m/m^3 或 mg/L），的比值。其含义可理解为：把污染物稀释到等于标准浓度值时的稀释介质（水、气）量。它既可以用来表示某种污染物、某种污染源对环境造成污染的潜在能力，又可以用来比较不同污染物、不同污染源、不同污染地区之间的差异，还可以用来作为一个工厂治理效果的一项综合性指标及收费的指标。

（2）等标排放量的基本计算公式：

$$P_{iI}=\frac{m_i}{C_{iI}}$$

$$m=\sum_{j}^{n}m_{ij}$$

$$P_{jI}=\sum_{i}^{n}\frac{m_{ii}}{C_{iI}}$$

式中：m_i——i 物质的流失量（t/a）；

C_{iI}——i 物质按 I 标准系列的阈浓度（mg/L 或 mg/m^3）；

i——污染物种类的系列；

j——污染源（工厂等）的系列；

I——选用的评价标准的系列；

P_{iI}——I 标准系列的污染物等标排放量（m^3/a）。

此外，还有等标排放量率指数公式和环境影响潜在指数法。可参看有关文献。

由污染源监测所得的监测数据和评价结果，应作为档案资料加以保存，以便和以后的监测数据和评价结果相比较，以了解环境质量的变化情况或污染源排污的变化情况。

第四节　环境监测质量保证

一、环境监测质量保证概述

环境监测，特别是对有害污染物质的监测，其特点是：①有害物质在环境中的含量很少，常常是百万分之几甚至十亿分之几，②监测的对象组成复杂，如对工业废水、废渣等测定时干扰严重；③有害物质的浓度和组成随时间、空间不同而变化很大，待测组分本身也会随时间和条件的改变而降解或转化。由于以上原因，环境监测的难度很大，监测结果常常会出现异常现象。其一是有时同一特定环境，不同单位或不同的监测人员取样分析，会得出不同的监测结果，导致得出不同的判断和评价，使管理部门难于决策。其二是在区域性的环境调查研究中，各协作单位在各自承担任务的地区取样分析，得到的数据，往往相互之间缺少可比性而难以进行统一的归纳总结和评价。质量保证就是采取一系列科学有效的方法，使监测结果的误差控制在一定的允许范围内，做到准确可比。目前，国际上和我国常规的环境监测中，质量保证已形成制度。特别是一些环境监测或调查的大型协作项目，如世界卫生组织及联合目环境规划署组织的全球大气、水质监测，我国“六五”，“七五”国家科技攻关项目全国水、土环境背景值调查，1984 年由国家环境保护局牵头，农业、商业系统参加的全国粮食农药污染调查研究等有影响的监测调查项目，均有一整套严格的质量保证制度，以保证监测数据准确可比。

质量保证要求科学有效的监测数据，应具有以下五个特征，即具有代表性、准确性，精密性、完整性与可比性，监测数据的这五个特征，由监测的各个工作环节来保证实现。它贯穿在从采样布点、采样方法、样品的储存运输，分析监测方法、合格的仪器、试剂、分析人员的技术水平，直到数据处理、总结评价等监测的全过程。质量保证，又称为全过程质量控制。质量保证的全过程，见质量保证图 10－1 所示。

二、监测数据的代表性

监测数据是通过分析样品得到的（少数项目是在现场监测点位直接观测的，如水体的透明度、空气的能见度等）。如果采集的样品对监测的整体而言，代表性不强（如在烟囱附近采集的空气样品不能代表当时的大气质量、在废水排入地面水体的排污口附近采集的水样，不能代表整个水体的水质等），尽管对样品进行分析测试准确，不具备代表性的数据也毫无意义。因此，数据的代表性取决于采集到的样品具有代表性。样品的代表性由以下环节来决定。

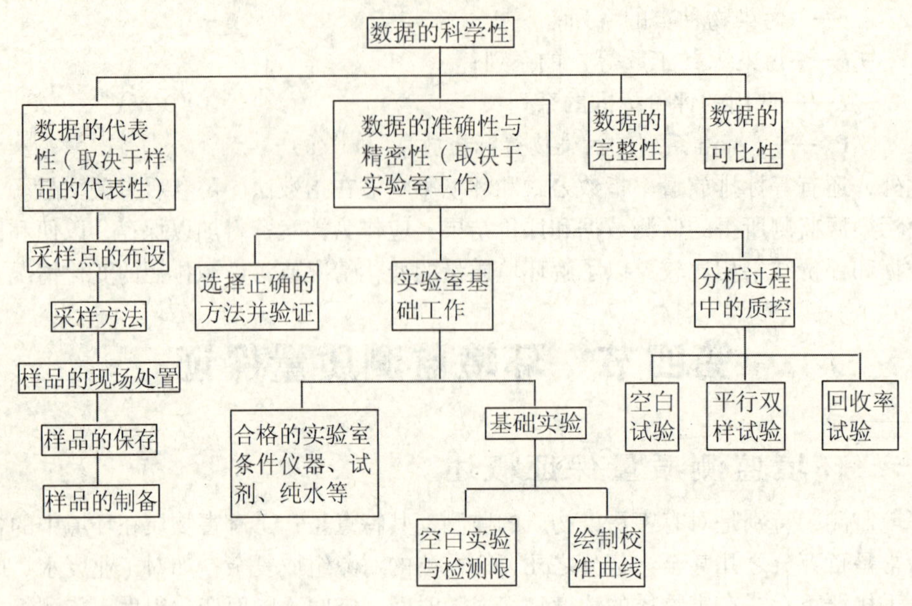

图 10－1　质量保证系统图示

（一）采样点位的布设

采样点位的布设依监测的目的而定。常规环境监测常常有固定的监测采样点位。在确定这些点位时，充分考虑了它的代表性，例如从历次多点位的监测结果，进行优化处理，筛选出少量的具有代表性的采样点位。在大面积调查时的采样方法有时采用网格布点法（如背景值调查采集土壤样品），或概率随机抽样（如全国粮食农药污染调查）。

大范围内监测对环境进行整体评价时，典型调查的采样方法，容易带入采样人员的主观误差，是不科学的方法，不应采用。环境污染事故调查，不论是事故发生后调查原因，还是预防事故发生等的调查采样，常常要选择污染最重，最容易引发污染事故的地区采样。

（二）采样时间和频率

采样的时间和频率，根据监测的目的及监测组分的时间变化而定。如果时间变化对组分的影响小则不必对时间的要求过严，如对固体废物、土壤等的监测采样就是如此。但有的待测组分随时间不同变化很大，则要根据监测目的，规定严格的采样时间，以反映不同时间特定环境的质量。如潮汐河或感潮河段在潮期和退潮后的水质，一般河流的平水期、丰水期、枯水期的水质变化都很大。湖泊水库或近海等水域，反映富营养化程度的主要指标：叶绿素、藻类、营养盐、溶解氧等随季节的不同以及一天中的早晚和中午的日照其浓度均有很大变化，一般应在夏秋季及指定时间采样。

（三）采样方法

在采样点采样的原则是采集均匀的样品。河流尽量在水量大、水流急的中部，湖泊水库尽量在水域的中部，大气和水体的采样点均应远离污染源，采样时用采集的水或气冲洗容器二次后再采样，固体废物、土壤或生物体等非均相样品应尽量多采几个点，混匀后用四分法或分样器进行缩分至需要的量，以保证获得均匀的有代表性的样品。

（四）现场观察、测定与样品的储存运输

有的监测项目是在有代表性的点位现场观察，如大气的能见度、水体的透明度、水温等。

大部分项目是在实验室测定的。有的实验室测定的组分不稳定，容易起变化，需在现场取样后立即测定，如水体的 pH 值；有些容易变化的测定项目在现场测定又有困难，则在采样后需立即采取措施，将待测组分“固定”下来。带回实验室测定。如含量很少的重金属，为避免容器的吸附面损失，则在取样后立即加入硝酸或硫酸（视测定时所需条件而定）至 $pH<2$，在测定化学需氧量时也需立即加入硫酸至 $pH<2$ 并要求在 0～5℃ 的小冰箱中运输；而很多有机组分要求在采样现场即进行萃取或吸附，将待测组分稳定下来；很多组分还要求在一定的时间内测定。这些要求在各自的测定方法中均有详细的规定。

（五）样品的制备

一些固体样品，如固体废物、土壤、生物样品等，除易挥发的有机物及易挥发的硫化氢等需在采样后立即处置分析外，在分析前需将样品制备成均匀稳定的试样，一般是在阴凉处风干，弃去石块、树枝、树叶等杂物，将样品敲碎，用四分法或分样器将样品缩分至需要量，再按需要粉碎至 40～80 目，装瓶保存备用。

三、数据的准确性与精密性

数据的准确性与精密性，取决于实验室的分析测试工作，它包括软件和硬件两部分。软件包括采用准确可靠的分析方法，实验室的管理水平及分析人员的技术水平和实行科学的质量保证程度及技术方法等。硬件部分包括合格的仪器、试剂、蒸馏水及实验室环境等。

（一）采用准确可靠的分析方法，以避免方法误差

选用的分析方法不准确而带来的误差是最大的误差，它会使多个实验室的监测结果不准确而不被觉察。为了避免由于分析方法不准确而带来的方法误差，在监测工作中必须采用国家标准环境监测方法，国家环境保护总局总统一组织编写的环境监测分析方法，以及经过一定程序验证的监测方法。

1. 国家标准环境监测方法。它是由国家环境保护总局统一颁布的国家标准，共有水质监测，空气质量监测，固体废物监测，土壤、生物体监测，各类废气排放监测等多种方法。

2. 统一的规范或监测分析方法。它是由国家环境保护总局统一组织编写的成套规范或监测分析方法。现已公开出版的有《环境监测技术规范》、《水和废水监测分析方法》（第四版）、《空气和废气监测分析方法》等，这些统一方法，不是固定不变的，在使用了一定的时间后，便需要对原来的方法进行修改，完善，并补充新的内容后出版新版本的统

一监测分析方法。

3. 经过统一验证的监测分析方法。由于工作需要监测一些特殊项目或监测样品存在特殊干扰，而在以上两类监测方法中都无法解决时，可采用经过一定程序证明准确可靠并经专家认可的新方法。

（二）具有合格的实验室条件

1. 具有合格的仪器并按规定定期对各类分析测量仪器进行校准，以避免仪器不准确带来的仪器误差。各类专用分析仪器应具有鉴定证书，一般常用定量仪器自行校准。

2. 使用合格的蒸馏水（或去离子水）及试剂，以避免试剂误差。环境监测分析的污染物，在环境中的浓度往往很低，如果使用的蒸馏水或试剂不纯，杂质的含量超过一定水平时，便会影响测定结果的准确性，因此，必须使用合格的蒸馏水及试剂。在监测含量很低的污染物时，对蒸馏水及试剂还有特殊的要求。

（三）进行基础实验

为了检查分析方法是否适用，检查所用仪器是否洁净，蒸馏水和试剂是否纯净，分析人员对操作技术是否正确掌握，实验室在正式进行样品分析前应进行基础试验。它们包括：空白值试验与检测限、绘制校准曲线以及回收率试验。

1. 空白值试验与检测限

目的：检查仪器是否洁净，蒸馏水、试剂是否纯净。

方法：采用监测分析实际样品时的分析方法，对蒸馏水进行分析，所得到的分析结果为空白值。空白值高，说明蒸馏水试剂中的杂质多或仪器的噪音大，干扰准确测定，需要采取措施解决。根据空白值计算出检测限。检测限是在一定的置信度水平，在所在实验室条件下所能报告可靠监测结果的最低含量。如果待测组分的含量很低，如地下水中的背景值组分调查，要求空白值及检测限达到很低的水平，就要用超净蒸馏水，超纯试剂、高灵敏度的仪器及方法、另外采样仪器、采样方法、实验室环境等都有特殊的要求，以免在操作过程中造成污染。

要求：对空白值及检测限大小的要求，依监测样品中待测组分的含量高低而定。一般要求绝大多数样品的含量比检测限高出一个数量级，才能保证多数样品测定的准确性。否则应设法降低检测限。少数含量低于检测限的测定结果，只能报小于检测限而不能报具体数据。

2. 绘制校准曲线

环境中的污染物质含量大多很低，多用仪器法测定，如分光光度法、原子吸收法，色谱法等等。仪器分析法测定的物理量，如光的吸收量、电量等，再通过校准曲线转换成化学量（含量或浓度）。因此在测定样品前，必须先绘制校准曲线。配制一系列不同浓度的被测组分的标准溶液，在仪器测定各自的吸光度，在坐标纸上以浓度为横坐标，吸光度为纵坐标，画出各点，连成校准曲线。校准曲线的直线部分为本方法的测定浓度范围。如果直线部分的线性不好，将影响样品测定的准确性，需找出原因重新绘制校准曲线。

3. **回收率试验**

目的：所采用的监测分析方法对分析的样品是否适用，是否有干扰准确测定的因素存在。

方法：同一样品取两份，其一份中加入已知量的待测组分后，两份样品按同样方法同时测定，加入已知组分的样品测定值与不加已知组分样品测定值之差与加入的已知量数值的百分比，即为回收率。

$$回收率 = \frac{（样品 + 已知量的待测组分）测定值 - 样品测定值}{加入待测组分的已知量} \times 100\%$$

回收率接近百分之百为准确。大于百分之百为正误差，小于百分之百为负误差。一般水质分析要求回收率约在 80% ~110% 范围。空气监测及含量少的水质监测要求较宽，固体废物监测的要求更宽。

（四）分析过程中的质量控制

为了保证监测分析结果准确可比，在样品的实际分析过程中，分析人员必须进行质量控制试验，即：

1. **空白值试验**

检查试剂、蒸馏水的纯净程度，每当换用蒸馏水和试剂时都应做空白值试验。

2. **平行双样试验**

目的：检查在分析过程中是否由偶然原因引入误差影响分析结果。

方法：同一样品取两份，用同一方法平行分析测定，所得的两个分析结果之间的差别，在一定允许范围内为合格，否则为不合格。

3. **回收率试验**

以检查分析过程中分析方法对样品是否适合。

四、数据的完整性

数据的完整性取决于采集到的样品的完整性。

监测采样点位的选定，有的是经过专业人员考察选定的，有的是经一定的优化程序筛选确定的，还有的是经过概率抽样抽取的。这些点位均具有一定的时间、空间代表性。但每个样品的代表性均有一定的局限性。必须在计划中所有采样的点位上均按规定采集样品，不能遗漏，特别是概率随机抽样抽中的点位，不能以任何借口将其中的任何点位废弃重抽，因为如果这样便破坏了抽样的随机性，使统计结果不准确。只有对所有采样点位采集到的全套样品进行分析得到的数据才是完整的。根据这些数据进行必要的分析统计，才能对整个环境质量做出全面正确的评价。因此，不完整的数据不能说是科学有效的数据。

五、数据的可比性

监测结果数据的可比性，是数据的以上四个特征的综合体现。不但同一批监测数据之间可比，不同批数据也要可比，在更大范围内也具有可比性。

要使监测数据具有可比性，除必须坚持数据具有以上四个特征外，经常采用的办法是使用标准样品（又称标准物质）或使用工作标准。

标准样品可以用天然物质（如土壤、底质、植物体、动物体等），也可以是人工配制（如水、空气）的样品。固体样品经过风干、粉碎、混匀、灭菌等，水则采用加入缓冲剂或消毒剂等措施，使其组分均匀、稳定，采用准确可靠的方法测定样品中某些组分的准确含量。由多家具有权威性的实验室，采用几种不同的测定方法测定样品中需定值组分的含量，对不同实验室不同测定方法得到的分析结果进行统计计算，确定其标准值。标准样品不但采用科学严谨的方法研制，还必须经过一定鉴定的批准程序予以确认，并且具有合格证书。因此，国家级标样具有很高的科学性、合法性及权威性。使用国家级标准样品用来考核实验室、校准仪器、评价分析方法、比对监测结果，可以使监测结果在很大范围内准确可比。标准样品是进行质量保证的物质基础。

现在由我国环保部门批准的国家级标准样品有水、气体、土壤、生物体、固体废物等。含有各种污染组分，各组分又具有不同浓度的标样共280多种，在环境监测质量保证中发挥了重要作用。根据工作需要，还在不断研制出新品种的标准样品。

第五节　环境监测管理

一、环境监测管理的基本特点

环境监测管理是使用定性和定量的各种科学方法，深入研究监测活动中的规律，并以监测质量、效率为中心，对环境监测整个系统进行全面管理的学科。

环境监测是一个复杂的大系统，对这一被管理系统（对象）的管理成败与否，取决于对管理特点的透彻了解，否则很难实现高质量、高效率的环境监测管理，也将影响环境监测的质量及其作用的发挥，环境监测管理的基本特点有：

（一）目标性：任何管理都是有目标的管理，只有这样才可能是有效的管理，无目标的管理应该是不存在的。环境监测的管理目标是什么呢？宏观地说是不断提高为环境管理服务的水平，即及时性、代表性、准确性和科学性，从微观角度来看，最重要的又是环境监测数据、资料的可比性、代表性、精密性、精确性和完善性（习惯称为环境监测数据“五性”）。前者统称服务质量，后者惯称监测质量。两者互相联系，统称监测质量，由此可见，环境监测的目标管理十分明确，如图10－2所示。

（二）层次性；环境监测是现代社会的新兴事业，就其性质来说是社会公益性的科学技术事业，它涉及的技术学科面很广，与软、硬科学的各个方面都有联系，要对它进行有效的管理，还必须弄清它的层次关系。大致有：

1．按环境要素分：大气环境监测管理、水环境监测管理、噪声监测管理、固体废弃物监测管理、放射性监测管理、生物监测管理等；

2．按监测过程分：监测点位管理、采样技术管理、测试方法管理、监测数据管理，综合分析评价管理等；

3．按污染物污染过程分：污染源监测管理、环境要素监测管理、影响监测管理等；

4．按监测部门分：气象监测（气象部门）管理、卫生（卫生部门）监测管理，例行监测（环保部门）管理、资源监测（资源管理部门）管理等；

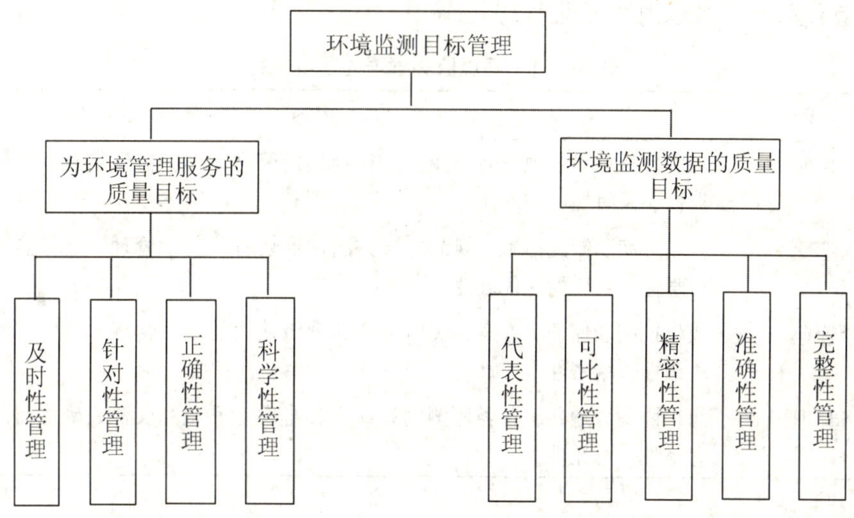

图 10－2　环境监测目标管理示意图

5. 按监测工作性质分：监测计划管理、监测技术管理、监测网络管理、监测质量管理。

总之，环境监测管理的层次性是很强的，分层的方法也很多，在进行环境监测管理工作时，必须分清层次，理顺关系，分类突破。

（三）动态性：环境问题不是一成不变的，环境监测工作在不同时期有着各自的重点，否则无法捕获真实的环境质量信息，很难有为环境管理服务的及时性、针对性。所以，环境监测管理必须适应环境质量态势的变化，及时调整管理目标。比如监测项目的增减、频率的升降、点位的变更等等，始终维持监测工作的高质量、高水平。

（四）整体性：环境监测过程是由布点，采样、测试、数据处理和综合评价等基本环节组成的复杂系统，各环节之间既有独特的个性，又有密切的联系。共同构成完整的监测过程，缺一不可。任何一个环节都有其特定的目的，对环境监测的总体质量有着一份“贡献”，对环境监测实行的质量管理必须是全过程的质量管理，基于环境监测的这一特性，环境监测的质量问题必须通过建立完整的质量保证体系才能解决，任何某一过程（系统的某一组成元素）的质量控制都不能取代全过程的质量保证工作。在环境监测的管理工作中，充分认识和运用整体性是至关重要的。

二、环境监测管理的基本内容

环境监测活动是一项系统工程，它的管理内容很多，从环境监测的全过程来说包括监测点位管理、采样技术管理（样品贮运管理）、测试方法管理（仪器设备管理）、监测数据管理及监测综合管理。环境监测系统管理就包括：为实现监测目标的监测工作计划管理；监测技术方法、制度措施、规范标准实施的技术管理；对环境监测的全过程进行质量控制和质量保证，实施标准物质使用分级追踪体系的监测质量管理；科学组成机构、合理使用人才设备增强监测活力对各级各类行业部门环境监测站点统一规划，组织协调实现分工分级监督的监测网络管理。

监测系统管理的基本内容可见表 10－1。

表 10－1　环境监测管理的基本内容

名　　称	内容
计划管理	为实现目标对各项行政、业务工作计划的管理，确保监测信息的完整性、针对性、及时性
技术管理	技术方案、制度措施、规范标准方法仪器设备等科学管理，确保监测信息的科学性、可比性、代表性
质量管理	质量控制和保证、方案、实施标准的分级使用的跟踪管理，确保监测信息的准确性、精密性
网络管理	组织协调各地各级各类监测网站（点）监测活和信息交流，确保监测信息的完整性、可比性

三、现代管理在监测管理中的作用

如前所述，管理就是决策，是一个组织、计划、协调、控制被管理系统的连续过程，从管理的定义和职能上来看，现代管理与传统管理并没有原则的区别，都是对被管理系统作出决策，依靠其组织、计划、协调，控制的职能，指挥和协调被管理事物，完成或达到对被管理系统的特定目的。然而，从管理对象、管理方法上来看，现代管理与传统管理都有着很大差别，这些差别见表 10－2。

表 10－2　现代管理与传统管理的区别

主要区别	现代管理	传统管理
被管理对象	复杂、多变的动态系统，系统的运动具有较大的不确定性	被管理系统的构成元素较多，系统的运动不确定性较小
组织形式	优化设计，分层组织、形成严密的组织网络	往往是对目标进行一次性分解，无需复杂的组织形式
管理方法	1. 通过系统设计，建立信息系统模型 2. 宏观控制与微观调节相结合	对管理目标进行直接的指挥和调节

从表 10－2 可以看出，现代管理是实现环境监测有效管理的重要保证，其作用就在于：

（一）提供了建立环境质量保证体系的可能性。环境监测质量保证既重要又复杂，说重要是因为环境监测质量直接影响环境管理的针对性和有效性，避免错误的决策；说复杂是因为影响环境质量的因素错综复杂，瞬息万变，监测质量保证计划本身具有较大的不确定性，需要大量的定性和定量的信息来对质量保证计划（规划）进行不断的分决策，传统的管理办法已不适应，而现代管理的系统设计则能较好地解决这一问题。这就要建立质量保证的信息管理系统，帮助管理人员进行定性与定量分析的同态信息系统模型。这种模型可以是图模型、网络模型或者电子模型、管理人员可以通过直观的模型随时掌握庞杂的质量保证系统的运行情况，尤其是国家级尺度的环境监测质量保证系统，更需要这样做，借以决策千里之外。

（二）为高级管理人员提供了从整体上、全局上宏观控制的科学方法。当代事物的复杂性（如环境监测系统），迫使管理人员不得不超脱具体细节，去从事物的组合关系上，整体上控制复杂系统的运行。高级管理人员事实上是无法掌握每一个测点细节而进行具体管理，必须运用现代管理学理论和方法，实行优化设计、分层管理、宏观指导。

（三）促使环境监测管理效率的提高。由于环境监测在环境保护中有着特殊的地位，有人比之为“耳目”。提高耳目的质量和效率十分重要，如果没有质量会使环境管理造成错误决策，如果没有效率则会使环境管理决策变成“马后炮”。质量和效率都包括两个方面，一是监测系统本身运转的质量和效率，二是为环境管理服务的质量和效率，两者缺一不可。就效率而言，包括环境监测各环节（小系统）的效率。现代管理的一个基本思想就是把握被管理系统的主题动态计划，十分注意事物的组合关系，注重每个联系着的环节的本质抽象，注重信息的收集和反馈，这种思想用于指导环境监测的全过程管理，对环境监测效果提高大为有益。

四、环境监测网

《中华人民共和国环境保护法》第十一条规定，组建国家环境监测网。它是国家环境保护行政主管部门会同有关部门组织的环境监测协作组织，分工协作，开展环境质量监测、污染源监测及综合性环境调查，更好地为环境管理服务。

环境监测网分四类三级。四类即国家环境质量要素监测网，地区横向环境管理监测网，部门、行业、军队环境管理监测网，全球环境监测系统（GEMS）。三级即国家级（一级），省、部级（二级），地市级（三级）。其组成分别为：

一级网由中国环境监测总站及各中心站（二级站）组成。

二级网分别是由省（自治区、直辖市）环境监测中心站，以及省辖市、辖区中计划单列市和有关行厅、局、办、公司，监测站组成的区域环境管理监测网。国务院其它有关部、委、局、总公司、军队环境监测中心站，以及所属省厅、局、办、公司及企业环境监测站组成的各部门、行业、军队环境管理监测网。国务院环保行政主管部门所属的大气、地表水、噪声、放射性、生态、海洋、生物、背景等环境要素质量监测网和国务院环保行政部门所属的全球环境测网。

三级网由各市（地）环境监测站、直辖市的区环境监测站以及所属县（县级市）、大城市的区环境监测站和辖区内的企业事业单位环境监测站组成。国家环境监测网由国务院环保行政主管部门组织管理、中国环境监测总站业务牵头；区域环境监测网由省（自治区、直辖市）和市（地）政府环保主管部门统一管理、分别由省环境监测中心站，市级环境监测站为业务牵头单位；部门行业环境监测网分别由各部门管理，部门、行业中心站为业务牵头单位。国务院行政主管部门负责制订国家监测网的章程、监测技术规范、监测管理制度等并监督实施。

思考题

1. 环境质量监测和污染源监测的主要内容是什么？
2. 阐述环境监测质量保证的重要意义。
3. 简述环境监测网及其各级监测站的主要职责。
4. 简述环境管理与环境监测管理的关系。

第十一章　环境工程管理

第一节　概述

一、环境工程与环境工程管理

（一）环境工程

环境工程是环境科学的一个分支，是研究运用工程技术和有关原理和方法，保护和合理利用自然资源，防治环境污染、改善环境质量的一门学科。它主要的研究内容包括大气污染防治工程、水污染防治工程、固体废物的处理工程以及噪声控制工程等。此外，环境工程还研究环境污染综合防治的方法和措施，以及利用系统工程方法，从区域的整体上寻求解决环境问题的最佳方案。

（二）环境工程管理

环境工程管理的含义应该是：它不仅研究防治环境污染和公害的工程技术措施，而且研究自然资源的保护和合理利用，探索废物资源化的技术、改革生产工艺、发展少害或无害的闭路生产系统，以及按区域环境进行运筹学的管理，以获得较大的环境效果和经济效益。

二、环境工程管理的任务和要求

（一）环境工程管理的任务

环境工程管理的根本任务是：通过制订工程技术标准、技术规范和政策，对工程技术路线、方法、生产工艺等进行技术经济和环境影响评价，限制损害人类环境质量的生产、技术活动；鼓励开发无废技术、节能技术等一切有利于改善环境质量的工程技术，取得良好的环境经济效果。

（二）环境工程管理的要求

1. 通过制定各种标准、环境监测规范化等工作，维护和改善环境质量。

2. 在各行业部门、各地区制定产品设计标准、制定设计规范时要包括环境保护的要求，使新产品、新装置、新工厂的设计，建设有利于保护和改善环境质量。

3. 对工程技术路线、生产工艺进行环境影响评价。综合分析工程技术路线的环境影响及其经济效益，从经济、环境、社会三个方面的综合效益统一考虑。

4. 对环境工程技术进行综合评价，推荐防治污染的最佳可行技术，进行环境工程的优化决策。

5. 对各种环境问题提出综合防治途径和对策。

三、产业结构

根据我国的实际情况，结合国外经验，从有利于经济结构合理化和社会经济的协调发展出发，有人提出对我国的三次产业结构划分如下：

第一产业：包括农业、畜牧业、渔业、林业。

第二产业：包括工业（指矿业、制造业与煤气、电力、自来水）、建筑业、地质普查与勘探业。

第三产业：指第一、第二产业以外的其余部门。按它们在社会经济中的不同作用，又可分以下两个层次。

第一层次，指直接为生产和生活服务的部门，包括运输与邮电通讯、商业、饮食业、物资供销、房地产管理、公用事业（指不包括煤气、电力、自来水以外的市内公共交通、园林绿化、清洁卫生、市政工程管理、殡葬及其他公用事业）和居民服务业（包括旅馆、旅游、理发、浴池、洗染、摄影、日用品修理及其他服务业），金融、保险业，其他各种综合性专业技术服务业（如：气象、地震、测绘、海洋环境、环境保护、科技咨询、电子计算机事业、律师事务所、会计事务所等）。

商业、饮食业和运输、邮电通讯业，它们是物质生产部门，但与农业、工业和建筑业不同，不生产有形产品。从它为生产流通和人民生活提供服务着眼，把它们列入“第三产业”。

第二层次，指为社会公共需要服务的部门。包括政府机关、人民团体、军队和警察等。

上述分类虽把产业作了高度汇集，但在经济结构研究中，有时仍感到过于繁琐。因为一个国家的经济发展状况如何，往往以其产业结构从低级向高级的变化情况如何来做出判断，而产业结构的变化如何，又是根据各产业部门的就业人数和附加价值额的变化来做出判断的。随着国际经济、贸易的不断发展，产业结构也在不断变化，作为当代经济发达国家的产业结构比重来看，第一产业约占5%左右，第三产业约占65%左右，第二产业约占30%左右。当然这仅是对一个国家而言，对个别城市和局部地区也有所不同。这种“三次产业”结构的划分，对我国是一个新概念，人们在使用时常常与我国当前实行的国民经济部门分类法相混淆。我国是把整个国民经济划分为物质生产部门和非物质生产部门两大类。这种分类方法与“三次产业”分类法在部门结构的划分上有很大区别，这种区别大致可以用图11－1表示。

四、行业排污特征

（一）产业结构的排污特征

第一产业主要是农、林、牧、渔四大行业，农业主要是因为施肥料和打农药，由于雨雪冲刷，造成由地面径流带来的水体和土壤的污染；渔业主要是人工养殖由饵料和

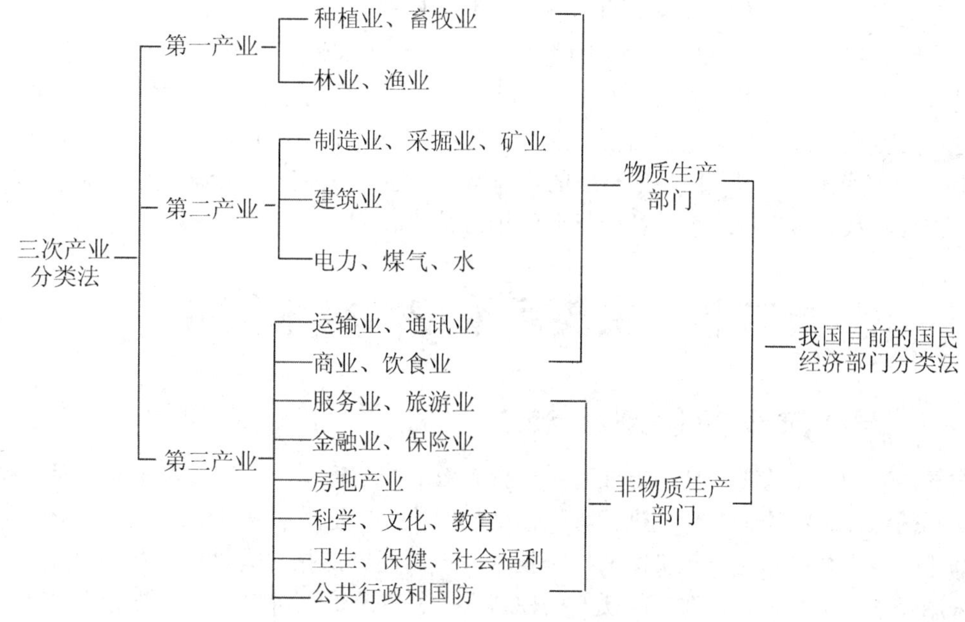

图 11-1 三次产业分类法

粪便带来的水体污染；牧业主要是粪便等带来的土壤和水体污染，还有恶臭。总的来说在以第一产业为主的农村和城市郊区主要以有机污染为主，致使水体中的 BOD_5 和 N、P 升高。

第二产业主要是工业、建筑业和矿业。其中以工业的废水、废气、废渣排放为最多，工业因其行业众多，产品多样，生产过程中排出的“三废”污染物也多种多样，其中有有机污染物，也有无机污染物，当中还有很多有毒有害物。这是城市和乡镇的主要污染源，是环境工程治理的重点。

第三产业中主要是其中部分服务性行业，如运输业、饮食业、旅馆饭店、浴池、洗涤等行业的污染物排放，主要是有机污染物。

以上三次产业中，量大、面广、品种多的主要是工业企业排放的“三废”污染物，是造成环境污染的主要污染源。

（二）行业的排污特征

根据国家统计局有关国民经济部门分类的有关文件指出，我国有 160 多种行业，分成大、中、小三类，各行各业都有它一定的生产工艺和产品，在生产过程中都要排放一定数量的所谓废物，这些废物一般都随废气、废水、废渣排到周围环境中，造成环境污染。

由于行业不同，产品不同，排出的污染物也各不相同，这就造成了不同行业的排污特征，这种特征一般用排污系数来表示。这种排污系数一般可分成两类，一类叫价值型排污系数，即某行业每万元产值排出各种主要污染物的绝对量；另一类叫实物型排污系数，即某行业每单位产品在生产过程中排出各种主要污染物的绝对量。价值型排污系数因受到市场价格变化和国际货币不同的影响，缺乏一定的可比性，致使实用性不强。而实物型排污系数仅受生产工艺和技术进步因素的影响，国内外具有一定的可比性（当生产工艺相近，技术进步因素相当时）。1982年6月由城乡建设环境保护部编写的环境统计工作手册中曾介绍过八大工业系统，18个行业，132个产品或工序的主要污染物排污系数，从中可以看出这些不同行业的排污特征，受篇幅关系，在此不能一一说明。上海的杨贤智、吴林娣等人在1986年曾统计过上海市88个行业的价值型排污系数。我国正在研究测定各行各业的实物型排污系数，以定量地表明各个行业的排污特征。

第二节　主要污染控制技术简介

一、大气污染的控制技术

大气污染物的排放必须从两方面着手进行有效的控制管理，一是加强环境管理，制定切合实际的法律、法规，综合地进行大气污染的防治；二是采用先进治理技术，减少大气污染物排放。本节讨论大气污染物的控制技术。控制污染的排放有许多积极有效的办法，例如采用先进的生产工艺、选用品质好的原料和燃料以及事先对它们进行加工处理等，但安装控制污染设备仍然是主要方法。

（一）颗粒物质排放的控制技术

颗粒物质是重要的大气污染排放物，由于这些颗粒物质有不同的物理和化学性质，它们悬浮在空气中会使空气质量受到损害，因此减少颗粒物的排放受到相当重视。

颗粒物排放的控制技术是安装除尘设备。除尘设备的集尘效率与颗粒的动力学性质（速度、粒径大小、形状）和集尘设备的结构有关。选择和设计除尘设备需要了解排放颗粒的大小、分布、浓度、形状、吸湿性、附着性、荷电性、毒性等，以及废气的一系列性质，如温度、气量、化学组成等，以便有针对性地获得最佳集尘效率。

由于控制颗粒物质排放的方法和技术很多，实际使用的控制设备也有许多类型，只能摘要加以介绍。

1. 重力沉降室

重力沉降室是靠重力使颗粒沉降并捕集的除尘装置。含尘气体水平流过横断面比管道大得多的沉降室时，流速大大降低，使大而重的尘粒得以缓慢落至沉降室底部。

重力沉降室可有效地捕集50μm以上的粒子，除尘效率约40%～60%。气体的水平流速通常为0.2～1.0m/s，在处理锅炉烟气时，气速不宜大于0.7m/s。占地面积大、除尘效率低是重力沉降室的主要缺点，但因其具有结构简单、投资低、维护管理容易及压力损失小（一般50～150pa）等优点，工程上可因地制宜地设为预除尘装置。

2. 旋风除尘器

旋风除尘器，又称离心式除尘器，是使含尘气体做旋转运动，借助离心力作用将尘粒从气流中分离捕集的装置。旋转气流作用于尘粒上的离心力比重力大5～2500倍，因此，它能从含尘气体中除去更小的粒子。

含尘气流从上部切向进入，气流速度一般取 12 ~ 17m/s。气流首先做向下的涡旋运动，到达除尘器锥体底部后再作向上的涡旋运动，从顶部的圆筒排出。颗粒物质在作涡旋运动时由于离心力的作用与气流分开，沉积于器壁，最后下滑至灰斗。

旋风除尘器的气流进入方式分为切向进入和轴向进入两种。切向进入又分为直入式和蜗壳式，前者入口管的外壁与除尘器筒体相切，后者入口管的内壁与筒体相切，外壁采用渐开线型式，渐开角有 180°、270°及 360°三种。轴向进入式采用导流叶片促使气流旋转，与切向进入式相比，在同一压力损失下，能处理三倍左右的气体量，而且气流分布容易均匀，主要用于处理气体量大的多管旋风除尘器。

旋风除尘器的除尘效率与气流旋转速度、颗粒浓度及粒径分布有关。对大于 20μm 的尘粒有较好的捕集效率，效率可达 80% ~95%，为了提高除尘效率，应一方面设法适当增加进气速度，同时设法增加气流在旋风器内的停留时间，设计上可适当减小入口管的口径和增加旋风除尘器的长度来达到上述目的。这种形式的设计通常称为高效旋风除尘器。

旋风除尘器具有结构简单、制造安装和维护管理容易、投资少、占地面积小等优点，已广泛地应用于各种工业部门。

旋风除尘器一般只适用净化非粘滞性和非纤维性粉尘及温度在 673K 以下的非腐蚀性气体；如果用于高温气体除尘，则需要采取冷却措施，或内壁衬隔热材料；如果用于净化腐蚀性气体时，则应采用防腐材料或内壁喷涂防腐材料。

3. 静电除尘器

又称电除尘器，是利用静电力实现粒子（固体或液体）与气流分离的装置。电除尘器有两种型式，即管式和板式电除尘器。所有类型的电除尘器，都是基于相同的基本原理，即首先采用电晕放电的方法使悬浮颗粒荷电，荷电颗粒在电场中被捕集，然后清除沉积在集尘极板上的颗粒。

在电除尘器的细金属丝和外管之间或金属丝和极板之间施加高压直流电，使放电极发生电晕放电，气体电离，生成大量自由电子和正离子。正离子被电晕极（假设为负极）吸引而失去电荷，自由电子和随即形成的负离子向集尘极移动，悬浮粒子与自由电子和负离于碰撞附着，便实现了粒子荷电。

虽然正、负电晕极均可采用，但对于工业气体净化，倾向于采用稳定性强、可以得到较高操作电压和电流的负电晕极；对于空气调节系统则采用正电晕极，好处在于产生的臭氧量低。

作用于颗粒的库仑力（即电场力）使其向集尘极运动，运动的速度（常称为驱进速度）取决于电场力和由于气体粘度而作用于颗粒上的阻力之间的平衡。荷电颗粒迁移至集尘极表面，并附着在上面，实现了颗粒的捕集。

电晕电极和集尘极上沉积的颗粒物达到一定厚度（从几毫米到几厘米）后，需采用机械振打等方法将其清除掉。机械振打的效果主要取决于振打强度和振打频率。振打强度亦不宜过大，否则二次扬尘增多，结构损坏加重。

电除尘器最适宜于净化比电阻为 10^4 ~ 10^{11} Ω · cm 的粉尘。当烟尘比电阻小于 10^4 Ω · cm 时，容易发生尘粒的二次飞扬现象。当比电阻在 10^{11} Ω · cm 以上时，会导致“反电晕”等现象。工业上采用适当的烟气调质途径可以降低粉尘的比电阻。

与其他类型除尘器相比，电除尘器能耗小，除尘效率高（最高可达 98.99%），且能分离粒径为0.1～1.0μm的细粒子，维护简单，处理烟气量大，可处理各种不同性质的烟雾，温度可达750K，湿度可达100%，所以应用范围越来越广，尤其是应用于解决燃煤电站、石油化工和钢铁工业等的大气污染问题。电除尘器在回收有价值物质中也起着重要的作用。电除尘器的主要缺点是设备庞大、耗钢多、投资高，制造、安装和管理要求较高。

4. 袋式除尘器

袋式除尘器是利用天然或人造纤维织成的滤袋净化含尘气体的装置。对于小颗粒（直径不足0.01μm）来说，用袋式除尘器是最有效的办法。当挟带颗粒物质的气流通过滤袋时，它们与纤维发生惯性碰撞、扩散、静电吸着和重力沉降达到从气体中滤去的目的，其效率一般可达99%以上。

袋式除尘器的型式多种多样，按滤袋形状分为圆筒形和扁平形两种，圆筒形滤袋应用较广，其直径一般为12～30cm，长度2～6m，也有长达12m以上的。大中型袋式除尘器，一般都分成若干室，每室袋数少则8～15只，多则达200只。扁平形袋的断面形状有楔形、梯形和矩形等，其优点是单位容积内布置的过滤面积大，占地和占空间少。袋式除尘器按清灰方式分为：机械振动清灰式、逆气流反吹式、气环反吹式和脉冲喷吹式等多种型式。

有许多材料可用来编制滤袋，这些材料的性质，如耐温性、耐磨性、气体渗透性、耐酸和耐碱性等，对设计和选用过滤集尘器是十分重要的，表11－1给出了部分滤料纤维的特性，还列出了它们的相对价格，以棉花纤维为基准，由低至高。

表11－1 各种纤维的理化特性

纤维种类	操作温度（K）		成分	气体渗透性（cm^3/cm^2·分）	耐磨性	耐无机酸	耐有机酸	耐碱	价格次序
	长时间	短时间							
棉花	353	378	纤维素	300～600	好	差	好	好	1
羊毛	363	393	蛋白质	600～1800	好	尚好	尚好	差	7
尼龙（Nylon）	363	393	聚酰胺	450～900	很好	差	尚好	好	2
奥伦（Orlon）	388	408	降内酰腈	600～1400	好	好	好	尚好	3
涤纶（Dacron）	408	433	聚酯	300～1800	很好	好	好	好	4
聚丙烯	363	393	烯烃	200～900	很好	尚好	很好	好	6
诺梅克斯（NomeCX）	488	528	聚酰胺	750～1600	很好	尚好	很好	好	8
玻璃纤维	533	573	玻璃	300～2100	差	很好	很好	差	5
特氟隆（Teflon）	503	528	聚氟乙烯	450～2000	尚好	很好	很好	很好	9

作为一种高效除尘器，袋式除尘器广泛用于各种工业部门的尾气除尘中。它比电除尘器的投资省，运行稳定，可回收高比电阻粉尘，回收的干粉尘便于综合利用。但袋式除尘器不适于净化含粘结和吸湿性强的含尘气体，其应用还受滤料耐湿性和耐腐蚀

性的影响。

5. 湿式除尘器

湿式除尘器又名湿式洗涤除尘器，它利用液体所形成的液滴、液膜、雾沫等洗涤含尘烟气使尘粒从烟气中分离。此类装置具有结构简单、造价低、占地面积小和净化效率高等优点，能够处理高湿、高温气体，在去除颗粒污染物的同时亦可去除二氧化硫等气态污染物，但应注意其管道和设备的腐蚀、污水和污染的处理、烟云抬升高度减小等问题。

目前应用最广的湿式除尘器为重力喷雾洗涤除尘塔、中心喷雾旋风洗涤除尘器、旋风水膜除尘器和文丘里洗涤除尘器等。不同型式结构的洗涤器的效率虽然不同，如果维护管理得当，除尘效率都能达到 90% ~95% 以上。湿式除尘器种类较多，难以一一介绍，表 11 –2 列出了使用中常见的几种湿式除尘器的特性参数。

表 11 –2　各种湿式除尘器特性

除尘器类型	气体速度范围	水与气之比	气流对雾滴运动方向			压力降（Pa）
			逆向	平行	直角	
重力喷雾洗涤除尘器	1 ~2	1 ~4	√			125 ~500
旋风洗涤除尘器	高至 65	1 ~3	√		√	250 ~400
碰撞洗涤除尘器	25 ~35	0. 5 ~1		√		
文丘里洗涤除尘器	65 ~200	1 ~1. 5		√		1250 ~9000
填料层洗涤除尘器						
横向流	3 ~6	0. 2 ~0. 8		√		20 ~50
逆流	3 ~6	2 ~4	√			50 ~100
平行流	3 ~6	1. 5 ~3		√		100 ~400
自激喷雾洗涤除尘器	20 ~60	0. 01 ~0. 2				200 ~1500

污染控制技术发展到今天，对于颗粒物的排放，完全能依靠除尘器进行控制。目前已设计出种类繁多的除尘设备，对于具体的污染源，必须首先依据排放的气体和颗粒物性质进行选择。废气性质包括温度、湿度、可燃性、腐蚀性等，颗粒物性质包括粒子大小分布、形状、密度、粘度、亲水性和荷电性等。然后须掌握各类除尘器的特性，特别是除尘效率。再者须考虑到经济负担能力。为了达到最佳除尘效率，可采用不同类型除尘设备组成多级组合除尘器。

（二）气态污染物排放的控制技术

1. 可选用的控制技术

控制气态污染物的基本方法有 5 种：吸收、吸附、催化法、焚烧法和冷凝。对具体污染源究竟选用何种方法，需根据气态污染物的性质和经济能力决定。

应当优先考虑如何减少污染物的产生量。开发清洁能源、改变燃料结构，革新能源利用设备，改进燃烧技术等是减少空气污染物的重要途径。加强工矿企业重点污染源的工艺改革，推广清洁生产，既能提高原材料的利用率，又能减少污染物。

尽可能地减少气体流量和提高污染物浓度，可降低处理费用。对于浓度较高的气体，应首先考虑回收利用。

（1）吸收法是控制气态污染物的重要技术措施之一，它是用液体处理被污染的气体，将其中的一种或几种气态污染物除去。工业生产中排出的硫氧化物、氮氧化物、氨、硫化氢、氯化氢和氟化氢等都可采用吸收法加以净化，特别是当需要处理的气体量大时，吸收法更具有优越性。为了增大气体组分的吸收率和吸收速度，多采用化学吸收，若所进行的化学反应是可逆的，吸收剂用过后还可以回收。

（2）吸附法是日益得到广泛应用的净化技术，它是利用多孔固体吸附剂将气体（或液体）混合物中一种或数种组分积凝或凝缩其表面上，而达到分离目的操作。吸附效率与固体吸附剂的吸附性质、单位吸附剂的表面积、吸附时间和污染气体被吸附组分的浓度有关。常用的吸附剂包括活性炭、硅胶、活性氧化铝、沸石分子筛等。吸附法适宜处理低浓度、大流量的气体，它可将含有机物废气净化到极低浓度。

（3）催化法是利用催化剂的催化作用，使废气中的有害组分发生化学反应（氧化、还原、分解），并转化为无害物或易于去除物质的一种方法。包括：催化燃烧（氧化）、催化还原，催化分解。筛选合宜的催化剂是催化法的关键，催化剂对反应的活性和选择性以及使用寿命是衡量催化剂性能的主要指标。

催化法净化效率较高，而且在治理过程中不用将污染物与主气流分离，可直接将主流气中的有害物净化，不造成二次污染。但有些贵金属催化剂价格昂贵，操作上要求高，废气中污染物难以回收利用等是这种方法的缺点。

（4）焚烧法是指通过氧化把废气（或废液）中的有机化合物有效地转化为 CO_2 和 H_2O 的控制技术，废气中其它成分也可转化成为可向大气环境排放或容易回收的组分。先进的焚烧系统，不仅可以将污染物排放量减少到最低限度，并且可以从热排气中回收热量。

废气的温度、体积、化学组成、热含量和最高允许排放浓度，是选择焚烧法时必须考虑的因素。另外，工业废气燃烧时存在着可燃物与空气混合物，以及高温、明火等危险因素，因此，防止在风道、炉子等设备中发生燃烧爆炸是十分关键的问题。

（5）冷凝法也常用来净化工业废气。冷凝法是根据物质在不同温度下具有不同的饱和蒸气压，通过冷却使处于蒸气状态的物质冷凝成液体，与废气分离，从而使废气净化的方法。这种方法的净化效率低，一般多用于回收浓度较高的有机气体，或预先回收某些可利用的纯物质，有时也用作吸附或催化燃烧等流程的预处理。蒸汽压比较低的污染物可用水冷；对于稍有挥发性的溶剂，可采用二级冷凝：第一级用水冷，第二级进行冷冻。如果需要冷却到较低的温度，冷凝法就没有吸引力了。

2. 二氧化硫污染控制技术

二氧化硫污染控制是人们最关心的大气污染问题之一。目前燃料燃烧排放 SO_2 占我国人为排放总量的90%，是控制 SO_2 污染的主要对象。通常可采用三种方法减少 SO_2 排放：在燃烧前进行燃料脱硫，燃烧过程中固硫，燃烧后烟气脱硫。

（1）燃料脱硫。煤内所含的硫包括无机硫和有机硫，前者主要是硫铁矿，后者以噻吩、硫醚和硫醇等形式存在于煤分子结构中。通过粉碎、浮选，煤中的无机硫可脱除20%～40%，其降低程度取决于煤中黄铁矿硫颗粒的大小及无机硫含量。目前广泛采用的选煤技术以湿法为主。这些湿法选煤不仅耗水量大，而且极易造成环境污染。随着选煤技术的发展，干法选煤技术显得日益重要。干法选煤技术可分为风力选、空气重介流化床选、摩擦选、磁选、电选等。空气重介流化床干法选煤具有分选精度高、投资少等特点，具有良好的应用前景。

煤中的有机硫可分为两类：可脱除有机硫，主要是非环状硫化物；不可脱除有机硫，它们只有在彻底破坏煤分子结构的条件下才能脱除，主要是存在于芳环中的噻吩类化合物。这两种有机硫所占比例因产地和煤种而异，对兖州煤而言，它们各约占50%。根据目前的技术，煤在使用前要在很大程度脱除其中的有机硫是不可能的。

由于选煤洗煤设备投资大，我国每年洗选的煤，不足2亿t，多数情况下仍是直接燃原煤。提高煤炭资源的利用效率和保护环境，将煤炭转化为清洁燃料，一直是科学界和工业界努力的方向。近年来煤的液化、气化技术有了较大发展，可将无机硫去除90%，在成本上也实现了可与石油产品竞争的目标。

对于防治量大面广的工业锅炉和窑炉所引起的SO_2污染，发展型煤是一种经济有效的途径。型煤是通过合理工艺对原煤加工而制得的低污染成型煤。发展型煤投资少、见效快，节能显著，它是迅速控制我国大气污染的可行措施。

（2）燃烧过程中脱硫。向燃烧室内同时加入煤和固硫剂（比如石灰石），使煤在较低温度下（900℃左右）燃烧。除了煤中以硫酸盐形态存在的硫不会分解逸出外，煤中的有机硫和硫化物均能与石灰石中的钙反应，以硫酸钙的形式固定在灰渣中。目前，采用常压硫化床燃烧、钙硫摩尔比1.5～1.8时，脱硫率可达80%～85%，加压硫化床（在比常压高6～16倍的压力下运行）燃烧的脱硫效率可达90%（钙硫摩尔比1.3～1.5）。硫化床燃烧技术能够有助于燃煤锅炉无需添加污染控制装置就能满足对SO_2的环保排放的要求。同时，由于燃烧温度低，空气中的N_2只有少量被氧化，故流化床锅炉燃烧产生的氮氧化物（NO_x）比常规煤粉锅炉要少得多。硫化床燃烧中煤颗粒的浓度很低，床内物料大多数为煤灰和脱硫剂（已经反应和未反应的）。这样，煤的燃烧过程将不会显著地受煤质影响，故硫化床能够适用于燃烧各类煤种。因此，炉内增钙低温燃烧，特别是硫化床燃烧，是一种较好的脱硫方式。

（3）烟气脱硫。烟气脱硫是目前控制燃煤SO_2排放有效和应用最广的技术。至1992年，全世界已安装总容量为1.67亿千瓦的燃煤烟气脱硫系统。烟气脱硫的方法很多，可按产物的含水率，分为湿法和干法，也可按抛弃或回收脱硫产物分为抛弃法或回收法两类。

烟气脱硫的主要困难在于SO_2浓度低、烟气体积大、SO_2总量大，需要根据烟气系统的大小等多种因素选择适宜的脱硫方法。目前湿法脱硫工艺应用最多，共占脱硫电厂装机总量的83%，且主要用于大型机组，平均装机容量313MW/套；喷雾干燥法次之，占10%左右；其他各类方法的市场占有率不足10%。

湿法烟气脱硫是使碱性的石灰或石灰石浆在吸收反应器内进行循环，使它和废气中硫氧化物发生化学反应，生成亚硫酸钙或硫酸钙，再经固液分离后排除。石灰和石灰石来源广，价格较低，因而用它们脱硫的运行费用省，所得脱硫产物可以回收，也可以抛弃。石灰、石灰石法的脱硫效率在85%左右，必要时也可达到95%以上。结垢和堵塞是影响吸收洗涤塔操作的最大问题，为防止 $CaSO_4$ 结垢，在吸收过程中应控制亚硫酸盐的氧化率在20%以下。同时选用的吸收器应具有持液量大、气液相间的相对湿度高、有较大的液体表面积、内部构件少、压力损失小等条件。

为了克服石灰、石灰石法容易结垢的缺点，也可采用碱金属盐类（例如碳酸钠）或碱类的水溶液吸收 SO_2，形成亚硫酸盐和酸式亚硫酸盐，然后用石灰或石灰石浆再生吸收 SO_2 后的熔渣，使 SO_2 以亚硫酸钙或硫酸钙的形式沉淀析出，得到较高纯度的石膏，再生后的溶液返回吸收系统循环使用。此种方法通常称为"双碱流程"，脱硫效率一般在90%以上。

喷雾干燥法脱硫过程中，SO_2 被雾化了的氢氧化钙浆液或碳酸钠溶液吸收；同时，利用温度相当高的烟气干燥液滴，形成干的固体废物。干燥了的固体废物由袋式除尘器或电除尘器捕集。喷雾干燥法是目前唯一商业化的干法烟气脱硫技术。

3. **氮氧化物污染控制技术**

从燃烧装置中排出的氮氧化物主要以 NO 形式存在。NO 比较稳定，在一般条件下，它的氧化还原速度比较慢。从排烟中除去 NO_x 的过程称为"排烟脱氮"（或称"排烟脱硝"），它与"排烟脱硫"比较相似，也需要应用液态或固态的吸收剂来吸收或吸附 NO_x 以达到脱氮目的。NO 不与水反应，几乎不会被水或氨所吸收。若 NO 和 NO_2 是以等摩尔存在时，则容易被碱液吸收，也可被硫酸吸收生成亚硝酰硫酸。

由于排烟中的 NO_x 主要是 NO，因此在用吸收法脱氮之前需要将 NO 氧化。关于 NO 氧化的方法各国做了许多研究工作，但直到现在，投入实际应用的方法不多。

目前排烟脱氮的方法有：非选择性催化还原法，选择性催化还原法，吸收法、吸附法、催化分解等。

非选择性催化还原法多以氢为还原剂，选择性催化还原法的还原剂多为氨。选择性催化还原法的化学反应如下：

$$4NH_3 + 6NO_2 = 5N_2 + 6H_2O + 1806.6kJ$$

$$8NH_3 + 6NO_2 = 7N_2 + 12H_2O + 2730.6kJ$$

同时还有多个副反应发生。与以氢气为还原剂的非选择性催化还原法相比，选择性催化还原法的优点为：还原剂消耗量小，大大减少了反应热，催化床温度变化小，容易控制；催化剂选择的余地大，除了铂、钯类贵金属催化剂外，还可用铁、锰、铜和铬等金属氧化物作催化剂；还原剂 NH_3 相对易得，反应起始温度也较低，一般为493℃K。

在用氨作还原剂的催化反应中，氮氧化物被还原的程度取决于所用的催化剂，反应温度及气体流速。反应温度过低会生成一些硝酸铵与亚硝酸铵颗粒或白色烟雾，会造成管道堵塞，甚至引起爆炸；温度过高，则会生成一些 NO。

吸收法净化尾气中 NO_x 的吸收剂种类较多，可以是水或碱、酸的水溶液，便于因地制宜综合利用，目前已为中小企业广泛采用。

以水为吸收剂时，水和 NO_2 反应生成硝酸和亚硝酸。在通常情况下亚硝酸不稳定，很快分解为硝酸、一氧化氮和水。NO 不与水发生化学反应，在水中溶解度低，因而用水吸收的效率不高。

稀硝酸也可用来做吸收剂，其吸收原理是利用氮氧化物在稀硝酸中有较高的溶解度而进行物理吸收。高压和低温有利于吸收，吸收温度一般维持在 283 ~ 293℃K。

对于燃烧尾气中 NO_x，最经济有效的控制技术乃是改进燃烧方法，减少氮氧化物排放。改进燃烧的方法包括水喷射法、烟气循环法和二级燃烧法等。

在水喷射法中，水在燃烧室内被雾化，吸收了燃料燃烧所放出的一部分热量，降低了火焰温度，从而减少了 NO_x 的生成量。虽然这种方法可使 NO_x 生成量减少到与其他方法相同的程度，但由于热效率降低，会导致燃料消耗量增大。

烟气循环法是将 15% ~20% 的烟气与燃烧空气一起循环通过燃烧器，借助稀释降低火焰温度，从而降低 NO_x 的生成量。该方法操作简单，可方便地应用于燃煤锅炉，缺点是基建投资较高。

两级燃烧的作法是使燃料在燃烧区与不足量的空气燃烧，此时燃烧区处于富燃料条件，火焰温度较低；然后由二次风口再送部分空气至炉内，使燃料燃尽，此时处于贫燃料状态，火焰温度也较低。火焰温度低，生成的 NO_x 量就少。

近来，低氮氧化物烧嘴得到较广泛应用，根据各种原理设计的多种型式均能降低 50% 左右的 NO_x 生成量，这种烧嘴价格比普通型贵 30% ~70%，同时因更换烧嘴比较简单，宜于在中、小锅炉上采用。

4. 汽车废气治理

城市中汽车废气污染日益受到人们的关注。汽车废气治理的方法有两类：一是改进发动机结构和燃烧方式，减少污染物的产生量，称机内净化，是今后应重点研究的方向；二是在发动机外部安装净化装置，称机外净化，机外净化采用的主要方法是催化净化法。包括：

（1）一段净化法（催化燃烧法）。这种方法是利用装在汽车排气管尾部的催化燃烧装置，将汽车废气中的 CO 和碳氢化合物（H·C），用空气中的氧气（O_2）氧化成 CO_2 和 H_2O（水），净化后的废气直接排入大气。

（2）二级净化法。这种方法是利用两个催化反应器组成的二段催化净化装置，完成净化反应。由汽车发动机排出的废气先通过第一段催化反应器（还原反应器），利用废气中的 CO 把 NO_x 还原成 N_2；废气再进入第二段反应器（氧化反应器），在导入空气的条件下，将剩余的 CO 和碳氢化合物氧化成 CO_2 和 H_2O。

（3）三元催化法。这种方法是利用三元催化剂，同时完成 CO、HC（碳氢化合物）的氧化和 NO_x 的还原反应过程，将三种有害物一起净化的方法。采用这种方法可节省燃料、简化装置，但需严格控制空燃比，并要有高性能的催化剂，技术上尚不够成熟，应用得较少。

二、水污染治理技术

(一) 治理水污染物的基本途径

1. 控制污染物排放量及减少工业废水量

控制污染物排放量是控制水体污染最关键的问题。根据国内外的经验，主要有三个方面的措施：

(1) 改革生产工艺，推行清洁生产，尽量不用水或少用易产生污染的原料及生产工艺。如采用无水印染工艺代替有水印染工艺，可消除印染废水的排放。

(2) 重复用水及循环用水，使废水排放量减至最少。重复用水，根据生产工艺对水质的不同要求，将甲工段排出的废水送往乙工段，将乙工段的废水排入丙工段，实现一水多用。如图 11－2 示出碱法造纸废水返回利用的流程。

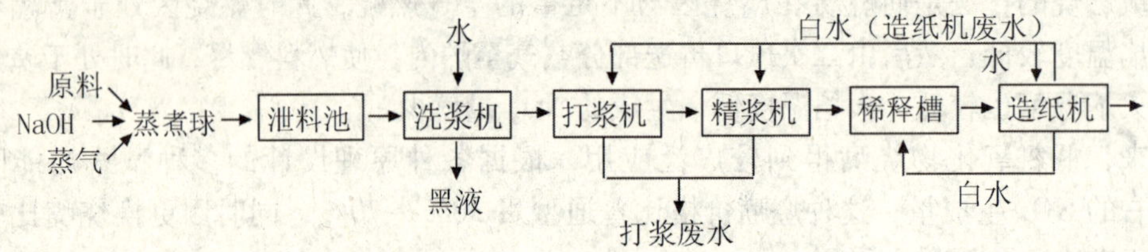

图 11－2　碱法造纸流程简图

(3) 回收有用物质，尽量使流失在废水中的原料或成品与水分离，既可减少生产成本、增加经济收益，又可降低废水中污染物质的浓度，或减轻污水处理的负担。

2. 合理利用水体的自净能力

兴建污水处理厂，需要大量投资，在考虑控制水体污染的时候，必须同时考虑水体的自净能力，争取以较少的投资获得较好的水环境质量。

以河流为例，河流的自净作用是指排入河流的污染物质，在河水向下流动中浓度自然降低的现象。这种现象从净化机制来看，可以分成三类：

(1) 物理净化——是指污染物质由于稀释、扩散、沉淀等作用使污染物质浓度降低。其中稀释作用是一项重要的物理净化过程。在扩散过程中有些有毒气体（如 H_2S）向大气中释放。

(2) 化学净化——是指污染物质由于氧化分解、凝聚等过程而使河水污染物质浓度降低。其中也包括悬浮物沉淀、污染物质被河底淤泥吸附等。

(3) 生物净化——由于微生物对有机物的氧化分解作用，使污染物质浓度降低。其中包括了水生生物、底栖微生物的作用。

由此看来，河流自净作用内容十分广泛，上面这些作用常是交织在一起发生的。

20 世纪 70 年代以来，发展了环境系统工程中一个新的学科分支——河流水质规划。所谓河流水质规划就是应用数学规划方法（系统分析方法）在一定的水质要求下，合理组织排放既不超过也不浪费河流的天然净化功能，以较小的代价获取良好的水质效果。在第一松花江，进行了“水质规划与管理”的研究，并将研究结论用在黑龙江省松花江水系水污染物排放标准中。

此外，为了进行水体污染控制还必须加强对水体及污染源的监测，发展城市及工厂的污水处理厂，加强和制定防止水污染的法律。

(二) 污水处理技术概述

1. 污水处理技术

污水处理的目的，就是用各种方法将污水中所含的污染物质分离出来，或将其转化为无害的物质，从而使污水得到净化。

针对不同污染物质的特性，发展了各种不同的污水处理方法，特别是对工业废水的处理。这些处理方法可按其作用原理划分为四大类：

(1) 物理法——主要是利用物理作用分离废水中呈悬浮状态的污染物质，在处理过程中不改变污染物的化学性质。

(2) 化学法——利用化学反应的作用，去除污染物质或改变污染物的性质。

(3) 生物法——也称生物化学法，简称生化法。生化处理法是处理污水中应用最久、最广和比较有效的一种方法，它是利用自然界存在的各种微生物，将污水中有机物分解和向无机物转化，达到净化的目的。

(4) 物化法——也称物理化学法，简称物化法。物化法是利用离子交换：萃取、膜分离技术、吸附等方法将污染物去除的方法。

处理方法的详细分类及其作用见表 11－3。

表 11－3 污水处理技术分类及其作用

物理法	筛滤截留法	格栅：主要截留污水中大于栅条间隙的漂浮物
		筛网：主要用网孔较小的筛网截流污水中的纤维等细小悬浮物，以保证后续处理效果
		滤机：机械型式较多，其作用相当于转动的筛网
		砂滤：主要采用石英砂等为过滤介质，靠水力压差使污水通过滤层，滤除细小悬浮物、有机物
	重力分离法	沉淀：通过重力沉降分离废水中呈悬浮状态污染物质的方法
		气浮：又称上浮法，用于去除污水中相对密度小于 1 的污染物，或通过投加药剂等措施去除相对密度大于 1 的物质
	离心分离法	水旋分离器：设备固定，废水通过水泵打入或靠水头差沿切线方向进入器内，造成旋流产生离心力场，使悬浮颗粒分离出来
		离心机：由设备本身高速旋转，以产生离心力，使悬浮物分离出来
	高梯度磁分离法	利用磁场中感应磁场和高磁梯度所产生的磁力从液体中分离颗粒污染物或提取有用物质

<table>
<tr><td rowspan="4">化学法</td><td>化学沉淀法</td><td>向废水中投加可溶性化学药剂，使之与水中呈离子状态的无机污染物起化学反应，生成不溶于水或难溶于水的化合物，析出沉淀，使废水得到净化</td></tr>
<tr><td>中和法</td><td>利用中和过程处理酸性或碱性废水</td></tr>
<tr><td>化学氧化法</td><td>利用液氯、臭氧、高锰酸钾等强氧化剂氧化分解废水中污染物，以净化废水</td></tr>
<tr><td>电解法</td><td>利用电解的基本原理，使废水中有害物质通过电解过程，在阴阳两极分别发生氧化和还原反应，以转化成无害物，达到净化水质的目的</td></tr>
<tr><td rowspan="10">生物化学法</td><td>活性污泥法
（好气性生物处理方法）</td><td>鼓风曝气：即堆流式曝气，将压缩空气不断地打入污水中，保证水中有一定溶解氧，以维持微生物生命活动，分解有机物
机械曝气：即表面曝气，利用装在曝气池内的机械叶轮转动，剧烈搅动水面，使空气中的氧溶于水中，供微生物生命活动
纯氧曝气：又称富氧曝气，是按鼓风曝气方法向水中吹入纯氧，以充分提高充氧效率
深井曝气：一般用直径0.5～6m，深达50～150m的曝气装置，利用水压来提高水中氧的转移速率，以进行高效去除污水中BOD含量</td></tr>
<tr><td rowspan="4">生物膜法</td><td>生物滤池：使废水流过生长在滤料表面上的生物膜，通过各相间的物质交换及生物氧化作用，使废水中有机物降解，达到净化目的。这也是需氧生物处理法</td></tr>
<tr><td>塔滤：即塔式生物滤池，塔高8～24m，直径1～3.5m，由于内部通风好，水力冲刷较强，污水同空气、生物膜充分接触，生物膜更新速度快，各层生长有适应于废水性质的不同生物群</td></tr>
<tr><td>生物转盘：由固定在一横轴上的若干间距很近的圆盘组成，圆盘面上生长一层生物膜，以净化污水</td></tr>
<tr><td>生物接触氧化：供微生物栖附的填料全部浸在废水之中，并采用机械设备向废水中充氧，废水中的有机物由微生物氧化分解，达到净化</td></tr>
<tr><td>生物氧化塘</td><td>利用水中的微生物和藻类、水生植物等对污水进行好气或厌气生物处理的天然或人工池塘</td></tr>
<tr><td>土地处理系统</td><td>利用土壤及其中的微生物和植物根系对污染物的综合净化能力（过滤、吸附、微生物分解等）来处理城市污水，同时利用污水中的水、肥来促进农作物、牧草、树木生长</td></tr>
<tr><td>污水灌溉</td><td>以灌溉为主要目的的土地处理系统</td></tr>
<tr><td>厌氧生物处理法</td><td>利用厌氧微生物（如甲烷微生物等）分解水中有机物，达到净化目的，同时产生甲烷气、CO_2 等气体。厌气性处理既用于处理废水（主要为高浓度有机废水）又用于污泥消化</td></tr>
</table>

<table>
<tr><td rowspan="8">物理化学法</td><td>离子交换法</td><td colspan="2">借助于离子交换剂中的交换离子和废水中的离子进行交换，以除去废水中的有害离子，离子交换剂分无机质（如海绿砂的天然物质或合成氟石）与有机质（如磺化煤和树脂）。此种处理方法成为电镀废水处理和回收贵重金属离子的有效手段之一</td></tr>
<tr><td>萃取法</td><td colspan="2">把适当的有机溶剂加入废水，从中分离出某些溶解性的污染物质，以达到废水净化</td></tr>
<tr><td rowspan="4">膜分离技术</td><td>电渗析</td><td>电渗析是在离子交换法基础上发展起来的一项分离技术。溶液中的离子在直流电场的作用下，有选择地通过离子交换膜进行定向迁移。此法多用于海水和苦咸水除盐、制取去离子水等</td></tr>
<tr><td>扩散渗析</td><td>即浓差渗析，利用半透膜（只透过溶剂或只透过溶质）使溶液中的溶质由高浓度侧通过膜向低浓度一侧迁移。主要用于酸碱废液的处理、回收和有机、无机电解质的分离、纯化</td></tr>
<tr><td>反渗透</td><td>以压力为推动力、把水溶液中的水分离出来、同时分离、浓缩溶液中的分子态或离子态物质的方法。反渗透在化学工程分离技术、硬水软化、制取高纯水和分离细菌、病毒等方面得到广泛应用</td></tr>
<tr><td>超过滤法</td><td>以压力为推动力，使水溶液中大分子物质和水分离、其本质是机械筛滤，膜表面孔隙大小是主要控制因素</td></tr>
<tr><td>吸附处理</td><td colspan="2">利用吸附剂（多孔性固体，如活性炭、大孔吸附剂树脂、硅藻土、炉渣等）吸附废水中一种或几种污染物，以回收或去除某些污染物，使废水得到净化</td></tr>
</table>

2. 污水分级处理及城市污水处理厂

污水的处理流程一般分为三级。按所要求的净化程度决定采用一级、二级或三级处理流程。

一级处理即机械处理，主要是用物理法或化学法将污水中可沉降固体除去，然后加氯消毒即排入水体。一级处理只是去除污水中的漂浮物和部分悬浮状态的污染物质，调节污水 pH 值，减轻废水的腐化程度和减少后续处理工艺负荷。用这种处理流程建立的污水处理厂称为一级处理厂或低级污水处理厂。

污水二级处理：污水经过一级处理后，再用生物化学方法除去污水中大量有机污染物，使污水进一步净化的工艺过程。长时期以来，把生物化学处理作为污水二级处理的主体工艺，故常将二级处理作为生化处理的同义语使用。

图 11－3 是利用活性污泥法的二级处理厂流程简图。污水进厂后，首先通过格栅，以除去较大悬浮固体，防止损坏水泵或阻塞管道；有时也可用破碎机将这些杂物弄细，然后送入沉砂池中停留约 1 分钟，使粗砂、硬渣等沉淀出来，可供作填方材料加以处置。一次沉淀池的作用是使污水流速减小，使绝大多数悬浮固体借重力沉积于池底，然后用连续刮

泥机收集并排除出去。污水在一次沉淀池的时间约 90 ~ 150min，可除去 50% ~60% 悬浮固体和 25% ~40% BOD_5。池上部浮集的油垢脂泥也利用刮板机同时清除出去，如果是一级处理厂，污水经上述处理后即可送去氯化消毒，最后排出。

曝气池是二级处理的主要设备，污水在这里利用活性污泥在充分搅拌和不断鼓入空气的条件下使部分可降解的有机废物被细菌氧化分解为硝酸盐、硫酸盐和二氧化碳等。曝气的时间约需 6h，可除去绝大部分的 BOD，氮可除去 25% ~55%，磷可除去 10% ~30%。

曝气池也可以改用淋滤器或生物滤池。淋滤器用涂盖一层生物膜的碎石作滤料，滤层高度在 1 ~ 3m 之间并需定期将生物泥冲洗；生物滤池是借附着在滤料表面的生物膜来分解污水中的有机废物。

一次沉淀池收集的泥渣称为原污泥和第二次沉淀排出部分活性污泥，经浓缩机浓缩后在消化池中进行厌气分解，慢慢地使废物变成甲烷和二氧化碳。余留的固体残渣已十分稳定化，经过干燥即可作为肥料或供填方用，蒸煮器排出的尾气含甲烷约 65% ~ 70%，可用作燃料。

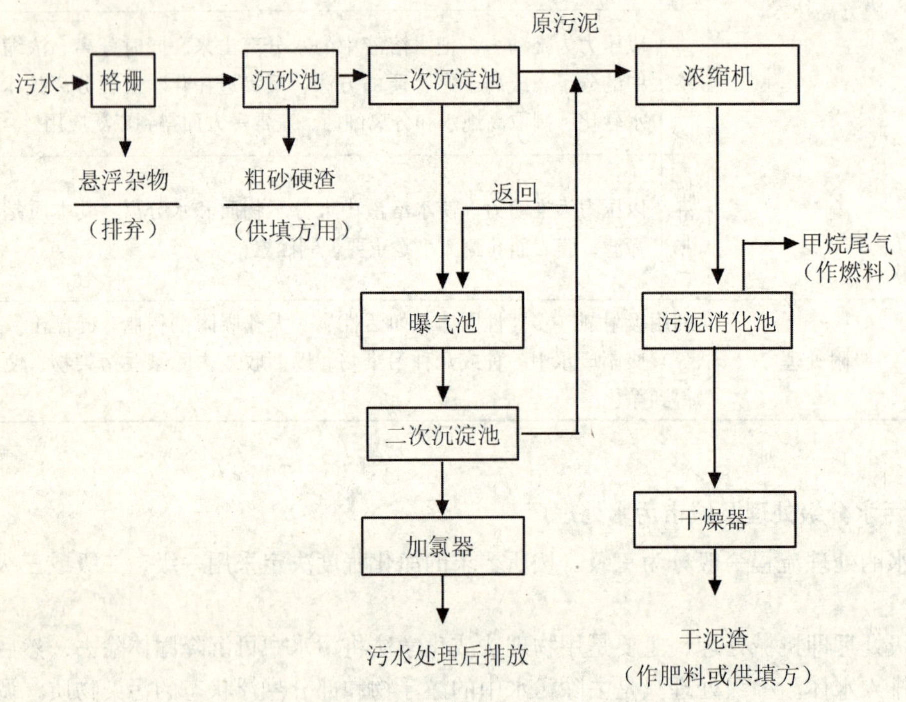

图 11 －3　活性污泥法污水处理工艺流程简图

近年来，有些国家正在研究和采用化学或物理化学法作为二级处理的主体工艺。

污水三级处理：又称污水高级处理或深度处理。污水经过二级处理后，仍含有磷、氮、病原微生物、矿物质和难以生物降解的有机物等，需要进行三级处理，以便进一步去除上述污染物或回收利用有用物质，并能使污水经三级处理后再利用。三级处理主要是采用物理化学方法或土地处理系统予以实现。

用三级处理工艺流程建立起来的城市污水处理厂称为城市三级处理厂或深度处理厂。

表 11 －4 列出各种污水处理流程净化率和优缺点。

表 11－4　各种污水处理流程的净化率和优缺点

处理流程	净化率	优点	缺点
一级处理	BOD 25%～40%； 悬浮物 60%左右	设备简单费用省	只适用于向海洋或自净能力强的水体排放
二级处理	BOD 90%左右； 悬浮物 90%左右； N 25%～55%； P 10%～30%	除去有机废物，提高水中溶解氧	不能防止富营养化
三级处理	BOD 90%以上； 悬浮物 99%； N 50%～95% P 94%	除去氮、磷等植物营养物	费用约为二级处理厂的 2 倍，一级处理厂的 4 倍

工业发达国家把普及和完善城市下水道、大量和普遍地兴建污水处理厂，特别是二级处理厂作为防治水污染和水系保护的重要技术措施。在下水道方面，目前以瑞典的普及率为最高，达 99%；美、英、德等国家为 70%～90%。在新发展的城市中，一般都设置分流制下水道（将雨水、污水分开）。同时还兴建流域下水道，将局部地区两个以上的城镇下水道联结在一起，以便降低污水处理费用，提高处理效率，便于运转管理，保护所在流域水系。如日本在 28 个都道府县的 49 个地区进行了流域下水道建设。英国伯明翰市地区、联邦德国鲁尔区也采用了这种流域下水道系统。

三、固体废物处理与处置

（一）工业固体废物的处置方法

1. 固体废物处置的含义

《中华人民共和国固体废物污染环境防治法》将处置定义为：处置，是指将固体废物焚烧和用其他改变固体废物的物理、化学、生物特性的方法，达到减少已产生的固体废物数量，缩小固体废物体积，减少或者消除其危险成分的活动，或者将固体废物最终置于符合环境保护规定要求的场所或者设施并不再回取的活动。

2. 固体废物的最终处置方法

固体废物的处置方法，可分为物理方法、化学方法和生物方法。对于一种特定的废物流，选择其处理方法必须考虑该废物的性质和二次排出废物的特性，所采用方法必须考虑工业适用性、经济性及设施建成后的操作维修等因素。

在最终处置废物之前要减小其体积或改变其特性，主要是通过物理、化学和生物过程消除或减小危险性，首先根据废物存在的形态选用各种物理方法使有害组分浓缩、相分离、组分分离，除去无害成分减少有害废物体积，为进一步的处理提供条件。化学法处理固体废物主要是为减少废物的毒性，往往可以与回收利用相结合。生物法处理固体废物是依靠天然的微生物或生物把有害成分分解，达到解毒、减量的目的。若要在处理固体废物的过程中取得良好效果，往往是物理法、化学法和生物法交叉使用，相辅相成。

我国对一般固体废物进行最终处置常采用焚烧法，填埋法或堆存处置。

采用焚烧法处置固体废物可以使大部分固体废物以及其中有毒有害成分分解，焚烧残留物重量和体积可大大减少，从而减少最终填埋量。焚烧过程产生的二次污染则可配置燃烧废气污染控制设施。多数有机化工残渣和废有机溶剂在充分回收利用后一般都采用焚烧法处置，也有相当部分的生活垃圾采用焚烧法处置。焚烧装置有方箱式固定床、流化床、耙式床回转炉等。

多数固体废物包括焚烧后的残渣都采用填埋法处置。对于危险性较小的固体废物选用填埋法相对比较经济。填埋要注意填埋场地的选址，并对填埋场可能造成的水体和大气的污染采取控制措施，例如采用衬垫和集气井等。

目前我国处置固体废物采用最多的方法是堆存，常用的有以下两种：

（1）露天堆存法。露天堆存是一种最原始、最简便和应用最广的处理方法，同时也可视作资源的贮存。这种方法只应处理不溶解或低溶性，但溶出物非有害、不扬尘、不腐烂变质等不危及周围环境的块、粒状废物。堆存场应设在居民区的下风向，宜选在山沟、山谷或坑洼荒地，尽量做到贮量大、运管方便、安全可靠，绝不应占用良田好土。

（2）筑坝堆存法。筑坝堆存是通用于砂、粉状废物的处理方法，同露天堆存一样也是资源贮存的一种形式。粉煤灰、尾矿砂等湿排灰泥常需围隔堆存。贮存场应设在运输方便、工程量少、使用年限长的山沟、山谷。近年来正发展多级坝，即利用天然土石方堆筑母坝，然后贮灰。堆贮满后，在其上利用已贮好的部分灰、粉作为堆筑子坝的材料逐层堆筑。这样处理具有以堆存材料筑坝，同时有堆存材料的作用，较之一次筑坝可节省大量土方量，因而节省投资、工期短。它的缺点是投产后还需不断接筑子坝，但若适当安排，不致增加过多的运行费用。此种筑坝方法在包头、马鞍山等地的铁尾矿场已运行20余年。

（二）危险废物处置方法

1. 定义和鉴别

《中华人民共和国固体废物污染环境防治法》将危险废物定义为：“危险废物，是指列入国家危险废物名录或者根据国家规定的危险废物鉴别标准和鉴别方法认定的具有危险特性的废物”。表11－5。

表11－5　各类危险废物定义及鉴别参考表

序号	有害特性及其鉴别	阈值
1	易燃性：闪点低于定值；或经过摩擦、吸湿、自发的化学变化有着火的趋势；或在加工、制造过程中发热；或在点燃时燃烧剧烈而持续，以致管理期间会引起危险的物质	美国ASTM法，闪点低于80℃
2	腐蚀性：对接触部位作用时，使细胞组织、皮肤有可见性破坏或不可治愈变化；使接触物质发生质变或使容器泄漏的废弃物	pH＞12.5或＜2的液体，在55.7℃以下时对钢制品腐蚀率大于0.64cm/a

序号	有害特性及其鉴别	阈值
3	反应性：通常情况下不稳定，极易发生剧烈的化学反应；与水猛烈反应，或形成可爆炸性的混合物或产生有毒的气体、臭气；含有氰化物或硫化物；在常温常压下即可发生爆炸反应，在加热或有引发源时可爆炸；对热或机械冲击有不稳定性	
4	浸取毒性：用规定的浸出或萃取方法的浸出液中任何一种污染物浓度超过标准值的规定。污染物指：镉、汞、绅、贡，铬，硒、银，六氯化苯、甲基氯化物、毒杀芬2、4—D和2、4、5-T等	美国 EPA/EP 法试验超过饮用水100倍
5	急性毒性：一次投给实验动物的毒性物质，半致死量（LD50）小于规定值的毒性废物	美国国家安全卫生研究厅法试验：口服毒性 LD50≤50mg/kg 体重，吸入毒性 LD50≤2mg/kg，皮肤吸收毒性 LD50≤200mg/kg 体重
6	水生生物毒性：用鱼类试验，常用96小时半数（TLm96）受试鱼死亡的浓度值小于规定值	TLm＜1000ppm（96h）
7	植物毒性	半抑制度浓度 TLm50＜1000mg/L
8	生物积蓄性：生物体内富集某种元素或化合物达到环境标准以上，试验时呈阳性结果	阳性
9	遗传变异性：由毒物引起的有丝分裂或减数分裂细胞的脱氧核糖核酸或核糖核酸的分子变化、产生致癌、致突变、致畸的严重影响	阳性
10	刺激性：使皮肤发炎	使皮肤发炎≥8级

（1）易燃性。易燃性废物能因产生热和烟直接造成破坏，或者间接地提供一种能使其他危检废物扩散的媒介（例如传输有毒颗粒物或粉尘的气流），或能使其他无危害废物变为危险废物（例如塑料在燃烧时会因凝聚反应或解聚而释放有毒烟雾）。因此最好是用易燃性进行鉴别。其阈值的鉴别用闪点温度。

（2）腐蚀性。指两方面的问题，其一是对操作人员造成人体损伤；其二是使盛装容器受到腐蚀，发生渗漏。因此对它的鉴别既可用pH值，也可以对钢材的腐蚀率作指标。

（3）反应性。具有能自动聚合、与空气或水强力反应、对热或冲击不稳定、易反应释放出有毒烟雾、易爆炸等特性的废物，以及具强氧化剂性能的废物均属此类。鉴别方法有差热分析法，以装有压力传感器的反应罐测定形成的高压梯度，以及强氧化剂测定法等。

（4）毒性。指对人身、动植物等造成毒性伤害。毒性又可分为浸取毒性、急性毒性、水生物毒性、植物毒性等。

(5) 其他有害特点。其中包括生物积蓄性、遗传变异性、刺激性等。

2. 危险废物的主要处置技术

用以处置危险废物的方法种类繁多，主要与废物的来源、性质、成分、数量等有关，一般需在处置前取适量样品进行试验，寻求最合适的处置方法，这里只作简要分类。

(1) 物理方法。通常用物理处理进行废物的减容，通过浓缩或相变以改变其体积及结构外形，使之成为更便于加工或处置的形式，物理处理技术包括磁选、液固分离、干燥、蒸馏、蒸发、洗提、吸收、溶剂萃取、吸附、膜工艺、冷冻等。

(2) 化学方法。通过化学反应改变有害成分或将它们转变成更适合于作下一步处理或处置的形态。由于化学反应涉及一定条件下的特定过程，因此这些工艺一般只用于处理单一成分或几种化学特性类似的成分，当应用于成分复杂的混合物时，可能达不到预期目的。主要的化学处理技术有中和、沉淀，化学氧化或还原、水解、辐照等。

(3) 生物方法。当前已成功地应用生物法处理许多含有害成分的有机废水。只要毒性组分未出现抑制作用，就能取得非常好的效果。生物过程包括生物降解、生物吸附等。

(4) 焚烧与高温分解。利用高温破坏废物的有害成分，使废物减量成残渣以便安全填埋。以焚烧炉为代表的任何高温炉均可用来处理一些种类的废物，其主要的炉型有沸腾式、多级煅烧式、液体喷射式、等离子燃烧式以及回转窑、海洋焚烧船等。此外，高温热解技术也在开发中。

(5) 固化和包胶。实质是通过对废物的有害成分加以固定，从而减少其危害，固化工艺对液态或半液态废物，或易于浸出有害成分的固体废物较为适用。最简单的是吸收法，在自由水被吸收后，将最终饱含液体的湿块干化。主要的固化剂有水泥、石灰、黏土等。另外，如粉煤灰、蛭石、沸石等也具有一定的吸收性能。

有些废物宜采用包胶形式以固化并稳定其有害成分，可供使用的材料有沥青、有机聚合物及某些专用化学品。

(三) 城市生活垃圾污染防治

所谓垃圾处理，就是通过收运、分选、破碎，压缩、焚烧、贮存等操作过程对垃圾进行物理、化学、物化和生化的处理，使之稳定化、无害化、减量化，并改变其性状、外观和形态，以便于最后作填埋处置，或回收利用达到资源化。

垃圾的处理和利用，在很大程度上取决于垃圾的成分和性质，同时还与技术条件和经济因素有关。通常根据垃圾的有机物含量、可燃性和非燃性成分确定对它的处理方法，基本途径有以下三种：

1. 以填埋为主的处理方案，流程如图 11－4。

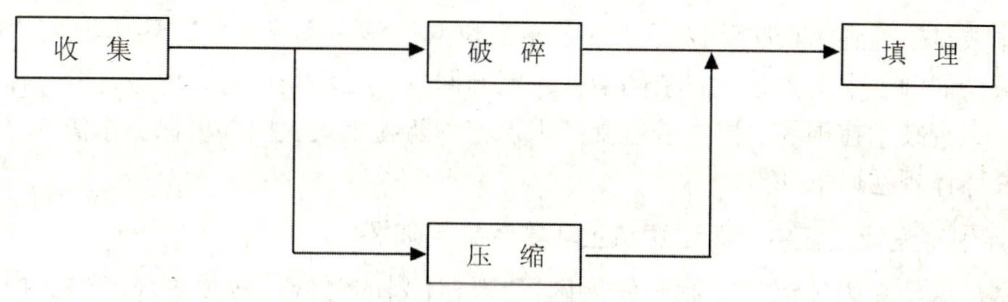

图 11－4　以填埋为主的流程图

2. 以焚烧为主的处理方案，流程如图 11－5。

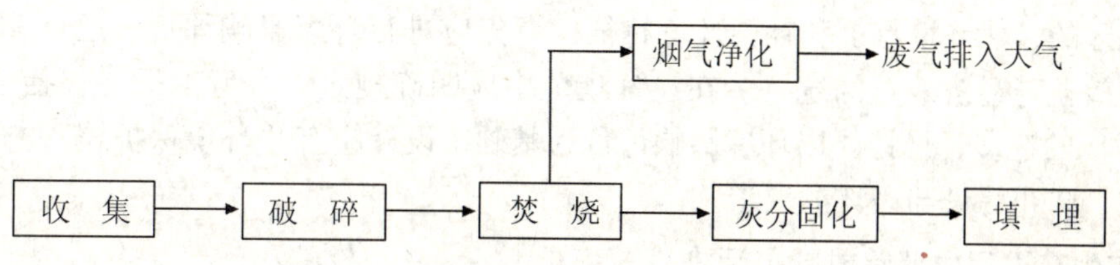

图 11－5　以焚烧为主的流程图

3. 以资源回收为主的处理方案，流程如图 11－6。

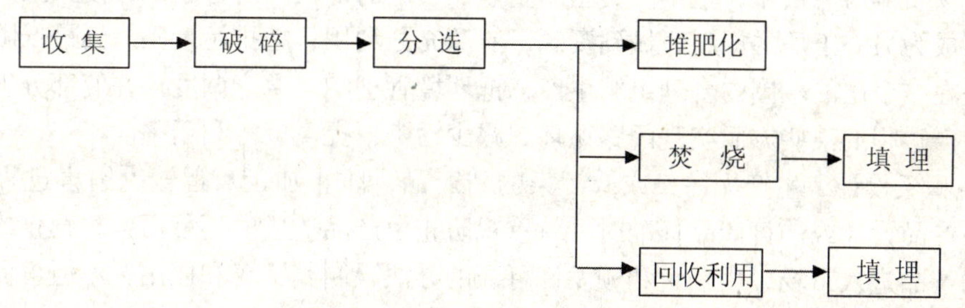

图 11－6　以回收利用为主的流程图

近年来，我国城市生活垃圾综合治理水平有了一定提高，但是总体无害化治理水平还很低。全国各类城市生活垃圾消纳方式主要是直接堆放，简单填埋，简易堆肥等，从产生—收集—运输—处置等各环节还存在大量问题，正在积极改进。密闭清洁站，机械化收运率等都在逐年提高。近年来城市生活垃圾的处置技术有了较大发展，城市生活垃圾的三大处置措施：堆肥场、焚烧厂、卫生填埋场等都有了较大发展。

第三节　污染防治工程管理

一、污染防治工程的基本要求

污染防治工程类型不同，防治措施也不尽相同，但有些基本要求是一致的。

（一）要防治结合，以防为主，综合治理

由排放口治理到污染防治经历了一个相当长的过程。实践证明，环境污染“防”重于治，减少能源、水资源、原材料的消耗，资源回收、循环利用，是促进生产、保护环境的上策。无废技术在国际、国内普遍受到重视。预防为主是我国环境保护工作的一项重要原则。具体体现在以下几点。

1. 计划、设计过程中，要注意防止环境污染与破坏

我国环保法总则规定“在制定发展国民经济计划的时候，必须对环境的保护和改善统筹安排，并认真组织实施”、“一切企业、事业单位的选址、设计、建设和生产，都必须充分注意防止环境的污染和破坏”。正确处理发展经济与保护环境的关系，把环境保护纳入国民经济计划，是防治环境污染和破坏的根本措施。“新建项目的选址、设计”要充分考虑地区的自然环境特征和社会环境特征，事先应进行环境影响评价，通过综合分析，力求环境效益与经济效益的统一。在设计规范中应明确规定，大型工程（包括工业和城市建设等）的选址、设计要以环境影响评价为基础，设计应有“环境保护篇”，充分考虑保护环境，防止污染与破坏的要求。

2. 在生产过程中消除或减少污染

（1）积极试验和采用无污染或少污染的新工艺、新技术和新设备。

（2）合理组织生产，加强工业环境管理。一是规划设计好生产地域综合体，研究各类企业的物质流与能量流，把不同类型的企业在一定的地区内组合起来，使某工厂的废物或副产品成为另一工厂的原料，做到资源、能源充分利用，把排污量压缩到最低限度。

二是在一个厂的范围内合理组织生产，把环境管理纳入生产调度，并使部分生产过程或全部生产过程的某些方面实现闭路循环，减少污染，提高资源利用率。

（3）积极设计、生产无污染或低污染的新产品，防止加工、运输、销售过程中造成污染。在产品设计或制订产品标准时，就重视防止由产品造成的环境污染，禁止或限制污染环境的产品进入市场，用登记和颁发许可证的办法限制其销售和使用，不但可促进新产品的生产，而且有利于保护环境。

所谓综合治理，就是从污染控制系统的整体出发，进行综合分析，在此基础上综合运用各种防治措施，组成各种能满足环境目标要求的方案，然后进行经济效益分析，选取最优方案。

（二）合理利用环境自净能力，人工治理与自然净化相结合

从某种意义上来说，环境自净能力，环境容量是一种资源，应该合理利用。在一定的时间和空间环境容量是有限的。比如：某一河段，在水温不变和一定的物理、化学、生物条件下，其环境容量是有限的。假如向该河段不断排放耗氧有机物（BOD），排污量在某一限度内，河水靠自净能力（生物氧化分解）将 BOD 净化。如果排污量超出环境容量，就会造成污染，破坏环境的自净能力。要恢复河段的“清洁”状态，恢复其良好的自净能力，就要花费代价。实践证明，合理地利用环境自净能力，既可保护环境，又能节约环境治理投资。当然在利用环境自净能力时要以各种类型污染物的自净规律和生态毒理的研

究为基础，并对其可能造成的环境影响进行预测。比如：高烟囱排放要考虑到是否会出现酸雨，对难降解的重金属应严格控制其排放标准，且不准稀释排放，COD 不能和 BOD 同等看待，因 BOD 中包括了一部分难降解的有机物。总之，要慎重对待人工治理和自然净化相结合。具体要求如下：

1. 要全面规划，合理布局才能合理利用环境自净能力

在制订区域的经济规划和环境规划时，要充分重视生产力的合理布局，了解和掌握区域的环境特征，污染物的稀释、扩散等自净规律，使污染源合理分布。将污染严重的工厂企业安排在环境容量较大的地区，并控制污染源密度。

2. 依据地区环境特征，大气、水体、土壤的自然净化能力，确定经济合理的污染物排放标准和排放方式

污染物排放标准应充分考虑到地区的环境特征（地形、气象、水文等），污染源密度，以及地区的功能，合理加以确定。既要合理地利用大气、水体、土壤的自净能力，又要保证环境质量不会下降，并能有所改善，还要考虑扩大林地面积、选择抗污树种，改善大气质量，或将水利工程与水污染控制结合起来，调节枯水期流量，增加水环境的容量。

3. 人工治理措施与利用环境自净能力相结合

区域污染综合防治中的一个重要原则，就是对环境自净能力与人工治理措施综合考虑，组合成不同的方案，然后选择最优的方案。

（三）分散治理与区域防治相结合

分别对污染源进行控制，是防治污染的有效措施，但分散治理往往耗费投资大而环境效果不甚理想，下面从两方面加以分析说明。

1. 工业污染控制以厂内治理为主，但必须与区域防治相结合

以水污染控制为例，小厂的污染防治应该社会化，大、中型工业企业的污染控制，应以厂内防治为主。但是有些污染物，如 BOD、酚、氰等，对厂内治理要求达到什么程度，则需要从区域的整体防治规划加以考虑。如不从实际出发，一律要求以厂内防治为主，各厂分散处理达到排放标准，那就可能造成浪费。我国近几年已经发现，有些厂为了使酚达到标准，采用了二级处理。原来含酚约 100×10^{-6} 质量合数（有时还低）的废水，由于在一级处理时采用的加压浮选效果较好，废水含酚量降至 20 ~ 30mg/L，有时更低，再用生物处理法进行二级处理，经济上就很不合理了。甚至有时出现这样的现象，因废水含酚量低，生物处理法难以运转，不得不再加一些酚或加其他营养物质以维持微生物的生长繁殖，使生物处理能够持续运转。所以，不能一律要求各厂分散处理达到排放标准，而应该统一规划，进行全面的经济效益分析，各厂处理达到一定要求，然后集中进行处理（建立集中的废水处理厂）。

2. 区域污染综合防治，要以各厂分散防治为基础

制订区域污染综合防治规划过程中，根据区域环境特征和功能，确定环境目标，计算出主要污染物应控制的排放总量，统一规划，集中处理与各厂分散处理的分担量。然后，把指标分配到各个污染源（各厂）。各厂分散防治如果达不到要求，集中处理便难以正常运转，所以，集中处理不能代替分散处理，而是以分散处理为基础。另一方面集中与分散相结合，合理分担，又能使各厂的分散防治经济合理，把环境效益与经济效益统一起来。

（四）综合利用与无害化处理相结合

综合利用、化害为利是我国环境保护工作坚定不移的方针。但是在一定的技术经济条件下，资源的利用率、废弃物的综合利用有一定的限度，超出限度就难以取得较好的经济效益。所以，在污染防治工作中，要把综合利用与无害化处理结合起来，组合成各种不同的方案，进行全面的经济效益分析。综合利用的途径很多，具体概括如下：

1. 提高资源利用率，减少污染物流失

包括矿产资源的综合开发、综合利用，压缩原料、材料消耗定额，回收副产品，以及资源循环利用，采用闭路循环工艺等。

2. 工业"三废"及其他废弃物资源化

（1）工业"三废"资源化。如二氧化硫的回收利用，废酸、废碱的回收利用，以及工业废渣的资源化（高炉渣、粉煤灰、煤矸石等）。

（2）废旧物资资源化。我国一贯重视废旧物资的利用，一方面鼓励督促工业部门综合利用自身产生的废料；另一方面又通过商业部门采取收购的办法统一收集社会上的废旧物资，进行加工处理，作为原材料供工商部门使用。

（3）充分利用工业生产过程中排出的可燃气体和余热等二次能源。从全国能源构成的变化看，今后煤的比重将有日益增加的趋势，解决燃烧污染，除采取消烟除尘等措施外，根本途径还是以降低能耗为上策。以钢铁生产为例，我国每吨钢的能耗指标若降低0.1t标准煤，则每年可减少烟气发生量约300亿m^3。充分利用高炉煤气、转炉煤气、铁合金炉煤气、焦炉煤气以及各种余热，是钢铁生产节能减少污染的重要措施。其他如炼油、石油化工也有类似情况。

综合利用确实可化害为利，我国制定了经济上的奖励政策，起到了促进作用。但并非所有资源都可循环利用，综合利用。也不是所有"废物"都能资源化。有些是技术上利用不了，经济上投资大、成本高；有些是量大（如煤矸石）用不了。所以，不能忽视无害化处理的研究，两者要结合考虑。无害化处理包括：安全堆存作后备资源，采取"隔离"措施以免污染环境，以及净化处理后排放等。

（五）因地制宜，环境效益与经济效益相结合

环境污染防治的特点之一是具有区域性。如果不考虑地区的环境特征，地形、气候、气象条件、环境容量、人口密度、经济密度，不能因地制宜地选择防治措施，就不会获得好的环境效益和经济效益。

对环境污染防治工程，一定要进行费用—效益分析，在一定的范围内，污染防治费用增加，可获得相应比例的污染损失费用的降低。也就是说污染很严重时，如不采取措施，就会造成巨大的经济损失。但污染减少到一定程度，如再要求降低，则要付出巨大的代价，这就需要确定一个最佳结合点。污染治理的效果，在一定范围内，污染控制费用增加的比例，小于或等于环境效果增加的比例；超出一定的范围，污染控制费用增加很多，但增加的环境效果极不明显。对此，应作具体分析。

二、污染防治工程的运行管理

污染防治工程分单元环境工程和环境系统工程。单元环境工程运行管理是就某一组治理装置的运行管理而言，而环境系统工程的运行管理情况就比较复杂，它不仅涉及到源，还涉及到大环境和一系列管理方法。以下就从这两个方面略加介绍。

（一）单元环境工程运行管理

1. 污染物产生工艺和污染治理技术概况

对于单元操作的污染防治工程，首先要了解污染物产生的工艺过程，掌握污染源的分布及其现状，并对现有的治理技术作一考察，了解其利弊，其防治的工程技术效益、经济效益和社会效益，从而为制订新建或改建、扩建的治理工程计划提供背景资料。

2. 生产工艺的掌握

一项新建、扩建、改建污染治理的工程，它的设计规模，方法的选择，工艺路线的确定，往往要从了解和掌握现有生产工艺入手。落后的生产工艺不仅劳动强度大，生产速度慢、经济效益差，而且带来大量的物料流失，造成大量“三废”排放；而一项先进的生产工艺可大大提高生产效益，减少污染物排出。所以，在考虑一项治理工程之前，详细掌握了现有生产工艺之后，它不仅可以帮助我们选择用什么样的工程技术来消除污染，还可以与企业工程技术人员协作，通过改革落后或者不够合理的生产工艺来提高生产效益和减少污染物排放。

3. 掌握污染物排放数量、性质（组分）、浓度

选择什么样的治理路线、工艺，设计多大的处理容量、规模，首先要摸清各污染源污染物的排放数量、排放规律，污染物的组分、性质、浓度，单位时间排放污染物的绝对量等。

4. 污染治理工艺、设计参数、配方、装置等的确定

这是污染防治工程运行管理的重要环节。例如：一项废水治理工程。究竟采用一级、二级还是三级处理工艺，或是综合性的工艺，这与投资和效果都十分有关。设计参数的选择，投药配方，装置的选用，都和技术经济十分有关。工艺设计是否合理，投药配方是否最佳，装置选择是否先进，是否价廉物美，这些都是至关重要的。选择不同行业不同工艺条件下的污染防治工程的最佳可行技术，是当今单项操作工程的管理热点。

5. 运转数据、处理效益、技术经济指标

一套好的单元处理装置，一定要严格选择一套最佳的运转操作数据来运行，否则，达不到满意的处理效果。现在有许多企业单元处理装置的初期运行效果良好，但经过一段时间以后，由于污染物排放量随产量增加而逐年增加，超过装置的处理负荷，或因人事变更，没有按原有操作规程管理，或某些设备出现故障、坏损没有及时修复、排除，造成处理效果下降，达不到原设计的技术经济效果。这种现象目前存在比较普遍。所以，如果管理好、使用好原有的污染治理设备，也是当前污染防治工程运行管理中的重要环节。

(二) 环境系统工程的运行管理

环境系统工程是用系统方法来解决和处理工程问题，它不仅包括一般的单元操作工程，还包括环境规划和环境控制方案等综合防治问题。下面就总量控制管理问题做一简单介绍。

总量控制是现代环境系统工程管理的主要体现，在运行中要控制好下述几个基本量。

1. 总量控制的4个基本量

（1）环境容量。是指根据环境使用功能在不受破坏条件下，受纳污染物的最大数量。

水环境容量由稀释容量与自净容量两部分组成。只要有稀释水量就存在着稀释容量；只要有综合衰减系数，就存在自净容量。通常稀释容量大于自净容量，在净污比大于10~20倍的水体，可以计算稀释容量。

（2）受纳水域允许纳污量。根据水环境管理要求，划分水环境保护功能区范围及水质标准，根据给定的排污地点、方式与数量，把满足不同设计水量条件，单位时间内保护区所能受纳的最大污染物量称为受纳水域容许纳污量

（3）控制区域容许排污量。按照水污染控制目标，根据控制区域内排污总量的控制要求，选定代表年或削减率，在经过技术、经济可行性论证后确定的污染物排放总量控制目标，称为控制区域容许排污量。

（4）排放口总量控制负荷指标。根据污染源位置、排放量、排放方式、排放污染物种类，以及污染物管理水平，技术与经济承受能力，环境容量利用条件，逐个工厂、逐个排放口分配控制区域内容许排污总量负荷，并经行政决策部门批准的各排污口容许排污总量，称排放口总量控制负荷指标。它针对每一具体的排放口给出控制要求，既限定排污水量和浓度，又限定一次瞬时排放水量和浓度的容许上限。

2. 总量控制的负荷分配

（1）总量控制的核心是将负荷分配到源。总量控制的真实含义是根据排污地点、数量和方式，对各控制区域不均等分配环境容量资源。根据每一污染源排放总量削减的优先顺序和技术、经济可行性，不均等地分配技术、经济投入。通过在流域范围内不均等地分配环境容量资源，在区域范围内不均等地分配技术、经济投入，实现最小投资条件下的最大总量负荷削减，或在最小投资条件下实现环境目标，并将实施方案落实到源，体现为总量控制负荷指标分配到源。

（2）环境容量资源分配。环境容量资源有偿使用的体现，是流域范围内各控制区域的合理布局与负荷分担率。

各控制区域间水质控制断面的位置与标准；上、下游分担削减负荷与治理投资的政策与标准；未来经济技术开发区的布局与负荷预测和容量分配原则，均需通过环境容量资源分配来解决。

方法是通过建立源与目标的输入响应关系，模拟不同输入值的环境响应，比较不同分配方案的优劣。

（3）污染负荷的技术、经济优化分配。总量控制负荷指标可操作性的体现是对区域范围内各主要污染源排污总量削减方案进行取舍及先后顺序决策。

各控制区域内点源优先治理方案；集中控制工程方案；重大无废少废、综合利用、生产工艺改造方案；改变排污去向与排放方式方案；以及加强管理方案，均需按照区域排污总量控制目标进行技术、经济优化分配，以及实施顺序的时间分配。

方法是通过建立各控制方案的削减量与投资、效益的关系，优化比较不同控制方案组合后的成本效益比值，比较不同分配方案的优劣。

(4) 总量控制中两部分配的特点。环境容量资源分配的基点在于合理布局。总量负荷技术、经济优化分配的基点在于实施。资源分配建立于水环境容量定量化，水质模拟程序化的基础上，是国外负荷分配技术的应用。

负荷技术、经济优化分配建立于污染源最佳生产工艺与实用、可行处理技术成本、效益分析定量化、模拟化的基础上，对主要污染源施行逐个优化比较，体现中国国情，即污染源生产工艺与处理工艺问题交叉；生活污水与工业废水混杂；点源控制与集中控制方案需要灵活决策，这是中国自己发展的负荷分配技术。

3. 总量控制的技术关键——源与目标间的输入响应

(1) 目标管理的实质。目标管理的提出是基于环境保护目标的多样性、阶段性和区域性，同时，还基于实现环境保护目标可行途径的投资可支柱性、工程措施有效性。在多目标选择、多条件制约中实现目标管理，必须采用系统分析方法。可以说，目标管理就是系统论思想在环境管理中的具体应用，使环境管理科学化上一个新台阶。

目标管理的实质可如图 11－7 所示。

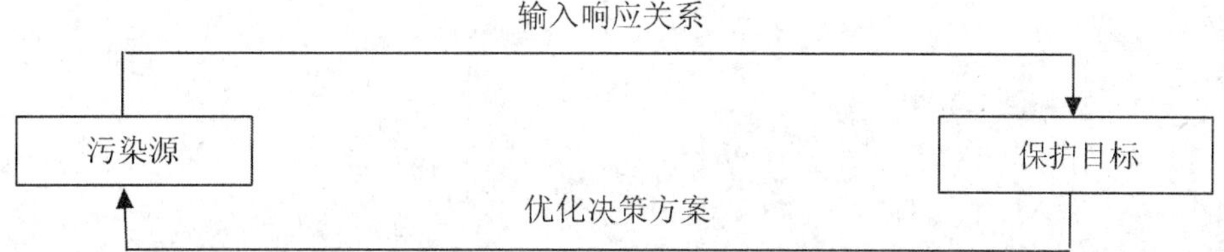

图 11－7 目标管理的实质

图 11－7 揭示了污染源和环境保护目标之间的定量关系。

第一个定量关系是污染源排放量与环境保护目标之间的输入响应关系，这一关系限定污染源调查的项目及迁移、转化规律必须与保护目标紧密相连，区域、项目、时间均应配套吻合。从而实现不同污染源对环境目标贡献率的定量评价。

第二个定量关系是实现某一环境目标，在限定时间、投资条件下，区域治理费用最小的优化决策方案。此定量关系对环境目标的可达性、对污染源的可控性都作了技术、经济限定。

因此，目标管理一方面对源和目标进行配套评价；一方面运用迁移转化规律和优化理论在源和目标之间搭桥，把认识环境、找出需解决的主要问题和改造环境、提出可行的管理与工程措施统一为整体。

(2) 环境目标。凡对环境管理的不同阶段、不同范围提出的定量评价指标，统称为环境目标。环境目标按环境质量和污染源排放分为两大类。

环境质量方面，按环境质量标准，保护区禁排要求，综合整治定量考核评分等指标，确定环境目标。

污染源排放方面，按容量排放总量，排污总量削减率、污水处理与达标率、水回用率等指标确定环境目标。

(3) 污染源与环境目标的输入响应关系。源与目标间的定量关系，反映了环境容量资源分配。控制污染源的优化分配关系，反映了负荷技术、经济优化分配。这是典型的容量总量控制过程。

目标总量控制，同样需要这两个定量关系反映不同输入响应方案的效益比较。即通过源的不同方案输入值，寻求满意的环境响应。即不“过保护”，也不“不足保护”，再通过给定的不同环境目标值，寻求效益最佳的污染源控制组合方案，保证方案的可供实施。

行业总量控制则是先寻求资源与能源的最佳利用率，再寻求实现这一最佳利用率的污染源调控方案。

把源和目标间评价与控制两大问题解决好，是把握总量控制的技术关键。

思考题

1. 环境工程管理的基本内容和要求是什么？
2. 简述主要大气和水污染控制技术。
3. 简述污染防治工程管理的基本要求。

第十二章　环境标准

环境标准是环境保护法规的组成部分，是开展环境监督管理的依据，是目标管理和量化管理的基础。

第一节　环境标准的基本概念

一、标准

标准这个词义在日常工作和生活中碰到很多，所谓“标”者即为标识、标记、记号也；“准”者即为比照、水准、准确也。所以标准从字义的表达来说应该是一种准确的表识，一种用以作为水准、比照用的标记、规格、规范。

目前，国际上对标准还没有一个统一的定义，多数国家采用国际标准化组织所采用的定义，即“标准是经公认的权威机关批准的一项特定标准化工作的成果，它可采用下述表现形式：①一项文件，规定一整套必须满足的条件；②一个基本单位或物理常数，如：安培、绝对零度；③可用作实体比较的物体。”

我国国家标准总局对标准所下的初步定义是：“对经济、技术、科学及其管理中需要协调统一的事物和概念所做的统一技术规定。这种规定是为获得最佳秩序和社会效益，根据科学、技术和实践经验的综合成果，经有关方面协商同意，由主管机关批准，以特定形式发布，作为共同遵守的准则。”

二、标准的三要素

任何标准都需要规定适用的范围、适用的对象和必要的内容，一般称做标准的三要素。

（一）标准的范围（分级）

根据标准适用的地区和范围，标准可以分为国家标准、地方标准、行业标准等。

（二）标准的适用领域和对象

标准的适用领域逐渐在扩大，从生产、技术、科学以至国民经济各个领域，还包括社会、经济等各个方面。如环境保护、安全卫生、行政管理、交通运输、文化教育等。

（三）标准的内容

根据标准对象的特征和制订标准的目的，标准的内容很多，一般的技术内容包括：名词、术语、符号、代号、品种、规格、技术要求、检验方法、检测规则、技术文件、图表、标志等。

三、标准化

标准化一词较早应用于生产技术，其原本含义是对工业产品或零件、部件的类型、性能、尺寸、所用材料，工艺装备、技术文件的符号与代号等加以统一规定，并予以实施的一项技术措施。标准化可分为国际或全国范围内的标准化，也可分为部门或企业范围内的标准化。实施标准化从生产上来说能简化产品品种、规格，加快产品设计和生产准备过程，提高产品质量，扩大产品零件、部件的互换性，降低生产成本。从社会经济领域来说，标准化可简化工作程序，提高工作效率，强化法制观念，便于法治和规范化管理，从而取得比较大的经济效益和社会效益。

四、标准化的重要意义

标准和标准化是一项综合性的基础工作，它对促进技术进步，强化科学管理，提高社会经济效益，实行依法管治具有重要作用。具体体现在如下几个方面。

（一）标准化是提高产品质量的重要保证

对工农业产品和工程建设的质量、规格和检验方法，以及对技术文件上常用的图形、符号等所作的技术规定，是从事生产、建设的一种共同依据。规定和推广技术标准，对于保证产品和工程质量，合理利用资源，便利协作配合和使用维修及提高社会劳动生产率等，都有重大作用。例如，国家对机器设备的型式、系列和尺寸，技术要求、检验方法、图示方法、标号及代号使用等所制定的标准。我国这类国家标准由主管部门提出草案，由国务院或其授权机关审批，其代号是（GB）。

（二）标准化是组织现代化生产的重要手段

现代化生产往往是通过系统工程和现代化科学管理的手段来组织生产，其形式多种多样，如机械化、自动化、电气化、系列化、通用化等，但这些都要依靠标准化来实现。标准化对资源的配备，产品的规格，生产的组织形式，产品的检验方法等都做了一系列的规定。它大大提高了专业化协作生产的能力，促进了劳动生产率和经济效益的提高。

（三）标准化可以促进合理地利用国家资源，节约能源，获得最佳经济效益

资源和能源的合理利用是世界各国发展经济和进行现代化建设最关键的问题之一。不管是计划经济还是市场经济都涉及到对资源的合理配置和利用。同样的一份额定的资源和能源，生产形式和管理手段不同，取得的产品或者效益可以是一倍与几十倍、几千倍甚至于更多的倍率之差。而用标准化的方法来组织和进行生产，可大大提高这些产品的效益，以求得一种最佳的经济效益。

（四）标准化是制订国家环境保护、劳动、卫生、安全等法规的技术依据，是这些领域进行科学管理的技术基础

环境保护管理部门为了强化环境管理，采取了一系列政策措施并颁布了一系列的环保法规。标准化是制定这些政策措施和环保法规的重要技术依据。如规定在全国范围内实行征收

排污费的制度中所采取的排污费的标准；环境监测管理中的环境监测数据是环境管理工作的基本依据，有些数据要用于立法、制订标准；有些要验证污染防治对策的实施效果，作为今后采取措施的依据；有些要作为资料对所建工程作出环境影响评价，决定工程是否进行；有些数据是仲裁的依据，所以必须采用标准化的手法，对它们作若干统一的规定。

五、环境标准

（一）环境标准的定义

亚洲开发银行从环境资源价值角度给环境标准下的定义是：环境标准是为了维护环境资源价值，对某种物质或参量设置的允许极限含量。在环境资源概念下，环境标准可适用的范围很广。

《中华人民共和国环境保护标准管理办法》中对环境标准的定义是：为了保护人群健康、社会物质财富和维持生态平衡，对大气、水、土壤等环境质量，对污染源的监测方法以及其他需要所制定的标准。

一般认为，环境标准是为了防治环境污染，维护生态平衡，保护人群健康对环境保护工作中需要统一的各项技术规范和技术要求所做的规定。具体地讲，环境标准是国家为了保护人民健康，促进生态良性循环，实现社会经济发展目标，根据国家的环境政策和法规，在综合考虑本国自然环境特征、社会经济条件和科学技术水平基础上规定环境中污染物的允许含量和污染源排放污染物的数量、浓度、时间和速率以及其他有关技术规范。

环境标准是国家环境政策在技术方面的具体体现，是行使环境监督管理和进行环境规划的主要依据，是推动环境科技进步的动力。由此可以看出，环境标准是随环境问题的产生而出现，随科技进步和环境科学的发展而发展，体现在种类和数量上也越来越多。环境标准为社会生产力的发展创造良好的条件，又受到社会生产力发展水平的制约。

（二）环境标准的意义和作用

环境标准是为了保护人群健康，防治环境污染和维护生态平衡，对有关技术要求所做的统一规定，它在我国环保工作中有着极其重要的地位和不可替代的作用。

1. 环境标准是制订环境保护规划、计划的依据

环境规划主要就是指实现相应的环境标准，规划的目标主要是用标准来表示的。我国环境质量标准就是将环境规划总目标依据环境组成要素和控制项目在规划时间和空间内予以分解并定量化的产物。因而环境质量标准是具有鲜明的阶段性和区域性特征的规划指标，是环境规划的定量描述。污染物排放标准则是根据环境质量目标要求，将规划措施，根据我国的技术和经济水平以及行业生产特征，按污染控制项目进行分解和定量化，它是具有阶段性和区域性特征的控制措施指标。

环境规划通俗地讲就是通过环境规划来实施环境标准。通过环境标准提供了可列入国民经济和社会发展计划中的具体环境保护指标，为环境保护计划切实纳入各级国民经济和社会发展计划创造了条件；环境标准为其他行业部门提出了环境保护具体指标，有利于其他行业部门在制定和实施行业发展计划时协调行业发展与环境保护工作；环境标准提供了检验环境保护工作的尺度，有利于环保部门对环保工作的监督管理，对于人民群众加强对环保工作的监督和参与，提高全民族的环境意识也有积极意义。

2. 环境标准是国家环境法律、法规的重要组成部分

我国环境标准具有法规约束性，是我国环境保护法规所赋予的。在《中华人民共和国环境保护法》、《大气污染防治法》、《水污染防治法》、《海洋环境保护法》、《噪声污染防治法》、《固体废物污染防治法》等法规中，都规定了实施环境标准的条款，使环境标准成为执法必不可少的依据和环境保护法规的重要组成部分。我国环境标准本身所具有的法规特征是：国家环境标准绝大多数是法律规定必须严格贯彻执行的强制性标准，国家环境标准是国家环保总局组织制订、审批、发布，地方环境标准由省级人民政府组织制订、审批、发布；这就使我国环境标准具有行政法规的效力。国家环境标准明确规定了适用范围及企事业单位在排放污染物时必须达到、可以达到的各项技术指标要求，规定了监测分析的方法以及违反要求所应承担的经济后果等，同时我国环境标准从制（修）订到发布实施有严格的工作程序，使环境标准具有规范性特征。国家环境标准又是国家有关环境政策在技术方面的具体体现，如我国环境质量标准兼顾了我国环保的区域性和阶段性特征，体现了我国经济建设和环境建设协调发展的战略政策：我国污染物排放标准综合体现了国家关于资源综合利用的能源政策、淘劣奖优的产业政策，鼓励科技进步的科技政策等，其中行业污染物排放标准又着重体现了我国行业环保政策。

3. 环境标准是环境管理的技术基础

多年来逐步形成的环境管理制度，是环境监督管理职能制度化的体现。但是，这些制度只有在各自进行技术规范化之后，才能保证监督管理职能科学有效地发挥。

环境管理制度和措施的一个基本特征是定量管理，定量管理就要求在污染源控制与环境目标管理之间建立定量评价关系，并进行综合分析。因而就需要通过环境保护标准统一技术方法，作为环境管理制度实施的技术依据。

目标管理的核心是对不同时间、空间、污染类别，确定相应要达到的环境标准，以便落实目标管理责任制的对象，有的放矢地进行城市环境综合整治定量考核。

污染源监督管理，一方面需要从目标管理确定的环境质量要求中落实重点控制目标，另一方面需要从污染物排放标准和区域总量控制指标出发，确定建设项目环境影响评价指标和“三同时”验收指标，确定集中控制工程与限期治理项目对污染源的不同控制要求，确定工业点源执行排放标准和总量指标的负荷分配量，以及相应的排污收费额度。

总之，环境标准是强化环境管理的核心，环境质量标准提供了衡量环境质量状况的尺度，污染物排放标准为判别污染源是否违法提供了依据。同时，方法标准、样品标准和基础标准统一了环境质量标准和污染物排放标准实施的技术要求，为环境质量标准和污染物排放标准正确实施提供了技术保障，并相应提高了环境监督管理的科学水平和可比程度。

4. 环境标准是推动环保科技进步的动力

环境标准与其他任何标准一样，是以科学技术与实践的综合成果为依据制订的，具有科学性和先进性，代表了今后一段时期内科学技术的发展方向。使标准在某种程度上成为判断污染防治技术、生产工艺与设备是否先进可行的依据，成为筛选、评价环保科技成果的一个重要尺度；对技术进步起到导向作用。同时，环境方法、样品、基础标准统一了采样、分析、测试、统计计算等技术方法，规范了环保有关技术名词、术语等，保证了环境信息的可比性，使环境科学各学科之间，环境监督管理各部门之间以及环境科研和环境管理部门之间有效的信息交往和相互促进成为可能。标准的实施还可以起到强制推广先进科技成果的作用，加速科技成果转化及污染治理新技术、新工艺、新设备尽快得到推广应用。

5. 环境标准是进行环境评价的准绳

无论进行环境质量现状评价，编制环境质量报告书，还是进行环境影响评价，编制环境影响报告书，都需要环境标准。只有依靠环境标准，方能做出定量化的比较和评价，正确判断环境质量的好坏，从而为控制环境质量，进行环境污染综合整治，以及设计切实可行的治理方案提供科学依据。

6. 环境标准具有投资导向作用

环境标准中指标值的高低是确定污染源治理污染资金投入的技术依据，在基本建设和技术改造项目中也是根据标准值，确定治理程度，提前安排污染防治资金。环境标准对环境投资的这种导向作用是明显的。

显然，环境标准的作用不仅表现在环境效益上，也表现在经济效益和社会效益上。

第二节　我国的环境标准体系

一、环境标准的种类

环境标准种类很多，划分的方法各国不尽相同。我国根据其性质、内容和作用，一般分为环境质量标准、污染物排放标准、方法标准、标准样品和基础标准等五大类。

（一）环境质量标准

环境质量标准是各类环境标准的核心，是为保障人体健康、维护生态良性循环并考虑政治、经济、技术条件而对环境中有害物质和因素所作的限制性规定。所以，它是一个国家环保政策的综合反映，也是进行环境规划、计划、污染物控制、环境管理和环境评价的依据。

环境质量标准按环境要素和污染因素分成大气、水质、土壤、噪声、放射性等各类环境质量标准和污染因素控制标准，对环境质量提出了分级、分区和分期实现的目标值。目前，我国使用的大气环境质量标准、地面水环境质量标准、城市区域环境噪声标准等均属此类。

日、美等国有一些警报标准，规定环境中有害物质的浓度达到一定限值时向公众发出警报，亦是环境质量标准的一种。

（二）污染物排放标准

污染物排放标准是根据环境质量标准及污染治理的技术经济条件，对排入环境的有害物质和产生危害的各种因素所作的限制性规定，是对污染源排放进行控制的标准。

排放标准与质量标准有着密切的联系。通常认为，一个地区的所有污染源严格执行排放标准，是该地区环境质量达标的重要前提。但事实上由于各地区污染源的数量、种类不同，污染物降解程度及环境的自净能力也不同，即使污染源满足了排放标准，该地区的环境质量也不一定达到要求。为了解决这一矛盾，很多国家除了制定污染物排放标准外，还同时规定了污染源排放污染物的总量指标，将一个地区的环境质量要求，不仅与污染物排放浓度，而且与其排放总量联系起来。

目前，我国使用的排放标准主要有污水综合排放标准、锅炉烟尘排放标准以及各主要工业行业的污染物排放标准等。

（三）方法标准

方法标准是指为统一环境保护工作中的各项试验、检验、分析、采样、统计、计算和测定方法所作的技术规定。它与环境质量标准和污染物排放标准紧密联系，每一种污染物的测定均需有配套的方法标准，而且必须全国统一，才能得出正确的标准数值，否则就不可能在同一水平上对环境质量作出评价，对污染物排放作出判断。

（四）环境标准样品

环境标准样品是在环境保护工作中用以标定仪器、验证测量方法，进行量值传递或质量控制的材料或物质。它可用来评价分析方法，也可用以评价分析仪器，鉴别其灵敏度和应用范围，还可用来评价分析者的技术水平，使操作技术规范化。在环境监测站的分析质量控制中，标准样品是分析质量考核中评价实验室各方面水平、进行技术仲裁的依据。

我国环境标准样品的种类主要有：水质标准样品、气体标准样品、生物标准样品、土壤标准样品、固体标准样品、放射性标准样品和有机物标准样品等。

（五）环境基础标准

环境基础标准是对环境质量标准和污染物排放标准所涉及的技术术语、符号、代号（含代码）、制图方法及其他通用技术要求所作的技术规定。

目前，我国的环境基础标准主要包括：

1. 管理标准（技术规范与导则等）。如环境影响评价与“三同时”验收技术规定，大气、水污染物排放总量控制技术规范，排污申报登记技术规范等。

2. 环境保护名词术语。如我国颁布的 GB 6919—86 空气质量 词汇，GB 6816—86 水质 词汇。

3. 环境保护图形符号。为提高公众环境意识和加强环境管理而制定。如我国正在制定的“水污染排放口”和“工业固体废弃物堆放场”的图形标志。

4. 环境信息分类和编码标准。

二、环境标准的分级

目前，我国的环境标准分为三级，即：国家环境标准、地方环境标准和环境保护行业标准（实质上是两级，国家级和地方级；行业标准适用于全国，但主要对环保行业）。

国家环境标准由国务院环境保护行政主管部门制定，针对全国范围内的一般环境问题，其控制指标的确定是按全国的平均水平和要求提出的，适用于全国的环境保护工作。

地方环境标准由省、自治区、直辖市人民政府制定，适用于本地区的环境保护工作。由于国家标准在环境管理方面主要起宏观指导作用，不可能充分兼顾各地的环境状况和经济技术条件，因此，各地应酌情制订严于国家标准的地方环境标准，对国家标准中的原则性规定进一步细化和落实。例如近年来内蒙古自治区人民政府针对包头市氟化物污染严重的问题，制定了《包头地区氟化物大气质量标准》和《包头地区大气氟化物排放标准》；福建省人民政府制定发布了《制鞋工业大气污染物排放标准》等。这些标准的制定，不仅为地方控制污染物排放直接提供了依据，也为制定国家标准奠定了基础。

国家环境保护总局从1993年开始制定环境保护行业标准。以使环境管理工作进一步规范化、标准化。环境保护行业标准主要包括环境管理工作中执行环保法律法规和管理制度的技术规定、规范；环境污染治理设施、工程设施的技术性规定；环保监测仪器、设备的质量管理以及环境信息分类与编码等，适用于环境保护行业的管理。目前已发布的环境保护行业标准，如《环境影响评价技术导则》,《环境保护档案管理规范》等。

三、环境标准体系

环境标准体系是各个具体的环境标准按其内在联系组成的科学的整体系统。

环境标准是包括多种内容、多种形式、多种用途的标准，充分反映了环境问题的复杂性和多样性。标准的种类、形式虽多，但都是为了保护环境质量而制定的技术规范，可以形成一个有机的整体。建立科学的环境标准体系，对于更好地发挥各类标准的作用，做好标准的制订和管理工作有着十分重要的意义（图12－1）。

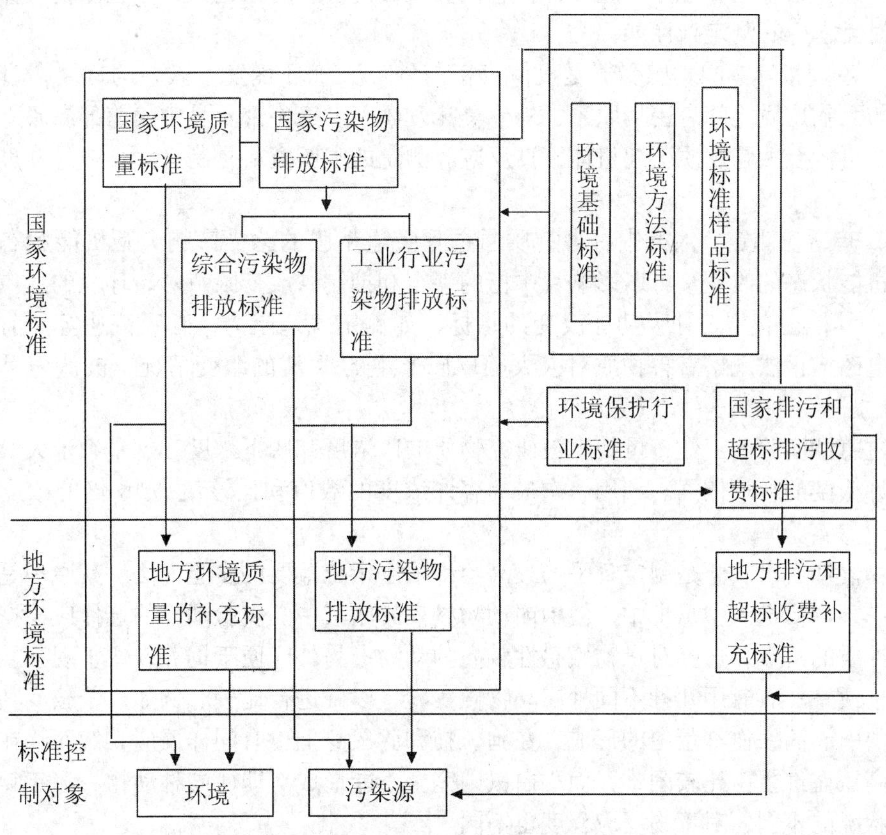

图12－1　环境标准体系

四、环境基准

（一）定义

环境质量标准是以保护人体健康、保障正常生活条件及保护自然环境为目标的，故在制订标准时，必须首先对环境中各种污染物浓度对人体、生物及对建筑设施等的危害影响进行综合研究，分析污染物剂量、接触时间和环境效应之间的相关性。关于这种相关性的系统资料称为环境基准。

（二）获取途径

基准资料是依据大量的科学实验和现场调查研究的结果综合分析得出来的。对于各种环境要素，有各种不同的基准，如大气和水的基准；与人体健康有关的则是卫生基准；与各种动植物有关的则是生物基准；与建筑物受损害有关的则是建筑基准。它们的研究方法也不同。环境基准资料来源于许多国家、每种学科、不同部门的广泛研究成果。例如大气卫生基准的确定及资料的取得有以下几个途径：

1. 实验室实验法

实验法分为急性和慢性实验两种。急性实验法的实验对象是人，实验浓度应保证对受试者绝对无害，其测定指标如：

（1）嗅阈指标：嗅觉感受器是机体直接与外界大气环境发生联系的首要器官，嗅觉器官又与大脑皮质之间有密切联系。外界臭味刺激上鼻道中部及鼻中隔前部黏膜下的嗅神经末梢，再传至大脑皮质引起机体不良反应。测定的嗅阀资料是制订大气卫生标准的依据之一。

（2）暗适应测定：大气中有害物质通过呼吸道粘膜的感受影响大脑机能状态，而大脑皮层机能状态的改变又可以影响视中枢的兴奋和抑制，改变眼睛对暗环境的适应能力。

（3）其他还有测定呼吸功能改变的指标，如测定气道阻力、呼吸流速等。前苏联还选用脑电图描记法观察有害物质对人大脑皮质产生的 X 波的改变情况，被认为是最灵敏的指标。

通过急性实验的工作，可找出被研究物质的阈浓度和阈下浓度。这是确定大气中一次最高容许浓度的科学依据。利用一次最高容许浓度的数值和比该值高 10 倍的浓度进行动物慢性中毒实验。

动物慢性中毒实验是制定日平均最高容许浓度十分重要的实验方法。其原理是将恒定浓度的有害物质送入中毒柜中，使柜内动物昼夜暴露其中。实验动物的选择应根据有害物质化学性质的特点，选择对毒物敏感性较高的动物，另外应便于饲养，便于观察，来源容易，价格便宜。有时用几种不同种属动物做实验，以便进行比较。例如，苯胺及其衍生物在人体内引起高铁血红蛋白的形成，在狗、猫和豚鼠身上也有同样反应。然而，在家兔体内形成高铁血红蛋白比较困难，而小白鼠则完全不能形成。即使同种动物，随年龄、性别和健康状况的不同，对毒物反应程度也不同。

通常，在中毒开始之前、中毒期内（2～3 个月）和恢复期都要定期地观察动物的变化情况，可以从以下几方面选择观察指标。

● 动物的一般状况和食欲、行为、精神状态、体重、毛的光泽度。

● 血象检查。

● 特异性指标：根据毒物的作用特点，选择不同的特异性指标。如观察有机磷中毒时，用胆碱酯酶为特异指标，一氧化碳中毒时选用碳氧血红蛋白指标。对中枢神经系统有影响的毒物可以观察条件反射、肌电等指标变化。

● 病理指标：实验结束之后（亦可在实验中，分批地）杀死实验动物，取出脏器进行病理组织学的检查。

2. 现场流行病学调查法

现场流行病学调查不但能验证实验室结果的安全程度，而且还可以为增订或修订某一毒物的动物影响数据提供直接的依据，例如，通过大量调查如发现某一环境污染物的浓度虽低于环境质量标准，但仍然引起发病率增加或生理机能（特异性指标）的改变时，则可以认为该种有害物质的环境质量标准是不安全的。应该加以修订。

进行现场流行病学调查研究时，除了掌握污染项目和污染程度等详细资料之外，还必须收集居民健康状况、患病率、死亡率等调查统计材料。通过分析研究，可以查明环境污染与当地居民健康状况、患病率、死亡率之间是否一定有联系，即查明污染物浓度与健康的相关性。

由于人和动物有着种属的差异，在将动物实验结果应用于人时，一般要考虑动物的生理指标（心跳、呼吸等）及代谢速度与人的不一致，对有害物质耐受量也有差别，中毒剂量也并不与人相同。因此，必须将动物实验结果（阀浓度）缩小若干倍，即考虑一个安全系数后成为对人的最高容许浓度。

3. 收集国内外有关的基准资料

环境基准资料靠一个单位、一个国家的实验室和现场调查工作仍是不足的，还必须收集前人和国外做过的工作，加以收集、分析、归纳整理，才能决定得较准确、可靠。

关于水质方面的环境基准资料主要有以下几方面：

（1）与人体健康有关的水质基准：人们生活和生产需要水，而保护人体健康又是保护环境的主要目的之一，因此，对水质的要求是直接或间接地供人们使用时是无害的。

（2）影响水质感官性状的基准：水质恶化在水的色、嗅、味等方面首先表现出来，水的色、嗅、味不但使人感到不快，也影响水产资源的质量和工业应用（如食品、造纸等工业）。水质感官性状指标如色、嗅、味的阈浓度可以用标准方法进行规定。

（3）影响鱼类及水生生物正常生长及水体自净作用的水质基准：地面水质变坏直接影响到鱼类等水生物的生长发育和生存，水体的自净作用是保持水质良好状态的一个主要因素，各种水生物，特别是水微生物，在这过程中起显著作用。

（4）影响农作物正常发育生长的水质基准：水对农作物生长发育有直接影响，水中有些物质会在农作物中蓄积，通过食物链影响人类健康，有些物质浓度过高，会影响作物正常生长。

（5）其他：如工业用水水质基准等。

上列各项基准的确定，一般也是通过实验室或小区现场实验和现场调查，也要收集国内外有关资料，经过分析和综合后确定。

世界卫生组织在总结各国资料的基础上不断提供了一系列污染物的卫生基准，这是各国制订环境质量标准的重要依据。例如大气中 SO_2 和烟尘在不同浓度时产生的后果见表12－1。这是各国制订大气质量标准时必须考虑的卫生基准。

表12－1 不同浓度的 SO_2 与 烟尘产生的后果

污染物	病人入院和死亡增多	肺部疾患者恶化	出现呼吸道症状	能见度受影响人群有厌恶反应
SO_2	500（日平均）	500～250（日平均）	100（年算术平均）	80（年几何平均）
烟　尘	500（日平均）	250（日平均）	100（年算术平均）	80（年几何平均）

注：①表中所列数据是两种污染物同时作用的结果。
② SO_2、烟尘均按英国标准方法测定分析，浓度单位是 $\mu g/m^3$。

第三节　我国的环境标准

一、环境质量标准

（一）制订原则

1. 科学性

制订环境质量标准是综合性、技术性很强的工作。由于标准工作的综合性，制订环境质量标准要以多学科的科学试验、调查成果为依据，其中特别要将环境“基准”作为主要依据之一。

标准经法律认定后即为强制性的规定，因此，制订标准要十分慎重，不仅要考虑到基准的研究与发展，还要考虑有无切实可行的控制工艺、经济效益、社会负担等。

2. 政策性

要依据国家有关的环境保护方针政策和环境保护法，以及与之有密切关系的能源、资源、城乡建设、自然保护、交通等政策和法规。

例如，能源是我国四化建设中的突出问题，我国能源构成中，煤炭占68%（2000年数据），大气污染类型主要是煤烟型污染。因此制订我国大气环境质量标准必须与我国的能源政策相协调。

3. 可行性

要从实际出发做到切实可行。要调查研究环境污染的现状和动态；要在技术上反映出国内的先进水平，符合科学技术发展的方向；要做到经济上合理，在标准制订中要力争做到成为执行标准，即社会所花去的总费用和总收益的“费用－效益”分析，力求找出既能满足人群健康和生态系统的要求，又使防治费用最小，能在近期内实现的环境质量标准。就是说，制订环境质量标准不仅要以自然科学的规律为依据，还要以社会经济规律为依据。

质量标准是排放标准的制订依据，为使制订的质量标准切实可行，要注意排放标准的反馈作用，即根据质量标准要能制订出符合国家技术经济状况的排放标准来，否则要反过来修改质量标准。但是，这种反馈修改不能使标准值宽于最低一级标准，必须受“基准”值的制约。

表 12－2 5 种污染物容许浓度的比较（μg/m³）

国别	尘粒	SO_2	CO	NO_2	O_3
美国第一级标准	260（日平均）	365（日平均）	40000（1 小时平均）	100（年算术平均）	100（1 小时平均）
	75（年几何平均）	80（年算术平均）	10000（8 小时平均）		
日本	100（日平均）	120（日平均）	25000（8 小时平均）	40（日平均）	120（1 小时平均）
前苏联	150（日平均）	150（日平均）	1000（日平均）	85（日平均）	
加拿大	60（日平均）	180（日平均）	6000（8 小时平均）		100（1 小时平均）
捷克	150（日平均）	150（日平均）	1000（日平均）	100（日平均）	

表 12－2 是几个国家空气质量标准中 5 种常见污染物的容许浓度的比较。由比较可见，各国大气环境质量标准有很大差异。其原因，除所选用基准可能不同外，在很大程度上取决于本国技术经济条件及政治文化方面的条件。

4. 区域差异性

我国幅员辽阔，环境条件复杂多变，不同地区生态系统的功能各异，需要重点保护的对象不尽一样。同时，各地的自然本底、经济发展水平、污染危害特征等都有其本身的特点。因此，制订国家的环境质量标准时采用分区、分级的原则，不同的功能区执行不同级的标准，这样就可将有限的技术经济力量用于保护最迫切需要保护的对象，按轻重缓急，分期、分区实现预期的环境质量标准。

制订地方环境质量标准（规定）时更要做好本地区的污染调查与评价工作，因地制宜地制订好质量标准。

在环境质量标准制订中，要综合研究这些原则的贯彻。当发生矛盾时，要以基准值为基础来协调，即以环境中的污染物不得超过人和生物所能接受的最大浓度（最低一级标准值）为前提来研究贯彻环境政策和执行环境标准的经济可能性。即使经济技术能力一时还达不到，不能满足最低级标准要求，近期也只能用过渡值的办法，而绝不能用放宽最低标准值的办法来适应技术经济水平。

5. 便于管理实施

标准应简明具体，附采样、分析方法、数据处理等规定，以便于管理。

(二) 制订标准的方法和程序

1. 首先要组成多学科标准编制组，制订工作计划

2. 全面开展调查研究工作，这是编制工作的技术基础

(1) 环境基准的调查研究。由于基准是科学资料，各国均可互相借鉴。世界卫生组织（WHO）的专家委员会在1992年、1974年、1979年多次编制卫生基准文件。美国环保局（USEPA）和美国卫生、教育及福利部（USDHEW）出版过6种（与美国大气环境质量标准相对应）大气污染物的基准文件和发表了20多种大气污染物的污染调查资料。美国环保局还出版了范围广泛的水质基准手册，多次修订补充再版（1973年、1976年、1978年版，新版我国已翻译出版）。我国国内的卫生、动植物学界进行了不少毒理学和流行病学的调查、研究，各地的环境质量评价工作也积累了不少可作为基准用的数据。

必要时还可进行基准的研究工作，如制订大气质量标准时就进行了“CO污染和人群碳氧血红蛋白含量的相关性”研究专题，对确定CO环境标准起了很好作用。

对基准资料进行综合分析、研究，主要目的是确定分级界限值。

(2) 污染现状调查及评价。主要内容是调查、分析研究历年的监测资料和各部门掌握的数据，确定环境介质中的主要污染物、背景值、污染现状水平和扩散、稀释的特点和规律。目的是确定标准中污染物项目，掌握制订分级、分区标准的基础资料。

(3) 监测方法研究。包括布点、采样、化验分析、数据处理等的方法。这是必须与标准同时确定的。

(4) 技术经济调查。初步掌握要达到各级标准的污染物削减量和与之对应的有哪些工艺、技术和综合防治手段并考察其经济性。

在此基础上，应进行“费用－效益”分析。

3. 费用－效益分析

从经济学角度看，所制订的环境质量标准取得的社会效益最大、达到标准所花费的控制污染的总费用最小。

进行“费用－效益”分析的原则是应同时满足这两个方面，既能保护环境又能促进经济的协调发展。

环境质量标准应有如下收益：

(1) 使人群死亡率和患病率降低，这是最大的收益。

(2) 使土壤、河流、湖泊等地面水受害减小，农、林、牧、渔业产品和其他生物产量、质量提高获得的收益。

(3) 使人民和社会财物，如房屋、设备、各种构筑物、文化设施等腐蚀损坏减少所获得的效益。

(4) 使工业产品产量质量提高的效益。

(5) 使能源、资源、各种原材料的利用效率提高，“三废”损失减小的收益等等。

环境质量标准要考虑如下的费用负担：

（1）调整生产规模和布局的投资。

（2）改革工艺更新设备的投资。

（3）进行“三废”处理和净化的投资和运转费用。

（4）政府机关经费、科学研究经费、监测网络投资及运转费等等。

下面以大气为例说明与制订环境标准有关的“费用－收益”分析的一般概念。为了简单地说明问题，将有关概念示于图 12－2。

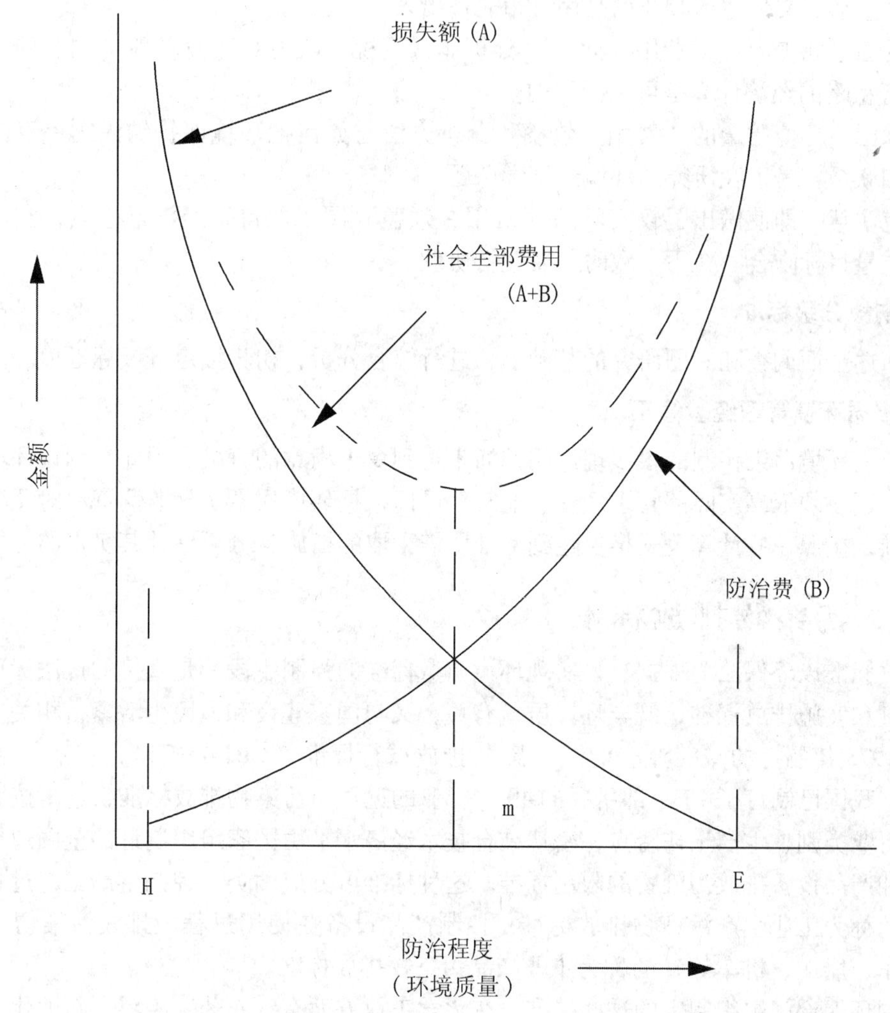

图 12－2　防治程度（环境质量）与防治费用和大气污染损失费用之间的关系

图中有三条曲线，A 线代表大气污染的损失费用，B 线代表大气污染的防治费用，（A＋B）代表社会的全部费用。纵坐标是费用金额，横坐标是与防治程度相应的大气环境质量。

由图 12－2 可见，当污染完全没有控制时，如图中的 H 点，损失额是很高的，环境污染严重。为了减少损失采取控制措施，损失费迅速减小。但是，当达到某一点 E 时，防治费用不论多大，损失额也难以减小了，原因是受科学技术水平的限制。

由图 12－2 还可看出，大气污染损失费和防治费之间表现出相反的关系，这两条曲线叠加得出的曲线，即表示实行某种防治措施时，大概所需的社会全部费用。图上社会全部费用最低点启示我们，在进行防治时，将控制的目标放在这个最低点是合理的。利用这种“费用－收益”图很容易得到防治措施在经济上合理与否的结论。

但是这种图示仍然是理论上的东西，实际的曲线不会如此。如果使用确切的数据，把损失费和防治费绘成图表，就可得到实际的曲线。定量计算的主要困难在于如何将人群健康、社会生活、文化遗产等非商品用货币表现出来。

有的国家如美国对“费用－效益”分析非常重视，认为对环境管理（如实施环境标准）进行粗略的经济计算是可以办到的。

在我国，环境质量的“费用－效益”分析方法与如何把环境保护纳入国民经济计划的问题相联系，是正在研究的环境经济学课题。

但应注意，即使做出了较实际的“费用－效益”图，取得了经济最佳点，它不一定与环境质量目标吻合。在不一致时，要进行协调。

4. 初拟分级标准

在前述全面调查和专题研究的基础上，进行综合分析，初步拟定分级标准值。

5. 根据环境管理经验修正

至今，环境污染控制的很多理论问题尚未得到令人满意的解决，因此在制订环境质量标准时，还必须依靠实际的管理经验。通常，可以根据环境质量实际监测资料对照预定的质量标准，按照一些计算公式推算达到标准所需采取的措施，分析估计其实现的可能性。

二、污染物排放标准

排放标准以环保法为根据，是实现环境质量标准的强制手段，是直接的执法标准。因此，制订和实施排放标准，既与环境质量有关，又与国家建设和人民生活紧密相关。

在 1973 年制订的《工业企业“三废”排放试行标准（GBJ 4—73)》以后，从 1979 年开始，我国已制订了 15 个部所属的 40 个行业的近百个污染物排放标准，它是按照不同的生产行业类别、生产工艺特点，密切结合技术经济水平由国家组织制订的全国通用的控制工业和产品设备排放污染物的限制标准。这种标准可分成两类，控制生产工艺过程排放污染物的称为工业生产污染物排放标准；控制产品设备在使用过程中排放污染物（如锅炉、汽车、船舶、机车等）的称为工业产品污染物排放标准。

我国环保部门组织制定的这些标准，在化学工业方面有：农药、染料、石油化工、基本有机原料合成、氯碱、硫酸、化肥、无机盐、合成橡胶等工业污染物排放标准；在冶金工业方面有：钢铁冶炼、重有色金属冶炼、轻有色金属冶炼、矿山系统、焦化耐火材料、碳素等工业污染物排放标准；在轻工业方面有：制糖、合成脂肪酸、合成洗涤剂、制革、造纸等工业污染物排放标准；在建筑材料工业方面有：水泥生产及水泥制品、石棉、沥青制品及加工等工业污染物排放标准；在机械制造、交通、电力、造船工业方面有：工业锅炉、汽车、火力发电站、船舶污染物排放标准和汽车制造、造船工业污染物排放标准等等。

这类标准，由于生产行业及其包括的工艺类别多，生产的排污设备也多，因而标准数量就多，已经制订的只是一部分。毫无疑问，这些标准的制订成功，将为制订更多的国家级污染物排放标准打下良好基础。

（一）分类

从国际上看，目前存在着几种不同的排放标准，各有特点，按控制方式可分为以下几种。

1. 浓度标准

浓度标准即是规定企业或设备的排放口排放污染物的浓度。废水中污染物以 mg/L。表示，废气中污染物以 mg/m^3 表示。此类标准的主要优点是简单易行，只要监测总排放口的浓度即可，它存在的严重缺点是：无法排除以稀释手段降低污染物排放浓度的情况，因而不利于对不同企业的污染作出确切的评价和比较。另一缺点是，不论污染源大小皆一律看待。改进的方向是既监测浓度，又监测介质（废水、废气）的流量。

2. 地区系数法标准

这是根据环境质量目标、各地自然条件、环境容量、性质功能、工业密度等，规定不同的系数的控制污染源排放的方法。如日本，为控制大气 SO_2 的点排放源，给各地规定了不同的系数 K 值，K 值规定后，某个企业的 SO_2 允许排放量决定于其烟囱高度。K 值是根据环境质量标准和大气扩散模式计算的，为逐步达到环境质量目标，K 值可一年或几年改变一次，逐步强化控制。在日本，K 值被写入大气污染防治法。

我国制定了与日本 K 值法类似而有改进的 P 值法以控制 SO_2 的点源排放。还制定了 B 值法以控制 SO_2 面源排放。

3. 总量控制标准

这是首先由日本发展起来的方法。日本于 20 世纪 70 年代初首先在神奈川县对废气 SO_2 排放试行了总量控制标准，1973 年在濑户内海应用，1974 年纳入大气污染防治法律。这种方法受到世界各国和我国环境保护工作者的重视。它的基本思想是：由于在发生源密集的地区，出现只对一个个单独的发生源规定排放标准，不能控制环境质量的情况而发展出了这种方法。它是以环境质量标准为基础，考虑自然特性，计算出环境容量（此处为满足环境质量标准的污染物总允许排放量），然后综合分析所有在区域内的污染源，建立一定的数学模式，计算每个源的污染分担率和相应的允许排放量，求得最优方案。每个源都控制小于最优方案的规定值，即可保证环境质量标准的实现。

4. 负荷标准（或称排放系数）

这是美英等国使用的方法，是从实际控制技术出发，采用分行业、分污染物来控制，以每吨产品或原料计算的任何一日排放污染物的最大值和连续 30 天排放污染物的平均值来表示。此法比总量控制法简单，不需计算复杂的环境总容量和各种源的分担率，对不同行业产量、品种、工艺要区别对待。我国 1988 年颁布的工业污染物排放标准也属这类。

5. 工艺标准

这是瑞典 1979 年实行的方法，基本精神是由环境保护部门深入工业企业调查后，与每个企业协商确定排放标准。我国沈阳市化工局制定允许的污染物流失量——流失指标，也是属于此法。

（二）制订原则

1. 以满足环境质量标准的要求为出发点

控制污染物排放的最终目的是保护人群健康和促进生态良性循环，因此制订排放标准要以国家和地区的质量标准为目标。人们一直努力探索两者之间的数量关系，研究提出了各种相关模式。我国组织制定的地区大气和水污染物排放标准制定原则和方法两项标准也是解决这个问题的。

2. 可行性

制订排放标准要很好地体现技术先进性和经济合理性的统一。排放标准所依据的控制技术，要从我国的实际情况出发，不是越先进、越高级越好，要定得经济合理，盲目追求高效率，甚至所谓“零排放”，往往会造成社会财力、物力的极大浪费。因此，在使用净化设备控制污染物的排放时，要着重研究所要的投资、运转等费用与可能取得的效果之间的关系。图 12－3 是常用净化设备净化效率与所花费用的一般关系。当净化效率达到某一程度后再增加费用所能换得的效率增值是极不显著的。

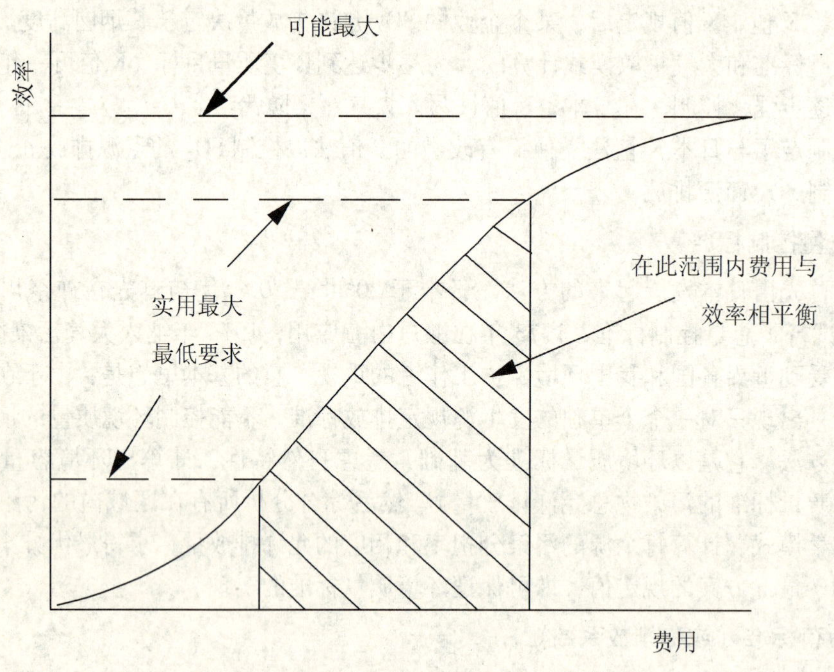

图 12－3　净化设备效率与费用的关系

比较典型的例子是静电除尘器用于燃煤电厂除尘。当效率在 90% ~99% 范围内时，除尘效率随费用的增加而稳定上升，但如将效率提高到 98.9% ~99.9% 时，效率仅提高 1%，而费用却要成倍增长。这就是说，制订过严的排放标准，要求过高的净化效率，是否经济合理，要慎重考虑。

然而，如果效率定低了，则有可能不符合环境质量标准对该污染源的削减量的要求。

同时，多排污染物将造成较大的经济损失。

上例说的是针对一项净化设备，对整个排放标准，也可做与环境质量标准相同的“费用－收益”分析图进行评价，确定合理的排放标准。

3. 要考虑环境特征

制订排放标准要考虑环境特征，如环境容量，区域的性质、功能，污染源的构成、分布与密度等。

考虑区域的环境容量有巨大的经济意义。排放标准要求控制的只是超过当地环境容量的部分。环境容量大的地方可适当放宽排放标准，避免不必要地耗费防治资金；反之，环境容量小，产业经济密度和人口密度大的地方的排放标准就要适当严一些，以保证实现环境质量要求。

4. 控制污染与促进经济发展相结合

在制订排放标准时要处理好控制污染与促进经济的辩证统一关系。目前，我国生产中，能源、资源和各种原材料消耗率还较大，例如我国的工业锅炉耗煤占全国总量的1/3，平均热效率仅55%左右，煤烟、尘等随废气排出，既浪费能源，又污染大气。如能制订与较高热效率相对应的黑度标准（林格曼黑度法）达到设计热效率的75%（是可以做得到的），则一年有可能节约煤4000万t，这对促进生产将起巨大的作用。

既要控制污染又要促进经济，就应掌握好排放标准宽严的分寸，也就是要实行区别对待的原则。这就要区分污染源的情况和特点，针对不同行业、污染物种类、工艺、生产规模等实际情况，综合分析后确定。一般来说，新建企业从严；大型企业从严；小企业分别情况，近期从宽，长远要达到对大厂的要求；排剧毒物和重金属以及自然界难降解的积蓄性毒物，有致癌、致畸、致突变作用和易产生毒性大的污染物的从严。

5. 便于监测、检查

有直接执法性的排放标准对于排污收费制度的执行，老企业的限期改造和新建、改建、扩建、企业执行“三同时”制度的检查以及各种环境管理措施的实施等关系很大。而我国现有几十万个各类工业企业，因而监督、检查排放标准实施的任务十分繁重，监测、分析工作量极大，所以采用的排放标准必须监测检查方便，能够节约分析仪器、药品和减少工作量。

（三）制订方法

制订通用的污染物排放标准的常见方法有：

1. 按污染物扩散规律制订排放标准

按污染物在环境中输送扩散规律及数学模型，推算出能满足环境质量标准要求的污染物排放量，这是一种合乎逻辑的常用方法。如我国1973年颁布试行的《工业“三废”排放标准》是采用描述大气扩散规律的两个经典公式——萨屯公式和霍兰德公式，这个标准没有考虑排放点周围环境和其它污染源影响。在理论推导时，大多数参数取值偏严，使标准要求过严，因此，实际执行有困难。

排入水体的污染物，其容许排放量也同样可按污染物在水体中扩散规律数学模型进行推算，但因水体扩散情况远比大气扩散复杂。目前尚未能求出一个描述扩散规律的通用公式。因此，各国在制订废水排放标准时，还很少应用这个方法。

2. 按“最佳实用方法（或最佳可用技术）”制订排放标准

因排放标准的制订不能脱离实际生产工艺过程排放的污染物量和污染控制的具体技术水平，因此美国提出了按“最佳实用方法（或最佳可用技术）”（Best Practicable Means 或 Best Available Technology）制订排放标准的方法。其标准建立在现有的可以把污染物排放减至最少的工艺及污染防治技术可能达到的最好水平上，同时也考虑到采取污染防治措施在经济上的可行性，即是说这样的技术在现阶段实际应用中效果最佳，有可能在同类工厂中推广应用。这种方法的缺点是不能与环境质量标准直接发生联系，但它具有客观示范作用，因此能起到积极的推动作用。

为了应用这个方法，必须做一定的调查研究工作，例如：

（1）调查了解能有效减少或控制某种污染物排放的先进工艺技术和各种净化设备，鉴定其效率，找出其最佳者。

（2）计算最佳方法的投资和运转费用，估计在较大范围内推广的可能性。

（3）大致推算最佳方法普遍使用后的环境质量状况，为进一步修订做好准备。

3. 按环境容量制订排放标准

按照一定地区的环境自净能力有其限度的观点，根据地区气象、水文、地形、污染物的迁移转化规律及环境质量要求，规定出本地区污染物容许的排放总量。这样做的目的是使污染控制的计划更明确，责任更清楚。

三、基础方法标准

它是环境标准体系的附属部分或指导部分，为环境标准的制订提供统一的语言和方法，指导各项指标的制订。

基础标准的内容有：名词术语，符号代号，标记方法，标准编排方法等。

方法标准的内容有：分析方法，取样方法，标准制订程序，模拟公式，操作规程，工艺规程，设计规程和施工规程等。我国制定的两项方法标准，有地区“水”和“气”的污染物排放标准制定原则。由于我国环境因素变化大，差异大，必须把一些方法和原则性问题统一起来，作为各地制订排放标准的依据。

四、行业标准与国家标准的关系

国家为实现环境质量标准或环境目标，对人为污染源排入环境的污染物的浓度或数量所作的限量规定，我们一般称作污染物排放标准。制定这种标准的目的主要是控制污染源的排放量，保护生态环境。

污染物排放标准按污染物形态分为：气态污染物排放标准，规定了二氧化硫、氮氧化物、一氧化碳、硫化氢、氯、氟以及颗粒物等的容许排放量；液态污染物排放标准，规定了废水（废液）中所含的油类、需氧有机物、有毒金属化合物、放射性物质和病原体等的容许排放量；固态污染物排放标准，规定填埋、堆存和进入农田等处的固体废物中的有害物质的容许含量。此外，还有物理性污染物排放标准如噪声等。这些一般都是适用于全国性的标准。

污染物排放标准按适用范围分为通用排放标准和行业排放标准。通用的污染物排放标准规定一定的范围（全国或一个区域）内普遍存在或危害较大的各种污染物的容许排放量，适用于各个行业，通常也称之为国家标准。有的通用排放标准按不同排向（如水污染物按排入下水道、河流、湖泊、海域）分别规定容许排放量。行业的污染物排放标准规定某一行业所排放的各种污染物的容许排放量，只对该行业有约束力。因此，同一污染物在不同行业中的容许排放量可能不同。行业的污染物排放标准还可以按不同生产工序规定污染物容许排放量，如钢铁工业的废水排放标准可按炼焦、烧结、炼铁、炼钢、酸洗等工序分别规定废水中 pH 值、悬浮物总量和油等的容许排放量。

第四节　环境标准的实施与管理

环境标准是环境法规的重要组成部分，是环境管理的中心环节，健全环境法制、强化环境管理，就必须认真严格地实施环境标准。

一、环境标准的实施

（一）实施环境标准，强化环境管理

《环境保护法》规定："县级以上人民政府环境保护行政主管部门，应当会同有关部门对管辖范围内的环境状况进行调查和评价，拟订环境保护规划，经计划部门综合平衡后，报同级人民政府批准实施。""地方各级人民政府，应当对本辖区的环境质量负责，采取措施改善环境质量"。目前各省市的环境保护目标责任制，省市长签订的责任书中，一般都明确何时达到何种环境质量标准，将标准提供的具体指标列入国民经济和社会发展计划。北京市人民政府为贯彻执行《水污染防治法》和《北京城市建设总体规划方案》，明确规定北京"两库一渠流域划分为三级保护区。对一、二级保护区内水体的环境规划、管理和评价，执行国家《地面水环境质量标准》的二级标准。"可见，环境标准是环境规划必不可少的依据，实施标准的过程实质上也是强化环境管理的过程。我国实行的城市环境综合整治定量考核制度，也是推动环境质量标准实施的一种有力措施。

实施环境标准还应做到：

1. 划分环境功能区。按国家环境质量标准规定的功能类别、级别，对所辖地区划分成不同的功能区以便分级管理。比如美国就将全国划为 247 个空气质量控制区以便于管理。在我国省、市和流域的环境规划中，按照环境标准划分了水环境功能区和大气环境功能区，为实行按功能区进行总量控制打下基础。

2. 建设项目进行环境影响评价必须以环境质量标准为依据，新建、改建、扩建的项目在设计、施工时，都必须以立项时确定执行的污染物排放标准为依据，建成投产后仍以该标准实施监督管理，并且不得降低所在区域的环境质量。

3. 综合排放标准与行业排放标准的协调。为加强对重点污染行业的控制，国家制定了重点污染工业的行业排放标准。适用于一般污染行业的综合排放标准与之配套，有行业标准优先执行行业标准，没有行业标准的则执行综合排放标准。

4. 中外合资或外方独资企业在我国境内进行生产的，同样应优先执行地方污染物排

放标准或行业排放标准；对于我国无相应标准的引进项目，必须同时引进该项目出口国的污染物排放标准及有关技术资料，由地、市级环保部门提出采用相同的指标值，报经省级以上环保部门批准后，等同地方标准执行。

（二）实施环境标准，实现环境管理法制化

实施标准属于执法的范畴。如果环境标准得不到实施，从法律意义上来讲，就是有法不依。

《中华人民共和国标准化法》（以下简称《标准化法》）第七条规定："保障人体健康、人身，财产安全的标准和法律，行政法规规定强制执行的标准是强制性标准。"《标准化法实施条例》第十八条规定："环境保护的污染物排放标准和环境质量标准"是强制性标准。由此可见，我国的污染物排放标准和环境质量标准，实质上是法律的组成部分，违标即违法。

应该明确，达到国家标准是每个排污单位的义务。暂时达不到国家标准的，必须限期达标。缴纳了超标排污费并不能免除治理污染、严格执行污染排放标准的责任。最终目的是保护人体健康，保护生态环境。目前很多地区出现的自然灾害和社会公害，都与环境问题有关，加强环境法制建设，认真实施环境标准，防止环境事故的发生是迫切的任务。

（三）加强监督，保证环境标准的实施

对环境标准的实施进行监督，是各级管理部门尤其是环境保护行政主管部门的重要职责之一。监督的内容很多，比如在标准制定中，其制定机构是否为法律授权的单位，制定标准的依据是否充分，是否超出其权限范围，制定程序是否合法，公布的标准是否向有关部门备案等。环境标准一经颁布，有关单位和个人就必须严格按标准执行，凡是在标准的制定和实施过程中有违法的现象，各级环保部门都有权责其纠正，直至追究其法律责任。例如，《环境保护法》规定地方只能制定严于国家标准的地方污染物排放标准；如果地方制定的排放标准宽于国家排放标准，就是违法。又如环境质量标准颁布后，各地环保部门应会同有关部门对所辖地区划分环境功能区类别，报省级人民政府批准；如果不按环境标准来划分，其功能区无效，上级环保部门应当行使监督管理的职能，责其改正。

依照法律规定，全国各地有关单位和个人均应认真贯彻执行国家环境标准，地方环境标准则只适用于该辖区的环境保护工作。国家环境保护总局和地方各级环保部门都应当也必须对标准的实施进行监督。由于行政管理权限不同，国家环境保护总局的监督具有最高权威。

另一方面，环境标准是环境管理的核心，每一项环境管理制度都与环境标准有着密切的联系。在环境管理中，环境标准是违法与否的尺度，环境管理人员必须以标准来衡量有关违法行为，不能随心所欲、以言代法。如征收超标排污费、建设项目的环境影响评价、"三同时"验收、污染源排放控制等工作，都必须以环境标准为依据，如果存在超越法律法规及标准的行为，同样属于违法，有关部门应当进行监督，严肃处理。

环境标准实施监督的手段，一般为监督性监测、检查和抽查。对实施环境质量标准的监督，一般采用固定采样点位，固定频率的例行监测，以相应的标准进行质量评定，看是否达标；对排放标准的实施进行监督，一般采用抽测检查，看排污单位的排污行为是否符

合相应的排放标准，排污是否达到标准的规定；对环境方法标准的实施以及标准样品，则通过监测质量控制，对有关仪器、方法、操作人员进行检定和考核。

在处理有关污染源排放是否符合强制性标准的争议时，以环境监测机构出具的数据为准。监测机构本身也应当通过计量认证，在其出具公正数据证明时，应当符合计量的法律、法规及有关技术规定，并按环境质量标准和污染物排放标准规定的方法进行监测。

部分环境标准还应在发布的同时，由管理部门制定相应的实施细则，以利于标准的实施与监督。

二、环境标准的管理

（一）组织好标准的制定、修订工作

环境标准的制定、修订工作，不仅是环境管理的重要内容，也是环境执法、环境标准化工作的组织部分。认真贯彻《中华人民共和国环境保护法》和《中华人民共和国标准化法》，明确环境标准不仅是单纯的技术规范，还是法律的组成部分，对于正确地制定、实施环境标准十分重要。

前面提到的五类环境标准，均有技术规范的性质，但同时法律明文规定的标准，尤其是法律规定的强制性标准，则除了具有技术规范的性质外，还具有法律的性质。

环境保护国家标准由国家环境保护总局负责制订，包括编制项目计划、组织拟订、审批等，由国家技术监督局负责编号，国家环境保护总局和国家技术监督局联合发布。

环境保护行业标准由国家环境保护总局编制计划、组织草拟、统一审批、编号、发布，并报送国家技术监督局备案。

环境标准的代号分别为：

强制性国家标准：GB

推荐性国家标准：GB/T

强制性环保行业标准：HJ

推荐性环保行业标准：HJ/T

地方环境质量标准和污染物排放标准由省、自治区、直辖市环境保护部门组织草拟，报省、自治区、直辖市人民政府批准，由省标准化行政部门统一编号，按照人民政府规定的办法发布。

环境保护地方标准送审的同时还应报送国家环境保护总局审核，经地方人民政府批准发布后，在一个月之内报国家环境保护总局备案。国家环境保护总局在收到备案文件及附件后，经审查，对符合法律规定的，在一个月之内向备案部门发送同意备案文件，对不符合法律规定的，通知备案部门限期改正。

（二）加强标准的日常管理

各级环境保护行政主管部门，都应把标准的日常管理列入工作日程，作为全国环境保护标准化工作的职能机构，必须担负起自己的职责。

国家环境保护总局负责全国环境保护标准化管理工作，编制环境标准的制定、修订规划、计划，组织制定国家环境标准和行业环境标准，受理地方环境标准的备案，指导地方

的环境保护标准化工作。除此之外，还要组织实施环境标准，并对实施情况进行监督检查，并分工管理环境保护专用设备与仪器的产品质量认证工作。

省、自治区、直辖市环保部门负责地方的环境保护标准化工作，组织拟订地方环境标准，报请地方人民政府批准，办理编号发布手续，并向国家环保总局备案。组织实施各类环境标准并对其实施进行监督检查。

市、县环保部门负责组织实施环境标准，并进行监督检查。

国家环境标准和行业环境标准由国家环境保护总局解释，或由同家环境保护总局委托有关单位解释，其出版，亦由国家环境保护总局委托有关出版社出版，未经国家环境保护总局同意，任何单位或个人不得翻印，不得擅自编写出版解释标准的材料。

地方环境标准的出版办法由省、自治区、直辖市环保部门规定。

（三）做好宣传、解释和协调工作

制定和实施环境标准是从维护人民利益和促进生态良性循环的需要出发的，只有把实施环境标准的意义和内容好好地向广大人民群众宣传解释，才能发动和依靠广大群众，落实实施标准的各种具体措施。

我国的环保事业不断发展，大批环保管理干部和技术人员迫切需要掌握有关环境标准的理论知识和操作方法，因此，举办较大型的环境标准学习班，聘请有关专家为教员，编写好教材，培养一批环境标准化队伍，是一项非常重要的工作。

环境标准的协调工作是指协调环境标准中各标准之间以及环境标准与卫生、渔业、灌溉等标准的关系，以便明确分工，各司其责，共同发挥保护环境的作用。

（四）积极开展国际交流与合作

标准化本身是一项促进社会发展的工作，环境保护又是超越国界的人类活动，随着国际间合作交流与贸易的发展，人们对环境标准的认识也在不断提高。掌握国际上环境标准的动态和情报信息，认真学习和吸收国外标准科技成果，对我国的环境标准建设是很好的促进。因此，要加强与国际标准化机构（ISO）有关环境标准的技术委员会（TC）的联系，尤其要与 ISO 的空气质量技术委员会（TC146）、水质技术委员会（TC147）和环境管理标准技术委员会（TC207）保持经常的联系。

同时，要把国内的科研、监测机构组织起来，积极开展独立的研究和验证国际标准草案的工作，尽可能多地吸收和采纳国际标准。采纳国际标准可以节省我国制定标准的人力、物力，也有利于扩大技术交流和外贸出口，因此已被定为国家的一项政策。

思考题

1. 简述环境标准的含义，制订原则及我国环境标准制订的程序。
2. 简述我国环境标准体系的构成及各类标准使用中应注意的问题。
3. 简述环境标准的作用以及我国对环境标准管理的具体办法。

第十三章　环境统计

第一节　环境统计概述

一、环境统计的基本概念

环境统计是用数字反映并计量人类活动引起的环境变化和环境变化对人类的影响。环境统计泛指环境统计工作、环境统计资料和环境统计学3个含义。

环境统计工作是指为了取得和提供统计资料而进行的各项工作。它的全部内容和过程包括：环境统计设计、环境统计调查、环境统计整理和环境统计分析等几个方面。

环境统计资料是环境统计工作的成果，包括两个方面的内容：一是统计数字资料，它反映社会经济现象，人对自然环境的利用、改造，污染的规模、水平、发展速度和比例关系；二是统计分析报告，它反映社会经济发展与环境保护相互关系及其发展变化的原因和规律。

环境统计学是研究和阐述环境统计工作规律和方法论的科学，是环境统计实践经验的理论概括，又是环境统计工作发展到一定阶段的必然产物。环境统计学一旦形成，就可以指导环境统计工作，推动统计工作的发展。因此，环境统计学与环境统计工作的关系是理论与实践的关系，它们具有相同的研究对象，即大量环境现象的数量方面。具体地说，就是环境现象的数量表现，现象变化的数量关系和数量界限。

环境统计虽不直接研究社会经济现象的本身，但环境问题的实质仍是经济问题，它与社会经济现象密切相关。因此，它仍属社会经济统计范畴，并与其他社会经济统计紧密联系。

环境统计是以环境为研究对象。因此，环境统计的范围涉及到人类赖以生产和生活的全部条件，包括影响生态系统平衡的各个因素及其变化所带来的后果。如：大气、水域、土壤等环境污染状况；受到危害的各种珍贵动物、植物；森林公园和其他自然保护区；人口的发展、平均寿命、发病率；城市的建设和改造；能源的开发和利用；土地的盐碱化、沙漠化程度、森林覆盖率；工业“三废”的排放量；建设项目“三同时”执行情况；环境管理、环保部门自身建设情况以及污染和疾病之间的联系等等，都属于环境统计的范围。

根据环境保护工作的需要，联合国统计司于1977年提出的统计范围是：土地、自然资源、能源、人类居住区、环境污染五个方面。根据我国的实际情况，环境统计范围大致包括以下内容：

（一）土地环境统计：反映土地及其构成的实际数量、利用程度和保护情况。

（二）自然资源统计：反映生物、森林、水、矿产资源、文物古迹、自然保护区、风景游览区、草原、水生生物的现有量、利用程度和保护情况。

（三）能源环境统计：反映能源的开发利用情况。

（四）人类居住区环境统计：反映人类健康状况，营养状况，劳动条件，居住条件，娱乐和文化条件以及公共设施等情况。

（五）环境污染统计：反映大气、水域、土壤等环境污染状况，以及污染源排放和治理等情况。

（六）环境保护机构自身建设统计：反映环保队伍中人员变化和专业人员构成情况，以及装备状况、监测事业建设等情况。

环境统计的范围是随着环境保护工作的发展和需要而不断扩大，并不是一成不变的。

环境统计除具有社会经济统计的社会性、广泛性、数量性等性质外，还有如下特点：

（一）环境统计的范围涉及面广、综合性强。环境统计的研究对象是人类和生物生存的空间和物质条件，涉及人口、卫生保健、工农业生产、基本建设、文物保护、城市建设、居民生活等许多社会、经济部门和领域，所以，它是一门综合性很强的统计。

（二）环境统计研究的对象介于社会和自然之间，技术性强。环境统计研究的内容是人类生存的条件，就必然涉及到自然科学和社会科学的很多领域。环境统计的许多基础资料来自监测数据，必须借助于物理、化学和生物学等测试手段才能获得。

（三）环境统计是一门新兴的边缘学科，无论是国际还是国内都是新生事物。环境统计工作尚处于创建阶段，很多理论问题有待于进一步探索和完善，环境统计管理体制不健全，远远不能满足环境管理工作的要求。

二、环境统计的基本任务

（一）向各级政府及其环保部门提供各地区和全国的环境状况的数字资料和分析资料，为制订环境保护方针政策、计划提供科学的依据。

（二）监督检查环境保护方针政策、环境保护计划的执行情况，提供反馈信息，及时发现新情况和新问题，以便及时采取措施、加强环境管理、协调经济发展与环境保护的关系。

同时，依法对环境统计工作本身进行监督检查，反对篡改统计数字、虚报和瞒报等不法行为，保证统计数据的正确性和严肃性。

（三）反映环境保护事业发展的规模、速度及其它部门的相互比例关系。

（四）宣传教育群众、提高对环境保护工作的认识，并为群众参加环境管理、经济管理，提高企业经济效益服务，开展创造“清洁工厂”、“清洁城市”等活动提供资料。

（五）为总结环境保护工作的经验教训，开展环境科学研究工作服务。

环境统计工作除了完成国家统计报表制度规定的任务外，还要围绕当前环境保护工作中的新情况、新问题，积极开展经常性的调查研究工作，并尽量利用其它专业统计已有的各种资料，对环境保护工作进行系统的、全面的分析研究，开展环境统计预测，提供有科学依据的、符合实际情况的统计预测资料，更好地为社会主义现代化建设服务。

三、环境统计的基本原则和基本要求

（一）环境统计的基本原则

环境统计是环境管理的基础和工具。环境统计应遵循下列几条原则：

1. 环境统计应以我国的环境保护战略目标为基础，为保护环境提供及时、准确、有价值的环境统计数据和分析资料。要达到这一点，必须使环境统计向统计指标的完整化、统计分类的标准化、统计调查工作科学化、统计基础工作规范化、统计计算技术和数据传输技术现代化和统计服务优质化的方向发展，以适应环境管理现代化的需要。

2. 要建立一套科学的、完整的环境统计指标体系，建立一套科学的、切实可行的统计调查方法。有了一套科学的、完整的环境统计指标体系，就能够对复杂的环境现象进行科学的分析研究，使我们掌握各种环境现象量的变化，从而进一步认识整个环境所发生的质的变化。有了一套科学的切实可行的统计调查方法，就能够保证我们获得正确的统计资料。两者结合起来，就可以根据掌握的环境统计资料，经过分析研究，从复杂和经常变化的环境现象中认识和掌握环境变化的规律。

（二）环境统计的基本要求

环境统计既然是制定环境保护方针政策和编制规划的基础和重要依据，又是对方针政策、计划实行统计监督的工具，所以就必须保证统计数据的科学性、准确性和及时性。为此，必须做好以下工作：

1. 提高认识、加强领导。环境统计是整个环境保护工作的基础。凡是环境保护涉及到的方面都应当是它调查研究的对象，它与环境保护的各项工作都有密切的联系。因此，它又是一项综合性的工作。同时，环境统计是社会经济统计的重要组成部分，环境统计工作除受环保部门领导外，还受国家统计局的领导，它必须具有相对的独立性，形成自己的分支系统。其次，环境统计工作是一个由调查、整理、分析和预测等环节组成的全过程，不仅仅是统计报表的汇总。要保证这个全过程的完成，就需要各级环保部门加强对这项工作的领导，做好组织协调，开展调查研究，及时解决存在的问题，加强业务和队伍的组织建设等工作。

2. 健全环境统计机构、固定环境统计人员，努力提高环境统计人员的业务水平。

3. 抓好统计全过程中的薄弱环节。

(1) 统计调查是统计工作中的第一阶段，也是决定数据质量的重要环节。因为取得的材料正确与否，材料登记得正确与否都会影响到今后各阶段的工作质量。统计调查的组织方式有统计报表和专门调查两种，除了采用第一种方式外，应当学会采用第二种方式，即普查、抽样抽查、重点调查和典型调查来补充第一种方式的不足，验证第一种方式取得的数据。

(2) 要注重统计分析。没有统计分析的资料是不完整的资料。统计分析是提供统计研究成果的阶段，也是发挥统计的认识作用和监督作用的重要环节。

(3) 坚持实事求是。作为环境统计人员，必须认真遵守统计法，坚持实事求是，如实反映环境状况，保证环境统计数字的准确性，决不允许弄虚作假，以维护统计工作的严肃性。

(4) 做好环境统计服务和监督工作。环境统计的服务性及其监督作用是不可分割的两个方面。环境统计工作要更好地为各级领导机关服务，要积极地、有步骤地扩大服务面，充分发挥统计工作更大的作用。在规定的范围内公布一些环境污染的实际情况，以便开展污染治理工作。环境统计的监督作用就是坚持实事求是地反映国家有关环境保护政策、法令、条例和计划执行情况。通过统计工作，可以揭露某些单位和个人违反《环境保护法》的现象，发挥环境统计监督作用。

四、环境统计在环境管理中的地位和作用

环境统计从一开始就是因为环境管理的需要而产生的。由于环境管理的出现，人们迫切需要运用定量的数字语言来表示和评价环境污染的状况、污染治理成果及达到水平等等情况。而环境统计正是按照环境管理的这一需要及科学的定义确定其统计指标，通过大量的观察、调查、搜集有关资料和数据，经过科学的、系统的整理、核算和分析，以环境统计资料来表明环境现象的数量关系，并通过数量变化反映环境质量的状况及治理污染的成果等情况。环境统计资料所反映的情况，正是环境管理中所需要的环境信息，它是环境管理决策的依据。

我国在 1980 年 11 月建立了环境统计制度。二十几年来，环境统计工作不断取得新的进展，基本反映了污染现状及治理水平等情况，摸清了部分地区的环境变化规律，在环境管理中发挥了服务作用。随着环境管理和经济管理工作的深入发展，对环境统计不断地提出了新的要求，统计指标和统计范围也不断地扩大。

环境统计是环境管理的基础和工具。按照管理学的观点，环境管理的主要职能是计划、执行和调节。但是无论是制定计划，还是执行计划，都需要对环境状况、污染物的排放状况以及环境质量的变化调查研究。这些调查研究工作正是环境统计工作的主要内容。环境统计活动中所取得数字资料及与之相联系的其他资料，即环境统计资料，是具体反映环境现象的变化规律在一定时间、地点、条件下的数量表现，是一种环境信息。同时，环境统计也是国民经济核算方法之一，它能全面、系统、连续地提供各方面的综合性环境统计数据，它通过提供环境信息和核算方法在环境管理中起反映和监督检查的作用。

环境统计和环境管理之间有着密切的关系。一方面，环境统计作为一个环境信息系统，要及时提供管理所需的环境信息，作为事前决策分析、制定方针政策和计划的依据；作为事后政策、计划执行情况的分析和监督检查的依据为管理服务。另一方面，环境统计本身也逐渐成为环境管理过程的一个组成部分，即环境统计本身就是一种环境管理活动。可以说，如果没有环境统计的信息和监督，也就谈不上真正的环境管理。环境保护工作越发展，环境统计在环境管理中的作用愈重要。

总之，环境统计是环境保护工作的重要组成部分，是加强环境管理的基本手段，是制定方针、政策的科学依据，是编制环境规划和进行环境质量评价的可靠基础，是改善和保护环境，促进“三废”治理、消除“三废”污染不可缺少的重要工作。

第二节 我国环境统计指标体系

环境统计工作涉及面广，不仅涉及各行业，而且涉及许多学科。环境统计指标体系的确定是个庞大的系统工程，联合国统计司对于各成员国的环境统计尚无统一意见。我国环境统计指标体系是根据我国环境管理工作的实际情况确定的。“七五”以来，我国的环境统计指标体系在实践中不断修改、调整和完善，形成了以下“十五”期间的环境统计指标体系。

一、现行环境统计指标体系框架

现行环境统计指标体系框架如图 13－1 所示。

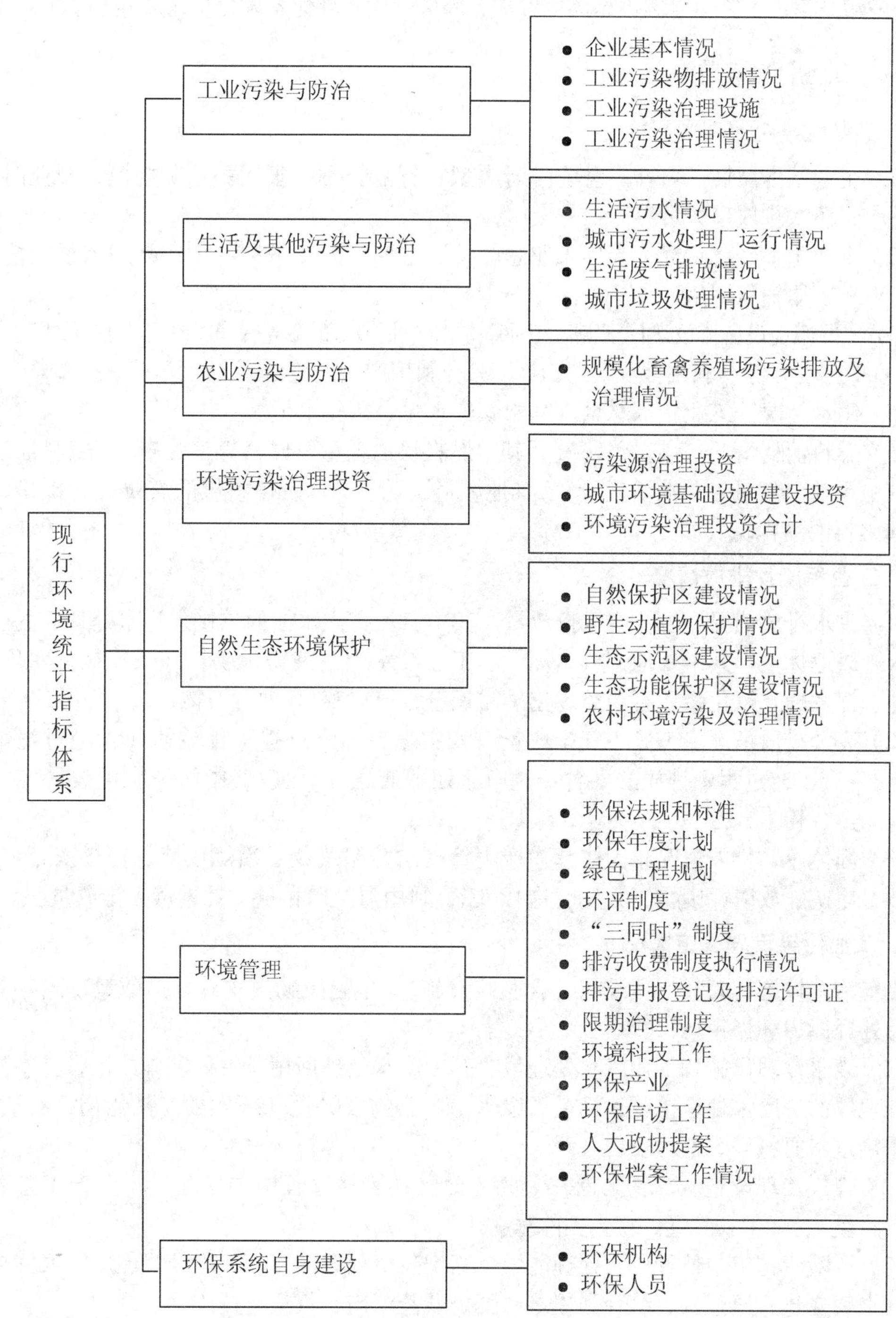

图 13－1　现行环境统计指标体系

二、现行环境统计指标体系内容

现行环境统计指标体系包括工业污染与防治、生活及其他污染与防治、农业污染与防治、环境污染治理投资、自然生态环境保护、环境管理及环保系统自身建设等七个子系统。

（一）工业污染与防治

1. 工业污染企业基本情况

（1）企业基本属性。名称、登记注册类型、行业类别、隶属关系、规模、开业时间、排水去向、污水排放口数量等。

（2）企业主要经济指标。当年工业总产值、主要产品产量和单位产品用水量及能耗、主要有毒有害原辅料用量。

（3）主要燃烧设备排放达标情况。工业锅炉和工业炉窑的数量及其烟尘排放达标情况。

（4）“三废”综合利用情况。“三废”综合利用产品产值。

（5）用水情况。工业用水总量、其中新鲜水量、重复水量。

（6）燃料消耗情况。煤炭消费量（其中燃料煤消耗量、原料煤消耗量）、燃料油消耗量（其中重油消耗量、柴油消耗量）、其他燃料消耗量、以及燃料煤的煤质（含硫份、灰份）和燃料油的含硫份等。

2. 工业污染物排放情况

（1）废水排放情况。工业废水排放量、其中直接排入水体的、排入污水处理厂的、工业废水排放达标量、其中处理排放达标量、工业废水中污染物排放量（汞、镉、六价铬、铅、砷、挥发酚、氰化物、石油类、化学需氧量、氨氮等10种污染物）。

（2）废气排放情况。工业废气排放量、其中燃料燃烧过程中排放的（含经过消烟除尘的）、生产工艺过程中排放的（含经过净化处理的）、工业废气中污染物排放量（二氧化硫、烟尘、粉尘）。

（3）固体废物排放情况。固体废物产生量（含危险废物、冶炼废渣、粉煤灰、炉渣、煤矸石、尾矿、放射性废物、其他废物）、综合利用量、储存量、处置量、排放量。

3. 工业污染治理设施情况

废水治理设施、废气治理设施（含脱硫设施）、危险废物集中处理厂数量、当年新增数量及处理能力、当年运行费用。

（1）废水治理设施。工业废水处理量、其中废水处理回用量、处理排放量，其中排入污水处理厂的、废水处理排放达标量、废水中污染物去除量（挥发酚、氰化物、石油类、化学需氧量、氨氮等5种污染物）。

（2）废气治理设施。二氧化硫去除量（含燃料燃烧过程中的去除量、生产工艺过程中的去除量）、烟尘去除量、粉尘去除量。

（3）危险废物集中处置厂。处理能力、其中焚烧处置能力、填埋处置能力、实际处置量、其中焚烧量、填埋量、综合利用量、焚烧残渣流向、年运行费用。

4. 工业企业在建污染治理项目建设情况

（1）污染治理项目基本情况：项目名称、治理类型（分治理废水、废气、固体废物、噪声、其他污染和搬迁）、开工时间、建成投产时间。

（2）污染治理项目资金情况。计划总投资、至本年底累计完成投资、本年完成投资额及资金来源（资金来源分：国家预算内资金、环境保护补助资金、环保贷款、其他资金、其中：国内贷款、利用外资）。

（3）竣工项目情况。竣工项目数量、设计及新增处理能力、年内运行实际处理能力。

（二）生活及其他污染与防治

1. 生活污水排放情况

辖区人口总数、市镇非农业人口数、生活污水排放系数、生活污水排放量、生活污水中COD产生系数、生活污水中COD产生量、生活污水中COD排放量、生活污水中氨氮产生系数、生活污水中氨氮产生量、生活污水中氨氮排放量。

2. 城市污水处理情况

污水处理厂数、污水处理能力、污水处理量、其中处理生活污水量、处理工业废水量、污水再生利用量、生活污水处理率、COD去除量、其中生活污水COD去除量、工业污水COD去除量、氨氮去除量、总磷去除量、本年运行费用。

3. 生活废气排放情况

煤炭消费总量、其中工业煤炭消费量、生活及其他煤炭消费量、生活及其他煤炭含硫份、生活及其他煤炭灰份、生活及其他二氧化硫排放量、生活及其他烟尘排放量。

4. 城市垃圾处理情况

垃圾处理厂（场）数、其中全部实施无害化处理的、垃圾处理能力、垃圾处理总量、其中无害化处理量、简易处理量、垃圾回收利用量、垃圾无害化处理率、本年运行费用。

（三）农业污染与防治

规模化畜禽养殖场污染排放及治理情况：养殖场数量、畜禽总存栏数、生产用水总量、其中畜禽饮用水量、冲洗等用水量、粪尿及污水产生量、粪尿及污水利用量、粪尿及污水排放量、其中排入水体量、排入水体的COD量、排入水体的氨氮量、污水处理设施数量、污水处理量、在建污水处理设施数量、实际投入资金。

（四）环境污染治理投资

1. 污染源治理投资

（1）老工业污染源治理投资。分废水、废气、固体废物、噪声、其他。

（2）新改扩建“三同时”项目环保工程投资：分废水、废气、固体废物、噪声、其他。

（3）规模化畜禽养殖场污染治理投资。

2. 城市环境基础设施建设投资

分排水、燃气、供热、绿化、环境卫生、其他。

3. 环境污染治理投资合计

（五）自然生态环境保护

1. 自然保护区建设情况：自然保护区数量、面积、级别（国家级、省级、市级、县级）、保护区面积占国土面积比例、管理机构及管理人员数量。

2. 野生动植物保护情况：建珍稀、濒危动物人工繁殖场数、建珍稀植物引种栽培园数。

3. 生态示范区建设情况：生态示范区个数、级别（国家级、省级）、面积。

4. 生态功能保护区建设情况：生态功能保护区个数、级别（国家级、省级、地市级）、面积。

5. 农村环境污染及治理情况：化肥（氮肥、磷肥）使用量、化肥使用水平、农药（其中高毒农药）使用量、农药使用水平、秸秆禁烧区面积、禁烧区内秸秆产生量、秸秆综合利用量、综合利用率。

（六）环境管理

1. 地方性环境保护法规和行政规章制定数量、环境行政处罚案件数量、行政复议案件数量、行政诉讼案件数量、环境行政赔偿案件数量、颁布国家及地方环境标准数量。

2. 环保年度计划执行情况。

3. 跨世纪绿色工程规划执行情况。

4. 建设项目环境影响评价制度执行情况。建设项目环境影响评价制度执行率。

5. 建成投产项目“三同时”制度执行情况。建成投产项目“三同时”制度执行率、“三同时”制度执行合格率、建成投产项目环保工程投资。

6. 排污收费制度执行情况。缴纳排污费单位数、排污费收入额、排污费使用额。

7. 排污申报登记制度及排污许可证制度执行情况。申报登记企业数、发放排污许可证数（分排水、排废气）。

8. 污染源限期治理制度执行情况。完成限期治理项目数、限期治理项目投资。

9. 环境科技工作情况。科研课题数及经费数、获奖励科技成果数、技术获取与转让数、地方环境标准数。

10. 环保产业情况。环保产业单位数、环保产业职工人数、环保产业年产值。

11. 环保信访工作情况。来信数和来访人次（按来信来访原因分类）、当年已处理数。

12. 人大政协提案情况。关于环境保护的议案、提案数量、当年已办理的议案、提案数。

13. 环保档案工作情况。现存档案资料数、档案查阅使用情况、档案库房设备情况、档案工作人员情况。

（七）环保系统自身建设

1. 机构数。分国家级、省级、地市级、县级，分环保局、监测站、科研所、监理（察）大队、其他（信息中心、宣教中心、派出机构等）；

2. 实有人数。人员总数、科技人员数、人员学历情况等。

第三节　环境统计报表制度

环境统计报表是国家或地方政府定期取得环境统计资料的基本调查组织形式。为了解全国环境污染及治理情况，为各级政府和环境保护行政主管部门制定环境保护政策和计划、实施主要污染物排放总量控制、加强环境监督管理提供依据，依照《中华人民共和国统计法》的规定，我国实施环境统计基层报表制度、综合报表制度、专业报表制度，环境统计报表制度按报告期分别又分年报制度和半年报定期报表制度。年报的报告期为当年1月至12月底，半年报的报告期为当年的1月至6月底。

一、环境统计报表制度

环境统计报表制度的基本内容包括报表目录、表式及填表说明三部分。

(一) 报表目录

报表目录是指对报表名称、报送日期、编报单位等事项进行说明的一览表。它包括报表名称、表号、填表单位、报表期别、填报范围、报送时间、报送方式、受表单位和报送份数及其他。

详细、明确的报表目录，可以使填报单位对报表制度的各项要求一目了然，根据规定按时报送环境统计资料或汇总资料，保证及时取得全国性的资料。

(二) 表式

表式是指统计报表的具体格式，除表内要求填报的指标项目以外，还有表外填报的各项补充资料。环境统计报表力求清晰明了，每张表应具体明确规定：表名和表号、报告期别、填报单位、报送日期、报送方式、主栏项目和宾栏指标、表下补充资料、单位负责人、环保机构负责人和填报人签署等。

(三) 填报说明

在制定统计报表制度时，对每种报表的具体表式还必须编制填表说明。填表说明包括填表范围、统计目录、统计指标解译、计算方法、计算范围以及统计分组或有关的划分标准等。

为了保证环境统计报表制度有效地贯彻执行，报表的制发，要由国家或地方环保局统计机构统一组织，并按国家规定的报表审批程序制发报表。

凡是报表中规定的指标、计算方法和计算口径、报送程序和时间等，都必须遵守，不得擅自改变。

二、环境统计基层报表制度

(一) 环境统计基层报表目录

基层报表是基层企事业单位根据原始记录及统计台账汇总整理、编报的有关环境保护的统计报表。调查范围主要包括：排放污染物的工业企业、危险废物集中处置厂、城市污水处理厂和城市垃圾处理厂（场）。报表目录见表13－1。

1. 环年基1表、2表及环半年基1表的基层填报单位为有污染物排放的重点调查工业企业。对于有两种或两种以上国民经济行业分类或跨不同行政区的大型企业（如联合企业、总厂、总公司、电业局、油田管理局、矿务局等），其所属二级单位为填报报表的基本单位。二级单位应按在地原则向当地环保部门报送基层表，以正确反映工业污染的行业分布和地理分布。

表 13－1 环境统计基层报表目录

表 号	表 名	报告期别	填报单位	报送日期
（一）年报				
环年基1表	工业企业污染排放及处理利用情况	年报	有污染物排放的重点调查工业企业	各省、自治区、直辖市按有关要求自定
环年基2表	工业企业排放废水、废气中污染物监测情况	年报	同环年基1表	同环年基1表
环年基3表	危险废物集中处置厂运行情况	年报	危险废物集中处置厂	同环年基1表
环年基4表	城市污水处理厂运行情况	年报	城市污水处理厂及污水集中处理装置	同环年基1表
环年基5表	城市垃圾处理厂（场）运行情况	年报	城市垃圾处理厂（场）	同环年基1表
环年基6表	工业企业污染治理项目建设情况	年报	有在建污染治理项目的工业企业	同环年基1表
（二）定期报表				
环半年基1表	工业企业污染排放半年报表	半年报	有污染物排放的重点调查工业企业	各省、自治区、直辖市按有关要求自定

2. 环年基1表和环年基2表。此2张表的调查目的是要收集工业企业排放污染物的种类、数量以及对污染的治理情况，其调查对象为有污染物排放的工业企业。鉴于有污染物排放的企业在生产行业、产品品种、企业规模、生产工艺、污染物排放种类、治理能力等方面的不同，企业排放污染物的强度有较大差异；且工业企业的数量众多，不可能也无必要进行全面调查，报表制度规定了填报环年基1表和环年基2表的工业企业是经环保部门在全部工业污染源中筛选出的排污量占总排污量85%以上的重点污染源，即所谓重点调查单位。重点调查单位名单的确定，应在各个年度污染源变动（包括污染源的新增和关停等变动）的基础上重新进行筛选，以保证重点调查单位汇总得出的数据能够反映污染源的总体变化趋势。同时规定了，凡是在排放废水中有有毒重金属类污染物的企业和有危险废物产生的企业，都应作为重点调查单位填报调查表。

环年基1表的调查项目主要是工业废水、工业废气和固体废物的排放量、去除量和治理设施的运行情况等。环年基2表的主要内容是废水、废气中的各种污染物的排放浓度的监测记录，它是计算环年基1表的污染物排放量的依据。如果废水、废气中的各种污染物的排放浓度有监测记录，利用监测记录（废水、废气流量和污染物浓度），采用实测法计算出各种污染物的排放量。如果污染治理设施有统计台账的，各种污染物的去除量可以按统计台账累积量填写；如果污染治理设施去除率比较稳定的，可以利用实测法计算的排放量和去除率计算。

表中的主要工业产品是指报告期内正式投产的产品（不包括试制新产品、科研产品及正式投产前试生产的产品），表中只填写在工业总产值中占比重较大或较关键的3种工业产品的名称和数量（数量必须为符合产品质量要求的实物数量）。

表中主要有毒有害原辅材料是指生产过程中能排出有毒、有害物质污染环境的3种主要有毒有害原辅材料的名称和用量。

3. 环年基3表。本表的调查目的是收集危险废物的集中处置情况。其调查对象为各类危险废物集中处置厂。危险废物处置方式的发展方向是集中处置。现在的集中处置厂数量不多，但其承担的功能是十分重要的。

4. 环年基4表的基层填报单位为城市污水处理厂及污水集中处理装置，包括居民小区、度假区和工业区废（污）水集中处理装置。

本表的调查目的是了解城市污水的处理情况。其调查对象为各类城市污水处理厂。在填报报表时，除了污水处理量等指标外，还应填报污水中的污染物（包括化学需氧量、氨氮、总磷）处理前后的监测浓度，以计算出各种污染物的去除量。

表中污水处理级别一般分为一级处理、二级处理和三级处理。污水处理方法主要分为物理处理、生物处理、生化处理和物化处理。污水再生利用量是污水处理后再加以利用的水量。

表中还设立了有关污水污泥的指标，包括污泥产生量、处置量、利用量和排放量等。

5. 环年基5表。本表的调查目的是了解城市垃圾的处理情况。调查对象为各类城市垃圾处理厂（场），包括填埋场、焚烧厂和堆肥场。填报单位应如实反映垃圾的处理水平：无害化处理、简易填埋处理的实际数量。

6. 环年基6表的基层填报单位为有在建污染治理项目的工业企业，在建污染治理项目不包括已纳入建设项目环境保护“三同时”管理项目。

本表的调查目的是收集工业企业在治理污染方面所设立的项目建设情况和项目的资金投入情况。其调查对象为有在建污染治理项目的工业企业。凡已纳入建设项目环境保护“三同时”管理的项目，不在统计范围之内。企业应按照表中指标的要求，将每个治理项目的情况，包括项目名称、治理内容、开工和竣工时间、当年实际投入资金和资金的各项来源等逐项填报。

表中的污染治理类型分为工业废水治理、燃料燃烧废气治理、工业废气治理、工业固体废物治理、噪声治理（含振动）、电磁辐射治理、放射性治理、污染搬迁治理、其他治理（含综合防治）。表中开工时间是项目正式开工的时间，建成投产时间是项目竣工验收后，正式投产的时间。表中的竣工项目设计处理能力是报告期内竣工项目设计文件规定的处理、利用“三废”的能力。

7. 环半年基1表。本表是收集重点调查单位半年的污染排放情况的报表，目的是为及时掌握重点污染源的排污状况，为管理部门提供更短周期的排污信息。为控制调查规模，将调查对象规定为占各地区排污总量50%的重点单位。表中的调查项目与年报表的项目基本相同，是年报表的简化内容。

（二）基层报表的填报目的

基层报表的填报目的见表13－2。

表13－2　基层报表填报目的

表　号	填　报　目　的
环年基1表	收集工业企业的基本属性、生产状况、有关污染排放、处理及利用现状和自身环境保护基本情况的资料，为工业污染防治提供依据
环年基2表	收集工业企业排放废水、废气中各种污染物的浓度，了解其对环境的污染程度，并据以计算污染物排放量
环年基3表	收集危险废物集中处置厂的基本属性、处理能力及运行状况等资料
环年基4表	收集城市污水处理厂及污水集中处理装置的污水处理能力、污水中主要污染物的去除能力及运行状况的资料
环年基5表	收集城市垃圾处理厂（场）的基本属性、无害化处理能力和运行状况等资料
环年基6表	收集工业企业在建污染治理项目（不包括已纳入建设项目环境保护“三同时”管理的项目）的建设进度及投资情况的资料
环半年基1表	年中收集有污染物排放的重点调查工业企业的生产状况、污染物排放等资料

三、环境统计综合报表制度

环境统计综合报表制度是为反映我国环境污染排放的种类、数量及在区域、流域和主要行为的分布情况和工业污染治理的状况，为检查各地区污染物总量控制计划的完成情况，为各级政府和环境行政主管部门制定环境保护政策和规划，实施主要污染物排放总量控制，加强环境监督管理获取环境信息，提供环境统计资料。

（一）实施范围

综合报表的实施范围为有污染物排放的工业企业（其中包括乡镇、个体等经济类型的企业）、生活排污单位及城镇居民、城市污水处理厂、城市垃圾处理厂（场）、危险废物集中处理厂等。

（二）综合报表目录

环境统计综合报表是由各级环境保护行政主管部门对基层报表进行汇总整理并编报得来的。报表目录见表13－3。

1. 环年综1－1表、环年综1－2表和环年综1表

环年综1－1表的综合范围为筛选出的排污量占各地区排污总量85%以上的重点调查工业企业单位。筛选原则为：

（1）筛选指标项为国家实行总量控制的各项主要污染物：化学需氧量、氨氮、二氧化硫、烟尘、粉尘、工业固体废物产生量。

（2）排放工业废水中有重金属类有害物质的工业企业以及有危险物产生的工业企业全部为重点调查单位。

表 13－3 环境统计综合报表目录

表 号	表 名	报告期别	综合范围	报送日期
（一）年报				
环年综 1 表	各地区工业污染排放及处理利用情况	年报	辖区内有污染物排放的工业企业	次年 3 月底前
环年综 1－1 表	各地区重点调查工业污染排放及处理利用情况	年报	辖区内有污染物排放的重点调查工业企业	同环年综 1 表
环年综 1－2 表	各地区非重点调查工业污染排放及处理利用情况	年报	辖区内有污染物排放的非重点调查工业企业	同环年综 1 表
环年综 1－3 表	各地区主要污染物排放情况快报表	年报	辖区内各项国家重点控制的污染物排放情况	次年 2 月 20 日前
环年综 2 表	各地区危险废物集中处置情况	年报	辖区内危险废物集中处置厂	同环年综 1 表
环年综 3 表	各地区城市污水处理情况	年报	辖区内城市污水处理厂及污水集中处理装置	同环年综 1 表
环年综 4 表	各地区城市垃圾处理情况	年报	辖区内城市垃圾处理厂（场）	同环年综 1 表
环年综 5 表	各地区生活及其他污染情况	年报	辖区内城镇生活污水排放及工业生产外的废气排放污染情况	同环年综 1 表
环年综 6 表	各地区工业污染治理项目建设情况	年报	辖区内有在建污染治理项目的工业企业	同环年综 1 表
（二）定期报表				
环半年综 1 表	各地区重点调查工业企业污染排放半年报表	半年报	辖区内有污染物排放的重点调查工业企业	当年 7 月底前

（3）筛选工作在排污申报登记数据年度变化的基础上逐年进行。

环年综 1－2 表是各级数据汇总部门（县级、市级、省级）填报的本地区非重点工业污染源排污情况的估算数据。非重点调查单位不逐一填报调查，采取以市级为基本测算单位，对本辖区排污总量 15% 以下的非重点调查单位的污染排放及治理情况进行估算的数据。

环年综 1 表是由环年综 1－1 表和环年综 1－2 表两部分数据加和，是各地区工业污染排放及治理的总量数据。

2. 环年综 2 表。本表是环年基 3 表危险废物集中处置厂运行情况的汇总表。

3. 环年综 3 表。本表是环年基 4 表城市污水处理厂运行情况的汇总表。

4. 环年综 4 表。本表是环年基 5 表城市垃圾处理厂（场）运行情况的汇总表。

5. 环年综5表。本表是各级数据汇总部门（县级、市级、省级）填报的本地区生活及其他污染（废水、废气）排放情况表。根据统计部门和有关主管部门提供的基础数据，人口数、煤炭消费总量、煤炭的含硫量、灰分，采用人口总数和生活耗煤量乘以相应的排污系数的计算方法，推算出主要生活污染指标，有：生活污水排放量、污水中COD排放量、氨氮排放量、二氧化硫排放量、烟尘排放量等。

6. 环年综6表的综合范围为有在建污染治理项目的工业企业，在建污染治理项目不包括已纳入建设项目环境保护“三同时”管理的项目。

7. 环半年综1表的综合范围为排污量占各地区排污总量50%以上的重点调查工业企业单位。筛选原则同年报。

（三）综合报表调查方法

工业企业污染排放及处理利用情况年报的调查方法为：

对重点调查工业企业单位逐个发表填报汇总，对非重点调查单位实行估算。非重点调查单位数据的估算方法为：将非重点调查单位的排污总量作为估算的对比基数，采取“比率估算”的方法进行推算，即按重点调查单位总排污量变化的趋势（指与上年相比，排污量增加或减少的比率），等比或将比率略作调整，估算出非重点调查单位的排污量。将重点调查数据和非重点估算数据相加，可得工业污染总排放数据。

生产及生活中产生的污染物实施集中处理处置情况年报的调查方法为：对集中处理处置单位逐个发表填报汇总，包括危险废物集中处置厂、城市污水处理厂和城市垃圾处理厂（场）。

生活及其他污染情况年报的调查方法为：依据相关基础数据和技术参数进行估算。

工业企业污染治理项目建设投资情况年报的调查方法为：对有在建工业污染治理项目的工业企业逐个发表填报汇总。

四、专业年报制度

专业年报制度是为了为解全国环境管理工作情况和环保系统自身建设情况而设计制定的报表体系，由各级环保部门的业务主管部门具体填报实施。

（一）专业年报的报送程序

专业年报由国家环保总局统一布置，各表一同下发。各类专业报表的统计资料的收集、填报、审核、汇总工作，由各级环保部门相关的业务主管处室承担，各业务处室应指定专人负责完成，各业务处室负责人对上报数据的质量负责。各级环保部门的综合统计机构对报表实行归口管理，并负责统一上报。国家环保总局各专业司负责对本专业全国数据审核把关，规划与财务司归口管理。

（二）专业报表目录

专业年报表收集反映的是各级环保部门环境管理工作的情况，各类统计资料的收集、填报、审核、汇总等工作，由各级环保部门相关的业务主管机构承担。

专业年报共25张，按业务管理职能划分，报表目录见表13-4。

表 13－4　环境统计专业报表目录

表号	表名	报告期别	统计范围	报送日期
环年专办 1 表	各地区环境信访工作情况	年报	辖区内环保内容的信访及议案提案	当年 12 月底前
环年专办 2 表	各地区环境保护档案工作情况	年报	辖区内环保系统档案管理	当年 12 月底前
环年专规 1 表	各地区绿色工程规划执行情况	年报	辖区内绿色工程规划项目	当年 12 月底前
环年专规 2 表	各地区环境保护年度计划执行情况	年报	辖区内环境保护年度计划	当年 12 月底前
环年专规 3 表	各地区环境污染治理投资情况	年报	辖区内环境污染治理投资项目	次年 3 月底前
环年专规 4 表	各地区环保系统基本建设投资情况	年报	辖区内环保系统基本建设项目	次年 3 月底前
环年专法 1 表	各地区环境法制工作情况	年报	辖区内地方环保法规及环保行政诉讼案件	当年 12 月底前
环年专人 1 表	各地区环境保护机构情况	年报	辖区内环保机构建设	当年 12 月底前
环年专人 2 表	各地区环境保护机构明细表	年报	辖区内环保机构	当年 12 月底前
环年专科 1 表	各地区环境科技工作情况	年报	辖区内环境科技工作	当年 12 月底前
环年专控 1 表	各地区环境污染控制与管理情况	年报	辖区内环境污染控制管理	当年 12 月底前
环年专控 2 表	各地区环境污染与破坏事故情况	年报	辖区内环境污染与破坏事故	当年 12 月底前
环年专控 3 表	各地区排污收费主要指标	年报	辖区内排污收费工作	次年 3 月底前
环年专控 4 表	“两控区”污染控制情况	年报	辖区内“两控区”范围	当年 12 月底前
环年专然 1 表	各地区自然保护工作基本情况	年报	辖区内自然保护工作	当年 12 月底前
环年专然 2 表	各地区自然保护区名录表	年报	辖区内自然保护区	当年 12 月底前
环年专然 3 表	各地区生态示范区建设情况	年报	辖区内生态示范区	当年 12 月底前
环年专然 4 表	各地区农业面源污染及治理情况	年报	辖区内农业面源污染与治理	当年 12 月底前
环年专然 5 表	各地区生态功能保护区名录	年报	辖区内生态功能保护区	当年 12 月底前

表号	表名	报告期别	统计范围	报送日期
环年专监1-1表	各地区建设项目环境影响评价执行情况	年报	辖区内执行环境影响评价的建设项目	当年12月底前
环年专监1-2表	各地区建设项目环境影响评价执行	年报	辖区内执行环境影响评价	当年12月底前
环年专监2-1表	与重点污染物预测总量控制情况各地区建成项目“三同时”执行情况	年报	辖区内执行“三同时”的建成项目	当年12月底前
环年专监2-2表	各地区建成项目污染物总量	年报	辖区内执行“三同时”的建成项目削减及增减情况	当年12月底前
环年专监2-3表	各地区建成项目主要污染物情况	年报	辖区内执行“三同时”的建成项目	当年12月底前
环年专监2-4表	重点区域建成项目“三同时”执行与重点污染物总量控制情况	年报	重点区域内执行“三同时”的建成项目	当年12月底前

1. 环年专办1表、2表的填报内容，属办公室的管理职能，由办公室承担完成。

2. 环年办规1表、2表、3表、4表的填报内容，属计划管理部门的管理职能，由计划管理部门承担完成。

3. 环年专法1表的填报内容，属法规管理部门的管理职能，由法规管理部门承担完成。

4. 环年专人1表、2表的填报内容，属人事部门的管理职能，由人事管理部门承担完成。

5. 环年专科1表的填报内容，属科技管理部门的管理职能，由科技管理部门承担完成。

6. 环年专控1表、2表、3表、4表的填报内容，属污控管理部门的管理职能，由污控管理部门承担完成。

7. 环年专然1表~5表的填报内容，属自然保护管理部门的管理职能，由自然保护管理部门承担完成。

8. 环年专监1-1表~2-4表共6张表的填报内容，属监督管理部门的管理职能，由监督管理部门承担完成。

五、报表填报要求

（一）执行国家统计报表制度是《统计法》规定填报单位必须履行的义务，各填报单位必须按规定及时、准确、全面地报送，不得虚报、瞒报、拒报、迟报，不得伪造。

（二）各填报单位、各级环境保护部门必须严格贯彻执行全国统一的统计分类标准和编码，各省、自治区、直辖市环境保护部门可根据需要在本表式中增加少量指标，但不得打乱原指标的排序和改变统一编码。

（三）填写统计报表前，必须仔细阅读填报说明，认真理解指标含义，掌握统一的口径和计算方法，并严格按照统一的格式和期限填写各项数字。

（四）统计表中所有指标的计量单位应按规定填写，不得擅自更改。“危险废物”以吨为计量单位的数字保留两位小数，“锅炉蒸吨”及以“万元”为计量单位的数字保留一位小数，水中污染物排放量可保留至1位小数，监测的污染物浓度按实际位数填报，其他数字一律按四舍五入取整数。

（五）统计表必须用钢笔或碳素墨水笔填写。需要用文字表述的，必须用汉字工整、清晰地填写；需要填写数字的，一律用阿拉伯数字表示，并上下对齐；需要填写符号的，要准确工整，易于辨认。

（六）统计表中各项指标数量栏内不能出现空格或任何文字。统计表中某一数字和上面或相邻一格数字相同时，不得用“〃”或“同上”、“同左”等词填写，必须填写数字。如数字小于规定单位，以“…”表示；数字为0时以“0”表示；没有数据的指标则划“－”表示。

（七）在填写统计表中的属性标志时，首先在选中的属性代码上划圈，然后在方格中填写代码，每个方格中只能填一位代码数字。

（八）填写报表时，要认真仔细；报表完成后，应检查错误并按逻辑审核要求对数据进行审核。填好的正式报表如需修改时，不要直接涂改，应在需修改数字处，用红笔双横线，将更正数写在原数上方。

（九）统计表必须有主管负责人、环保负责人、统计负责人和填表人签名盖章，并注明报出日期，加盖单位公章，否则无效。

（十）各填报单位在报送统计表时，应附有填报说明。

第四节　环境统计分析

一、环境统计分析的意义和作用

环境统计分析是整个环境统计工作中的一个重要环节和组成部分。环境统计分析，就是根据环境统计研究的目的，恰当地运用科学的统计分析方法和指标，将丰富的环境统计资料和具体的生动情况有机地结合起来，按照经济规律、自然规律和国家环保方针政策，从各方面对所研究的环境现象由表及里地进行系统周密的分析，使我们对统计数据所反映的环境现象的感性认识，上升为理性认识，从中揭示出环境变化与经济发展的内在联系及环境发展变化的规律，不断发现新情况和新问题，据以采取对策，指导实际工作。因此，通过统计分析，才能发挥环境统计在环境保护中的认识作用、监督检查作用和服务作用。

二、环境统计分析的内容和指标

环境统计分析的任务和整个统计工作的任务和内容是一致的，涉及分析的内容多、范围广。一般按其管理部门的职能和工作重点去确定统计分析内容。

各地区和部门的环境保护机构是各级政府从事环境管理的职能部门，主要职责是遵照国家和地方政府环境保护法规，运用法制、经济、行政、教育和技术等手段去管理环境。因此，环境统计分析也要围绕“环境管理”这个首要问题去进行。针对我国当前环境问题和统计水平，应着重以下分析内容：

(一) 分析研究工业生产过程中“三废”或污染物排放水平及其影响

环境污染主要由生产和生活过程中不适当排放“三废”及其他污染物所造成的，而工业生产中排放的污染物约占其总排放量的60%以上。但是，从环境统计报表中的“三废”及其主要污染物排放上，难以反映它们对环境的污染程度如何、排放水平上的差异程度等。因为环境污染不仅与污染物的排放量有关，而且与当地的环境容量、自净能力有关。为了从这些绝对数量中分析判断它们对环境的影响和各行业的排放水平差异，则主要应用下列相对指标：

1. 单位产品排污值或万元产值排污量——指企业或区域在报告期内某种污染物排放量与其相应的工业总产值或产品总量的比值，其计算式如下：

$$\begin{array}{c}\text{单位产品排污量}\\\text{或万元产值排污量}\end{array}=\frac{\text{某污染物的排放总量}}{\text{产品总量或产值}}$$

它反映了企业或区域在经济和环境管理方面的综合水平。

2. 区域某污染负荷——指某区域在报告期内某种污染物排放总量与其区域面积之比，其计算式为：

$$\text{区域污染负荷}=\frac{\text{某种污染物排放量}}{\text{某地区面积}}$$

它反映了某区域的污染负荷的平均水平、也反映了环境管理水平，在一定程度上反映污染程度。

3. 污染物排放削减率（或递增率）——指报告期内某污染物排放量（G_{n+1}）与前一期内某污染物排放量（G_n）之差与前一报告期内排放量之比（负值为削减率、正值为递增率）。其算式为：

$$\text{某污染物排放削减率或递增率}=\frac{G_{n+1}-G_n}{G_n}\times 100\%$$

4. 物料耗用指数——指单位产品耗用某种原材料或能源数量（M_i）与其相应的单耗定额（或先进标准）M_0的比值。它既反映了企业生产管理水平，也相应反映了潜在的污染能力。其算式如下：

$$\text{耗用指数}(N)=M_i/M_0$$

(二) 分析研究环境污染治理水平和效益

治理环境污染是改善环境质量的重要措施。为了反映环境污染治理的水平，可采用以下分析指标：

1. 处理率——指已处理的废水（废气、废渣）量占需要处理的废水（废气、废渣）量之百分比，即：

处理率=已处理的废水（废气、废渣）数量/需要处理的废水（废气、废渣）数量×100%

2. 达标率——指达到排放标准的废水（或废气）量占排放的废水（或废气）总量之百分比，即：

达标率=达到排放标准的废水（废气）/废水（废气）排放总量×100%

3. 综合利用率——指综合利用废物量占排放的废物总量的百分比。它反映污染物回收利用水平，也反映了环保科学技术水平情况。其算式为：

综合利用率 = 已综合利用的废物量/废物排放总量 ×100%

4. 竣工率——指报告期内已竣工投产的污染治理项目占报告期内计划中已安排的污染治理项目总数的百分比。它反映报告期内的治理计划完成情况。其算式为：

竣工率 = 已竣工的污染治理项目数/计划安排的治理项目总数 ×100%

5. “三同时”执行率——指报告期内已严格执行“三同时”规定的新扩建基本建设和技术改造项目占同一报告期内应执行“三同时”规定的新扩改建基本建设和技术改造项目总数的百分比，即：

“三同时”执行率 = 已执行“三同时”项目数/应执行“三同时”项目总数 ×100%

它主要用来反映新污染源的控制情况。

为了反映老企业的污染治理投资构成情况，检查企业执行国家有关污染治理资金来源方面政策的情况，还可以采用基建投资率、更改资金投资率、环保补助资金投资率等指标。

6. 在分析污染治理资金的投资效益时，可采用下列分析指标：

(1) 万元投资废水（废气、废渣）处理能力：新增废水（废气、废渣）处理能力与治理投资总数之比。它反映万元投资可以取得的效果水平。

(2) 废物处理成本：为“三废”处理费用与“三废”处理量之比。它反映“三废”治理中费用情况。

(3) 万元投资综合利用产值：为新增“三废”综合利用产值与“三废”综合利用项目建设总投资之比。它反映综合利用项目万元投资所取得的经济效益情况。

（三）分析研究排污费征收及使用情况

排污费是利用经济杠杆的作用来调节排污行为，并为环境污染治理提供资金，是加强环境管理的一项重要而有效的经济手段。为了反映排污费的征收和使用情况，除了环境统计报表中的“交纳排污费单位数”、“排污收费总额”、“环境保护补助资金”等统计指标外，还可以应用下列分析指标：

1. 交费单位（或排污收费总额）变化率——指交费单位（或排污收费总额）数变化值与前一报告期内的交费单位数（或排污费总额）的比值。

2. 环境保护补助资金使用率——报告期内已安排用于治理项目的环保补助资金与同一报告期内的环保补助资金总数的百分比。

3. 工资占用率——报告期内用于排污收费工作人员工资及差旅费的环保补助资金占环保补助资金总数的比率。

4. 环保仪器购置费占用率——报告期内用于购买环保仪器的环保补助资金数与环保补助资金总数的百分比。

5. 万元投资污染物削减量——指用环保补助资金安排的治理项目在报告期内某污染物的削减量与它的总投资之比。

应用这些分析指标和典型调查资料、报表资料，可以分析研究征收排污费对改善和保护环境方面所起的作用、排污费的使用是否得当、收缴中存在的问题等等，向各级领导提出积极建议，搞好这一工作。

（四）分析环境质量情况

运用环境监测数据和环境统计资料，对环境质量状况进行分析，找出影响环境质量的原因和主要污染因子，影响环境质量的范围和深度，以便采取对策。

（五）环境变化趋势分析

根据历年来的环境统计资料，运用动态数列法、回收方程法等分析方法，对今后的环境状况变化趋势进行预测，为制订环保政策、计划提供依据。

（六）分析和研究生态环境保护状况，合理开发利用自然资源，维护生态平衡

应当指出，环境统计的分析内容和指标是随着环保工作的发展和需要而变化的，各地区、各部门、各单位可根据实际需要和可能，进行各种分析，如专题分析或是综合分析。

三、环境统计分析的原则

要做好环境统计分析，应遵循下列基本原则：

（一）按照唯物辩证法的科学原理来观察和分析问题。

（二）环境统计分析必须以环境统计资料为依据。

（三）数字与情况相结合进行分析。

综上所述，环境统计分析一般是通过对各种现象的解剖比较，以及将各方面的比较结果结合具体情况进行综合、概括等这样几个“加工”过程。科学地运用这些方法，从各个不同的侧面对现象进行综合性的分析研究，使我们对问题分析得更深刻、认识得更全面，使环境统计的作用更有效地发挥出来。

四、环境统计分析报告

环境统计分析报告是环境统计分析结果的一种主要表达形式，即将所得的分析结果，用文字报告（或文字为主，结合图表）的形式表达出来，供有关领导和部门参考。

环境统计分析报告是坚持理论联系实际和实事求是的作风。必须做到事实准确、观点鲜明、事迹生动、如实反映情况，这是统计分析必须遵循的基本原则。

环境统计分析报告要注意结构上的安排，环境统计分析报告的结构一般包括以下几部分：环境保护的基本情况，主要是生态环境状况、“三废”排放及污染物排放基本情况、排污费征收使用基本情况和环保队伍自身建设及素质基本情况等等；报告期内取得的主要成绩和经验，存在的问题及其原因、建议和措施等几个部分。

统计分析报告的种类不同，它的目的、内容也不相同，因而分析报告就要有相应的变化。定期的分析报告主要目的在于经常地向领导反映全面情况，检查计划进度和预计可能出现的问题等等。对于这一类分析报告的结构就要比较全面系统地摆情况、摆成绩，分析超额或未完成的计划原因，总结好的经验，揭示存在的问题，提出解决办法，以便领导从各方面考虑。专题分析报告，在于对重大的环境问题或定期分析报告中的关键问题作出专门的深入分析，及时提出建议，采取措施。这种报告要重点突击，开诚布公，深入探讨，引出结论。

思考题

1. 什么是环境统计？环境统计的基本原则和基本要求是什么？
2. 环境统计在环境管理中的地位和作用是什么？
3. 环境统计报表制度的基本内容是什么？
4. 什么是环境统计分析？其主要内容是什么？

第十四章　环境监察

第一节　概　论

一、环境监察的概念

（一）什么是环境监察

从文字解释来看，“监”是自上临下或从旁察看的意思，“察”在这里是仔细观看、调查、对事物进行分析研究的意思。因此，“监察”从字面上理解就是站在一定的高度，通过对人物、事物、现象的直接观察和客观分析，加以审核、判断，并依法进行处置、处理的行为和活动。各级环境保护行政主管部门设立的环境监察机构就是在各级环保部门的领导下，依法对辖区内一切单位和个人履行环保法律法规，执行环境保护各项政策、制度和标准的情况进行现场监督、检查、处理的专职机构。

环境监察要突出“现场”和“处理”这两个概念，即环境监察是在环境现场进行的执法活动。环境监察不是“环境管理”而是“日常、现场、监督、处理”。环境监察是一种具体的、直接的、“微观”的环境保护执法行为，是环境保护行政部门实施统一监督、强化执法的主要途径之一，是我国社会主义市场经济条件下实施环境监督管理的重要举措。

依照法律规定，各级环境行政主管部门对辖区环境保护工作实施统一监督管理，因此环境保护行政主管部门就是环境监督管理主体部门。环境监督管理职能分三个层次组成：第一层次是环境行政主管部门代表政府对辖区污染防治和生态保护实施统一监督管理，各有关部门各司其责，共同对环境保护工作负责；第二层次是对区域、流域的污染防治和生态保护进行统一的监督管理，主要表现在将环境规划纳入本地区、本流域的社会发展规划中，并实施监督。例如实行环境保护目标责任制，实行城市环境综合整治定量考核等；第三个层次是环境保护部门对污染源进行的直接和间接的监督管理。例如限期治理、“三同时”、排污收费和排污申报登记及排污许可证制度的实施等。这是环境监督管理的重要组成部分。

从理论上分析，以上三个层次的环境监督管理都含有现场监督检查的内容，因为只有深入现场，才能真正搞清有关环境法律、规章、制度的实际执行情况，了解管理相对人的实际环境行为。环境监察将现场监督检查工作统一起来，开展强有力的、高效的现场执法活动，有力地保证了环境监督管理职责的实现。因此环境监察是环境监督管理中的重要组成部分。

（二）环境监察的特点

1. 委托性

委托性是指环境监察机构在环境保护行政主管部门领导下，受其委托在本辖区实施环境监察工作。环境监察工作是整个环保部门实施统一监督管理的一个组成部分，是环境宏观管理的延续。首先它必须受环境保护行政主管部门的领导，才能使环境监察受宏观管理的引导。其次是环保法律规定的执法主体是环境保护行政主管部门，环境监察机构是受委托，代表环境保护行政主管部门实施现场监督，是主体的代表，因此，它在执法中，必须通过委托的形式才使其合法化。具体委托的形式是，由环境保护行政主管部门向接受委托的环境监察机构出具书面委托书，对委托的职权范围和时限加以说明。

2. 直接性

环境监察承担现场监督执法活动，大量的工作是对管理对象宣传环保政策、法规，现场检查记录、取证，讯问被检查人，现场处置。这些工作都直接面对被监理对象，取得的信息资料都是第一手的。这与宏观管理有很大的不同。因此直接性是环境监察的另一个特点。

由于直接性的要求，环境监察工作也直接反映环境保护部门的工作水平及业务素质。这就要求环境监察人员必须态度认真，业务熟悉，能解决实际问题，具有较高的执法水平。

3. 强制性

环境监察是直接的执法行为，体现了国家保护环境的意志，是执法主体的代表。为保证环境监察工作的顺利开展，充分体现执法工作的严肃性和强制性，环境监察员在执行任务时被赋予以下权限：

（1）对排放污染物现场进行调查，采样并查阅有关资料。

（2）约见排污单位和破坏海洋、自然生态环境的单位负责人及其有关人员。

（3）制止违法排放污染物和破坏海洋、自然生态环境的行为。

《中华人民共和国环境保护法》第 14 条规定：“县级以上人民政府环境保护行政主管部门或者其他依照法律规定行使环境监督管理权的部门，有权对管辖范围内的排污单位进行现场检查，被检查的单位应当如实反映情况，提供必要资料”。该法第 35 条还规定：“拒绝环境保护行政主管部门或者其他依照法律规定行使环境监督管理权的部门现场检查或被检查时弄虚作假的”、“拒报或者谎报国务院环境保护行政主管部门规定的有关污染物排放申报事项的”，“可以根据不同情节，给予警告或者处以罚款”。这些规定使环境监察工作具有了权威性、强制性。

4. 及时性

环境监察工作的核心是加强排污现场的监督、检查、处理，运用征收排污费、罚款等经济手段强化对污染源的监督处理，这种属性决定了环境监察必须及时、准确、快速、高效。其次，随着环境监察队伍的发展、壮大，各种技术资料日臻完善，环境监察手段日益现代化，使环境监察工作的及时性特征进一步突出。就一个城市的环境监察而言，应具有“污染源排放口分布示意图” 等主要技术资料和完整数据，使环境监察人员对各种污染物的排放浓度、排放时间、变化规律了如指掌。一旦出现违法行为，能够反应敏锐，并能及时有效地处理。再次，污染日趋加重的环境形势决定了必须加强环境监察机构的现代化装备，如监理用车，对讲机、BP 机、摄像机、放像机、录音机、照相机、声级计、林格曼黑度计、计算机等。做到赶赴现场快，原因分析快，事故处理快，使环境监察人员充分发挥“环境警察”的作用。

5. **公正性**

环境监察机构代表国家监督环保法规的执行情况，其视角广且居高临下，不是站在局部利益或小团体利益的地位对待问题，而是从维护大多数人的长远利益出发，公正地依法处理。环境监察还有“从旁审视”的意义，不允许监理机构与监理人员直接参与企业的生产经营活动，也不允许监理人员与监理的相对人有直接的利害关系；监理人员的工资福利依照公务员制度进行管理；这些都保障了监理工作的公正性。

二、环境监察的任务

（一）基本任务

1991 年 8 月 29 日，国家环保局颁布了《环境监理工作暂行办法》，其中规定：“环境监察的主要任务，是在各级人民政府环境保护部门领导下，依法对辖区内污染源排放污染物情况和对海洋及生态破坏事件实施现场监督、检查，并参与处理”。这里把环境监察定位在现场，其核心就是日常现场监督执法。环境监察受环境保护行政主管部门的领导，与一般意义上的独立执法不同。此外，环境监察是在环境行政主管部门所管辖的区域内进行，通常情况下同级之间不能直接越区执法。

（二）职责

《环境监理工作暂行办法》还明确了环境监察机构的具体职责，共有 12 条。

（1）贯彻国家和地方环境保护的有关法律、法规、政策和规章。

（2）依据主管环境保护部门的委托依法对辖区内单位或个人执行环境保护法规的情况进行现场监督、检查，并按规定进行处理。

（3）负责污水、废气、固体废弃物、噪声、放射性物质等超标排污费和排污水费的征收工作。

（4）负责排污费财务管理和排污费年度收支预、决算的编制以及排污费财务、统计报表的编报汇审工作。

（5）负责对海洋和生态破坏事件的调查，并参与处理。

（6）参与环境污染事故、纠纷的调查处理。

（7）参与污染治理项目年度计划的编制，负责该计划执行情况的监督检查。

（8）负责环境监察人员的业务培训，总结交流环境监察工作经验。

（9）承担主管或上级环境保护部门委托的其他任务。

国家环境保护总局在《关于进一步加强环境监理工作若干意见的通知》（环发［1999］141 号）中，进一步拓展了环境监察机构的职责。

（10）核安全设施的监督检查。

(11) 自然生态保护监理。

(12) 农业生态环境监察。

综合以上职责，广大环境监察人员把监察工作的任务简化为“三查二调一收费”。即：一是对辖区内单位和个人执行环保法律法规的情况进行监督检查。二是对各项环境保护管理制度的执行情况进行监督检查。三是对海洋环境和生态保护情况进行监督检查。二调是调查污染事故和污染纠纷并参与处理。调查海洋和生态环境破坏情况并参与处理。一收费就是全面实施排污收费制度。

三、环境监察的类型

环境监察的类型，按时间的不同可分为事前监察、事中监察和事后监察；按环境监察的活动范围可分为一般监察与重点监察；按环境监察的目的可分为守法监察与执法监察。

（一）事前监察、事中监察与事后监察

事前监察是对环境监察对象某一行为完成之前所进行的环境监察，其目的是预防环境违法行为的发生或减轻这种违法行为所造成的损失。

事中监察即所谓的日常监理，是在环境监察对象实施某一行为的过程中所进行的环境监察活动。其作用是通过随时随地的检查，督促环境监察对象依法办事。其目的是及时发现并及时制止违法行为。

事后监察是指在环境违法行为发生后，依法对违法者所进行的调查、勘验、惩处活动。这种环境监察可以对已发生的问题进行补救处理，给其它违法者以警戒。

环境监察工作经过事前监察、事中监察和事后监察三个环节，步步设防，环环紧扣，对防范、制止违法行为的发生非常必要。其中，事前、事中两种环境监察是积极的、主动的；事后监察虽然属被动行为，但对于全面贯彻实施环境保护法律、法规，依法追究违法者的责任也是不可缺少的。我们应加强事前、事中监察活动，尽最大可能预防和避免环境违法行为的发生，把违法现象消灭在萌芽状态，确保环境保护目标的实现。

（二）一般监察与重点监察

一般监理，是指环境监察机构对所辖区域内各排污单位遵守法律、法规情况实行普遍的监督、检查，这种环境监察并不针对特定对象。

重点监察也可称作专门监察，是环境监察机构对特定的环境监察对象所进行的监督检查。这种环境监察一般分两种情况：一是在某一特殊时期如汛期，对特定的环境监察对象如重点污染源或有毒、有害污染物定期巡视抽查，防止污染事故的发生；二是根据群众的举报，对某排污单位进行督查，确定排放行为的合法性；三是对重点污染源进行环境监察。

（三）守法监察与执法监察

守法监察是对环境监察对象守法情况的监督检查，如污染防治设施的运转情况，排污申报登记的真实性等。如发现违法行为则包括对违法者实施行政制裁的过程在内。这种环境监察囊括了事前、事中、事后三种环境监察活动。撇开时间性不论，这三种环境监察可

统称为守法监察。

执法监察是环境监察机构对环境监察对象执行行政处罚的执法行为。如罚款的收缴、污染防治设施的恢复运行、对企业停产或关闭的执行、停止建设恢复原状的执行、吊销许可证的执行等。此类环境监察是环境保护行政主管部门严格执法的保证，是环境监察机构重要职责之一。

四、环境监察机构

（一）环境监察机构设置规定

《环境监理工作暂行办法》明确规定，“县及县级以上地方各级人民政府环境保护部门应设立环境监理机构。环境监理机构内设立环境监理员，在有条件的地方，乡镇、街道也应设立专职环境监理员。”

1996 年 8 月 3 日，国务院发布了《国务院关于环境保护若干问题的决定》，其中要求“各级环境保护行政主管部门必须切实履行环境保护工作统一监督管理的职能，加强环境监理执法队伍建设”，“县级以上人民政府应设立环境保护监督管理机构，独立行使环境保护的统一监督管理职责”。这是第一次在国家最高级别的行政规章中出现“环境监理”字样，为各级环境监察机构的设立和发展提供了依据，明确指出了环境监察执法队伍的重要性与必要性。国家环境保护总局在《关于进一步加强环境监理工作若干意见的通知》（1999 年 6 月 17 日）中规定：各省（直辖市、自治区）、市（州、地区、盟）、县（市、旗）环境保护局均应设置环境监理机构。设区的城市可以向所辖区设立环境监理分支机构。县级环境监理机构可以向所辖乡镇联片设立分支机构。

（二）环境监察机构的性质

环境监察队伍是各级环境保护行政主管部门领导下的一支专职执法队伍，现在是事业单位编制。经过委托或授权承担着环境保护监督管理职能中现场监督执法的任务。因此各级环境保护行政主管部门的环境监察机构，是依法对本辖区内的一切单位或个人执行环保法律、法规和管理制度等情况进行现场监督检查的执法监督机构。

（三）环境监察机构设置的基本原则

环境监察机构设置的基本原则是：县级以上环境保护部门均应设置环境监察机构；各级环境保护部门只能有一支现场监督执法队伍；环境监督执法机构的名称要统一，职责要规范。

如果环保系统内部每个部门都因各自执法工作需要，设置一套执法队伍，就会增加重复检查层次，形成重叠执法，加重管理相对人的各种负担。有时还会出现互相推诿、扯皮的现象，既浪费了人力物力，使效率降低，又会影响环保执法的权威性和严肃性。多头执法，口径、尺度难以统一，不利于对污染源的监督管理。因此，从事现场监督检查只能是一支执法队伍。这支队伍的名称不统一也会出现上述一些问题，为此规定这支队伍统一称为“环境监察”，并按省、市、县、乡镇确定环境监察机构的具体名称。

（四）环境监察机构设置

1. 机构名称

国家环境保护总局环发［1999］141 号文件规定：我国环境监察机构分为五级，具体如表 14－1 所示：

表 14－1　我国环境监察机构设置

级别	环保机构名称	现有环境监察机构名称	今后统一名称
一	国家环境保护总局	环境应急与事故调查处理中心	环境监察局
二	省、自治区、直辖市环保部门	环境监理处（所、总队）	环境监察总队
三	市、州、盟环保部门	环境监理站（所）	环境监察支队
四	县（县级市）旗、区环保部门	环境监理所（站）	环境监察大队
五	乡、镇、街道	环境监理派出所	环境监察中队

注：过去叫监理，现在叫监察。

在环境监察机构纳入公务员序列之前，各级环保部门可在行政机构内设立环境监察处、科（处）、科（股），并与环境监察总队、支队、大队合并办公。

2. 运行管理机制

根据环境监察工作的特殊性，环境监察机构运行机制以块为主、条块结合。环境监察机构受同级环保部门领导行使现场执法权，业务上受上级环境监察部门的指导。

3. 内部机构设置

环境监察机构的内部机构设置应体现分工不分家，着眼于强化现场监督，有利于依法行政的原则。目前有以下几种运行模式：① 按水、气、声、渣等环境要素设立内部职能科室；② 按排污收费、信访纠纷、限期治理、现场查处等职责设立内部职能科室；③ 按辖区、分块管理的原则设立职能科室。

（五）环境监察政务公开制度

为自觉接受社会监督，保证环境监察各项工作公正、公开地进行，提高环境监察工作水平，国家环境保护总局要求全国环保系统实行环境监察政务公开制度，简称环境监察五公开：

1. 公开办事机构和人员身份。包括环境监察内部机构设置，主要职责和主要负责人。在执行公务中，环境监察人员要佩戴身份证件，接受群众监督。

2. 公开工作制度和工作程序。包括《环境监察工作制度》、《环境监察工作程序》和《环境监察人员行为规范》及当地的环境监察规章制度。

3. 公开排污收费标准。包括排污收费各项标准和有关规定。

4. 公开行政处罚情况。定期公布处罚依据、处罚决定机关、处罚措施和执行情况。

5. 公开举报电话和投诉部门。接受投诉的部门要实行专人负责，设立举报箱，建立举报、投诉档案。做到及时应诉，及时处理，及时归档。

环境监察的“五公开”要在环境监察办公处的显要位置张榜公布，环境监察的有关规定、制度、程序、标准、规范，可通过当地主要新闻媒体宣传、公告。

五、环境监察人员的基本素质

(一) 环境监察员的基本条件

环境监察员是同级人民政府环境保护部门对辖区内的一切污染和破坏环境的行为实施现场监督管理的代表。因此，要求每个环境监察员必须具备以下条件：

1. 政治素质好，有事业心和责任感，作风正派，廉洁奉公，熟悉环境监察业务，掌握环境法律法规知识，熟悉环境保护的基本知识，具有一定的组织协调和独力分析处理问题的能力。

2. 县及县级以上环境监察机构的环境监察人员一般应具有大专以上文化程度或取得初级以上技术职称，从事环境保护工作两年以上。

各级环境监察人员的录用依照公务员的录用办法，公开招考，择优聘用，依照国家公务员制度进行管理。

环境监察人员必须通过培训，取得合格证书，持证上岗。其中县级和县级以上环境监察机构负责人应取得国家级业务培训合格证书，其他监理人员应取得国家或省级业务培训合格证书。

取得合格证书的各级环境监察人员每3~5年应进行一次短期轮训。

(二) 环境监察员的权利和义务

环境监察员实施现场环境监督检查与处理时具有如下的权利和义务。

1. 权利

(1) 对排放污染物现场进行检查、调查、采样、取证和查阅有关资料。

(2) 约见排污单位和破坏海洋及自然生态环境单位负责人及其有关人员。

(3) 制止违章排放污染物和破坏海洋及自然生态环境的行为。

(4) 依据《行政处罚法》和环境保护部门的委托实施当场处罚。

2. 义务

环境监察员在执行任务时，必须按照有关规定，执行有关程序，规范执法行为并有为被检查单位和个人保守业务和经济技术秘密的义务。

(三) 环境监察人员行为规范

环境监察是环境保护工作对外的一个主要窗口。环境监察队伍承担着大量的现场执法工作。因此，环境监察队伍的执法直接关系到整个环保系统的形象，环境监察的形象代表着环保部门的形象。为此要求环境监察人员一定要有好的政治素质，好的业务素质和好的心理素质。按照一定的行为规范、工作制度和程序开展工作。对环境监察人员行为规范的规定有以下几条：

1. 坚持四项基本原则，宣传并认真执行国家环境保护的方针、政策、法律、法规和标准。

2. 热爱环境监察工作，敬业进取，忠于职守，钻研业务，精益求精。

3. 遵守社会公德，举止文明，仪表端正，坚持原则，以理服人。

4. 秉公执法，不越权，不渎职，廉洁自律，不徇私情，做到：

（1）不收受被监察单位的礼品、礼金或有价证券。

（2）不接受被监察单位的宴请。

（3）不参加被监察单位邀请的营业性歌舞等娱乐活动。

（4）不参与被监察单位或个人的营销活动。

5. 在现场监察时，遵守环境监察工作程序，做到：

（1）佩带“中国环境监察”证章，出示“中国环境监察证”，持证上岗。

（2）执行任务须二人以上，向被监察单位说明来意，公开监察结果和收费、处罚的依据，注意现场勘验和取证，妥善保管有关资料。

（3）制止环境违法行为，遇有环境污染的紧急情况，立即采取应急措施。

（4）执行现场监察报告制度。

（5）为被监察单位保守技术与业务秘密。

6. 在收排污费时，严格执行排污费征收政策、规定和标准，做到：

（1）不得提高或降低标准乱收费。

（2）不得擅自减、免、缓征排污费。

（3）不得挪用、乱用排污费。

7. 在查处环境事故和纠纷时，以事实为依据，以法律为准绳，做到：

（1）对群众来信来访一一登记、立案，妥善处理并及时回复。

（2）对群众有关环境问题的检举或控告，认真核实并及时报告有关部门。

（3）对环境事故和纠纷的查处，应在规定时限内完成。

（4）执行污染事故报告制度。

六、环境监察证件和标志

环境监察标志是规范环境监察工作的重要手段之一。它包括“中国环境监察”证件和“中国环境监察”证章、臂章。

环境监察员在执行任务时应统一标志，佩戴“中国环境监察”证章，出示“环境监察”证件。环境监察标志、监理证章和证件由国家环境保护总局统一监制，省级环境保护部门统一颁发。凡不胜任环境监察工作或调离环境监察工作岗位者，应收回环境监察证章及证件，并报省级环保部门备案。

第二节　环境监察

一、环境现场执法

随着环境法制建设的发展和环境监察工作的深化，环境现场执法内容也在不断地充实和扩充。根据现行法律法规的规定和各地的环境监察执法的实践，当前环境现场执法的主要内容有以下四个方面：

（一）现场监督检查有关组织和个人履行环保法律法规义务的情况，并对违法行为追究其法律责任。

（二）现场监督检查有关组织和个人执行各项环境管理制度情况，并对违反制度的行为依法给予处理处罚。这些管理制度包括：污染源管理制度；污染防治设施管理制度；排污申报登记与排污许可证制度；建设项目环境影响评价与“三同时”制度；严重污染项目限期治理制度；污染事故报告与处理制度；缴纳排污费制度以及国务院的决定等。

（三）现场监督检查自然资源与生态环境保护情况，并对破坏自然资源与生态环境的行为依法给予处理处罚。这些自然资源与生态环境包括：土地、水源、森林、草原、矿产等自然资源；自然保护区、野生动物、植物保护区、风景名胜区、水源保护区等特殊保护区域；农、牧、渔业环境等。

（四）现场监督和检查海洋环境保护情况，并对污染海洋的行为依法给予处理处罚。

环境保护现场执法是环境保护执法形式之一。环境保护执法一般有三个组成部分，即执法监督、执法纠正和执法惩戒。其实还应该有一个很重要的部分，就是执法防范。执法监督是采取环境监测、环境检查、事故调查、信息收集等手段了解情况、发现问题。其结果是纠正环境违法行为，即执法纠正。当环境违法行为严重，必须给予惩罚，就进入了执法惩戒阶段。但是执法惩戒不是目的，杜绝环境违法行为的发生，防范环境质量的损坏，使之可以持续利用，人类实现可持续发展才是目的。所以，在环境现场执法中也要重视对环境违法行为的执法防范。根据现场情况进行必要的宣传教育，提高对方的环境意识、守法意识，帮助对方制定相应的规章制度，修改和完善相关的规定、规范、规程，建立行之有效的违法行为制约机制，起到防范效果。

二、污染源监察

（一）排污单位落实环境管理制度检查

1. 环境管理机构设置检查

《环境保护法》第 24 条、《建设项目环保设计规定》、《建设项目环境保护设施竣工验收管理规定》、《工业企业环境保护考核制度实施办法》以及一些行业和地方环境保护规定中提出了企业建立健全环境保护机构与规章制度的要求。

企业环境保护机构的设置是十分必要的。首先，企业环境保护工作范围广、内容复杂、工作量大，又具有综合性、技术性强等特点，没有专门的机构组织很难协调好环境保护工作；其次，环境保护工作与企业的生存与发展密切相关，随着人民生活水平的不断提高，环境保护越来越引起世人的关注，环境保护标准越来越严格，国内外有关产品生产、包装、贸易等方面的环境标准越来越多，国际标准化组织已于 1996 年 9 月份正式发布了环境管理系列国际标准，即 ISO 14000 系列标准。国内外许多企业已开始实施，一个企业不掌握环境保护发展趋势并采取相应对策，取得稳定、协调的发展是不可想象的。

企业环境管理机构的职责主要是编制环境保护计划，建立和落实各项企业的环境管理制度，协调企业内部、企业之间、企业与社会之间的环境保护关系，实施企业环境监督管理。其设置的形式多种多样，根据企业的规模、生产的复杂程度、环境污染的大小等，可采取设置专门机构、联合机构、专职岗位等形式，对此尚无明确法律规定。但有一点应该注意，就是企业的各项环境管理制度应贯穿企业生产经营的始终，落实到具体的车间、班组、岗位和职工身上，实行全过程控制，与生产经营紧密结合，这样才能做到有效地管理环境，环保、生产相统一的效果才能显示出来。企业在生产经营中，往往提倡减少原材料与能源的消耗，降低物料流失率，提高劳动生产率，这与环境保护是根本一致的，是环境保护最有效的措施。此外，环境保护可从全新的角度提出节能、降耗、减污、增效的措施，促进企业的发展。所以，督促企业在生产经营过程中加强环境保护也是通过抓环保为企业服务的一个有效途径。

2. 企业环境管理人员设置检查

企业环境管理机构必须有相应的人员去落实环境保护责任。在这个系统中，厂长（法人代表）是当然的企业污染防治法定责任者，承担政府环境保护责任目标中所规定的污染物削减和防止造成污染的责任目标。为了落实责任、完成目标，需要在企业内部将责任目标层层分解，制定管理规则，进行监督检查和考核，这些工作显然要有人具体负责。

企业环境管理人员可以是专职的，也可以是兼职的。不论哪种形式的人员都应认真学习环保知识，提高素质，有些工种还必须经过培训、持证上岗。例如司炉工，他不仅要负责锅炉的正常运转，还有责任管好、用好锅炉除尘设备、噪声防治设备等环保设备，按国家规定必须持证。企业环境监测人员和企业内部污染防治设施的运行管理人员原则上也应持证上岗。有些地方环境保护行政主管部门还对企业环境管理人员参加培训做出了具体规定。

3. 企业环境管理制度建设检查

企业落实环境管理制度主要检查以下几方面：

（1）企业环境保护规划和计划

企业环境保护规划是企业根据自然环境条件、社会经济发展趋势和本企业的发展趋势，对企业一定时期内环境保护目标和措施所做出的规定，以使企业生产与环保协调发展。企业环境保护计划是根据规划目标所制定的年度计划，是有关措施落实的具体时间计划。

（2）企业环境保护目标责任制

环境保护目标责任制是具体落实各级人民政府有对环境质量负责的行政管理制度。它采取签订责任书的形式，把责任目标正式下达，将各项环保指标逐级分解，层层建立责任制，使任务落实，责任落实，做到目标化、定量化、制度化管理。企业作为法人单位是最基层的目标承担者和落实者。为了完成企业领导“承包”的任务，企业应在内部实行相应的责任制，明确各项指标责任的具体承办单位和承办人，使指标得到具体落实。

（3）有关的专项管理制度

为了使企业各项环境保护工作规范化，企业应根据环境保护法规制定一些具体规章制度。常见的有：环境监测制度，污染防治设施运行操作规程及管理制度，环保档案管理制度，环保人员岗位职责等。

（二）进行工况调查，查污染隐患

深入企业的生产车间、班组、岗位，调查工艺、设备及生产状况，可以了解污染产生的原因、产污规模、排污去向，发现非正常产污和排污行为及污染隐患，有助于督促企业采取技术及管理措施，减少污染物排放，防止发生污染事故。进行工况调查可根据企业生产工艺和经营组织系统情况逐级进行，以免发生遗漏。对工业企业可按下列步骤和内容调查：

1. 检查生产使用的原材料

首先了解原材料的种类、性质、来源、成分、贮存及厂内输移、日消耗量等因素。注意原料来源变更时成分的变化，尤其要注意有毒成分含量变化情况。还要检查原材料在贮存过程中是否存在管理混乱、滴漏、外泄、挥发、扬散、流失而造成污染的现象，如贮存槽、罐清洗产生废水污染；贮罐、容器、管道密闭不好造成有害气体挥发和泄漏；原料进入厂区后在输移过程出现散落、流失、扬散等现象而造成污染。

以一个食用色拉油加工企业为例，其原料有多种选择：用猪油、牛油或棕榈油。不同的原料生产出的产品利用率有较大差别，分别为猪油 70%，牛油 80%，棕榈油 94% ~ 95%，而其产品却是同一种氢化油。原料包装不同环境影响也不同，对油品进行小包装要比大包装对环境影响大。装运油的桶清洗会产生含油废水。

查原料时要专门对水及能源的利用方式进行考察，在这两个方面最容易出现环境问题，改进的潜力也很大。

2. 对生产工艺、设备及运行的调查

主要调查以下几个方面：

（1）工艺、设备的先进性、适应性，是否属于淘汰、禁止采用之列。

（2）工艺、设备的布局是否容易导致环境污染或发生污染事故。

（3）设备是否得到及时的维护。

（4）是否严格按规程运行操作。

（5）工艺系统对意外环境污染事故的反应处理能力。

（6）是否存在跑、冒、滴、漏现象。

（7）工艺设备是否擅自做了改变。

3. 检查产品的贮存与输移过程

有些产品或中间品本身具有较大的毒性，属于危险品，管理不善会发生滴撒、泄漏等情况，甚至发生污染事故，造成严重环境影响。如许多石化、化工产品、合成药剂的半成品、各种氧化剂、催化剂遗撒到环境中危害极大。在其储存、运输过程中必须采取严格的措施，防止流失和泄漏。

4. 检查生产变动情况

随着市场经济的深入发展，企业生产计划变动情况越来越复杂。经常见到的有产量的增减、改变生产产品的品种、规格、包装等，随之引起原材料投入和污染物产生与排放的变化。例如啤酒厂秋冬季的易拉罐装的产量大，而到了夏季瓶装和散装的产量大，而瓶装生产比罐装生产废水及 COD 排放量要增加 5% ~10% 以上。同一个纺织印染联合厂，不同的纺织品、相同的纺织品不同的批次，其单位产污量、产污种类有很大的差别。如毛粗纺织产品每百米 COD 产生量平均为 12.6kg，而毛精纺织产品则只有 5.54kg，相差一倍以上。

以往我们在一年之内常常仅依据一两种生产状况来实施排污收费及其他监理活动，这显然是不够的，除了要督促排污单位按法律规定按时申报排污变动情况外，要大力加强现场监察，及时掌握污染源的排污变化情况，以便采取必要的措施，保护辖区环境。

（三）排污单位的污染源守法检查

排污单位在生产工艺过程中各个环节都可能产生污染物，但是对外部的环境污染影响，主要表现在其废水、废气、废渣、噪声的各污染源的排污规模。因此，对排污单位的污染源监察最主要是对其各类污染源的检查。

1. 环境管理制度执行情况检查

（1）环境影响评价制度和“三同时”制度的执行检查

检查排污单位是否存在在建项目，建设项目是否按环评和“三同时”制度程序去进行审定、报批，做到同时设计、同时施工、同时投产。详细内容见第四章。

（2）排污申报登记与排污许可证制度实施的检查

排污许可证制度是以改善环境质量为目标，以污染物总量控制为基础，对排污单位排放污染物的种类、数量、性质、去向、方式等做出具体规定，是一项具有法律含义的行政管理制度。排污许可证执行的日常检查工作，由环境监察部门具体负责。排污许可证制度的实施一般分为四步：

①排污申报登记。排污单位按规定的时间、内容填写排污申报登记表上报。申报的主要内容一般包括：排污单位的基本情况；生产工艺、产品和原材料消耗情况；污染物排放情况；污染物处理情况；排污单位的地理位置和平面布置示意图。对申报表的所有内容需经环境保护部门核实方有效。

②污染物排放总量指标的分配规划。分配污染总量削减指标是发放和管理排污许可证的核心。需要根据当地的自然环境条件、环境保护目标、社会经济发展、财政实力、技术水平等条件，科学地确定允许排污总量，合理地确定不同规划期的污染物总量削减指标。在排污单位削减指标分配中也要科学合理，分配方法很多，主要有最优组合治理方案分配法、等比例分配法、加权分配法、分区加权分配法、排污指标有偿分配法、行政协调分配法和多目标加权评价分配法等。

③审核发证。经过审核，向排污单位发放临时或正式排污许可证，限定其排污量、排放方式、排放去向、排放口位置、排放时间等。临时性许可证是给那些目前尚未达到总量控制指标需要按期削减或需要进行其他整改的排污单位发放的。按规定完成整改任务方可换发正式许可证。

④许可证监督管理。许可证发放后要进行日常监督管理，这是污染源监理的主要内容之一。

2. 排污许可证监理的主要内容

（1）排污申报资料审核、确认。在办理排污申报和发放排污许可证的过程中，监理部门应积极协助有关部门依据水源、能源、统计、企业主管部门的数据、环境污染源日常监理档案等，对排污单位申报的基本情况，新扩改情况，水耗、能耗、生产工艺情况，原材料及产品情况，污染物的产生排放情况等进行逐一核查，对有异议的问题要到现场调查核准。对有意谎报和瞒报的应予处罚。

接收排污许可证发放的有关资料，建立排污许可证档案。

（2）排污许可证执行现场监理。主要检查以下内容

是否持证排污，即检查是否按时申领、更换排污许可证。

是否严格执行许可证的规定。按许可证的规定的项目和指标逐项进行检查，要特别注意超量排污情况，未按规定处理削减情况和排放口规范化情况等。

（3）检查计量装置运行情况

①环境保护目标责任制实施情况检查

主要检查污染源单位落实环保责任书的情况，督促其按时完成责任书指定的污染物削减指标及其它保护环境的责任。

② 其他制度执行情况检查

有关排污收费制度、限期治理制度等项检查，在有关章节中会有专门论述，在此不赘述。

③ 污染物排放情况检查

污染物排放情况检查内容主要有：污染物排放口（源）的类型、数量、位置，各排污口（源）排放污染物的种类、数量、浓度，排放方式和排放去向，环境危害等。特别要注意异常情况的检查，如各种参数的变动情况，偷排行为，事故情况等。为了抓住要害进行有效的检查，需要监察人员熟悉和掌握辖区各污染源的排污特点，学习工艺技术和污染物的有关知识，了解污染源现场监理的规律。污染物排放情况检查详细内容见第四、五节。

④污染治理情况检查

主要工作内容有：了解各排污单位拥有污染治理设施的类型、数量、性能；检查污染治理设施管理维护情况、运行情况、运行记录，是否存在不正常停运情况，是否按规程操作；核查污染物处理量、处理率及处理达标率等，检查有无违法、违章或直接排污的行为。

（四）指导性监察

环境监理的目的是督促排污单位加强生产经营管理和环境保护工作，预防和消除污染，保护和改善辖区环境质量。因此，环境监察人员不仅要依法监督、检查各种环境违法行为，还要树立服务意识，有责任、有义务协助排污单位搞好环境管理工作，“做到预防为主，防治结合”，积极主动地利用环保部门的优势，提供信息和建议给企业参考，使企业用最少的投资，采用最有效、最可靠的方法防治污染。在开展这方面工作时应时刻注意划清界限，环境监察人员是执法者，绝不能代替企业去规划、策划治理措施，更不能滥用手中的权力，不能以任何理由强迫企业采用哪些技术和设备，严禁以权谋私。

1. 提供技术改造建议

我国工业生产的许多方面都与世界先进水平存在着较大差距，资源利用率一直处于较低的水平。从 1952 年到 1989 年间，我国国民收入增长 11.33 倍，而能源消费量增长 17.91 倍（与1953 年比），钢材消耗增长 28.21 倍，生铁增长 27.62 倍，橡胶增长 23.45

倍，水泥增长53.82倍，大大超过国民收入的增长速度。改革开放以来，许多地区的经济发展主要采取外延扩大的方式，依然是高投入低产出重污染的路子，实施清洁生产，进行技术改造的潜力很大。为此，应利用监察部门的优势，收集国内外有关清洁生产技术信息，节能节水技术信息等，根据现场监察中所掌握的企业生产工艺状况，有针对性地提供一些信息，帮助企业进行技术改造，提高效率，减少污染。

企业采用先进清洁技术也是环境保护法规的要求，《环境保护法》第25条指出："新建工业企业和现有工业企业的技术改造，应当采用资源利用率高、污染物排放量少的设备和工艺，采用经济合理的废弃物综合利用技术和污染物处理技术"。在监察中要注意宣讲有关要求，使企业认识实施清洁生产的重要性，提高企业采用清洁技术的积极性。

2. 提出回收利用建议

一些工业生产中排放的废物具有很高的利用价值，而且不需要复杂的技术和高投入就可以回收利用。如一个年制浆5000～10000t的造纸厂，采用最简单的筛网过滤方法，每天就可以在废水中回收干浆600～700kg；许多企业的冷却水，冷凝水占到总用水量的60%～70%，经简易处理就可以回用。提高回收利用率对环境保护具有重大意义。如利用熔锻、切削加工中产生的废钢铁作原料，代替铁矿石生产钢筋，可以少用74%的能量，少用51%的水，少排放86%的空气污染物，少产生97%的矿业废物。

在帮助企业搞废物回收利用时应注意以下方面：

（1）首先注意流失的有用废料能否在生产中通过提高利用率的方式解决；

（2）注意检查常见的废水、废热、可燃性气体的回收和利用。一般说来，这几类废物的利用技术比较成熟，经济效益也好，环境效益明显。

（3）要特别做好废水、废气、固体废物综合利用的协调工作。许多废水、废气、固体废物可以不经处理或仅进行简单处理就可以供给另外一些生产过程再利用，而可以利用废物的生产过程常常与废物产生者不在同一个企业。这时就需要进行协调，做好双方的工作。

3. 提出合理的治理建议

目前，环境污染防治技术信息还不是十分畅通，尤其是许多中小型企业，由于没有专门的环保技术人员，很难鉴别环保技术设备的优劣，迫切需要帮助。在现场监察中也常常遇到"采用哪种治理技术能达到要求"之类的询问。为此，我们既要讲明治理是排污单位的责任而不是环保部门的责任，同时又要尽可能地为企业提供所需的信息，使企业的治理资金得到有效的使用。此外，监督检查污染源单位选用合格的环保产品也是监察的主要任务之一。我们可以据此来帮助企业做好环保技术、设备的筛选工作。

4. 提供集中控制指导

在现阶段，许多中小企业无力投资上污染治理项目，建设了也很难正常运转。造成治理设施的闲置和资金的浪费，集中控制由于治理规模大，相对成本低，便于专业化技术管理和提高运行操作水平，所以应予提倡。

污染源监察过程中应注意调查集中控制的可能性，为实行区域性或企业间的集中控制提供建议和依据。在实施集中控制时要帮助协调不同企业间的关系，使集中控制系统能够正常地运转。

(五) 污染物排放总量控制的监察

国家在“九五”、“十五”期间，在污染源的管理制度中主要实施环境污染物总量控制管理。污染物总量控制的范围是限定的时间和地域空间环境（如区域、流域、海域、城市等环境单元)，污染物总量控制的对象是向以上环境单元排放污染物的一切工业、农业、生活、交通和污染集中处理设施的排污单位和个人。国家规定在总量控制区域的排污单位在排放污染物时，不仅污染物排放浓度要达标，而且污染物的排放总量还要达到总量控制的指标要求。

污染物总量控制的具体规定国家正在制定《环境污染物排放总量控制管理条例》。“九五”期间以污染防治为重点，采取了一系列措施，比如实施《“九五”期间全国主要污染物排放控制计划》、《跨世纪绿色工程规划》、“一控双达标”、33211 工程等项措施。“十五”期间要继续实施污染物总量控制，力争到 2005 年主要污染物排放总量比 2000 年减少 10% 。

1. 总量控制区域的排污单位应遵循以下的原则

（1）贯彻国家产业和技术政策，对属于国务院和省级人民政府明令关停、取缔和淘汰的落后生产能力、工艺设备、产品等排污单位，不得给予排污总量控制指标。

（2）排污单位排放污染物必须满足国家和地方污染物排放标准，超过标准排放污染物的排污单位，首先要做到稳定达标排放各种污染物。

（3）总量控制的地区应确定排污总量控制指标。

（4）所有建设项目的污染物排放指标必须纳入所在区域或流域的污染物排放总量控制计划。当建设项目新增加的污染物排放量超过区域污染物总量控制计划或严重影响城市、区域环境质量时，总量控制指标只能在该区域内调剂，不得给予新增加的排污总量控制指标。

（5）排污单位进行改制、改组或兼并后，其排污总量不得超过原指标值；对于分离出来的排污单位，其排污总量控制指标原则上应从原单位排污总量控制指标中划拨。

2. 总量控制的监察

（1）排污单位应按国家统一规定进行排污口规范化整治，对所排放的污染物的种类、数量、浓度、排放地点、排放方式、排放去向，进行监测、计量。

（2）排污单位应向所在地环境行政主管部门进行排污申报登记，经环保部门审核批准后发给排污许可证，分配主要污染物的排污总量控制指标。

（3）定期对排污单位的污染源进行现场监察，核实排污申报登记内容、排污总量控制情况和污染物削减计划实施情况。

（4）定期监察排污单位的建设项目“三同时”制度执行情况、污染治理项目和限期治理项目的实施情况。

三、建设项目环境监察

(一) 建设项目环境监察的内容和要点

建设项目的环境监察是建设项目执行《建设项目环境保护管理条例》的保证。

1. 认真清查辖区内建设项目的监督检查，杜绝建设项目环境管理漏项、漏批、漏管现象。对辖区内发现情况不明的建设项目的实施要主动前去查询，查明该项目是否进行了环境影响评价、是否执行了“三同时”制度、各项审批手续是否齐全；看环保部门的审批意见是什么，批准的前提条件有没有，是什么，执行了没有。对没有办理环境影响评价和“三同时”审批手续的建设项目，要立即制止施工，并及时向环境保护行政主管部门报告，等候决定。

一般来说，在本辖区内发生的建设项目漏管现象，首先要追究环境监察机构的责任。已动工建设的，环境监察机构发现了没有，环境影响评价和“三同时”手续检查过没有，向环境保护行政主管部门报告了没有，经环境保护行政主管部门决定停止建设、限期恢复原状的任务完成了没有等。

2. 对已开工的建设项目，要检查施工红线是否与批准的位置一致，有无移动。建设内容有无变化，包括建设性质、建设内容、建设规模、采用的设备和工艺、使用的原料有无重大改变。环境影响评价报告书中规定的环保措施是否落实，环保设施的资金安排、施工计划、设备订货是否到位。建设项目的实际内容与建设单位所申报的建设内容是否一致，有无虚报、瞒报、漏项或私改项目内容。发现施工行为与审批内容要求不一致的，应立即报告环境保护行政主管部门 。

重点是检查施工图和施工预算，以上内容在施工图中都有反映。工程预算是工程实施的保证。预算中有的，项目就能实施；反之，预算中没有的就不可能实施。如环境保护设施预算有没有，其人工和工时工料定额作了没有，够不够，就能直接影响环境保护设施的建设。

建设项目的环境监察频次一般项目每月至少一次；重点项目要加密检查的次数。

3. 环境监察人员应参加建设项目的竣工验收活动。通过参加竣工验收，了解项目的详细情况，掌握该项目的环保优势和不足。对验收时提出的须进一步完善的内容，在以后进行监察时给予特别的重视，监督其按时完成 。

要视建设项目的性质来决定竣工验收时的关注重点。如工业企业项目要根据其工艺特点和排污特点，对关键部位、关键排放口严格验收。所有的排放口都要达到规范标准要求，否则不予验收。

在项目试生产阶段，环境监察就要同时进行，提出的环境监察报告是建设项目竣工验收的依据之一。建设项目竣工验收通过后，竣工验收清单副本要交给环境监察机构保存，以便今后使用。

4. 关注建设项目的生态环境问题。对区域性、流域性、资源开发和资源利用项目，生态建设项目，特别要做好环境影响评价工作。对项目的生态保护效果和生态破坏效应要特别注意。要关注该项目的建设施工过程尽量减少对生态环境的破坏，如有破坏应限期恢复，严禁野蛮施工。关系到水土保持的项目，要依据经批准的水土保持方案，监督其认真实施。分期施工的项目要分期做好水土保持，防止把开发区变成新的水土流失区。开发区的环境质量必须保证达到环境影响评价的要求，不能把开发区变成污染项目的保护区。经国家批准的交通、水利水电重点建设项目因为自然条件限制，必须穿越自然保护区，特别是自然保护区的核心区、缓冲区内时，应对自然保护区的内部功能区划或者范围、界线进行适当调整。承担涉及自然保护区的开发建设项目环境影响评价的单位必须具备自然保护专业方面的技术力量；项目的环境影响报告书中要设生态环境专章或专题报告，对所涉及的自然保护区现状作出评价，对因项目所造成的自然保护区结构与功能、保护对象的影响与保护价值的变化作出预测，提出保护与恢复治理方案，并组织有关方面的专家进行专题论证。凡涉及自然保护区的项目，其环境影响报告书的审批，除按现行国家和地方环境保护部门分工管理外，涉及国家级自然保护区的地方管理的项目，其环境影响报告书的审批，必须事先征得国家环保总局的同意。涉及地方级自然保护区的地方管理项目，由省环境保护行政主管部门审批。在自然保护区外围保护地带建设，但对自然保护区的环境质量和生态功能有影响的项目，在批复其环境影响报告书前须经该自然保护区相应级别的环境保护行政主管部门同意。

5. 对分散小型企业、乡镇企业建设项目的环境监察，除以上各要点外，重点检查其是否属于淘汰、限制、禁止的行业，工艺、设备属于应取缔的坚决取缔。

6. 在居民区、小城镇、农村环境的建设项目，“三产”项目，为居民服务的项目，餐饮娱乐业项目，如果对环境的影响很小，不需要环境影响报告书、报告表时，一定要填写环境影响登记表，将其纳入我们的管理范围。其环境监察重点是防止生活环境的破坏和建设项目引发的环境污染纠纷，如有发现应及时纠正。

在以上第5、第6类建设项目中，有一部分采取各种手段逃避环境保护部门的管理直接办理了工商营业执照，给环境保护管理造成困难。也有的地方政府从提高政府办事效率出发，不恰当地简化了环境保护管理审批手续，使建设项目的环境影响评价制度流于形式。国家环境保护总局和国家工商行政管理总局已联合发出《关于加强中小型建设项目环境保护管理工作有关问题的通知》（环发［2002］85号），文中规定：依照《建设项目环境保护管理条例》的有关规定，建设单位应当在建设项目可行性研究阶段报批环境影响报告书、环境影响报告表或者环境影响登记表；其中，需要办理营业执照的，应当在办理营业执照前报批建设项目环境影响报告书、环境影响报告表或者环境影响登记表。环保行政主管部门对已办理营业执照，但依照有关规定应办理环保审批手续而未办理的建设单位，应责令其限期补办手续，逾期不办或擅自开工建设的，要依法处理，并将处理结果通报工商行政管理部门；工商行政管理部门对未通过环保审批的项目，要依法予以处理。

总之，环境监察人员要腿勤嘴勤、随时检查、及时报告、果断处置，当好环境保护行政主管部门的“侦察兵”。

（二）建设项目环境监察工作程序

根据国家环境保护总局环监［1996］888号文件，建设项目环境监察工作程序是：

1. 搜集信息

环保系统内部沟通；日常现场监察信息；群众举报。

2. 现场监察

听取建设单位介绍；对有“环评”及“三同时”审批意见的建设项目，已投入生产或使用的，检查污染防治设施与主体工程是否同时建成并投入运行；未投入生产或使用的，检查污染防治设施与主体工程是否同时施工。对无“环评”及“三同时”审批意见的建设项目，报告有关主管部门并按规定进行处罚。

3. **视情处理**

情况正常的属于例行监察。情况异常的，对违反建设项目环境管理规定的，根据不同情况分别做出处理。属现场处罚范围执行《现场处罚工作程序》；属环境监察机构处罚范围执行《环境监理行政处罚基本程序》；超过上述处罚范围，填写《环境监察行政处罚建议书》上报环境保护行政主管部门。

4. **定期复查**

对异常情况按规定进行复查。

5. **总结归档**

按年总结，注明异常情况和处理结果；有关记录、材料按项目立卷归档。

（三）建设项目环境违法行为的查处

依据《建设项目环境保护管理条例》的有关规定，建设项目环境违法行为的查处由负责审批该建设项目的环境影响报告书（表）的环境保护行政主管部门施行。环境监理部门要把建设项目的违法情况及时报告给环境保护行政主管部门，并在环境保护行政主管部门做出处罚决定后监督检查执行情况。具体的处罚条款如表 14－2 所示。

表 14－2 建设项目环境违法行为的行政处罚

序号	环境违法行为	违反条款	处罚条款	处罚内容
1	建设项目未报批环境影响报告书（表）	《条例》第 6、7、9 条	《条例》第 24 条	责令限期补办手续
2	建设项目未报批环境影响报告书（表）且不补办手续擅自开工建设的	《条例》第 9 条	《条例》第 24 条	责令停止建设，限期恢复原状，可处 10 万元以下罚款
3	建设项目环境影响报告书（表）未经批准或未经原审批机关重新审核同意，擅自开工建设的	《条例》第 9、12 条	《条例》第 25 条	责令停止建设，限期恢复原状，可处 10 万元以下罚款
4	建设项目性质、规模、地点或采用的生产工艺发生重大变化，或环境影响报告书（表）批准已满五年方开工，且未重新报批	《条例》第 12 条	《条例》第 24、25 条	责令停止建设，可处 10 万元以下罚款
5	环保设施未与主体工程同时投入试生产	《条例》第 18 条	《条例》第 26 条	责令限期改正
6	环保设施未与主体工程同时投入试生产并未在限期内改正	《条例》第 18 条	《条例》第 26 条	责令停止试生产

序号	环境违法行为	违反条款	处罚条款	处罚内容
7	试生产超过3个月未申请环保设施竣工验收	《条例》第20、21条	《条例》第27条	责令限期办理环保设施竣工验收手续
8	试生产超过3个月未申请环保设施竣工验收且未在限期内办理环保设施竣工验收手续	《条例》第20条	《条例》第27条	责令停止试生产，可处5万元以下的罚款
9	环保设施未建成、未验收或验收不合格，主体工程正式投产使用	《条例》第16、23条	《条例》第28条	由审批该项目环评报告书（表）的环保行政主管部门责令停产、停用，可处10万元以下罚款
10	从事环评单位在环评中弄虚作假	《条例》第13条	《条例》第29条	由国务院环保部门吊销证书，处所收取费用1倍以上3倍以下罚款

四、生态环境监察

（一）重要生态功能区的生态环境监察

凡经批准正式建立的各级生态功能保护区，无论属哪一级政府管理，均由同级环境保护行政主管部门的环境监察机构随时进行检查监察。其内容是：该生态功能保护区边界是否已经划定；其管理机构是否能正常承担生态环境保护管理职能；检查和制止保护区内一切导致生态功能退化的开发活动和其他人为破坏活动（垦荒、捕猎、滥砍乱伐、取水、挖矿等）；停止一切产生严重污染环境的工程项目建设；督促该生态功能保护区恢复和重建生态保护功能的工程建设。

对长江、黄河等大江大河源区，要停止一切可导致源头生态功能退化的人为破坏活动，如大面积开荒、超载放牧、挖沙开矿、滥伐森林、破坏性旅游等。对洪水调蓄区，要禁止无规划的围湖造田、填湖建房、改造湿地、无科学依据地改变水流方向等行为。对防风固沙区要特别注意维持和发展其原有的防风固沙功能，考察地形、地貌、风向、风速，制订合理的生态建设规划，提高防风固沙能力。无论何种重要生态功能区，都要严格控制区内的人口增长，都要改变粗放的生产经营方式。

重要生态功能区是自然形成的，在保持区域、流域生态平衡，减轻自然灾害，确保国家和地区生态安全，实现社会的长治久安、经济的可持续发展方面有着重要功能的区域。重要生态功能区与自然保护区不同。自然保护区是针对某一类生态系统、自然遗迹而设立的，目的是保护该自然遗迹、特殊生态和生物多样性。一般来说，自然保护区绝对禁止人类的干扰活动，尤其是核心区。重要生态功能区是为了国家的生态安全而划定的，目的是保护其固有的生态功能，使之得以长久地、持续地发挥。只要能达到这个目的，重要生态功能区并不一定禁止人类的一切活动，只是要将人类的活动控制在自然生态承载力之内。自然保护区也有一定的生态功能，但与重要生态功能区相比，重要生态功能区的空间尺度和生态影响都要大得多。

重要生态功能区的保护绝非是环境保护部门一家能办到的事，而必须由相应的一级政府来主办。在政府的领导下，经贸、计划、农、林、水、土、矿等多部门合作，依据有关法规，根据生态功能区的类型，履行各自的环境保护职责。环境保护部门根据“三统一”的原则，做好综合协调和监督工作。环境监察人员要发挥经常深入现场的特长，及时了解情况，发现问题及时报告主管部门并予以处理。由于重要生态功能区的地域一般很大，只限制由某一级环境监察队伍去管是不现实的。可以由该功能区相应级别的环境监察部门（或环境保护行政主管部门）委托当地环境监察部门实施现场监察。

（二）重点资源开发区的生态环境监察

这是生态环境监察的重点工作区。

1. 对水、土地、森林、草原、海洋、矿产等自然资源开发利用的建设单位，必须遵守相关的法律法规，依法履行环境影响评价手续。环境监察部门要按照经批准的环境影响评价报告书（表）和“三同时”审批意见，认真检查开发建设单位的落实情况；有水土保持方案的，要严格要求按方案执行。和建设项目的环境监察一样，凡没有履行环境影响评价，没有执行“三同时”和水土保持方案的，一律不得开工建设，不得竣工投产。要按照环境监察工作制度，加密对重点资源开发区内的建设项目的检查频次。利用环境监察经常外出巡查的优势，及时发现未办环评手续擅自开工的；不按环评和“三同时”审批意见施工的；未经验收就擅自投产的；在开发利用过程中造成严重生态环境影响的开发建设项目，要及时采取措施，防止影响扩大，并及时报告上级环保部门予以处理。

要十分重视土地资源的保护。监察中随时注意发现和纠正任意侵占农田耕地的现象，任意侵占森林、草原作为耕地的现象，在倾斜度大于 25 度的坡地上开荒的现象和不遵守退耕还林、还草、还荒有关规定的现象。

2. 对水资源开发利用项目。利用地下水的，要检查是否在划定的地下水禁采区开采，是否属于高耗水产业；利用地表水的，检查是否符合水域、流域用水规划，对生态用水有无损害。对排污水的企事业单位，要按规定规范其排污口和排污量，严格按排污许可证制度办事。及时发现违法违规向水体排放污染物和倾倒垃圾、工业废料的现象。及时处理水体污染事故，保持水生态环境的良好状态。要合理规划利用地表水和滩涂的养殖业，严格管理，降低密度，不使其污染水体。要控制水生物种的引进，保护好原生物种。禁止围湖造田，禁止任意破坏湿地、红树林、珊瑚礁，不要任意改变河流的走向和河床，不要把水生生物单一化，保护水体的自然净化能力。

3. 森林、草原的开发利用项目。要严格监管已划定的禁垦区、禁伐区和禁牧区，对在以上三区垦殖、伐木和放牧的，要及时依法制止和处理。对毁林毁草开垦的耕地和废弃地，要按照“谁批准谁负责、谁破坏谁恢复”的原则，在环保部门的领导下，按限期治理制度限期退耕还林还草，保证不再对森林和草原生态环境造成新的破坏。

森林和竹林的采伐须持林木所有权证或林木使用权证向有权的林业行政主管部门申领林木采伐许可证，在批准的采伐限额内采伐。用材林的主伐方式分为择伐、皆伐和渐伐。中幼龄树木多的复层异龄林，应当实行择伐。择伐强度不得大于伐前林木蓄积量的40%，伐后林分郁闭度应当保留在零点五以上。伐后容易引起林木风倒、自然枯死的林分，择伐强度应当适应降低。两次择伐的间隔期不得少于一个龄级期。成过熟单层林、中幼龄树木少的异龄林，应当实行皆伐。皆伐面积一次不得超过五公顷，坡度平缓、土壤肥沃、容易更新的林分，可以扩大到二十公顷。在采伐带、采伐块之间，应当保留相当于皆伐面积的林带、林块。对保留的林带、林块，待采伐迹地上更新的幼树生长稳定后方可采伐。皆伐后依靠天然更新的，每公顷应当保留适当数量的单株或者群状母树。天然更新能力强的成过熟单层林，应当实行渐伐。全部采伐更新过程不得超过一个龄级期。上层林木郁闭度较小，林内幼苗、幼树株数已经达到更新标准的，可进行二次渐伐，第一次采伐林木蓄积量的50%；上层林木郁闭度较大，林内幼苗、幼树株数达不到更新标准的，可进行三次渐伐，第一次采伐林木蓄积量的30%；第二次采伐保留林木蓄积的50%；第三次采伐应当在林内更新起来的幼树接近或者达到郁闭状态时进行。毛竹林采伐后每公顷应留健壮母竹不得少于两千株。了解这些知识对我们发现有人采伐林木时判断是否违法会有所帮助。

4. 生物物种资源开发利用的环境监察。要积极参与林业、农业、渔业部门禁止捕捉、猎杀、采集濒危野生动植物的工作，检查和打击非法经营、销售活动。采集国家一级保护野生植物的，必须申请采集证，由省级野生植物行政主管部门（林业及农业部门）审察后报国家野生植物行政主管部门审批发给；采集国家二级保护野生植物的，由县级以上野生植物行政主管部门审查后报省级野生植物行政主管部门审批发给采集证。禁止猎捕、杀害国家重点保护野生动物，因科学研究、驯养繁殖、展览或者其他特殊情况，需要捕捉、捕捞国家一级保护野生动物的，必须向国务院野生动物行政主管部门（林业和渔业部门）申请特许猎捕证；猎捕国家二级保护野生动物的，必须向省、自治区、直辖市政府野生动物行政主管部门申请特许猎捕证。猎捕非国家重点保护野生动物的，必须取得狩猎证，并且服从猎捕量限额管理。

按照已有的规定，禁止采集、销售发菜和滥采乱挖甘草、麻黄草等各类有固沙保土作用的野生药用植物。要与公安部门配合打击销售发菜、穿山甲等国家保护的野生动植物黑市。与工商部门配合关闭一切珍稀野生动植物收购、加工和销售市场。

5. 矿产资源开发利用的环境监察。矿产资源的开采必须有矿业行政主管部门按规定发给的采矿许可证，在划定的矿区范围内开采。还要随时检查生态功能保护区、自然保护区、风景名胜区、森林公园等国家明令保护的区域内有无非法采矿行为并加以制止。对在严禁采矿、采石、采砂、取土的地区内发现有采取行为并已对生态环境造成损害影响的，要立即制止并向上级环保部门报告。对由于矿产资源开发而造成生态环境破坏的，应责令开发者限期恢复其生态环境功能。对已停止采矿或已关闭的矿山、坑口，应监督其责任者及时做好土地复垦。

6. 旅游资源开发利用的环境监察。要检查旅游开发是否严格按环境影响评价的审批意见执行，对不按环评制度和不按环境影响评价审批意见办事的，要报告环境保护行政主管部门予以处理、处罚。提倡区内旅游区外住，旅游已经影响到环境和生态的，要限定旅游时间和旅游人数。对旅游区内的污水、烟尘、生活垃圾，要与工业企业一样地严格要求，必须达标排放和妥善处置。

总之，重点资源开发区的生态保护属强制性保护。对资源开发项目，要站在“统一监管”的高度，在环境保护行政主管部门领导下，严防资源开发引发的生态环境破坏，从大处着眼，从小处着手，维护生态环境的良性发展。

（三）生态良好地区的生态环境监察

生态环境良好地区是在目前生态环境屡遭破坏的情况下的宝藏地区，维持原有的生态环境和生态系统是我们的主要任务。在生态环境没有大的改变的前提下，生态系统是可以自我调节和恢复的。所以我们监察的重点要放在不使自然生态环境遭受大的破坏与改变上。要努力保证新的自然保护区的建立和完善。要及时发现和制止对自然环境的破坏行为。要在力所能及的情况下，使本区的人口和经济发展符合当地的环境状况，不使其失控。

成功地建设一批自然保护区（含风景名胜区、森林公园）是保护生态环境良好地区的途径。“十五”期间，我国的各级各类自然保护区要达到1600个以上，受保护面积要占国土面积的12%以上，将来还会更多。根据《中华人民共和国自然保护区条例》的规定，环境保护行政主管部门负责自然保护区的综合管理，包括自然保护区的调研、评价、制订自然保护区发展建设规划和在政府批准前提出审批建议。自然保护区一般分为核心区、缓冲区、实验区三部分。核心区禁止任何单位和个人进入，缓冲区只准进行科学研究活动，实验区可以进行科学实验、教学研究、动植物的繁殖驯养以及参观考察旅游等活动。大部分自然保护区的行政主管部门不是环境保护部门，这并不妨碍环境保护部门对所有自然保护区进行环境保护执法检查。《中华人民共和国自然保护区条例》第二十条规定：县级以上地方人民政府环境保护行政主管部门有权对本行政区域内各类自然保护区的管理进行监督检查；第三十六条规定：自然保护区管理机构违反本条例规定，拒绝环境保护行政主管部门或者有关自然保护区行政主管部门监督检查，或者在被检查时弄虚作假的，由县级以上人民政府环境保护行政主管部门或者有关自然保护区行政主管部门给予300元以上3000元以下的罚款。环境监察队伍应经常到辖区内的各类自然保护区、风景名胜区、森林公园进行环境监察活动。对自然保护区内违法生产及开发活动进行监督检查；对旅游开发产生的废弃物的处置处理，旅游设施建设、旅游线路开发对自然环境、自然景观、自然生态系统的影响以及超越批准范围擅自扩大旅游景区等情况进行监督检查，发现违法行为，及时制止，责令纠正，按照有关规定收取排污费和处罚，并将监督检查情况通报地方政府及有关主管部门。

（四）对本辖区的自然生态环境开展调查研究

这是生态环境监察的基础工作，也是履行环境监察“三查两调”的职责。全国生态环境普查工作已经开始或者已经结束，我们要在全国普查成果的基础上开展辖区的生态环境详查。要在农、林、水、土、矿和卫生防疫等部门的配合下，对本辖区的自然环境状态、动植物分布、人口健康状况进行详细调查，以掌握本辖区的生态特征，研究确定本辖区的生态环境保护重点内容和重点地区，因地制宜地确定生态环境监察工作计划。

（五）对带有普遍性的问题要首先解决

如白色污染防治问题，有机质能的综合利用问题（如秸秆和有机垃圾的综合利用），城镇水污染问题等。要在当地政府领导下，与有关部门一起，制订城市规划、县（市）域规划、农村环境保护规划、流域环境规划、能源发展规划，实施综合治理。环境监察队伍在日常监察中，应努力保证这些规划的实现。对已有的规定要认真坚持执行。对秸秆禁烧，要加大对机场周围、高速公路、铁路沿线两侧和高压输电线路附近的巡查和监督。使秸秆禁烧、秸秆还田工作成为农民自觉执行的事和当地乡村基层组织共同负责的事。秸秆（包括其他有机垃圾）如果焚烧掉不仅是污染，而且是对能源的极大浪费。要配合农业部门积极推广沼气和其他利用秸秆的措施，丰富农村的能源。也可以沤肥还田、过腹还田。还可以作为工业原料。对“15小”、“新六小”等国家禁止或淘汰的污染严重的小企业与落后工艺，一定要坚持抓下去，发现一处取缔一处，决不能风头一过，太平无事。要纳入我们监察工作的经常性内容，持之以恒。

（六）农村生态环境保护

农村生态环境是一个大的生态环境问题。农业用地（耕地）占全国土地面积的13.9%，农业人口占全国人口的2/3。农村生态环境保护问题在全国生态环境保护中有着举足轻重的地位。而且当前农村生态环境继城市环境之后也在恶化，农村生态环境保护的环境监察就亟需加强。

禽畜养殖业在我国虽然起步晚，但现在已发展到相当高的水平，其污染物的排放也达到严重污染的程度。禽畜养殖业的污染物主要有：污水、粪便和恶臭。污水和粪便中含有大量的有机物、氮、磷、悬浮物及致病菌，并产生恶臭。据调查，每头猪每天排放BOD 204g；每头牛每天排放BOD 633g；每只鸡每天排放BOD 7.15g。据国外资料报道，一头450kg的肉牛每天排泄氮量为430g，猪的排泄物中含氮量高达3.8%。据此推算，禽畜养殖业是我国农村生态环境中最重要的有机物来源。这些有机物如果合理施用到农田，将会大大改善土壤质量。如果不加控制地随意排放，就会污染环境，造成江河湖海的富营养化。此外，禽畜粪便中的有害微生物、致病菌及寄生虫卵会给人类及动物带来危害，甚至危及生命。对禽畜养殖业的环境监察就是把禽畜养殖场（厂）作为一个污染源，与工业污染源同样实施环境监察。重点监察大中型规模畜禽养殖厂的粪便污水排放处理设施，加大对废水达标排放现场监察力度。以国家发布的GB 18596—2001《畜禽养殖业污染物排放标准》为准绳，判定该企业守法还是违法，指导他们保护环境，对违法者按规定征收排污费或者处罚。

对大中型畜禽养殖场环境监察的内容：① 检查是否办理了建设项目环境影响报告书（表）的审批手续；② 检查畜禽粪便综合利用、污染防治设施是否执行了“三同时”制度，凡没有综合利用设施和污水治理设施的，一律不得开工或投产；③ 对新建污水处理设施和畜禽粪便贮存利用场地进行检查验收和监测；④ 定期检查畜禽养殖场的污染防治设施是否正常运行，对排放的废水进行监测；⑤ 对地处环境敏感区（水源保护区、自然保护区、风景名胜区、人口稠密区）和布局不合理的畜禽养殖厂点坚决予以关闭；⑥ 对排放污染物超过标准或总量指标，污染严重的畜禽养殖场，由地方人民政府或政府委托的环境保护行政主管部门责令限期治理。逾期未完成治理任务的，责令停业关闭；⑦ 违反其他环境保护规定的，由环境保护行政主管部门视其情节责令改正或处理。

农业化肥与农药的污染也是江河湖海水质污染的一大来源。环境监察中要与农业环境保护部门一起，指导农民合理使用农药和化肥，减少农药与化肥的施用量，推广生态农业、有机农业。要推广可降解的农用薄膜，减少农用薄膜在农田中的残留，保护农田，使其可永续利用。

（七）城市生态环境保护

保护城市生态环境即要保护和建设好城市生态系统。城市生态系统可分为城市自然生态系统、城市经济生态系统和城市社会生态系统三个组成部分。其中，城市自然生态系统包括城市生物和非生物生态系统；城市经济生态系统包括人类经济活动、第一产业、第二产业和第三产业；城市社会生态系统包括文化、政治、科学、法律、政策等内容；城市居民具有自然和社会双重属性。保护城市生态系统是城市政府的责任。环境保护部门的责任是当好政府的参谋，在环境保护和生态系统保护中尽到统一监督管理的职责。当然，我们侧重的还是城市自然生态系统的建设和保护。城市生态系统是人类生态系统经过漫长的发展而逐渐演变进化而形成的一种高度人工化的复合型生态系统，它是人类生态系统的主要组成部分之一。当今，城市生态系统已经成为人类生态系统的主体，它是指城市范围内的居民与自然环境系统和人工建造的社会环境系统相互作用而形成的统一体。它是以人为主体的、人工化环境的、人类自我驯化的、开放性的生态系统，是有一定结构和功能的有机整体。现代城市的发展方向是生态型城市，不但有良好的自然生态系统，还有良好的经济生态系统，包括生态农业、生态工业、循环经济。整个城市与周边大自然融为一体，对自然资源的索取最小，生产的价值最大，向自然排放的废弃物最少，而且保持在自然环境的允许容量以内。城市的主人——市民们工作努力，生活安逸，还有与良好的自然生态系统和经济生态系统相匹配的社会生态系统。法律法规、文化理念、科学教育、风俗伦理都要与生态型城市相融洽。做到社会、经济、文化的可持续发展。

这就是说，城市的生态环境监察不仅有污染防治，还有大量的生态环境保护方面的工作，还需要我们继续深入探讨和摸索。

（八）建立有效的生态环境监察机制

首先，要解决生态环境监察的机构问题。按国家环境保护总局要求，各省（自治区、直辖市）环境保护行政主管部门都设了专门的生态环境保护机构，各地（市）环境保护行政主管部门也设了生态环境保护（自然保护）科。相应的环境监察机构也应设置生态环境监察机构或者人员，专门研究处理有关生态环境保护的问题。其次，要将生态环境保护纳入环境保护目标责任制，利用这一制度组织和调动政府和各方面的积极性，大家一起保护生态环境。将生态环境保护的任务具体量化分配以后，环境监察部门据此进行监察。还可以将生态环境保护指标纳入城市环境综合整治定量考核指标体系，使城市环境综合整治也为保护生态环境作贡献。在各地创建环保模范城、生态省、生态市、生态县的过程中，环境监察机构一定可以发挥更大的作用。第三，实现环境保护部门“三统一、五加强”，充分发挥有关部门的生态环境保护积极性，尽职尽责保护生态环境。各部门在目标一致的前提下分工负责、各尽其职，环保部门统一监督。可利用部际联席会议、局际联席会议的形式，由环保部门或计划经济综合部门牵头，在政府领导下，与农、林、水、气、土、矿等部门互通信息、协调动作。要运用生态环境保护规划、生态环境建设计划、生态环境影响评价等技术手段来提高生态环境保护的水平。

五、海洋环境监察

(一) 环境调查

海洋环境调查是海洋环境监察的基础性工作，它包括海洋自然环境调查，近岸海域环境功能区环境现状调查和海洋环境污染源调查，目的是搞清自然和人类活动与辖区海域的关系，以便采取针对性的监督管理措施。

海洋环境涉及部门多、因素复杂，单独靠一个部门是难以在短期内调查清楚的。环境监察部门要充分发挥环境保护行政主管部门的作用，通过与其他有关海洋环境管理部门的协调和沟通，获取有关海洋环境的资料，这是环境监察部门调查海洋环境的主要手段。此外，还需要亲自深入现场开展一些调查活动。特别是对海岸工程建设和陆源污染，需主要靠环境监察部门自己调查或从其他环境行政管理业务部门获取有关资料。

海洋环境调查的结果要建立档案和数据库，对资料进行进一步的加工，如绘制辖区海域功能区划图、近岸海域环境功能区污染源分布图等，以便在环境监察中快捷地运用这些资料。

尽管海洋环境保护中的许多工作都不是由环境监察部门甚至不是由环境保护行政主管部门直接管理的，但环境保护行政主管部门有权力有义务协调各部门的环境保护工作，为实现政府的环保整体目标服务。国家海洋局是海洋行政主管部门，负责海洋环境的调查、监测、监视和评价，监督海洋生物多样性和海洋生态环境保护。按照国务院环境保护要“五统一”的规定，即统一法规、统一标准、统一规划、统一监测、统一信息发布原则，除法律、法规已有明确规定的以外，均由环境保护部门统一监督管理。

1. 海洋自然环境调查的内容

包括自然地理位置；海岸类型，如沙岸、礁滩、滩涂、河口等；海岸分布情况，水深分布等。

海区水文气象条件，如水温变化、潮汐、海流、入海河流流量变化规律，河口水流交换规律、气温、风向、风频、风速；降水，特殊水文气象条件发生规律，如海啸、台风等。

海洋资源调查，如辖区海洋动物资源、植物资源、海底矿产资源、海水化学资源、海水能量资源等。

辖区海域对当地环境的作用，与社会经济活动的直接关系，如调节气候的作用，吸纳污染的作用，交通、旅游、娱乐等。

辖区海域功能区划调查。各地都已根据当地的历史发展、自然地理环境等科学规划了海域功能区，明确了辖区哪些海区是近岸海域环境功能区、特殊保护区、自然保护区，哪些海区是养殖区、港区，哪些海区是风景游览区等，明确了功能就有了保护的目标，执行哪些环境标准也就随之明确了。因此，海域功能区划是监理的基本依据之一。

有了功能区划还要搞清各功能区开发利用现状，具体来说包括开发利用活动的类型、强度、范围、开发利用的潜力和发展方向等。

2. 近岸海域环境功能区海洋环境污染调查

调查辖区近岸海域环境功能区的环境质量控制要素，常见的有 COD、总氮、总磷、大肠菌群数、细菌总数等；查清环境质量现状、历年变化规律、年季变化规律以及发展趋势；调查突发性污染事故的发生情况；找出环境质量超标的区域分布、时间分布的特点等，为确定重点监理海域和重点污染源提供依据。

3. 海洋环境污染源调查

调查海域生产活动排污情况，如海洋矿产开发、航运，捕捞作业船只数量、吨位、燃料、用水、排污等；

调查海岸工程建设的环境污染和破坏情况；调查陆域污染源的分布，排污种类、数量和规律，污染影响等；

常见违章活动调查。如挖沙、违章倾废、毁坏海岸防护林、风景林、风景石和红树林、珊瑚礁等。

（二）海岸工程环境监察

1. 海岸工程范畴

海岸是指海岸线以上狭窄的近海陆地地带。海岸工程建设项目，是指位于海岸或者与海岸连接，为控制海水或者利用海洋完成部分或者全部功能，并对海洋环境有影响的基本建设项目、技术改造项目和区域开发工程建设项目。主要包括：港口、码头、造船厂、修船厂，滨海火电站、核电站，岸边油库，滨海矿山，化工、造纸和钢铁工业等工业企业，固体废弃物处理处置工程，城市废水排海工程和其他向海域排放污染物的建设工程，入海河口的水利、航道工程，潮汐发电工程，围海工程，渔业工程，跨海桥梁及隧道工程，海堤工程，海岸保护工程以及其他一切改变海岸、海涂自然性状的开发建设项目。

海岸工程是人类为防御海洋灾害、开发利用海洋资源而兴建的。我国远在公元二世纪前就在东南沿海兴建了海塘。以后，随着航运事业的发展，开始建筑海堤，修建海港、码头。近代以来，海洋开发利用广泛发展，海洋产业不断增加。为了满足沿海工农业生产和城市建设以及海洋产业发展的需要，各种类型的海岸工程应运而起。

海岸工程是建设在陆地与海洋连接的地带。这个地带是地球四大圈（大气圈、水圈、土壤圈、岩石圈）交接的地带，是生物圈中最活跃的地带。这里各种资源丰富，环境优越，交通方便，气候适宜，是人类生活和生产活动的重要场所。海岸环境的合理开发和利用，可以为人类提供源源不断的物质财富，同时也为人类创造良好的生活环境。不适当地开发和利用海岸，会导致环境污染，资源破坏，生态平衡失调。

2. 海岸工程破坏海洋环境的形式

海岸工程污染破坏海洋环境的途径有以下方面：

不合理的海岸工程建设，造成对海洋环境的严重污染。山东有一个海湾，天然海产资源非常丰富，是当地群众生活的主要依托。但是每年一有台风，鱼、虾、海带、贝类就被卷入大海。为了把这些海产资源保住，不让海水卷走，当地政府决定在海湾口处打一个大坝。结果事与愿违，大坝建成之日就成了丰富海产资源消失之时。因为海洋生物对海水水质要求非常高，由于海湾与大海水体不断交换，确保了海湾水质的良好，流水不腐才形成了这里有利海产资源生长繁殖的生态环境，大坝却阻断了海湾与大海的水体交换，水质急剧恶化；大坝也阻断了海洋生物的产卵通道，使之失去了繁衍生存的基本条件，破坏了天然的海湾生态系统。后来，当地政府着急了，请了很多专家研究诊治，并且制订了一个规划。当初他们打坝花了几百万，现在调查研究，设计方案，制订规划，又花了几百万，预计将来拆掉这座坝则需要几个亿。海岸工程选址不当，既减损优美的自然风光，也污染海滨旅游环境。这样的例子已经发生了很多。

海岸工程安全防污设备不配套，容易造成污染事故。有的油港建设后缺乏安全设施，溢油事故一再发生，使海岸和附近水域严重污染，使水产养殖业和风景区遭受损害。

盲目围海，严重损害水产资源。30 多年来，由于盲目围垦海涂，使水产养殖业遭受的损失很大，如广东省，因盲目围海，每年损失的养殖水产品就达 1.6 万 t，使泥蚶和大头蛏两个品种已经绝种，仅汕头地区养殖面积在 1978 年就比 1956 年减少了 7000 余公顷，产量减少了 3/4。盲目围海，不仅损害了水产养殖，也由于缺乏灌溉水源，许多围后的土地无法垦殖。

管理不善，设备损坏、故障造成污染。油港码头的油库、油罐、输油管道等港口设施泄漏出来的石油，也是海洋油污染的一个来源。秦皇岛油港自 1973 年 10 月建成投产后，两年时间就发生了 15 起比较严重的漏油事故，有几十吨原油流入近岸海区。

3. 海岸工程环境监察要点

（1）海岸工程建设同样要执行国家有关建设项目环境保护管理的规定，如必须进行环境影响评价，建设过程要执行“三同时”制度等。对此要首先进行检查。具体内容和要点详见第四章。

（2）检查排污口，要符合环境保护规范标准要求和合理规划。污水排放口应采用暗沟或者管道方式排放，出水管口位置要在低潮线以下且要设置在便于扩散的海域。

（3）港口、码头、岸边造船厂、修船厂等应设置与其吞吐能力和货物种类相适应的防污设施，如残油、废油、含油污水、垃圾和其他各种废弃物的接收和处理设施等。港口和码头还需配备海上重大污染损害事故应急设备和器材，如围油栏、油回收设备和材料，消油剂等。

（4）滨海垃圾场或工业废渣填埋场应建造防护堤坝和场底封闭层，设置渗滤液收集、导出处理系统和可燃性气体放散防爆装置。

（5）检查海岸工程对生态环境和水产资源的损害。杜绝和减少对国家和地方重点保护的野生动植物的生存环境的改变和破坏，减少对渔业资源的影响及建设补救措施等。

（6）滩涂开发、围海工程、采挖砂石必须按规划进行。

（7）检查海岸工程建设项目导致海岸的非正常侵蚀情况。

（8）检查海岸工程建设项目毁坏海岸防护林、风景石、红树林和珊瑚礁的情况。

（三）陆源污染的环境监察

1. 陆源污染的概念

陆源污染是指陆地上产生的污染物进入海洋后对海洋环境造成的污染或损害。陆源污染物质可以通过直接入海排污管道或沟渠、混合入海排污管道或沟渠、入海河流等途径进入海洋。

直接入海排污管道沟渠是指临海工矿企业或事业单位专用的排污管道或沟渠，污染物质可以通过其直接排入海洋；混合入海排污管道或沟渠是指若干家临海工矿企业或事业单位共同的排污管道或沟渠，污染物可以直接或基本上直接排入海洋；污染物质还可随入海的河流进入海洋。

2. 陆源污染环境监察要点

（1）根据《海水水质标准》及有关排放标准等，检查违章排污、超标排污情况。为了更有效地保护海洋水质环境，应根据总量控制原则，采用排海许可证的方式进行污水排放监督管理。

（2）检查放射性废水的排放。禁止排放含强放射性物质的废水，对含弱放射性废水的排放要适当控制。

（3）检查含病原菌废水排放的消毒情况。

（4）检查含有机物和富含营养物质的废水的排放，防止海水富营养化。

（5）检查高温工业废水的排放，造成海水温升应小于4℃。

（6）检查沿岸农业化肥、农药施用情况。

（7）检查近岸固体废物处理处置场的建设管理情况，检查岸滩废物堆弃情况。

（四）船舶污染的环境监察

船舶是指一切类型的机动和非机动船只，但不包括海上石油勘探开发作业中的固定式和移动式平台，后者是海洋石油开发环境管理的对象。船舶污染管理主要由海事部门负责。国家渔业行政主管部门负责在渔港水域内非军事船舶和渔港水域外渔业船舶污染海洋环境的监督管理，负责保护渔业水域生态环境工作，并调查处理渔业污染事故。

军队环境保护部门负责军事船舶污染海洋环境的监督管理及污染事故的调查处理。根据船舶污染的特点，其监理要点如下：

1. 监察防污记录和防污设备。150总吨以上的油轮和400总吨以上的非油轮必须备有防污文书，以记录油类作业和船舶污水的排放情况；要设置符合规定的防污设备。其它船舶应设置专用容器回收残油、废油等。

2. 监察进行油类作业船舶污水排放情况。主要检查必要的防污设备的设置，操作管理，跑油、漏油事故以及压舱、洗舱、机舱等处所排放含油污水的处理情况。

3. 对装运危险货物船舶的检查。检查安全防护措施及含危险货物污水的排放。

4. 检查船舶垃圾。检查船舶垃圾收集处理设备是否按规定对垃圾进行处理。

5. 船舶修造、打捞及拆船工程检查。主要检查防污设备，如接收和回收污染物的设备、围油栏、吸油材料等的设置使用情况，废油、废水、垃圾的回收、处理与排放等情况。

6. 国家海事行政主管部门对在中华人民共和国管辖海域航行、停泊和作业的外国籍船舶造成的污染事故登轮检查处理。

（五）海上倾废监察

1. 海洋倾废的范畴

倾废是利用船舶、航空器、平台或其他载运工具、向海洋处置废弃物或其他有害物质的行为，包括向海洋弃置船舶、航空器、平台和海上人工构造物的行为，但是船舶、航空器、平台及其他载运工具正常作业产生的废弃物的弃置不属于倾废范围。

向海洋倾倒废弃物多数是在陆地上产生的，主要是属于陆源型的污染物，是由船舶及其他载运工具运到海上处置的。此外，倾倒的行为在主观上是故意的，预先计划好的。另外，船舶、平台由于海底矿物资源勘探开发所产生的废弃物和将各种垃圾焚烧后向海洋的处置，也属于倾废活动。由于倾倒发生地可以由行为人任意选择，往往发生在国家管辖范围外海域，因而受污染的区域不固定，可以随行为人的意志而变动。

海洋倾废是全球性的环境保护问题，需世界各国的共同努力。目前已有相关的国际公约即“伦敦倾废公约”。为了履行国际义务，保护我国海洋环境，我国政府专门制定了海洋倾废管理条例，其中规定由海洋行政主管部门具体负责海洋倾废的监督管理，所管理的倾废活动有以下四项：

利用船舶、平台、航空器及其他载运工具，在我国内海、领海、大陆架及其他管辖海域倾倒废弃物及其他物质，包括处置船舶、平台、航空器及其他海上人工构造物，以及处置海底矿物资源勘探开发中或在加工所开采的海底矿物过程中直接产生或有关的废物及其他物质；

为在海上倾倒的目的而在我国的陆岸和港口装载这类废弃物及其他物质；

为在海上倾倒的目的而经我国的内海、领海及其他管辖海域运送废弃物及其它物质；

在我国管辖海域焚烧处置废弃物及其他物质。

2. **海洋倾废监察的主要内容**

（1）检查核实倾废手续是否完备，装载废弃物的名称、数量、成分及有害含量、包装等是否与倾废许可证一致；

（2）对倾废活动进行直接监督。主管部门可派人随倾废船出海或采取其他形式对倾废活动直接进行监视和监督，并定期对倾废环境进行监测，以防止污染；

（3）监督管理海上焚烧废弃物的活动；

（4）监督管理放射性废物的倾倒；

（5）监督管理经由我国海域运送废弃物的外国籍船舶。

第三节　“十五”期间环境监察的主要任务

“十五”是我国实施现代化建设战略第三步目标的重要时期，也是进一步控制环境污染和生态破坏、改善环境质量、实现可持续发展的关键时期。“十五”期间全国环境保护工作的指导思想和总体目标是：以邓小平理论为指导，按照“三个代表”的要求，认真贯彻落实党的十五大、十五届五中全会、中央人口资源环境工作座谈会精神，坚持以经济建设为中心，以改善环境质量、保护人民群众健康为根本，以改革创新和科技进步为动力，以提高投入、宣教、产业、监理、监测和信息的支持能力为基础，强化环境执法，巩固和深化工业污染防治，提升城市环境综合整治水平，加强生态环境保护，积极拓展农村环境保护，使全国环境保护工作上一个大台阶，努力实现环境与经济“双赢”。

环境监察作为环境保护工作的现场执法保障力量，应紧紧围绕“十五”环境保护工作的总体要求，在执法力度、执法能力、执法手段上有一个根本的提高。“十五”环境监察工作的指导思想是：以巩固“九五”达标成果为重点，以持续改善环境质量为目的，强化现场执法，严惩违法案件；加强排污收费，提高使用效益；加强队伍建设，规范监理行为；开展环境稽查，健全监督体系；完善现场监控手段，增强快速反应能力；稳步推进生态环境保护监理工作；为“十五”环境保护目标的全面实现提供坚强有力的保证。

根据“十五”环境保护目标和任务的要求，根据环境监察工作的实际情况和发展要求，“十五”环境监察工作的目标初步是：环境监察职能全面展开，执法力度、执法能力大幅提高，排污收费制度改革基本完成，排污费基本做到全面、足额征收，努力使环境污染的状况有所减轻、生态环境恶化趋势得到遏制，重点城市和地区环境质量得到改善。主要指标是：污染治理设施正常运转率85%～90%，稳定达标排放率80%～85%，重点污染源自动监控率80%～90%，排污费征收额250～300亿元，足额征收率80%以上，环境监察人员总数4～5万人，持证上岗率95%以上（指直接从事一线执法的人员，不包括行政后勤人员）。

为实现上述目标，要着重把握以下几个问题。

（一）围绕中心工作，强化依法行政、以德行政

环境监察队伍是各级环境保护部门现场执法工作的重要保障力量。环境监察工作只有服从于全局、服务于大局，才能有所作为。各级环境监察部门要根据当地的环境保护中心工作，制定切实可行的“十五”环境监察工作发展计划，确定工作目标和工作部署，努力推动环境监察工作再上一个新水平。要认真贯彻江泽民同志关于依法治国、以德治国的要求，以“三个有利于”和“三个代表”作为衡量环境执法工作的根本标准，检验各项环境监察工作。一方面要进一步加大环境执法力度，严肃查处违法行为。对于触犯刑律的要移送司法机关追究刑事责任，坚决扭转有法不依、执法不严、违法不究的现象。另一方面要制订《环境监察工作条例》，确立环境监察的法律地位。要完善环境监察工作制度、工作程序，规范执法标志，严格依法行政，文明执法，严肃查处执法违法行为。要十分重视群众来信来访的呼声，扎扎实实地为人民群众办实事。要逐步推行环境行政执法公示制、环境监察工作责任制、年度考核制和责任追究制，使各项措施落到实处。

（二）全面履行职能，切实抓好四个方面的工作

要继续落实《关于进一步加强环境监察工作若干意见的通知》的规定，全面落实污染源监理、生态监理、农村环境监察、排污收费的各项工作。

继续强化污染源现场监督管理力度。对污染源要采取定期、不定期的检查、抽查、暗查，保证必要的检查频次，确保污染治理设施正常运转和稳定达标排放，要逐步实行排污总量环境监察。要按照污染源全面达标的计划和要求，认真组织监督落实。要积极配合有关部门开展建设项目环境保护设施“三同时”、限期治理项目及排污申报登记、排污许可证的专项检查，不断提高“三同时”合格执行率和限期治理项目完成率。要积极探索对污水处理厂等城市基础设施环境监察的途径和方法。

继续加强生态环境监察。要深入贯彻落实《全国生态环境保护纲要》，认真按照“三区”推进战略，开展长江、黄河源头区、塔里木河下游、黑河流域、阴山北麓、三江平原、洞庭湖、鄱阳湖和若尔盖等生态功能保护区的生态环境监察；重点做好“三河三湖”

流域生态保护和建设项目的环境监察，开展资源开发项目的环境监察；开展自然保护区、风景名胜区、森林公园的环境监察；加强对生态环境脆弱的牧区、林区、矿区的禁采区、禁垦区、禁伐区和禁牧区的监督执法力度；积极探索区域（流域）生态环境监察的途径和行之有效的生态环境保护监管体系，西部地区更要将生态环境保护工作放在突出的地位。要联合有关部门开展生态环境保护的专项执法检查，严肃查处严重破坏生态环境的事件，树立生态环境保护中的执法权威。继续加大对禁止采集、收购、销售发菜和乱挖甘草、麻黄草的监督执法力度，常抓不懈，抓出成效。认真落实碧海行动计划，开展对陆源污染和近岸海域、海岸带环境专项执法活动。

积极开拓农村环境监察工作的新路。要继续落实“15 小”的长效管理措施，严防死灰复燃。继续加强夏、秋收期间秸秆禁烧的监督执法力度，配合有关部门开展秸秆综合利用，根本扭转秸秆燃烧对机场、公路的影响。积极探索对小城镇建设、大型畜禽养殖场污染、乡镇企业污染、农药、化肥面源污染的环境监察的办法。

要完成排污收费改革，全面实施新的排污收费制度。排污费必须严格实行“收支两条线”、“收支脱钩”，实行“单位开票、银行代收、财政统管”的征管体制。要认真落实财政部和国家环境保护总局联合下发的《关于加强排污费征收使用管理的通知》，环保部门的行政机关及环境监察、监测、科研、宣教机构的人员经费、公用经费、科研经费、专项经费全额纳入各级财政年度经费预算。要在法律的规范下全面实行总量排污收费。要切实加大排污费征管力度，确保排污费征收面和足额征收率，杜绝协议收费和人情收费。要逐步提高排污费征收标准，逐步达到或接近治理成本，充分发挥其经济杠杆作用。继续深化排污费使用制度改革，杜绝截留、挪用排污费，提高资金使用效益，推动污染治理工作的开展。

（三）抓住重点问题，努力维护社会稳定

在环境监察工作中，要进一步树立“以人为本”的观念，把制约国民经济健康发展、影响人民群众身体健康、当地政府和人民群众最关心的环境问题放在突出的位置，抓紧抓好。要进一步加大“33211”重点区域、流域的环境监察，为区域、流域环境质量改善提供保证。要加强饮用水源地的环境现场监督管理，确保饮水安全。要采取有效措施从严控制直接影响居民生活的污染扰民问题，适应人民群众日益提高的生活环境质量要求。继续抓好两考期间噪声污染控制工作，并逐步纳入日常管理体系。加强环境和生态敏感的关键区域的日常监督管理，加大环境污染事故、纠纷的查处力度，修订《环境污染事故报告和处理办法》，切实做到污染事故及时报告、及时处理，确保环境和生态安全，确保人民群众生命财产安全。对事故责任者要从严惩处。

（四）加强基础建设，全面提升环境监察执法能力和自动化监控水平

“十五”期间要全面提升环境监察执法能力和手段，以适应新时期环境现场执法工作的需要。要完成环境监察标准化建设，各级环境监察机构都要达到三级标准，其中20%的基层环境监察机构要力争达到一级标准。要建立环保系统的污染事故和生态破坏应急队伍，开发、建设环境污染事故应急处理的能力和手段。污染源自动监控系统建设要全面形成能力，占污染负荷65%以上的重点污染源要实现污染排放连续在线监控，其他污染源

要实现多种形式的总量监控、污染治理设施运转情况监控。污染源自动监控系统要与重点流域水质自动监测系统、重点城市大气自动监测系统有机结合，为国家环境保护总局宏观决策提供可靠的依据。要加强国家环境保护总局环境监察稽查执法能力，逐步建立分地区的环境监察稽查执法队伍，深入开展执法稽查活动。

（五）鼓励公众参与监督，尽快完善环境监察社会监督体系

公众参与环境管理是加强环境现场执法工作的一个重要手段。“十五”期间要进一步畅通群众举报渠道，营造人人关心环境、人人监督环境的社会氛围。要逐步实施污染企业环境保护信息公开制度，将企业排污情况置于群众监督之下。要完成“环境保护举报自动受理系统”的建设和联网工作，实行24小时值班制度。要对外公布统一的环境保护举报热线，逐步实行有奖举报制度。对群众反映的污染问题要及时登记、及时处理、及时反馈。

（六）加强队伍建设，努力造就一支思想好、作风正、懂业务、会管理的环境监察队伍

要不断加强环境监察人员的政治思想教育和业务素质教育，开展多种形式的思想作风整顿，弘扬正气，清除歪风邪气，按照正规化、年轻化、知识化、专业化的要求建设一支勤政、廉洁、高效的环境监察队伍。要继续坚持环境监察人员的政治素质和业务素质要求，严格按照公务员管理，实行公开考试、录用制度，对不符合条件的要坚决清退。要坚持持证上岗制度，进一步加强岗位培训工作，逐步实行统一教材、统一课程设置、统一试题，规范各级的环境监察培训工作，进一步提高培训质量。按照环境监察人员每五年接受一次培训的要求，“十五”期间要对现有在职环境监察人员完成一轮培训，凡未经公开招考进入环境监察队伍和未经环境监察培训合格的，一律不得发给环境监察执法证件。要按照中共十五届六中全会通过的《中共中央关于加强和改进党的作风建设的决定》的精神，切实加强党风廉政建设和行风建设，进一步完善环境监察政务公开制度，全面推行排污收费政务公开制度。对于环境监察队伍中的执法犯法、徇私枉法、执法不力、严重渎职的行为，要坚决处理，绝不姑息迁就。

思考题

1. 环境监察的含义是什么？
2. 环境监察的主要任务与职责是什么？
3. 什么是现场检查制度？现场检查的法律依据有哪些？
4. 环境污染与破坏事故如何分级？
5. 环境污染纠纷可以通过哪些途径解决？
6. “十五”期间环境监察的主要任务是什么？

第十五章　环境管理体系

第一节　ISO14000 系列环境管理标准介绍

一、ISO14000 系列环境管理标准的产生背景

ISO14000 环境管理系列标准是为了满足企业环境管理的需要而设计的。这套标准以环境管理体系为核心，给出一整套文件化的环境管理体系关键要素，帮助组织处理所面临的环境问题。这套标准仅提供了系统地建立并管理组织的环境行为的方法，而没有设定具体的环境行为指标水平，即关心“如何”实现目标，而不注重目标应该是“什么”。另外，这套标准还包括许多提供支持手段的标准，包括环境审核、环境行为评价、环境标志和生命周期评价。

这套标准的一个重要特点是他们都是自愿性的标准，而非强制性要求。企业自己决定是否执行这些标准。因此这些标准在设计时，考虑到了不同类型组织日益增强的环境管理需要。这包括两方面的需要，一方面是内部系统的需要，有助于组织处理所面临的所有法律问题、商业及其他与环境有关的挑战问题，这是因为通过系统地管理环境问题减少环境事故和责任、提高效率、改善环境行为、改进组织文化；另一方面是外部系统的需要，有助于向外部相关方确保组织遵守其制定的环境方针，以获得市场准入、减免法律责任、改善公众形象和社会关系及提高在资金市场中的信誉。

产生以上这些需要有多方面原因，以下几方面的原因可以说是非常重要的。

（一）环境与发展的压力

1962 年，在环境保护史上具有里程碑意义的一本书出版了，它就是美国海洋生物学家蕾切尔·卡逊所著的《寂静的春天》。这本书的重要意义就在于它明确提出了环境污染和环境保护的思想，唤醒了人们的环境意识，并引发出世界性的环境保护运动。在此之前，征服自然的观念已经深入人心，由这一观念派生出来的现代科学知识体系和工业经济体系彻底地改变了人类生活的地球。该书以大量的事实例证，对这一观念及其体系进行了深刻的批判。而这本书的影响威胁了美国一些集团的利益，因此他们对卡逊及《寂静的春天》开展的猛烈攻击，进而引起了美国国内关于环境污染的全民大讨论。在这次大讨论中，民众的环境意识被唤醒，环境保护运动迅速在全球扩展。这场运动还推动了环境保护机构的建立（美国国家环境保护局于 1970 年成立），促进了各国政府开始重视环境保护工作。面临日趋恶化的环境问题给发展带来的压力，人们逐渐认识到，人类要在这个世界上生存和发展就必须改变现有的生活方式。

1987 年出版的《我们共同的未来》一书（本书是联合国环境发展委员会的报告，该

委员会由当时挪威首相布伦特兰夫人领导）提倡一条新的发展道路，即可持续发展的道路。书中阐述了当前世界的发展处于这样一种状况：环境状况日益恶化，而越来越多的人处于贫困之中。因此提出一个问题："在这样的环境下，这种发展道路怎么能在下个世纪，养活两倍于现在的人口？"

"可持续发展"成为当今世界环境管理的趋势和纲领性指导，《我们共同的未来》一书则成为一系列就可持续发展这个重大问题召开全球会议的基础。如1992年召开了联合国环境与发展全球首脑会议，随后又召开了有关生物多样性、人口、社会发展、人类居住、气候变化等一系列会议。召开全球政府首脑会议的目的是为了解决这些问题，促使各国达成协议，采取行动。针对一些特定的环境问题的国际协议陆续出台，如1987年《关于消耗臭氧层物质的蒙特利尔议定书公约》、1989年《关于危险废物越境转移的巴塞尔公约》、1992年的《气候变化框架公约》及《生物多样性公约》。所有这些政府间的活动促使了各国建立新措施，减少对地球环境的破坏。

（二）环境法律法规的日趋严格

为响应"可持续发展"的号召，各国、各地区、各组织根据《里约宣言》和《21世纪议程》分别制定加强了有关环境管理的法律法规和标准。

中国政府的环境管理力度日趋加大。1996年，国务院发布了《关于环境保护若干问题的决定》，对15种浪费资源、污染严重的小企业（简称"十五小"）实行关停和取缔。当年共关停取缔"十五小"6.2万多家。到2000年，"十五小"关停率达到95%以上。1997年12月31日，国家环境保护总局对淮河流域1556家重点污染企业达标排放情况采取了名为"零点行动"的执法检查，对污染物排放不达标的企业坚决关停和取缔。1999年3月10日，我国发布4项汽车排放国家标准，于2000年1月1日起实施，对汽车排放污染物的控制更加严格。我国于1992年加入了《经修订的关于消耗臭氧层物质的蒙特利尔议定书》，承诺到2005年，中国将全面停止以氟利昂为制冷剂的冰箱的生产和销售；到2010年，中国将在空调、制冷、汽车等6大行业全面停止氟利昂制冷剂产品的生产和使用。

（三）公众环境意识的提高和绿色消费的兴起

经济的快速发展大大提高了人们的生活水平，同时也促进了绿色需求的快速增长。绿色需求是指消费者对于绿色产品、环保技术和环保服务愿意而且可支付的需要。它是政府推动和消费者自觉行为的双重结果。它体现了20世纪80年代以来在世界范围内由于环境意识的深入人心，消费观念发生了转变。

首先在发达国家，许多人认识到传统工业的高产出是建立在"高消耗、高投入、高污染"的基础上的，这种生产模式是造成今天环境压力的主要原因。其次人类生存环境的不断恶化，也激发了人们对于青山绿水、蓝天白云的渴望。因此"地球只有一个，如果从给地球带来污染的企业购买产品，就是鼓励人们破坏地球"。由于人们理性思考和感情需要两方面的作用，促使绿色消费观念迅速形成，并转化为直接消费需求。绿色需求正逐渐成为世界范围内普遍存在并不断增长的需求热点，推动绿色市场的全面启动和不断成长。

绿色需求的标志之一就是绿色产品需求量的迅速增长。绿色消费已成时尚，绿色产品风靡全球，她们已经成为当代最具魅力的市场潮流。调查表明，89%的美国人对其购买的产品的环境影响十分关心，大约78%的人愿意为购买绿色产品多支付5%的费用。在加拿大，80%的消费者愿多支付10%的价格来购买对环境危害较小的产品。欧共体在1992年对英国消费者的调查显示，有50%以上的消费者在选购商品时充分考虑环境因素，并把环境因素作为重要的选择依据。在荷兰，大约76%的人在购物时会选择有绿色标志的产品。在日本，大约有91%以上的消费者对绿色食品感兴趣，愿购买绿色产品的消费者中，有37%的人愿意以更高的价格购买绿色食品。

（四）国际贸易中的机会与挑战

绿色需求进一步又带动了生产者与供应商之间的绿色采购，国际贸易也因此而发生变化。在加入世界贸易组织（WTO）后，关税贸易壁垒的消失将有利于公平的市场竞争。WTO规则的主要使用范围是政府行为，它通过国际贸易协议，根本目的是要求进口商品能享受国内生产的商品和服务的同等待遇（国民待遇），并防止政府歧视购买某个国家的商品和服务（非歧视）。但是由于各国、各地区、各组织制定的环境法律法规和标准不统一，工业发达国家的环境保护呼声日益高涨，以环境保护名义设置的各种商品进口技术条件也日益复杂。一些国家为保护环境和健康，制定了一系列极为苛刻的环境技术标准，限制了商品进口，成为国际贸易中新的绿色技术壁垒。

贸易自由化与环境保护的争论中有两个对立的观点。一个观点认为应促进更自由的贸易，因为贸易自由化能够提高经济管理、社会及环境管理的效率，这将增加全球的纯经济福利，从而补偿环境及社会方面的花费。另一个观点认为自由贸易本身不能保证更好的社会福利，更好的环境保护或自然资源管理。这两种观点都对制定标准感兴趣，而争论的焦点也集中在所制定的标准对环境与贸易的影响上。低标准会造成“污染避风港”，特别是对发展中国家来说，但是高标准会被认为是发达国家强加于贸易上不平等的非关税壁垒。

为了协调环境保护与贸易的矛盾，WTO在两个协议中作出了考虑，一个是《关于技术贸易壁垒的协议》（TBT），一个是《良好行为规范》（CODE OF GOOD PRACTICE）。TBT协议包括所有以产品标准和技术规定为基础，对进出口商品施加的种种限制，并说明为什么必须制定、接受和应用这些限制。技术规定强制性地要求产品的性能（或者工艺过程和生产方法，当它们影响到最终产品的性能时）必须满足某些要求。例如，某个技术规定可能要求所有的进口汽车必须装有催化转化器，要求某种产品必须用一种特定的方式贴标签，或要求在产品进入国内之前必须经过某种检测。产品标准则是对产品性能（或工艺规程和生产方法）的一种非强制性的说明，是由某个公认的机构（如国家标准制定机构）或由某项国际协议来规定的。这些与环境保护有关技术标准和产品标准对市场准入起着至关重要的作用。

在这种时代潮流和激烈竞争面前，发展中国家感受到的有机遇，更多的是挑战。广大发展中国家在开发环保产品方面缺乏必要的资金和技术，出口将受到严重影响，处于十分不利的地位。中国是举世闻名的茶叶大国，在加入WTO后，中国茶叶在国际市场上应更具竞争力，然而事实恰恰相反，2000年以来，中国茶叶对欧盟的出口大大下降。主要是欧盟以“无公害”为要求，对中国茶叶农药残留量检测实施更严格的标准。我国是农业大国，农业及农药生产企业面临绿色农业的挑战，转变传统的“虫来药灭”的观念已经迫在眉睫。但是发展生物灭虫技术代替有毒的农药这个质的转变面前是一条艰辛的道路。

工业面临一样的压力。如汽车行业，由于汽车排放污染物控制得更加严格，包括汽车制造厂、发动机制造厂、汽车配件厂都感到了巨大的压力，石油化工企业、道路设计和施工企业、汽车维护保养企业及其他相关企业也受到了严峻的考验。在减少汽车尾气污染物排放方面，这些企业有许多问题等待解决。如果没有对环境与贸易问题的深刻认识，没有对企业未来发展的战略规划，就不可能迅速淘汰老产品，推出环境友好型的新产品。即使后来随市场潮流更新换代，但由于新产品在推向市场时节奏不够快，在市场竞争中无法处于有利地位。

（五）工商企业界的行动

1992 年联合国环境与发展大会《21 世纪议程》指出："商业和企业，包括跨国公司，应当认识到环境管理是应予以最优先考虑的事项之一，也是实现可持续发展的决定性因素。一些开明的企业领导在实施职业'责任心'和产品维保管理等政策和制度，促进员工和公众开诚布公地与之对话，开展相应的环境审计和评价。这些商业和企业，包括跨国公司的领导们越来越自愿地采取行动，促进和实施自我管理，增强责任感，以确保自身的行为对人类健康和环境造成尽可能小的影响。"

实现可持续发展将引发社会各领域、各层面的深刻变革。为实现工业可持续发展就必须改变工业污染控制的战略，从加强环境管理入手，建立污染预防（清洁生产）的新观念。通过企业的"自我决策、自我控制、自我管理"方式，把环境管理融于企业全面管理之中。《我们共同的未来》中提出并敦促工业界建立有效的环境管理体系。1992 年联合国环发大会前，为使工业界参加到讨论和决策制定中，大会秘书长专门聘用了一名工业家作其工业顾问，并建立了"可持续发展产业联会（BCSD）"，出版了《转变的进程》这篇重要报告，而且决定与国际标准化组织（ISO）讨论建立国际环境标准。

与这些发展同步，一些工业企业或民间组织也纷纷根据可持续发展精神制定相应的政策。如可持续发展国际商会制定了可持续发展商务宪章，该宪章提出了 16 项健全的环境管理原则。化学工业推出了"环保责任计划"，该计划目前已经成为化工协会会员资格的必备条件。而且越来越多的企业加入绿色产品运动。一些新的环境管理工具得到了越来越广泛的应用，如运用产品生命周期评价方法研究产品"从摇篮到坟墓"的环境影响，通过建立企业环境管理体系和进行环境审核，提高企业在公众中的形象以获得商品经营支持，以及将废物最小化、清洁生产、污染预防等工具和手段引入企业环境管理。

二、ISO14000 系列标准的产生

在日常的工作中，标准是用来进行比较的基础，利用标准可以评价事物，如产品的性能或组织的活动。有些标准是企业内部标准，为了改善并提高一致性、效率和竞争优势。还有很多标准是企业外部标准，分为两大类：一类是由政府规定并强制执行的；另一类是自愿性并由非政府部门制定和管理。强制性标准受法律的强制管理，而自愿标准则代表了企业的一种自我管理活动。违反强制性标准可能导致罚款或法律诉讼；而违反自愿性标准可能会导致吊销证书及丧失商业机会。

国际标准化组织（ISO）是重要的国际自愿标准制定机构之一，它所制定的标准能供成员国批准使用。关贸总协定（GATT）的《技术贸易壁垒协定》鼓励缔约国采用 ISO 国际标准。

国际标准化组织（ISO）是 1947 年建立的一个非政府组织联合会，它制定国际标准、

改进国际交往和合作，以促进货物和服务的交流。这个联合会目前由来自全球111个国家标准机构（成员机构）组成，这些国家代表着世界上工业生产的95%。ISO秘书处的总部设在瑞士的日内瓦。

图15－1展示了ISO14000系列标准的产生历程。

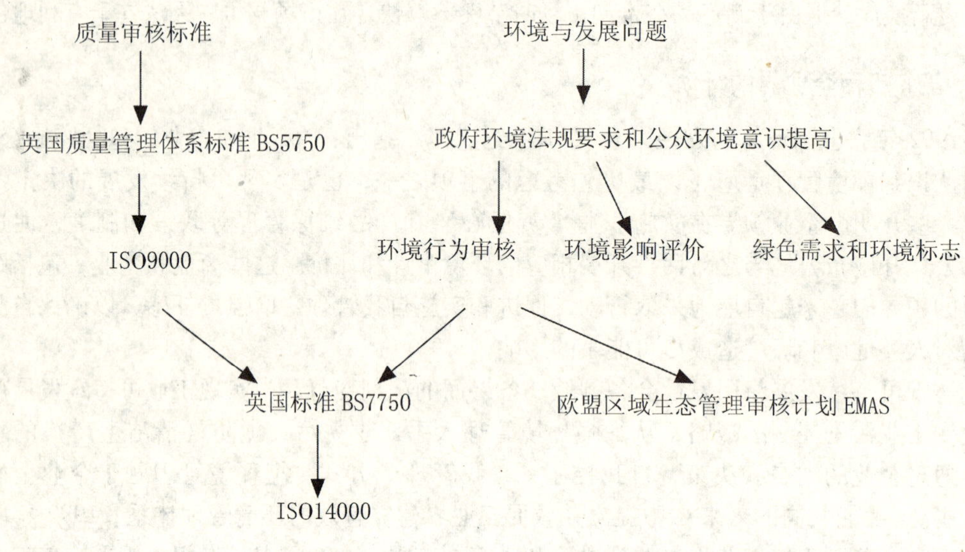

图15－1　ISO14000系列标准的产生历程

人们对自愿的环境管理体系标准兴趣增加有几方面的原因。首先，可持续发展商会起了有效作用，它促进行业一致标准以改善环境行为，并使国际标准制定机构重视这个问题。其次，1992年在里约热内卢联合国环境与发展大会地球首脑会议预备会上对环境技术的标准问题进行了讨论。第三，对于各个企业来说，在没有一定国际标准可遵循的情况下，企业感到无所适从，除此之外，他们还越来越受到来自政府、环境和消费者组织的种种压力。因此，企业也正在探求把标准作为遵守某一人们接受的行为规范的手段。

1987年ISO颁布的世界上第一套管理系列标准——ISO9000“质量管理与质量保证”取得了成功。许多国家和地区对ISO9000族质量管理标准极为重视，积极建立企业质量管理体系并获得第三方认证，以此作为进入国际市场的优势条件之一，ISO9000的成功经验证明国际标准中设立管理系列标准的可行性和巨大进步意义。

由于环境问题非常广泛，社会和公众对环境保护的要求日益提高，环境管理比质量管理涉及更多的内容。各种环境管理手段或措施为环境管理标准的制定提供了技术支持。如，已有多个国家实行环境标志制度，一些企业（如杜邦公司）已经成功运用产品生命周期评价方法进行产品设计和生产管理。

另一个非常重要的支持就是环境审核的发展。欧美一些大公司在20世纪80年代就开始自发制定公司的环境政策，委托外部的环境咨询公司来调查他们的环境绩效，并对外公布调查结果（这可以认为是环境审核的前身）。以此证明他们优良的环境管理和引为自豪的环境绩效。这种做法得到了公众对公司的理解，并赢得广泛认可，公司也相应地获得经济与环境效益。为了推行这种做法，到1990年末，欧洲制定了两个有关计划，为公司提供环境管理的方法，使它们不必为证明其良好的环境绩效而各自采取单独行动。一个计划是英国标准 BS7750，由英国标准院制定；另一个计划是欧盟的《生态管理和审核规则》(EMAS)，其大部分内容来源于 BS7750。很多公司试用这些标准后，取得了较好的环境效益和经济效益。这两个标准在欧洲得到较好的推广和实施。

20 世纪 90 年代，推动 ISO14000 系列标准发展的关键要素是各国环境标准的增加。除了英国标准研究所的 BS7750（环境管理体系规范）和欧盟的 EMAS（生态管理和审核计划）外，还包括世界范围内 20 多个生态标签方案、加拿大标准协会的 Z750（自愿环境管理体系指南），法国标准协会、以及南非标准局和西班牙标准协会制定的其他类似的环境管理标准。随着环境标准的迅速增加，人们担心这些标准会分裂国际市场，与 WTO 的国民待遇和非歧视原则不一致，除非标准是由权威的和有广泛基础的国际机构来制定的，而 ISO 应该承担这个角色。

三、ISO/TC207 的成立与任务

（一）ISO/TC207 的成立

1991 年 6 月，ISO 与国际电工委员会（IEC）联合成立了一个特别小组，即环境战略咨询组（SAGE），评价国际环境管理标准的必要性，并进行有关方面工作。1992 年 12 月，SAGE 向 ISO 和 IEC 提交了报告和建议，建议 ISO 成立一个新的技术委员会，制定环境管理方面的有关标准。

1993 年 1 月，ISO 技术管理委员会批准了 SAGE 的建议，并成立了一个新的技术委员会，即 TC207 环境管理技术委员会，负责有关标准的制定。1993 年 3 月授权加拿大标准委员会负责管理 TC207 秘书处的工作。1993 年 6 月，在加拿大多伦多召开了 TC207 第一次全体会议。

ISO 技术管理委员会给予这个新成立的技术委员会以下职能：

名称：环境管理

范围：环境管理措施和体系内的标准

不包括的范畴：检测方法、设定限值、设定行为水准、产品的标准化

TC207 的宗旨是，通过制定和实施一套环境管理国际标准来减少人类各项活动所造成的环境污染，节约资源，改善环境质量，促进社会可持续发展。其核心任务是研究制定 ISO14000 系列标准，规范环境管理的手段，以标准化工作支持可持续发展和环境保护，同时帮助所有组织约束其环境表现，实现其环境绩效的持续改进。

TC207 建立了环境管理 5 个领域的环境标准：环境管理体系、环境审核、环境标志、环境表现评价、生命周期评价，分别由 TC207 下设 5 个分委员会制定。另有一个分委员会制定术语和定义。每个分委员会下设有若干工作组。此外，还建立了一个直接向 TC207 报告的工作组，处理有关产品标准中的环境因素问题。

（二）制定 ISO14000 系列标准的指导思想和关键原则

1. 指导思想

ISO/TC207 在起草 ISO14000 系列标准时确定了以下指导思想：

（1）ISO14000 系列标准应不增加并消除贸易壁垒。

（2）ISO14000 系列标准可用于各国对内对外认证、注册。

（3）ISO14000 系列标准必须摒弃对改善环境无帮助的任何行政干预。

2. 关键原则

根据以上指导思想，并考虑到发展中国家和发达国家之间的差异，ISO/TC207 在制定 ISO14000 系列标准时确定了以下七条原则，以确保标准公正、合理和实用：

（1）ISO14000 系列标准应真实和具有非欺骗性。

（2）产品和服务的环境影响评价方法和信息应有意义、准确和可验证。

（3）评价方法、试验方法不能采用非标准方法，必须采用国际标准、地区标准、国家标准或技术上能保证再现性的试验方法。

（4）应具有公开性和透明度，但不应损害商业机密信息。

（5）非歧视性。

（6）能进行特殊的有效的信息传递和教育培训。

（7）应不产生贸易障碍，对国内、国外应一致。

从以上的指导思想和原则可以看出，ISO/TC207 努力使 ISO14000 系列标准具有公正性、合理性和广泛的适应性，目的是使这套标准能真正地帮助和促进改善环境。

四、ISO14000 系列标准的构成

（一）标准构成

ISO14000 环境管理系列标准是一个庞大的标准系统，它包括了环境管理体系、环境审核、环境标志、生命周期评价等环境管理领域内的许多焦点问题。ISO 给 14000 系列标准预留了 100 个标准号，编号为 ISO14001 – ISO14100。根据 ISO/TC207 的各分技术委员会的分工，这 100 个标准号分配如表 15 – 1 所示。

表 15 – 1　标准号分配

分技术委员会	任　务	标　准　号
SC1	环境管理体系（EMS）	14000 ~ 14009
SC2	环境审核（EA）	14010 ~ 14019
SC3	环境标志（EL）	14020 ~ 14029
SC4	环境绩效评价（EPE）	14030 ~ 14039
SC5	生命周期评价（LCA）	14040 ~ 14049
SC6	术语和定义（T&D）	14050 ~ 14059
WG1	产品标准中的环境因素	14060
	（备用）	14061 ~ 14100

随着标准的推广和使用，为适应不断出现的新情况，ISO 也可制定超过分配的 100 个

标准号外的标准，也可根据具体情况另外命名标准号。只要是属于环境管理领域内的标准，均可纳入 ISO14000 系列中。如 WG1 针对产品标准中的环境指标标准，由于制定过程中意见不同，最终以 ISO 导则 64——《产品标准中的环境因素导则》发布。

（二）标准之间的关系

ISO14000 标准系统是由若干子系统构成，形成全面、完整的评价方法，提供了一整套支持科学环境管理的工具手段，体现了市场条件下“自我环境”管理的思路和方法。这些子系统之间的关系如表 15－2 所示。

表 15－2 子系统的关系

<table>
<tr><td rowspan="7">ISO14000
环境管理系列标准</td><td rowspan="3">评价组织</td><td>环境管理体系 EMS</td><td>基本标准子系统</td></tr>
<tr><td>环境审核 EA</td><td rowspan="4">技术支持标准子系统</td></tr>
<tr><td>环境表现评价 EPE</td></tr>
<tr><td rowspan="3">评价产品</td><td>环境标志 EL</td></tr>
<tr><td>生命周期评价 LCA</td></tr>
<tr><td>产品标准中的环境因素</td><td>基本标准子系统</td></tr>
<tr><td></td><td>术语和定义 T&D</td><td>基础标准子系统</td></tr>
</table>

1. 环境管理体系 EMS

SC1 分委员会制定的环境管理体系标准是以 ISO14001 为核心的环境管理体系规范及指南。环境管理体系标准叙述了一个组织的环境管理体系应具备的要求。通过实施环境管理体系的各个要求，能使组织明确并执行其环境职责。这些要求被用做认证和注册审核的基础。环境管理体系运行模式包括 5 个关键部分：方针、策划、实施与运行、检查和纠正、评审和改进。规范对有下列愿望的组织都适用：

（1）实施、保持并改进环境管理体系。

（2）使自己确信能符合所声明的环境方针。

（3）向外界展示这种符合性。

（4）寻求外部组织对其环境管理体系的认证、注册。

（5）对符合本标准的情况进行自我鉴定和自我声明。

2. 环境审核

由于环境审核已经发展成为一个迅速发展的领域，但各种审核差异很大。多数环境审核是根据环境法规、环境行为、适当的预防措施或某一场所有关的实际或潜在的责任来进行评价的，而针对管理工作进行的评价很少。为了使环境审核更加明确，SC2 分委员会的首要任务之一是确定审核、评价、回顾和其它审查之间的区别。审核被定义成一种客观的、系统的、文件化的验证过程，它是通过有目的地获得证据并评价证据，以确定某一特定的主题事项是否符合审核准则。SC2 进一步明确优先解决的问题是对环境管理体系的审核，其次才是对现场或对行为或法规遵守方面的评价。目前所制定的环境审核标准涉及审核的一般原则、环境管理体系审核程序和审核员资格要求，分委员会正在为指定环境现场评价指南提供理论依据。

3. 环境标志

由于环境标志具有竞争意义，因此不准确的环境标志将有害于公平竞争和贸易。SC3的首要任务是对不同类型的环境标志进行分类，明确出三种不同类型的环境标志，提出了制定这三种环境标志的规则和程序：

I 型环境标志：第三方认证的环境标志；

II 型环境标志：自我声明的环境标志；

III 型环境标志：产品定量的信息或报告卡片式的环境标志，供消费者根据生产过程和使用过程的环境影响对产品进行比较。

所有这些类型的环境标志都可以利用生命周期分析的方法。

4. 环境表现评价

SC4 分委员会制定的环境表现评价标准，为衡量 、分析和评价组织的环境表现提供指南。在评价组织如何对待环境表现时，通常应考虑两个因素，即运行和管理。运行从现场来看待行为，确定使用了哪些资源、产出哪些产品、副产品、污染物和废物等；而管理体系则制订目标，并为实现目标提供所需资源。衡量、分析和评价是相对于该组织确立的目标和指标而进行的。SC4 制定用于评价环境表现的系统方法，通过系统的方法来制定可靠、实用的指标体系，为可靠的环境表现报告提供一种通用的框架结构。

5. 生命周期评价

SC5 分委员会制定的有关生命周期评价的标准，为决策提供使用生命周期评价的指南。生命周期评价考虑了产品从原材料获取到最终处置或“从摇篮到坟墓”的生产、工艺和服务的环境影响。通过对现有生命周期分析的方法进行回顾，该分委员会为如何评价产品对环境造成的压力提供指导原则，其中包括材料和能源的使用、生产过程、分销方法、再生和废物处置方法。生命周期分析是评价某一生产过程、产品或活动所产生的环境影响的一种整体分析的科学方法。评价可分为：目的和范围的确定、清单分析、影响评价、结果解释四个阶段。SC5 针对上述四个阶段制定有关标准。

6. 产品标准中的环境因素

因为 TC207 不制定产品标准，因此，它成立了一个工作组来为产品标准中涉及到的环境问题提供指导原则，以供那些产品标准制定者们使用。这是一个很重要的长期问题，因为它涉及产品标准本身，而不是管理体系。从长远看，产品标准的修改会对组织的环境表现产生潜在的深刻影响。

7. 术语和定义

第六分委员会的任务是确保 TC207 所有的分委员会和工作组都使用统一的定义。SC6 并不起草定义，而是确保所下定义能够协调一致。曾经有过几次这样的例子，两个工作组对同一个术语下了不同的定义。SC6 就是要发现这些不统一的定义，并提醒各个委员会注意，如果需要的话，帮助他们将定义协调一致。SC6 最后将这些统一的术语及其定义出版，供 TC207 使用。

五、ISO14000 系列标准的制定动态

ISO 标准的建立是一个漫长的过程。ISO 的工作结果产生国际协议，并作为国际标准公布。要开始建立一项标准，需由 5 个以上的成员国向日内瓦的 ISO 秘书处提出建议。ISO 秘书处将审查该项建议和成员国的意见，确定是否支持这项拟议标准。如果决定开始工作，该秘书处将把这个任务分派给一个现有的技术委员会，或建立一个新的技术委员会承担这项任务。如果一个现有的技术委员会接受这项建立新标准的工作，该委员会可决定另外建立一个向它报告的工作组，或直接建立一个新的分技术委员会去完成这项工作。

起草标准一般要通过三个阶段，包括：初始文件阶段、国际标准草案阶段（DIS）和最终国际标准草案阶段。在这些阶段的每一步中，具有表决权的参与成员（“P”成员）都要进行无记名投票。分委员会在初始文件阶段进行投票，技术委员会在国际标准草案阶段进行投票，在最终国际标准草案阶段由 ISO 成员国进行投票。在 ISO，要决定颁布任何一项标准都需要一致表决。如果任何一个“P”成员反对一项标准，这项标准就无法通过。

（一）已经颁布 ISO14000 标准

根据国际标准化组织最新资料，已颁布的 ISO14000 系列标准见表 15－3，其中带 * 表示该标准已等同转化为我国国家标准，其标准号相应转化为 GB/T24000 系列。

表 15－3 已颁布的 ISO14000 标准

标准编号	标准名称	颁布时间
ISO 导则 64	产品标准中环境因素导则	1997
ISO/IEC 导则 66	从事环境管理体系评价和认证/注册的一般要求	1999
ISO14001 *	环境管理体系——规范及使用指南	1996
ISO14004 *	环境管理体系——原则、体系和支持技术通用指南	1996
ISO14010 *	环境审核指南——通用原则	1996
ISO14011 *	环境审核指南——审核程序——环境管理体系审核	1996
ISO14012 *	环境审核指南——审核员资格要求	1996
ISO14020 *	环境标志与声明——基本原则	2000
ISO14021 *	环境标志与声明——自我环境声明（II 型环境标志）	1999
ISO14024 *	环境标志与声明——I 型环境标志——原则和程序	1999
ISO14025	环境标志与声明——III 型环境标志	2000
ISO14031 *	环境管理——环境表现评价——原则	1999
ISO14032	环境管理——环境表现评价——案例	1999
ISO14040 *	环境管理——生命周期评价——原则和框架	1997
ISO14041 *	环境管理——生命周期评价——目标范围确定及清单分析	1998
ISO14042	环境管理——生命周期评价——生命周期影响评价	2000

标准编号	标准名称	颁布时间
ISO14043	环境管理——生命周期评价——生命周期解释	2000
ISO/TR14049	环境管理——生命周期评价——ISO14041 标准中目标范围确定及清单分析应用案例	2000
ISO14050 *	环境管理——术语和定义	1998
ISO/TR14061	林业组织在实施 ISO14001 环境管理体系标准中的信息帮助	1998

(二) 正在发展中的标准

除了上述已正式颁布的标准外，TC207 正在工作中的内容包括以下标准的制定（见表 15－4）。

表 15－4 TC207 正在发展中的标准

标准号	内容	状态
ISO/AWI 14001	ISO14001 修订版：1996	已通过工作项目
ISO/AWI 14004	ISO14004 修订版	已通过工作项目
ISO/DIS 14015	环境管理——组织和现场的环境评价	国际标准草案
ISO/CD 19011	环境与质量审核指南	委员会草案
ISO/WD TR 14047	环境管理——生命周期评价——ISO14042 应用实例（未来技术报告）	工作草案
ISO/CD 14048	环境管理——生命周期评价——生命周期评价数据文件格式	委员会草案
ISO/FDIS 14050	ISO14050 修订版：1998	国际标准最终草案
ISO/WD 14062	将环境因素结合到产品生产中的指导方针（未来技术报告）	工作草案

（截止到 2000 年 10 月）

注：TR——技术报告
FDIS——国际标准最终草案
DIS——国际标准草案
CD——委员会草案
PWI——预备工作项目
AWI——已通过工作项目
DAM——草案修订
WD——工作草案
NWIP——新发展项目

第二节 环境管理体系基本内容

一、概述

(一) 标准适用范围

在 GB/T24001— ISO14001 的引言中指出，国际环境管理标准旨在为组织规定有效的环境管理体系要素，它们可与其他管理要求相结合，帮助组织实现环境目标与经济目标。这些标准不是用来制定非关税贸易壁垒，也不是增加或改变一个组织的法律责任。

另外，引言中还指出本标准适用于任何类型与规模的组织，并适用于各种地理、文化和社会条件。标准没有规定任何限定组织参与的界限，所以本标准是适用于所有类型组织的，可以是企业、事业单位，也可以是社会团体和服务性机构，只要组织希望通过环境管理体系来约束自己的环境行为，并向其他各方展示这种行为。

该标准的实施是以组织现场为基本单元的，因而标准在实施中应规定出确切的应用地理范围、生产过程、产品领域等。这是一个组织在进行体系建立和认证申请时应予以认真考虑的，尤其是组织申请认证必须有明确的范围和环境责任，否则其认证审核工作是无法开展的。

（二）标准要求的结构

GB/T24001—ISO14001 环境管理体系规范及使用指南，共有环境方针、规划、实施与运行、检查和纠正措施及管理评审五个一级要素组成，每个一级要素又可分若干个小要素，就构成了建立环境管理体系的基本要求，其标准要求内容如图 15 -2：

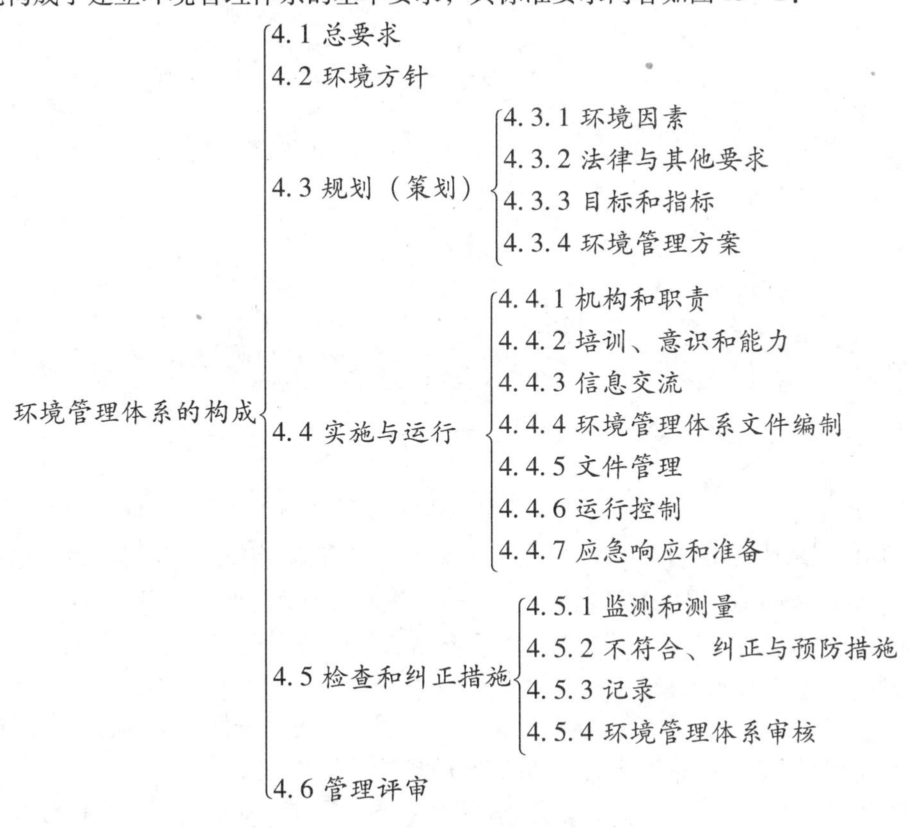

图 15 -2　环境管理体系的构成

（三）环境管理体系的运行模式

按标准要求所建立的环境管理体系实际是组织全面管理休系的组成部分，其中包括为实施和保持环境管理所需要的组织结构、策划活动、职责、操作惯例、程度、过程和资源。其运行模式如图 15－3。

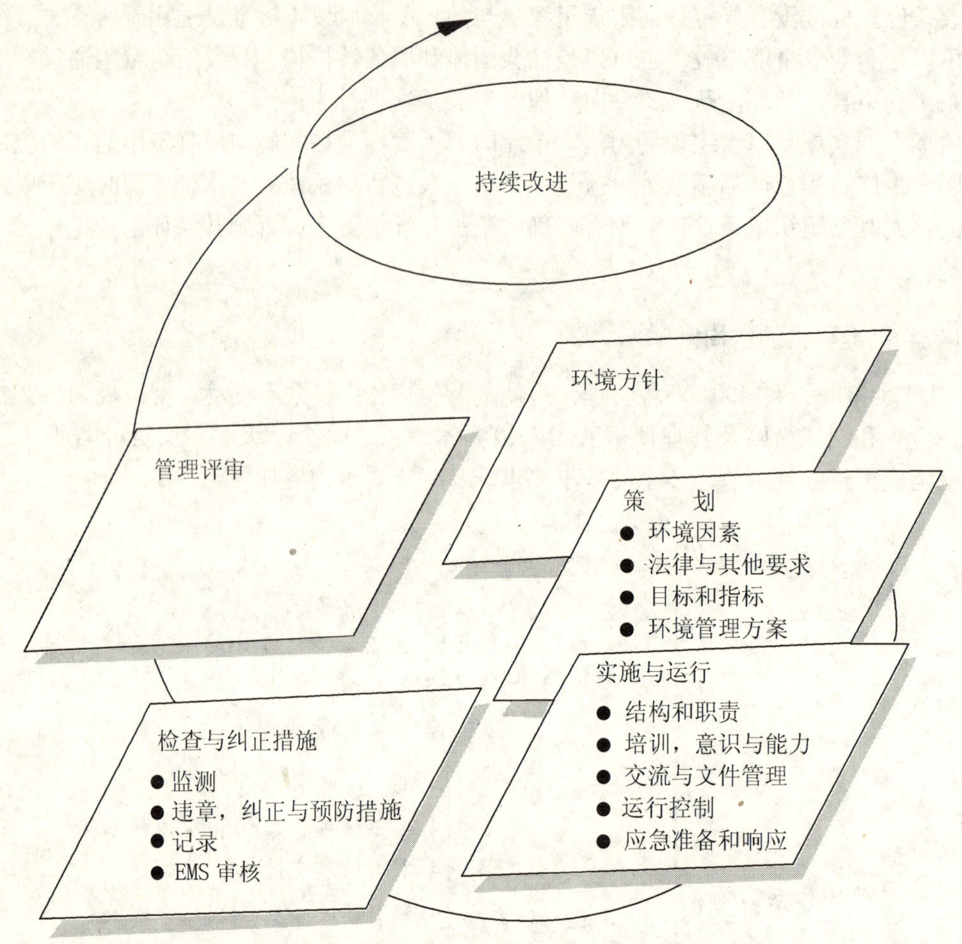

图 15－3　环境管理体系的运行模式

1. 环境管理体系运行模式与 ISO9001 质量保证运行模式相似，共同遵守由查理斯·德明（Chailes Demirg）提供的管理模式，他将组织的活动分为四个阶段：

（1）规划（策划）阶段（PLAN）组织根据自身的特点确定方针，建立组织总体目标，并制定实现目标的具体措施。

（2）实施阶段（DO）为实现组织总体目标，明确职责，根据活动的特点，制定相关的文件化管理程序及技术标准来对活动的全过程实施有效的控制。

（3）检查阶段（CHECK），就是在组织活动实施过程中，应有计划、有针对性地对相关过程进行监控和审核，加强预防，以纠正所出现的偏离组织总体目标的现象。

（4）改进阶段（ACTION）由组织的最高管理者定期地对组织所建立管理体系进行评定，保持体系的持续适用性、充分性和有效性以达到持续改进的目的。

2. 由查理斯·德明（Chailes Demirg）提供的规划（策划）、实施、检查和改进运行模式可简称 PDCA 模式。图 15 - 1 即为环境管理体系（EMS）的 PDCA 模式，它将环境管理体系要素分为五个部分，完成各自相应的功能：

（1）环境方针：包括环境方针一个要素。方针是组织环境管理的宗旨与核心，是由组织的最高管理者制定的，以文件的方式表述出环境管理的意图与原则。

（2）规划（策划）：包括环境因素、法律与其他要求、目标和指标及环境管理方案 4 个体系要素。即从组织环境管理现状出发，明确管理重点，识别并评价出重要环境因素；准确获取组织适用的法律与其他要求；根据组织所确定的重要环境因素和技术经济条件，确定组织的环境目标和指标要求；并提出明确的环境管理方案，即实现组织环境目标的职责、方法与时间表。

（3）实施与运行：包括组织结构和职责、培训、意识与能力、信息系统环境管理体系文件、文件控制、运行控制和应急准备和响应等 7 个环境管理体系要素。即明确组织各职能与层次的机构与职责，任命环境管理代表；实施必要的培训，提高员工环境保护意识和工作技能；及时有效地沟通和交流有关环境因素和环境管理体系的信息，注重相关方所关注的环境问题；形成环境管理体系文件并纳入严格的文件管理；确保与重大环境因素有关运行与活动均能按文件规定的要求进行，使组织的各类环境因素得到有效控制；对于潜在的紧急事件和事故采取有效的预防措施和应急响应。

（4）检查和纠正措施：包括监测和测量、不符合、纠正与预防措施、记录和环境管理体系审核等 4 个要素。即对重大环境影响的活动与运行中的关键特性进行监测，及时发现问题并及时采取纠正与预防措施解决问题，防止问题的再次发生，监测的内容包括组织的环境（绩效）表现、运行控制和目标指标的符合情况等；环境管理活动应有相应的记录以追溯环境管理体系实施与运行，对产生的记录应进行良好管理。组织还要定期进行环境管理体系的内部审核，从整体上了解组织环境管理体系的实施情况，判断其有效性和对本体系的符合性。

（5）管理评审：由管理评审一个要素组成，它是由组织的最高管理者进行的评审活动，以在组织内外部变化条件下确保环境管理体系的持续适用性、有效性和充分性。支持组织实现持续改进，持续满足 ISO14001 标准的要求。

总之，EMS 的运行从环境方针的制定开始，到管理评审完成，构成一次完整的运行过程，每一次完整的运行都将涉及所有的环境管理体系要素，体系要素缺一不可。EMS 特别强调持续改进。因此，这一循环过程不是封闭的，而是一个开放系统，不能在原有的水平上循环往复，停滞不前，而应通过管理评审手段提出新一轮要求与目标，实现环境表现行为的改进与提高。

二、环境管理体系术语与定义

GB/T24001—ISO14001 给出了 13 个常用术语，正确理解这些术语及其定义是正确理解标准的前提。

（一）环境

“组织运行活动的外部存在，包括空气、水、土地、自然资源、植物、动物、人，以及它们之间的相互关系。”

一般认为，环境是指围绕着人群空间以及其中可以直接、间接影响人类生活和发展的各种因素的总体。在本定义中，主体是组织及其运行活动；“外部存在”就是各种因素的总体，它是一种客观的外部存在，不仅包括空气、水、土地、自然资源、植物、动物，以及生活在其中的人，同时也包括它们之间的相互关系，即自然和生态平衡。

（二）环境影响

“全部或部分地由组织的活动、产品或服务给环境造成的任何有益或有害的变化。”

环境影响是一种“变化”环境的组成要素或要素间的相互关系发生变化，也就形成了环境影响。

组织的活动、产品或服务是造成环境影响的根源。活动可以包括组织的生产、采购、后勤、经营等多方面，是人类有目的、有组织进行的。产品或服务是组织生产与经营的产出，如汽车和汽车的维护与保养。所有这些活动、产品或服务都可能给环境带来正面或负面影响。

（三）环境因素

“一个组织活动、产品或服务中能与环境发生相互作用的要素。”

环境因素能与环境发生相互作用，并产生正面或负面的环境影响；环境因素与组织的活动、产品或服务相联系，这些活动、产品或服务中的某些要素能与环境发生作用，是造成环境影响的原因，而环境影响又是环境因素作用于环境的结果，环境因素与环境影响互为因素，环境因素的重要性应与可能造成的环境影响程度相一致。能产生重大环境影响的环境因素称为重要环境因素。

（四）环境方针

“组织对其全部环境表现（行为）的意图与原则的陈述，它为组织的行为及环境目标和指标的建立提供了一个框架。”

环境方针是组织总方针的一个组成部分，由组织的最高管理者制定并正式颁布。它既是组织开展环境管理体现全部环境表现的方向、意图和原则的公开声明，又是组织内部实现环境管理体系的指导思想和行为准则。

（五）环境目标、环境指标

环境目标是一个“组织依据环境方针规定自己所要实现的总体环境目的，如可行应予以量化。”

环境指标“直接来源于环境目标，或为实现环境目标所需规定并满足的具体的环境表现（行为）要求，它们可适用于组织或其局部，如可行应予以量化。”环境指标，是对环境目标的细化和分解，指标既可以是组织整体的，也可以是局部的、部门的。

目标和指标都应尽可能地予以量化，量化的主要目的是便于检查和评价其完成情况。

（六）组织

“具有自身职能和行政管理的公司、集团公司、商行、企事业单位、政府机关或社团，或是上述单位的部分或结合体，无论其是否法人团体、公营或私营。”

组织是ISO14000系列标准的适用对象，组织的形式是多种多样的，可以是公司、企事业单位或社团，可以从事第一、第二或第三产业，规模可大可小，组织不一定是法人单位。

（七）相关方

“关注组织的环境表现（行为）或受其环境表现（行为）影响的个人或团体。”

组织的相关方可包括供应方、合同方、顾客、社区居民、员工、投资者、执法当局、新闻媒体、科研机构等，从某种意义上讲组织的相关方可以是整个社会。

（八）环境管理体系、环境管理体系审核

环境管理体系是“整个管理体系的一个组成部分，包括为制定、实施、实现、评审和保持环境方针所需的组织机构、策划活动、职责、惯例、程序、过程和资源。”

环境管理体系应与组织的其他管理体系，如质量管理、行政管理等有机地结合起来。

环境管理体系审核是指“客观地获取审核证据并予以评价，以判断组织的环境管理体系是否符合所规定的环境管理体系审核准则的一个以文件支持的系统化验证过程，包括将这一过程的结果呈报给管理者。”

环境管理体系审核是对照审核准则，如规范、指南、法律、法规和组织的要求等，按照规定的程序对一个已建立并正常运行的环境管理体系的符合性和有效性做出评价。而审核过程应当是文件化、系统化、程序化的。

（九）环境表现（行为）

“组织基于环境方针、目标和指标，对它的环境因素进行控制所取得的可测量的环境管理体系结果。”

环境表现这一术语的同义语有环境行为和环境绩效，是环境管理体系运行的结果，是组织通过建立和实施一个环境管理体系、控制自身的重大环境因素所取得的实际成效。而这种成效应当是可以测量和评价的。

（十）持续改进和污染预防

持续改进是“强化环境管理体系的过程，目的是根据组织的环境方针，实现对整个环境表现（行为）的改进。持续改进是ISO14001的基本思想和出发点。持续改进是一个过程，这个过程就是以组织的环境方针为依据，使环境管理体系的核心要素周而复始地按照P－D－C－A循环的模式运行。环境管理体系在实现管理功能的同时，也在运行中不断得到强化，并导致环境表现的改进。”

污染预防是指“旨在避免、减少或控制污染而对各种过程、惯例、材料或产品的采用，可包括再循环、处理、过程更改、控制机制、资源的有效利用和原材料替代等”。污染预防是环境管理体系处理和解决环境问题的基本原则，这一原则要求组织首先应考虑如何能使其活动不产生或尽可能少产生污染，其次才能采用治理和控制技术。组织可以通过对产品、原材料采购到最终废弃和回收利用的生命周期的全过程加以控制，尽可能减少每

一个环节污染的产生以达到预防污染目的。

三、环境管理体系的要求

GB/T24001—ISO14001“规范”部分的第4章是对环境管理体系框架的具体要求，无论是组织环境管理体系的建立，还是认证审核机构对环境管理体系进行审核，都必须以这些要求为依据，必须符合这些要求。

（一）总要求（ISO14001 4.1）

“组织应建立并保持环境管理体系”。本章描述了对环境管理体系的要求。

“建立”是指组织决定按ISO14001标准要求从环境管理体系开始，到形成这一体系的全过程，包括体系的策划、设计和体系文件的编写，组织机构的配置和人员、资源的安排等。“保持”则是体系运转过程中实施监督检查和纠正措施，并通过审核和评审促进环境管理体系的持续改进。

（二）环境方针（ISO14001 4.2）

最高管理者应制定本组织的环境方针并确保：

1. 适合于组织活动、产品或服务的性质、规模与环境影响。
2. 包括对持续改进和污染预防的承诺。
3. 包括对遵守有关法律、法规和组织应遵守的其他要求的承诺。
4. 提供建立和评审环境目标和指标的框架。
5. 形成文件，付诸实施，予以保持，并传达到全体员工。
6. 可为公众所获取。

环境方针的制定与实施是最高管理者的职责，是组织在环境保护方面的宗旨和方向，是组织总体方针中的组成部分。环境方针的内容必须包括“两个承诺和一个框架”。两个承诺是承诺遵守法律及其他要求，承诺持续改进和污染预防；一个框架就是要为环境目标和指标的制定和评审提供指导。

（三）规划（策划）（ISO14001 4.3）

规划阶段包括了环境因素、法律与其他要求、目标和指标及其环境管理方案这四个内容，是建立环境管理体系的启动阶段。

1. 环境因素（ISO14001 4.3.1）

“组织应建立并保持一个或多个程序，用来确定其活动、产品或服务中它能够控制、或可望对其施加影响的环境因素，从中制定那些对环境具有重大影响，或可能具有重大影响的因素。组织应确保在建立环境目标时，对与这些重大影响有关的因素加以考虑。”

标准要求组织有一个或多个程序，程序的作用是确定、评价、更新环境因素，特别是重大环境因素；确定环境因素，包括与组织活动、产品或服务相关的，能够控制的以及可望对其施加影响的因素，在制定环境因素时，要针对组织活动、产品或服务的全过程，分析时要考虑到“三种状态”（正常、异常、紧急）、“三种时态”（过去、现在、将来）和向大气排放、向水体排放、废弃物管理、土地污染、原材料和自然资源的利用、其他当地环境问题和社区性问题。组织的环境方针、目标和指标应建立在与其活动、产品或服务相关的重大环境影响的基础之上。环境因素的确定本身是一个不断发展的过程，该过程也包括明确潜在的法律、法规的要求和组织自身业务发展、工艺更新、原材料替代及相关方要求等方面的影响，为此标准中明确提出要求组织及时更新这方面的信息。

2. **法律与其他要求**（ISO14001 4.3.2）

"组织应建立并保持程序，用来确定适用于其活动、产品或服务中环境因素的法律，以及其他应遵守的要求，并建立获取这些法律和要求的渠道。"

对环境法律、法规及相关要求的遵守是组织环境方针中必须予以承诺的，也是组织管理中的重点。法律、法规和其他要求是组织评价重大环境因素的主要依据之一，所以组织要有法律、法规意识，要主动去了解法律、法规及其它要求，要及时更新。"法律、法规"主要包括按国家立法程序制定颁布的法律、法规和规章；"其它要求"指各级政府的规定、决定、环境保护文件、规划目标、行业或产品的专业要求、相关方的要求等。

3. **目标和指标**（ISO14001 4.3.2）

"组织应针对其内部每一个有关职能和层次，建立并保持环境目标和指标。环境目标与指标应形成文件。

组织在建立与评审环境目标时，应考虑法律与其他要求，它自身的重要环境因素、可选技术方案、财务、运行和经营要求，以及各相关方的观点。

目标和指标应符合环境方针，并包括对污染预防和承诺。"

组织的环境目标是依据环境方针制定的具体环境目的。要实现这些目标，组织需要确定环境控制指标，制定具体的指标。标准要求组织在建立环境管理体系时，凡属可行目标要具体、要量化，指标应是明确并可测量的。在制定组织目标、指标时，应考虑设置可测量环境表现的参数，为环境管理和体系运行提供信息。组织建立环境管理体系的重要目的是组织的环境行为得到整体改善，标准要求作到持续改进，而持续改进可见证性的数据就是反映在每年不断更新的目标和指标上，从而才能达到整体环境表现（行为）的不断改善。

目标、指标是根据其环境方针，考虑组织的规模、经济、技术等情况制定的，并且要体现出环境因素识别与评价的连续性。另外标准要求目标、指标是有层次的，是一个逐渐细化、分解的过程。目标要符合国家环境规划的要求，环境技术政策的要求，指标的制定要体现先进性、可操作性、可调整性和量化的要求。

4. **环境管理方案**（ISO14001 4.3.4）

"组织应制定并保持一个或多个旨在实现环境目标和指标的环境管理方案，其中应包括：

（1）规定组织的每一有关职能和层次实现环境目标和指标的职责。

（2）实现目标和指标的职责方法和时间表。

如果一个项目涉及新的开发和新的或修改的活动、产品或服务，就应对有关方案进行修订，以确保环境管理与该项目相适应"。

环境管理方案包含了两个方面的含义：一是规定职责，二是实现方法和时间表，其中包括：职责落实、资源配置落实、技术措施落实，完成时间要具体。

（四）实施和运行

1. 组织结构和职责（ISO14001 4.4.1）

“为便于环境管理工作的有效开展，应当对作用、职责和权限作出明确规定，形成文件，并予以传达。

管理者应为环境管理体系的实施与控制提供必要的资源，其中包括人力资源和专项技能、技术以及财力资源。

组织的最高管理者应指定专门的管理者代表，无论他（们）是否负有其他方面的责任，应明确规定其作用、职责和权限，以便：

（1）确保按照本标准的规定建立、实施与保持环境管理体系要求。

（2）向最高管理者汇报环境管理体系的运行情况以供评审，并为环境管理体系的改进提供依据。”

环境管理体系的有效实施，需要组织的全体员工的参与，因此不能认为只有环境职能部门才负有这方面的责任，组织内的其他部门，都不能置身事外，环境管理体系必须覆盖组织的所有部门和活动，并对每一层次的任务、职责、权限作出明确规定，形成文件予以传达。

最高管理者应指定管理者代表并明确其任务、职责、权限；管理者代表可是专职也可是兼职的，此外，最高管理者还应确保提供环境管理体系的实施与保持所需的必备资源。

在组织的环境管理体系建立和实施中，管理者代表的作用是很明确的，负责组织的环境事务，并对最高管理者负责。在本标准中，环境管理者代表的职责就是建立、实施、维护环境管理体系，并向上汇报。

组织结构和职责是环境管理体系运行的关键问题，我国的环境问题许多是由于职责不清、权限不明确造成的。环境管理体系的特点就是分清职责、严格界线。

环境管理体系的建立不可能改变原有组织的管理模式，组织的环境管理机构的设置是在原有管理基础之上补充完成的，这就更要求明确职责、规定权限，为环境管理体系的运行打好基础。另一方面是要配备必要的资源保证目标、指标的实现。

2. 培训、意识与能力

“组织应确定培训的需求。应要求其工作可能对环境产生重大影响的所有人员都经过相应的培训。

应建立并保持一套程序，使处于每一有关职能与层次的人员都意识到：

（1）符合环境方针与程序和符合环境管理体系要求的重要性。

（2）他们工作活动中实际的或潜在重大环境影响，以及个人工作的改进所带来的环境效益。

（3）他们在执行环境方针与程序，实现环境管理体系要求，包括应急准备与响应要求方面的作用与职责。

（4）偏离规定的运行程序的潜在后果。

从事可能产生重大环境影响的工作人员应具备适当的教育、培训和（或）工作经验，胜任他所担负的工作。”

标准强调了组织应根据自身的性质、规模、人员素质确定培训的需求范围，制定和保持培训程序。特别是对环境产生重大影响的人员应经过相应的培训，从而胜任他所负担的工作。

3. 信息交流（ISO14001 4. 4. 3）

"组织应建立并保持一套程序，用于有关其环境因素和环境管理体系的：

（1）组织内各层次和职能间的内部信息系统。

（2）外部相关方联络的接收、文件形成和答复。

组织应考虑对涉及重要环境因素的外部信息的处理，并记录其决定。"

信息交流包括两方面的含义，一是内部各部门、各层次间的系统；二是与外部的交流。内部交流体现在各层次、部门之间的协作上。外部交流是标准特别强调的，即组织要重视相关方的要求。相关方是指那些与组织有着各种关系的人或组织，包括组织的消费者、投资者、官方管理机构、股东、社区的居民、供应商、合同方及任何对组织的环境行为有兴趣的人和组织。随着环境意识的提高，环境问题引起人们越来越多的关注，有关环境事件的投诉增多，组织的环境形象已成为市场竞争的必要条件。一个组织如何对待这些问题，反映出组织对环境的总体态度。外部信息的交流包含了对所有环境事件、环境意见的处理及反馈。另外，组织的外部交流也是确定环境因素、评价其重要性的手段之一，对相关方重视的环境问题应予以优先的考虑。

信息交流是双向的，无论是内部还是外部交流都应有相应的程序，并有相应的记录反映出交流的效果与成绩。

4. 环境管理体系文件（ISO14001 4. 4. 4）

"组织应以书面或电子形式建立并保持下列信息：

（1）对管理体系核心要素及其相互作用的描述。

（2）查询相关文件的途径。"

环境管理体系文件是描述组织环境管理体系的基础文件，标准并未要求单独编写环境管理手册，也不主张采用复杂繁琐的文件系统。但为具体实施中便于运作并具有可操作性，环境管理体系文件可分成三个层次，即环境管理手册，程序文件和其他环境文件如图 15 -4 所示。

环境管理手册应阐述环境方针；环境目标和指标；环境管理方案；环境管理体系程序文件及文件结构；环境管理体系有关的组织机构、职责和权限以及手册的评审、修改和控制等规定。

环境管理体系程序文件是指完成体系要求的环境活动所规定的方法。体系程序中，应与环境管理体系要求和组织环境方针描述相一致的有关文件化程序，它是环境管理手册的支持性文件。是对各项环境活动采取方法的具体描述，应具有可操作性和可检查性，这是环境管理体系实施中的内部法规性文件。

其他相关文件可包括表格、报告、作业指导书、环境因素清单、法律法规登记名录、"三同时"报告、环评报告、排污许可证、组织结构图、组织地下管网布设图、现场平面图等，都可作为相关文件与程序、手册一起共同组成一套有机结合、接口紧密、互相支持、整体统一的环境管理体系文件。

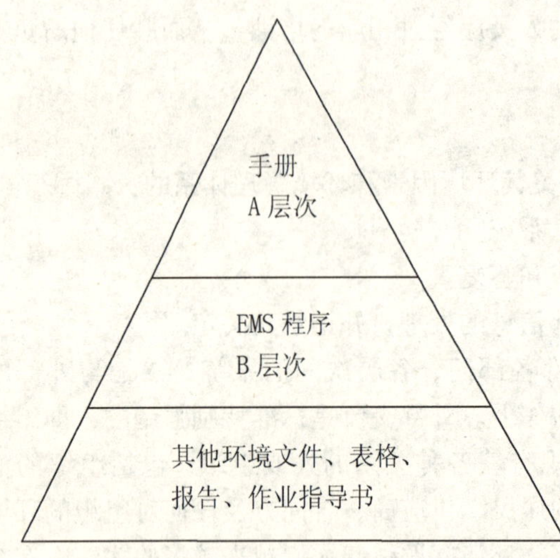

图15-4　环境管理体系文件结构

5. **文件控制**（ISO14001 4.4.5）

“组织应建立并保持一套程序，以控制本标准所要求的所有文件，从而确保：

（1）文件便于查找

（2）对文件进行定期评审，必要时予以修订并由授权人员确认其适宜性；

（3）凡对环境管理体系的有效运行具有关键作用的岗位，都可能得到有关文件的现行版本；

（4）迅速将失效文件从所有发放和使用场所撤回，或采取其他措施防止误用；

（5）由于法律和（或）保留信息的需要而留存的失效文件予以标识。

所有文件均须字迹清楚，注册日期（包括修订日期），妥善保管，并在规定期间内予以留存。应规定并保持有关建立和修改各种类型文件的程序与职责。”

对环境管理体系文件的管理，如文件的标识、分类、归档、保存、更新、处置等等，就是文件控制的主要内容。文件的保存要有一定场所，有专人保管，并有一套机制保证文件的时效性，过期作废的文件要及时收回处置，新的文件要及时到达使用者手中，文件控制是对整个体系所有文件的控制和要求。

6. **运行控制**（ISO14001 4.4.6）

“组织应根据其方针、目标和指标，确定与所标识的重要环境因素有关的运行与活动。应针对这些活动（包括维护工作）制定计划，确保它们在程序规定的条件下进行。程序的建立应符合下述要求：

（1）对于缺乏程序指导可能导致偏离环境方针和目标与指标的运行，应建立并保持一套以文件支持的程序；

（2）在程序中对运行标准予以规定；

（3）对于组织所使用的产品和服务中可标识的重要环境因素，应建立并保持一套管理程序，将有关的程序与要求通报供方和承包方。”

标准要求组织应对选定的与重大环境因素有关的运行和活动建立相应的程序，并予以有效的控制，确保其运行不致偏离环境方针、目标和指标。

运行控制是指按照目标、指标及有关程序控制环境管理体系的运转，保证各方面是正确而有效地运行着的。组织的具体操作运行，尤其是那些具有重大环境影响的活动，予以规范、控制、制定相应的程序和作业指导书，明确规定运行标准和要求。特别是容易引起差错的活动要形成文件化的程序，如生产操作的关键部位和工序应制定严格的作业指导书，告诉操作人员怎样才是正确的操作，不正确的操作可能造成怎样的环境危害。

另外，组织不仅要对自身的可控制的环境因素予以考虑，也要对相关方环境因素给予关注，这就是要对承包方、供方提出要求，制定程序，使他们的行动符合组织环境方针和其他要求。

运行控制是环境管理体系实际动作过程，也是逐步实现目标、指标的过程。

7. 应急准备和响应

“组织应建立并保持一套程序，以确定潜在的事故或紧急情况，做出响应，并预防或减少可能伴随的环境影响。

必要时，特别是在事故或紧急情况发生后，组织应对应急准备和响应的程序予以评审和修订。

可行时，组织还应定期试验上述程序。”

标准要求组织应制定并保持处理环境意外事件和潜在紧急情况程序，程序的制定应考虑到在异常、事故发生和紧急情况时如何作出响应，预防和减少由此造成的环境影响，并对采取的纠正措施及程序的更改要予以记录。必要时，特别是在事故或紧急情况发生后，应对程序予以评审或修订。可行时，对程序要求进行试验和检验。

（五）检查和纠正措施（ISO14001 4.5）

1. 监测和测量（ISO140001 4.5.1）

“组织应建立并保持一套以文件支持的程序，对可能具有重大环境影响的运行与活动的关键特性进行例行的监测和测量。其中应包括对环境表现、有关的运行控制、对组织环境目标和指标符合情况的跟踪信息进行记录。

监测设备应予以校准并妥善维护，并根据组织的程序保存校准与维护记录。

组织应建立并保持一个以文件支持的程序，以定期评价对有关环境法律、法规的遵循情况。”

监测与测量是环境管理体系的关键活动，它确保了组织按照其所阐述的环境管理方案的实施与运行开展工作。其内容包括两个方面，一是对组织从事的活动进行监测，ISO14001 标准要求对重大环境因素进行例行的监测，保持它们始终处于受控状态，当然也包括对监测设备的校准和维护。二是对监测结果的评价，要与国家的排放标准、法律、法规和目标、指标进行跟踪比较，考查组织活动的符合性及组织的环境表现。

监测与测量活动，都要求有相应的程序予以保证。

2. 不符合、纠正与预防措施（ISO14001 4.5.2）

“组织应建立并保持一套程序，用来规定有关职责和权限，对不符合进行处理与调查，采取措施减少由此产生的影响，采取纠正与预防措施并予以完成。

任何旨在消除已存在潜在不符合的原因的纠正或预防措施，应与问题的严重性和伴随的环境影响相适应。

对于纠正与预防措施引起的对程序文件的任何改变，组织均应遵照实施并予以记录。”

当体系出现偏差和不符合法律、法规要求及组织的方针、目标、指标时，标准要求，建立文件化的程序，对不符合现象进行处理，做到：（1）查清不符合原因；（2）采取纠正措施；（3）修改原有程序；（4）对不符合和纠正措施进行记录。

3. 记录（ISO14001 4.5.3）

“组织应建立并保持一套程序，用来标识、保存与处置环境管理记录。这些记录中还应包括培训记录和审核与评审结果。

环境记录应字迹清楚，标识明确，具备对相关的活动、产品或服务的可追溯性。对环境记录的保存和管理应便于查阅，避免损坏、变质或遗失。应规定其保存期限并予记录。组织应保存记录，在对其体系及自身适宜时，用来证明符合本标准要求。”

记录是环境管理体系中不可缺少部分，只有把组织真实的环境行为予以记录，才能清晰地了解环境管理体系的运行情况。

保存记录包括：投诉记录、培训记录、设备检修校准记录、环境污染因子的监测记录、紧急事件及应急措施记录、不符合情况记录、供方和合同方记录、内部审核记录、管理评审的记录及产品生产过程的记录、能源、资源的消耗记录等。记录可以使管理者、审核人员了解体系以往的运行情况，体现可追溯性，便于掌握事件的真实面目。

记录的标识、收集、编目、归档、贮存、维护、查阅、保管和处置是记录管理的重要内容。

4. 环境管理体系审核

“组织应制定并保持用于定期开展环境管理体系审核的一个或多个方案和程序，进行环境管理体系审核的目的是：

（1）判定环境管理体系

- 是否符合环境管理工作的预定安排和本标准的要求；
- 是否得到了正确的实施和保持。

（2）向管理者报送审核结果

组织的审核方案（包括时间表）的制定，应立足与所涉及活动的环境重要性和以前审核的结果。为全面起见，审核程序中应包括审核的范围、频次和方法，以及实施审核和报告结果的职责与要求。”

标准明确要求组织的环境管理体系应定期进行审核，以确定体系是否符合计划的安排，是否已予以良好的实施和保持。

这里环境管理体系审核是内部审核。内部审核是组织的自我审核，也称第一方审核。第二方审核是顾客或需方对供方的审核，第三方审核是指具有国家认可的审核机构对申请认证组织进行的审核。第二方、第三方审核也称外部审核，内部审核与外部审核的目的、依据、类型、结果、执行者均不相同。

内部审核的目的是评价体系的符合性，依据标准是GB/T24001—ISO14001标准、组织制定的环境管理手册和程序文件，采用现场审核的方法，审核结果导致体系要素的改进。执行者是内审员，内部审核应有计划地系统进行，每年都应制定全年审核计划，内部审核可集中一段时间进行，也可以逐要素、逐部门进行。一般体系要素建立运行初期审核次数应多些，当体系结构有重大变化或发生严重环境事故时，要及时审核。

内部审核是组织的自查过程，目的是对组织的环境管理体系运行情况进行评价，了解制定的计划和程序是否得到了正确的贯彻，程序文件是否符合标准要求，并把审核结果上报给各层管理者，以此来促进组织环境管理体系的完善与提高。组织只有完成了内部审核之后才可以进行管理评价，直至申请外部审核。

（六）管理评审（ISO14001 4.6）

“组织的最高管理者应按其规定的时间间隔，对环境管理体系进行评审，以确保体系的持续适用性、充分性和有效性。管理评审过程应确保收集必要的信息，以供管理者进行评价工作，评审工作应形成文件。

管理评审应根据环境管理体系审核的结果，不断变化的客观环境和持续改进的承诺，指出对方针、目标以及环境管理体系的其他要素加以修正的可能需要。”

管理评审的依据是环境管理体系审核的结果，目标、指标的实现程度，以及针对组织客观环境变化来进行定期评审，目的是保持组织的环境管理体系的适用性、充分性和有效性。从而实现组织对持续改进的承诺。

管理评审是由最高管理者主持进行的，一般是每年进行一次。

管理评审的完成并不意味着体系运行的终结，而是下一个运行过程的开始，在管理评审中形成新的目标和指标，制定新的环境管理方案，并对所确定的环境因素实施控制和管理，实现新的一轮持续改进。

第三节　中国环境管理体系认证国家认可制度

一、基本概念

（一）合格评定

1. 定义（ISO/IEC 指南 60：1994）

合格评定：直接或间接确定相关要求被满足的任何有关活动。

2. 合格评定的主要类别

（1）认证

产品质量认证。

质量体系认证。

产品环境标志认证。

环境管理体系认证。

(2) 认可

校准/检验机构许可。

认证机构认可。

审核员/评审员资格认可。

培训机构认可。

(二) 认证与认可

1. 认证

由认证机构依据特定的审核准则，按规定的程序和方法对受审核方实施审核，并就特定事项（如产品、质量体系、环境管理体系等）的符合性进行确认的活动。

认证的要点：

(1) 认证的对象是特定的事项，如产品、质量体系、环境管理体系等。

(2) 认证以一个客观的标准作为依据。

(3) 认证有一套科学、公正的手段，如采用科学的方法和规范化程序对组织的环境管理体系进行审核与评定。

(4) 认证活动由第三方机构实施。

(5) 认证的结果有明确的书面保证，如认证证书或认证标志。

2. 认可

由权威机构依据规定的准则和程序，对某一团体或个人具有从事特定任务的能力给予的正式承认。

认可的要点：

(1) 认可的对象是从事特定活动的团体或个人，如认证机构、审核员、审核员培训机构、检验机构（产品或实验室）等。

(2) 认可一般以 ISO/IEC 指南 62 及本国的认可准则为依据。

(3) 认可必须按照规定的程序和要求，通过认可评审的方式得出客观结论。

(4) 认可的实施必须由权威团体进行。

(5) 认可的结果具有权威性，一般由认可机构以认可证书及认可标志表示。

3. 认证与认可的区别

根据认证与认可的概念可以看出两者的主要区别在于：

(1) 认证与认可的主体不同

认证是由具有认证资格的第三方认证机构实施的，认可是由具有权威地位的机构即认可机构进行的，所谓“权威机构”是由政府部门授权的机构。

(2) 认证与认可的对象不同

认证的对象是被认证组织的特定事项，如组织的产品、环境管理体系等；认可的对象是从事特定活动的机构或个人。

(3) 认证与认可的目的不同

认证的目的是通过第三方认证机构颁发的认证证书及认证标志，为被认证组织提供符合性的书面证明，使公众确信经认证的产品或体系等主题事项符合规定的要求；认可则是对被认可方资格的正式承认，意味着被认可的机构从事特定活动的资格得到正式承认与批准。

(4) 认证与认可的内容不同

认证的内容是依据特定的标准对特定事项的符合性进行审核与评定。如 ISO14001 认证即认证机构依据 ISO14001 标准对企业的环境管理体系进行审核与评定，以确认其对标准的符合性；认可的内容则是依据特定的准则对机构或个人从事特定活动的能力予以评审，以确认其所具备的能力。

4. 国家认可制度

国家认可制度是为保证认证的客观性及公正性而建立的一套科学化、规范化的程序和管理制度，其中包括对审核认证人员、认证机构以及对认证活动的具体要求。

建立一套权威的国家认可制度必须包含以下方面：

(1) 科学规范的管理制度。

(2) 公正合理的程序。

二、我国的环境管理体系认证国家认可制度

为促进我国可持续发展与环境保护，加强组织的环境管理，指导组织环境管理体系的实施，规范环境管理体系的认证工作，1997 年 5 月，经国务院办公厅批准成立了中国环境管理体系认证指导委员会（CHINA STEERING COMMITTEE FOR ENVIRONMENTAL MANAGEMENT SYSTEM CERTIFICATION，简称指导委员会，CSCEC），负责指导并统一管理 ISO14000 环境管理系列标准在我国的实施工作。

指导委员会下设中国环境管理体系认证机构认可委员会（CACEB）和中国认证人员国家注册委员会环境管理专业委员会（CRCEA），分别负责实施对环境管理体系认证机构的认可和对环境管理体系认证人员及培训课程的注册工作。

我国环境管理体系认证国家认可制度的基本框架如下：

（一）认证机构国家认可制度

实施环境管理体系认证的认证机构必须接受环认委的评审，获得资格认可后方可开展环境管理体系认证活动。认证机构必须在认可的期限内从事认可业务范围规定的环境管理体系认证工作，一切活动均应遵守环认委规定的相关准则，接受环认委的监督管理。（见图 15－5）

（二）环境管理体系审核员国家资格注册制度

在认证过程中，审核员的能力与素质对认证工作的质量具有不可忽视的影响。因此，在我国的环境管理体系认证国家认可制度中规定，对组织的环境管理体系进行认证的审核员必须具有国家注册资格。凡符合环注委规定的国家注册审核员基本条件者，均可向环注委提出注册申请，经过规定的考核评定后，由环注委批准注册，获得注册资格的审核员可按有关准则从事认证活动。

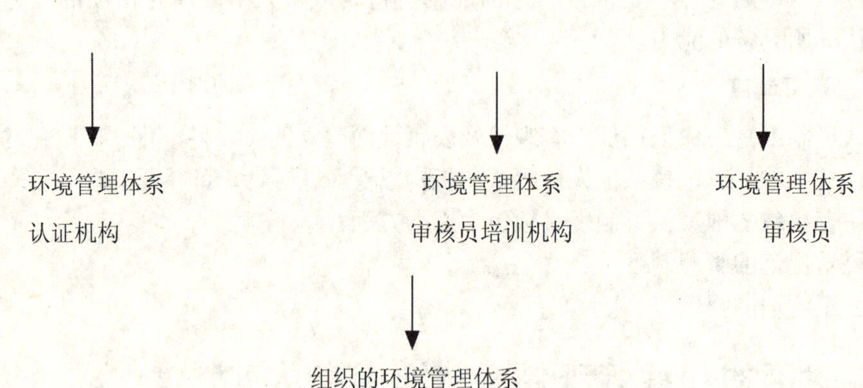

图 15－5 我国环境管理体系认证国家认可制度的组织机构图

（三）环境管理体系审核员培训机构国家认可制度

环注委对环境管理体系审核员培训课程、培训教材、培训机构及培训师资制定了相应的准则，凡从事环境管理体系审核员培训工作的机构必须满足相应的准则及要求，经环注委审核批准后，方可使用经注册的教材，并按照批准的课程从事培训活动。

（四）环境管理体系咨询机构备案制度

为有效地指导组织建立环境管理体系，避免误导偏离标准的要求，指导委员会的有关文件规定：在我国从事环境管理体系咨询工作的机构必须符合国家环境保护总局的有关规定，经国家环境保护总局审查备案。

三、环境管理体系认证机构的国家认可

（一）认证机构认可程序

按认可程序规定，对环境管理体系认证机构的认可程序主要分以下步骤：

1. 受理认可申请

申请机构按环认委秘书处的要求填写申请书并递交相关材料，环认委秘书处对申请资料进行申请评审，决定是否受理认可申请。

2. 文件评审

环认委秘书处在受理申请后，组织评审组对申请机构的文件及有关资格进行文件评审，并向受评审方提交文件评审报告。

3. 现场评审

在文件评审的基础上，评审组织将对申请机构总部实施现场评审。对评审中发现的不合格，评审组将向受评审方提交不合格报告，并要求其限期纠正。

4. 颁发临时认可证书

在申请机构完成了文件及现场评审的不合格纠正，并经评审组验证关闭后，由评审组完成评审报告，提出推荐意见；经秘书处审核后报环认委主任审批；审批通过后，颁发临时认可证书，获得临时认可证书的机构可以开展认证，临时证书的有效期为一年。

5. 审核观察（见证审核）

审核观察是由认可评审员跟随审核组观察审核的过程，其目的在于对认证机构实施认证的能力进行评审，以作出最终评审结论。

获得临时认可证书的机构必须按环认委的要求安排最初的 2～3 个审核项目由环认委秘书处实施审核观察，同时，对不同认可业务范围的认证项目进行抽样评审。审核观察项目的数量与选择取决于认证机构申请的认可业务范围。

6. 颁发认可证书

在审核观察完成且全部不合格得以纠正并经评审组验证关闭后，由秘书处向环认委提交最终评审报告，经环认委认可评定会议评定通过后，环认委主任签发认可证书。认可证书的有效期为四年。

（二）获准认可后的监督管理

在认可证书四年有效期内，环认委将组织评审组对认证机构进行监督评审，以确保认证机构按认可要求保持并有效运行其质量体系，同时严格按有关准则实施认证活动。监督评审采取对总部的现场评审与审核观察相结合的方式。

监督评审在认可证书有效期内至少每年一次。如果发生下列情况之一，监督评审可增加次数：

1. 发现认证机构违反环认委认可基本要求。
2. 对认证机构的投诉中反映出重大问题。
3. 认证机构质量体系发生重大变更，包括方针和重要的程序及组织机构的改变。
4. 影响认证机构能力的有关因素的改变，如人员、设备、场所、工作环境或其他重要资源的改变。
5. 认证机构业务范围发生变更。
6. 在以前的认可评审中，未实施充分评审的特定领域。
7. 在特殊情况下，环认委可提出监督要求。

环认委若发现认证机构不符合认可基本要求，或发现认证机构徇私舞弊，认证质量严重不合格时，将对其给予警告，并责令其改正；对造成严重影响的认证机构，环认委暂停或撤销其认可资格，并予以公告。

凡希望继续保留认可资格的认证机构，可在认可证书有效期终止前 3 个月提出重新认可的申请，复评一般在认可证书有效期满前 3 个月之内进行。复评通过后重新颁发认可证书。

有效期满后，未重新认可的认证机构不得继续使用认可证书，并由环认委公告，注销其认可资格。复评程序与认可评审的程序相同。

四、环境管理体系审核员的国家注册

认证过程中，审核员的能力与素质对于认证工作的质量具有不可忽视的影响。因此，在我国的环境管理体系认证制度中规定，对组织的环境管理体系进行认证的审核员必须具有国家注册资格。凡符合认证人员国家注册委员会环境管理专业委员会规定的国家注册审核员基本条件者，均可向委员会提出注册申请，经过规定的考核评定后，由注册委员会批准注册（审核员的注册分为实习审核员、审核员及主任审核员），获得注册的审核员可按有关准则从事认证活动。

（一）环境管理体系审核员能力及素质要求

申请各级别审核员注册的人员应具备以下能力：

1. 具有相关运行过程及过程控制的知识。
2. 具有环境保护科学与技术知识。
3. 具有相关的环境法律、法规及标准的应用知识。
4. 具有环境管理体系标准的应用知识。
5. 掌握环境管理体系审核的方法和技巧。
6. 具有识别和评价环境因素与环境影响的能力。
7. 具有有效实施审核、控制审核过程的个人素质和能力。
8. 具有有效领导审核组的能力（仅适用于主任审核员）

此外，环境管理体系审核员还应具备有效开展审核工作的口头与书面表达能力、人际交往能力、个人组织能力以及履行审核员职责所需的保持充分独立性、客观性的能力等。

（二）环境管理体系审核员注册基本条件

1. 教育和经历

具有国家承认的本科以上学历者，应具有至少 4 年的工作经历；具有国家承认的中专或大专学历者，应具有至少 6 年的工作经历。

2. 环境保护工作经历

申请者应具有至少 2 年以上的涉及环境管理、环境监测、环境工程、环境科研、环境教育等方面的环境保护工作经历，此经历可与工作经历同时发生。

3. 培训经历

申请者应具有经环注委认可的环境管理体系审核员基础知识培训经历（可自学）及环境管理体系审核员审核知识培训经历，并通过环注委组织的考试，获得合格证书。

4. 审核经历

申请者应具有可接受的环境管理体系审核经历。对实习审核员没有环境管理体系审核经历的要求；对审核员要求具有至少 4 次完整的环境管理体系审核经历，并有至少 20 天的现场审核；对主任审核员要求具有 5 次担任审核组长的环境管理体系审核经历，并有至少 15 天的现场审核。可接受的审核类型指：第三方审核、第二方审核、符合性审核等。

此外，申请国家注册的环境管理体系审核员还应遵守审核员行为准则，保证在审核过程中坚持原则、实事求是，所从事的审核工作符合国家有关规定的要求。

(三) 环境管理体系审核员国家注册程序

1. 实习审核员注册程序

(1) 申请注册人员需首先通过自学或培训掌握有关环境保护基础知识及环境管理体系标准知识，并参加由环注委组织的审核员基础知识的考试。考试形式为统一命题，闭卷考试。申请人员获取基础知识考试合格证书后，方有资格参加国家注册审核员审核知识的培训。

(2) 国家注册审核员审核知识培训结束后，由培训教师根据学员课堂表现情况作出连续评价，并由环注委对学员组织笔试（闭卷）。连续评价及笔试合格者，可获得环注委颁发的审核员培训合格证书。培训证书的有效期为三年。

(3) 获得审核员培训合格证书者，可向环注委提出实习审核员注册申请。申请人应递交由环注委提供的环境管理体系审核员申请表，并提交教育资格证书、工作经历证明、环境保护工作经历证明，以及培训合格证书。其中工作经历证明及环境保护工作经历证明应得到申请证明人及有关部门证实。此外，申请人员提交申请时，还需提交一份由申请人签署的个人声明，声明其将遵守《审核员行为准则》中的有关要求。

(4) 经环注委评价认为符合环境管理体系实习审核员注册要求者，环注委将向其发出准予注册的通知。申请人可用各种方式办理注册手续，领取注册证书。实习审核员证书的有效期为三年。

2. 审核员、主任审核员注册程序

(1) 对于申请审核员注册的人员，除具备实习审核员的基本条件外，还需提交环境管理体系审核经历证明（审核记录）。审核记录中应包括：审核日期及现场审核时间、使用的体系标准、审核类型、受审核方证明及联系方法、审核组长及联系方法、审核组人数、申请人在审核中的作用及审核的要素等。环注委经评价确认申请人满足审核员基本条件后，将通知申请人参加审核员升级考试。考试形式为面试，由环注委统一命题，考生抽题。对于考试合格的申请者，环注委将通知其办理注册手续。

(2) 对于申请主任审核员注册的人员，除具备审核员的基本条件外，还需提交环境管理体系审核经历证明（审核记录）以及专业发展记录、两篇以上专业论文。环注委经评价确认申请人满足主任审核员基本条件后，将视情况通知申请人参加考试。环注委将通知合格人员办理注册手续。

3. 对申请注册人员的评价与注册

环注委将严格按照文件化的程序，对审核员申请文件进行初级评审及技术评审，以验证申请者提供信息的完整性及准确性。

评价方式一般包括：与申请人面谈、审查申请者提供的材料、向申请者过去的主管部门和同事了解情况、笔试或面试评定等。

环注委将根据提供的信息、验证的结果及面试的情况，作出是否给予注册的决定。申

请人经评价合格并通过相应考核后，将由环注委予以注册，并颁发相应级别的国家资格注册证书。证书有效期为 3 年。同时，环注委将为所有申请人员及注册审核员建立个人档案。环注委还将对社会公布审核员注册名录。

五、认证过程

（一）组织获得认证的基本条件

对于一个受审核的组织而言，其环境管理体系要获得认证，必须满足以下条件：

1. 组织建立的环境管理体系必须符合 ISO14001 标准的要求。

2. 组织环境管理体系全部要素必须有效运行，且体系运行时间不得少于 3 个月。

3. 组织的环境行为必须符合国家或地方环境法律法规的要求，且有持续改进的行为。

4. 认证必须由经环认委（CACEB）认可的认证机构实施。

（二）认证程序

认证过程大致包括以下几个步骤：

1. 组织提交申请书

当组织认为认证条件具备即可向认证机构递交具有一定内容和格式的申请书。

2. 评审和受理。认证机构对企业递交的申请书进行评审，看其内容是否符合认证的基本条件，以确定是否受理认证申请。

3. 签订认证合同。审核方和委托方可就审核范围、审核准则、审核报告内容、审核时间、审核工作量签订合同，正式确认合作关系。

4. 提交文件。合同签订后，受审核方应向认证机构提供环境管理手册、程序文件及相关背景资料，以供审核方作文件预审。

5. 任命审核组长、组建审核组。在签订合同后，认证机构应认命有能力的审核员担任审核组长，组建审核组，开始发起和准备工作。

6. 第一阶段审核。包括文件审核和现场审核两项。

审核组长在接受任命后，应尽快组织审核员对受审核方的文件进行审核，并将文件中发现的不符合通知受审核方。

在此基础上制定审核计划，确定现场审核的内容与方法，并将此计划通知受审核方以求确认。

7. 第二阶段审核。第二阶段审核是认证活动的核心部分，其目的在于通过审核确认受审核方环境管理体系的符合性及其运行的有效性。

8. 提交审核报告和结论。

9. 认证评定，对审核小组推荐通过组织认证机构负责评定的机构对其结果进行评定，作出认证结论。

10. 颁发认证环节。

11. 获证组织公告，获证组织在取得证书以后，可通过新闻媒体公布自己通过环境管理体系（ISO14001）的认证。

12. 年度监督审核。认证机构对获证组织进行年度监督审核，监督审核每年一次（相隔不得超过 13 个月)，但取证后第一年为半年一次。认证证书有效期为 3 年，3 年后进行复评。

思考题

1. 环境审核有哪些类型?
2. 环境管理体系认证和认可有何区别?
3. 环境管理体系审核对审核员的能力素质有何要求?

参考文献

1 刘常海，张明顺．环境管理．北京：中国环境科学出版社，1994
2 刘天齐．环境保护通论．北京：中国环境科学出版社，1997
3 张明顺．环境管理．武汉：武汉理工大学出版社，2003
4 国家环境保护总局规划与财务司．环境统计概论．北京：中国环境科学出版社，2001
5 国家环境保护总局．环境监察．北京：中国环境科学出版社，2002
6 李克国等．环境经济学．北京：中国环境科学出版社，2002
7 徐肇忠．城市环境规划．1999
8 吴邦灿．环境监测管理（第2版）．北京：中国环境科学出版社，1997
9 王金南．市场经济与工业污染防治．1996
10 周学志等．中国农村环境保护．1996
11 国家环境保护总局规划与财务司．环境规划指南．北京：清华大学出版社，1994
12 钱易等．环境保护与可持续发展．北京：高等教育出版社，2000
13 刘仕清等．人类永恒的主题．长沙：湖南人民出版社，1999
14 甘师俊等．可持续发展——跨世纪选择．广州：广东科技出版社，1997
15 张坤民．可持续发展论．北京：中国环境科学出版社，1997
16 陈焕章．实用环境管理学．武汉：武汉大学出版社，1997
17 钱易，唐孝炎．环境保护与可持续发展．北京：高等教育出版社，2000
18 叶文虎．环境管理学．北京：高等教育出版社，2000
19 杨贤智等．环境管理学．北京：高等教育出版社，1990
20 杨小波等．城市生态学．北京：科学出版社，2000
21 刘天齐．区域生态环境规划方法指南．北京：中国环境科学出版社，2001
22 关伯仁，郭怀成，陆根法，任耐安，韦进宝等．环境科学基础教程．北京：中国环境科学出版社，1997
23 李远．循环经济发展模式在畜禽养殖场的实践．环境工作通讯．2002年，第七期，中国环境报社
24 马中．环境与资源经济学概论．北京：高等教育出版社，1996
25 彭国富，张玲芝．清洁生产与可持续发展的控制．北京：中国计量出版社，2001
26 陆新元，王世庆主编．环境监理．北京：中国环境科学出版社，2001
27 国家环保总局行政体制与人事司、宣教中心．环境保护基础教程．北京：中国环境科学出版社，2004
28 曲格平．中国的环境管理．北京：中国环境科学出版社，1989
29 李明庄等．环境管理．北京：中国环境科学出版社，1990
30 刘天齐主编．环境管理．北京：中国环境科学出版社，1990

31 郝顺喜等编著．总量控制排污许可证管理与实施．北京：中国环境科学出版社，1991
32 陆昌森等编．污水综合排放标准详解．北京：中国标准出版社，1991
33《中国环境管理制度》编写组．中国环境管理制度．北京：中国环境科学出版社，1991
34 陈新庚编著．环境管理与环境规划．广州：中山大学出版社，1992
35 王扬祖著．污染监督与环境管理．北京：中国环境科学出版社，1993
36 金浩等主编．环境管理与技术．北京：中国环境科学出版社，1994
37 国家环境保护局编．排污收费制度．北京：中国环境科学出版社，1994
38 国家环境保护局编．中国排放大气污染物许可证制度．北京：化学工业出版社，1996
39 国家环境保护局编．环境执法手册．北京：中国环境科学出版社，1996
40 国家环境保护局办公室编．环境保护文件选编（1996）．北京：中国环境科学出版社，1997
41 郜风涛主编．建设项目环境保护管理条例释义．北京：中国法制出版社，1999
42 史宝忠编著．建设项目环境影响评价（第2版）．北京：中国环境科学出版社，1999
43 国家环境保护总局监督管理司编．中国环境影响评价培训教材．北京：化学工业出版社，2000
44 陆玉书主编．环境影响评价．北京：高等教育出版社，2001
45 朱庚申著．环境管理学．北京：中国环境科学出版社，2002
46 张承中编著．环境管理的原理和方法．北京：中国环境科学出版社，1999
47 吴忠标，陈劲编著．环境管理与可持续发展．北京：中国环境科学出版社，2001